Süßwasserflora von Mitteleuropa

Band 1   Chrysophyceae und Haptophyceae (1985)
Band 2/1 Bacillariophyceae (Naviculaceae) (1986)
Band 2/2 Bacillariophyceae (Bacillariaceae, Epithemiaceae, Surirellaceae) (1988)
Band 2/3 Bacillariophyceae (Centrales; Fragilariaceae, Eunotiaceae) (1991)
Band 2/4 Bacillariophyceae (Achnathaceae, Literaturverzeichnis)
Band 3   Xanthophyceae 1. Teil (1978)
Band 4   Xanthophyceae 2. Teil (1980)
Band 5   Cryptophyceae und Raphidophyceae
Band 6   Dinophyceae (1990)
Band 7   Phaeophyceae und Rhodophyceae
Band 8   Euglenophyceae
Band 9   Chlorophyta I (Phytomonadina) (1983)
Band 10   Chlorophyta II (Tetrasporales, Chlorococcales, Gloeodendrales) (1988)
Band 11   Chlorophyta III (Chlorophyceae p.p.: Chlorellales, Protosiphonales)
Band 12   Chlorophyta IV (Chlorophyceae p.p.: Stichococcales, Microsporales; Codiolophyceae: Ulotrichales, Monostromatales)
Band 13   Chlorophyta V (Chlorophyceae p.p.: Chaetophorales, Trentepohliales, Chlorosphaerales)
Band 14   Chlorophyta VI (Oedogoniophyceae: Oedogoniales) (1985)
Band 15   Chlorophyta VII (Bryopsidophyceae: Cladophorales, Sphaeropleales)
Band 16   Chlorophyta VIII (Conjugatophyceae I: Zygnemales) (1984)
Band 17   Chlorophyta IX (Conjugatophyceae II: Zygnematales: Mesotaeniaceae: Desmidiales)
Band 18   Charophyceae
Band 19   Cyanophyceae
Band 20   Schizomycetes (1982)
Band 21   Mycophyta (Phycomycetes, Fungi imperfecti, Lichenes etc.)
Band 22   Bryophyta
Band 23   Pterido- und Anthophyta 1. Teil: Lycopodiaceae bis Orchidaceae (1980)
Band 24   Pterido- und Anthophyta 2. Teil: Saururaceae bis Asteraceae (1981)

K. Krammer · H. Lange-Bertalot

Bacillariophyceae · 3. Teil

Süßwasserflora
von Mitteleuropa

Begründet von A. Pascher

Herausgegeben von
H. Ettl · J. Gerloff · H. Heynig
D. Mollenhauer

Band 2/3:
Krammer/Lange-Bertalot,
Bacillariophyceae 3. Teil

Spektrum Akademischer Verlag   Heidelberg · Berlin

Bacillariophyceae

3. Teil:
Centrales, Fragilariaceae, Eunotiaceae

Kurt Krammer
Horst Lange-Bertalot

Unter Mitarbeit von
H. Håkansson und M. Nörpel

167 Tafeln mit 2188 Figuren

Spektrum Akademischer Verlag   Heidelberg · Berlin

Anschriften der Verfasser:

Dr. rer. nat. Kurt Krammer
Institut für Oberflächenanalyse e. V.
Hindenburgstr. 26a
D-4005 Meerbusch 1

Prof. Dr. rer. nat. Horst Lange-Bertalot
Botanisches Institut der Universität Frankfurt
Siesmayerstr. 70
D-60054 Frankfurt am Main

Die Deutsche Bibliothek – CIP-Einheitsaufnahme

Krammer, Kurt:
Bacillariophyceae / Kurt Krammer ; Horst Lange-Bertalot. – Heidelberg ; Berlin :
Spektrum, Akad. Verl.
   (Süßwasserflora von Mitteleuropa ; Bd. 2)
Teil 3. Centrales, Fragilariaceae, Eunotiaceae / unter Mitarb. von H. Håkansson und
M. Nörpel. – 2000
ISBN 3-8274-0827-X

Satz: Graph. Großbetrieb Friedrich Pustet, Regensburg
Druck: Offsetdruckerei Karl Grammlich GmbH, Pliezhausen
Printed in Germany

Inhalt

(in eckigen Klammern die Bearbeiter der einzelnen Gattungen)

Vorwort der Autoren

Die Hinweise in den Vorworten zu den Bänden 1 und 2 dieser Bacillariophyceen-Flora gelten auch für diesen Band. Ihm wird sich nun ein vierter Band mit den Achnanthaceen sowie Ergänzungen zu den Gattungen *Navicula* und *Gomphonema* anschließen, weil sonst der dritte Band zu umfangreich und damit unhandlich geworden wäre. Er wird auch das umfangreiche Literaturverzeichnis für alle vier Bände enthalten. Nachdem das Manuskript zum vierten Band fertiggestellt ist, wird er kurz nach dem dritten erscheinen, was vielleicht die zahlreichen Kritiker etwas beruhigen wird, die ein Literaturverzeichnis in jedem Einzelband vermißt haben.

Auch in diesem Band haben wir versucht, bei der Abgrenzung der Sippen alle Möglichkeiten auszuschöpfen, die der Stand der Wissenschaft und der wissenschaftlichen Technik bietet. Dabei stößt man allerdings gerade bei intensiver Beschäftigung mit speziellen Gruppen schnell an Grenzen, die allein mit den traditionellen taxonomischen Forschungsmethoden nicht immer überwunden werden können. Entscheidungen, ob z. B. die Variabilität ähnlicher Sippen auf Parallelität, Konvergenz oder aber ökologischer Modifikation beruht, müssen häufig subjektiv getroffen werden, da objektivere Methoden (z. B. umfangreiche Kulturversuche) im Rahmen der Bearbeitung einer Flora schon aus Zeitgründen unmöglich sind. Aber auch die Bewertung der Merkmale muß oft auf einer subjektiven Stufe verharren, wissen wir doch in der Regel noch wenig über die Funktion der meisten Schalenmerkmale und auch unsere Kenntnisse über ihre Variabilität sind noch unvollständig. Ihr Abgrenzungs- und Selektionswert ist so gut wie unbekannt. Die Einführung weiterer Merkmale (z. B. plasmatische Strukturen) ist bisher wenig erfolgreich gewesen, und selbst die Verfechter der Verwendung einer sehr breiten Anzahl von Merkmalen zur Abgrenzung von Sippen sind auch bei der Bearbeitung relativ kleiner Gruppen ihren eigenen Forderungen nicht gerecht geworden. So sind alle auch in diesem Band zusammengefaßten Erkenntnisse der «Stand der Wissenschaft», wobei wir häufig auf die lückenhaften Erkenntnisse hinweisen.

Viele Phänotypen, die wir bei unseren Untersuchungen beobachten konnten, haben wir bewußt nicht entsprechend dem ICBN benannt, um den Fortgang der Erkenntnisse nicht übermäßig mit unsicheren Taxa zu belasten. Darum tauchen in den Texten immer wieder die Begriffe «Sippe» oder «Sippenkomplex» auf. Den Terminus «Sippe» verwenden wir im üblichen Sinne: «Natürliche, durch gemeinsame verwandtschaftliche Beziehungen abgegrenzte Gruppen von Organismen beliebiger Ranghöhe. Den Kategorien der Systematik zugeordnete Sippen werden als Taxa bezeichnet» (Lexikon der Biologie 1986, Band 7, S. 435). Von Sippenkomplexen sprechen wir

1. wenn in einer Art mehrere unterscheidbare Sippen vereinigt, oder
2. wenn offensichtlich sehr nahe miteinander verwandte Sippen auf verschiedene Taxa der Kategorie Art verteilt sind (siehe z. B. bei *Fragilaria* und *Eunotia*).

Obwohl Simpson (1961) die Begriffe Systematik, Taxonomie und Klassifikation jeweils eindeutig definiert hat, werden sie doch in der Literatur nicht einheitlich benützt. Insbesondere «Taxonomie» wird häufig mit Klassifikation gleichgesetzt, worauf auch Sneath & Sokal (1973) hinweisen. Das mag u. a. daran liegen, daß Simpson (1961) «Klassifikation» definiert als Zuordnung von Organismen zu Gruppen auf der Basis ihrer Verwandtschaft («relationships») und «Taxonomie» als theoretisches Studium der Klassifikation, ihrer Prozeduren und Gesetze. Nachdem die «relationships» bei der Verwendung von abgeleiteten, nicht sexuell bedingten Merkmalen nur hypothetisch angedeutet werden, laufen zumindest bei den Diatomeen stets beide Arbeitsweisen parallel und eine Trennung von Taxonomie und Klassifikation ist nicht immer möglich.

Nomenklatorisch sind wir sowohl bei den niederen als auch den höheren Kategorien konservativ geblieben und vielen (häufig unausgereiften) Vorschlägen aus der letzten Zeit nicht gefolgt. Bei der Abgrenzung der Gattungen halten wir uns auch in diesem Band an unsere früher vertretene Meinung (Krammer & Lange-Bertalot 1986, p. IX): «Eine nomenklatorisch-systematische Neufixierung erscheint uns nur im Rahmen eines befriedigenden Gesamtkonzeptes sinnvoll. Einzelmaßnahmen ohne ein übergeordnetes Prinzip ... erscheinen kaum begründet und verfrüht ...». Kenner der Vielfalt unter den Diatomeenformen werden wohl kaum zu überzeugen sein, daß die taxonomischen Kenntnisse einen Stand erreicht haben, der Anlaß zu einer fundamentalen Neuordnung der Diatomeengattungen sein sollte.

Diese Aussage gilt unserer Meinung nach auch für die neue Gattungsbearbeitung von Round, Crawford & Mann (1990). Hier wurden fragmentarisch und punktuell alte Gattungen zerstückelt und neue gemacht, ohne Rücksicht darauf, welche Konsequenzen sich daraus für die vielfältigen, noch nicht überprüften Taxa ergeben und welche Probleme damit auch bei den Benutzern einer solchen Nomenklatur entstehen. Subjektiv und nach dem ICBN sind natürlich solche Produktionen statthaft, denn objektive Normen fehlen bei der Überführung von Sippen in Taxa, nur die Taxa selbst sind genormt.

Der Erkenntnisstand zur Verwandtschaft der Sippen ist in diesen Jahren einem schnellen Wechsel unterworfen. Der laufende Niederschlag der sich schnell ändernden Erkenntnisse, Hypothesen und Spekulationen in der Nomenklatur zerstört aber den Sinn derselben, die als Werkzeug für die Verständigung unter Fachleuten geschaffen wurde und deren Grundlage daher größtmögliche Stabilität sein sollte. Unsere Einwände gegen die Gattungsbearbeitung der genannten Autoren sind u. a.:

1. Viele neue Namen sind mit wenig neuen wissenschaftlichen Erkenntnissen verbunden. Fast alle dieser neuen «Gattungen» sind in ihrer Umgrenzung seit vielen Jahrzehnten oder sogar über ein Jahrhundert bekannt. Sie wurden jedoch bewußt als Übergangsarten zwischen benachbarten Gattungen, als nomenklatorisch nicht definierte Gruppen oder Sektionen und Untergattungen geführt, um die Weiterentwicklung der Taxonomie nicht durch eine unausgereifte taxonomische Zementierung zu belasten.

2. Die selektive Produktion neuer Gattungen mag in manchen Fällen begründet sein, sollte aber besonders bei der Zerstückelung bestehender Gattungen nur sehr kritisch und zurückhaltend vorgenommen werden. Dies gilt besonders für alle Fälle, wo nur ein Teil einer traditionellen Gattung bearbeitet und in neue Gattungen eingebracht wird, und der oft bedeutende Rest als taxonomisches Trümmerfeld zurückbleibt. Die Neuordnung von Gattungen kann auch nicht darin bestehen, jeweils einige leicht zugängliche Rosinen herauszupicken und problematische Gruppen, deren Bearbeitung viel Mühe und Zeit erfordert, anderen zu überlassen. Oft genug zeigt sich nämlich erst danach die Unzulänglichkeit eiliger Neuordnung. Ein Nachbessern durch fortlaufende Produktion weiterer kleiner und kleinster Gattungen ist die logische Folge, kann aber wenig überzeugen.

3. Der ICBN bietet in Kapitel 1, Artikel 4 eine große Anzahl von subgenerischen Rängen (subgenus, sectio, subsectio, series, subseries), die sinnvoll verwendet werden können, wenn man Sippen in supraspezifische Taxa überführen will. Damit werden tiefgreifende Veränderungen in der Nomenklatur und Instabilitäten vermieden. Hier hat der Taxonom auch eine Verantwortung gegenüber den

Benutzern der Nomenklatur. Und das sind ja nicht in erster Linie die wenigen Taxonomen, sondern die Anwender der Klassifikation, also z. B. Geologen, Ökologen, Geobotaniker und Hydrobiologen im allgemeinen oder Wasser- und Abwasserfachleute im besonderen.

4. Obwohl die genannten Autoren in ihrem Text das von E. Mayr (1969) vorgeschlagene polythetische Gattungskonzept bejahen, sind verschiedene von ihnen errichtete Gattungen rein typologisch, und damit unzulänglich begründet (siehe z. B. unsere Gattungsdiskussion bei Synedra und Fragilaria sowie den Untergattungen Ctenophora und Tabularia).

Abgesehen davon, daß dieser Band bei dem Erscheinen des Buches von Round, Crawford & Mann (1990) bereits im Druck war, sind wir aus den genannten Gründen den Intentionen dieser Autoren in den meisten Fällen nicht gefolgt, sondern bleiben in der Regel weiterhin bei dem von Simonsen (1979) vorgelegten System. Das gilt insbesondere auch für die höheren Kategorien.

Verschiedene Institutionen und Kollegen überließen uns auch diesmal Proben, Originalmaterial und Präparate oder boten uns in ihren Instituten Arbeitplätze. Die meisten von ihnen haben wir im Vorwort zu Band 1 im einzelnen aufgeführt und sprechen ihnen auch an dieser Stelle unseren herzlichen Dank aus. Speziell für diesen Band haben uns darüber hinaus folgende Institutionen und Fachleute mit Material oder Präparaten geholfen: Botanisk Museum, Koebenhavns Universitet; California Academy of Sciences, San Francisco; Conservatoire et Jardin Botanique, Genf; Laboratoire de Botanique, Talence; Museum für Naturkunde, Berlin; Naturhistoriska Riksmuseet, Sektion för Botanik, Stockholm; Ungarisches naturhistorisches Museum, Budapest. E. Alles (Frankfurt/M.), J. Bertrand (Orleans), L. Beyens (Antwerpen), G. Bocquet (Genf), A. Bresinsky (Regensburg), M. Coste (Talence), N. Eymé (Talence), P. M. Flanagan (Canada), W. Güttinger (Pura), M. M. Hanna (San Francisco), E. Haworth (Ambleside), M. Hein (Gainsville), G. Hofmann (Frankfurt/M.), W. Krutzsch, (Berlin), K. Küppers (Frankfurt/M.), A. Lotter (Bern), M. Lange (Bad Homburg), J. W. G. Lund (Windermere), P. Marvan (Brünn), R. Nielsen (Kopenhagen), T. B. B. Paddock (London), J. Padisák (Budapest), F. S. C. Reed (Neuseeland), E. Reichardt (Treuchtlingen), U. Rumrich (Frankfurt/M.), H. Runemark (Lund), S. Sabater (Barcelona), A. M. Schmid (Salzburg), P. Schönfelder (Regensburg), K. Serieyssol (Paris), P. C. Silva (San Francisco), A. Strid (Stockholm), D. M. Williams (London), J. Wygasch (Paderborn).

Vorwort zur ergänzten Nachdruckauflage

Im Anhang zu diesem korrigierten Nachdruck der 1. Auflage des Bandes 2/3 der Süßwasserflora bringen wir zahlreiche taxonomische Ergänzungen, Diskussionen und Revisionen. Seit der Bearbeitung dieses Bandes sind jetzt 11–13 Jahre vergangen, in denen weitere Erkenntnisse zu vielen hier behandelten Taxa gewonnen werden konnten. Besonders durch die Bearbeitung vieler außereuropäischer Proben erweiterte sich die Einsicht auch in viele europäische Sippen und Sippenkompexe. Darüber hinaus hat sich unser Konzept für die Abgrenzung der Sippen erweitert. Angedeutet hat sich das schon damals bei einigen Gattungen, wo deutlicher auf die Abgrenzung «reiner» Sippen geachtet wurde, während andere Taxa vielfach Sippenkomplexe umfassen, die in einem modernen Konzept besser in ihre Einzelsippen aufgetrennt werden.

Insbesondere betrifft dies die Gattungen *Fragilaria* und *Staurosira* sowie *Eunotia*. Dagegen ist eine kurze Darstellung des Fortschritts in den Gattungen zentrischer Diatomeen zur Zeit kaum möglich oder problematisch. Was *Cyclotella* und einige mit ihr mehr bis weniger verwandte Gattungen betrifft, ist die Diskussion über neue Ergebnisse und die daraus zu ziehenden Konsequenzen noch voll im Gange.

In der Gattung *Aulacoseira* und anderen Zellketten bildenden Gattungen sind häufig Schalen oder Teile von Frusteln beobachtet worden, die mit den bisher bekannten Arten nicht oder nur schwer verbunden werden konnten. In unseren Archiven befinden sich eine Fülle von Bildern derartiger schwer zuzuordnender Formen. Die üblichen Säure-Präparationsmethoden liefern in der Regel nur solche Teile, von denen man nicht weiß, zu was sie gehören. Glühpräparate werden aber so gut wie nie angefertigt und unpräpariertes Material liegt selten vor. Notwendig für eindeutige Beschreibungen sind aber intakte Ketten, wie sie vor allem die Glühmethode liefert. Im übrigen gilt auch für *Aulacoseira* die Regel, dass man nur in äußerst seltenen Fällen auf Einzelbeobachtungen ein Taxon begründen kann. Auf ein inzwischen als weit verbreitet erkanntes Taxon, *Aulacoseira subborealis* (Nygaard) Denys, Muylaert & Krammer, wird unten näher eingegangen.

Die Taxa mit ergänzenden Bemerkungen erscheinen nachfolgend in der Reihenfolge wie in der ersten Auflage angeordnet. Bei den Gattungen *Fragilaria* (sensu lato) und *Eunotia* sind die (alten) Ordnungsziffern der Sippen oder Sippenkomplexe vorangestellt.

Die Bezeichnung «part.» für das lateinische partim (= zum Teil) sind den Ziffern nachgestellt, wenn aus einem heterogenen Taxon mehrere enger definierte, jetzt mutmaßlich homogene Taxa hervorgegangen sind. Die neue Tafel 151 A folgt direkt nach der Tafel 151. Am Ende der Ergänzungen steht ein Verzeichnis der seit 1991 hinzugekommenen zitierten Literatur sowie ein selbständiges Verzeichnis aller Namen im Ergänzungsteil. Dagegen sind kürzere Korrekturen direkt in den alten Text eingesetzt, d. h. die fehlerhaften Seiten sind durch korrigierte ersetzt, so auch die Tafel 85.

I. Allgemeiner Teil

1. Terminologie

Ein ausführliches Verzeichnis der wichtigsten in den vorliegenden Bänden verwendeten Termini befindet sich in Band 2/1 auf Seite 3. Sein Inhalt ist auch für den vorliegenden Band gültig. Für die Schalenmorphologie und die taxonomischen Merkmale, besonders der Centrales, sind aber eine Anzahl zusätzlicher Termini erforderlich, die im folgenden definiert werden. Allgemein gelten auch hier die in Band 1 bereits angeführten Kriterien:

1. Begriffe für morphologische und lichtmikroskopisch erkennbare Erscheinungen stimmen nicht immer überein und dürfen nicht durcheinandergeworfen werden, weil dies oft zu Irrtümern führt. Taxonomische Merkmale können, aber müssen nicht mit morphologischen Strukturen übereinstimmen. Sie wurden zumeist im LM gewonnen, das bekanntlich bei Strukturen unter 2 μm Größe keine reale Form der morphologischen Strukturen mehr erkennen läßt.

2. Ebenso wie es der Stand unserer Kenntnisse verbieten sollte, Taxa ausschließlich typologisch abzugrenzen, ist es unwissenschaftlich, typologische Methoden zur «Abgrenzung» von morphologischen Strukturen heranzuziehen. Ohne Einsicht in funktionelle Zusammenhänge sollten bei paraplasmatischen Naturkonstruktionen Termini nur mit großer Vorsicht eingeführt werden. Sie täuschen einerseits Erkenntnisse vor, die nicht vorhanden sind, und zwingen andererseits die zahlreichen Übergangsphänomene in Schablonen, in die sie nicht passen. Leider finden wir solche Irrtümer nicht nur in vielen Arbeiten früherer Autoren. Solche Betrachtungen und Fehlbewertungen morphologischer Strukturen führen in der letzten Zeit immer wieder zu vielen kritikwürdigen Begründungen neuer Gattungen und sonstiger höherer Kategorien. Auf spezielle Fälle weist Lange-Bertalot (1989) hin (siehe auch hier bei *Fragilaria*).

1.1. Glossar der Termini

Anulus – Hyaliner Ring im Zentrum der Schale, oft einige Areolen einschließend, bei *Cyclotella*, *Cyclostephanos* und *Stephanodiscus* (Fig. 39: 5).

Borsten (Setae) – Lange, dünne und zumeist hohle verkieselte Auswüchse an den Enden der Zellen. Jede Schale hat entweder eine Borste (*Rhizosolenia*, Fig. 86: 1–7) oder zwei (*Acanthoceras*, Fig. 79: 1–5; *Chaetoceros*, Fig. 80: 1, 2). Siehe auch bei Chitinborsten.

Calyptra – Zipfelmützenartige Form der Schale bei *Rhizosolenia*, (Fig. 86: 5, 6).

Carinoportulae – In der Schalenmitte liegende Verbindungselemente für die Schalen bei einigen Arten der Gattung *Orthoseira* (Crawford 1981) (Fig. 10: 1–7).

Colliculate Strukturen – Strukturen mit zahlreichen, regelmäßig verteilten Gruben und Hügeln im Mittelfeld einiger *Cyclotella*-Arten (Fig. 45: 1–8).

Chitinborsten – Besonders aus marginalen, seltener auch aus zentralen Stützenfortsätzen hervortretende, oft sehr lange Schwebeborsten.

Corona – Struktur, die durch ringförmig auf der Schalenfläche angeordnete kleine Verbindungsdörnchen bei *Melosira nummuloides* gebildet wird (Crawford 1973) (Fig. 8: 6).

Collar – Ringförmiges Segel an der marginalen Schalenfläche bei *Melosira nummuloides* (Fig. 8: 5–8).

Cribrum – Gleichmäßig strukturierte Siebmembran (Hymen, Velum) zuweilen gegliedert durch Silikat-Verbindungsleisten (Fig. 42: 4).

Diskus – Schalenfläche bei den kettenbildenden Centrales, insbesondere den Arten der Gattung *Melosira* sensu lato. Diese Schalenfläche besitzt oft einen marginalen Kranz von Verbindungsdornen (Fig. 1: 2), manchmal sind auf der Schalenfläche sehr kleine zusätzliche Dörnchen vorhanden.

Diskusförmig – Schalen mit niedrigem Mantel.

Dornbasis – Bei Verbindungsdornen eine stielartige Basis, auf der entweder distal ein verbreitertes Element, der Dornanker sitzt (Fig. 2: 2), oder es sitzen seitlich verschiedenartig strukturierte Verbreiterungen (Fig. 2: 1; 2: 6).

Dornanker – Strukturen an der Seite oder am Ende der Dornbasis, die zur mechanischen Verankerung auf der Schwesterzelle dienen. Ihre Ausbildung ist oft artcharakteristisch.

Fasciculate striae (Faszikel) – Bei zentrischen Arten Str. auf der Schalenfläche, die in Sektoren zusammengefaßt sind (Fig. 81: 1).

Fimbriae – Silikatbrücken zwischen der Schale und der Valvocopula bei der Raphenschale von *Cocconeis*-Arten (Holmes et al. 1981). Man kann zwischen großen «aufgeklebten» Brücken 2. Ordnung und kleinen, regelmäßig angeordneten Brücken 1. Ordnung unterscheiden, oft sind nur letztere vorhanden.

Gebündelte Areolenreihen – Mehrere Areolenreihen je Alveolus, die zu Bündeln zusammengefaßt sind (z. B. *Stephanodiscus* Fig. 68: 3).

Hals (collum) – Areolenfreier Teil am distalen Ende des Mantels bei *Aulacoseira*-Arten (Fig. 1: 1C).

Imbricatio, Imbrikationslinie – Zickzack verlaufende Linie auf einer Seite des Schalengürtels z. B. bei *Acanthoceros* (Fig. 79: 1–5) oder *Rhizosolenia* (Fig. 86: 4–8). Die Linie entsteht durch die dekussierte Anordnung der offenen Seiten der Zwischenbänder.

Interstriae – Hyaline Linien zwischen den Areolenreihen.

Kammer – Allgemeiner Ausdruck für einen runden oder länglichen Hohlraum in der Schale (in der Regel eine Areole).

Lippenfortsatz (Rimoportula) – Tubulus (Röhre), die die Schalenwand durchdringt. Auf der Schalen-Außenseite liegt entweder nur ein Foramen (Fig. 38: 1, 3) oder ein längerer, im LM dornartiger Fortsatz (Fig. 41: 1). Foramen oder Fortsatz liegen bei den Centrales entweder im Bereich der übrigen Randdornen (Fig. 41: 1), oder zum Mantel bzw. der Schalenfläche hin verschoben (Fig. 38: 3). Auf der Schalen-Innenseite ist er lippenförmig ausgeformt (Fig. 40: 4–7).

Loculate Areolen – Areolen im Rahmen einer zweischichtigen Zellwand (Sandwich-System). In der Regel hat ein Foramen in der Innen- oder Außenwand einen wesentlich kleineren Querschnitt als das Lumen der einzelnen Areole. Auf einer Seite ist stets ein durch verstärkte Silikatstrukturen gegliedertes Cribrum vorhanden.

Morphotyp – Erscheinungsform mit insgesamt unsicherer Abgrenzung und (oder) fraglicher Stabilität, die nomenklatorisch nicht benannt wird, aber typologisch zumindest im mittleren Bereich der Merkmals-Verteilungskurven charakterisiert werden kann.

Ocellulimbus – Ocellus bei verschiedenen *Fragilaria*-Arten. Es gibt gleitende Übergänge zu nicht scharf abgegrenzten apikalen Porenfeldern (Fig. 112: 14–16; 124: 1, 6, 7).

Ocellus – Durch besondere Strukturen scharf abgegrenzte und oft auch herausgehobene Areae (Fig. 84: 1).

Orbiculus – Besondere apikale Strukturen bei einigen Arten der Untergattung *Achnanthes*.

Papillen – Warzenförmige, runde Fortsätze im mittleren Bereich der Schalenfläche bei einigen zentrischen Diatomeen. Zwischen den Papillen liegen ähnlich geformte Vertiefungen (Fig. 38: 2d).

Poroide Areolen - Areolen in einer einschichtigen Zellwand, die weder auf der Schaleninnen- noch auf der Schalenaußenseite besonders geformte Foramina aufweisen, ihre Lumina sind gleichzeitig die Foramina.

Pseudonodulus – Marginale oder submarginale areolierte Struktur. Bei *Actinocyclus normanii* im LM ein hell leuchtender Punkt am Rande der radialen Areolenstruktur.

Pseudosulkus – Mehr oder minder tiefe Furche zwischen den Schalen kettenbildender Arten bei den Centrales. Die Form des Pseudosulkus ist eine Funktion der Form der Schalenflächen. Ebene Schalenflächen haben keinen oder nur einen flachen Pseudosulkus am gebogenen Schalenrand, stark konvexe Schalenflächen bilden miteinander einen tief eindringenden Pseudosulkus. Als taxonomisches Merkmal hat er besonders bei *Aulacoseira* Bedeutung.

Radialstreifen – Radiale Str. auf den Schalenflächen der Centrales.

Rica – Modifiziertes Cribrum (terminologisch überflüssig).

Ringleiste – Pseudoseptum gegenüber der Sulkusfurche auf der Schaleninnenseite, dient wahrscheinlich zur Stabilisierung des runden Querschnittes. Sie wird entweder nur von der Sulkusfurche gebildet *(Aulacoseira alpigena, A. ambigua)*, oder ist eine Ringleiste sensu stricto, die weit in das Lumen der Zelle hineinragen kann *(A. distans)*. Geometrisch hat sie in der Projektion immer die Form eines Kreisringes. Auch bei Arten anderer Gattungen (z. B. *Cyclotella*) gibt es Ringleisten, allerdings nicht im Zusammenhang mit den Strukturen Hals und Sulkusfurche.

Satellitporen – Poren (meist 2–5), die den Stützenfortsatz umgeben (Fig. 40: 2–7).

Schattenlinien – Verstärkte Radialrippen in der Randzone bei einigen *Cyclotella*-Arten (Fig. 40: 6).

Sternum – Die «Pseudoraphe» bei den Araphideen, eine median verlaufende, areolenfreie Apikalrippe (Round 1979).

Stützenfortsatz (Fultoportula) – Tubuli (Röhren) mit 2–5 damit eng koordinierten Strukturen («Satellitporen»), die die Schalenwand durchdringen. Sie können marginal als Ring und (oder) anders formiert auf der Schalenfläche liegen. Ihre Anordnung, Anzahl (einschließlich Vorkommen und Fehlen) werden für ein wichtiges taxonomisches Merkmal gehalten (Fig. 40: 2–7).

Sulkus – Einschnürung im Schalenmantel kurz vor seinem distalen Ende bei den *Aulacoseira*-Arten. Im Bereich des «Sulkus» gibt es drei charakteristische Strukturen:
1. Auf der Mantel-Außenseite die zumeist schwach entwickelte Sulkusfurche (Fig. 1: 5).
2. Gegenüberliegend auf der Schaleninnenseite ein Pseudoseptum, die Ringleiste (siehe dort).
3. Der meist sehr kurze distale, areolenfreie Teil des Mantels (Hals, Collum).

Sulkusfurche – Taxonomisches LM-Merkmal bei Fokussierung auf den Schalenrand. Sie kann trogförmig *(Aulacoseira ambigua)* bis spitz einschneidend *(Aulacoseira subarctica)* sein und ist bei den einzelnen Taxa mehr oder weniger deutlich entwickelt.

Tangentialstreifen – Bei zentrischen Arten Areolenreihen, die nicht radial angeordnet sind (Fig. 30: 3).

Trenndornen – Kurze oder lange, zumeist spitze Dornen ohne Anker, die das Auseinandergleiten der Zellketten an bestimmten Stellen erleichtern (z. B. *Aulacoseira granulata*, Fig. 19: 9).

Trommelförmig – Schalen pervalvar mit mittlerer Höhe (Fig. 74: 10).

Velum – Siebmembran (siehe Cribrum).

Verbindungsdornen – Verbindungselemente zwischen den Schalen verschiedener Centrales und Pennales, die Ketten bilden. Bei *Aulacoseira* eignen sie sich zur Abgrenzung der Arten. Bei Taxa mit einer breiten autökologischen Amplitude in Bezug auf die Elektrolytkonzentration (z. B. *Skeletonema subsalsum*) sind die Verbindungsdornen bei hohem Salzgehalt sehr lang, bei geringem fast rudimentär. In vielen Fällen kann man zwischen Dornbasis und Dornanker unterscheiden (siehe dort). Die (oft innen hohle) Dornbasis ist entweder das einzige Element des Verbindungsdorns oder sie trägt distal eine Verbreiterung (Dornanker). Spezielle Verbindungsdornen sind die Trenndornen (siehe dort).

Zylindrisch – Schalen der Centrales mit hohem Mantel (Fig. 1: 5).

II. Spezieller Teil

A. Centrales

Zellen in der Regel mit Radialachsen, weniger häufig mit Längsachsen, der Schalenumriß ist bei den meisten Gattungen kreisförmig oder polygonal, elliptisch oder lanzettlich. Die Zellen sind diskus- oder trommelförmig oder mehr oder minder langgestreckte Zylinder, oft mit breiten oder zahlreichen Gürtelbändern, die bei manchen Gattungen das vorherrschende Element der Zellwand bilden. Raphen fehlen vollständig, dagegen findet man häufig verschiedenartige Fortsätze, wie z. B. Rimo- und Fultoportulae und Randdornen. Der überwiegende Teil der Arten lebt als Plankter in den Meeren und besitzt Strukturen zur Vergrößerung der Oberflächen (Koloniebildung, lange Borsten aus Silikaten oder Chitin bis zu segelartigen Elementen), die die planktische Lebensweise fördern. Viele mächtige Ablagerungen fossiler Kieselschalen bestehen in erster Linie aus zentrischen Diatomeen. Außer in ihrer Schalenmorphologie unterscheiden sich die Centrales von den Pennales auch dadurch, daß (bei allen bisher darauf untersuchten Taxa) stets Oogamie vorhanden ist, bei den Pennales dagegen Iso- und Anisogamie (vgl. Band 2/1, S. 43 ff.).

Die Systematik der Centrales befindet sich noch auf einem vergleichsweise niedrigen Entwicklungsstand. Laufend werden neue Taxa produziert oder Neukombinationen vorgenommen, zur Bewertung der Abgrenzungsmerkmale erscheinen dagegen kaum Arbeiten. Intensive variationsstatistische und funktionelle Untersuchungen dürften deshalb in Zukunft noch manche Veränderungen sowohl bei den niederen als auch den höheren Kategorien bringen.

Die Gliederung der Ordnung erfolgt hier nur nach Gattungen (Familien siehe Band 2/1, S. 79).

Bestimmungsschlüssel für die Gattungen der Centrales

1a Zellen mit zahlreichen offenen Zwischenbändern und Imbrikationslinien **2**
1b Zellen abweichend gebaut **3**
2a Zellen an beiden Enden mit je einer langen Borste . . . . **13. Rhizosolenia** (S. 84)
2b Zellen an beiden Enden mit je zwei langen Borsten . . . . **11. Acanthoceras** (S. 83)
3a Zellen mit hohen Schalenmänteln und zumeist ausgeprägten Gürteln, sie bilden in der Regel lange, geschlossene Ketten **4**
3b Zellen diskus- bis trommelförmig, Schalenmäntel kürzer, Gürtel in der Regel wenig auffallend, Zellen einzeln oder in kurzen Ketten **8**
4a Zellen sehr schwach verkieselt, bei Säurebehandlung in der Regel mehr oder minder deformiert . . . . **10. Skeletonema** (S. 81)
4b Zellen stärker verkieselt **5**
5a Diskus mit deutlich abgesetztem und abweichend strukturiertem Zentrum **6**
5b Disci anders strukturiert **7**
6a Disci deutlich areoliert . . . . **2. Orthoseira** (S. 12)
6b Nur Verbindungsrippen auf den Disci erkennbar . . **3. Ellerbeckia** (S. 17)
7a Areolierung auf dem Mantel im LM nur schwer erkennbar . . . . **1. Melosira** (S. 7)

Melosira sensu lato

Unter diesem Gattungsnamen wurde bisher eine Vielzahl von Sippen zusammengefaßt, die als gemeinsame Merkmale die Kolonieformation in geschlossenen Ketten, einen hohen Schalenmantel, runden Querschnitt, partielles Fehlen der Gürtelbänder der Hypotheken in einem Abschnitt der vegetativen Phase und Eizellenbildung am Ende oder im Verlauf der Zellketten haben. Versuchen, die unter diesen Merkmalen zusammengefaßte heterogene Vielfalt in einheitlichere Gruppen aufzutrennen (z. B. Thwaites 1848, Grunow in Van Heurck 1882), wurde in der Literatur dieses Jahrhunderts nur selten gefolgt. Die Bearbeitung der Gattung durch Hustedt (1928) bildete fast 50 Jahre die Grundlage aller Überlegungen. Erst die Einführung des REM und die damit gewonnenen Erkenntnisse führten zu neuen Überlegungen.

Crawford (1975) zeigte, daß in der Gattung *Melosira* sensu lato vier unterschiedliche morphologische Gruppen vorliegen, die erste um *M. varians*, die zweite um *M. arenaria*, die dritte um *M. granulata* und die vierte um *M. roeseana*. Simonsen (1979) nahm diese Überlegungen auf und überführte die Arten der dritten Gruppe in die Gattung *Aulacoseira*. Die übrigen verblieben entweder bei *Meloseira* (erste Gruppe), die zweite Gruppe wurde von Crawford (1988) in die neue Gattung *Ellerbeckia* überführt und für die vierte wurde die alte Gattung *Orthoseira* Thwaites aktiviert. Die vier Gattungen umfassen nach unserem heutigen Kenntnisstand morphologisch relativ einheitliche Baupläne der Frusteln, die auch in ihren Kombinationen (polythetisch wie es die moderne Taxonomie fordert) gut abgesichert sind.

Taxonomisch wichtig ist die Ausbildung der Mechanismen für die Kettenbildung. Die Verbindung erfolgt sowohl durch organische Substanzen (Diatotepin, Callose, Muzine) alleine, z. B. bei den Arten von *Melosira* sensu stricto, als auch zusätzlich mechanisch durch Verbindungsrippen oder Verbindungsdornen bei den übrigen Gattungen. Da diese Elemente gattungs-charakteristisch sind, wird an den entsprechenden Stellen auf sie eingegangen.

Bestimmungsschlüssel der Gattungen bei Melosira sensu lato

1a Schalen mit Hals, Ringleiste und Sulkus .... 4. Aulacoseira
1b Schalen ohne diese Strukturen 2
2a Disci im LM unregelmäßig strukturiert .... 1. Melosira
2b Disci im LM mit radialen Strukturen 3
3a Keine Punkte auf der radialen Struktur erkennbar .... 3. Ellerbeckia
3b Radialstruktur besteht aus punktierten Str. .... 2. Orthoseira

1. Melosira Agardh 1827 nom. cons.

Typus generis: *Melosira nummuloides* (Dillwyn) Agardh

Schalen im LM sowohl auf den Disci als auch auf dem Mantel sehr fein strukturiert, Struktur vielfach im LM kaum erkennbar. Die Verbindung der Zellen zu Ketten erfolgt durch Schleimpfropfen (Fig. 4: 6), die durch feinste Zähnchen auf der Diskusoberfläche verankert sein können, typische Verbindungsdornen fehlen. Mantel ohne Collum und Ringleiste. Die Arten leben planktontisch, benthisch, aerisch in Binnengewässern und im Litoral der Meere.

Wichtige Literatur: Hustedt (1928), Rieth (1953), Crawford (1973, 1975, 1978, 1979).

Bestimmungsschlüssel für die Arten

1a Schalen marginal am Diskus mit ringförmigem Kiel (Fig. 8: 1–8) ....
.... 4. M. nummuloides
1b Schalen ohne ringförmigem Kiel am Diskus 2
2a Diskus in der Mitte mit einigen größeren Punkten, viele Zellen mit inneren Schalen (Fig. 9: 1–13) .... 5. M. dickiei
2b Diskus anders strukturiert 3
3a Mantel und Gürtel im LM kaum strukturiert 4
3b Mantel und Gürtel im LM deutlich strukturiert 5
4a Zellen in Gürtelansicht rechteckig (Fig. 4: 1–8) .... 1. M. varians
4b Zellen in Gürtelansicht länglich-achteckig (Fig. 6: 1–5) ....
.... 2. M. moniliformis var. octagona
5a Struktur auf Diskus, Mantel und Gürtel relativ grob (Fig. 5: 1–7) .....
.... 2. M. moniliformis
5b Zellmembran gleichmäßig fein punktiert (Fig. 7: 1–9) ...... 3. M. lineata

1. Melosira varians Agardh 1827 (Fig. 3: 8; 4: 1–8)

Gallionella varians Ehrenberg 1836

Zellen zylindrisch mit schwach konvexen Endflächen, zu längeren, eng geschlossenen Ketten durch mehr oder minder hohe Gallertpolster verbunden (Fig. 4: 6). Durchmesser 8–35 µm, Mantelhöhe 4–14, selten bis zu 17 µm. Der Quotient aus Mantelhöhe und Durchmesser ist zumeist kleiner als 1, er bewegt sich aber zwischen 0,3 und 1,4. Die Gametenmutterzellen haben zumeist einen Durchmesser von 14–18 µm. Mantel mit geraden Außen- und Innenseiten, (Mantellinien parallel), höchstens distal ganz schwach abgebogen. Diskus flach bis schwach konvex, am Rand stark abgerundet, so daß ein deutlicher Pseudosulkus sichtbar ist (Fig. 4: 1, 6). Zellwand am Diskus und Mantel relativ dünn, ohne

Dickenunterschiede. Verbindungsdornen am Diskusrand fehlen, dagegen ist der zentrale Teil des Diskus mit zahlreichen kleinen Dörnchen übersäht (Fig. 3: 8), von denen die größeren auch im LM sichtbar sind (Fig. 4: 3). Sulkus, Ringleiste und Hals fehlen. In allen Teilungsstufen finden sich Ketten ohne und mit Gürtelbändern. Im ersteren Falle liegen frische Teilungsstadien vor (die gesamte Kette teilt sich fast gleichzeitig) und jeweils zwei Tochterzellen liegen innerhalb des Gürtelbandes der Mutterzelle (Fig. 4: 6). Die Gürtel bestehen jeweils aus drei Gürtelbändern, ihre unterschiedliche Struktur ist im LM nicht zu erkennen. Die Feinstruktur von Schalen, Mantel und Gürtel ist im LM nur schwach angedeutet, Diskus und Mantel sind sehr zart punktiert (Fig. 4: 3, 7, 8), die Gürtelstruktur ist noch feiner. Kugelrunde Auxosporen findet man das ganze Jahr über in allen Proben, oft sind ganze Zellketten zu Oogonien oder Spermatogorien ausgewachsen. Sie besitzen einen «Nabel», der in der Mutterschale steckt (Fig. 4: 5).

Im REM ist die Mantelfläche mit unregelmäßig verteilten Areolen ausgestattet, nach Crawford (1978) sind es Areolen mit Siebmembranen (cribra) auf der Außen- und Lippenstrukturen (rotae) auf der Innenseite der Schale. Die Schalenoberfläche ist übersäht mit vielen kleinen rundlichen Granula, zwischen denen sich etwas größere, mehr spitzere Granula («conical granules») befinden (Fig. 4: 4). Ihre Funktion ist nicht bekannt, dagegen dürften die Granula im Bereich des Diskus (Fig. 3: 8) als Verbindungsdörnchen dienen, zur besseren Verbindung der Gallertpolster mit den Disci. Bei vielen Populationen ist zusätzlich am Schalenrand ein mehr oder minder regelmäßiger Ring mit etwas größeren Dörnchen besetzt. Ebenfalls unregelmäßig verteilt am Mantel sind zahlreiche Rimoportulae, deren äußere Öffnungen in Fig. 4: 4 zu sehen sind.

Verbreitung: Kosmopolit im Benthos und Plankton. Die Art findet sich sowohl in dystrophen Moorgewässern und oligotrophen Gewässern, als auch in eutrophen Binnengewässern, sie gibt ist in leicht brackiges Wasser. Massenpulationen gibt es in relativ elektrolytarmen Gebirgswässern, noch häufiger aber in mäßig elektrolytreichen Gewässern der Ebene. Im Frühjahr erscheint sie oft massenhaft als Aufwuchs flacher Gewässer, besonders in langsam fließenden Bächen, wo sie flutende, lange braune Fadenbüschel bildet.

Die Art hat gewisse Ähnlichkeit mit *M. lineata* Morphotype orichalcea (Crawford 1978), beide unterscheiden sich durch die Ausbildung des Schalenmantels: bei *M. varians* verlaufen Innen- und Außenseite parallel, bei *M. lineata* ist dagegen die Innenseite stark gekurvt (Fig. 6: 1, 2). *M. varians* ist, soweit es uns bis heute bekannt ist, eine Art mit geringer Variabilität der gebräuchlichen taxonomischen Merkmale. Dem steht ein breites ökologisches Spektrum gegenüber, in dem diese Art gefunden wird. Weitere Untersuchungen müssen zeigen, ob sich hinter der morphologischen Einheitlichkeit nicht doch verschiedene Sippen verbergen, die in den von uns heute verwendeten Merkmalen keinen sichtbaren Ausdruck finden. Andeutungen dafür zeigen auch manche Strukturen. So besitzt z. B. das Exemplar Fig. 3: 8 fast keine marginalen Dörnchen am Diskus, bei vielen anderen Populationen dagegen ist ein deutlicher marginaler Dornenkranz vorhanden (vgl. z. B. Crawford 1975, Fig. 13; Hustedt 1928, Fig. 100, 3).

2. Melosira moniliformis (O. F. Müller) Agardh 1824 (Fig. 5: 1–7; 6: 1–5)

Conferva moniliformis O. F. Müller 1783; *Melosira borreri* Greville 1833

Zellen zylindrisch mit mäßig konvexen oder marginal geradlinig gestutzten Disci, durch Gallertpolster zu kurzen oder längeren, eng geschlossenen Ketten verbunden. Durchmesser 25–70 μm, distal oft etwas schmaler als im Bereich des Diskus, Mantelhöhe 14–30 μm. Verhältnis von Mantelhöhe zu Durchmesser im allgemeinen wesentlich kleiner als 1 (zumeist 0,4–0,6), die Schalen sind also wesentlich breiter als hoch. Mantel mit fast parallelen Außen- und Innenseiten. Diskus mäßig konvex, am Rande stark abgebogen, so daß ein breiter und tiefer Pseudosulkus vorhanden ist. Zellwand relativ dick, distal am Mantelende etwas schräg verdünnt, Gürtel wesentlich dünner als Mantel (Fig. 5: 1). Verbindungsdornen, Sulkus und Ringleiste fehlen. Die offenen und geschlossenen Gürtelbänder (in der Regel vier pro Schale) sind auch im LM deutlich mit Poren ornamentiert, die Längs- und Querreihen bilden; im allgemeinen sind 10–12 Längs- und Querstreifen / 10 μm vorhanden.

Feinstruktur: Diskusflächen fein punktiert, mit unterschiedlicher Struktur im zentralen und marginalen Bereich (Fig. 5: 2, 3). Die Mantelfläche ist zart punktiert und drüber hinaus mit vielen unregelmäßig verteilten, größeren dunklen Punkten ornamentiert (Fig. 5: 7). Die Auxosporen sind relativ flach, sie haben eine sphärische Form («Bikonvex-Linse»), ein Nabel fehlt.

Im REM erweisen sich die Punkte im zentralen Bereich der Disci als Rimoportulae, auch bei den dunkleren Punkten am Mantel (Fig. 5: 7) handelt es sich um solche. Auf dem marginalen Teil des Diskus finden sich zahlreiche kleinste Dornen (Verbindungsdornen), die in ein unregelmäßiges Gitterwerk eingebunden sind.

var. moniliformis (Fig. 5: 1–7)
Diskus konvex, Diskusrand abgerundet.

var. octogona (Grunow) Hustedt 1928 (Fig. 6: 1–5)
Melosira borreri var. *octogona* Grunow 1878; *Melosira lineata* var. *octogona* (Grunow) Cleve Euler 1951
Diskus marginal geradlinig gestutzt, daher in Gürtelansicht (bei Fokus auf die Rand der Zellen wie in Fig. 6: 3) Zellen achteckig.

Verbreitung: Benthische Brack- und Meerwasserform vor allem an den nördlicheren Küstengebieten. Var. *octogona* vor allem in Brackwassersümpfen, den Ostsee-Haffs, oft Epiphyt auf *Enteromorpha*. Sie soll auch in Flußästuarien und im Bottnischen Meerbusen (Cleve-Euler 1951) vorkommen. In tropischen Brackwassergebieten ist sie häufig die dominierende var.

Vorkommen, Schalenform und Oberflächenstruktur der Schalen und Schalengürtel grenzen die Art ab. Die Variabilität der Merkmale ist wesentlich größer als bei *M. varians*. Der Angabe von Hustedt wonach sich die var. *octagona* hin und wieder unter der Nominatvarietät befinden soll, konnten wir nicht bestätigen. An ihren Standorten bildet die Varietät geschlossene Populationen, die keine Übergänge zur Art aufweisen. Dagegen gibt es unter marinen Populationen von *M. moniliformis* durchaus Zellen, die zur octogonalen Ausbildung des Umrisses neigen. Es handelt sich dabei aber immer um Formen, die der var. *moniliformis* angehören. Tatsächlich lassen sich beide var. im LM nur am Zellenumriß unterscheiden, was zu diesen Verwechslungen führte. Im REM zeigen sie aber auch völlig unterschiedliche Schalenstrukturen, so daß sogar zwei völlig verschiedene Arten denkbar wären. Aus dem eben Gesagten geht auch hervor, daß die bisherigen Verbreitungsangaben der var. *octagona* mit Vorsicht behandelt werden müssen.

3. Melosira lineata (Dillwyn) Agardh 1824 (Fig. 7: 1–9)

(?) *Conferva lineata* Dillwyn 1809; *Conferva lineata* Jürgens 1817; *Conferva orichalcea* Mertens ex. spec. authent. Jürgens 1816–1822; *Melosira lineata* Agardh 1824; *Melosira juergensii* Agardh 1824; *Melosira orichalcea* (Mertens ex Jürgens) Kützing 1833

Nach Crawford (1978) ist diese Art dimorph, sie kommt in ihren Populationen nebeneinander in zwei verschiedene Morphotypen vor, dem Morphotyp orichalcea und dem Morphotyp juergensii. Daß die beiden zusammengehören geht daraus hervor, daß sie auch nebeneinander in der gleichen Kette existieren können.

Beim Morphotyp orichalcea (Fig. 7: 1, 2) sind die Schalen zylindrisch, mit flachen bis schwach konvexen, am Rande stark abgerundeten Disci (woraus breite, aber weniger tiefe Pseudosulci resultieren), die fast parallelen Mantellinien der einzelnen Schalen sind nur leicht nach innen durchgebogen (Fig. 7: 2), die Zellen haben die Form von Büchsen wie bei *Melosira varians*.

Beim Morphotyp juergensii (Fig. 7: 3–9) dagegen sind die Schalen glockenförmig und besitzen als Endflächen stark konvexe Disci (mit breiten und sehr tiefen Pseudosulci), die kontinuierlich in die innen und außen parallelen, stark nach innen durchgebogenen Mantelwände übergehen (Fig. 7: 4, 7, 9).

Bei beiden Morphotypen sind die Zellen durch Gallertpolster zu eng geschlossenen bis etwas lockeren Ketten verbunden, beim Morphotyp orichalcea sind die Polster breit, beim Morphotyp juergensii sind sie dagegen oft nur auf die Schalenmitten begrenzt. Durchmesser 6–40 μm, Mantelhöhe 13–23 μm. Das Verhältnis von Mantelhöhe zu Durchmesser ist sehr unterschiedlich, es liegt bei beiden Morphotypen zwischen etwa 0,4 bis 2. Der Gürtel besteht aus 2–3 Bändern, von denen zumindest eines offen ist. Sie sind so zart gebaut, daß ihre Begrenzung im LM fast nicht zu erkennen ist (Fig. 7: 3). Bei den meisten Ketten besitzen die Schalen noch keine vollständigen Gürtel, sondern die Tochterzellen werden von den langen Gürteln der Mutterzellen eingehüllt (Fig. 7: 2, 4–9).

Feinstruktur: Diskusfläche fein punktiert, die Punkte sind im mittleren Bereich zerstreuter, in einem marginalen Ring dagegen stärker konzentriert. Die Mantelfläche ist gleichmäßig mit unregelmäßig verteilten Punkten ornamentiert, bei Morphotyp juergensii zumeist deutlicher (Fig. 7: 3, 8), als bei Morphotyp orichalcea (Fig. 7: 1). Die Ornamentierung des Gürtels ist im LM nicht zu erkennen. Die Auxosporen sind linsenförmig und besitzen keinen Nabel. Struktur und Form beschreibt Crawford (1978).

Im REM zeigen beide Schalentypen aus einer Kette eine ähnliche Ausbildung der Feinstruktur ihrer Oberflächen. Auf der Mantelfläche sind feinere und gröbere Granula unregelmäßig verteilt, dazu kommen unregelmäßig angeordnete äußere Öffnungen von Rimoportulae. Die Schalenwände selbst sind nach einer Sandwich-Bauweise mit Außen- und Innenwänden und dazwischenliegendem Rippengerüst geformt, das die Trennwände für die Areolen bildet. Der Diskus hat marginal einen schwach ausgebildeten Kragen. Die Gürtelbänder zeigen die auch von Hustedt (1928) schon erwähnte zarte, pervalvar verlaufende Streifung, es kommen über 40 Str. auf 10 μm (die bei Hustedt 1928 angegebene Zahl von 28/10 konnte im REM nicht bestätigt werden), die Str. haben pervalvar etwa ebensoviele Punkte/10 μm.

Verbreitung: Kosmopolit. Verbreitet und häufig im Brackwasser der Küstengebiete als benthische Aufwuchsform, geht in der Ostsee bis in den Bottnischen Meerbusen. Im Binnenland in Salinen (Bad Kreuznach), sie war häufig im früheren Salzigen See bei Halle.

Die Art ist eindeutig durch Schalenform, Feinstruktur und Vorkommen gegen benachbarte Arten abgegrenzt. Crawford (1978) diskutiert ausführlich die dimorphe Erscheinungsform der Art, ihre Morphologie und Taxonomie. Irrtümliche Angaben finden sich in der Literatur zur Schalenmorphologie. Hustedt (1928 p. 239) ist der Meinung, daß die äußere Mantellinie (bei Morphotyp juergensii) gerade, die innere leicht wellig verbogen, und die Zellwand daher von verschiedener Stärke sei. Eine gleiche Ansicht vertritt Crawford (1978). Der Irrtum kommt davon, daß bei (unzureichender) Fokussierung und Abbildung im LM die Gürtel der Mutterzellen mit den Schalenwänden «verwachsen», wodurch dann auf der Außenseite eine gerade, auf der Innenseite eine gewellte Schalenwand vorgetäuscht wird (vgl. Fig. 7: 3, 4). Tatsächlich ist auch beim Morphotyp juergensii die Zellwand überall gleich dick.

Im Bottnischen Meerbusen existieren Übergangsformen zwischen den beiden Morphotypen, die in Cleve & Möller 237 vorliegen und die Grunow (1881) als *Melosira bottnica* bezeichnet hat. Ihre Zellen liegen in der Ausbildung der Disci und Schalenwände zwischen den Morphotypen juergensii und orichalcea. Mit letzterer kann leicht *Melosira hustedtii* Krasske 1939 verwechselt werden, die in stehenden und fließenden Binnengewässern in Chile verbreitet und oft häufig ist, und von Foged (1971) auch in Thailand gefunden wurde. Sie unterscheidet sich nur dadurch, daß der Diskus marginal einen Kranz unregelmäßig angeordneter Dörnchen besitzt. Es ist sehr wahrscheinlich, daß dieses Taxon in die Synonymie von *M. lineata* gehört.

4. Melosira nummuloides (Dillwyn) Agardh 1824 (Fig. 8: 1–8)

Conferva nummuloides Dillwyn 1809; *Melosira salina* Kützing 1844

Zellen länglich-elliptisch bis kugelförmig mit stark konvexen, runden Endflächen, durch Gallertpolster (Fig. 8: 8) zu längeren Ketten verbunden, Durchmesser 9–42 µm, Mantelhöhe 10–14 µm. Verhältnis von Mantelhöhe zu Durchmesser 0,4–1. Der mehr oder minder kurze zylindrische Mantel mit parallelen Außen- und Innenseiten geht kontinuierlich in die halbkugelförmigen Disci über, die Pseudosulci reichen bis zur Schalenmitte und sind außen sehr breit. Zellwand mäßig dick, in Mantel- und Diskusbereich überall gleich. Marginal an den Disci stark entwickelte Kragen, die sich bei benachbarten Zellen nicht berühren.

Feinstruktur: Diskusflächen fein punktiert, im Zentrum findet sich ein Ring von Rimoportulae, umgeben ist das Zentrum von einem Ring von Verbindungsdörnchen («Corona») die ihrerseits die Gallertpolster zwischen den benachbarten Schalen begrenzen. Zwischen der Corona und dem Kragen liegt ein breiter Ring, der mit zahlreichen, unregelmäßig verteilten Granules bedeckt ist. Die Mantelfläche ist mit leicht welligen Querreihen von Punkten ornamentiert, etwa 18–20/ 10 µm. Die kugeligen, nabellosen Auxosporen (Fig. 8: 6) besitzen eine ähnliche Feinstruktur wie die vegetativen Schalen.

Im REM zeigt sich eine sehr komplizierte Oberflächenstruktur von Diskus und Mantel. Sie ist ausführlich beschrieben und diskutiert bei Crawford (1973, 1975, a, b, 1979).

Verbreitung: Kosmopolit. Häufig als Aufwuchs in Brack- und Meerwasser, den Salinen des Binnenlandes (z. B. Artern, Bad Kreuznach) oder Brackwassergebieten des Binnenlandes (z. B. massenhaft in der Albufereta, Mallorca).

Form der Schalen und der großen Kragen sind eindeutige Abgrenzungsmerkmale. Zur Morphologie und ihre Auxosporenbildung siehe u. a. Helmcke & Krieger (1952), Rieth (1953), Crawford (1973, 1974, 1975, 1981).

5. Melosira dickiei (Thwaites) Kützing 1849 (Fig. 9: 1–13)

Orthoseira dickiei Thwaites 1848

Zellen zylindrisch mit ganz flachen Disci, zumeist zu 2–4 zu geschlossenen Ketten verbunden (Fig. 9: 1–6). Pseudosulkus nur marginal schwach angedeutet. Durchmesser 10–20 µm, Mantelhöhe 7–10 µm. Verhältnis von Mantelhöhe zu Durchmesser zumeist zwischen 0,5 und 0.7. Mantel mit geraden Außenseiten, die Innenseiten der Schalen nehmen dagegen vom distalen Ende des Schalenmantels zum Diskus hin gleichmäßig zu und am Diskus zum Zentrum des Diskus hin wieder gleichmäßig ab (Fig. 9: 1–3, 5). Insgesamt ist die Zellwand relativ dick (Fig. 9: 12).

Feinstruktur: Diskusflächen fein punktiert, häufig im zentralen Bereich eine Gruppe von kleinen Verbindungsdörnchen (Fig. 9: 10), aber auch abweichende Strukturtypen sind nicht selten (Fig. 9: 9–13). Struktur der Mantelfläche im LM nicht auflösbar. Die Art bildet in großem Umfang innere Schalen (Fig. 9: 6–8).

Verbreitung: Bisher nicht häufig beobachteter Kosmopolit aerischer Standorte (überrieselte Felsen, Flußufer). Die Art bevorzugt die gleichen Standorte wie *Orthoseira roeseana*, mit der sie nicht selten gemeinsam vorkommt (und die ebenfalls häufig innere Schalen ausbildet).

Schalenbau und die regelmäßig vorhandene Bildung innerer Schalen weisen immer eindeutig auf diese Art hin. Hustedt (1952) hat von den Felsen des Tafelberges / Südafrika mit *Melosira robusta* eine ähnliche aerophile Art beschrieben, die ebenfalls innere Schalen ausbildet. Nach Hustedt soll der Unterschied zu *M. dickiei* darin bestehen, daß *M. robusta* stark konvexe Disci und deshalb große Pseudosulci besitzt, außerdem wird sie fast doppelt so breit wie *M. dickiei* (vgl. dazu Simonsen 1987 Fig. 575: 1–6).

2. Orthoseira Thwaites 1849

Typus generis: *Melosira americana* Kützing 1844

Die Gattung ist vor allem durch ihre radial areolierten Disci charakterisiert, die an Schalen von *Cyclotella* erinnern. Eine Anzahl Arten um *O. roeseana* besitzen zusätzlich in der Mitte des Diskus große Flecken, Carinoportulae, die vielleicht Funktionen bei der Verbindung der Zellen zu Ketten besitzen. Ob *Melosira arentii* und *Melosira undulata* hierher gehören, bleibt einstweilen fraglich, beide besitzen wohl nur vordergründig ähnliche Strukturen der Schalenflächen wie der Roeseana-Kreis, der Bau der Schalenmäntel und Zellgürtel weicht aber stark ab. Nicht nur in dieser Hinsicht hat *M. arentii* wahrscheinlich doch mehr gemeinsam mit *Cyclotella* und die von Nagumo & Kobaysi (1977) vorgenommene Überführung ist durchaus problematisch. Aber wie immer wenn eine Gattung in mehrere neue zerteilt wird, bleiben Taxa übrig, die sich nur schwer eingruppieren lassen. Um ohne ausreichende Erkenntnisse nicht neue Synonyme zu produzieren, wurde einstweilen von (der einfachsten aber auch wenig sinnvollen Lösung) einer Neukombination der beiden genannten Taxa abgesehen und sie der Gattung *Orthoseira* als «Bestimmungsgruppe» zugeordnet, da sie durchaus ähnliche Strukturmerkmale am Diskus aufweisen.

Wichtige Literatur: Crawford (1981), Round, Crawford & Mann (1990)

Bestimmungsschlüssel für die Arten

2b Mantel relativ hoch (Fig. 6: 6–8) . . . . **6. Melosira undulata**
3a Bei Fokussierung «hoch» am Diskus marginal 4–6 große, helle Flecke
   (Fig. 11: 6–9) . . . . **3. O. dendrophila**
3b Ohne helle Flecke 4
4a Gürtelbänder am Rande mit Reihe deutlicher Punkte, Carinoportulae sehr
   klein (Fig. 12: 8–12) . . . . **4. O. circularis**
4b Gürtelbänder unregelmäßig punktiert 5
5a Verbindungsdornen kurz (Fig. 10: 1–11; 11: 1–4) . . . . . . **1. O. roeseana**
5b Verbindungsdornen lang (Fig. 12: 1–7) . . . . **2. O. dentroteres**

1. Orthoseira roeseana (Rabenhorst) O'Meara 1876 (Fig. 3: 5, 6; 10: 1–11; 11: 1–4; 13: 9)

Melosira roeseana Rabenhorst 1852 Nr. 382, 1853; *Orthosira spinosa* W. Smith 1855; (?) *Sphenosira epidendron* Ehrenberg 1848; *Melosira roeseana* var. *epidendron* (Ehrenberg) Grunow in Van Heurck 1882 *Liparogyra spiralis* Ehrenberg 1854; *Melosira roeseana* var. *spiralis* (Ehrenberg) Grunow in Van Heurck 1882

Zellen zylindrisch mit flachen, marginal gerundeten Endflächen, zu längeren, eng geschlossenen Ketten verbunden. Schalendurchmesser 8–70 μm, Mantelhöhe der Schalen 6–13 μm, Verhältnis von Mantelhöhe zu Durchmesser meist kleiner als 1, im allgemeinen zwischen 0,5 und 0,7. Diskus- und Schalenmantel relativ dünn, die Außen- und Innenseite der Schalenwände verlaufen parallel, zumeist verbreitert sich der Schalenmantel zu seinem distalen Ende hin etwas konisch, zwischen Epi- und Hypotheka verschmälert er sich zu einer sulkusartigen Furche. Der Diskus schließt sich mit einer breiten Rundung an den Schalenmantel an, so daß ein deutlicher, aber relativ flacher Pseudosulkus zwischen den benachbarten Schalen entsteht. Verbindungsdornen relativ klein, ihre Form ist im LM kaum erkennbar. Der Gürtel besteht aus einer geschlossenen Valvocopula und mehreren offenen Gürtelbändern mit einem abgerundeten Schlitz auf der einen Seite und einer Ligula auf der gegenüberliegenden Seite, beide auch im LM gut sichtbar (Fig. 10: 8, 9).

Feinstruktur: Diskusflächen fein punktiert, die Punkte sind in radialen Str. angeordnet, 14–20/10 μm, zwischen längeren Porenreihen stehen in unregelmäßiger Folge kürzere. Im Zentrum eine porenfreie Area in der sich 2–4 runde Flecke (Carinoportulae) befinden. Der Mantel ist deutlich punktiert, 19–28/10 μm, die Punkte stehen in geraden Str. parallel zur Pervalvarachse und werden zum Diskus hin im allgemeinen etwas größer, ihre Dichte liegt bei 18–25/10 μm. Am Mantelrand liegen 7–9 relativ kurze Verbindungsfurchen («Dornen»)/10 μm. Die Auxosporen sind halbkugelförmig, ihre Oberfläche ist ähnlich strukturiert wie diejenige der Disci der vegetativen Zellen.

Im REM erweisen sich die Carinoportulae als die äußeren Öffnungen von Processi, die «Verbindungsdornen» bei der Nominatvarietät sind radial angeordnete Furchen und Leisten, die vom Mantel bis in die Diskusfläche verlaufen und wie Nut und Feder ineinandergreifen (Fig. 3: 3, 4; 13: 9). Konstruktionsmäßig haben wir hier die gleichen Verhältnisse wie bei *Ellerbeckia* (intaglio valve und relief valve bei Crawford 1979).

Verbreitung: Wahrscheinlich Kosmopolit, aber überall selten in aerischen Standorten (überrieselte Felsen, Moose, feuchte Bäume, Bach- und Flußufer). Häufiger in bergigen Gegenden als in der Ebene. Stellenweise bildet sie in feuchten Grotten bräunlich-gelbe Überzüge.

Die Art läßt sich sowohl in Gürtel- als auch in Schalenansicht sehr leicht durch die oben genannten Merkmale von allen übrigen Arten der Gattung *Melosira* (im

bisherigen Sinne) unterscheiden. Unter Umständen könnte man einen Diskus als eine *Cyclotella* ansprechen, die deutlichen, kreisrunden Flecken im Zentrum weisen aber immer auf *O. roeseana* hin.
Durch die relative Seltenheit der verschiedenen Varietäten sind die meisten vorliegenden Untersuchungen über die Variationsbreite der einzelnen Parameter der Merkmale äußerst unvollständig, die vorliegenden wurden an wenigen (aber sehr umfangreichen) Populationen gewonnen, allen voran von der Typenpopulation aus Thüringen. Dagegen ist über die ökologische Variabilität wenig bekannt. Auch kennen wir noch nicht mit ausreichender Genauigkeit die Variabilität der Abgrenzungsmerkmale zwischen der vorliegenden und den folgenden drei Arten. Sie finden sich z. B. auch in Proben nebeneinander, ihre Beziehungen zueinander erfordern weitere Aufklärung. Normalerweise sind keine Übergänge zwischen ihnen vorhanden (vgl. Schoeman 1973). Var. *spiralis* (Ehrenberg) Grunow 1882 (Fig. 11: 3, 4) ist eine «Häutungsstruktur» im Sinne von Stosch (1967), in den gleichen Materialien findet man auch häufig *Melosira dickiei* mit inneren Schalen. Beide Strukturen dienen zur Stabilisierung der Schalenwände bei der Austrocknung. Die Form kann nicht benannt werden.
Seit Ross (1947) ohne Untersuchung irgendeines Typenmaterials dem Namen *Melosira dendroteres* var. *roeseana* Priorität zugeschrieben hat, bewegt sich die Nomenklatur im Bereich des vorliegenden Taxons in einer zunehmenden Instabilität. Ehrenberg hat alle hierher gehörenden Namen unbebildert veröffentlicht und bis auf *Porocyclia dendrophila* Ehrenberg 1848 weiß niemand, welche Varietäten oder Formen aus dem Roeseana-Kreis Ehrenberg mit seinen verschiedenen Namen gemeint hat. Es fehlt auch die Untersuchung von Ehrenbergs Typen (wenn dies überhaupt aufgrund der unzureichenden Protologe sinnvoll sein sollte). Verifiziert ist einstweilen nur der Name *roeseana* auf der Basis des Typenmaterials Rabenhorst Nr. 383.

2. **Orthoseira dendroteres** (Ehrenberg) Crawford (Fig. 11: 5; 12: 1–7)

(?) *Lyparogyra dendroteres* Ehrenberg 1848; *Melosira roeseana* var. *dendroteres* (Ehrenberg) Grunow in Van Heurck 1882, fig. 9, 12, 13

Zellwände sehr ähnlich wie bei *O. roeseana*, die Disci besitzen aber marginal einen Kranz mit langen Verbindungsdornen, die Zellen bilden daher lockere Ketten, Disci etwas konvex, Pseudosulci sehr breit und tief. Durchmesser 8–27 µm, Mantelhöhe 6–22 µm. Der Schalenmantel ist fast so hoch wie breit, eine sulkusartige Einschnürung der Schalen ist unterschiedlich tief. Pervalvarstr. um 20/10 µm. Punkte auf den Mantelstr. 19–28/10 µm, Punkte auf den Radialstreifen des Diskus 15–20/10 µm. Die Punkte auf dem Mantel sind alle gleich groß.

Verbreitung: Kosmopolit in aerischen Standorten, identisch mit dem Vorkommen von *O. roeseana* (siehe oben).

Das deutlichste Unterscheidungsmerkmal zu *O. roeseana* sind die langen Verbindungsdornen und die damit im präparierten Zustand locker stehenden Zellen (Fig. 12: 1). Dementsprechend haben die Disci auch keine randständigen Radialrippen wie bei *O. roeseana*, sondern die Areolenreihen verlaufen bis zum Diskusrand. Ebenso wie *O. roeseana* bildet auch die vorliegende Art Spiralis-Formen aus.

3. **Orthoseira dendrophila** (Ehrenberg) Crawford (Fig. 11: 6–9)

Porocyclia dendrophila Ehrenberg 1848 (sensu *Porocyclia dendrophila* Ehrenberg 1872 fig. 2: 21–25); *Melosira roeseana* var. *dendroteres* f. *porocyclia* Grunow 1882 (fig. 89: 11); *Melosira roeseana* var. *epidendron* f. *porocyclia* Grunow in Van

Heurck 1882, (Fig. 89: 19, 20); *Melosira dendrophila* (Ehrenberg) Ross & Sims 1978

Bau der Frustel und Kettenbildung ähnlich wie bei *O. roeseana* (siehe oben) aber Diskusrand mit Gruppen dreieckiger, spitzer Dornen, die mit dornenlosen, areolierten Flächen alternieren. Je nach Größe des Diskus bleiben marginal 4–8 Felder frei von Dornen. Im LM ist diese Struktur leicht daran zu erkennen, daß bei hoher Fokussierung diese Struktur als helle Beugungsscheiben aufleuchtet (Fig. 11: 6). Durchmesser 17–65 µm, Mantelhöhe 14–27 µm, am Diskus 11–14 Areolen / 10 µm auf den radialen Str., am Mantel 13–18 Areolen / 10 µm.

Vorkommen: Bisher nur wenige Funde (u. a. Schottland).

Von anderen Arten der Roeseana-Gruppe unterscheidet sich die Art eindeutig durch die hellen, areolierten Flecken am Schalenrand.

4. Orthoseira circularis (Ehrenberg) Crawford (Fig. 12: 8–12)

Liparogyra circularis Ehrenberg 1848; *Stephanosira hamadryas* Ehrenberg 1848; *Melosira roeseana* var. *hamadryas* (Ehrenberg) Grunow 1882

Der Bau der Frustel und die Form der Zellketten entsprechen *O. roeseana* (siehe oben), Durchmesser 10–24 µm, Mantelhöhe 6–12 µm. Die Diskusfläche ist ähnlich strukturiert wie bei letzterer, allerdings sind die Carinoportulae wesentlich kleiner und stehen in einer Gruppe mit einigen größeren Dörnchen. Zwischen dieser Gruppe und den marginalen, mehr oder weniger unregelmäßig angeordneten radialen Areolenreihen liegt zumeist eine unterschiedlich breite, unregelmäßige hyaline Area, auf den Str. 14–16 Areolen. Am Mantel 9–22 pervalvare Str. / 10 µm mit 18–22 Areolen / 10 µm, alle im LM gleich. Die Gürtelbänder haben alle an ihrem Rand eine deutliche Porenreihe, die Poren sind wesentlich größer als die Mantelareolen.

Vorkommen: Die wenigen authentischen Funde lassen kaum genaue Angaben zu.

5. Melosira arentii (Kolbe) Nagumo & Kobayasi 1977 (Fig. 13: 1–8)

Cyclotella arentii Kolbe 1948

Zellen zylindrisch mit flachen bis schwach konvexen, am Rand etwas abfallenden Disci, die im Zentrum auch leicht konkav sein können, zumeist als Einzelzelle lebend, seltener zu geschlossenen Ketten von 2–5 Frusteln verbunden, Durchmesser 9–18 µm, am häufigsten um 14 µm, Mantelhöhe 3–5,5 µm. Verhältnis von Mantelhöhe zu Durchmesser 0,15–0,5. Mantellinien parallel, gerade bis leicht nach außen konvex verlaufend. Pseudosulkus je nach Konvexität der Schalenflächen nur angedeutet oder relativ stark ausgebildet. Zellwand relativ dick. Die Verbindungsdornen bilden marginal am Diskus einen geschlossenen Kranz (12–16 / 10 µm) sie sind borstenförmig und lang, und bei günstiger Lage der Schalen auch im LM gut zu erkennen. Ihr Ansatz liegt bereits fast auf der Mantelfläche, so daß sie am besten in Gürtelansicht erkennbar sind. Der Gürtel besteht im allgemeinen aus 3 Bändern; während das Verhältnis von Höhe zu Durchmesser bei Zellen ohne Gürtel im allgemeinen nur zwischen 0,5 und 1 liegt, sind Zellen mit mehreren Gürtelbändern länglich gestreckt. Allerdings werden in den meisten Proben nur sehr selten Ketten gefunden, die Zellen mit Gürtelbändern enthalten, zumeist liegen gürtellose Zellen vor.

Feinstruktur: Auf der Diskusfläche können immer deutlich zwei unterschiedlich ornamentierte Zonen unterschieden werden, eine zentrale und eine marginale,

wobei letztere etwa ⅔ des Radius umfaßt. Die Marginale Zone enthält zarte, deutlich punktierte, radial verlaufende Str., am Rand 21–24/10 µm mit 30–36 Punkten/10 µm. In der Randzone sind diese Radialstreifen häufig dichotom geteilt, häufig sind auch kürzere Str. eingeschoben. Das durch einen Kreis von Punkten von der marginalen Zone abgetrennte Mittelfeld ist entweder mit unregelmäßig verteilten Punkten ornamentiert oder (häufiger) sind die Punkte in geraden Linien angeordnet, deren Punkte ziemlich regelmäßig dekussiert (in Quincunx) zueinander stehen, so daß dann tangentiale und radiale Reihen vorhanden sind; in der Randzone des Mittelfeldes sind sie häufig auch in konzentrischen Kreisen angeordnet. Dichte der Punkte und Punktreihen im Mittelfeld 22–25/10 µm. Mantelfläche zart punktiert, Punkte in pervalvar verlaufenden Reihen, um 22/10 µm, Punkte 20–22/10 µm.
REM-Bilder bei Nagumo & Kobayasi (1977) zeigen kaum Erkenntnisse, die über die aus LM-Bildern gewonnenen hinausgehen.

Verbreitung: Wahrscheinlich Kosmopolit, da Fundorte in Europa und Japan vorhanden sind. In Europa planktisch in dystrophen bis mesotrophen Seen Schwedens, Irlands und Schottlands, stellenweise häufig, sonst selten. Nach Kolbe (1948) in einigen fossilen schwedischen Sedimenten massenhaft.

M. arentii ist eine bisher seltener gefundene und deshalb wenig untersuchte Art, die durch die charakteristische Struktur des Diskus mit keiner anderen verwechselt werden kann. Zur Ökologie machte Foged (1972) auf Grund einiger Funde in Irland Angaben. In den untersuchten Sphagnum- und Lobelia-Seen maß er pH-Werte zwischen 4,8 und 5,5. Kolbe (1948) beschrieb die Art in der Gattung *Cyclotella* mit dem Hinweis auf eine etwas unsichere Zuordnung zu dieser. Nagumo & Kobayasi (1977) glaubten, daß die Merkmalskombination von *O. arentii* besser bei *Melosira* aufgehoben ist. Ihr sehr niedriger Mantel und ihre unterschiedliche Schalenstruktur im Mittelbereich und am Rand der Schale zeigen mehr Merkmalsähnlichkeiten mit *Cyclotella* als mit *Melosira* oder einer anderen Gattung aus dem Kreis von *Melosira* sensu lato. In die Orthoseira-Gruppe wurde sie gestellt, weil sie mit *Melosira* sensu *stricto* mit Sicherheit nichts gemein hat, die Schalenfläche dagegen eine ähnliche Struktur wie die übrigen *Orthoseira*-Arten aufweist. Eine endgültige Zuordnung erfordert weitere Untersuchungen.

6. Melosira undulata (Ehrenberg) Kützing 1844 (Fig. 6: 6–8)
Gallionella undulata Ehrenberg 1840

Zellen zylindrisch mit flachen Endflächen, zu verschieden langen, eng geschlossenen Ketten verbunden, Durchmesser 16–80 µm, Mantelhöhe 20–35 µm. Verhältnis von Mantelhöhe zu Durchmesser bei Post-Erstlingzellen um 0,5 bis über 1 bei späten Teilungsstadien. Mantel mit geraden Außenseiten und gewellten Innenseiten, Mantelwand daher unterschiedlich dick. Diskus flach, am Rande fast eckig, Pseudosulkus daher kaum vorhanden.
Feinstruktur: Diskusflächen fein punktiert, die Punkte in radialen, zum Rande hin dichotom verzweigten Str. angeordnet, im Zentrum eine kleine, runde, areolenfreie Area in deren Mitte sich einige Processi befinden. Mantelfläche mit 13–17 Porenreihen/10 µm parallel zur Pervalvarachse. Unterhalb des Diskus sind am Mantel als dunkle Punkte einige Lippenfortsätze erkennbar (Fig. 6: 7).

var. undulata (Fig. 6: 6, 7)
Innere Mantelwand im Querschnitt kreisrund; Streifen auf den Disci radial angeordnet.

var. normanii Arnott in Van Heurck 1882 (Fig. 6: 8)

Innere Mantelwand im Querschnitt ein Achteck; Streifen auf den Disci in radialen Spiralen angeordnet.

Verbreitung: Beide var. sind kosmopolitische Bodenformen. Var. *undulata* rezent vor allem in Süßwasser-Binnengewässern der Tropen, nach Germain (1981) wurde sie auch in Frankreich gefunden (Seen in den Landes), fossil in tertiären Ablagerungen Europas, var. *normanii* sehr selten im Süßwasser, z. B. im Lojosee, Finnland (nach Hustedt Präp. A2/12); im Sediment des Ruby Lake, Minnesota, USA (Camburn & Kingston 1986).

Die Strukturierung der Disci und des Mantels, sowie die Form der Schalenwände grenzen die Art gut ab. Nach O. Müller (1890) soll sie sich durch Anwachsen anderer Ketten auch seitlich verzweigen. Dabei produzieren die Endzellen der Ketten lange Gallertfäden, mit denen sie sich an benachbarten Ketten, Steinen oder Pflanzen befestigen. Ob sich die beiden Varietäten eindeutig abgrenzen lassen, müssen zukünftige Untersuchungen zeigen, was bei dem seltenen Auftreten von var. *normanii* auf gewisse Schwierigkeiten stößt. Auch diese Art ist nicht ohne weiteres in die aktuellen vier Gattungen einzuordnen, in die *Melosira* sensu lato aufgegliedert wurde. Da sie von der Struktur der Schalenfläche am meisten Ähnlichkeit mit den *Orthoseira*-Arten aufweist wurde sie einstweilen aus Bestimmungsgründen hierher gestellt.

3. **Ellerbeckia** Crawford 1988

Typus generis: *Melosira arenaria* Moore ex Ralfs 1843; Präp. B.M. 81496

Zellen breit zylindrisch, Durchmesser wesentlich größer als die Höhe, lange eng geschlossene Ketten bildend, Schalenwände sehr dick, von komplizierter Struktur und völlig abweichend gebaut von allen anderen Arten der bisherigen Großgattung *Melosira*. Die Innenseite der Mantelwand (Fig. 15: 3) ist durchbrochen von rechteckigen, mehr oder weniger regelmäßig angeordneten Kammern, die Außenseite (Fig. 3: 7) ist mit einer schwer zu deutenden Struktur bedeckt, zwischen der Poroide unregelmäßig verteilt sind. Areolen auf der Schalenfläche fehlen, dagegen sind die Schalen mit einer Intaglio- (Fig. 14: 1, 2) oder einer Reliefstruktur (Fig. 15: 4, 5) versehen. Im Mantel der Reliefschalen befinden sich Absätze, in welche die Copulae der benachbarten Zellen hineingreifen. Das Cingulum besteht aus zwei Copulae und einer geschlossenen Valvocopula. Benthische Süßwasserform, rezent und fossil. Eine Art, weitere hierher gehörende Formen müssen überprüft werden.

Wichtige Literatur: Hustedt (1927), Rieth (1940, 1953), Helmcke & Krieger (1974), Crawford (1975, 1979, 1981, 1984, 1988), Evans (1964), Huang (1984).

1. **Ellerbeckia arenaria** (Moore) Crawford 1988 (Fig. 3: 6; 14: 1–5, 15: 1–5)

Melosira arenaria Moore Mskr., Ralfs 1843

Zellen kurz-zylindrisch, trommelförmig mit flachen Endflächen, zu längeren, eng geschlossenen Ketten verbunden, Durchmesser 38–135 µm, Mantelhöhe 10–15 µm. Verhältnis von Mantelhöhe zu Durchmesser im allgemeinen um 0,2 oft auch kleiner. Mantel mit geraden Außenseiten und gekurvten Innenseiten, die kräftige Zellwand wird zu den Disci hin wesentlich dicker (Fig. 14: 4). Disci dünnwandig, flach, nur im kreisförmigen Mittelteil greifen die benachbarten

Zellen durch konkave/konvexe Mulden bzw. Erhebungen ineinander (Fig. 14: 4). Der gewölbte Zentralbereich der Disci ist besonders in Gürtelansicht gut zu erkennen, wenn man (besonders bei schwächerer Vergrößerung) auf den Schalenrand fokussiert (Fig. 14: 3, 4). Je nach Apertur ist dann entweder ein deutlich abgegrenzter, hell leuchtender Mittelteil sichtbar (Fig. 14: 3), oder es sind den Mittelteil begrenzende Schattenlinien (Fig. 14: 4) zu sehen. Ein Pseudosulkus fehlt oder ist nur ganz schwach angedeutet. Die Verbindungsdornen sind groß, sie bilden einen marginalen Kranz und sind auch im LM gut zu erkennen (Fig. 15: 1). Der Gürtel ist sehr schmal, im LM aber bei Fokus auf die Schalenoberfläche durch eine deutliche Sutur (Fig. 15: 1, 2) gegen den Schalenmantel abgegrenzt. Diese Suturlinie ist gleichzeitig auf der jeweils älteren Zelle die Querlinie, an welcher der von Hustedt (1928) beschriebene «Verdickungsring» beginnt, den Crawford (1988) sehr instruktiv erläutert hat.

Feinstruktur: Disci unterschiedlich strukturiert, bei f. *arenaria* gibt es zwei verschiedene Schalenformen, bei f. *teres* nur eine (siehe unten). Die Mantel- und Gürtelflächen sind regelmäßig punktiert, die Punkte sind in Quincunx in drei sich kreuzenden Streifensystemen angeordnet, pervalvar liegen etwa 20–26 Str./ 10, auf den Querstr. befinden sich meist mehr als 30 Punkte/10 μm.

f. arenaria (Fig. 14: 1–5, 15: 1–4)

Disci abwechselnd mit «Intaglio-» und «Relief»-Struktur, Pseudosulci nicht vorhanden.

f. teres (Brun) Crawford 1988 (Fig. 15: 5)
Melosira teres Brun in A. Schmidt & al. 1892

Alle Disci nur mit einem marginalen Ring von Rippen und Furchen, Intaglio- und Relief-Schalen also gleich aussehend. Innerhalb des marginalen Furchenringes sind die Disci unregelmäßig granuliert. Pseudosulci schwach ausgebildet.

Verbreitung: Beide f. sind Kosmopoliten. F. *arenaria* in aerischen Biotopen (überrieselte Felsen und Steine), im Litoral verschiedener Gewässer, in Gebirgsbächen verbreitet und stellenweise massenhaft, aber nicht häufig. F. *teres* bisher nur fossil gefunden, in manchen Ablagerungen häufig.

Beide Formae können mit keiner anderen der hier diskutierten Taxa verwechselt werden, allerdings erfordert die von Pantocsek (1892) fossil aus Ungarn beschriebene *Melosira kochii* weitere Untersuchung, ob sie zum Bereich der f. *teres* gehört oder ein davon unabhängiges Taxon ist.

Im REM (vgl. dazu Helmcke & Krieger 1974, Crawford 1975, 1979, 1981, 1984) zeigen beide formae eine sehr komplizierte Struktur, insbesondere bei den Schalenwänden (Fig. 12: 3). Einige Aspekte davon wurden bei Crawford (1988) diskutiert. Aber auch diese Untersuchungen konnten keine restlose Klärung bringen, ob und wie *E. arenaria* und *E. teres* taxonomisch zusammenhängen. Crawford zeigte nämlich, daß bei *E. arenaria* die Schwesterschalen unterschiedlich strukturiert sind. Bei den Schalen mit konvexen Disci im Mittelteil (Intaglio-Schale nach Crawford) liegen am Rand radiale Rippen, die zum Zentrum hin schmaler und flacher werden, das konvexe Mittelteil ist mit einer unregelmäßigen Reliefstruktur bedeckt (Fig. 14: 1, 2). Die Schalen mit konkavem Mittelteil (Relief-Schalen nach Crawford) besitzen dagegen nur marginal einen Kranz von Rippen und dazwischenliegenden Furchen (Fig. 15: 5), die Furchen aneinandergrenzender Disci alternieren mit den Rippen der Nachbarschalen und verbinden zusätzlich zu den Verbindungsdornen die Schalen miteinander. Die Zellwände von *E. teres* sind bis auf einige Abweichungen im Bau des Schalenmantels ähnlich gebaut, die Disci sind aber alle so strukturiert, wie die Relief-Schalen von

E. arenaria, es sind also nur «Relief-Schalen» vorhanden. Crawford fand darüber hinaus im REM einige weitere morphologische Unterschiede (z. B. bei var. *arenaria* nur Fortsätze mit 2 Poren, bei var. *teres* nur solche mit 4 Poren und gewisse Unterschiede im Bau des Mantels). Seine Untersuchungsergebnisse ließen Crawford (1988) daran zweifeln, daß *E. arenaria* und *E. teres* zwei getrennte Arten wären, er hatte aber Bedenken, *E. teres* in die Synonymie zu verlegen. Er schlug deshalb vor, beide als forma von *arenaria* zu führen. Es ist deshalb darauf zu achten, daß im LM die Relief-Schalen der f. *arenaria* (Fig. 15: 5) den Schalen der f. *teres* (Fig. 15: 4) zum Verwechseln ähnlich sehen. Bei rezenten Proben wird es sich so gut wie immer um die f. *arenaria* handeln, und man wird beide Schalentypen finden. Bei fossilen Proben dagegen weisen Proben mit dem Relief-Schalentyp auf die f. *teres* hin.

4. Aulacoseira Thwaites 1848

Typus generis: *Melosira crenulata* Kützing 1844

Alle Arten der vorliegenden Gattung besitzen am distalen Mantelende ein Collum mit Ringleiste und sind damit leicht von allen anderen kettenbildenden Arten zu unterscheiden.

Wichtige Unterscheidungskriterien sind der Schalenbau (Ausbildung von Diskus, Mantel mit Collum, Ringleiste, Sulcus, Pseudosulcus), die Feinstruktur von Diskus und Mantel und die Ausbildung der Verbindungsdornen. Manche Beobachter sprechen sich gegen die Verwendung der Verbindungsdornen als taxonomisches Merkmal aus. Es werden aber nur rein typologische Gründe dagegen vorgebracht und auch der Einwand, die Form würde vom osmotischen Druck der Umgebung abhängen, ist wenig stichhaltig. Zum einen haben die hier zu diskutierenden *Aulacoseira*-Arten fast alle eine relativ eng definierte Autökologie und sind damit kaum großen osmotischen Unterschieden ausgesetzt, zum anderen zeigen alle intensiven Untersuchungen an Proben, die von sehr verschiedenen Orten stammen, eine überraschend geringe Variabilität in der spezifischen Form der Verbindungsdornen. Bei *A. crenulata*, *valida*, *subarctica*, *ambigua*, *alpigena*, *lirata* und anderen Arten sind die Verbindungsdornen gute Differentialmerkmale. Vorsicht ist allerdings dort geboten, wo Trennzellen und Normalzellen unterschiedlich geformte Verbindungsdornen besitzen (z. B. bei *A. ambigua*).

Haworth (1988) schlägt vor, der Diskusstruktur als Abgrenzungsmerkmal ein größeres Gewicht als bisher zu geben, traditionell hätten die Mantelstrukturen ein Übergewicht bei der Auswahl der Merkmale. So lange allerdings keine ausführlichen Untersuchungen über die Variabilität der Diskus-Strukturen vorliegen, sollten diese nur in Kombination mit anderen Merkmalen verwendet werden. So ist es bei Freilandproben oft unsicher, ob Mantelansichten und Disci vom gleichen Material stammen. Auch in vielen Typenmaterialien (z. B. bei *A. perglabra* oder *A. distans* var. *helvetica* u. a., Simonsen 1987, Tafel 469: 3, 4) liegen Disci mit und ohne Areolen nebeneinander, auch Haworth (1988) zeigt bei ihrer *A. perglabra* verschieden areolierte Disci. M. Møller (in litt.) fand in einem dänischen See eine Kette von *M. perglabra* mit Zellen, von denen eine Schale einen strukturlosen Diskus besitzt, während der zweite vollständig areoliert ist. Im Material Krasske 415 kommen *A. lirata* mit ihrer var. *biseriata* vor. Beide zeigen Disci, die auf der ganzen Fläche areoliert sind. Bei *A. ambigua* besitzen die Normalzellen (mit bifiden Verbindungsdornen) areolierte Disci, die Trennzellen (mit spitzen Verbindungsdornen) areolenfreie Disci. Diese Beispiele zeigen, daß zumindest die rein typologische Verwendung der Areolierung des Diskus als

Abgrenzungsmerkmal ganzer Gruppen mit Vorsicht behandelt werden sollte, und das heute übliche Zusammenfassen aller Arten mit strukturarmem Diskus z. B. bei *A. lirata* nicht sinnvoll ist. Überhaupt, und das gilt wohl für fast alle zentrischen Arten, stehen wir bei der Taxonomie dieser Gruppen immer wieder vor dem Problem, daß Untersuchungen zur Bewertung der verwendeten Merkmale weit hinter einer intensiv betriebenen Nomenklatorik zurückgeblieben sind und deshalb manches nur als vorläufig angesehen werden kann.

In der Regel stehen je zwei ruhende Zellen in einer gemeinsamen Hülle des Gürtelbandes der Mutterzelle, die beiden Schalen stoßen dann unmittelbar aufeinander. Erst bei der Vorbereitung der Zellteilung werden die fehlenden Gürtelbänder ergänzt und evtl. durch Appositionswachstum verlängert (vgl. dazu Reimann 1960). Die Länge einer Zelle ist deshalb taxonomisch von geringer Bedeutung. Dagegen liegt die Höhe des Schalenmantels in einem Variationsbereich, der seine Verwendung als Merkmal zuläßt.

Obwohl die *Aulacoseira*-Terminologie bereits an anderer Stelle zusammengefaßt wurde, sollen an dieser Stelle einige Termini im Zusammenhang mit einigen morphologischen Grundlagen nochmals diskutiert werden. Die meisten wurden von O. Müller (1904, 1906) vorgeschlagen und haben sich in der Literatur weitgehend eingebürgert. Fig. 1: 1 zeigt die Zeichnung einer Kette von *Aulacoseira ambigua* mit einer Zelle (sie reicht von P bis G), an die zwei Einzelschalen anschließen. Die Zellen werden von der Schalenfläche (valve face) begrenzt, die hier als Diskus bezeichnet wird (vgl. Fig. 1: 2, 4). Allerdings deckt sich der begriff «Diskus» hier nicht vollständig mit dem Begriff «Schalenfläche». Trennt man nämlich in der von Hustedt (1928) vorgeschlagenen Art und Weise den Diskus vom Mantel, so bleibt häufig ein marginaler Ring der Schalenfläche beim Mantel, der so erhaltene Diskus ist nur ein Teil der Schalenfläche. Die (wahrscheinlich morphogenetisch bestimmte) Bruchlinie zwischen Diskus und Mantel liegt also nicht immer am «Mantelrand». Der Diskus ist entweder flach oder etwas konvex oder konkav, bei manchen Arten sind die Disci beider Nachbarzellen flach oder konvex, bei anderen wiederum greift ein konvexer Diskus der Nachbarzelle in einen konkaven Diskus der anderen, ähnlich wie bei vielen *Cyclotella*-Arten. Marginal geht er in einer taxon-charakteristischen Weise in den Schalenmantel über, der die Höhe (h) besitzt. Der durch diese Begrenzung gebildete ringförmige Schlitz zwischen zwei benachbarten Schwesterzellen heißt Pseudosulcus (P). Distal besitzt der Mantel bei allen Arten der Gattung *Aulacoseira* eine charakteristische areolenfreie Wandverstärkung, das Collum C, das manchmal gegen die areolierte Mantelwand durch eine mehr oder minder deutlich ausgebildete Furche (Sulkus S) abgegrenzt wird. In seinem proximalen Teil ist es das äußere Widerlager für eine kreisringförmige pseudoseptumartige Aussteifung, die Ringleiste (Fig. 3: 1). Mechanisch tragen diese Elemente zusammen mit dem Diskus zur Stabilisierung des runden, rohrartigen Querschnittes bei. Distal trägt das Collum die Paßstücke, mit denen Epi- und Hypotheken oder die Theken mit den Valcocopulae der Gürtel ineinandergreifen. Die Ringleisten übernehmen dabei noch eine zusätzliche Aufgabe, indem sie als Anschlag für die Partnertheken bzw. Valvocopulae dienen.

Junge Hypotheken besitzen bei vielen Arten kein Gürtelband. Bei der Teilung bleibt der alte Gürtel (G) über den Geschwisterzellen liegen, er wird erst später entsprechend ergänzt. Die Nichtbeachtung dieser Tatsache hat in der Vergangenheit zu vielen Irrtümern über die Form der Mantelwände geführt.

Damit man im LM und REM die Ketten untersuchen kann und dabei auch die unzerstörte Ausbildung der Verbindungsdornen erkennt, sollte man von Proben mit *Aulacoseira*-Arten stets auch Glühpräparate anfertigen. Allerdings sind auch in präpariertem Material häufig die zusammenhängenden Theken der Geschwisterzellen vorhanden (sibling pairs). Bei der Untersuchung der Gürtelseite ist es erforderlich, sowohl auf die Areolenstruktur von Diskus und Mantel als auch auf die Zellmitte zu fokussieren, denn nur so erkennt man die Ausbildung der Strukturen im Bereich des Sulkus.

Als wichtiges Abgrenzungsmerkmal gegen *Orthoseira* und *Ellerbeckia* wird die Art der Auxosporenbildung angesehen. Während sich die Zellen bei den beiden letzteren bei der Kopulation kreuzen, liegen sie bei *Aulacoseira* parallel.

Im 19. Jh. wurden die verschiedenen Taxa vor allem aufgrund ihrer Form (Länge / Durchmesser) beschrieben (das gilt nach O. Müller 1898 auch für die Bestimmungen in A. Schmidt et al. Tafeln 181, 182) und daneben z. B. von Grunow auch noch die Struktur berücksichtigt. Unsere heutigen Untersuchungsmethoden zeigen, daß auf diese Weise manchmal nur vordergründige Ähnlichkeiten kombiniert wurden. Andererseits erweisen sich fast alle von Grunow (in Van Heurck 1882) beschriebenen Taxa aus dieser Gruppe bei Untersuchung mit modernen Methoden als wesentlich besser fundiert, als das viele Taxonomen bisher annahmen.

Wichtige Literatur: Grunow in Van Heurck (1882), O. Müller (1898, 1904, 1906), Bethge (1925), Hustedt (1928, 1942), Cleve-Euler (1951), Nygaard (1956); Crawford (1975), Simonsen (1979), Florin (1982), Camburn & Kingston (1986), Haworth (1988), Krammer (1990, 1991), Le Cohu (1990).

Schlüssel der Arten

1a Keine Areolen am Mantel oder nur je eine Querreihe am Mantelrand und am Mantelende 2
1b 2 und mehr Areolen auf den Pervalvarstr. 3
2a Mantel ohne Areolen (Fig. 33: 12–17) . . . . **14. A. perglabra**
2b Je eine Areolenreihe distal und proximal am Mantel (Fig. 36: 1, 2) . . . . . .
. . . . **15. A. lirata var. biseriata**
3a 2–3 Areolen auf den Pervalvarstr. 4
3b Stets mehr als 3 Areolen auf den Pervalvarstr. 11
4a Diskus nur mit einem marginalen Ring kleiner Areolen (Fig. 32: 1–9) . . . .
. . . . **12. A. tethera**
4b Diskus anders areoliert 5
5a Areolierung sehr variabel, neben Disci mit 2–3 marginalen Areolenringen aus Disci mit vollständiger Areolierung, zumeist aber ein Mittelfeld frei von vollständig ausgebildeten Areolen (Fig. 23: 12–17) . . . .
. . . . **14. A. perglabra**
5b Stets ganze Diskusfläche areoliert 6
6a In Proben alle Schalen mit 2–3 Areolen auf den Pervalvarstr. . . . .
. . . . **9. A. distans var. tenella**
6b In Proben neben Schalen mit 2–3 Areolen auf den Pervalvarstr. die meisten Schalen mit mehr als 3 Areolen auf den Pervalvarstr. 7
7a Diskus relativ unregelmäßig areoliert mit mäßig großen Areolen (Fig. 29: 1–22) . . . . **9. A. distans**
7b Große Areolen bilden auf den Diskus regelmäßige Strukturen 8
8a Hals kurz (Fig. 30: 2–7) . . . . **9. A. distans var. nivalis**
8b Hals lang (Fig. 30: 1–9) . . . . **13. A. pfaffiana**
9a Punkte (Areolen) auf dem Mantel sehr groß, perlenartig, meist weniger als 10 Punkte / 10 μm auf den Pervalvarstreifen oder Punkte sehr unregelmäßig auf den Str. angeordnet 10
9b Areolierung des Mantels anders 11
10a Mantelhöhe fast aller Zellen einer Probe kleiner als der Durchmesser (Fig. 34: 1–12) . . . . **15. A. lirata**
10b Mantelhöhe der meisten Zellen in einer Probe größer als der Durchmesser (Fig. 37: 1–10) . . . . **18. A. crassipunctata**

11a Pervalvarstr. parallel zur Pervalvarachse, nur sehr leicht schräg oder nur auf wenigen Zellen einer Kette schwach schräg zur Pervalvarachse ... **12**
11b Pervalvarstr. auf allen Zellen deutlich schräg zur Pervalvarachse, ausgenommen bei Trennzellen **19**
12a Punkte auf den Pervalvarstr. des Mantels zumindest teilweise mehr oder weniger länglich **13**
12b Alle Punkte auf dem Mantel im LM rundlich oder quadratisch **15**
13a Weniger als 15 Punkte/10 µm auf den Pervalvarstr. (Fig. 26: 1–9; 27: 1–12) .... **7. A. crenulata**
13b Mehr als 18 Punkte/10 µm auf den Pervalvarstr. **14**
14a Disci grob areoliert, Mittelbereich zumeist frei von Areolen oder Areolen nur angedeutet (Fig. 35: 1–13) .... **16. A. lacustris**
14b Ganze Diskusfläche fein areoliert (Fig. 36: 3–18) .... **17. A. tenuis**
15a Ketten mit abweichend areolierten Trennzellen, diese mit langen Dornen (Fig. 20: 1–9) .... **2. A. muzzanensis**
15b Trennzellen nicht abweichend areoliert **16**
16a Pervalvarstreifen sehr fein areoliert, mehr als 20 Str./10 µm (Fig. 31: 16, 17) .... **11. A. laevissima**
16b 16 und weniger Pervalvarstr./10 µm **17**
17a Schalen fast immer länger als breit (Fig. 22: 1–12) .... **4. A. islandica**
17b Schalen immer breiter als hoch **18**
18a Hals relativ kurz (Fig. 29: 1–23) .... **9. A. distans**
18b Hals fast so lang wie der übrige Schalenmantel (Fig. 23: 1–10) .... **13. A. pfaffiana**
19a Zellen mit Trennzellen, die parallele Pervalvarreihen großer Areolen und einige besonders lange Verbindungsdornen aufweisen (Fig. 18: 1–12; 19: 1–9) .... **1. A. granulata**
19b Keine solchen Trennzellen vorhanden **20**
20a Verbindungsdornen sehr groß **21**
20b Verbindungsdornen kleiner **22**
21a Wandstärke relativ dünn, Ringleiste schmal (Fig. 24: 1, 3–6; 25: 1–15) ... . **6. A. italica**
21b Wandstärke dick, Ringleiste breit (Fig. 28: 1–11) .... **8. A. valida**
22a Diskusfläche fein punktiert, Verbindungsdornen (im REM) mit bifiden Ankern (Fig. 21: 1–16) .... **3. A. ambigua**
22b Diskusfläche höchstens mit marginalem Punktring, Verbindungsdornen (im REM) anders geformt **23**
23a Verbindungsdornen spitz, ohne Anker, aus zwei Pervalvarrippen hervorgehend (Fig. 23: 1–11) .... **5. A. subarctica**
23b Verbindungsdornen kurz, breit mit verästeltem Anker, aus jeweils einer Pervalvarrippe entspringend (Fig. 2: 6; 31: 1–15; 32: 10–16) .... **10. A. alpigena**

1. **Aulacoseira granulata** (Ehrenberg) Simonsen 1979 (Fig. 16: 1, 2; 17: 1–10; 18: 1–14; 19: 1–9)

Gallionella granulata Ehrenberg 1843; *Gallionella decussata* Ehrenberg 1843; *Orthosira punctata* W. Smith 1856; *Melosira granulata* (Ehrenberg) Ralfs in Pritchard 1861; *Melosira lineolata* Grunow in Van Heurck 1881

Zellen zylindrisch mit flachen, marginal winkelig gerundeten Endflächen, zu längeren, eng geschlossenen Ketten verbunden, Durchmesser europäischer Sippen 4–30 µm, Mantelhöhe 5–24 µm, der Quotient aus Mantelhöhe und Durchmesser ist bei den Varietäten recht unterschiedlich (siehe dort), aber fast immer größer als 0,8. Durchmesser der Auxosporen bis zu 38 μm. Mantel mit geraden Außenseiten und Innenseiten, die Mantellinien sind parallel. Diskus flach, Pseudosulkus daher nur schwach angedeutet. Zellwand unterschiedlich dick, Verbindungsdornen der normalen Zellen relativ kurz und breit, auch im LM in Gürtelansicht und bei entsprechendem Fokus in Schalenansicht zumeist deutlich zu erkennen. Trennzellen mit einem marginalen Kranz kleiner, spitzer Dornen (Fig. 18: 7; 19: 9) und zumeist 2–4 langen, spießartigen Trenndornen, die in entsprechende Furchen der angrenzenden Zelle eingreifen. Sulkus wenig ausgebildet, Collum deutlich, aber je nach Teilungsstadium unterschiedlich breit, Ringleiste schmal.

Feinstruktur: Diskusflächen fein, aber auch im LM deutlich punktiert, die Punkte sind unregelmäßig angeordnet und im Zentrum häufig fehlend oder stark vereinzelt (Fig. 17: 7–9). Die Mantelfläche ist recht unterschiedlich strukturiert, im LM zeigen sich allerdings zwischen den verschiedenen Erscheinungsformen Übergänge wobei die Extreme in Fig. 18: 2 und Fig. 18: 14 zu sehen sind. Die grobporigsten Formen besitzen etwa 7–10 Pervalvarreihen/10 μm, mit etwa 5–9 Punkten/10 μm, die feinporigen bis zu 15 Pervalvarreihen/10 μm mit bis zu 12 Punkten/10 μm. Sehr deutliche Unterschiede bestehen in der Anordnung und Form der Punkte zwischen den Normal- und den Endzellen: Die Punkte auf den Normalzellen verlaufen pervalvar stets in mehr oder weniger stark geneigten Spirallinien und nehmen fast immer einen etwas kurvenförmigen Verlauf, auf den Endzellen dagegen sind die Areolenreihen stets gerade und parallel zur Pervalvarachse.

Die Zellketten bestehen, abgesehen von den unterschiedlich strukturierten Endzellen, nach O. Müller (1903) entweder nur aus grobporigen Zellen, «status α», feinporigen Zellen, «status γ», oder fein- und grobporigen Zellen, «status β». Hin und wieder findet man aber auch Ketten, die ausschließlich aus Endzellen gebildet werden. Die Auxosporen sind kugelförmig, ein Nabel fehlt.

Im REM zeigen die Verbindungsdornen eine charakteristische Form, die Dornanker sind bifide geformt. Die großen Ateolen besitzen eine komplizierte Lippenstruktur (cribrum), in welche die Siebmembran eingespannt ist (vgl. Crawford 1979, Fig. 3, 4). Zahlreiche REM- und LM-Fig. bei Florin (1970).

var. granulata (Fig. 16: 1, 2; 17: 1–10; 18: 1–12; 19: 1, 2, 8)
Verhältnis Höhe/Durchmesser meist kleiner als 4,5, Punktierung mäßig grob, Fäden gerade.

var. angustissima (O. Müller) Simonsen 1979 (Fig. 18: 13)
Melosira granulata var. *angustissima* O. Müller 1899
Verhältnis Höhe/Durchmesser sehr groß (bis 10) Punktierung sehr fein, Fäden gerade; Durchmesser meist um 3 μm, selten bis 5 μm.

Morphotyp curvata (Fig. 19: 3–8)
Melosira granulata var. *curvata* Grunow in Van Heurck 1882; *Melosira granulata* var. *jonensis* f. *curvata* Grunow in Van Heurck 1882; *Melosira arcuata* Pantocsek 1892; *Melosira granulata* var. *jonensis* sensu Hustedt 1936
Fäden gebogen bis kreisförmig.

Verbreitung: Kosmopolitischer Plankter in eutrophen Flüssen, Teichen und Seen besonders in den Ebenen häufig und stellenweise massenhaft, var. *angustissima* und Morphotyp curvata sind häufige Begleiter der Nominatvarietät.

Gegen ähnliche Arten ist das Taxon gut abgegrenzt. Schräg verlaufende Pervalvarstreifen besitzen auch mehrere andere Arten, keine der im Gebiet vorkommenden Arten hat aber Endzellen mit den charakteristischen langen Spießen außer *A. muzzanensis*. Bei letzterer sind aber die Schalen stets wesentlich breiter als hoch und bei den feinporigen Schalen besteht eine Tendenz zu Doppelpunkten. Die Dornen der Trennzellen sind in der Regel unterschiedlich lang, es gibt aber in selteneren Fällen auch ganze Kränze langer Dornen. Var. *angustissima* ist ein sehr unsicheres Taxon, nach Cholnoky (1970) ist es mit der Nominatvarietät immer durch gleitende Übergänge verbunden. Es gibt aber durchaus auch Sippen, in denen diese schmalen und langen Zellen allein vorkommen. Weitere Untersuchungen sind erforderlich.

Bisher unbekannt sind die Ursachen der Bildung von «Curvata-Formen». In umfangreicheren Proben der Nominatvarietät sind sie fast immer vorhanden und unterscheiden sich außer durch ihre Krümmung durch nichts von den geraden Ketten. Nachdem auch bei anderen Arten (z. B. *A. islandica, italica*) solche Curvata-Formen auftreten, handelt es sich mit hoher Wahrscheinlichkeit um funktionelle Erscheinungen, die eine Benennung nicht zulassen, auch wenn nicht selten Proben gefunden werden, in denen nur «Curvata-Formen» vorkommen. *A. granulata* var. *jonensis* f. *curvata* Grunow soll sich nach Hustedt (1942) durch charakteristische Doppelpunktreihen auf dem Mantel auszeichnen. Allerdings hat weder Grunow (1882 in Van Heurck) seine *Melosira granulata* var. *jonensis* mit Doppelpunkten gezeichnet, noch sind Doppelpunkte im Typenmaterial Grunows aus dem Jone Valley in Kalifornien zu sehen (Fig. 19: 1, 2). Und schließlich kommen Doppelpunkte bei *A. granulata*-Sippen immer wieder vor (vgl. Fig. 15: 1). Die Varietät *ionensis* ist deshalb nicht aufrecht zu erhalten, sie gehört in den Variationsbereich der Nominatvarietät.

Im Bereich von *A. granulata* gibt es eine größere Anzahl von einstweilen nomenklatorisch schwer erfaßbarer Sippen, die sich vor allem durch einen relativ konstanten, unterschiedlichen Bereich der Größenverhältnisse zwischen Auxosporenmutterzelle und Auxospore zu erkennen geben. So liegen die Durchmesser der Mutterfäden bei den meisten europäischen Sippen unter 10 µm, die Durchmesser der Erstlingszellen im Bereich von 20 µm, eine von Bethge (1925) aus dem Nil bei Gizeh beschriebene Sippe hatte dagegen Durchmesser der Mutterfäden von 9,3–16,7 µm, der Auxosporen von 28,9–35,2 µm. Das Vergrößerungsverhältnis zwischen Mutterzelle und Erstlingszelle liegt aber immer zwischen etwa 2–3.

2. **Aulacoseira muzzanensis** (Meister) Krammer 1991 (Fig. 20: 1–8)

Melosira muzzanensis Meister 1912; *Melosira granulata* var. *muzzanensis* Bethge 1925

Zellen zylindrisch mit flachen, schwach konvexen Endflächen, zu längeren, eng geschlossenen, geraden Ketten verbunden, Durchmesser 8–25 µm, Mantelhöhe 4–8 µm. Quotient aus Mantelhöhe und Durchmesser im allgemeinen zwischen 0,3 und 0,6, bei den Trennzellen schmalerer Fäden bis nahe 1. Mantel mit geraden und fast parallelen Außen- und Innenseiten, Diskus in der Mitte schwach, an den Rändern stärker abgerundet, Pseudosulkus deutlich. Zellwand relativ dünn, Verbindungsdornen klein mit bifiden Ankern, diese aber nur im REM deutlich zu erkennen. Trennzellen außer mit einem Kranz kleiner, spitzer Verbindungsdörnchen jeweils mit einem oder mehreren spießförmigen Verbindungsdornen, die in eine Nut der Schwesterzelle passen und etwa die gleiche Länge wie bei den Schwesterzellen aufweisen (Fig. 20: 7, 8). Collum relativ kurz, Ringleiste schmal. Ebenso wie bei *A. granulata* gibt es grob- und feinporige Zellen (Fig. 20: 1, 2) und zusätzlich noch grob- und feinporige Trennzellen

(Fig. 20: 7, 8). Abweichend von *A. granulata* bilden diese Trennzellen nicht selten auch geschlossene Ketten (Fig. 20: 7, 8), so daß in den Proben häufig sechs Kettenformen vorliegen: Feinporige Kettenzellen mit fein- oder grobporigen Trennzellen, grobporige Kettenzellen mit fein- oder grobporigen Trennzellen, sowie Ketten aus fein- oder grobporigen Trennzellen. «β-Ketten» aus grob und feinporigen Kettenzellen wurden bisher nicht beobachtet.

Feinstruktur: Diskusflächen mit einem marginalen Kranz mäßig feiner Punkte (Fig. 20: 6) oder unregelmäßig verteilten Areolen, die manchmal auch ganz fehlen. Mantelfläche je nach Kettentyp mit zarten, rundlichen Areolen, die häufig als Doppelpunkte erscheinen (Fig. 20: 2 die Doppelpunkte stehen unregelmäßig oder dekussiert nebeneinander), oder aber mit relativ groben Punkten, (Fig. 20: 1). Die Pervalvarreihen verlaufen parallel, schwach schräg oder etwas gekurvt zur Pervalvarachse, Querreihen unregelmäßig angeordnet. Die feiner strukturierten Kettenzellen besitzen etwa 11–13 Pervalvarreihen/10 μm, auf denen um die 20 Punkte/10 μm liegen, die gröber strukturierten Ketten haben etwa 7–10 Pervalvarreihen/10 μm mit etwa 8–10 Areolen/10 μm. Sowohl die gröber- als auch die feiner strukturierten Trennzellen haben 13–15 Pervalvarreihen/10 μm, auf ihnen liegen aber bei den grobstrukturierten Formen 12–13 Areolen/10 μm, fein den feiner strukturierten dagegen 17–21 Areolen/10 μm. Auf den Trennzellen liegen die Punkte immer in Reihen parallel zur Pervalvarachse.

Verbreitung: Wahrscheinlich kosmopolitische Planktonform, auch im Benthos. In den Florenlisten bisher selten vertreten, die Art scheint aber besonders in den Sedimenten von Seen, aber auch von größeren Flüssen im nordisch-alpinen Bereich häufiger zu sein. Viele als *A. agassizii* bezeichnete Funde gehören hierher (z. B. Stoermer & Andresen 1990). Der locus typicus (Lago di Muzzano bei Lugano / Tessin) ist heute ein eutrophierter Vorgebirgssee.

Von *A. granulata* und ihren Varietäten unterscheidet sich die Art in fast allen für die Abgrenzung der *Aulacoseira*-Arten heute herangezogenen Merkmalen (Schalenbau, Schalenstruktur, Feinstruktur). Bethge (1925) hat seine Kombination mit *A. granulata* einzig und allein aufgrund der Zeichnungen von Meister vorgenommen, wobei er auch die Ausbildung der Trennzellen mit spießartigen Trenndornen als spezifisches Merkmal überbewertete. Trennzellen mit vereinzelten besonders langen Dornen besitzt aber auch eine Anzahl weiterer *Aulacoseira*-Arten, wie z. B. *A. agassizii* (Ostenfeld) Simonsen.

3. Aulacoseira ambigua (Grunow) Simonsen 1979 (Fig. 1: 5; 2: 3; 21: 1–16)

Melosira crenulata var. *ambigua* Grunow in Van Heurck 1882; *Melosira ambigua* (Grunow) O. Müller 1903

Zellen zylindrisch mit flachen bis schwach konvexen Endflächen, zu längeren Ketten verbunden, Durchmesser 4–17 μm, Mantelhöhe 5–13 μm. Quotient aus Mantelhöhe und Durchmesser im allgemeinen 0,75 bis mehr als 2, das Vergrößerungsverhältnis zwischen Mutterzelle und Auxospore liegt im Durchschnitt bei 3,5, in Extremfällen reicht es von 2,9–4,8. Mantel mit geraden, seltener leicht konvexen Außen- und geraden bis leicht konkaven Innenseiten, beide Mantellinien sind parallel. Diskus marginal stark abgerundet Pseudosulkus daher deutlich, Zellwand mäßig dick. Verbindungsdornen der Normalzellen und der Trennzellen klein aber auch im LM sehr gut zu sehen, die charakteristische bifide Form bei den Normalzellen (Fig. 18: 16) und die spitzen Verbindungsdörnchen (ähnlich wie bei *A. subarctica*) der Trennzellen sind aber nur im REM zu

erkennen. Collum kurz, Sulkus eine deutliche Hohlkehle, Ringleiste kräftig, aber nur wenig in das Lumen der Schalen vorspringend.
Feinstruktur: Areolierung der Diskusflächen der Normalzellen recht unterschiedlich, alle Zwischenformen von zerstreut bis regelmäßig punktiert (vgl. Le Cohu 1990). Diskusflächen der Trennzellen ohne Struktur. Mantelfläche meist zart punktiert, die Punkte pervalvar in Spiralen, quer in geraden, welligen oder dekussierten Querreihen angeordnet. Wie bei *A. granulata* gibt es grobporige und feinporige Zellen. Pervalvarreihen auf dem Mantel bei den grobporigen 16–19/10 µm, bei den feinporigen 20–25/10 µm, Punkte häufig zum Diskus hin etwas größer als distal. Querreihen bei den grobporigen 17–19/10 µm, bei den feinporigen 19–22/10 µm.

Verbreitung: Häufiger kosmopolitischer Plankter mit ähnlichen autökologischen Ansprüchen wie *A. granulata* (eutrophe Seen und Flüsse).

Die zarteren Schalen, der breite hohlkehlartige Sulkus und im REM die bifiden Verbindungsdornen der Normalzellen grenzen die Art gut von *A. granulata* ab. *A. italica* besitzt wesentlich größere, nicht bifide Verbindungsdornen und ist zusätzlich vorwiegend eine Litoralform. Das Merkmal «breite Hohlkehle» ist bei manchen Schalen nicht eindeutig zu sehen, besonders wenn über den Geschwisterzellen noch die Gürtelbänder der Mutterzelle liegen und die Schalen in hochbrechende Medien eingeschlossen sind. Besser als in hochbrechenden Medien lassen sich Sulkus und Ringleiste in Wasser oder Kanadabalsam beobachten. Aus den oben genannten Gründen täuscht der Sulkus bei Bruchstücken im REM bisweilen eine rohrförmige Ringleiste vor (Fig. 21: 16).
Im REM sind die bifiden Verbindungsdornen (Fig. 21: 16) ein gutes Merkmal für die Diagnose. Gegen *A. subarctica* ist auch die unterschiedliche Ausbildung der Ringleiste ein sehr gutes Abgrenzungsmerkmal. Allerdings besitzt auch *A. granulata* schwach bifide Verbindungsdornen, die Befestigungsanker ähneln dort aber mehr einem gleichseitigen Dreieck, dessen distale Seite leicht eingebuchtet ist. Bei *A. ambigua* kommuniziert mit jedem Verbindungsdorn eine Pervalvarreihe von Areolen. Zwei große Öffnungen nahe der Mantelkante sind die äußeren Öffnungen der Rimoportulae. Zur Schalenmorphologie siehe bei Helmcke & Krieger (1961, Tafeln 201–204), Crawford (1975, 1984) und Kobayasi & Nozawa (1981) und Marciniak (1986). Die Auxosporen (Fig. 2: 3) sind kugelig bis etwas zylindrisch mit kugelförmigen Enden, sie sitzen am Ende einer Kette. Ausführlich behandelt die Auxosporenbildung Le Cohu (1990).
Die oben genannten Größenangaben sind Durchschnittswerte aus zahlreichen Messungen. Sie erfassen kaum das gesamte Spektrum. Bethge (25) hat im Müggelsee Auxosporen mit einem Durchmesser von 16,7–42,4 µm (häufigster Wert um 20 µm) gefunden und auxosporentragende Fäden mit Durchmessern von 4,1–14,1 µm. Es ist deshalb anzunehmen, daß Messungen an weiteren Proben die Maßangaben wesentlich nach oben erweitern dürften.

4. Aulacoseira islandica (O. Müller) Simonsen 1979 (Fig. 22: 1–12)
Melosira islandica O. Müller 1906
Zellen zylindrisch mit flachen, am Rand abgerundeten Endflächen, zu längeren, eng geschlossenen Ketten verbunden. Durchmesser 3–28 µm, Mantelhöhe 4–21 µm. Verhältnis von Mantelhöhe zu Durchmesser größer als 0,8, zumeist über 1. Mantel mit geraden und parallelen Außen- und Innenseiten, Diskus fast eben, nur am Schalenrand etwas abgebogen, wodurch ein kleiner, aber deutlicher Pseudosulkus gebildet wird. Zellwand bei den beiden Morphotypen oft unterschiedlich dick, Verbindungsdornen klein, im LM nur in der Diskusansicht

deutlich erkennbar. Sulkus eine flach einschneidende Furche, Collum kurz, Breite der Ringleiste etwas variabel, zumeist aber relativ schmal.

Feinstruktur: Diskusflächen deutlich, aber unregelmäßig punktiert, auf der Mantelfläche Parvalvarreihen runder Punkte, die Reihen verlaufen parallel oder wenig geneigt zur Pervalvarachse, bisweilen sind sie auch etwas wellig. Man kann auch hier grobporige von feinporigen Zellen unterscheiden. Pervalvarreihen 11–16 µm (grobporige weniger als 13, feinporige mehr als 13/10 µm), Punkte 12–18/10 µm (grobporige 12–14, feinporige mehr als 15 Punkte/10 µm). Die kugelige Auxospore liegt am Ende eines Fadens, ihre Halbschalen haben eine ähnliche Feinstruktur wie die Schalenmäntel der vegetativen Zellen. Die zarten Areolen sind nach außen offen, auf der Innenseite erkennt man Lippenbildungen. Die Verbindungsdornen sind relativ kurz, ihre Anker sind dreieckig, die distale Seite variiert etwas bei verschiedenen Sippen in ihrer Form, sie ist aber stets mehr oder weniger konvex oder besitzt einen oder mehrere Höcker, im zuletzt genannten Fall erscheint sie etwas gezähnt.

Morphotyp islandica (Fig. 22: 4, 12)
Melosira islandica O. Müller 1906
Zellwand dicker, Ringleiste etwas breiter.

Morphotyp helvetica (Fig. 22: 1–3, 5–11)
Melosira islandica supsp. *helvetica* O. Müller 1906
Zellwand dünner, Ringleiste schmäler; nach O. Müller (1906) soll sie etwas zarter areoliert sein als der Morphotyp helvetica.

Verbreitung: Morphotyp islandica wurde bisher selten und fast ausschließlich in nordischen Seen und Flüssen im Plankton gefunden. Dagegen ist Morphotyp helvetica ein verbreiteter planktischer Kosmopolit, dazu gehören fast alle bisher in Europa gefundenen Proben. Die Form bevorzugt meso- bis oligotrophe Seen und langsam fließende Flüsse sowohl im Gebirge als auch der Ebene, sie findet sich aber auch in mäßig eutrophen Gewässern, wo sie aber zumeist durch *A. granulata* ersetzt wird. Auxosporen werden vor allem in der kalten Jahreszeit gebildet.

Die Art kann nur mit *A. italica* var *crenulata* verwechselt werden, bei der ebenfalls die Pervalvarstreifen parallel zur Pervalvarachse verlaufen. Letztere ist aber wesentlich robuster gebaut, ihre Mantelflächen sind stärker gewölbt, die Punkte sind häufig etwas unregelmäßiger angeordnet und in der Form oft länglich und außerdem besitzt sie sehr große Verbindungsdornen, deren charakteristische Spatelform bereits im LM sichtbar ist (Tafeln 26, 27). O. Müller (1906) trennte den Morphotyp helvetica als Subspecies von der Nominatform ab. Der Unterschied zwischen den Merkmalen beider Formen (Wanddicke, Ringleiste, ev. geringe Unterschiede in der Struktur) ist gering und wird durch die Variationsbreite der relevanten Merkmale stark überdeckt. Auch beim Morphotyp helvetica findet man Exemplare oder ganze Populationen mit relativ dicken Zellwänden und breiteren Ringleisten und in diesen Fällen ist es mit den üblichen Merkmalen so gut wie unmöglich, beide Formen auseinanderzuhalten. Da wir bei unseren Untersuchungen keine zusätzlichen Merkmale gefunden haben, die eine sinnvolle Abgrenzung beider Subspezies begründen könnten, haben wir auf eine taxonomische Abgrenzung verzichtet. Das Beibehalten zweier Morphotypen soll zu weiteren Untersuchungen anregen.

Ebenso wie bei *A. granulata* finden sich auch bei *A. islandica* gekurvte Formen (f. *curvata* O. Müller 1906). Aber auch hier gibt es von geraden über leicht gekrümmte Fäden bis zu geschlossenen Kreisen und Spiralen alle Übergänge. Es handelt sich dabei wahrscheinlich um Wuchsformen, die nicht gesondert benannt werden sollten. Auch gibt es viele Lokalsippen, die sich voneinander durch gewisse Abweichungen der einzelnen Merkmale unterscheiden, die innerhalb der Sippen nur gering variieren. Das betrifft allerdings nicht die Schalengrößen. Sie können unabhängig vom Formwechselzyklus bereits in derselben Population stark variieren. Bethge (1925) hat z. B. bei Proben aus Havel, Elbe und Plöner See bei Auxosporen Durchmesser von 14,1–29 μm (die häufigsten Werte lagen bei 21,1–24,2 μm) und Breiten der Mutterfäden von 4,8–12,2 μm gefunden (schmälere Fäden konnten keine Auxosporen mehr erzeugen), das Vergrößerungsverhältnis lag zwischen 2 und 4,1.

5. Aulacoseira subarctica (O. Müller) Haworth 1988 (Fig. 2: 1; 3: 3; 23: 1–11)

Melosira italica subsp. *subarctica* O. Müller 1906; *Aulacoseira italica* subsp. *subarctica* (O. Müller) Simonsen 1979

Zellen zylindrisch mit deutlich konvexen Endflächen, zu längeren eng geschlossenen Ketten verbunden, Durchmesser 3–15 μm, Mantelhöhe 2,5–18 μm. Quotient von Mantelhöhe und Durchmesser im allgemeinen bei vegetativen Zellen 0,8–3, bei Erstlings- und Posterstlingszellen sind die Zellen wesentlich breiter als hoch, (Mantelhöhe bis zu 2,5 μm), der Quotient kann dann bis zu 0,2 betragen, bei f. tenuis bis 6. Nach O. Müller sind Zellen mit 4–9 μm Durchmesser und 6–12 μm Höhe am häufigsten. Mantel mit geraden Außen- und Innenseiten, Mantellinien parallel. Der konvexe Diskus ist über eine breite Rundung mit dem Mantel verbunden, der Pseudosulkus besitzt daher etwa ¼ bis ⅓ der Schalenbreite. Die Disci der breiten Fäden sind stärker gekrümmt als diejenigen aus schmalen Fäden. Die Zellwand ist relativ dick. Die sehr großen, spitzen Verbindungsdornen haben keinen Dornanker (Fig. 2: 1, 3: 3, 23: 8–11) ihre Form ist auch im LM erkennbar (Fig. 23: 8 oberes Ende). Sulkus eine flache, spitz einschneidende Furche, Collum kurz bis sehr kurz, Ringleiste kräftig und relativ breit, zumeist wird sie nicht nur von den Wänden des Sulkus sondern zusätzlich durch eine pseudoseptenartige Ringwand gebildet. Gürtel ähnlich wie bei *A. italica*.

Feinstruktur: Die flachen Diskusflächen ohne Punkte, Mantelfläche mit feinen rundlichen Punkten ornamentiert, die in schrägen (spiraligen) und fast immer etwas gekurvten Pervalvarreihen angeordnet sind. Querreihen unregelmäßig oder wellig. Pleomorphismus der Zellen wenig deutlich. Pervalvarreihen 17–21 (zumeist 18–20)/10 μm, Punkte 17–22 (zumeist 18–21)/10 μm.

Im REM ist das auffälligste Merkmal die spitzen, ankerlosen Verbindungsdornen, die aus zwei Pervalvarrippen herauswachsen. Zwischen ihnen wird eine charakteristische Grube gebildet (spine-groove bei Haworth 1988). Auf dem Diskus sind nur vereinzelte Poren sichtbar. (Vgl. dazu Crawford 1979, Haworth 1988).

f. subarctica (Fig. 23: 1–11)

Quotient aus Länge / Breite der Schalen kleiner als 2.

f. recta (O. Müller) Krammer 1990 (Fig. 23: 3 rechts)

Melosira italica var. *subarctica* f. *recta* O. Müller 1906; *Melosira italica* subsp. *subarctica* f. *tenuis* O. Müller 1906

Durchmesser 3–5 μm, Quotient aus Länge / Breite der Schalen größer als 5.

Verbreitung: Die Art ist ein relativ häufiger kosmopolitischer Plankter oligotropher bis mesotropher nordisch-alpiner Teiche, Seen und langsam strömender

Flüsse und scheint Gewässer mit niedrigeren Elektrolytgehalten zu bevorzugen, die aufgrund ihres geringen Pufferungsvermögens sauer reagieren. Ihre Massenentwicklung besitzt sie im Frühjahr und Herbst, im Sommer fehlt sie zumeist im Plankton. Der Typus stammt aus Teichen in Island (Heidi, Thingvallavatn).

Die Ausbildung der Verbindungsdornen, die stark ausgebildete Ringleiste und die Struktur des Diskus sind eindeutige Abgrenzungsmerkmale gegen *A. italica*. Probleme kann es mit der Abgrenzung gegen *A. ambigua* geben, deren Trennzellen ebenfalls spitze Verbindungsdornen besitzen. In solchen Fällen muß auf die besondere Ausbildung des Sulkus und die weit geringere Breite der Ringleiste bei *A. ambigua* geachtet werden, *A. subarctica* besitzt eine sehr breite Ringleiste (Fig. 23: 3, 4). O. Müller (1906) hat auch bei diesem Taxon eine Curvata-Form benannt (f. *curvata vel spiralis*), die gekrümmte, kreisförmige oder spiralig gewundene Zellketten besitzt, wobei er bis zu vier übereinanderliegende Spiralen fand. Die Spiralen haben Durchmesser von 84–127 μm, die dazugehörigen Zellen einen Durchmesser von 4–10,5 μm und eine Mantelhöhe von 8,5–12 μm. Auch hier kann man diese Wuchsformen nicht besonders benennen. O. Müller (1906) hat die f. *recta* beschrieben mit Hinweis auf die Fig. 9 in Tafel 2. In der Tafelbeschriftung bezeichnet er irrtümlich die genannte Figur als f. *tenuis*. Haworth (1988) kombiniert auch *Melosira italica* var. *subborealis* Nygaard 1956 mit dem vorliegenden Taxon. Es handelt sich dabei um ein ungenau beschriebenes Taxon, das wir bisher nicht beobachten konnten.

6. Aulacoseira italica (Ehrenberg) Simonsen 1979 (Fig. 2: 2; 24: 1, 3–6; 25: 1–11)

Gallionella italica Ehrenberg 1838; *Melosira italica* (Ehrenberg) Kützing 1844

Zellen zylindrisch mit flachen bis sehr schwach konvexen Endflächen, zu langen, eng geschlossenen Ketten verbunden, die im präparierten Zustand allerdings auch gelockert sein können (Fig. 25: 7 Mitte). Durchmesser 3–23 μm, Mantelhöhe 8–20 μm. Quotient aus Mantelhöhe und Durchmesser bei Erstlingszellen und Posterstlingszellen etwas weniger als 1, sonst immer größer als 1. Mantel in der Regel mit parallelen und geraden Außen- und Innenseiten, selten ist bei manchen Sippen die Innenseite etwas konvex gekurvt. Die flachen bis schwach konvexen Disci gehen marginal durch eine Rundung in den Mantel über, wodurch ein kleiner spitzer Pseudosulkus gebildet wird. Zellwand relativ dünn. Verbindungsdornen groß, bei Kettenzellen mit einem schmalen Basalteil und einem breit-elliptischen bis spatelförmigen (T-förmigen) Dornanker (Fig. 2: 2; 24: 1), bei Trennzellen (Fig. 25: 11) nur mit einem schmäleren, spatelförmigen Dornanker. Sulkus eine sehr flache, winkelig einschneidende Furche, viel weniger tief als der Pseudosulkus, Collum relativ breit, Ringleiste meist wenig entwickelt.

Feinstruktur: Diskusflächen fein und unregelmäßig punktiert, Mantelfläche mit rundlichen (bis schwach länglichen) Areolen, Pervalvarreihen stets mehr oder minder schräg (spiralig) zur Pervalvarachse, Querreihen fehlen oder sind stark wellig. In seltenen Fällen (besonders bei var. *tenuissima*) stehen die Punkte auch in dekussierter Anordnung und bilden dann drei Streifensysteme. Pervalvarreihen 13–18/10 μm, Punkte 12–18/10 μm. Trennzellen mit regelmäßig angeordneten Pervalvarreihen parallel zur Pervalvarachse 13–15 Pervalvarreihen/10 μm mit 12–15 Areolen/10 μm.

var. italica (Fig. 24: 1, 3–6; 25: 1, 2, 4–11)

Quotient aus Mantelhöhe / Durchmesser kleiner als 2,5, Breite größer als 6 μm.

var. tenuissima (Grunow) Simonsen 1979 (Fig. 25: 3)
Melosira tenuissima Grunow in Van Heurck 1882; *Melosira italica* var. *tenuissima* (Grunow) O. Müller 1906
Quotient aus Mantelhöhe/Durchmesser größer als 4, Durchmesser der Zellen 3–5 μm.

Verbreitung: Beide Varietäten sind relativ seltene kosmopolitische Litoralformen in mehr oder minder eutrophen Gräben, Teichen, Flüssen und Seen, aber auch von feuchten aerischen Standorten, sie finden sich aber massenhaft in manchen fossilen Materialien.

Zur Abgrenzung gegen *A. crenulata* siehe bei dieser. Kleine Zellen können mit *A. ambigua* verwechselt werden, der hohlkehlenartige Sulkus der letzteren ist aber ein gutes Differentialmerkmal. *A. granulata* mit ebenfalls spiraligen Pervalvarstreifen ist gröber punktiert auf den Mantelflächen, zudem besitzt sie sehr charakteristisch ausgebildete Trennzellen und lebt in erster Linie als Plankter. Ehrenberg (1838) beschrieb die Art aus «Bergmehl von Santa Fiore». Proben von dieser Fundstelle sind weit verbreitet, und das hier vorgestellte Konzept basiert auf diesem Material. Auch bei *A. italica* wurde eine Curvata-Form benannt, solche gebogenen Fäden finden sich aber häufig in gleitenden Übergängen zu den geraden Ketten und können nicht einmal als ökologische Modifikation betrachtet werden.

7. Aulacoseira crenulata (Ehrenberg) Thwaites 1848 (Fig. 24: 2; 26: 1–9; 27: 1–12)

Gallionella crenulata Ehrenberg 1843; *Melosira orichalcea* sensu Ralfs 1843 (Typ in H. L. Smith Nr. 228); *Melosira crenulata* (Ehrenberg) Kützing 1844; *Melosira italica* f. *crenulata* (Ehrenberg) O. Müller 1906

Zellen zylindrisch mit stärker konvexen Endflächen, zu längeren, eng geschlossenen Ketten verbunden, Durchmesser 5–32 μm, Mantelhöhe 8–20 μm, Quotient aus Mantelhöhe und Durchmesser bei Posterstlingszellen 0,7–1, nach späteren Teilungsschritten liegt er wesentlich über 1. Äußere und innere Mantellinie parallel, Mantel mit geraden bis leicht konvexen Seiten, Diskus stärker konvex, marginal zum Mantel hin stark abgebogen, Pseudosulkus daher eine tief einschneidende Furche (Fig. 20: 6). Zellwand mäßig dick, Verbindungsdornen sehr lang, Form auch im LM erkennbar, Dornanker spatelförmig (T-förmig), die distale Seite fast gerade, nur in der Mitte schwach eingebuchtet. Im präpariertem Zustand erlaubt diese Form der Dornen das Auseinanderklaffen der Schalen, so daß sie ein skeletonema-artiges Aussehen bekommen. Sulkus eine tiefe, spitz einschneidende Furche, Hals kurz, Ringleiste schmaler als der Pseudosulkus, sie wird nur von den Wänden des Sulkus gebildet. Der Gürtel wird aus mehreren (bis 7 und mehr) offenen Bändern und einer geschlossenen, abweichend strukturierten Valvocopula gebildet, die Einzelzelle erhält bei voll ausgebildeten Gürteln einen rohrartigen Charakter (Fig. 26: 4), in Erstlingszellen fehlt der Gürtel.

Feinstruktur: Diskusflächen unregelmäßig strukturiert, häufig ist zusätzlich eine Anzahl gröberer Punkte vorhanden, die von einem helleren Hof umgeben sind (Fig. 27: 8). Mantelfläche mit deutlichen rundlichen bis pervalvar-gestreckten Punkten ornamentiert, die Pervalvarreihen verlaufen in der Regel parallel, seltener auch leicht schräg zur Pervalvarachse. Sie sind relativ unregelmäßig angeordnet, so daß zumeist keine Querreihen zu erkennen sind. Pervalvarreihen 14–19/10 μm, mit 9–13 Punkten/10 μm. Die Erstlingsfolgezellen sind ähnlich strukturiert (Fig. 26: 1).

Im REM wird die Struktur der langen Verbindungsdornen mit ihren plötzlich erweiterten breiten Ankern besonders deutlich, die Distalseite der Anker ist mit kleinen Zähnchen besetzt. An jedem Dornanker enden 3–4 Pervalvarreihen von Areolen. Auch die Oberfläche der Mantelwand ist auf den Parvalvarrippen mit kleinen Dörnchen übersäht (vgl. z. B. Crawford 1975, Fig. 27, als *A. italica*). Die Areolen sind außen offen und besitzen auf der Innenseite Lippenstrukturen (vgl. Kobayasi & Nozawa 1982, als *A. italica*).

Verbreitung: Benthischer Kosmopolit, besonders in fossilen Ablagerungen, Funde aus Europa, Neuseeland (Auckland) Kamtschatka; rezent nicht häufig, vor allem in oligotrophen, kalkreichen Gewässern (Quellbächen usw. oft zusammen mit *Meridion circulare*), die bisher bekannten Funde stammen vor allem aus Kleingewässern, selten aus dem Litoral von Seen.

Die Art kann mit ihren Str. parallel zur Pervalvarachse höchstens mit *A. islandica* verwechselt werden (siehe dort), ihre kräftigen Verbindungsdornen grenzen sie aber eindeutig ab. Die Verbindungsdornen waren es wohl auch, die O. Müller (1906) bewogen, sie mit *A. italica* zu verbinden. Letztere besitzt allerdings einen anderen Schalenbau (siehe dort), ihre Str. verlaufen immer spiralig auf dem Mantel, wie alle Untersuchungen am Material vom locus typicus zeigen. Für Müller war der einzige Unterschied zwischen *A. crenulata* und *A. italica* der freie Raum zwischen den Disci bei der ersteren. Dieses Merkmal ist aber ohne Zweifel ein Präparationsartefakt, der von der Bauform der Verbindungsdorn-Anker abhängt und auch bei *A. italica* auftreten kann. Beide Arten haben besonders große und lange Verbindungsdornen mit einem langen schmalen Basalstück und einem plötzlich verbreiterten Anker, dessen Form sich aber bei beiden Arten unterscheidet. Wenn bei der Oxidation der organische Kitt beseitigt wird, mit dem diese Anker zusätzlich befestigt sind, führen bei dieser Dornenform Zugkräfte zwangsweise zu einer Auflockerung der Kette, was bei den langen Basalelementen der Dornen bei *A. crenulata* besonders deutlich wird. Im natürlichen Zustand sind auch die Ketten bei dieser eng verbunden (Fig. 26: 4). Darüber hinaus unterscheiden sich aber *A. italica* und *A. crenulata* durch ein ganzes Merkmalskollektiv, der Abstand zwischen den Disci bei *A. crenulata* ist nur ein (in vielen, nicht in allen Fällen) brauchbares Differentialmerkmal. In der vorliegenden Gattung besitzt vielleicht nur die tropische *Aulacoseira herzogii* (Lemmermann) Simonsen Ketten, bei denen die einzelnen Zellen auch in unpräparierten Ketten nur locker durch lange Verbindungsdornen verbunden sind, die in diesem Fall allerdings wesentlich länger als die Mantelhöhe der einzelnen Schalen sind.

A. crenulata vermittelt mit ihren Merkmalen zwischen *A. islandica* (Pervalvarstreifen am Mantel parallel zur Pervalvarachse) und *A. italica* (große Verbindungsdornen). Seit O. Müller (1906) wurde sie in der Literatur allgemein als *A. italica* behandelt, auch Hustedt (1928, 1930) führt sie als Forma von *A. italica*. Nach seiner Meinung können die Verhältnisse bereits «innerhalb eines Fadens schwanken, so daß man von einer selbständigen Form nicht einmal reden kann». Auch er übersah, daß die «Schwankungen» ihre Ursache in der Artefaktbildung bei der Präparation haben. Bei allen kettenbildenden Formen sollten deshalb immer auch lebendes Material oder zumindest Glühpräparate herangezogen werden, wenn Aussagen über die Kettenbildung gemacht werden.

A. italica und A. crenulata scheinen etwas unterschiedliche ökologische Ansprüche zu haben. Die letztere wurde bisher zumeist in elektrolytreicheren Gewässern gefunden als die erstere. Da wir von anderen Gattungen (z. B. *Skeletonema*) wissen, daß Form und Größe z. B. der Verbindungsdornen stark vom Salzgehalt abhängen, besteht die Möglichkeit, daß es sich hier um ökologische Modifikationen handelt. Dieses Problem berührt allerdings viele Abgrenzungsprobleme in der Gattung *Aulacoseira* und erfordert in der Zukunft grundlegende Untersuchungen.

8. Aulacoseira valida (Grunow) Krammer 1990 (Fig. 28: 1–11)

Melosira crenulata var. *valida* Grunow in Van Heurck 1882; *Melosira italica* var. *valida* (Grunow) Hustedt 1927; *Aulacoseira italica* var. *valida* (Grunow) Simonsen 1979

Zellen zylindrisch mit stärker konvexen Endflächen, zu längeren, eng geschlossenen Ketten verbunden, Durchmesser 10–25 µm, Mantelhöhe 10–18 µm, Quotient aus Mantelhöhe und Durchmesser 0,6–1–3. Äußere und innere Mantellinie parallel, Mantel mit geraden Seiten, in einer weiten Rundung in den Diskus überlaufend, Diskus stärker konvex, marginal zum Mantel hin stark abgebogen, Pseudosulkus daher eine tief einschneidende Furche (Fig. 28: 1). Zellwand sehr dick, Verbindungsdornen sehr lang und kräftig, Dornanker spatelförmig (T-förmig), die distale Seite gezähnt. Sulkus eine flache, spitz einschneidende Furche, Collum breit, Ringleiste mäßig breit. Feinstruktur: Diskusflächen sehr fein und unregelmäßig punktiert, tangential etwa 18–22 Punkte/10 µm. Mantelfläche mit groben Punkten, distal rundlich, zu den Disci hin größer und pervalvar verlängert, die gekurvten Str. sehr schräg zur Pervalvarachse liegend (45° und mehr). Pervalvarreihen 12–15/10 µm, mit etwa ebensoviel Punkten/10 µm. Im REM sind die Areolen durch deutliche Lippenstrukturen gegliedert. Auch die Pervalvarrippen sind kräftig gebaut, je zwei bilden die Basis für einen Verbindungsdorn.

Verbreitung: Nordisch-alpiner Kosmopolit, mit Funden aus Europa und Nordamerika (z. B. Schwarzwald, Vogesen, Nordengland), relativ selten in dystrophen und oligotrophen Seen und Teichen. Die bisherigen Funde stammen in erster Linie aus Sedimenten.

A. valida ist eine sehr gut abgegrenzte Form, die sich durch viele relevante Merkmale von den Nachbararten unterscheidet. Die dicken Zellwände, die stark gekurvten schrägen Str., die zu den Disci hin länglicher werdenden Areolen und die sehr kräftigen Verbindungsdornen sind deutliche Differentialmerkmale. A. Cleve (1951) hat die Morphologie der Art mißverstanden, die kräftigen Zähne deutet sie als «marginale Streifen» und meinte deswegen, daß Hustedt (1928) dieses Taxon falsch verstanden hätte. Die Seltenheit des Taxons führte auch sonst immer wieder zu irrtümlichen Aussagen. So ist Haworth (1988) der Meinung, daß *A. valida* vielleicht konspezifisch sei mit *A. italica*, tatsächlich aber hat sie mit dieser Art nur die spiralig verlaufenden Pervalvarstreifen gemeinsam. Zu *A. italica* gibt es aber noch ein weiteres wichtiges Unterscheidungsmerkmal: Bei dieser entspringen die Verbindungsdornen jeweils nur aus einer, dagegen bei *A. valida* immer aus zwei Pervalvarrippen (vgl. Krammer 1991). Im Typenpräparat (Coll. Grun. 2877, Gerardmer, Vogesen) ist die Art nicht selten.

9. Aulacoseira distans (Ehrenberg) Simonsen 1979 (Fig. 1: 2, 3; 3: 1, 2; 29: 1–23; 30: 1–11)

Gallionella distans Ehrenberg 1836; *Melosira distans* (Ehrenberg) Kützing 1844

Zellen zylindrisch zu relativ kurzen, eng geschlossenen Ketten verbunden, Durchmesser 4–20 µm, Mantelhöhe 3,5–8,5 µm. Der Quotient aus Mantelhöhe und Durchmesser erhöht sich von den Erstlingszellen bis zu den Auxosporenmutterzellen kontinuierlich etwa von 0,3–0,75, nur bei sehr kleinen Schalen bis 1,

d. h. die meisten Schalen sind breiter als hoch. Mantel mit konvexen, parallelen Außen-und Innenseiten. Diskus eben, die konvexen Mantellinien bilden einen breiten, aber flachen Pseudosulkus. Zellwand relativ dick. Verbindungsdornen kurz, ankerlos, im LM wenig auffallend. Sulkus eine flache Spitzfurche, Collum kurz, distaler Teil innen trichterförmig, Ringleiste breit.

Feinstruktur: Diskus fein bis mäßig grob punktiert, die Punkte sind unregelmäßig angeordnet und stehen im mittleren Schalenbereich in der Regel etwas aufgelockert oder grobe Poren sind bienenwabenartig in tangentialen Reihen angeordnet. Mantelfläche mit rundlichen, manchmal etwas verbreiterten Areolen besetzt, die zur Pervalvarachse in geraden, seltener schwach schrägen Pervalvarreihen angeordnet sind und entweder regelmäßige Querreihen bilden oder regellos angeordnet sind. Pervalvarreihen 10–16/10 µm, Areolen auf den Pervalvarreihen 13–22/10 µm.

Im REM fallen besonders das Collum mit der Ringleiste, die kurzen, ankerlosen Verbindungsdornen und die durch ein zartes Rippensystem gebildeten kleinen Areolen auf (Fig. 30: 11).

var. distans (Fig. 29: 1–23; 30: 11)

Mäßig große Poren auf den Disci relativ unregelmäßig verteilt. Durchmesser der Zellen 4–20 µm, Mantelhöhe 3,5–8,5 µm, Poren auf der Mantelfläche parallel oder wenig schräg, 11,5–15 Pervalvarreihen/10 µm, auf den Str. 13–17 Punkte/ 10 µm.

var. nivalis (W. Smith) Haworth 1988 (Fig. 30: 2–10)

Melosira nivalis W. Smith in Greville 1855; *Melosira distans* var. *nivalis* (W. Smith) Kirchner 1878

Disci mit großen und deutlichen Punkten, die bienenwabenartig in tangentialen Reihen angeordnet sind und regelmäßige Muster bilden (Fig. 26: 3–10). Die zarten Poren auf dem niedrigen Mantel liegen in Pervalvarreihen, zumeist leicht schräg zur Pervalvarachse. Durchmesser der Zellen 8–18 µm, Mantelhöhe 4–6 µm, Höhe/Durchmesser 0,3–0,5, Pervalvarstreifen 12–16/10 µm mit 2–6 Areolen je Streifen.

Verbreitung: Var. *distans* häufig in vielen fossilen Materialien, z. B. Biliner Polierschiefer (Hauptmasse) und Santa Fiore. Rezent seltener, planktisch und benthisch in oligotrophen und elektrolytärmeren Seen, Teichen und Gräben des Nordens (und der Gebirge?), wahrscheinlich in den Ebenen Mittel- und Südeuropas fehlend. Nach Meister (1912) in der Schweiz fehlend, wo var. *nivalis* in den Alpen häufig ist. Auch Haworth (1988) konnte bei ihren Untersuchungen in England nur var. *nivalis* nachweisen. Nachdem wohl die beiden Varietäten in der Vergangenheit immer wieder verwechselt wurden oder aber var. *nivalis* in der Synonymie von var. *distans* geführt wurde (z. B. Hustedt 1928, Hartley 1986), beziehen sich vielleicht viele Nachweise der var. *distans* auf die var. *nivalis*. Die letztere ist häufig und verbreitet im nordisch-alpinen Bereich, sie findet sich vor allem im Litoral von Seen, in Bächen und an feuchten Stellen. Die übrigen Varietäten wurden bisher zu selten gefunden oder ihre Zuordnung war zu unbestimmt, als daß etwas Genaueres über Verbreitung und Vorkommen ausgesagt werden kann.

Beide Varietäten sind vor allem durch die geringe Bauhöhe (insbesondere der frühen und mittleren Teilungsstufen) und die Konvexität ihrer Schalenmäntel und die kräftige Punktierung ihrer Disci charakterisiert. Formen mit unpunktierten Disci wie z. B. *M. distans* var. *helvetica* Hustedt 1943, var. *alpigena* Grunow 1882, var. *lirata* (Ehrenberg) Müller 1904 und var. *perglabra* (Oestrup)

Jörgensen 1948 sind eigene Arten (siehe dort), das Gleiche gilt für M. *distans* var. *laevissima* Grunow 1882, die in ihrer Feinstruktur stark von A. *distans* abweicht. Die gesamte Systematik im Umkreis von A. *distans* erfordert im übrigen weitere vertiefte Untersuchungen, der heutige Stand kann nur als vorläufig angesehen werden, weil wir noch viel zu wenig über die Bewertung der für die Abgrenzung verwendeten Merkmale wissen.

A. *distans* var. *africana* ist ein jüngeres Synonym von A. *pfaffiana*. A. *alpigena* unterscheidet sich von den A. *distans*-Varietäten nicht nur durch ihre abweichende Feinstruktur und deren quantitativen Daten, sondern auch morphologisch durch die völlig abweichende Ausbildung ihrer charakteristischen Dornanker (vgl. Fig. 1: 2, 3 mit Fig. 2: 6). Abgesehen davon besitzt sie keine Areolen auf dem Diskus und die Ringleiste ist bei ihr nur schwach ausgebildet. *Melosira distans* var. *humilis* Cleve-Euler 1939 (wahrscheinlich synonym mit *Melosira distans* var. *blelhamensis* Evans 1964) ist ein sehr unsicheres Taxon, bei dem die Punkte am Hals und Diskus größer als die übrigen sein sollen, und zumeist nur 4 Punkte/Pervalvarstreifen vorhanden sind. Var. *humilis* wird von Florin (1981) ausführlich diskutiert, leider ist das Typenpräparat aber nach Florin inzwischen nicht mehr auffindbar. Die ergänzenden Mitteilungen bei Cleve-Euler (1951) bringen auch kaum zusätzliche Erkenntnisse, sodaß diese Form einstweilen als «sensu Florin 1981» betrachtet werden muß. Die Autorin konnte das Typenpräparat mit Material aus einem See bei Uppsala noch untersuchen, als es präsent war. *Melosira tenella* Nygaard 1956 ist eine sehr kleine Form aus Sedimenten dänischer Seen mit einem Durchmesser von 5–12 µm, einer Mantelhöhe von 2–5 µm, und einem Quotienten aus Mantelhöhe/Durchmesser 0,25–0,4. Die Pervalvarreihen sind sehr kurz, sie bestehen anschließend an den Diskus nur aus 2–3 Punkten. Auch diese Form erfordert weitere Untersuchung. Camburn (1986) beschrieb aus den USA eine *Melosira distans* var. *nivaloides*, bei der die Diskusareolen kleiner sind als bei var. *nivalis*, marginal seien auf dem Diskus keine Areolen vorhanden und die Punkte auf dem Mantel sind strichförmig. Wie seine Bilder zeigen, ist aber die gesamte Diskusfläche areoliert. Die stark konvexen Disci bei diesem Taxon bewirken aber, daß durch unterschiedliche Fokussierung die Areolen in der Mitte dunkel und am Rande hell erscheinen. Haworth (1988) hat die var. auch aus Seen in Cumbria nachgewiesen, die länglichen Areolen auf dem Mantel sind in ihrer REM-fig. 66 gut zu erkennen.

10. Aulacoseira alpigena (Grunow) Krammer 1990 (Fig. 2: 3–7; 30: 1; 31: 1–11; 32: 10–16)

Melosira distans var. *alpigena* Grunow in Van Heurck 1882 (?) *Melosira distans* var. *helvetica* Hustedt 1943

Zellen zylindrisch mit flachen Endflächen, zu längeren, eng geschlossenen Ketten verbunden, Durchmesser 4–15 µm, Mantelhöhe 4–7 µm, Quotient aus Mantelhöhe und Durchmesser bei Posterstlingszellen 0,35 nach späteren Teilungsschritten steigt er bis über 1. Äußere und innere Mantellinie parallel, Mantel mit konvexen Seiten, Diskus flach, Pseudosulkus daher nur wenig entwickelt. Zellwand mäßig dick, Verbindungsdornen klein, aber auch im LM zu sehen, Dornanker spatelförmig mit seitlichen Auswüchsen, die den Dornen eine charakteristische Form geben (Fig. 2: 6). Sulkus undeutlich, Ringleiste relativ schmal, Collum breiter als bei A. *distans*.

Feinstruktur: Bisher beobachtete Diskusflächen nur mit 1–2 marginalen Ringen von Punkten, manchmal, der innere Ring unregelmäßig (Fig. 32: 16), sonstige Diskusfläche unstrukturiert. Mantelfläche bedeckt mit deutlich schrägen, oft gekurvten Pervalvarreihen zarter Punkte 15–22 Str./10 µm, mit etwa ebensoviel

Punkten auf den Str./10 µm. Oft sind sie relativ regelmäßig angeordnet, so daß auch Querreihen zu erkennen sind. Die Erstlingsfolgezellen sind ähnlich strukturiert (Fig. 32: 10).

Verbreitung: Wahrscheinlich Kosmopolit im nordisch-alpinen Areal, hier verbreitet, aber nur stellenweise häufig (Lappland, Schottland, Alpen). Die Art scheint oligotrophe Gewässer mit niedrigem Elektrolytgehalt zu bevorzugen.

Im REM ist die Art leicht an ihren charakteristischen Verbindungsdornen, im LM an ihrer Merkmalskombination zu unterscheiden von ähnlichen Arten aus der Distans-Gruppe. Die Art bildet auch Trennzellen aus, deren Pervalvarstreifen parallel zur Pervalvarachse liegen. Verwechselt wurde die Art in der Vergangenheit mit *A. subarctica,* die eine ähnlich feine Streifung am Mantel besitzt. Deutliche Unterschiede sind im REM die verschieden ausgebildeten Verbindungsdornen, letztere besitzt lange spitze Dornen mit einer breiten, aus zwei Pervalvarrippen hervorgehenden Basis. Bei genauem Fokussieren sind diese Verhältnisse auch im LM erkennbar, während die kleinen, aus einer Rippe entspringenden Dörnchen von *A. alpigena* im LM nur undeutlich zu sehen sind. Außerdem besitzt letztere auf den Disci marginal 1–2 auch im LM deutlich sichtbare Ringe von Punkten, die bei *A. subarctica* fehlen. *Melosira distans* var. *helvetica* Hustedt aus einem Schweizer Hochgebirgssee bei Davos (Moos aus dem Unteren Grialetschsee) gehört vielleicht nach den LM-Befunden zur vorliegenden Art. Die Exemplare im Typenpräparat Norwegen, Coll. Grunow Nr. 1924, entsprechen dem oben beschriebenen Konzept.

11. Aulacoseira laevissima (Grunow) Krammer 1990 (Fig. 31: 16, 17)

Melosira distans var. *laevissima* Grunow in Van Heurck 1882

Zellen zylindrisch mit flachen Enflächen, zu längeren, eng geschlossenen Ketten verbunden, Durchmesser 6–17 µm, Mantelhöhe 5–10 µm. Mantel mit konvexen Seiten. Diskus flach, auf der ganzen Fläche mit zarten Areolen ausgestattet und spitz zulaufenden Dornen mit winzigen Ankern an den Enden. Zellwand dick. Collum fast so lang wie übriger Mantel, Ringleiste relativ breit. Mantelfläche mit Pervalvarstreifen sehr feiner, runder Punkte, die deutlich schräg zur Pervalvarachse verlaufen. Pervalvarstr. 22–28/10 µm, Punkte auf den Str. 23–30/10 µm.

Verbreitung: Bisher selten gefunden. Fundort des Typus ist Loch Canmor (Schottland, Coll. Grunow 2851); Haworth (1988) zeigt ein Exemplar aus dem Fluß Tarn / Nordengland.

A. laevissima ist eine vielfach verkannte Art, die sich allein schon durch ihre feine Struktur von allen anderen, bisher beschriebenen *Aulacoseira*-Arten unterscheidet. Ähnlich ist höchstens *Melosira nygaardii* die Camburn (1986) aus den USA beschrieb. Sie besitzt allerdings keine areolierten Disci. Weitere Untersuchungen sind erforderlich. Eine von der Ornamentierung der Disci und vom Schalenbau nahestehende Art findet sich auch im Präparat H. L. Smith 221 (Fig. 30: 12–15). Diese fossile Form besitzt radial gewellte Schalen, der Mantel ist sehr fein areoliert, die Areolen sind in charakteristisch strukturierten Pervalvarstr. angeordnet, deutliche Verbindungsdornen sind vorhanden und die Ringleiste läßt einen kreisförmigen Ausschnitt frei, der fast nur ⅓ der Schalenbreite beträgt.

12. Aulacoseira tethera Haworth 1988 (Fig. 32: 1–9)

Zellen zylindrisch, zu längeren, eng geschlossenen Ketten verbunden, Durchmesser 6,5–14 μm, Mantelhöhe 2,5–4 μm, Quotient aus Mantelhöhe / Durchmesser stets wesentlich keliner als 1. Äußere und innere Mantellinie parallel, Mantel mit geraden Seiten, Diskus schwach konvex, zwischen Diskus und Mantel eine scharfe Kante, Pseudosulkus daher sehr schmal. Zellwand mäßig dick, Verbindungsdornen kurz, sie überdecken aber die erste Porenreihe des Mantels so, daß diese nur bei Einzelschalen zu sehen ist. Dornanker im REM geweihartig. Sulkus nur angedeutet, Collum sehr kurz und nur angedeutet, Ringleiste fehlt. Feinstruktur: Diskusflächen nur marginal mit einem Ring relativ großer Areolen, die im REM deutliche Lippenbildungen zeigen. Mantelfläche mit 3–5 Querreihen sehr großer Areolen, letztere bilden sowohl deutliche Quer- wie Längsreihen, letztere parallel zur Pervalvarachse. Pervalvarreihen 11–16/ 10 μm.

Verbreitung: Bisher nur vom Locus typicus bekannt (Three Tarns, Langdale, Cumbria, Nordengland) und einigen in der Nähe liegenden Gewässern.

Die Kombination der Struktur des Diskus und des Mantels unterscheidet das Taxon gut von ähnlichen *Aulacoseira*-Arten. Weiteres zur Feinstruktur im REM siehe bei Haworth (1988).

13. Aulacoseira pfaffiana (Reinsch) Krammer 1990 (Fig. 33: 1–11)

Melosira pfaffiana Reinsch 1864 in Rabenhorst Nr. 1912; *Melosira distans* var. *paffiana* (Reinsch) Grunow in Cleve & Möller 1878; *Melosira distans* var. *africana* O. Müller 1904

Zellen zylindrisch mit schwach konvexen Endflächen, zu längeren, eng geschlossenen Ketten verbunden. Durchmesser 4,5–23 μm, Mantelhöhe 3–10,5 μm, Quotient aus Mantelhöhe und Durchmesser 0,25–0,8. Äußere und innere Mantellinie parallel, Mantel mit konvexen Seiten, Diskus etwas konvex, Pseudosulkus eine tiefe Furche. Zellwand relativ dick, Verbindungsdornen kurz und spitz, distal höchstens mit Andeutungen eines kleinen Ankers. Sulkus sehr flach, Collum relativ lang, Ringleiste fast fehlend (Fig. 33: 11). Feinstruktur: Diskusfläche vollständig mit sehr großen Areolen bedeckt, die oft konzentrisch in mehr oder minder regelmäßigen Mustern angeordnet sind, oft marginal ein Ring größerer Areolen, manchmal ist die Areolierung auch in der Mitte oder an anderer Stelle etwas aufgelockert. Mantelfläche mit deutlichen rundlichen bis pervalvar-gestreckten Areolen, die parvalvare Reihen bilden, parallel bis ganz leicht schräg zur Pervalvarachse. Dagegen sind Querreihen nicht immer erkennbar. Pervalvarreihen 12–15/10 μm, mit ebensovielen Punkten/ 10 μm. In jeder Pervalvarreihe liegen 3–6 große Areolen, was etwa 16–18/10 μm entspricht.

Verbreitung: Kosmopolitische Form in Kleingewässern besonders des nordisch-alpinen Bereichs und der Mittelgebirge. Nur stellenweise häufiger.

Die gut abgegrenzte Art wurde in der Vergangenheit immer wieder verkannt und mit anderen Arten verwechselt, obwohl im Gegensatz zu vielen anderen Arten aus der Distans-Gruppe für *A. pfaffiana* von Reinsch (1864) recht gute Diagnosen und Bilder vorliegen. Gewisse Ähnlichkeiten besitzen im LM *A. distans* und *A. perglabra*. Von beiden ist sie eindeutig durch die fast fehlende Ringleiste abgegrenzt (*A. distans* und *A. perglabra* besitzen breite Ringleisten, vgl. z. B. Fig. 33: 11 mit Fig. 3: 1 und Fig. 33: 12). «Typische», also im Mittelbereich des Variationsspektrums beider Arten liegende Formen unterscheiden sich auch im

Gesamthabitus im LM so stark voneinander (vgl. Fig. 30: 1 mit Fig. 33: 11), daß eine Verwechslung nicht möglich sein sollte. Die Schalen von *M. perglabra* haben zusätzlich einen wesentlich niedrigeren Mantel (Fig. 33: 12, 13).

14. Aulacoseira perglabra (Oestrup) Haworth 1988 (Fig. 33: 12–17)

Melosira perglabra Oestrup 1910; *Melosira distans* var. *perglabra* (Oestrup) Joergensen 1948; *(?)Melosira excurrens* Nygaard 1956; (?) *Melosira fennoscandia* Cleve-Euler 1951

Zellen zylindrisch mit schwach konvexen Endflächen, zu längeren, eng geschlossenen Ketten verbunden, Durchmesser 8–17 µm, Mantelhöhe 2,8–4 µm, Quotient aus Mantelhöhe und Durchmesser 0,24–0,35. Äußere und innere Mantellinien fast gerade. Diskus schwach konvex, marginal zum Mantel hin eine scharfe Kante bildend, Pseudosulkus kaum vorhanden. Zellwand mäßig dick, Verbindungsdornen sehr kurz, Form nur im REM erkennbar, bei Trennzellen kurz und spitz, bei sonstigen Zellen mit breitem Dornanker. Sulkus im LM undeutlich, Collum fast fehlend, die Ringleiste ist sehr breit und füllt die Hälfte des Lumens aus.

Feinstruktur: Die Areolierung der Diskusfläche ist sehr variabel und deshalb ein wenig brauchbares Merkmal. Vielfach fehlen Areolen überhaupt oder es sind nur marginale Ringe unregelmäßig angeordneter Areolen vorhanden. Das gegenteilige Extrem sind voll mit unregelmäßig angeordneten Areolen ausgestattete Disci. Im mittleren Bereich sind diese Areolen allerdings häufig nur angedeutet und nicht voll ausgebildet. M. Møller (in.litt.) fand sogar in einer Kette von *M. perglabra* eine Zelle, bei der ein Diskus eine vollständige Areolierung aufwies («wie bei *M. pfaffiana*»), der andere dagegen nach dem «perglabra»-Schema areoliert war. Ebenso unterschiedlich wie beim Diskus ist die Areolierung des Mantels. Am Mantel liegen 20–28 Pervalvarreihen/10 µm mit jeweils 1–3 deutlichen, runden Areolen. Letztere sind allerdings nur im REM zu sehen, weil die sehr niedrigen Schalen immer auf der Schalenfläche liegen.

Verbreitung: Im Material des locus typicus (Madum So) sind auch einige Brackwasserarten enthalten (z. B. *Melosira nummuloides*), was für einen höheren Elektrolytgehalt spricht. Nachweise liegen besonders aus See-Sedimenten von Dänemark, England und den USA vor. Viele andere Angaben sind unsicher.

Gegenüber *A. pfaffiana* liegt der Quotient aus Mantelhöhe/Durchmesser mit 0,24–0,35 wesentlich niedriger und die sehr breite Ringleiste ist ebenfalls ein eindeutiges Differentialmerkmal. Sehr ähnlich ist dagegen *A. tethera* mit einem ebenfalls sehr niedrigen Mantelhöhe/Durchmesser-Quotienten. Allerdings ist bei ihr die Areolierung des Mantels immer vorhanden und vielleicht auch immer wesentlich gröber und der Diskus besitzt immer nur eine marginale Areolenreihe.

15. Aulacoseira lirata (Ehrenberg) Ross 1986 (Fig. 34: 1–12; 36: 1, 2)

Gallionella lirata Ehrenberg 1843; *Melosira lirata* (Ehrenberg) Kützing 1844; *Melosira distans* var. *lirata* (Ehrenberg) O. Müller 1904

Zellen zylindrisch mit wenig konvexen Endflächen, zu längeren, eng geschlossenen Ketten verbunden, Durchmesser 7–27 µm, Mantelhöhe 3–8 µm, Quotient aus Mantelhöhe und Durchmeser 0,45–1. Äußere und innere Mantellinie parallel, Mantel mit stark konvexen Seiten. Pseudosulkus deutliche Ringfurche, Zellwand mäßig dick, Verbindungsdornen kurz, aber kräftig, auch im LM sehr deutlich erkennbar, Dornanker (im REM) kreuzförmig. Sulkus im LM undeutlich, Collum im Verhältnis zum übrigen Mantel relativ breit, Ringleiste deutlich, Breite ¼ bis ⅙ des Durchmessers.

Feinstruktur: Diskusflächen in der Regel nur marginal mit einer oder mehreren unregelmäßig angeordneten Areolenreihen. Es gibt allerdings Sippen, bei denen sowohl die Nominatvarietät als auch *var. biseriata* Disci besitzen, die vollständig areoliert sind (z. B. Krasske, Probe 415 Chile). Mantelfläche mit großen, rundlichen, perlenartigen Punkten ornamentiert (3–6/Pervalvarstr.), die in etwas unregelmäßigen Pervalvarreihen angeordnet sind, sie verlaufen parallel oder auch leicht schräg zur Pervalvarachse und sind vielfach etwas gekurvt. Querreihen sind nicht immer zu erkennen. Pervalvarreihen 8–12/10 µm, mit 9–10 Punkten/ 10 µm. Bei var. *biseriata* sind große Teile des Mantels frei von Poren.

var. lirata (Fig. 34: 1–12)
Mantel mit 3–6 Areolen auf den Pervalvarstr.

var. biseriata (Grunow) Haworth 1988 (Fig. 36: 1, 2)
Melosira lyrata var. *biseriata* Grunow in Van Heurck 1882

Nur je eine Areolenreihe am distalen und proximalen Mantelende jeder Schale, so daß je Schale insgesamt 2 Reihen vorhanden sind.

Verbreitung: Seltene kosmopolitische benthische Form besonders in den Gebirgen und in nördlichen Bereichen, sie scheint in den südlicheren Gegenden und den Ebenen zu fehlen.

Die unregelmäßig verteilten, perlenartigen Areolen auf dem Mantel und (im REM) die kreuzförmigen Verbindungsdornen sind charakteristisch für die Art. Florin (1982), Camburn & Kingston (1986) und Haworth (1988) diskutieren die mit dem Taxon zusammenhängenden Probleme. O. Müller (1898) beschrieb eine var. *seriata* mit 3–4 Areolenreihen auf dem Mantel. Sie kann von der Nominatvarietät kaum getrennt werden. Im übrigen werden bei solchen Zählungen in der Literatur nicht selten zu den Areolenstr. auch noch die Dornreihen auf dem Diskus dazugezählt, was zu Verwirrungen führen kann.

16. Aulacoseira lacustris (Grunow) (Krammer) 1990 (Fig. 35: 1–13)

Melosira lyrata var. *lacustris* Grunow in Van Heurck 1882; (?) *Melosira mikkelsenii* Nygaard 1956

Zellen zu längeren, eng geschlossenen Ketten verbunden, Durchmesser 10–28 µm, Mantelhöhe 6–11 µm, Quotient aus Mantelhöhe und Durchmesser 0,4–0,6. Äußere und innere Mantellinie parallel, Mantel mit deutlich bis stark konvexen Seiten, Diskus schwach konvex, Pseudosulkus eine breite aber relativ flache Furche. Zellwand mäßig dick, Verbindungsdornen relativ kurz, im REM mit geweihartigen Dornankern. Sulkus eine undeutliche Furche, Collum schmal, Ringleiste deutlich, Breite ihres Kreisringes ungefähr ⅓ des Schalendurchmessers, bei größeren Schalen etwas kleiner, bei kleineren größer.
Feinstruktur: Diskusflächen unterschiedlich strukturiert, die relativ großen Areolen (13–14 Areolen/10 µm auf geraden Str.) sind entweder nur marginal in einen oder mehreren Reihen vorhanden oder sie können einen Bereich in der Diskusmitte freilassen oder aber die gesamte Diskusfläche bedecken. Die Areolen besitzen häufig eine relativ regelmäßige Anordnung, wobei sie tangentiale Reihen bilden, das freibleibende Mittelfeld bekommt dann einen mehreckigen Charakter. Häufig sind die Areolen im mittleren Bereich auch nur angedeutet, es handelt sich dann nicht um voll ausgebildete Kammern. Die Mantelfläche ist mit deutlichen rundlichen bis pervalvar-gesteckten Punkten ornamentiert, die Per-

valvarreihen verlaufen parallel zur Pervalvarachse. Sie sind relativ unregelmäßig angeordnet, so daß keine Querreihen zu erkennen sind. Pervalvarreihen 13–16/ 10 μm, sie sind oft im Mittelbereich unterbrochen oder nur an beiden Enden des Mantels vorhanden.

Verbreitung: Vor allem nordische Art in Gewässern mit niedrigem Elektrolytgehalt. Funde aus Schweden, Finnland, Schottland, Nordengland, USA.

Die charakteristische Struktur des Schalenmantels unterscheidet die Art von anderen *Aulacoseira*-Arten. *A. tenuis* ist sowohl am Mantel als auch auf den Disci wesentlich feiner strukturiert. Die Probe vom locus typicus (Pudasjärvi, fossil, Coll. Grunow 1476) entspricht dem vorliegenden Konzept. Untersuchungen zur Taxonomie und Morphologie finden sich vor allem bei Florin (1982), Camburn & Kingston (1986) und Haworth (1988).

17. Aulacoseira tenuior (Grunow) Krammer 1990 (Fig. 36: 3–18)

Melosira lyrata var. *lacustris* formae *tenuiores* Grunow in Van Heurck 1882, fig. 87: 4–5

Zellen zu längeren, eng geschlossenen Ketten verbunden, Durchmesser 8–18 μm, Mantelhöhe 5–10 μm, Quotient aus Mantelhöhe und Durchmesser 0,35–0,6. Äußere und innere Mantellinie parallel, Mantel mit deutlich konvexen Seiten, Diskus mit flachem Mittelbereich der marginal von einem wallartig erhobenen Ring begrenzt wird. Pseudosulkus eine breite aber relativ flache Furche. Zellwand mäßig dick, Verbindungsdornen im REM kurz, spitz, pyramidenförmig. Sulkus undeutlich, Collum in Bezug zu dem niedrigen Mantel relativ breit, Ringleiste bei kleinen Schalen sehr breit (Kreisringbreite bis ⅓ der Schalenbreite), bei großen Schalen erscheint sie relativ schmal. Feinstruktur: Diskusflächen sehr fein und gleichmäßig areoliert, wobei die Areolen dekussierte Muster bilden, tangential 19–21 Areolen/10 μm. Aufgelockerte oder areolenfreie Mittelfelder fehlen. Die Mantelfläche ist mit kleinen rundlichen bis pervalvar-gestreckten Punkten ornamentiert, die Pervalvarreihen verlaufen parallel zur Pervalvarachse, die Areolen sind auf den Str. sehr unregelmäßig angeordnet, so daß keine Querreihen zu erkennen sind. Besonders am Diskus und am Hals sowie bei hoher Fokuseinstellung neigen die Punkte auf der Pervalvarstr. zu länglichen Gebilden. Pervalvarreihen 15–19/10 μm. Die Pervalvarreihen sind oft im Mittelbereich unterbrochen oder nur an beiden Enden des Mantels vorhanden.

Verbreitung: Locus typicus ist das Gerardmer in den Vogesen (Grun. 2897), die Probe wurde von Petit in 40 m Tiefe als Oberflächensediment gesammelt und enthält außer der Art auch *A. lirata* und *A. lacustris*. Sonstige Nachweise müssen überprüft werden.

Die Art ähnelt *A. lacustris* nur im Schalenbau und in der unregelmäßigen Verteilung der Areolen am Mantel. Ansonsten sind alle wichtigen Merkmale unterschiedlich.

18. Aulacoseira crassipunctata Krammer 1990 (Fig. 37: 1–10)

Zellen zylindrisch, lange gerade oder gebogene Ketten bildend, Durchmesser 6–10 μm, Mantelhöhe 10–17 μm, Mantelhöhe/Durchmesser 0,8–1,5 aber selbst bei Geschwisterzellen sehr variabel. Äußere und innere Mantellinie fast parallel und gerade, Diskus konvex, Pseudosulkus eine breite aber relativ tiefe Furche. Zellwand sehr dick, Verbindungsdornen kurz, aber im LM gut sichtbar. Sulkus eine breit gerundete, flache Furche, Collum lang, Ringleiste sehr breit.

Feinstruktur: Diskusflächen gleichmäßig mit mittelgroßen Areolen ornamentiert, die häufig in tangentialen Linien angeordnet, ebenso häufig aber auch unregelmäßig verteilt sind. Die Mantelfläche ist mit Pervalvarreihen großer rundlicher, perlenartiger Areolen besetzt, die Pervalvarreihen verlaufen in der Regel fast parallel zur Pervalvarachse. Auf diesen Str. sind die Areolen relativ unregelmäßig angeordnet, so daß kaum Querreihen zu erkennen sind. Pervalvarreihen 6–9/10 µm mit ebenso vielen Areolen/10 µm.

Verbreitung: Die Typuspopulation lebt als Epiphyt in einem kleinen nordschottischen See auf der Paßhöhe zwischen Durness und Rhiconich. Der oligotrophe Moorsee hat einen sehr niedrigen Elektrolytgehalt. Dazu wurde das Taxon in einigen fossilen Proben gefunden (z. B. Steinfurth).

Die Art unterscheidet sich durch ihre grobe Struktur stark von allen anderen *Aulacoseira*-Arten. Ähnlich ist *Aulacoseira canadensis* (Hustedt) Simonsen (Fig. 37: 11–16), ein fossiles Taxon aus Quesnel/Canada. Diese Art ist aber noch gröber areoliert, die Areolen auf dem Mantel sind wesentlich größer und es gibt nur 3–5 Punkte auf den Pervalvarreihen. Zur Diskussion ähnlicher Taxa vgl. Krammer (1991).

5. Cyclotella (Kützing) Brébisson 1838 nom. cons.

Typus generis: Kützing 139, BM (Typus cons.) *Cyclotella tecta* Håkansson & Ross 1984 (= *Cyclotella distinguenda* Hustedt 1927)

Zellen trommelförmig, einzeln oder in Kolonien, jedoch selten zu festen Ketten verbunden. Gürtelbänder vorhanden. Schalen kreisrund, sehr selten elliptisch; mehr oder weniger tangential oder konzentrisch gewellt, selten flach. Die Länge der Pervalvar-Achse ist in den meisten Fällen nicht größer als der Schalendurchmesser. Die Schalenfläche besteht aus einer marginalen Zone mit Radialstreifen, Radialrippen und Interstriae, um ein entweder strukturloses, geflecktes (colliculates), punktiertes oder punktiert gestreiftes Mittelfeld.

Zum größten Teil Planktonformen, die in Seen, Teichen und Flüssen vorkommen, einzelne Arten auch in Gewässern mit hohem Elektrolytgehalt.

Die Gattung *Cyclotella* umfaßt einen großen Komplex zentrischer Diatomeen, die mehrfach Anlaß zu unterschiedlichen Gruppierungen gegeben haben. Ältere Forscher diskutierten die Aufgliederung der Gattung auf Grund der Bildung von Kolonien (Zellverbänden) gegenüber einzeln lebenden Zellen. Man fragte sich auch, welcher systematischer Wert den Schalenfortsätzen (und hier sind vor allem die Setae gemeint) und den biologischen Verhältnissen beizumessen sei (Schütt 1899). In jüngerer und jüngster Zeit sind auf Grund elektronenmikroskopischer Untersuchungen andere Merkmale in die Diskussion einbezogen worden. Die Lage und Zahl der marginalen und zentralen Stützenfortsätze, die Anzahl der Lippenfortsätze, das Vorkommen oder Fehlen von Dornen, die Ausbildung der Areolen und Alveolen, sie alle gewinnen größere Bedeutung, insbesondere zur Abgrenzung von Arten und Artengruppen (Lowe 1975, Serieyssol 1982). Jedoch ergeben sich auch aus lichtmikroskopischen Beobachtungen Merkmale, die zu einer anwendbaren Gruppierung innerhalb der Gattung führen:

1. Gruppe. *Cyclotella*-Arten, deren Mittelfelder keine nennenswerte Struktur aufweisen, abgesehen von Welligkeit, einer nur andeutungsweisen Punktierung des Mittelfeldes und evtl. einen bis mehrere zentrale Stützenfortsätzen. Zu dieser Gruppe gehören *C. distinguenda, C. plitvicensis, C. meneghiniana, C. meduanae, C. gamma, C. striata* und Varietäten, *C. caspia, C. hakanssoniae, C. iris* und *C. michiganiana*.

2. Gruppe. *Cyclotella*-Arten, deren Mittelfeld punktiert oder anders strukturiert ist und deren Randzone Schattenlinien aufweisen, die als gutes Unterscheidungsmerkmal einzelner Arten gewertet werden können. Hierzu gehören alle zum *C. bodanica / radiosa*-Komplex gehörenden Arten, sowie *C. austriaca* und *C. glabriuscula*.

3. Gruppe. *Cyclotella*-Arten, deren Mittelfeld ebenfalls punktiert ist, deren Randzone jedoch keine Schattenlinien aufweisen: *C. stelligera*-Komplex, *C. planktonica*, *C. socialis*, *C. oligactis*, *C. schumannii*.

Kützing (1834) teilte Agardhs (1827) Gattung *Frustulia* in zwei Untergattungen, wovon die eine den Namen *Cyclotella* erhielt mit einer einzigen Art: *Frustulia operculata* (= *Rhopalodia operculata* (Agardh) Håkansson). Gleichzeitig bezog er sich auf sein Material von Tennstedt (Kützing 139, Coll. BM Präp. 17 986). Da Brébisson (1838) *Frustulia* subgenus *Cyclotella* Kützing zur Gattung *Cyclotella* (Brébisson) Kützing erhob, trägt das Tennstedt-Material seitdem den Namen *Cyclotella operculata*. Der Name kann aber nicht benutzt werden, da es sich um eine Art aus der Gattung *Rhopalodia* handelt. Von Håkansson & Ross (1984) wurde der neue Name *Cyclotella tecta* gewählt. Es zeigte sich später (Håkansson 1989), daß *C. tecta* konspezifisch mit *C. distinguenda* Hustedt ist.

Wie in vielen anderen Gattungen erfordert die Bewertung der taxonomischen Merkmale auch hier noch weitere Untersuchungen. Das betrifft sowohl ihre Auswahl als auch ihre Variabilität. So bleibt weiterhin ungeklärt, ob das Vorhandensein oder Fehlen, sowie Anzahl und Form der zentralen Stützenfortsätze taxonomische oder ökologische Merkmale sind oder in den Variabilitätsbereich der Taxa gehören (*C. striata – meneghiniana – meduanae – caspia*-Komplex, sowie *C. bodanica / radiosa-*, *C. stelligera*-Komplex). Auch ist wenig bekannt über die Variabilität der Schalenstruktur im Verlauf des Teilungszyklus. In sehr vielen Fällen sind weitere Untersuchungen nötig, um die Abgrenzung der einzelnen Arten besser abzusichern.

Beobachtungen, wie sie Bachmann (1903) an *Cyclotella bodanica* var. *lemanica* machte oder Kulturversuche von Schultz & Trainor (1969),Desikachary & Rao (1973) und Hoops & Floyd (1979) über *C. meneghiniana* und *C. cryptica* Reimann, Lewin & Guillard zeigen, daß nicht nur Sippen mit variierender Größe, sondern auch Veränderungen in der Schalenstruktur zu neuen Namen führen können. Bei einem Großteil der hier aufgeführten Arten sind alte gebräuchliche Diagnosen übernommen worden. Andere sind nomenklatorischen Regeln folgend umbenannt worden.

Die Gattung *Cyclotella* umfaßt heute über 100 Taxa, von denen im Gebiet die folgenden erwartet werden können. Daß Arten wie *C. chaetoceros* Lemmermann, *C. catenata* Brun, *C. vorticosa* Å. Berg, *C. virihensis* Cl.-E. hier nicht behandelt werden, beruht zum Teil auf fehlendem Typenmaterial oder unzulänglicher Information in der Literatur.

Wichtige Literatur: Bachmann (1903, 1911), Hustedt (1928, 1952) und Hustedt in Huber-Pestalozzi (1942), Cleve-Euler (1951), Lowe (1975), Håkansson (1986a, b, 1989, 1990a, b, c).

Bestimmungsschlüssel der Arten

1. Cyclotella distinguenda Hustedt 1927 (Fig. 43: 1–11; 51: 6–8, 16, 18)

Frustulia operculata sensu Kützing 1834, *non* C. A. Agardh; *Cyclotella operculata* auct., *non* (C. A. Agardh) Brébisson; *Cyclotella tecta* Håkansson & Ross 1984

Zellen trommelförmig, einzeln lebend. Schalen 6–35 µm im Durchmesser mit breiter Randzone und mehr oder weniger stark tangential gewelltem Mittelfeld. Randzone gleichmäßig radial gestreift, Radialstreifen 12–14/10 µm. Das Mittelfeld hat größtenteils keine Struktur, gelegentlich einige strichförmige Linien im konvexen Teil des Mittelfeldes, die als Falten aufgefaßt werden können, oder aber als eine zarte Punktierung. Bei allen zweiten bis vierten Radialstreifen etwas vom Schalenrande entfernt ein punktförmiger Höcker an der Randzone. Im REM sichtbar als marginale Stützenfortsätze, die in vielen Fällen im LM deutlich gesehen werden können.

var. distinguenda (Fig. 43: 1–10)

Schalen durchgehend stark tangential gewellt.

var. mesoleia (Grunow) Håkansson 1989 (Fig. 43: 11)
Cyclotella operculata var. *mesoleia* Grunow in Van Heurck 1882
Flacher als die Nominatvarietät mit völlig strukturlosem Mittelfeld und deutlich sichtbaren marginalen Stützenfortsätzen.

var. unipunctata (Hustedt) Håkansson & Carter 1990 (Fig. 51: 6, 8, 16, 18)
non Cyclotella comta var. *unipunctata* Fricke 1900 (in Schmidt et al. 1854–1956);
Cyclotella operculata var. *unipunctata* Hustedt 1922.
Im Mittelfeld ein isolierter Punkt in der Nähe des Zentrums.

Kosmopolit. Pelagischer Seenbewohner. Auch in Gewässern mit höherem Elektrolytgehalt gefunden. Var. *mesoleia* kann zusammen mit der Art vorkommen. Hustedt (1948) betrachtet sie als spätglaziale Leitform.

Die variable Struktur des Mittelfeldes veranlaßte Cleve-Euler (1951) die Art in weitere Varietäten aufzuteilen. Bereits unter anderem Namen publizierte Taxa erhielten ihr neue Namen:
C. operculata α *genuina* ist identisch mit *C. distinguenda* var. *mesoleia*
C. operculata β *inaequipunctata* ist identisch mit *C. distinguenda* fo. *minuta* Grun.
C. operculata γ *mesoleia* ist identisch mit *C. distinguenda* var. *unipunctata* Hustedt
C. operculata δ *radiosa* scheint nicht hierher zu gehören.
Cleve-Eulers Material ist leider nicht mehr vorhanden; eine Überprüfung ihrer Aussagen somit nicht mehr möglich. Die Zeichnungen Cleve-Eulers stimmen weitgehend mit denen Grunows in Van Heurck (1882, Tafel 93: 22–28) überein. Um weitere Verwirrungen zu vermeiden und um eingehenderen Studien nicht vorzugreifen, bleiben die oben genannten Varietäten unbehandelt. Weiterer Untersuchung bedarf auch die Abgrenzung der var. *unipunctata* von der Nominatvarietät. Mehrere Arten haben nur einen zentralen Stützenfortsatz. Unterschiede der einzelnen Arten liegen evtl. in der Struktur der Randzone, in der Anordnung der Stützenfortsätze und des Lippenfortsatzes. Weitere Diskussion, siehe unter 20. *C. cyclopuncta*, Seite 52.

2. Cyclotella plitvicensis Hustedt 1945 (Fig. 43: 12–14)

Zellen einzeln lebend. Schalen fast flach, nur das Mittelfeld etwas eingesenkt oder erhoben; nicht gewellt, Durchmesser 12–40 μm. Randzone kräftig, regelmäßig gestreift, Radialstreifen 8–10/10 μm. Das Mittelfeld nur ⅓ des Schalendurchmessers. Die offenen Alveolen sowie die marginalen Stützenfortsätze sind deutlich sichtbar im LM. Die Punkte des Mittelfeldes sind Fortsätze, die der Außenseite der Schale anliegen und, wie im REM ersichtlich, nicht die Silikatschicht durchdringen.

Bislang nur in Plitvitzer Seen gefunden.

Die Art steht *C. distinguenda* Hustedt sehr nahe; weitere Untersuchungen, besonders Kulturversuche, müssen klären, ob *C. distinguenda* und *C. plitvicensis* konspezifisch sind.

3. Cyclotella meneghiniana Kützing 1844 (Fig. 44: 1–10)

Surirella melosiroides Meneghini 1844; *Cyclotella operculata* β *rectangula* Kützing 1849; *Cyclotella rectangula* Brébisson ex Rabenhorst 1853; *Cyclotella meneghiniana* var. *rectangulata* Grunow in Van Heurck 1882; *Cyclotella kuet-*

zingiana Thwaites 1848; *Cyclotella meneghiniana* var. *vogesiaca* Grunow in Van Heurck 1882 (Anomalie); *Cyclotella meneghiniana* var. *binotata* Grunow in Van Heurck 1882; *Cyclotella meneghiniana* var. *plana* Fricke 1900 (in Schmidt et al. 1874–1956); *Cyclotella meneghiniana* fo. *plana* (Fricke) Hustedt 1928; *Cyclotella laevissima* van Goor 1920; *Cyclotella meneghiniana* var. *laevissima* (van Goor) Hustedt 1928

Zellen trommelförmig, einzeln lebend mit mehr oder weniger stark tangential gewellten Schalen, zuweilen fast flach, Durchmesser 5–43 μm. Randzone kräftig radial gestreift, Radialstreifen 6–10/10 μm. Radialstreifen gleichmäßig mit breiter Basis am Schalenrand und zum Mittelfeld schmäler werdend. Das Mittelfeld ohne Struktur oder mit sehr zarten radialen Punktreihen, die nur der Außenseite der Schale anliegen und, wie im REM ersichtlich, nicht die Silikatschicht durchdringen. Im Mittelfeld einzelne deutliche Punkte (Stützenfortsätze). Kurze oder längere Dornen können am Schalenrande vorkommen.

Litoralform, selten im Plankton. Häufig in Tümpeln, Gräben, Flüssen und eutrophen Seen, besonders auch in den Küstengebieten Europas; sie bevorzugt brackige Gewässer und wird deshalb als halophil angesehen. Es gibt aber auch Angaben über das Vorkommen dieser Art in mehr oligotrophen Gewässern, was evtl. auf Fehlbestimmung beruhen kann.

Untersuchungen von Håkansson (1990) am Typenmaterial zeigten, daß *C. meneghiniana* und *C. kuetzingiana* konspezifisch sind. Untersuchungen von Håkansson (1990) an verschiedenen Materialien zeigten außerdem, daß es kleinere morphologische Unterschiede bei Sippen aus Gewässern mit höherem und geringerem Elektrolytgehalt geben kann. Der Unterschied liegt im Bereich der Randzone der Schalen, wobei die indifferente Sippe die breite Basis der Radialstreifen an der Peripherie der Schale zeigt, die sich zum Mittelfeld verschmälert, während die andere eine gleichmäßig breite Streifung zeigt. Vielleicht gehört hierher auch das Taxon, das von Holsinger (1955) unter dem Namen *Cyclotella ceylonica* veröffentlicht wurde. Er machte bereits auf den Unterschied der Streifung in der Randzone aufmerksam.

Die Variabilität dieser Art, zum einen stark konzentrisch gewölbt, zum anderen flach, veranlaßt uns, die fo. *plana* Fricke in die Synonymie der Nominatvarietät zu stellen. Die Beschreibung van Goors (1920) von *C. laevissima* entspricht der hier beschriebenen *C. meneghiniana*. Die Stellung der var. *pumila* Grunow in Van Heurck 1881 bedarf weiterer Untersuchung. Hustedt (1928) hatte bereits Zweifel über ihre Zugehörigkeit.

Bei der kleinen *C. meduanae* Germain (1981) stellt sich wieder die Frage, ob das Fehlen oder Vorhandensein des zentralen Stützenfortsatzes ein gutes taxonomisches Merkmal ist. Die Untersuchung von Nagumo & Kobayasi (1985) an Material aus brackigen Gewässern Japans wie auch die elektronenmikroskopischen Bilder Germains (1981) zeigen eine kleine Art ohne Dornen am marginalen Rand, ohne zentralen Stützenfortsatz und marginale Stützenfortsätze an nur jeder zweiten oder dritten Radialrippe. Das sind Unterschiede gegenüber *C. meneghiniana*, die möglicherweise nur zur Abgrenzung einer Varietät ausreichen, aber nicht zu einer selbständigen Art.

4. Cyclotella gamma Sovereign 1963 (Fig. 44: 11a, b)

Zellen trommelförmig. Schalen rund, im Zentrum mehr oder weniger tangential gewellt, Durchmesser 18–33 μm. Das Mittelfeld etwa die Hälfte des Durchmessers einnehmend. Die Randzone kräftig radial gestreift, Streifen 5–7/10 μm. Offene Alveolen, ebenso die fein punktierten Radialstreifen über diesen im LM deutlich sichtbar. Ein schmales zirkulares Band trennt die offenen Alveolen vom Schalenzentrum. Ein bis mehrere Stützenfortsätze im Mittelfeld.

Nicht oft in der Literatur genannt. Nach Lowe (1981) eine benthische Form, bisweilen auch Tychoplankter.

Die Art steht *C. meneghiniana* sehr nahe. REM-Untersuchungen von Skvortzows Typenmaterial (Håkansson 1990) zeigten bei der Schalen-Innenansicht nur die Merkmale von *C. meneghiniana*, dagegen im LM deutliche Unterschiede zwischen beiden Arten (vgl. auch hier Fig. 44: 1–10 mit Fig. 44: 11a, b). Wie bereits bei *C. meneghiniana* diskutiert, bedarf es weiterer Untersuchungen, um die Merkmale besser zu deuten und zu bewerten.

5. Cyclotella striata (Kützing) Grunow 1880 in Cleve & Grunow (Fig. 45: 1–8)

Coscinodiscus striatus Kützing 1844; *Discoplea sinensis* Ehrenberg 1848; *Cyclotella dalasiana* W. Smith 1856; *Cyclotella sinensis* (Ehrenberg) Ralfs in Pritchard 1861

Zellen trommelförmig bis kurz zylindrisch mit mehr oder weniger stark tangential gewelltem Mittelfeld der Schale, Durchmesser 10–50 µm. Die Schalenfläche mit einer etwa ⅓ des Durchmessers einnehmenden breiten, gestreiften Randzone, Streifen 8–10/10 µm. Das Mittelfeld mit mehr oder weniger regelmäßig verteilten Vertiefungen und Erhebungen (colliculate Struktur), die deutlich im LM zu sehen sind. In der Randzone keine einzeln stärker markierten Radialstreifen (keine sogenannten Schattenlinien). Auf dem konvexen Teil des Mittelfeldes einige zerstreut gestellte (meist halbmondförmig angeordnete) scharf markierte Punkte (morphologisch handelt es sich um Stützenfortsätze).

Kosmopolit, im Litoral von Küstengebieten, im Brackwasser und Meerwasser nicht selten.

Die Sippen um *C. striata* sind nicht leicht zu identifizieren. *Coscinodiscus striatus* Kützing und *Coscinodiscus minutus* Kützing wurden beide gleichzeitig von derselben Typenlokalität (Elbschlamm bei Cuxhaven) von Kützing (1844) beschrieben. In BM Coll. Kützing ist kein Material von *Coscinodiscus striatus* vorhanden. Die Zeichnungen und Beschreibungen Kützings (1844) geben auch kein eindeutiges Bild dieses Taxons.
Grunow (in Cleve & Grunow 1880) überführte *Coscinodiscus striatus* zur Gattung *Cyclotella*. Grunow (in Van Heurck 1882) wie auch Hustedt (1928) führen mehrere Varietäten auf. Diese unterscheiden sich von der Nominatvarietät entweder durch gröbere Radialstreifen am Rande der Schale und «unregelmäßige Punkte» im Mittelfeld (*C. striata* var. *ambigua* Grunow in Cleve & Grunow 1880; Grunow in Van Heurck 1882); durch enger stehende Radialrippen (*C. striata* var. *baltica* Grunow in Van Heurck 1882); durch nur zwei Punkte im Mittelfeld (*C. striata* var. *bipunctata* Fricke 1900 in Schmidt et al. 1874–1956), durch nur eine schmale Randzone (*C. striata* var. *subsalina* Grunow in Van Heurck 1882); oder durch zarte radiale Granulierung des Mittelfeldes (*C. striata* var. *radiosa* M. Peragallo in Tempère et Peragallo 1907). Wie Fig. 45: 8 zeigt, könnte es möglich sein, daß auch hier in der Randzone der einzelnen Arten (z. B. «Schattenlinien») ein Unterschied zu finden ist.
Grunows Material (Präparate, Aufzeichnungen sowie die in Van Heurck (1882) publizierten Zeichnungen) zeigt eine große Zahl sonstiger Taxa, die weiterer Untersuchung bedürfen.

6. **Cyclotella caspia** Grunow in Schneider 1878 (Fig. 46: 1a, b)

Cyclotella kuetzingiana var. ? *caspia* Grunow in Van Heurck 1882

Zellen mit tangential gewellten Schalen, Durchmesser 8–12 µm. Randzone sehr zart und dicht radial gestreift, mehr als 20 Radialstreifen / 10 µm (bei Grunow 21/ 10 µm). Mittelfeld deutlich, auf dem konvexen Teil unregelmäßig punktiert, wobei im LM die Form der Punkte nicht erkennbar ist.
Brackwasserform. Nach Hustedt (1939) im ganzen europäischen Küstengebiet, in einigen norwegischen Fjorden sogar Massenform.

Die Art scheint sehr leicht mit anderen Arten verwechselt zu werden, besonders mit *C. comensis* und kleineren Formen der *C. striata*-Sippen. Grunow gab zwar in seinen Aufzeichnungen zum Präp. 2055 die genauen Koordinaten für den Typus an, die kleinen Koordinaten-Streifen fehlen aber auf dem Präparat. In dem Präparat befinden sich jedoch einige Exemplare, die der Zeichnung Grunows (1878) entsprechen (Fig. 46: 1a, b).
Die Abbildungen Hasles (1962), besonders die vom Golf von Neapel, sind dem hier gezeigten Taxon sehr ähnlich. Nagumo & Kobayasi (1985) zeigen Exemplare mit einer schmäleren Randzone und einem abweichenden Habitus. Kiss et al. (1988) scheinen mehrere Taxa zu zeigen. In diesem Kreis ähnlicher Arten gehört auch *C. litoralis* Lange & Syvertsen (1989) sowie *C. hakanssoniae* Wendker (1990). Alle haben einen ähnlichen Habitus, wodurch eine sichere Abgrenzung erschwert wird.

7. **Cyclotella hakanssoniae** Wendker 1991 (Fig. 46: 2–5)

Schalen kreisrund, tangential gewellt, Durchmesser um 7 µm. Das Mittelfeld der Schale mit unregelmäßigen Gruben und Erhebungen (colliculate Struktur), von etwa 1 µm langen Radialstreifen umgeben, davon 18–20/10 µm. Ein Stützenfortsatz auf der Schalenfläche. Auf dem kurzen Mantel an jedem der 2–4 Radialstreifen ein Stützenfortsatz.

Im Locus typicus, der Schlei, (einer tiefeinschneidenden Bucht in der westlichen Ostsee) ist das Taxon nicht sehr häufig.

Das Taxon steht *C. caspia* und den kleinen Formen von *C. striata* nahe. Es ist möglich, daß das vorliegende Taxon in die Synonymie von *C. striata* gehört.

8. **Cyclotella iris** Brun et Héribaud 1893 (Fig. 46: 6–8; ?9–11)

Schalen elliptisch bis rund, Durchmesser 8–50 µm. Das Mittelfeld ungleich begrenzt, oft bipolar gestreckt und zumeist tangential gewellt. Die Struktur des Mittelfeldes ist grob punktiert, im REM als buckelige Erhebungen und Vertiefungen (colliculate Struktur) sichtbar. Randzone gestreift, 12–16 Radialstreifen / 10 µm, die Radialstreifen von ungleicher Länge, einzelne nur sehr kurz, andere kurz vor dem Schalenrande sich teilend. In kleineren, elliptischen Formen sind die Radialstreifen nur im «polaren» Bereich von ungleicher Länge, sonst gleich lang. Am Übergang der Schale zum Mantel unregelmäßig (an den marginalen Enden der Interstriae, an jeder zweiten bis vierten (manchmal an jeder siebenten) Interstria ein heller bzw. dunkler Fleck (vgl. Fig. 46: 6), je nach Fokus. Morphologisch sind dies zurücktretende Rippen an der Innenseite der Schale, an denen die marginalen Stützenfortsätze sitzen.

Fossil, aber zum Teil auch rezent gefunden in sauren sowie klaren Gewässern. Hustedt (1957) fand das Vorkommen von *C. iris* im Flußsystem der Weser rätselhaft. Bock (1961) observierte diese *Cyclotella* in erdigen Belägen auf Felsen bei Würzburg und meinte, sie habe Ähnlichkeit mit *C. fottii*, könne aber auch zum Formenkreis von *C. iris* gehören. Mölder & Tynni (1968) fanden *C. iris* var. *ovalis* in oligotrophen Kaltwasserseen, Messikomer (1953–54) gibt einen Nachweis von einem See mit karbonatreichem Wasser. Schimanski (1973) konnte das Vorkommen von *C. iris* in der Regnitz (einem Fluß in der Nähe von Erlangen) erklären. Ein Erlanger Industriebetrieb benutzte Kieselgur, «die nach Erfüllung ihres Verwendungszweckes mit dem Abwasser in die Regnitz gelangte».

Serieyssol (1984) zeigt an Typenmaterial die große Variabilität dieser Art. Sie hat zu den von Brun & Héribaud (1893) beschriebenen Varietäten *C. iris* var. *iris*, *C. iris* var. *cocconeiformis* und *C. iris* var. *ovalis* noch weitere var. hinzugefügt. Fricke (1900 in Schmidt et al. 1874–1956), sowie Cleve-Euler (1951) führen Brun & Héribauds Varietäten nur unter dem Namen *C. iris*.

C. iris kann sehr leicht mit *C. michiganiana* Skvortzow verwechselt werden. Diese hat jedoch auf dem Mittelfeld mehrere Stützenfortsätze, die *C. iris* und ihren übrigen Varietäten fehlen. Cleve-Euler (1951) weist auf die Verwechslung mit *C. kuetzingiana* var. *schumannii* hin. Sie macht aber auch auf die abweichende Striierung in schwedischem Material aufmerksam.

9. Cyclotella michiganiana Skvortzow 1937 (Fig. 46: 9–11?, 12–13)

Zellen mit einem mehr oder weniger stark gewellten Mittelfeld, Durchmesser 5–20,5 µm. Im konvexen Teil der Schale 5–14 zerstreute Stützenfortsätze. Der marginale Rand besteht aus nicht immer gleichlangen Radialstreifen, 15–18/10 µm. Dornen sind nicht beobachtet. Im REM ist ein Stützenfortsatz an jeder fünften bis siebenten Rippe zu erkennen. Ein (manchmal zwei) Lippenfortsatz liegt vor einem verkürzten Radialstreifen den Stützenfortsätzen auf der Schalenfläche gegenüber.

Planktische Süßwasserart, die bislang nur aus Amerika und Kanada bekannt wurde. Stoermer & Yang (1969) zeigten, daß die Art in manchen Jahren im Plankton dominiert, in anderen Jahren dagegen fehlt.

Die von Skvortzow erwähnte Verwechslung mit *C. striata* oder *C. caspia* ist wohl weniger möglich als die mit *C. iris*. *C. michiganiana* hat keine geteilten Radialstreifen der Randzone und *C. iris* keine Stützenfortsätze im zentralen Teil der Schale (was aber nicht immer im LM deutlich ist). Die drei Exemplare in Fig. 46: 9–11? haben keine geteilten, aber deutlich ungleich lange Radialstreifen. Die Struktur im konvexen Teil der Schale ist nicht deutlich genug, um sagen zu können, daß es sich um Stützenfortsätze handelt. Die Beziehung zu den aus Europa bekannten Sippen ist einstweilen unsicher.

10. Cyclotella elgeri Hustedt 1952 (Fig. 47: 1)

Schalen rund, Durchmesser 25–110 µm. Mittelfeld der Schalen leicht gewölbt oder eingesenkt mit radialen Reihen mehr oder weniger grober Areolen, zwischen diesen kürzere Areolenreihen. Bei kleineren Exemplaren das Mittelfeld auch unregelmäßig areoliert, Areolen innerhalb der Reihen meist 5–9/10 µm. Randzone radial gestreift, sie nimmt etwa ⅓–½ der Länge des Radius ein. Die Rippen, etwa 7/10 µm, haben in den Zwischenräumen sehr zart punktierte Doppelreihen, die gegen den Rand in Quincunx-Anordnung übergehen. Schattenlinien fehlen, am Schalenrande kürzere oder längere Dornen.

Wahrscheinlich fossile Form, Herkunft des Materials unbekannt. *C. elgeri* wird nicht in der Literatur genannt.

11. Cyclotella areolata Hustedt 1935 (Fig. 47: 2)

Schalen kreisrund, im Mittelfeld leicht gewölbt oder eingesenkt, etwa ⅓ des Schalendurchmessers einnehmend, Durchmesser etwa 23 µm. Randzone mit kräftigen Radialstreifen, etwa 8/10 µm, an deren Enden Dornen. Die stark lichtbrechenden Radialstreifen sind die offenen Alveolen, die durch Radialrippen seitlich getrennt werden. Mittelfeld matt areoliert, nach Hustedt 8–10 Areolen/10 µm.

Hustedt fand diese Art in Gewässern der temperierten Zone im Sundagebiet. Weitere ökologische Angaben nicht vorhanden.

12. Cyclotella fottii Hustedt in Huber-Pestalozzi 1942 (Fig. 47: 3a–4)

Zellen flach, Schalen kreisrund, im kleinen Mittelfeld schwach konzentrisch gewellt, Durchmesser 40–90 µm. Das kleine Mittelfeld unregelmäßig begrenzt, mit matten Flecken und Punkten gezeichnet (evtl. Stützenfortsätze im konvexen Teil des Mittelfeldes?). Die schwach gewellten Radialstreifen, 8/10 µm, gabeln sich vom Mittelfeld zum Schalenrande mehrere Male. In der marginalen Zone der Schalenfläche mehr oder weniger zahlreiche, unregelmäßig stehende bis zu 10 µm lange Dornen.

Euplankter im Ochridasee / Mazedonien.

13. Cyclotella antiqua W. Smith 1853 (Fig. 47: 5–6; 48: 1a–3)

Cyclotella operculata var. *antiqua* Héribaud 1893

Zellen trommelförmig mit konzentrisch gewellten Schalen, Durchmesser 6,5–30 µm. Randzone radial gestreift, Radialstreifen etwa 17/10 µm. In regelmäßigen Abständen sind kurze, dickere Radialstreifen eingeschoben, im REM sind das dickere Rippen auf denen die marginalen Stützenfortsätze sitzen («Schattenlinien»). Das Mittelfeld ist leicht konkav oder konvex, besteht aus langgezogenen, dreieckigen punktierten Feldern, deren Spitze zum Zentrum zeigt, ihre Anzahl ist variabel. Das REM zeigt in diesen dreieckigen Feldern Areolen, die zur Innenseite der Schale mit einer Siebmembran verschlossen sind und Stützenfortsätze mit überwiegend zwei Satellitporen.

Vereinzelt vorkommende Litoralform. Vorwiegend nordisch-alpin, besonders Moosrasen bevorzugend.

Charakteristische Form, die kaum mit anderen Arten verwechselt werden kann.

14. Cyclotella tripartita Håkansson 1990 (Fig. 48: 4a–7)

Cyclotella comensis sensu Manguin 1961, pl. 1, fig. 3.4
Cyclotella kisselevii Korotkévic 1960 nom. invalidus, sine design. typi; *Cyclotella kisselevii* var. *leprindica* Loginova & Vischn. 1987, nom. invalid, sine descr. lat. et nom. speciei invalidus

Schalen rund, Durchmesser 2–18 µm, im Mittelfeld eine zirkulare Dreiwelligkeit, in der Form von drei Erhebungen und Vertiefungen, zeigend, die wiederum selbst lochartige Vertiefungen von unterschiedlicher Größe besitzen. Die Erhebungen haben Papillen, die den lochartigen Vertiefungen der Schwesternzelle entsprechen. Die Randzone ist gleichmäßig gestreift (19–22 Radialstreifen/ 10 µm), erscheint aber im LM unregelmäßig durch die starke Wellung der Schalenfläche. Im REM sind im Mittelfeld ein bis drei Stützenfortsätze und am marginalen Rand an jeder (vierten) fünften bis siebenten Rippe Stützenfortsätze mit zwei Satellitporen sichtbar. Ein Lippenfortsatz der Randzone genähert.

Bisher wenige Nachweise, Manguin (1961, als *C. comensis*) im Lake Karluk, Alaska, Foged (1981, als *C. comensis*) in Seen Alaskas und Kling & Håkansson (1988) in nördlichen Seen Kanadas.

Beschreibungen und Abbildungen in der Literatur (Korotkévich 1960, Loginova & Vischnevskaya 1987) zeigen eine starke Ähnlichkeit mit dem hier beschriebenen Taxon. Den nomenklatorischen Regeln folgend (ICBN, Greuter et al. 1988; siehe auch Håkansson 1990) müssen jedoch *C. kisselevii* sowie *C. kisselevii* var. *leprindica* als ungültig beschrieben angesehen werden.

15. Cyclotella stelligera Cleve & Grunow in Cleve 1881 (Fig. 49: 1a–4, ?9)

Cyclotella meneghiniana var. ? *stelligera* Cleve & Grunow (in Cleve) 1881; *Cyclotella meneghiniana* var. *stellulifera* Grunow (in Cleve) 1881; *Cyclotella meneghiniana* var. ? *stellifera* Grunow (in Van Heurck) 1882

Zellen fast diskusförmig, Schalen kreisrund, das Mittelfeld mehr oder weniger stark konzentrisch gewellt, Durchmesser 5–40 µm. Randzone relativ schmal, kräftig und gleichmäßig radial gestreift, 10–14 Radialstreifen/10 µm. Schattenlinien fehlen, kurze Dörnchen manchmal am Rande der Schale zwischen den Radialstreifen. Oft geben die röhrenförmigen marginalen Stützenfortsätze, die sich hoch am Mantel der Schale befinden, den Anschein von kurzen Dornen. Das Mittelfeld hat durch kurze Rippen eine sternförmige Gestalt, die sich bei kleineren Exemplaren zu gröberen Punkten verkürzt, wobei dann ein Punkt im Zentrum liegt. Kein zentraler Stützenfortsatz. Ein Lippenfortsatz an einer marginalen Rippe.

Kosmopolit. Im Süßwasser im ganzen Gebiet verbreitet, wenn auch oft nur vereinzelt vorkommend.

Die große Variabilität der Art erschwert oft eine sichere Bestimmung von *C. stelligera*. Das Mittelfeld kann stark ausgeprägt sein, es kann aber auch fehlen. Manchmal ist kein «Stern», sondern es sind nur einige rippenartige Verdickungen vorhanden, wie überhaupt diese Struktur die Silikatschicht oft nicht durchdringt. Hustedt (1937) fand im Sundagebiet zwei Formen, die er auf Grund stark oder weniger stark verkieselter Schalen als *C. stelligera* var. *robusta* (Fig. 49: 9) und *C. stelligera* var. *hyalina* benannte. Kleinere Formen mit 5–9 µm Durchmesser beschrieb er (1945) aus Java und Sumatra als Varietät *tenuis*, aus Hawai (1942) als *C. woltereckii* (Fig. 49: 10) und vom Balkan (1945) als *C. stelligeroides* (Fig. 49: 8). Da die Sippen oft vereinzelt vorkommen, sind die in der Literatur genannten kleinen Unterschiede schwerlich zu bewerten. Es bedarf weiterer Untersuchungen, um mit Sicherheit die hier genannten Varietäten und Taxa gegeneinander abzugrenzen.

Trotz des Hinweises von Haworth (1986), daß die Merkmale der stelligeroiden Taxa ineinander übergehen, werden im folgenden *C. pseudostelligera* und *C. glomerata* als eigenständige Sippen beschrieben. Wir sind der Meinung, daß auch hier weitere Untersuchungen notwendig sind, um bessere Einsichten in die Abgrenzungen dieser Taxa zu erhalten.

16. Cyclotella pseudostelligera Hustedt 1939 (Fig. 49: 5–7)

Schalen rund, wenig konzentrisch gewellt, fast flach, klein, Durchmesser 4–10 (12?) μm. Die radial gestreifte Randzone, 18–22 Radialstreifen/10 μm, umgibt eine mehr oder weniger kleine zentrale Zone. Die Radialstreifen teilen sich zum Schalenrande. Das Mittelfeld kann ein feines, sternenartiges Muster haben, es kann aber auch fehlen. Kräftige, längere, röhrenförmige Öffnungen der Stützenfortsätze liegen hoch am Schalenmantel, sie können leicht im LM als Dornen aufgefaßt werden. Kein zentraler Stützenfortsatz, ein Lippenfortsatz am Mantel der Schale.

Kosmopolit. Planktonform? Im Süßwasser lebend.

Wie bereits unter *C. stelligera* gesagt, bedarf es weiterer Untersuchungen, um die Stellung dieser Art zu klären.

17. Cyclotella glomerata Bachmann 1911 (Fig. 49: 11)

Eine kleine, knäuelartige Ketten bildende Art. Schale rund mit einem mehr oder weniger stark gewölbten oder eingesenkten Mittelfeld, Durchmesser 3–8 μm. Zwischen den feinen Radialstreifen der marginalen Zone gewölbte Interstriae (14–17/10 μm). Das Mittelfeld der Schalenfläche kann entweder ebenfalls striiert oder strukturlos sein. Am kurzen Mantel gleichmäßig verteilte Stützenfortsätze.

Wahrscheinlich Kosmopolit. Oft mit anderen Arten verwechselt, daher ökologische Angaben in der Literatur unzuverlässig.

Lund beobachtete *C. glomerata* im Plankton vieler Seen im Lake District, England, dominierend im Frühjahr und Sommer. Trotz des großen Vorkommens hat Lund die langen Ketten (bis zu 65 Zellen in der Kette) nie als «formlosen Knäueln verflochten» (Hustedt 1928, S. 363) gesehen. Einzelne Zellen sind oft vorhanden wenn die Population langsamer wächst. Die Frage, ob ein zentraler Stützenfortsatz vorhanden ist (Planas 1972) oder nicht (Lowe 1975) bedarf der Klärung, ebenso wie die taxonomische Zuordnung.

18. Cyclotella ocellata Pantocsek 1901 (Fig. 50: 1–11, 13, 14; 51: 1–5)

Cyclotella crucigera Pantocsek 1901 (*C. cruciata* Pant. auf der Figurenbezeichnung no 325 in Pantocsek 1901);? *Cyclotella kuetzingiana* var. *planetophora* Fricke 1900; *Cyclotella tibetana* Hustedt in Sven Hedin 1922

Zellen diskusförmig mit fast flachen Schalen, Durchmesser 6–25 μm. Die Randzone gestreift, etwa 13–15 Radialstreifen/10 μm. Die Länge der Radialstreifen unregelmäßig. Mittelfeld mit zwei bis fünf (doch zumeist drei) Vertiefungen, die im LM oft einen grünlichen Schimmer haben, und entsprechenden Papillen. Im Zentrum ein einzelner deutlicher Punkt. Im REM sind die Vertiefungen keine größeren Areolen, die die Silikatschicht durchdringen, nur der einzelne Punkt ist ein Stützenfortsatz. Die Rippen sind alle gleich dick und jede dritte bis vierte Rippe hat einen marginalen Stützenfortsatz.

Wahrscheinlich Kosmopolit. Im Litoral von Süßwasserseen, aber auch in fließenden Gewässern.

C. ocellata und *C. kuetzingiana* var. *planetophora* sind wahrscheinlich synonym. Eine abschließende Aussage ist aber nicht möglich, weil der Verbleib des Typenmaterials von Fricke unbekannt ist. Die bei Hustedt (1928, S. 338) angegebenen Sammlungen (Van Heurck, Types de Syn. 477; H. L. Smith 103; Tempère & Peragallo 206, 575, 642, 805; Rabenhorst 1363) wurden zum Teil eingesehen. Dabei stellte Håkansson (1990) fest, daß *C. kuetzingiana* mit *C. meneghiniana* konspezifisch ist. Somit fehlt zu allen Varietäten von *C. kuetzingiana* die Nominatvarietät, falls sie nicht zu *C. meneghiniana* überführt werden. Was wir aber bisher als *C. kuetzingiana* angesehen haben (vergl. Fig. 65: 1–6 in dieser Flora) hat andere morphologische Merkmale als *C. meneghiniana*. (Siehe *C. schumannii* und *C. krammeri*.)

19. Cyclotella trichonidea Economou-Amilli 1979 (Fig. 50: 12)

Zellen einzeln lebend, Schalen in sechs Sektoren, radial-tangential gewellt, kleinere Formen nicht gewellt und fast rund. Durchmesser 2,5–31 µm. Die Randzone mehr oder weniger breit mit ungleich langen, leicht gebogenen Radialstreifen, lange und kurze alternierend, an ihren marginalen Enden mit oder ohne Dörnchen. Das Mittelfeld unregelmäßig begrenzt mit drei Vertiefungen und drei entsprechenden Papillen. Im Zentrum einzelne (ein bis vier) Punkte, im REM als Stützenfortsätze mit zwei Satellitporen zu erkennen. Ein bis zwei Lippenfortsätze vor einer zurücktretenden Rippe.

var. trichonidea (Fig. 50: 12)

Schalen in sechs Sektoren, radial-tangential gewellt, Durchmesser 10–31 µm. Radialstreifen 13–17/10 µm.

var. parva Economou-Amilli 1979

Schalen kreisrund ohne Wellung, Durchmesser 2,5–7,5 µm. Radialstreifen 20–24/10 µm.

Im Plankton. Bislang nur vom See Trichonis, Griechenland, bekannt.

Die Art kann evtl. mit *C. ocellata* Pant. verwechselt werden sowie mit *C. notata* Loseva. Die sechsfache, sehr konstante Wellung der Schalenfläche sowie die charakteristisch alternierenden Radialstreifen sind aber Merkmale, die diese Art gut abgrenzen.

20. Cyclotella cyclopuncta Håkansson & Carter 1990 (Fig. 51: 7?, 10–14

Zellen einzeln lebend, Schalen rund, Durchmesser 4–14 µm, flach mit unregelmäßig begrenztem Mittelfeld mit einem einzelnen oder mehreren Punkten. Das REM zeigt, daß nur ein Punkt die Silikatschicht durchdringt, der zentrale Stützenfortsatz. Die Radialstreifen der marginalen Zone, etwa 20/10 µm, sind von ungleicher Länge. Am Ende jedes dritten bis fünften (selten jedes siebten) Radialstreifens ein heller oder dunkler Punkt je nach Fokus. Im REM sind dies die verkürzten Rippen an denen sich die marginalen Stützenfortsätze befinden.

Die Art wurde an einem Holzstamm im Plitvitzer Seengebiet gefunden.

C. cyclopuncta ist wahrscheinlich bisher mit anderen Arten verwechselt worden. Håkansson & Carter (1990) machten besonders darauf aufmerksam, daß das Fokussieren vor allem der Randzone von Bedeutung ist, da hier entweder verdickte Radialstreifen («Schattenlinien») oder helle bzw. dunkle randstehende Punkte zu sehen sind, die Merkmale verschiedener Sippen sind. Allem Anschein nach gibt es *C. radiosa* var. *unipunctata* mit den typischen Schattenlinien der

Randzone, *C. distinguenda* var. *unipunctata*, wie sie hier (Fig. 51: 6, 8) und in Simonsen (1987) abgebildet sind und die hier als *C. cyclopuncta* beschriebene Art.

21. **Cyclotella atomus** Hustedt 1937 (Fig. 51: 19–21)

Schalen leicht tangential gewellt (nur in Gürtelbandansicht zu erkennen), Durchmesser 3,5–7 µm. Randzone etwa ⅕ bis ¼ des Schalendurchmessers, radial gestreift, Radialstreifen etwa 16–20/10 µm. Charakteristisch für diese kleine Art ist die Verdickung jeder dritten bis siebenten Rippe. Das Mittelfeld glatt, mit einem isolierten, der Randzone genäherten Punkt (Stützenfortsatz).

Kosmopolitischer Nannoplankter. Vielleicht auch in Gewässern mit höherem Elektrolytgehalt. Hasle (1962) fand sie häufig an der Küste Norwegens im Mischbereich von Süßwasser und Meerwasser.

Diese kleine Art kann leicht mit kleineren Exemplaren von *C. meneghiniana* verwechselt werden. Wie Geissler et al. in Helmcke & Krieger (1961) aber feststellten, ist der Übergang vom Mittelfeld zum gerippten Randbereich der Schalenfläche unscharf begrenzt. Außerdem sind die marginalen Stützenfortsätze in *C. atomus* seltener und ragen weiter ins Mittelfeld hinein.

22. **Cyclotella delicatula** Hustedt 1952 (Fig. 52: 3)

Zellen in dicht geschlossenen Ketten. Schalen kreisförmig bis auf den abfallenden Rand flach, Durchmesser 5–13 µm. Randzone breit, etwa ½–⅔ der Länge des Radius einnehmend, zart radial gestreift, etwa 17 Radialstreifen/10 µm von ungleicher Länge, aber von gleicher Dicke. Mittelfeld ohne deutliche Struktur, aber mit einem einzelnen Punkt.

Hustedt fand diese Art im Nannoplankton eines kleinen Grundwasser-Sees bei Kienberg-Ganning, Niederösterreich. Sonst nicht in der Literatur genannt.

23. **Cyclotella comensis** Grunow in Van Heurck 1882 (Fig. 52: 1, 2?, 4–6, ?7–9)

Zellen scheibenförmig, Schalen rund, flach, Durchmesser 4–12 µm. Das Mittelfeld mit sehr unregelmäßig unebener Struktur, radial gewellt, und mit mehr oder weniger areolenartigen Öffnungen, die aber, wie im REM ersichtlich, nicht die Silikatschicht durchdringen. Marginale Stützenfortsätze an jedem zweiten oder dritten Radialstreifen. Ein einzelner Lippenfortsatz. Die Randzone ist gleichmäßig radial gestreift, Radialstreifen von ungleicher Länge, ca. 16–20/10 µm.
Pelagisch in verschiedenen Seen besonders der subalpinen Regionen. Da die Art nie eindeutig beschrieben wurde, sind die ökologischen Angaben in der Literatur nicht zuverlässig.
Schwierigkeiten, diese kleine Art mit Sicherheit zu bestimmen, wird es auch in Zukunft geben. Die Struktur ist sehr variabel und in der Literatur gibt es Beschreibungen verbunden mit anderen Namen, die dieser Art sehr gleichen. Kirchner (1896 in Schröter & Kirchner) gab keine weitere Beschreibung, nur den Hinweis, daß die Zellen wie die Gattung *Melosira* (= *Aulacoseira*) kettenförmig miteinander verbunden sind. Die Abbildung in Schröter (1896) gibt absolut keinen strukturellen Aufschluß, Typenmaterial war nicht aufzufinden. Auch bei Lemmermann (1900) ist keine Beschreibung vorhanden. Hustedt (1942) war

überzeugt, daß die aus der Literatur bekannte *C. melosiroides* (Fig. 51: 1) konspezifisch mit *C. comensis* ist und stellte sie in die Synonymie.
Die Frage der konstanten Merkmale einer Art zeigt sich in diesem Taxon von besonderer Bedeutung. Die Zeichnungen Grunow's (in Van Heurck 1882, pl. 93, figs 16, 17), sowie die Abbildungen des Typenmaterials (Fig. 52: 4–6) haben an jedem zweiten oder dritten Radialstreifen einen Stützenfortsatz, dagegen können ähnliche (oder der Sippe angehörende) Formen (siehe REM Fig. 52: 7–9) an jedem fünften oder sechsten Radialstreifen einen Stützenfortsatz haben. Es sind auch hier weitere Untersuchungen und Kulturversuche notwendig, um uns die Variabilität oder Konstanz innerhalb eines Taxons zu zeigen.
Nach den Regeln des ICBN (1988) kann der Name *melosiroides* nicht benutzt werden, da er bereits von Meneghini (1845) verwendet wurde (nach Johansson 1853, p. 386).

24. Cyclotella bodanica Grunow in Schneider 1878 (Fig. 53: 1–6; 54: 1–4b; 55: 1–7b; 56: 3a–5; 57: 1–5; 58: 1–6, 6; 61: 1–5b)

Cyclotella comta var. *bodanica* Grunow in Van Heurck 1882
Von der Synonymie auszuschließen sind: *Cyclotella balatonis* Pantocsek 1901; *Cyclotella balatonis* var. *binotata* Pantocsek 1901
Zellen scheiben- bis trommelförmig. Schalen schwach oder auch stark konzentrisch gewellt, Durchmesser 20–80 µm. Randzone breit, gleichmäßig fein radial gestreift, 13–15 Radialstreifen/10 µm. Zwei bis vier, selten ein oder fünf der Randstreifen verkürzt, vor diesen ein isolierter Punkt (im REM Lippenfortsatz). Jeder zweite (selten jeder dritte) Radialstreifen verdickt, die Verdickung ist als Schattenlinie sichtbar. Alveolen sind deutlich zu sehen. Das Mittelfeld ist mehr oder weniger fein radial areoliert, wobei jede Areolenreihe in einen Radialstreifen übergehen kann. An dieser Grenze geht ein feiner hyaliner Ring zwischen den Radialstreifen der Randzone und den areolierten Reihen des Mittelfeldes. Im Zentrum umschließt oft ein Anulus einige ungeordnete Areolen.

var. bodanica (Fig. 53: 1–6; 54: 1–2; 57: 1–3)
Schwach konzentrisch gewellt. Mittelfeld sehr fein areoliert, jede Areolenreihe geht in einen Radialstreifen der Randzone über.

var. lemanica (O. Müller ex Schröter) Bachmann 1903 (Fig. 54: 3a–4b; 55: ?1–7b; 56: ?3a–5; 57: ?4–5; 61: ?1–5b)
Cyclotella comta var. *bodanica* fo. *lemanica* O. Müller ex Schröter 1897; *Cyclotella lemanensis* Lemmermann 1900; *Cyclotella bodanica* var. *intermedia* Manguin 1961
Unterscheidet sich von der Nominatvarietät durch ein stark konkav oder konvexes Mittelfeld und etwas weniger, jedoch auch feiner areolierte Radialstreifen im Mittelfeld. Auch hier die Schattenlinien an jedem zweiten (selten dritten) Radialstreifen.

var. affinis (Grunow) Cleve-Euler 1951 (Fig. 58: 1–4b)
Cyclotella comta var. *affinis* Grunow in Van Heurck 1882
Unterscheidet sich von der Nominatvarietät durch eine schmalere Randzone und gröbere Areolen im Mittelfeld, die lockerer stehen je weiter sie sich der Randzone nähern.

Die Nominatvarietät sowie die Varietät *lemanica* kommen in vielen Seen der Alpen und anderer Gebirgsregionen vor, aber auch in großen Seen Skandinaviens. Die Varietät *affinis* ist aus fossilem Material aus Amerika beschrieben worden. Cleve-Euler (1951) fand die Varietät *affinis* in Süß- bis leicht brackigem Wasser in Schweden.

Der Versuch von Håkansson (1986), die Schwierigkeiten um *C. bodanica* mit Varietäten sowie *C. radiosa* und Varietäten zu entwirren, brachte nur teilweise Klarheit. Unzureichende Protologe der älteren Autoren führten dazu, daß spätere Autoren die Sippen anders benannten. Dazu änderten die älteren Forscher selbst im Laufe der Zeit ihre eigenen Auffassungen. So hat z. B. Grunow «*C. comta* var. *radiosa*» früher «*C. operculata* var. *radiosa*» genannt (Grunow in Van Heurck 1882, pl. 92). Die fragmentarischen Beschreibungen ebenso wie die sehr vereinfachten Zeichnungen reichen ohne die Untersuchung von Typenmaterial kaum aus, um einen Namen einer Sippe zuzuordnen.

Nach neueren Untersuchungen bedürfen die von Håkansson (1986) aufgestellten Arten zum Teil einer Revision. Leider können auch jetzt keine endgültigen Lösungen gegeben werden. Wir meinen, daß *C. bodanica* sich von *C. comta* nicht nur morphologisch, sondern auch in ihren ökologischen Ansprüchen unterscheidet. *C. bodanica* ist eine größere, sehr fein strukturierte Art, mit dicht stehenden Schattenlinien in der marginalen Zone, die in oligotrophen, klaren Gewässern, vorzugsweise in Gebirgsregionen und in großen, tiefen Seen vorkommt. *C. radiosa* ist eine kleinere, grober strukturierte Art mit weiter auseinanderstehenden Schattenlinien, die in mehr eutrophen Gewässern mit höherem Elektrolytgehalt vorkommt.

Var. *borealis* Cleve-Euler (1911) soll sich durch 2–3 Rinnen («channel») von der Nominatvarietät unterscheiden. Später (1951) machte sie diese Varietät zur Forma von *C. bodanica* var. *lemanensis* mit der Begründung, daß sie auch «hoch» sei, wie die Varietät *lemanensis*, eben nur kleiner und kräftiger, mit breiter Randzone.

Hustedt (1922) beschrieb eine *C. lacunarum* (Fig. 62: 8 in dieser Flora) aus Asien, die sehr wohl identisch sein kann mit Cleve-Eulers «Forma» und den hier abgebildeten Sippen aus Amerika (Fig. 55: 5, 6; 56: 4a–5), aus Österreich (Fig. 55: 7a, b), Schweden (Fig. 55: 4; 56: 3a, b) und Norwegen (Fig. 61: 1–2b), (alle hier *C. bodanica* aff. *lemanica* genannt). Den Abbildungen bei Simonsen (1987) nach scheint *C. lacunarum* zum Kreis um *C. bodanica* zu gehören. Weitere Untersuchungen sind aber notwendig, um dies bestätigen zu können. Obwohl Übergänge von feiner gestreiften, hoch gewölbten zu mehr grob strukturierten Taxa bestehen, erfassen wir vorläufig alle unter dem Namen *C. bodanica* var. *lemanica*. Es kann möglich sein, daß es sich hier auch um Initialzellen handelt, wie sie Hickel & Håkansson (1987) bei *Cyclostephanos dubius* beschrieben haben.

Grunow (1878) beschrieb aus Nordamerika (ohne weitere Ortsangabe) *C. bodanica* var. *affinis*, die sich «durch kleinere Gestalt und entferntere radiale Punktstreifen im Centrum» von der Nominatvarietät unterscheiden soll. In Van Heurck (1882) publizierte er Zeichnungen von *C. comta* var. *affinis* und *C. comta* var. *affinis* fo. *parva* von Carcon. Im Material Coll. Grunow 1468, Carcon, sind Exemplare (siehe Fig. 58: 5, 6), die *C. bodanica* var. *lemanica* ähnlich sind, jedoch durch gröbere Rand- und Mittelfeld-Struktur und kaum gewölbtes Mittelfeld abweichen; wir bezeichnen sie vorläufig als *C. bodanica* var. *affinis* Grunow. Das Material von Kamschatka (Coll. Grunow 1109, «*C. operculata* var. *radiosa*») und Möllers Material aus Amerika («*C. affinis* Grunow», Möller Präp. 144, BM 81 214) sind hier zum Vergleich abgebildet (Fig. 58: 1–4). Ihre Zugehörigkeit muß vorläufig offen bleiben, da noch weitere fossile Sippen genauerer Untersuchung bedürfen, um den hier abgebildeten Taxa den korrekten Namen geben zu können.

25. Cyclotella styriaca Hustedt in Huber-Pestalozzi 1942 (Fig. 59: 4)

Zellen einzeln lebend, scheibenförmig. Schalen konzentrisch gewellt, Durchmesser 23–40 μm. Randzone schmal, zart radial gestreift, Radialstreifen am Rande etwa 18–20/10 μm. Schattenlinien fehlen oder sind sehr undeutlich entwickelt, Alveolen aber deutlich. Das Mittelfeld mit kräftigen areolierten Reihen, die lose die gestreifte Randzone erreichen. Einige Randstreifen etwas verkürzt und davor deutliche Punkte (Lippenfortsätze).

Hypolimnisch. Bisher nur im Grundlsee und Altausseer See gefunden.

Unterscheidet sich von verwandten Taxa, besonders von *C. planctonica* durch die fehlende Gallertbildungen, die feinere Struktur und das hypolimnische Vorkommen (Huber-Pestalozzi 1942).

26. Cyclotella stylorum Brightwell 1860 (Fig. 59: 6)

Cyclotella striata auct. e. p.

Zellen scheibenförmig groß. Schalen stark tangential gewellt, Durchmesser 30–80 μm. Randzone breit, radial gestreift, Radialstreifen etwa 8–10/10 μm. Marginal Kammern, etwa 3/10 μm, mit dazwischenliegenden Rippen. Mittelfeld unregelmäßig gewellt-gefleckt, auf dem konkaven Teil mit einer halbmondförmigen Reihe einzelner, scharf gezeichneter Punkte.

Häufig an den Küsten, besonders der tropischen Meere, marin.

27. Cyclotella baikalensis Skvortzow et Meyer 1928 (Fig. 59: 5)

Cyclotella striata var. *magna* K. Meyer 1924

Zellen etwas oval bis kreisrund. Schalen tangential gewellt mit einem Durchmesser von 9,5–113 μm. Der marginale Rand gestreift, Radialstreifen 10–11/10 μm. An der Peripherie deutliche Alveolen (Kammern) sichtbar, einige Radialstreifen mit kurzen Schattenlinien. Mittelfeld gefleckt-gewellt/punktiert, auf der konkaven Hälfte der Schalenfläche deutlich zerstreute Punkte (Stützenfortsätze).

Bisher nur im Baikal See.

28. Cyclotella austriaca (M. Peragallo in Handmann & Schiedler) Hustedt 1948 (Fig. 61: 6a–10)

Handmannia austriaca M. Peragallo 1913 (in Handmann & Schiedler); *Cyclotella ovalis* Fricke 1906 (in Schmidt et al. 1874–1956)

Zellen einzeln lebend. Schalen elliptisch, im Mittelfeld oft leicht konvex oder konkav, 25–60 μm lang und 8–22 μm breit. Die gestreifte Randzone umschließt ein mehr oder weniger regelmäßig strukturiertes Mittelfeld. Radialstreifen ca. 19–22/10 μm, jeder dritte bis fünfte (manchmal in noch größeren Abständen) Radialstreifen stärker markiert (Schattenlinien). Das Mittelfeld entweder unregelmäßig punktiert oder in transapikalen Reihen. Diese Reihen bestehen aus Areolen und Stützenfortsätzen. Auch der Mantel hat Stützenfortsätze. Ein bis mehrere Lippenfortsätze.

Litoral in Seen der Gebirgsregionen, besonders subalpin, selten in anderen Seen.

In manchen Seen sind Formen von elliptisch bis kreisrund mit allen Übergängen gefunden worden. Es stellt sich die Frage, ob die hier beschriebene Art evtl. zu dem Formenkreis um *C. radiosa* gehört.

29. Cyclotella comta (Ehrenberg) Kützing 1849 (Fig. 62: 1–6, 9–12)

Discoplea comta Ehrenberg 1845, 1854, non Ehrenberg 1844; *Cyclotella comta* var. *melosiroides* Kirchner in Schröter & Kirchner 1896; *Cyclotella melosiroides* (Kirchner) Lemmermann 1900; *Cyclotella schroeteri* Lemmermann 1900; *Cyclotella balatonis* Pantocsek 1901; *Cyclotella balatonis* var. *binotata* Pantocsek 1901

Zellen einzeln oder zu lockeren Ketten verbunden. Schalen kreisrund, konzentrisch gewellt, Durchmesser 8–50 μm. Das Mittelfeld radial punktiert, im Zentrum oft einige unregelmäßig angeordnete Punkte von einem hyalinen Ring (Anulus) umgeben. Das Mittelfeld kann aber auch unregelmäßig punktiert sein. Randzone mehr oder weniger breit, gleichmäßig gestreift, 13–16/10 μm. Jeder dritte bis vierte (selten fünfte) Radialstreifen verdickt, als Schattenlinie sichtbar.

Wahrscheinlich Kosmopolit. Pelagisch, besonders in eutrophen Gewässern häufig. Da sie oft mit anderen Arten verwechselt wurde, sind die ökologischen Angaben in der Literatur unzuverlässig.

Der Vorschlag (Ross, 1987) den Namen *C. comta* (Ehrenberg) Kützing (Basionym: *Discoplea comta*) nicht mit dem Hochsimmer-Material zu verbinden wurde abgelehnt (Taxon 43:262, 1994). Der Tokyo Kongress (1994, Art. 14.9) ermöglicht den Namen *C. comta* (Ehrenberg) Kützing mit dem Hochsimmer-Material zu konservieren. Ein entsprechender Vorschlag ist von Håkansson & Ross eingereicht (Taxon 1996, 45:313/314).
C. comta (Fig. 62: 6a, b) hat unterschiedlich strukturierte Schalen. Bei der einen sind die Punkte des Mittelfeldes in radialen Reihen geordnet (in der älteren Literatur unter dem Namen «*C. comta* var. *radiosa*» zu finden) bei der anderen Schale sind die Punkte unregelmäßig angeordnet.
Wie bereits unter *C. bodanica* diskutiert wurde, erforderte auch der *C. comta*-Komplex eine Überarbeitung. Die var. *oligactis* hat keine Schattenlinien in der marginalen Zone der Schale (Fig. 64: 1–8) und wird zur selbständigen Art (35. *C. rossii*, Seite 60). Es sei hier aber betont, daß auch Taxa mit nur einigen im Mittelfeld radial punktierten Radialstreifen und mit Schattenlinien in der Randzone vorkommen können, diese müßten sodann einen neuen Namen erhalten.
Die Randzone der var. *paucipunctata* Grunow (Fig. 65: 7a, b) im Material von Laxa war sehr korrodiert. Die Merkmale des Mittelfeldes entsprechen dem Bild Grunows in Van Heurck (1882, pl. 93: 20). Die dunklen kurzen Striche in der Randzone scheinen nur die marginalen Stützenfortsätze auf den Radialrippen zu sein. Es ist unsicher, ob Schattenlinien vorhanden sind oder nicht, dies bedarf genauerer Untersuchung. Die Zugehörigkeit der Art muß deshalb offen bleiben.
Die Ähnlichkeit der hier abgebildeten Taxa untereinander (Fig. 62: 1–7, 9–12) ist offensichtlich sowie auch die Ähnlichkeit zu *C. praetermissa* und *C. quadrijuncta*. Der Unterschied scheint nicht nur in der Breite der Randzone, dem Abstand der Schattenlinien zu liegen, sondern auch in der Ausformung der Radialstreifen in der Randzone und der Lage des Lippenfortsatzes.
Bestimmungsschwierigkeiten wird es vorerst auch weiterhin geben. Bei Funden von einzelnen Schalen ist es unsicher, ob es sich um eine koloniebildende Art (*C. quadrijuncta*) oder um *C. comta* sensu stricto handelt. Der Fehler liegt nahe, sich vom Vorkommen der Art, d. h. von den ökologischen Informationen in der Literatur, zur Bestimmung verleiten zu lassen. In der Literatur wird das Vorkommen von *C. comta* aus saurem bis zu brackigem Milieu genannt. Fig. 62:

1–2 ist aus saurem Milieu, Fig. 62: 9 ist aus neutralem Milieu, Fig. 62: 3–4 ist aus einem stark verschmutzten See, Fig. 62: 7 aus eutrophem Milieu, Fig. 62: 10 aus Sedimenten der Ostseeküste und Fig. 62: 11–12 ist aus dem Balaton-See vor 1900. Wir wissen von der Anpassungsfähigkeit einzelner Arten an Milieuveränderungen. Wollen wir aber Diatomeen in der Bewertung von Wasserqualität oder in der Geologie stratigraphisch und für klimatologische Auslegungen benutzen, ist es wichtig die einzelnen Sippen zu erkennen, um sie ökologisch verwenden zu können.

Die beiden einander sehr ähnlichen Arten, C. *quadrijuncta* und C. *praetermissa* werden hier weiterhin als eigene Arten behandelt. Weitere Untersuchungen müssen die Variationsbreite einer jeden Art klären.

30. Cyclotella praetermissa Lund 1951 (Fig. 60: 7–10)

Zellen einzeln oder in kurzen Ketten von 2–8 (überwiegend nur 2 Zellen) von einer Gallerthülle umgeben. Schalen kreisrund, leicht konkav oder konvex gewellt, Durchmesser 8–25 µm. Mittelfeld mit mehr oder weniger regelmäßig radialen Punktreihen. Die marginale Zone der Schalenfläche striiert (13–19/ 10 µm, wobei sich einige Radialstreifen gegen den Schalenrand teilen. Vor 2–4 der verkürzten Radialstreifen steht zuweilen ein isolierter Punkt (Lippenfortsatz). Jeder dritte bis fünfte (selten sechste) Radialstreifen ist verstärkt (Schattenlinie).

Nach Lund (1951) kommt C. *praetermissa* in englischen Seen sowohl im Plankton, als auch im Benthos vor. Im Plankton folgt sie im Blelham Tarn (Lake District) der Frühjahrsblüte von *Asterionella formosa*. Andere Nachweise unsicher, da leicht Fehlbestimmungen vorkommen können.

Das Taxon kann leicht mit anderen Arten des C. *comta*-Komplexes verwechselt werden, besonders mit C. *quadrijuncta*. Nach Lund (1951) soll aber der Durchmesser der von ihm gefundenen C. *praetermissa* immer kleiner als 25 µm gewesen sein.

31. Cyclotella quadrijuncta (Schröter) von Keissler 1910 (Fig. 59: ?1–3; 60: ?1–5)

Cyclotella comta var. *quadrijuncta* Schröter 1896; *Cyclotella schroeteri* Lemmermann 1900

Zellen trommelförmig, Schalen rund, zu lockeren Ketten von 2–8 (überwiegend 4) Individuen in einer Gallerthülle verbunden. Das Mittelfeld der Schale leicht konvex oder konkav. Durchmesser 20–40 µm. Mittelfeld mehr oder weniger radial punktiert. Die Randzone radial gestreift, 16/10 µm. 2–4 Radialstreifen gewöhnlich verkürzt; vor ihnen ein isolierter Punkt (Lippenfortsatz). Jeder dritte bis vierte Radialstreifen verdickt (Schattenlinien).

Gesicherte Funde nur aus einigen Seen der Alpen (Hustedt 1928). Von Christensen, Kopenhagen, stammende Bilder (in litt. Fig. 60: 1–4) zeigen eine ähnliche Merkmalskombination wie die vorliegende Art. Er fand die Probe im Sankt Joergens See, einem flachen «Tümpel» im Zentrum von Kopenhagen.

Die Merkmalskombinationen von C. *praetermissa* und C. *quadrijuncta* sind so undeutlich, daß vielleicht C. *praetermissa* und C. *quadrijuncta* miteinander synonym sind.

32. Cyclotella planctonica Brunnthaler 1901 (Fig. 56: 1a–2; 64: 9–11)

Zellen diskusförmig in losen Ketten in einer Gallerthülle verbunden. Schalen kreisrund, das Zentrum leicht gewölbt oder eingesenkt, Durchmesser 12–35 µm. Randzone mäßig breit, etwas unregelmäßig gestreift, 14–17 Radialstreifen/ 10 µm. Vor einigen verkürzten Radialstreifen ein Punkt (Stützenfortsatz), Schattenlinien fehlen. Mittelfeld radial punktiert, manchmal im Zentrum mehrere Punkte von einem hyalinen Ring (Anulus) umgeben.

Vorwiegend in den Seen und Flüssen subalpiner Regionen.

Wahrscheinlich weiter verbreitet, denn Verwechslung mit anderen Arten ist leicht möglich, z. B. im C. bodanica/comta-Komplex. Sie alle haben aber in der Randzone verdickte Radialrippen (Schattenlinien). Vielleicht ist C. planctonica mit der folgenden Art synonym. Hustedt in Huber-Pestalozzi (1942) meint, daß sich die meisten für C. quadrijuncta angegebenen Fundorte auch auf C. planctonica beziehen.

33. Cyclotella socialis Schütt 1899 (Fig. 64: 12–14)

Zellen diskusförmig, schraubenförmige, kreisförmige oder rundliche Kolonien bildend. Die Zellen werden durch lange, feine, unverkieselte «Nadeln» zusammengehalten. Strahlenartig gehen diese von der nach dem Innern der Kolonie gerichteten Zellhälfte ins innere der Kolonie. Schalen rund, im Zentrum konvex oder konkav, Durchmesser 11–37 µm. Das Mittelfeld, etwas mehr als den halben Schalendurchmesser einnehmend, mit unregelmäßig radialstrahlenden Punkten. Randzone radial gestreift, 16–18 Radialstreifen/10 µm. Vor einigen verkürzten Radialstriae ein Punkt. Im Zentrum unregelmäßig angeordnete Punkte von einem hyalinen Ring (Anulus) umgeben. Nach Hustedt (1928) hat die Art keine Schattenlinien.

Pelagisch in Alpenseen beobachtet. Wahrscheinlich ist auch diese Art mit anderen verwechselt worden und weiter verbreitet. Die Art ist evtl. synonym mit C. planctonica.

34. Cyclotella glabriuscula (Grunow) Håkansson 1988 (Fig. 63: 1–7)

Cyclotella comta var. glabriuscula Grunow in Van Heurck 1882; Cyclotella comta (Ehrenberg) var. radiosa Grunow ex Cleve & Möller 1879 Präp. 174, nomen nudum; Actinocyclus helveticus Brun 1895; Cyclotella tenuistriata Hustedt 1952

Zellen einzeln lebend, Schalen kreisförmig mit stark konkaven oder konvexem Mittelfeld, Durchmesser 5–28 µm. Mittelfeld zart radial areoliert, die Randzone radial gestreift, 20–25 Radialstreifen/10 µm, jeder dritte bis siebte Radialstreifen erscheint im LM verstärkt. Im REM zeigt sich, daß es die stark ausgeprägten, langen marginalen Stützenfortsätze sind, die den Eindruck der «Schattenlinien» geben.

Wahrscheinlich Kosmopolit, in oligotrophen Seen, aber auch in fließenden Gewässern.

C. glabriuscula steht C. comta sehr nahe und ist sicher oft mit ihr verwechselt worden. Der Unterschied liegt einerseits im Mittelfeld, welches nur areoliert ist und keine Stützenfortsätze besitzt, andererseits auch in der Struktur der Randzone, mit Schattenlinien, die nicht von verdickten Radialstreifen, sondern von langen, weiter ins Mittelfeld reichenden marginalen Stützenfortsätzen gebildet werden.

35. Cyclotella rossii Håkansson 1990 (Fig. 64: 1–8)

Discoplea oligactis Ehrenberg 1854 nomen dubium
Cyclotella oligactis (Ehrenberg) Ralfs in Pritchard 1861
Cyclotella comta var. *oligactis* (Ehrenberg) Grunow in Van Heurck 1882

Zellen einzeln lebend, Schalen rund, im Mittelfeld nur wenig konkav oder konvex, Durchmesser 5–18 µm. Das Mittelfeld, nicht immer regelmäßig von Radialstreifen der Randzone begrenzt, mit nur einigen radial punktierten Reihen. Die Randzone nicht sehr breit, regelmäßig radial gestreift, wobei nicht alle Radialstreifen gleich lang sind, ohne verstärkte Radialstreifen (Schattenlinien). Wahrscheinlich Kosmopolit, pelagisch in Seen und Flüssen.

Die Art ist in Grunows Material aus Schweden (Coll. Grunow 2146) häufig, das gilt auch für spätere Funde aus schwedischen und finnischen Seen. Meist handelt es sich um Gewässer mit niedrigem Elektrolytgehalt.

Der Protolog von *Discoplea ?oligactis* Ehrenberg 1854 («Wassertrübung des Ganges») besteht aus einer Abbildung (Taf. 35A/IX: 1) ohne Strukturfeinheiten. Grunows Material stammte aus Schweden (Coll. Grunow 2146). Seine Originalzeichnungen zeigen keine Schattenlinien und entsprechen den hier gefundenen Exemplaren; vgl. Håkansson (1990).

36. Cyclotella schumannii (Grunow) Håkansson 1990 (Fig. 65: 1–3)

Cyclotella kuetzingiana var. *schumannii* Grunow in Van Heurck 1882

Zellen einzeln lebend, Schalen rund, Durchmesser 10–40 µm. Das Mittelfeld bipolar gestreckt und mehr oder weniger tangential gewellt, oft glatt, manchmal mit diffusen, unregelmäßig begrenzten Punkten (Granulierung?). Randzone fein, regelmäßig gestreift, Radialstreifen bis 18/10 µm von ungleicher Länge, jedoch fehlen verstärkte Radialstreifen (Schattenlinien).

Wahrscheinlich Kosmopolit. Planktonform? In größeren Seen und Flüssen, auch in Gebirgsregionen.

Wie aus dem Typenmaterial (Fig. 65: 1–3) hervorgeht, ist das Mittelfeld überwiegend glatt und nicht «ein dichter punktiertes Mittelfeld» (Hustedt 1928, S. 338). Da *C. kuetzingiana* konspezifisch mit *C. meneghiniana* ist (siehe Diskussion unter *C. ocellata*, Seite 51), und die hier beschriebene Art nichts mit *C. meneghiniana* gemeinsam hat, wird sie vorläufig als selbständige Art behandelt. Weitere Untersuchungen müssen die Stellung dieses, wie auch des nächsten Taxons klären.

37. Cyclotella krammeri Håkansson 1990 (Fig. 65: 4–6)

Zellen einzeln lebend, Schalen rund, nur leicht tangential gewellt, Durchmesser 8–40 µm. Das Mittelfeld glatt, fein radial punktiert oder mit kleineren Gruppen einzelner feiner oder einzelne gröbere Punkte. Die Randzone breit, gleichmäßig radial gestreift, Radialstreifen von ungleicher Länge, 12–18/10 µm.

Wahrscheinlich Kosmopolit. Vorwiegend litorale Süßwasserform.

Mit dem Namen *C. kuetzingiana* wurden in der Vergangenheit unterschiedliche Sippen verbunden, außerdem wurde als Autor des Namens entweder Chauvin oder Thwaites genannt. Wie bereits auf Seite 45 gesagt, ist *C. kuetzingiana* konspezifisch mit *C. meneghiniana*. Fig. 65: 4–6 entsprechen aber den Formen, die wir über viele Jahre als *C. kuetzingiana* angesprochen haben. Da dieser Name nicht mehr benutzt werden kann, mußte ein neuer Name gegeben werden.

In weiteren Untersuchungen muß geklärt werden, ob die in älterer Literatur genannten Varietäten hierher gehören.

38. Cyclotella wuethrichiana Druart & Straub 1988 (Fig. 65: 8a–10)

Zellen diskusförmig nur 1,2–1,5 µm hoch, Schalen kreisrund, Durchmesser 3,5–6,5 µm. Das Mittelfeld unregelmäßig umgrenzt mit mehr oder weniger zahlreichen größeren Vertiefungen und einem etwas exzentrischen Punkt (Stützenfortsatz). Randzone radial gestreift, Radialstreifen 18–26/10 µm von ungleicher Länge. Keine verdickten Radialstreifen (Schattenlinien), wohl aber helle oder dunkle Punkte am Schalenrand, je nach Fokus. Wie im REM sichtbar, sind dies die dickeren, marginalen Stützenfortsätze.
Bisland nur aus dem Litoral des Sees Le Loclat (Schweiz) bekannt, einem alkalischen Gewässer.

6. Cyclostephanos Round in Theriot et al. 1987

Lectotypus generis: *Stephanodiscus* (*bellus* A. Schmidt var.?) *novae zeelandiae*, Cleve 1881

Zellen trommelförmig bis zylindrisch, einzeln oder zu kurzen Ketten verbunden. Schalen rund, konzentrisch gewellt mit oder ohne Dornen am Übergang der Schalenfläche zum Mantel. Von einzelnen Arten sind strukturlose Gürtelbänder und Gürtelbänder mit Ligula bekannt. Schalenfläche radial punktiert, die Areolenreihen im Zentrum einreihig, zum Schalenrande mehrreihig, oft gebündelt, zwischen ihnen leicht bis stark gewölbte, verdickte Interstriae. Sind Dornen vorhanden, stehen sie am Ende dieser Interstriae. Auf dem Mantel unterhalb einiger Dornen Öffnungen von Stützenfortsätzen. Die Öffnung des Lippenfortsatzes befindet sich auf dem Mantel in gleicher Höhe wie die der Stützenfortsätze oder etwas von ihnen nach oben oder unten verschoben. Auf der Innenseite der Schale kürzere oder längere, mehr oder weniger deutliche Rippen zwischen den Areolenreihen. Die Siebmembranen über den Areolen sind im Mittelfeld der Innenseite der Schale gewölbt, im Bereich des Mantels jedoch flach. Die Stützenfortsätze auf dem Mantel sowie auf der Schalenfläche haben 2 oder 3 Satellitporen.
Einige Arten der Gattung *Cyclostephanos* gehörten zu *Stephanodiscus* Ehrenberg, andere zu *Cyclotella* (Kützing) Brébisson.
Seit Round (1982) diese Gattung aufstellte, hat die Zahl der zur Gattung gezählten Arten zugenommen. Von den bisher bekannten Taxa sind einige nur aus fossilem Material bekannt, andere leben im Süßwasser, besonders in Gewässern mit höherem Elektrolyt- oder Nährstoff-Gehalt.
Kleine Formen dieser Gattung sind schwer von *Cyclotella*- oder *Stephanodiscus*-Arten zu unterscheiden. Die Gattung *Cyclostephanos* vereinigt nach Round (1982) Merkmale von *Stephanodiscus* (mehrreihige, oft gebündelte Radialstreifen und leicht gewölbte, radiale Interstriae) und *Cyclotella* (unterschiedliche Strukturen im Mittelfeld und Randzone der Schalenfläche). Theriot & Kociolek (1986) fanden einen Unterschied zwischen *Stephanodiscus* und *Cyclostephanos* in der Form der äußeren Öffnung des Lippenfortsatzes (bei der ersteren eine lange dornenförmige Röhre, bei der letzteren nur eine Öffnung). Ein weiteres Unterscheidungsmerkmal zwischen beiden Gattungen ist die Ausbildung der Siebmembranen, die in der Schalenfläche von *Cyclostephanos* gewölbt und auf dem Schalenmantel flach, aber bei *Stephanodiscus* stets gewölbt sind.
Ein weiteres Merkmal bei *Cyclostephanos* ist die Gabelung der Interstriae, sowie

die Ausbildung derselben. *C. dubius* mit den «Rippen» in der Randzone steht der Gattung *Cyclotella* näher. Die Bezeichnung «Rippe» ist in diesem Zusammenhang falsch, sie sind die stark lichtbrechenden offenen Alveolen, die von den Radialrippen begrenzt werden (siehe Fig. 42: 2). Die anderen hier beschriebenen Arten haben eine Schalenstruktur, die derjenigen der Gattung *Stephanodiscus* ähnlich ist. Stoermer & Håkansson (1983) diskutierten bereits die Möglichkeit einer neuen Gattung der Taxa mit gegabelten Interstriae. Die steigende Anzahl der zu *Cyclostephanos* gerechneten Arten zeigt aber, daß eine taxonomische Aufteilung weiterer Untersuchungen bedarf und noch verfrüht ist.

Manche Merkmale sind, besonders bei kleineren Exemplaren, nur mit Hilfe des Elektronenmikroskops zu erkennen.

Einige der im Folgenden beschriebenen Arten, *C. tholiformis, C. costatilimbus* sind in europäischen Gewässern noch nicht gefunden worden. Da im LM die entsprechenden Artmerkmale oft nicht klar genug erkannt werden können, besteht die Möglichkeit einer Verwechslung mit *Stephanodiscus minutulus* und *S. hantzschii* var. *pusillus*.

Wichtige Literatur: Round (1982), Stoermer & Håkansson (1983), Kobayasi & Kobayashi (1986), Theriot et al. (1987a), Theriot et al. (1987b), Hickel & Håkansson (1987), Casper & Scheffler (1987), Stoermer et al. (1987), Håkansson & Kling (1990), Round et al. (1990).

Bestimmungsschlüssel der Arten

1. Cyclostephanos novaezeelandiae (Cleve) Round 1987 (Fig. 66: 1a–3)

Stephanodiscus (*bellus* A. Schmidt var.?) *novae zeelandiae* Cleve 1881

Schalen kreisrund, konzentrisch gewellt, einzeln lebend, Durchmesser 7–40 μm. Areolenreihen, im Zentrum der Schale oft unregelmäßig angeordnet, sehr bald in einzelnen Reihen, dann in mehreren, gebündelten Reihen zum Schalenrand laufend. Gewölbte Interstriae begrenzen diese Areolenreihen im letzten Drittel der Schalenfläche. Die Interstriae gabeln sich am Übergang der Schalenfläche zum Schalenmantel, an ihren Enden befinden sich die Dornen. Auf der Schalenfläche kein Stützenfortsatz. Ein Lippenfortsatz auf dem Mantel etwas dem Übergang der Schalenfläche zum Schalenmantel genähert. Im REM sind auf einem der gegabelten Interstriae auf dem Mantel die Öffnungen der marginalen Stützenfortsätze zu sehen (vgl. Round 1982, Theriot et al. 1987b). Oft umschließen die Interstriae auf dem Mantel eine größere Anzahl der Areolen. Die Innenansicht der Schale zeigt, daß der Stützenfortsatz in der Regel auf der dünneren, verkürzten Radialrippe sitzt.

Diese Art ist bislang nur von der vulkanreichen Region auf Neuseeland bekannt, weitere ökologische Angaben können nicht gemacht werden. Eine Verwechslung könnte evtl. mit *C. lacrimis* Theriot & Bradbury möglich sein, dieser fehlen jedoch die gegabelten Rippen am Mantel.

2. Cyclostephanos damasii (Hustedt) Stoermer & Håkansson 1987 (Fig. 66: 4a, b; 67: 1a–2)

Stephanodiscus damasii Hustedt 1949

Zellen trommelförmig, Schalen konzentrisch gewellt, Zentrum leicht konkav oder konvex, Durchmesser 15–65 μm. Areolen der Schalenfläche in gebündelten Reihen angeordnet und durch Interstriae (5/10 μm) getrennt, an deren Enden ein Dorn. Im Mittelfeld der Schalenfläche befindet sich ein hyaliner Ring (Anulus), der unregelmäßig angeordnete Areolen umschließt. Von dort aus werden die einzelnen Areolenreihen zum Schalenrand hin schnell mehrreihige Bündel, die aus 2–5 Areolenreihen bestehen. Areolen innerhalb der Reihen 22/10 μm. Die Interstriae verdicken sich zum Schalenrande rippenartig und gabeln sich auf dem Mantel. Diese Gabelung ist oft sehr schwer im LM zu sehen. Das REM zeigt regelmäßig angeordnete marginale Stützenfortsätze und einen Lippenfortsatz auf dem Mantel.

Die Art wurde bislang nur im Plankton einiger afrikanischer Seen angetroffen (Eduard-See, Tanganyika-See).

C. damasii ist leicht mit Arten der Gattung *Stephanodiscus* zu verwechseln, da die Gabelung der Interstriae nur schwer im LM zu erkennen ist. Ihre sehr feine Areolenstruktur grenzt jedoch die Art gut gegen die von Gasse (1980) beschriebene *Stephanodiscus subtranssylvanicus* (Fig. 76: 8a, b) ab, bei der die Gabelung der verdickten Interstriae fehlt.

3. Cyclostephanos invisitatus (Hohn & Hellerman) Theriot, Stoermer & Håkansson 1987 (Fig. 67: 3, 4)

Stephanodiscus invisitatus Hohn & Hellerman 1963; *Stephanodiscus hantzschii* var. *striatior* Kalbe 1971; *Stephanodiscus incognitus* Kuzmin & Genkal 1978

Zellen trommelförmig, einzeln oder in kurzen, losen Ketten. Schalen kreisrund, flach, Durchmesser 6,4–14 μm. Die sehr feinen Areolenreihen in gebündelten Reihen angeordnet, 15–20 Areolen/10 μm. Die Radialstreifen von Interstriae unterbrochen, an deren Enden die Dornen sitzen. Auf der Schalenfläche im Mittelfeld oft ein hyaliner Ring (Anulus), der einzelne Areolen umschließt. Die Gabelung der Interstriae am Schalenrande ist im LM auch bei stark brechendem Einbettungsmedium schwer zu sehen. Ein Stützenfortsatz liegt etwas exzentrisch auf der Schalenfläche.

Wahrscheinlich Kosmopolit, Planktonform, im ganzen Gebiet verbreitet. In stehenden sowie fließenden Gewässern häufig, oft gemeinsam mit *Stephanodiscus hantzschii* Grunow. Die Art verträgt nach Kalbe (1971) schwache Saprobie. Es gibt nur wenige genauere ökologische Angaben.

C. invisitatus läßt sich nur im EM eindeutig von anderen kleinen *Cyclostephanos*-Arten, wie *C. tholiformis* und *C. costatilimbus*, unterscheiden. Alle Arten haben einen Stützenfortsatz in der Nähe des Zentrums der Schalenfläche. *C. costatilimbus* ist flach und hat ungegabelte Interstriae auf dem Mantel; *C. tholiformis* hat gegabelte Interstriae und ein entweder konvexes oder konkaves Schalenzentrum.

4. Cyclostephanos costatilimbus (Kobayasi & Kobayashi) Stoermer, Håkansson & Theriot 1987 (Fig. 67: 5)

Stephanodiscus costatilimbus Kobayasi & Kobayashi 1986

Schalen kreisrund, flach, Durchmesser 7–11 µm. Die Areolenreihen vom Zentrum bis zum halben Radius einzeln, dann in 2–3 gebündelte Reihen übergehend, Areolen 14/10 µm. Zwischen den gebündelten Areolenreihen die etwas verdickten Interstriae, an deren Enden je ein Dorn. Ein Stützenfortsatz sehr nahe dem Zentrum der Schalenfläche.

Wahrscheinlich kosmopolitische Planktonart. Wurde nicht nur in Europa und Amerika, sondern auch in Japan in stark verschmutzten Gewässern gefunden.

Die äußerst zarte Struktur dieser Art ist im LM kaum aufzulösen. *C. costatilimbus* kann daher nur mit Hilfe des EM mit Sicherheit von *C. invisitatus* und *C. tholiformis* unterschieden werden.

5. Cyclostephanos tholiformis Stoermer, Håkansson & Theriot 1987 (Fig. 67: 6a, b)

Zellen zylindrisch, einzeln oder in kurzen Ketten, Schalen kreisrund mit kleiner Vertiefung oder Erhebung im Mittelfeld, Durchmesser 7–12 µm. Sehr feine Areolenreihen, zwischen den Radialstreifen leicht gewölbte Interstriae, die sich am Schalenrande gabeln. An jedem Ende der Interstriae ein Dorn. Ein einzelner Stützenfortsatz in Nähe des Zentrums auf der Schalenfläche. Ein hyaliner Ring (Anulus) umschließt im Zentrum unregelmäßig angeordnete Areolen.

Die Art wurde bislang nur in einem künstlich angelegten, stark verschmutzten Gewässer in Amerika gefunden.

Nur mit Hilfe von EM kann man mit Sicherheit diese Art von *C. invisitatus*, *C. delicatus* (Genkal) Kling & Håkansson (in Håkansson & Kling 1990) und *C. costatilimbus* unterscheiden. Unterschiede zwischen *C. delicatus* und *C. tholiformis* sind in der sehr kurzen Gabelung der Interstriae und drei Satellitporen der marginalen Stützenfortsätze bei *C. delicatus* und Fortsetzung der Gabelung der Interstriae auf den Mantel und zwei Satellitporen der marginalen Stützenfortsätze bei *C. tholiformis* zu finden (Håkansson & Kling 1990).

6. Cyclostephanos dubius (Fricke) Round 1987 (Fig. 67: 8a–9b)

Cyclotella dubia Fricke 1900 (in A. Schmidt 1874–1956, Tafel 222); *Stephanodiscus dubius* (Fricke) Hustedt 1928; *Stephanodiscus pulcherrimus* Cleve-Euler 1911; *Cyclotella dubia* var. *spinulosa* Cleve-Euler 1915; *Stephanodiscus dubius* α *radiosa* Cleve-Euler 1951; *Stephanodiscus dubius* β *dispersus* Cleve-Euler 1951; *Stephanodiscus dubius* fo. *longiseta* Cleve-Euler 1951

Zellen trommelförmig, einzeln oder in kurzen Ketten. Schalen kreisförmig, konzentrisch gewellt, ihr Mittelfeld entweder stark aufgetrieben oder tief eingesenkt, Durchmesser (2?) 4,5–35 µm. Die kleinsten Formen sind im LM schwer zu identifizieren, da der verdickte, randständige Teil der «Interstriae» (vorgetäuschte Radialrippen = Alveolen) oft nur punktförmig erscheint; er könnte als Verdickung des marginalen Stützenfortsatzes aufgefaßt werden. Areolenreihen, im Zentrum der Schalenfläche entweder ungeordnet oder bereits in einzelnen radialen Reihen angeordnet, die sich zum Schalenrande vermehren, wo sie undeutlich werden und kurze Radialrippen vortäuschen. Diese «Rippen» sind morphologisch die Alveolen, die lichtbrechend stärker im

LM erscheinen. «Radialrippen» und Interstriae sind von unterschiedlicher Länge 1–1,25 µm mit einer Dichte von 12–18/10 µm. Zwischen den Areolenreihen die Interstriae. Dornen sind an deren Enden in regelmäßigen oder unregelmäßigen Abständen zu finden, können aber auch völlig fehlen. Bei stark verkieselten Formen sind die Stützenfortsätze auf der Schalenfläche im LM nicht erkennbar (Fig. 7: 9a, b), bei schwach verkieselten Exemplaren dagegen leicht (Fig. 7: 8b).

Kosmopolit, Euplankter, vorzugsweise in Gewässern mit erhöhtem Chloridgehalt, oft in Küstennähe und in salzhaltigen Gewässern des Binnenlandes gefunden und von Hustedt als oligohalob/halophil bezeichnet. Die Art bevorzugt in manchen Gebieten kalkreiche, alkalische Gewässer und meidet humusreiche Seen.

Die Art ist trotz Variabilität in Größe und Verkieselung gut abgegrenzt von anderen Arten der Gattung.

7. Stephanodiscus Ehrenberg 1846

Typus generis: *Stephanodiscus niagarae* Ehrenberg 1846 (bez. von Boyer 1927)

Zellen scheiben- bis trommelförmig, auch tonnenförmig, einzeln oder zu mehr oder weniger dichten Ketten verbunden. Zwischenbänder und Gürtelbänder vorhanden. Die Pervalvarachse ist mit Ausnahme von *Stephanodiscus binderanus* (Kützing) Krieger kürzer als die Apikalachse. Schalen kreisrund, mehr oder weniger stark konzentrisch gewellt mit Dornen am Übergang der Schalenfläche zum Schalenmantel. Im Zentrum der Schalenfläche oft unregelmäßig angeordnete Areolen oder einzelne Areolenreihen, die sich zum Schalenrande vermehren (zwei bis fünf, selten acht Reihen) und sich zu gebündelten Reihen vereinen; diese werden durch Interstriae getrennt. Die Interstriae manchmal leicht gewölbt, dadurch treten sie im LM stärker hervor, an ihren Enden oft in unregelmäßigen oder regelmäßigen Abständen ein Dorn, der aber auch fehlen kann. Auf der Schalenfläche keine, einer oder mehrere Stützenfortsätze (im LM oft schwer zu erkennen). Ihr Vorkommen kann arttypisch sein. Marginale Stützenfortsätze regelmäßig oder unregelmäßig unter den Dornen. Der Abstand zwischen Dornen und Stützenfortsätzen sowie die Areolierung des Mantels ist ein wichtiges Merkmal (Fig. 70: 1–3). Ein hyaliner Ring (Annulus) umschließt in manchen Fällen einige Areolen im Zentrum der Schalenfläche. Einen bis mehrere Lippenfortsätze mit einem Tubulus an der Außenseite der Schale sind stets vorhanden. Die Siebmembranen über den Areolen an der Innenseite der Schale sowie auf dem Mantel sind gewölbt, Stützenfortsätze mit zwei oder drei Satellitporen.

Kosmopoliten, Planktonformen, aber auch im Litoral gefunden. Überwiegend im Süßwasser, seltener im Brackwasser lebende Arten. Rein marine Arten sind nicht bekannt. Viele Arten haben ihre Hauptentwicklung in stark verschmutzten Gewässern.

Die Gattung *Stephanodiscus* ist nicht homogen. Sie umfaßt Arten, die in Kolonien leben, Arten mit sowohl unregelmäßiger als auch mit regelmäßiger Struktur. Aus den bisherigen Erkenntnissen läßt sich schließen, daß viele Arten heteromorph sind. Viele der Arten, die von Van Landingham (1978) verzeichnet werden, sind inzwischen in andere Gattungen überführt worden; andere erwiesen sich als gute *Stephanodiscus*-Arten. Analysen zeigen aber, daß auch als gut definiert anzusehende Arten weiter aufgeteilt werden können. Derzeit lassen sich 3 Gruppen innerhalb der Gattung unterscheiden:

1. Der *Stephanodiscus niagarae*-Komplex umfaßt die Taxa *S. niagarae* var.

niagarae, S. niagarae var. *magnifica, S. yellowstonensis* Stoermer & Theriot (Fig. 69: 2), *S. superiorensis* Stoermer & Theriot, *S. rotula, S. neoastraea, S. agassizensis, S. galileensis* und *S. aegyptiacus.*

2. Die kleinsten *Stephanodiscus*-Arten würden mit *S. minutulus, S. parvus, S. vestibulis,* sowie mit der koloniebildenden Art *S. binderanus* eine Gruppe bilden.

3. *S. alpinus, S. hantzschii* und *S. medius* sind die Arten, die eine regelmäßige Struktur zeigen und somit eine Gruppe für sich bilden.

Die fossilen Arten, wie *S. oregoniae, S. transsylvanicus, S. subtranssylvanicus* (Fig. 76: 8a, b) und *S. excentricus* Hustedt (Fig. 76: 7a, b) sind wegen ungenügender Kenntnis schwerer zu gruppieren. Ihre Einordnung bedarf weiterer Untersuchungen, u. a. auch in welcher Beziehung sie zur Gruppe um *S. carconensis* Grunow und deren Varietäten stehen.

Aber auch folgende Fragen müssen weiter geklärt werden:
1) Sind gewölbte oder nicht gewölbte Schalen ein Artmerkmal?
2) Ist der vorhandene oder fehlende Stützenfortsatz auf der Schalenfläche ein Artmerkmal?
3) Ist der im Schalenzentrum befindliche hyaline Ring (Anulus), der einige unregelmäßig angeordnete Areolen umschließt, ein Artmerkmal oder eine im Lebenszyklus vorkommende Erscheinung? (Siehe hierzu auch Diskussion bei *Stephanodiscus hantzschii.*)

Einige der hier beschriebenen Taxa sind in europäischen Gewässern noch nicht gefunden worden (*S. aegyptiacus, S. galileensis, S. agassizensis, S. vestibulis* sowie *S. oregonica* und *S. excentricus* (Hustedt)). Sie sind hier mit Absicht abgebildet oder/und beschrieben worden, weil sie evtl. übersehen oder mit anderen Arten verwechselt werden können.

Leider sind trotz aller Versuche, die Verwirrungen hinsichtlich der Taxonomie der Gattung zu lösen, weitere Verwirrungen entstanden. So können sich unter dem Namen «*S. astraea*» mehrere Arten verbergen: *S. rotula* (Kütz.) Hendey, *S. neoastraea* Håkansson & Hickel, *S. alpinus* Hustedt, *S. medius* Håkansson.

Wichtige Literatur: Nipkow (1921, 1927), Krieger (1927), Hustedt (1930), Cleve-Euler (1951), Kalbe (1971, 1972, 1973), Geissler (1970, 1982, 1984, 1986), Round (1971, 1972, 1981), Håkansson & Locker (1981), Håkansson & Stoermer (1984a, b), Stoermer & Håkansson (1984a, b), Håkansson et al. (1986), Theriot et al. (1987a, b), Håkansson & Kling (1989, 1990).

Bestimmungsschlüssel der Arten

1a Zellen wesentlich länger als breit, bilden im allgemeinen längere Ketten bildend (Fig. 74: 10–11). . . . . **11. S. binderanus**
1b Zellen wesentlich kürzer als breit **2**
2a Struktur am Schalenrand unregelmäßig **3**
2b Struktur am Schalenrand regelmäßig **7**
3a Durchmesser der größeren Schalen im Teilungszyklus immer über 60 µm (Fig. 68: 1–3, 5; 69: 1a, b; 70: 1) . . . . **1. S. niagarae**
3b Durchmesser der größten Schalen im Teilungszyklus immer kleiner als 60 µm **4**
4a Durchmesser kleiner als 20 µm (Fig. 71: 6; 72: 1–2b) . . **4. S. agassizensis**
4b Durchmesser größer als 20 µm **5**
5a Lage der Stützenfortsätze auf den beiden Schalen einer Frustel unterschiedlich (entweder im Mittelfeld oder am Rand) (Fig. 73: 4a–5b) . . . . . .
. . . . **7. S. galileensis**
5b Lage der Stützenfortsätze abweichend **6**
6a Ein bis mehrere Stützenfortsätze im Mittelfeld der Schale (Fig. 68: 4a, b; 69: 4, 5; 71: 1–2b) . . . . **2. S. rotula**

1. **Stephanodiscus niagarae** Ehrenberg 1846 (Fig. 68: 1–3, 5; 69: 1a, b; 70: 1)

Zellen einzeln lebend, Schalen kreisrund, konzentrisch gewellt, Durchmesser 25–135 μm. Das Zentrum der Schalenfläche leicht konkav oder konvex. Areolenreihen radial, im Zentrum Areolen jedoch oft unregelmäßig angeordnet, sonst in einzelnen Reihen, die sich zum Schalenrande vermehren (zwei bis drei Reihen, selten vier in einem Bündel). Dichte der Areolen unterschiedlich. Die Areolenreihen sind durch leicht gewölbte Interstriae (ca. 5–7/10 μm) getrennt. In unregelmäßigen Abständen enden einige der Interstriae am Übergang der Schalenfläche zum Mantel, andere laufen bis zu den Öffnungen der marginalen Stützenfortsätze weiter (vgl. Fig. 68: 2). Nur an diesen befinden sich am Mantel auch die Dornen. Dies erscheint im LM als unregelmäßige Struktur. Die Areolenreihen vermehren sich weiterhin auf dem Schalenmantel, wie im REM ersichtlich, sie stehen auf seiner unteren Hälfte bedeutend dichter und bilden hier diagonale Reihen. Ein Ring von Stützenfortsätzen auf der Schalenfläche in der Nähe des Zentrums. Ein bis mehrere Lippenfortsätze auf dem Mantel zwischen den Dornen und den marginalen Stützenfortsätzen.

var. niagarae (Fig. 68: 1–3, 5; 69: 1a, b; 70: 1)

Durchmesser bis zu 94 μm, Areolendichte etwa 11–20/10 μm

var. magnifica Fricke 1901 (in Schmidt et al. 1874–1956, Taf. 224)

Durchmesser über 100 µm, Areolendichte etwa 9–12/10 µm

Als besonderes Unterscheidungsmerkmal sei erwähnt, daß die Schale der var. *magnifica* stärker strahlenbrechend ist als die der Nominatvarietät. Var. *magnifica* erscheint blau bis blau-rot und var. *niagarae* gelb bis gelb-braun unter gleichen Bedingungen (Theriot & Stoermer 1986).

Planktonform, die von Nord-Amerika, Java und wahrscheinlich auch China bekannt ist. Die Art wird als charakteristisch für mesotrophe bis hypereutrophe Gewässer angesehen.

S. niagarae ist eine der am häufigsten untersuchten *Stephanodiscus*-Arten. Auf den Wechsel der Standortbedingungen soll das Taxon mit Änderungen in Areolendichte und Verkieselungsstärke reagieren (Theriot & Stoermer 1981, 1984a, b, 1986).

2. Stephanodiscus rotula (Kützing) Hendey 1964 (Fig. 68: 4a, b; 69: 4, 5; 70: 2; 71: 1–2b)

Cyclotella rotula Kützing 1844; *Stephanodiscus astraea* Grunow 1880 (nom. illeg); non *Cyclotella astraea* (Ehrenberg) Kützing 1849; non *Stephanodiscus astraea* (Ehrenberg) Grunow (in Van Heurck 1882)

Zellen diskusförmig, einzeln lebend, Schalen kreisrund, mehr oder weniger konzentrisch gewellt, wobei das Zentrum der Schale etwas konkav oder konvex ist, Durchmesser 26–50 µm. Die Schalenfläche ist fein areoliert, im Zentrum sind einige Areolen unregelmäßig angeordnet, vereinen sich aber bald zu einzelnen Areolenreihen, die sich zum Schalenrande hin zu 2–3 Reihen vermehren. Radialstreifen durch Interstriae (7–9/10 µm) getrennt, die in Höhe des halben Radius stärker hervortreten; nicht alle Interstriae erreichen den Schalenmantel (Fig. 70: 2); jedoch endet die größte Anzahl der Interstriae erst auf dem Schalenmantel mit der Öffnung des marginalen Stützenfortsatzes. Am Ende dieser letztgenannten Interstriae befindet sich, etwa am Übergang von der Schalenfläche zum Mantel außerdem ein Dorn, unter diesen die Öffnungen der Stützenfortsätze. Ein Kranz von weiteren Stützenfortsätzen auf der Schalenfläche. Die zentralen sowie die marginalen Stützenfortsätze haben meist 3 Satellitporen, bisweilen auch zwei (besonders im zentralen Bereich). Der Abstand zwischen Dornen und marginalen Stützenfortsätzen ist nur kurz. Die Areolenreihen vermehren sich auf dem Mantel, um in Höhe der Stützenfortsätze in noch dichteren Reihen zu stehen. Ein bis drei (manchmal vier) Lippenfortsätze etwa in gleicher Höhe wie die Dornen.

Nach Hendey (1964) lebt *S. rotula* im Brackwasser und im Meer, ist weit verbreitet und gewöhnlich an allen Küsten Europas, besonders in Flußmündungen zu finden.

3. Stephanodiscus neoastraea Håkansson & Hickel 1986 (Fig. 69: 3; 70: 3; 71: 3a–5b)

Zellen scheibenförmig, einzeln oder in kurzen Ketten, Schalen konzentrisch gewellt mit leicht konvexem oder konkavem Zentrum, Durchmesser 18–52 µm. Im Zentrum einige unregelmäßig angeordnete Areolen, bald aber in einzelne Areolenreihen zum Schalenrande übergehend. Auf vielen Schalen sind zu einem größeren Teil die Areolen im Zentrum sehr locker angeordnet. Erst kurz vor dem Übergang von der Schalenfläche zum Schalenmantel erweitern sich die Areolenreihen und werden zu Bündeln von zwei, selten drei Reihen. Die Areolenreihen werden durch leicht gewölbte Interstriae (7–9/10 µm) getrennt. Jede zweite oder dritte dieser Interstriae läuft über den Übergang der Schalenfläche zum Mantel hinaus und endet in einem marginalen Stützenfortsatz. An diesen Interstriae befindet sich außerdem ein Dorn, der einfach oder gegabelt sein kann. Der Abstand zwischen Dornen und marginalen Stützenfortsätzen ist kurz. Die marginalen Stützenfortsätze haben drei Satellitporen. Auf der Schalenfläche befinden sich keine Stützenfortsätze. In Höhe der marginalen Stützenfortsätze vermehren sich die Areolenreihen zu sehr dicht gestellten Reihen, so daß der Eindruck eines Quincunx-Musters entsteht (Fig. 70: 3). Ein bis mehrere Lippenfortsätze auf dem Mantel zwischen Dornen und marginalen Stützenfortsätzen.

Kosmopolitische Planktonform, in eutrophen Gewässern Europas.

Weder *S. rotula* noch *S. neoastraea* sind Namen, die den Namen *S. astraea* (Ehrenberg) Grunow ersetzen. Håkansson & Locker (1981) stellten bei der Untersuchung des Typenmaterials von Ehrenberg fest, daß *S. astraea* (Ehrenberg) Grunow nicht zu *Stephanodiscus* sondern zu *Cyclotella* gehört. Sie haben weiterhin versucht, die Verwirrung der Synonymie von *S. rotula* und *S. astraea* zu klären, die in der bisherigen Literatur zu finden ist. *S. rotula* ist, wie hier beschrieben, eine selbständige Art, die mit «*S. astraea*» nichts zu tun hat. Auch kann der Meinung von Cleve-Euler (1951), *S. niagarae* als var. *niagarae* zu «*S. astraea*» zu stellen, nicht gefolgt werden.

Das Fehlen der Stützenfortsätze auf der Schalenfläche und die erst kurz vor dem Übergang der Schalenfläche zum Mantel zweireihigen Areolenreihen sind Unterscheidungsmerkmale zwischen *S. neoastraea* und *S. rotula*. Es bedarf jedoch weiterer Untersuchungen, um das Fehlen oder Vorhandensein eines oder mehrerer Stützenfortsätze auf der Schalenfläche als taxonomisches Merkmal bewerten zu können. So wissen wir z. B. noch wenig über die ökologische Variabilität. *S. rotula* kommt im Brackwasser und Gewässern mit hohem Elektrolytgehalt vor; *S. neoastraea* ist bislang nur in eutrophen Seen gefunden worden.

4. **Stephanodiscus agassizensis** Håkansson & Kling 1989 (Fig. 71: 6; 72: 1–2b)

Zellen einzeln oder in kurzen Ketten lebend, Schalen kreisrund mit stark konvexem oder konkavem Zentrum und hohem Mantel, Durchmesser 10–18,5 µm. Areolenreihen auf der Schalenfläche im Zentrum einzeln und erst kurz vor dem Übergang der Schalenfläche zum Mantel in zwei oder drei Reihen gebündelt. Die Interstriae leicht gewölbt. Schalen einer Frustel oft verschieden gebaut, an einer Schale manchmal ein gegabelter Dorn am marginalen Ende jeder Interstria, Öffnungen der marginalen Stützenfortsätze unter jedem dritten bis vierten Dorn; die andere Schale mit einem Dorn am Ende jeder Interstria und dicht darunter die Öffnungen der marginalen Stützenfortsätze. Areolen auf dem Mantel feiner und enger stehend als auf der Schalenfläche. Stützenfortsätze auf der Schalenfläche der konkaven Schale sind in der marginalen Zone, die der konvexen Schale auf dem konvexen Teil der Schale, näher dem Zentrum. Stützenfortsätze der Schalenfläche mit zwei Satellitporen, die des Mantels mit drei. Ein Lippenfortsatz etwa in Höhe der Dornen.

Die Art ist bislang nur aus Kanada bekannt. Sie lebt in Seen mit geringer Sichttiefe und eutrophen Gewässern, z. B. in Seen geringer Sichttiefe.

S. agassizensis kann leicht mit anderen Arten der Gattung *Stephanodiscus* verwechselt werden, besonders mit *S. alpinus*.

5. **Stephanodiscus alpinus** Hustedt in Huber-Pestalozzi 1942 (Fig. 72: 3a–4)

Zellen einzeln lebend, Schalen kreisrund, konzentrisch gewellt mit stark konkavem oder konvexem Zentrum, Durchmesser 10–32 µm. Schalen fein areoliert, 18–29 Areolen/10 µm, regelmäßig vom Zentrum aus in Einzelreihen, etwa von der Hälfte des Radius an jedoch in zwei Reihen angeordnet. Das Zentrum kann aber auch sehr locker areoliert sein. Bisweilen umgibt ein hyaliner Ring (Anulus) unregelmäßig angeordnete Areolen im Zentrum der Schalenfläche. Die Areolenreihen werden durch gewölbte Interstriae getrennt, 8–11/10 µm, an ihren Enden gleich unterhalb des Übergangs der Schalenfläche zum Mantel ein Dorn. Diese Struktur ist sehr regelmäßig. Marginale Stützenfortsätze können sich unter jedem zweiten oder dritten Dorn befinden, bisweilen liegen zwei Fortsätze eng beisammen. Ein zentraler Stützenfortsatz in der Nähe des Zentrums, er kann aber auch fehlen. Der Lippenfortsatz, an der Außenseite der Schale mit einer Röhre, liegt genau am Übergang der Schalenfläche zum Mantel.

Kosmopolit, Planktonform. Nach Hustedt in Huber-Pestalozzi (1942) hyperlimnisch in den meisten Seen der Ostalpen, an sehr niedrige Temperaturen gebunden. In der Literatur aber auch als Art aus oligotrophen bis zu eutrophen Gewässern angegeben, was evtl. auf Fehlbestimmungen beruhen kann.

6. **Stephanodiscus aegyptiacus** Ehrenberg 1854 (Fig. 73: 1a–2)

Schalen kreisrund mit stark konkavem oder konvexem Zentrum, Durchmesser 9–45 µm. Areolen oft im Zentrum unregelmäßig angeordnet, sonst in einzelnen Reihen, die sich in Bündeln bis zu vier Reihen zum Schalenrande erweitern können. Je nach Größe der Schalen können die Areolenreihen 1,1–1,8 µm breit sein. Radialstreifen von markant gewölbten, 0,4–0,9 µm breiten Interstriae getrennt, nicht alle setzen sich auf dem Mantel bis zur Öffnung der Stützenfortsätze fort. Dornen auf dem Mantel, kurz unterhalb des Überganges der Schalenfläche zum Mantel, jedoch nicht immer am Ende aller Interstriae. Eine hyaline Area trennt die Schalenfläche vom Mantel. Areolen auf dem Mantel feiner und dichter stehend. Ein Ring von Stützenfortsätzen auf der Schalenfläche. Ein Lippenfortsatz in der Nähe des Überganges der Schalenfläche zum Mantel.

Planktonform. Ehrenberg beschrieb die Art aus dem See Garag in Ägypten.

Die Art kann mit *S. galileensis* oder *S. agassizensis* verwechselt werden. *S. agassizensis* ist jedoch feiner strukturiert und hat deutlich heteromorphe Schalen. Die Schalen von *S. galileensis* sind ebenfalls heteromorph und haben zwei Areolenreihen am Schalenrande.

7. **Stephanodiscus galileensis** Håkansson & Ehrlich 1987 (Fig. 73: 4a–5b)

Zellen einzeln lebend, konzentrisch gewellt, Schalen kreisrund, im Zentrum stark konkav oder konvex, Durchmesser 32–48 µm. Areolenreihen im Zentrum einzeln, kurz vor dem Übergang der Schale zum Mantel in zwei Reihen. Deutliche Interstriae, 0,3–0,6 µm breit, trennen die Areolenreihen. Dornen am Ende der Interstriae. Die Art hat heteromorphe Schalen. Die Stützenfortsätze liegen auf der konkaven Schale in hyalinen Flächen der marginalen Zone, auf der konvexen Schale in ein oder zwei Ringen auf dem konvexen Teil. Diese Schalen haben außerdem einen marginalen hyalinen Ring, der die Schalenfläche vom

Mantel trennt. Die Stützenfortsätze auf dem Mantel sitzen unter jedem oder jedem zweiten Dorn. Ein Lippenfortsatz etwa in Höhe der Dornen.

Die Art ist aus dem Sediment des Sees Kinnereth beschrieben, lebt aber auch als Planktonform in eutrophen Gewässern Afrikas.

Eine Verwechslung ist möglich mit *S. agassizensis, S. aegyptiacus* sowie mit *S. rotula*. Die Anordnung der Stützenfortsätze auf der konkaven Schale erleichtert aber die Trennung der Taxa.

8. Stephanodiscus minutulus (Kützing) Cleve & Möller 1878 (Fig. 74: 5–7)

Cyclotella minutula Kützing 1844; *Stephanodiscus astraea* var. *minutula* (Kützing) Grunow in Van Heurck 1882; *Stephanodiscus rotula* var. *minutulus* (Kützing) Ross & Sims 1978; *Stephanodiscus minutulus* (Kützing) Round 1981 (überflüssige Kombination); *Stephanodiscus perforatus* Genkal & Kuzmin 1978

Schalen kreisrund mit kleinen Erhebungen oder Vertiefungen im Zentrum, oft schwer im LM zu erkennen, Durchmesser 2–12 µm. Radiale Areolenreihen im Zentrum einzeln, kurz vor dem Übergang der Schalenfläche zum Mantel in zwei, bisweilen drei Reihen. Oft sind die Areolen im Zentrum unregelmäßig angeordnet. Die Radialstreifen werden von leicht gewölbten Interstriae getrennt, an deren Enden sich die Dornen befinden. Ein Stützenfortsatz liegt im Mittelfeld der Schalenfläche. Schalenmantel sehr flach. Marginale Stützenfortsätze (unter jedem dritten bis fünften Dorn) werden von den Dornen nur durch eine Areole getrennt. Ein Lippenfortsatz auf dem Schalenmantel.

Kosmopolit, Planktonform. Kommt auch in stark verschmutzten Gewässern vor, evtl. in Gewässern mit höherem Elektrolytgehalt.

Die Art kann sehr leicht mit anderen kleinen Arten verwechselt werden. Nur im REM ist eine sichere Bestimmung möglich. Die Öffnung des Lippenfortsatzes an der Außenseite der Schale ist ein Tubulus, ein sicheres Erkennungsmerkmal für Arten in der Gattung *Stephanodiscus*.

9. Stephanodiscus parvus Stoermer & Håkansson 1984 (Fig. 74: 1–4)

Stephanodiscus hantzschii fo. *parva* Grunow ex Cleve & Möller 1879, Nos 265, 266; *Stephanodiscus hantzschii* sensu Haworth 1981 (non Grunow in Cleve & Grunow 1880, p. 115)

Schalen kreisrund, flach, Durchmesser 5–11 µm. Die Anordnung der Areolenreihen ist sehr schwer im LM zu erkennen. Vom Zentrum scheinen einzelne Areolenreihen zum Schalenrande zu gehen, die sich kurz vorher zu zwei Reihen vermehren. Interstriae sind deutlich zwischen den Radialstreifen, 13–15/10 µm, an ihren Enden ist oft ein kurzer Dorn zu erkennen. Ein etwas exzentrischer Stützenfortsatz auf der Schalenfläche.

Cleve & Möller (1879) fanden das Taxon in fossilem Material.

Leider haben Stoermer & Håkansson (1984) bei der Auswahl ihrer REM-Bilder auch Schalen gewählt, die zu *Cyclostephanos invisitatus* (1984: fig. 2 und 4), *S. minutulus* (1984: fig. 9) und evtl. zu weiteren Arten gehören (1984: fig. 7?, 11). Dies zeigt die Schwierigkeiten für eine sichere Zuordnung dieser kleinen Formen in den Gattungen *Stephanodiscus, Cyclostephanos* und *Cyclotella*. Das Taxon sollte aber nicht wie Kobayasi, Kobayashi & Idei (1985) vorschlugen als Synonym zu *S. minutulus* gezogen werden. Unterschiedliche Milieuverhältnisse, sowie Abweichungen im Lebenszyklus können andere Formen oder Struktur-veränderungen hervorbringen. Kobayasi, Kobayashi & Idei (1985) zeigen neben *S. minutulus* und einer koloniebildenden Art auch eine teratologische Form mit «verkümmertem» externem Tubulus des Lippenfortsatzes. Weitere Untersu-chungen, vor allem Kulturversuche, sind notwendig, um *S. minutulus* und *S. parvus* gegeneinander abzugrenzen.

10. Stephanodiscus vestibulis Håkansson, Theriot & Stoermer 1986 (Fig. 74: 8a–9)

Zellen einzeln oder zu kurzen Ketten verbunden, Schalen diskusförmig, mit konkavem oder konvexem Zentrum, Durchmesser 4–11 µm. Areolen auf dem konkaven oder konvexen Teil der Schale oft unregelmäßig angeordnet. Einzelne Areolenreihen gabeln sich kurz vor dem Übergang der Schalenfläche zum Mantel in zwei Reihen auf. Interstriae und Radialstreifen erst deutlich an der Grenze des konkaven oder konvexen Teils der Schale. Am Ende jeder Interstria ein Dorn. Ein Stützenfortsatz auf der Schalenfläche. Wie im REM ersichtlich, sind an der Außenseite der Schale die marginalen Öffnungen der Stützenfort-sätze von einer bogenartigen Verdickung umgeben. Dieser «Torbogen» gab der Art den Namen.

S. vestibulis wurde in einem künstlich angelegten, stark verschmutzten Gewässer in Amerika gefunden. Ein Kanal ist mit dem See West Okoboji in Iowa, USA verbunden, einem eutrophen Hartwasser-See mit Diatomeenblüte im Frühjahr.

11. Stephanodiscus binderanus (Kützing) Krieger 1927 (Fig. 74: 10–11)

Melosira binderana Kützing 1844; *Melosira oestrupii* A. Cleve 1911; *Stephano-discus binderanus* α *oestrupii* Cleve-Euler 1951

Zellen sind tonnenförmig, ihre Höhe größer als die Breite, meist in langen, perlschnurähnlichen Ketten, Durchmesser 4–24 µm. Schalenfläche flach, mit sehr zarten Radialstreifen, die sich radial vom Zentrum gegen den Schalenrand erweitern. Die Areolen sind undeutlich, da die Schalen äußerst hyalin sind. Am Schalenrand ein Ring von Dornen (12–13/10 µm). Auffallend sind der hohe Mantel und auf diesem die deutlich marginalen Stützenfortsätze, etwa 5/10 µm, und die gegabelten Dornen.

Kosmopolit, Planktonform, bisher nicht so oft in der Literatur erwähnt, scheint stark eutrophe Gewässer zu bevorzugen. Krieger (1927) beobachtete zwei Maxima: Juli und November. Stoermer & Yang (1969) haben die Art erst nach 1938 im Lake Michigan gefunden und zwar in stark verschmutzten Gebieten.

Die Gattungszugehörigkeit dieses Taxons stand lange Zeit zur Debatte. Hustedt (1930) z. B. folgte nicht Kriegers (1927) Meinung, sondern beließ die Art in der Gattung *Melosira*. Die von A. Cleve (1911) beschriebene neue Art *Melosira oestrupii* sah Bethge (1925) als konspezifisch mit *M. binderana* an, Cleve-Euler (1951) stellte sie jedoch als Varietät zu *Stephanodiscus binderanus*. Round (1972) unterstützte die Ansicht Kriegers (op. cit.), das Taxon zur Gattung *Stephanodis-cus* zu stellen.
Über die Synonymie von *Stephanodiscus zachariasii*, siehe unter *Stephanodiscus hantzschii*.

12. Stephanodiscus medius Håkansson 1986 (Fig. 75: 1a, b?, 2a–3b)

Stephanodiscus minutus Grunow ex Cleve & Möller 1879, Präp. 221, ex H. L. Smith 1880, Präp. 504 «nomen nudum»

Schalen kreisrund, mit konkavem oder konvexem Zentrum, Durchmesser 6–34 μm. Im Zentrum einige Areolen unregelmäßig angeordnet, manchmal von einem hyalinen Ring (Anulus) umgeben, in einzelne Reihen übergehend, die sich dann zu Bündeln mit zwei bis drei Reihen zum Schalenrande vermehren. Die Radialstreifen sind durch deutliche, leicht gewölbte Interstriae getrennt, an deren Ende sich ein Dorn befindet. Auf dem Mantel, unterhalb der Dornen, Öffnungen der Stützenfortsätze, jedoch nicht unter jedem Dorn. Im LM konnte auf der Schalenfläche kein Stützenfortsatz beobachtet werden.

Wahrscheinlich verbreitet in eutrophen Gewässern. Da evtl. mit anderen Arten verwechselt, können genaue ökologische Angaben nicht gemacht werden.

Besonders in der amerikanischen Literatur ist diese Art unter dem Namen *Stephanodiscus minutus* bekannt mit Bezug auf Cleve & Möller 221 (Stoermer & Yang 1969), aber auch auf «*S. astraea* var. *minutula*» (Mechlin & Kilham 1982). Der Name *Stephanodiscus minutus* ist ein «nomen nudum», da die Art nicht gültig beschrieben worden ist (Håkansson 1986). Überdies hat Pantocsek bereits 1889 eines seiner Taxa danach benannt. Somit mußte diese Art neu benannt und beschrieben werden.

Da Stoermer & Yang (1969) darauf hinweisen, daß sich ihre Auffassung auf Präp. 221 von Cleve & Möller stützt, muß angenommen werden, daß die ökologischen Angaben relevant sind. Die Art ist in Astuarien und in eutrophierten Teilen des Michigan Sees gefunden worden.

Das Typenmaterial von *Cyclotella minutula* (Basionym zu *Stephanodiscus minutulus*) enthält außer *S. minutulus* noch eine größere Form, die der hier beschriebenen *S. medius* sehr nahe steht. Auch wenn die große Ähnlichkeit zwischen beiden Formen zu sehen ist, zögern wir, sie als konspezifisch anzusehen. Weitere Untersuchungen im REM in Verbindung mit Kulturversuchen sind erforderlich, um die Abgrenzung der beiden Taxa abzusichern. Sie sind darüber hinaus besonders nötig, um das Hauptproblem der Gattung zu lösen: welche Bedeutung hat der zentrale Stützenfortsatz als Abgrenzungsmerkmal.

13. Stephanodiscus hantzschii Grunow (in Cleve & Grunow) 1880 (Fig. 75: 4–11; 76: 1–3)

Cyclotella operculata sensu Hantzsch, non *Frustulia operculata* Agardh 1827, non *Cyclotella operculata* Kützing 1844; *Stephanodiscus hantzschianus* Grunow (in Van Heurck) 1881; *Stephanodiscus hantzschii* var. *pusilla* Grunow (in Cleve & Grunow) 1880; *Stephanodiscus zachariasii* Brun 1894; *Stephanodiscus hantzschii* var. *zachariasii* (Brun) Fricke 1902 (in Schmidt et al. 1874–1956); *Stephanodiscus hantzschii* var. *delicatula* Cl.-E. 1910; *Stephanodiscus pusillus* (Grunow) Krieger 1927; ? *Stephanodiscus tenuis* Hustedt 1939

Zellen trommelförmig, einzeln oder zu kurzen Ketten verbunden. Schalen kreisrund, fast flach, Durchmesser 5–30 μm. Im Zentrum die Areolen (etwa 20–25/10 μm) oft unregelmäßig angeordnet, dann in einzelnen Reihen, die sich kontinuierlich zum Schalenrande zu zwei bis drei (selten vier) Reihen vermehren. Die gebündelten Reihen sind durch deutliche, oft leicht gewölbte Interstriae, 8–12/10 μm, getrennt, an deren Ende ein Dorn steht. Kein Stützenfortsatz auf der Schalenfläche. Im REM auf dem Mantel feinere Areolen und unter jedem dritten bis fünften Dorn befinden sich die Öffnungen der Stützenfortsätze. Der Lippenfortsatz liegt in der Höhe der Dornen.

Kosmopolit, Planktonform. Die ökologischen Angaben zu dieser Art in der Literatur weichen stark voneinander ab. Sie wird häufig als Verschmutzungsindikator angeführt, aber auch als eine Art, die an Standorten mit hohem Elektrolytgehalt gefunden wird. Andere Autoren wiederum bezeichnen sie als oligohalobe Art, die hohem Chloridgehalt ausweiche und oft massenhaft in oligotrophen Alpenseen gefunden werden kann (siehe Literatur in Kalbe 1972, Geissler 1982).

Grunow beschreibt in Cleve & Grunow (1880) unter anderem von Kaafjord, Finmark, *Stephanodiscus hantzschii* var. *pusilla*. Das Präparat 2036 aus Coll. Grunow ist von «Finmark, Kaafjord, leg. Cleve» und enthält sehr hyaline Frusteln, die der Nominatvarietät *Stephanodiscus hantzschii* var. *hantzschii* gleichen. Der Durchmesser ist (nach Grunow, op. cit.) ca. 9–11 µm, und liegt bei den Messungen im Präparat mit 9–13 µm innerhalb der Grenzen der Nominatvarietät. Die Areolenreihen sind kaum im Präparat zu sehen, nur die regelmäßig marginalen Dornen sind deutlich. Im Präparat sind keine anderen *Stephanodiscus*-Arten vorhanden. Sie ist hier als Synonym eingezogen worden. Dem Beispiel Kriegers (1927), sie zur selbständigen Art zu erheben, kann nicht gefolgt werden. Größenvariationen und die immer wieder in der Literatur genannten langen «Schwebeborsten» sind keine ausreichenden Merkmale für eine Abgrenzung als Varietät oder gar eine Art.

Die kurzen Beschreibungen und sehr summarischen Abbildungen in älterer Literatur haben zu Verwirrungen geführt. So steht z. B. *S. zachariasii* nach der Abbildung in Brun (1894, Fig. 1: 10a) näher zu *S. binderanus* als zu *S. hantzschii*; in der Beschreibung betont Brun jedoch ausdrücklich, daß die Form nur selten Kolonien bildet, was bedeutet, daß *S. zachariasii* *S. hantzschii* näher steht als *S. binderanus*. Im Präparat Bruns waren einige *Stephanodiscus*-Arten eingekreist (Fig. 74: 12, 13), die die Zugehörigkeit zu *S. hantzschii* zeigen.

Der von Hustedt (1939) beschriebene *Stephanodiscus tenuis* wurde von Håkansson & Stoermer (1984) als forma zu *S. hantzschii* gestellt mit der Begründung, daß es sich um eine Form mit heteromorphen Schalen je Zelle handelt (eine Schale einer Zelle typisch *S. hantzschii*, die andere typisch *S. tenuis*). Casper et al. (1987) stellen die Beobachtungen von Håkansson & Stoermer in Frage und fordern weitere Untersuchungen zur *S. tenuis* sensu Hustedt. Gleichzeitig ziehen sie aber *S. tenuis* als Synonym zu *S. hantzschii*.

Kobayasi, Inoue & Kobayashi (1985) machen die gleiche Beobachtung wie Håkansson & Stoermer und zeigen in ihren Bildern die Nominatform, die *tenuis*-Form und eine teratologische Form (1985, fig. 24, 25). Bei der Betrachtung ihrer LM Bilder sind Größenunterschiede sichtbar und auch die Zahl der Areolenreihen zwischen den Interstriae scheinen sich von *S. hantzschii* fo. *hantzschii* zu *S. hantzschii* fo. *tenuis* um 1–2 Areolenreihen zu vermehren. Die Abbildungen hier (Fig. 75: 12, 14 und Fig. 76: 1–3, Coll. Hustedt Typenpräp. *S. tenuis*) zeigen hinsichtlich der Größe sowie Dichte der Radialstreifen (die nicht absolut größenrelevant ist) Unterschiede. Die größten Schalen besitzen eine mehr hyaline Struktur mit etwas gewellt verlaufenden Interstriae als die kleineren Schalen. Darum könnte man vermuten, daß es sich bei Hustedts Material um Erstlingszellen nach Auxosporbildung handelt. Hickel & Håkansson (1987) machten ähnliche Beobachtung bei *Cyclostephanos dubius*.

Durchmesser und Areolen/10 µm von *S. hantzschii* und *S. tenuis* sind gleich, ebenso die Regelmäßigkeit der Dornen an den Enden der Interstriae. Wir meinen nicht, daß in diesem Falle der Anulus und die Stärke der Verkieselung brauchbare taxonomische Merkmale sind. Wir haben jedoch *S. tenuis* mit Vorbehalt hier in die Synonymie gestellt und meinen, daß eine genauere Untersuchung notwendig ist, um eine eindeutige Antwort geben zu können.

14. Stephanodiscus transsylvanicus Pantocsek 1892 (Fig. 76: 4a–6)

Stephanodiscus astraea var. *transsylvanicus* Fricke 1901 (in Schmidt et al. 1874–1956)

Schalen kreisrund mit stark konkavem oder konvexem Zentrum, Durchmesser 10–40 µm. Im Zentrum der Schalenfläche einige Areolen unregelmäßig angeordnet, bald einzelne Areolenreihen, die sich zum Schalenrande kontinuierlich bis zu drei bis vier Reihen erweitern. Die Areolen innerhalb der Bündel von gleicher Größe und sehr regelmäßig. Deutlich gewölbte Interstriae zwischen den Radialstreifen, an deren Ende ein Dorn. Ein Stützenfortsatz auf der Schalenfläche, der nur schwer im LM zu sehen ist. Im REM sind feinere Areolen in Quincunx-Anordnung sichtbar und unter jedem zweiten oder dritten (selten vierten) Dorn ein Stützenfortsatz. Ein Lippenfortsatz am Mantel in Höhe zwischen Dornen und marginalen Stützenfortsätzen.

Von Pantocsek fossil von mehreren Fundorten beschrieben. Wahrscheinlich eine Planktonform. Ökologische Angaben in der Literatur unsicher, da die Art viel mit «*S. astraea*» oder «*S. astraea* var. *minutulus*» verwechselt wurde (Thayer 1981, Thayer et al. 1983). Auch die ökologischen Angaben von Stoermer & Yang (1969) müssen als fraglich angesehen werden, da sie ohne eine Abbildung veröffentlicht wurden, die einwandfrei zeigt, um welche Art es sich handelt.

15. Stephanodiscus oregonicus (Ehrenberg) Håkansson 1986 (Fig. 76: 7a, b)

Discoplea oregonica Ehrenberg 1854; *Cyclotella oregonica* (Ehrenberg) Ralfs in Pritchard 1861

Schalen kreisrund, mit stark konkavem oder konvexem Zentrum, Durchmesser 6–20,5 µm. Radiale Areolenreihen vom Zentrum zum Schalenrande, erst einzeln, dann kurz vor dem Übergang der Schalenfläche zum Mantel gebündelt in zwei bis drei Reihen. Oft im Zentrum der Schalenfläche einige Areolen unregelmäßig angeordnet. Die Radialstreifen vor verdickten, deutlichen Interstriae getrennt, an deren Enden ein Dorn. Im REM sieht man unter jedem zweiten (selten unter jedem) Dorn am Mantel einen Stützenfortsatz.

Fossil bekannt vom Fallriver, Oregon und möglicherweise oft mit anderen fossilen Arten, wie *S. carconensis* var. *pusilla* Grunow und *S. excentricus* Hustedt und evtl. auch mit *S. subtranssylvanicus* Gasse verwechselt, da genauere Angaben über Fundorte nicht weiter in der Literatur gegeben sind. Håkansson & Kling (1989) fanden sowohl *S. oregonicus* und *S. subtranssylvanicus* in Seen Kanadas, machten aber bereits auf Identifikationsschwierigkeiten aufmerksam.

Unsichere Arten

Stephanodiscus lucens Hustedt 1957 (Fig. 78: 4–7)

Stephanodiscus lucens Hustedt 1957 ist weder *Stephanodiscus* noch *Cyclotella lucens* (Hustedt) Simonsen (Simonsen 1987, p. 250), sondern *Thalassiocyclus lucens* (Hustedt) Håkansson & Mahood.

Zellen einzeln lebend, Schalen mit tangential gewellten Mittelfeld, Durchmesser 7–20 µm. Struktur der Schalenfläche schwer im LM zu sehen. Das Mittelfeld mit fein punktierten Reihen, der Rand von den erhobenen radialen Rippen dominierend. Im REM sieht man ein mit hyalinen Linien und Areolen unregelmäßig strukturiertes Zentrum, diese Linien verbreitern und erhöhen sich über der Schalenfläche zum Rand, enden hier mit einer mehr oder weniger langen röhrenförmigen Öffnung (Stützenfortsatz) auf dem Mantel. Dornen fehlen. Im gleichen marginalen Ring, dicht neben einem Stützenfortsatz die Öffnung des Lippenfortsatzes, ebenfalls etwas röhrenförmig verlängert. Die Areolen im Zentrum noch unregelmäßig angeordnet, dann aber in Reihen geordnet zwischen den Rippen zum Schalenrand und auf den Mantel übergehend. Auf einer dieser Rippen etwas exzentrisch der zentrale Stützenfortsatz. Die Stützenfortsätze sind von vier (selten drei) Satellitporen umgeben.

Über die Ökologie kann noch nichts mit Sicherheit gesagt werden. Der Typus von *S. lucens* stammt aus Sediment der Ems (Deutschland), weitere Funde von dem Suisun Slough Gebiet bei San Francisco (USA), eutrophen Gewässern mit hohem Elektrolytgehalt.

Stephanodiscus lucens verbindet Merkmale von *Stephanodiscus* (Stützenfortsätze am Ende der Interstriae) und *Cyclotella* (externe Öffnung ohne Tubulus des Lippenfortsatzes). Die Anordnung der Areolenreihen in Faszikel, sowie vier Satellitporen, die die Stützenfortsätze umgeben, sind jedoch Merkmale, die sie mit *Thalassiosira* verbindet. Simonsen (1987) überführte dies Taxon in die Gattung *Cyclotella*. Weitere Untersuchungen werden nötig sein, um die Zugehörigkeit dieses Taxon zu klären.

Stephanodiscus atmosphaericus (Ehrenberg) Håkansson & Locker 1981 (Fig. 73: 3a, b)

Discoplea atmosphaerica Ehrenberg 1848; *Cyclotella atmosphaerica* (Ehrenberg) Ralfs (in Pritchard) 1861

Schalen rund mit stark konkavem oder konvexem Zentrum, Durchmesser 17–39,5 µm. Die Areolen sind oft im Zentrum unregelmäßig angeordnet. Einzelne Areolenreihen spalten sich zum Schalenrande in zwei oder drei Reihen auf. Die gebündelten Reihen, 6–7/10 µm, sind durch deutliche, 0,3–0,4 µm breite Interstriae getrennt, an deren Enden sich ein Dorn befindet.

Ökologische Angaben sind wenig aussagekräftig, da es sich hier um eine Art handelt, die in «atmosphaerischem» Staub gefunden wurde und von vielen Fundorten genannt wird. Es ist aber sehr wohl möglich, daß sie bei genauerer Untersuchung nicht Bestand hat. Sie ist hier aufgeführt, weil sie Ähnlichkeit mit *S. minutulus* oder einer kleinen Art in der Gattung *Cyclostephanos* hat.

Stephanodiscus minor Reverdin 1918

Diese kleine Art (7,01–7,04 µm) ist von Reverdin besonders wegen der langen (25–30 µm, im Maximum 37,5 µm) «Borsten» als neu beschrieben und mit anderen, bereits bekannten Arten auf Grund dieser verglichen worden. Leider war das Originalpräparat in der Coll. Genève nicht auffindbar. Die Zugehörigkeit der Art muß weiterhin offen bleiben.

Stephanodiscus berolinensis Ehrenberg 1846

Die Beschreibung Ehrenbergs erfolgte an Hand rezenten Materials, welches heute nicht mehr zugänglich ist. Håkansson & Locker (1981) bezeichneten die Art bereits als «species inquirenda».

Stephanodiscus irregularis Druart, Reymont, Pelletier & Gasse 1987

Die Art ist unklar beschrieben und als Holotypus wurde die Fig. 14 der Publikation angegeben, die nur die Außenansicht (REM) einer Schale zeigt, ohne zufriedenstellende diagnostische Aufschlüsse über die Art zu geben. Von den Autoren selbst wird auf das seltene Vorkommen der Art hingewiesen.

Stephanodiscus subtilis (van Goor) Cleve-Euler 1951

Melosira subtilis van Goor 1924

Zellen 3–8 µm im Durchmesser, kurz, kettenbildend, sehr schwach verkieselt. Die Struktur der Schalen auch in stark lichtbrechenden Medien im LM bis auf randständige Dornen nicht sichtbar. Dornen 10–14/10 µm.

Nach van Goor (1924) und Cleve-Euler (1951) soll die Art in stark eutrophen, aber auch in leicht salzhaltigen Gewässern vorkommen. Material von van Goor, sowie von Cleve-Euler ist nicht auffindbar; die Zugehörigkeit dieser Art ist daher nicht zu klären. Die in der modernen Literatur angegebenen Funde mit ökologischen Angaben müssen als fraglich angesehen werden.

8. Thalassiosira Cleve 1873 (emend. Hasle)

Typus generis: *Thalassiosira nordenskioeldii* Cleve 1873

Zellen durch einen oder mehrere Chitinfäden im Zentrum der Schale zu mehr oder weniger langen, losen Ketten verbunden, selten einzeln. Schalen flach, mehr oder weniger konkav oder konvex, oder auch tangential gewellt. Die Struktur der Schalenfläche sehr unterschiedlich; Areolen in fascikulaten Reihen entweder in radialen geraden oder tangential gebogenen oder auch gegabelten Reihen geordnet. Ein bis mehrere (viele) Stützenfortsätze auf der Schalenfläche; wenn einer, dann etwas exzentrisch, wenn viele, dann entweder traubenförmig zusammen, oder in einem regelmäßigen oder unregelmäßigen Ring oder in einer Linie oder in Gruppen oder auch regelmäßig auf der Schalenfläche angeordnet. Ein oder auch mehrere Lippenfortsätze entweder in der marginalen Zone, im zentralen Teil der Schalenfläche oder irgendwo dazwischen.

Der überwiegende Teil der Arten ist marin, nur wenige leben im Süß- oder Brackwasser.

Die Gattung *Thalassiosira* ist eine sehr artenreiche Gattung, die Zahl der Taxa hat in den letzten 20 Jahren stark zugenommen. Seit Hasle (1973) die Schalenmorphologie der Gattung genauer untersuchte, sind Taxa aus anderen Gattungen, besonders aus *Coscinodiscus*, zu *Thalassiosira* überführt worden. Die Anzahl und Lage der Stützenfortsätze, besonders auf der Schalenfläche, werden in der gegenwärtigen Taxonomie als Merkmale höher bewertet als das Areolenmuster.

Probleme bestehen manchmal auch bei der Abgrenzung kleiner Formen zu *Cyclotella* (siehe bei *Th. pseudonana*). Die Arten der Gattung *Cyclotella* haben ein strukturiertes oder unstrukturiertes Mittelfeld, das zumeist von der striierten Randzone durch einen hyalinen Ring getrennt ist. Sie haben marginale und auch zentrale Stützen- wie auch Lippenfortsätze. Bei den Arten der Gattung *Thalassiosira* dagegen laufen die radialen Areolenreihen durchgehend vom Zentrum der Schalenfläche zum Rand, wenn auch die Struktur stark variiert. Die marginalen Stützenfortsätze liegen in dieser Gattung nicht am Ende einer Radialrippe wie bei *Cyclotella*.

Wichtige Literatur: Fryxell 1975a, b, 1977, 1978, Fryxell & Hasle 1972, 1977,

1979a, b, 1980, 1983, Hasle 1973, 1976, 1978a, b, 1989, 1983, Hasle & Fryxell 1977, Hasle & Heimdal 1970, Johansson & Fryxell 1985, Mahood, Fryxell & McMillan 1986.

Bestimmungsschlüssel der Arten

1a Schalen mit in Faszikel geordneten Reihen 2
1b Schalen mit mehr oder weniger radial angeordneten Reihen 4
2a Schalen mit einem Durchmesser über 25 μm 3
2b Schalen mit einem Durchmesser unter 25 μm (Fig. 77: 5a, b) ....
.... **2. T. virsurgis**
3a Schalen mit nur einem zentralen Stützenfortsatz (Fig. 77: 1, 2) ....
.... **1. T. nordenskioeldii**
3b Schalen mit mehreren zentralen Stützenfortsätzen (Fig. 77: 6a, b) ....
.... **3. T. baltica**
4a Schalen mit einem Ring zentraler Stützenfortsätze (Fig. 77: 3, 4) ....
.... **4. T. weissflogii**
4b Schalen mit einem zentralen Stützenfortsatz (Fig. 78: 1–3) siehe Beschreibung Seite 79 .... **5. T. proschkinae**
(Fig. 60: 6a, b) siehe Beschreibung Seite 80 ...`.`...... **6. T. pseudonana**

1. Thalassiosira nordenskioeldii Cleve 1873 (Fig. 77: 1, 2)

Zellen zu losen Kolonien verbunden. Schalen im Zentrum leicht konkav oder konvex, Durchmesser 13–50 μm. Areolen bei kleineren Formen in radialen Reihen, bei größeren Formen in mehr oder weniger regelmäßigen Sektoren (Faszikel) angeordnet, 14–18 Areolen/10 μm. Nur ein Stützenfortsatz auf der Schalenfläche. Ein Ring von langen, dünnen, weit auseinander stehenden marginalen Stützenfortsätzen (3/10 μm). Im gleichen Ring ein Lippenfortsatz, dessen Lage variieren kann. Der Mantel ist hoch und schließt mit einem gestreiften Rand, 18–20/10 μm.

Häufig im Küstenplankton Nordeuropas und des Polarmeeres, besonders im Frühjahr. Nach Simonsen (1962) eine marine Kaltwasserform, polyhalob, evtl. meioeuryhalin.

Die Kolonien von *T. nordenskioeldii* ähneln sehr *T. aestivalis*. Die Arten unterscheiden sich aber durch längeren Abstand zwischen den Zellen in den Kolonien und durch kürzeren Schalenmantel bei *T. aestivalis*.

2. Thalassiosira visurgis Hustedt 1957 (fig. 77: 5a, b)

Schalen rund, im mittleren Teil der Schalenfläche leicht gewölbt oder eingesenkt, Durchmesser 9–26 μm. Areolen, mehr oder weniger faszikulat angeordnet, in unregelmäßig radialen Reihen, im Zentrum der Schale 13–14/10 μm und am Rand 18–20/10 μm. Ein zentraler Punkt (Stützenfortsatz), ein Ring von marginalen Stützenfortsätzen, 4–5/10 μm und zwei größere Prozesse (Lippenfortsätze) am Rand der Schale.

Selten gefundene Planktonform in Süß- und Brackwasser, besonders in Flußmündungen. Bisherige Fundorte: Weser, Schlei (Deutschland), Großer Ouse England, San Joaduin (Californien).

Die Art unterscheidet sich von *T. baltica* durch die Anzahl der zentralen und nur einen Ring der marginalen Stützenfortsätze.

3. **Thalassiosira baltica** (Grunow) Ostenfeld 1901 (Fig. 77: 6a, b)

Coscinodiscus polyacanthus var. *baltica* Grunow in Cleve & Grunow 1880;
Coscinodiscus balticus Grunow in Cleve 1891

Zellen fast rechtwinklig in Gürtelbandansicht mit kurzem Mantel, sie können
mäßig lange Kolonien bilden. Schalen fast flach, Durchmesser 20–120 µm mit
10–20 Areolen/10 µm, welche etwas kleiner in Nähe des Schalenrandes sind.
Radiale Reihen in Bündel (Faszikel), parallel zur Mittelreihe. Auch der Schalenmantel ist deutlich areoliert. Areolen kleiner als auf der Schalenfläche. Zwei
Ringe von marginalen Stützenfortsätzen, wobei der äußere Ring mehr regelmäßig und dichter stehende Stützenfortsätze hat als der innere Ring. Etwas weiter
entfernt vom inneren Ring drei bis fünf Lippenfortsätze. Im Zentrum der
Schalenfläche zwei bis neun (selten mehr) Öffnungen, kleiner als die Areolen (im
REM als Stützenfortsätze sichtbar).

Brackwasserart, Fundorte aus der Ostsee und von den übrigen Küsten Europas,
der Antarktis und in den großen Brackwasserseen Rußlands.

T. baltica ähnelt nicht nur *T. visurgis* (siehe Seite 78), sondern auch *T. antarctica*,
die auch mehr als einen Ring marginaler Stützenfortsätze hat. Letztere unterscheidet sich aber durch das Fehlen des zentralen Stützenfortsatzes, die enger
zusammenstehenden marginalen Stützenfortsätze und nur zwei Lippenfortsätze.

4. **Thalassiosira weissflogii** (Grunow) Fryxell & Hasle 1977 (Fig. 77: 3, 4)

Micropodiscus weissflogii Grunow in van Heurck 1883; *Thalassiosira fluviatilis*
Hustedt 1926

Zellen trommelförmig, rechtwinklig in Gürtelbandansicht, durch Chitinfäden
zu kurzen Kolonien verbunden, kurzer Mantel. Schalen fast flach, nur das
Zentrum leicht konvex oder konkav, Durchmesser 4–32 µm. Areolen polygonal,
Struktur kaum im LM zu sehen. Im REM zeigen sich deutlich ungebündelte
radiale Reihen. Ein marginaler Ring von Stützenfortsätzen (10–13/10 µm) und
im Zentrum der Schalenfläche 2–15. Ein «unpaarer größerer Stachel» (Hustedt
1928, Seite 330) am Rand der Schale ist der Lippenfortsatz.

Halophile Süßwasserart, vorwiegend in Flüssen gefunden.

T. weissflogii unterscheidet sich von anderen hier abgebildeten *Thalassiosira*-
Arten durch den Ring der zentralen Stützenfortsätze, die sich halbwegs zwischen
dem Schalenzentrum und dem marginalen Rand befinden.

5. **Thalassiosira proschkinae** Makarova in Makarova, Genkal & Kuz-min 1979 (Fig. 78: 1–3)

Zellen zylindrisch. Schalen kreisrund, leicht konkav oder konvex, Durchmesser
3–9 µm. Areolen auf der Schalenfläche in radialen Reihen, regelmäßig oder
unregelmäßig, fünf- bis sechseckig. Ein Stützenfortsatz auf der Schalenfläche, in
unmittelbarer Nähe auch der Lippenfortsatz. 4–11 Stützenfortsätze ringförmig
angeordnet am Schalenrande.

Wahrscheinlich eine mesohalobe, euryhaline Art, die an den Küsten Englands
(Belcher & Swale 1986) und in der Schlei (Wendker 1989) neben der Typuslokali-
tät «Mare Maeoticum, Rußland» gefunden.

T. proschkinae ähnelt *T. profunda* (Makarova, Genkal & Kuzmin 1979), die sich
aber durch die Lage des Lippenfortsatzes unterscheiden soll.

6. Thalassiosira pseudonana Hasle & Heimdal 1970 (Fig. 60: 6a, b)

Cyclotella nana Hustedt 1957; non Thalassiosira nana Lohman 1908

Zellen trommelförmig, Kolonien nicht beobachtet. Schalen kreisrund, flach, sehr hyalin, Durchmesser 2,5–9 µm. Schalenstruktur schwer im LM zu erkennen, deutlich nur der marginale Ring der Stützenfortsätze und ein zentraler Stützenfortsatz. Im TEM ist die variable Schalenstruktur sichtbar. Formen mit unregelmäßigen radialen Rippen von tangentialen Rippen gekreuzt ohne Areolenbildung oder Formen mit regelmäßig polygonalen Areolen, 30–35/10 µm im Zentrum der Schale, längliche Areolen (variierende Länge) im mittleren Teil der Schalenfläche und in der marginalen Zone polygonale Areolen (55–60/10 µm). Wiederum andere Formen haben gut ausgebildete Areolen über die ganze Schalenfläche in ungleich langen radialen Reihen, Areolen im Zentrum größer als die in der Nähe des Schalenrandes.

Im Plankton. Wahrscheinlich in Küstengebieten weit verbreitet, wenngleich aus dem Süßwasser beschrieben.

Kiss (1984) fand Exemplare mit abweichendem Durchmesser sowie weniger Stützenfortsätzen/10 µm. Auch schwankte der Grad der Verkieselung der Schalen, einige stark verkieselte Exemplare ähnelten sehr C. pseudostelligera (vgl. Fig. 60: 6a, b). Kiss weist weiter darauf hin, daß der zentrale Stützenfortsatz nur bei Exemplaren aus dem Brackwasser gefunden wurde. Auch Gerloff & Helmcke in Helmcke et al. (1974) fanden im untersuchten Material von T. pseudonana einige Schalen mit einem zentralen Stützenfortsatz. Sie wiesen auch auf die «schwierige, eindeutige taxonomische Abgrenzung der Art gegen andere Thalassiosira-Arten und auch gegen manche Formen von Cyclotella pseudostelligera» hin. Hasle & Heimdal betrachteten C. nana als untypisch für die Gattung Cyclotella und überführten sie zu Thalassiosira.

9. Stephanocostis Genkel & Kuzmin 1985

Typus generis: Stephanocostis chantaicus Genkal & Kuzmin 1985

Zellen einzeln lebend, nur selten in Gruppen von drei Zellen. Schalen zylindrisch, flach bis etwas konzentrisch gewellt, Durchmesser 3,5–8 µm. Vom regelmäßig strukturierten Zentrum verlaufen breite Rippen bis zum Schalenrand, die hoch über die Schalenfläche aufsteigen. Die Schalenfläche ist gegen den Schalenmantel oft durch einen dicken, unstrukturierten Ring abgegrenzt. Dornen fehlen. Im REM sieht man an den marginalen Enden der dicker werdenden Rippen die Öffnungen der Stützenfortsätze. Ein Stützenfortsatz liegt auf der Schalenfläche. Zwischen den Rippen liegen, wie bei Stephanodiscus und Cyclostephanos, radiale Areolenreihen, im Zentrum einzeln, zum Rande hin sich bis zu drei und vier vermehrend. Ein Lippenfortsatz liegt am marginalen Rande am Ende einer Rippe.

Wichtige Literatur: Genkal & Kuzmin (1985), Casper & Scheffler (1986).

1. Stephanocostis chantaicus Genkal & Kuzmin 1985 (Fig. 78: 8–12)

Pleurocyclos stechlinensis Casper & Scheffler 1986

Frusteln mit den charakteristischen Merkmalen der Gattung (siehe Gattungsbeschreibung).

Verbreitung wahrscheinlich kosmopolitisch, im Fluß Chantaika, Sibirien, im

Nannoplankton während der Winter- und Frühjahrsblüte, im Stechlin-See (Brandenburg) und in Seen Kanadas.

Die Gattung verbindet Merkmale von *Stephanodiscus* – die gebündelten Areolenreihen mit nur einer externen Öffnung (ohne Tubulus) des Lippenfortsatzes, typisch für die Gattungen *Cyclotella* und *Cyclostephanos*. Die hoch über die Schalenfläche hinausragenden Rippen sind ein charakteristisches Merkmal dieser Gattung.

Die Gattung als solche bedarf noch weiterer Untersuchung. Die Frage ob es sich wirklich um eine neue Gattung handelt, oder um teratologische Formen, die bei plötzlichen Milieuveränderungen entstehen, kann hier nicht ohne weiteres entschieden werden.

10. Skeletonema Greville 1865

Typus generis: *Skeletonema barbadense* Greville 1865

Zellen zylindrisch bis fast diskusförmig, die längere lockere oder geschlossene Ketten bilden. Auf den Disci ein marginaler Ring von relativ langen Verbindungsdornen, die selbst in der gleichen Kette eine unterschiedliche Länge aufweisen können. Da diese Fortsätze bei benachbarten Zellen aufeinanderstoßen, können zwischen den einzelnen Zellen größere Zwischenräume entstehen (bei den hier beschriebenen Formen fehlen sie aber in der Regel). Sehr charakteristisch ist diese Ausbildung bei der marinen *S. costatum* (Greville) Cleve, wo diese Verbindungsdornen länger als die Zellhöhe werden können und dann das Aussehen der Ketten bestimmen. Die Länge der Verbindungsdornen hängt nach Paasche, Johansson & Evensen (1975) stark vom Elektrolytgehalt des Mediums ab. Bei niedriger Salinität sind sie extrem kurz, bei einer Salinität über 2 Promille werden sie immer länger. Im Bereich der Verbindungsdornen liegt auch ein Lippenfortsatz. Der Gürtel besteht aus einer Anzahl schmaler Bänder.

Die Schalen sind sehr schwach verkieselt und erscheinen im LM strukturlos, nur die Verbindungsdornen sind bei günstiger Fokussierung zu erkennen. Im REM zeigt sich auf der Schalenfläche eine radiale Rippenstruktur, während der Mantel unregelmäßig angeordnete Pervalvar-Rippen aufweist, die durch ebensolche Querrippen verbunden sind (Fig. 85: 7, 8).

Bei der Präparation in Säuren und dem nachfolgenden Auftrocknen auf Deckgläser werden die zylindrischen Zellen zumeist deformiert (Fig. 85: 1, 2). Reichardt (mdl. Mitt.) führt deshalb die Schalen durch die Alkoholreihe und schließt danach in Pleurax ein. Von einem solchen Präparat wurden die Photographien zu Fig. 85: 5, 6 gemacht.

Wichtige Literatur: Bethge (1928), Weber (1970), Fryxell (1975), Hasle (1973), Hasle & Evensen (1975, 1976).

Bestimmungsschlüssel der Arten

1a Pseudosulkus bei engstehenden Zellen fehlend (Fig. 84: 5–10, 85: 1–3) . . . . **1. Skeletonema subsalsum**
1b Pseudosulkus auch bei engstehenden Zellen deutlich (Fig. 85: 4–8) . . . . **2. Skeletonema potamos**

1. Skeletonema subsalsum (Cleve-Euler) Bethge 1928 (Fig. 84: 5–10, 85: 1–3)

Melosira subsalsa A. Cleve 1912

Zellen mit stark entwickeltem Mantel, von kurz zylindrisch mit mäßig konvexen Disci, bis lang zylindrisch mit zumeist flachen Disci, stets zu längeren, Melosira-ähnlichen Ketten verbunden. Schalenwände sehr dünn und schwach verkieselt, beim Eintrocknen daher immer mehr oder weniger stark zusammenfallend und deformiert. Gürtel bei späteren Teilungsschritten stets breiter als Schalenmantel. Schalen im LM ohne Struktur, nur die Verbindungsdornen (um 10/10 μm) sind sichtbar. Die Zellen haben einen Durchmesser von 3–8 μm und eine Pervalvarhöhe einschließlich Gürtel von 5–18 μm, in ein und derselben Kette sind häufig recht unterschiedlich lange Zellen vorhanden.

Im REM zeigen sich auf Schalenmänteln und Disci charakteristische Strukturen. Die Disci besitzen eine Radialstruktur, die Areolen auf den Radialstr. sind radial etwas länglich und unregelmäßig in Form und Anordnung. Der Mantel mit Pervalvarreihen von Areolen, 60–80/10 μm, die eine unregelmäßige, aber meist etwas pervalvar verlängerte Form besitzen und zum Diskus hin vielfach kontinuierlich breiter werden. An den Verbindungsdornen kurze, meist unregelmäßig geformte, seltener schraubenschlüssel-förmige Anker, die Backen dieser Schlüssel greifen bei den beiden Schwesterzellen wie Schlüssel und Schloß ineinander. Jeder Verbindungsdorn besitzt an seinem Fußende einen Stützenfortsatz, mit je 3 Satellitenkörpern auf der Schalen-Innenseite. Auf den aus vielen offenen Bändern bestehenden Zellgürteln ist keine Strukturierung erkennbar (vgl. dazu Hasle & Evensen 1975).

Verbreitung: Kosmopolitischer und stellenweise häufiger Plankter in Gewässern mit mittlerem bis höherem Elektrolytgehalt, er geht bis in brackige Bereiche. Fundorte sind u. a. die Schärengebiete bei Stockholm, Ostseehaffs im baltischen Gebiet sowie die Unterläufe langsam fließender Flüsse (z. B. Wumme, Untermain). In anderen Gebieten (z. B. der Wolga) ist sie nach Kuzmin et al. (1970) im Sommer die häufigste Planktonalge.

In Proben lassen sich beide in Binnengewässern beschriebenen *Skeletonema*-Arten leicht daran erkennen, daß ihre Ketten zwar leichte Oxidation bei der Präparation überstehen, aber die Zellwände beim Eintrocknen mehr oder weniger deformiert werden. Allerdings ist bei vielen Populationen die Deformation weniger deutlich als bei der nächsten Art, was vielleicht auf eine stärkere Verkieselung hinweist. Die Abgrenzung zu *Sk. potamos* ist im REM kein Problem, im LM dagegen manchmal weniger leicht. Letztere besitzt zwischen ihren Zellen einen breiteren Pseudosulkus verglichen mit den *Sk. subsalsum*-Fäden mit flachem Diskus.

2. Skeletonema potamos (Weber) Hasle in Hasle & Evensen 1976 (Fig. 85: 4–8)

Microsiphonia potamos Weber 1970; *Stephanodiscus subsalsus* (A. Cleve) Hustedt 1928 (non *Melosira subsalsa* A. Cleve 1912)

Zellen mit stark entwickeltem Mantel, zylindrisch mit mäßig konvexen bis fast flachen Disci, einzeln zu kürzeren Melosira-ähnlichen Ketten verbunden. Schalenwände sehr dünn und schwach verkieselt, beim Eintrocknen daher immer mehr oder weniger stark zusammenfallend und deformiert. Disci marginal breit gerundet, die Mantelhöhe beträgt durchschnittlich etwa die Hälfte des Schalendurchmessers, am Schalenrand 5–8 Verbindungsdornen, die distal nur schwach angedeutete Dornanker (im REM) aufweisen und nach Weber 0,7–1,3 μm lang sind. Sie verbinden zusammen mit dem alten Schalengürtel jeweils zwei benachbarte Schwesterzellen. Schalen und Zellgürtel im LM ohne Struktur. Die Zellen haben einen Durchmesser von 3–6 μm und eine Pervalvarhöhe einschließlich Gürtel von 4–10 μm. In manchen Fällen sind die Ränder der Schalenfläche mit langen, dünnen Schwebeborsten versehen, die jedoch bei der Präparation zumeist abbrechen.

Im REM zeigt sich eine ähnliche Struktur wie bei *Sk. subsalsum*, der Diskus ist mit radialen, der Mantel mit pervalvaren Areolenreihen ornamentiert, letztere liegen sehr dicht, zumeist mit mehr als 100 Str./10 μm. Die rundlichen Verbindungsdornen sind innen hohl, ein Lippenfortsatz ist marginal am Diskus erkennbar, außerdem sind im gleichen Bereich 5–6 Stützenfortsätze erkennbar. (Vergl. dazu Weber 1970, Hasle & Evensen 1976, Klee & Steinberg 1986).

Verbreitung: Relativ seltener kosmopolitischer Plankter besonders in eutrophen, langsam strömenden Flüssen mit mittlerem Elektrolytgehalt, Stauseen und ähnlichen Gewässern.

Zur Abgrenzung von *Sk. subsalsum* siehe dort. Hasle & Evensen (1976) zeigten, daß es sich bei *Stephanodiscus subsalsus* (A. Cleve) Hustedt um das vorliegende Taxon handelt. Eine ähnliche Art ist *Skeletonema costatum* (Greville) Cleve 1878, ein marines Taxon, die schon aus autökologischen Gründen nicht mit der vorliegenden Süßwasserform in Verbindung gebracht werden kann.

11. Acanthoceras Honigmann 1910

Typus generis: *Acanthoceras magdeburgense* Honigmann 1910

Zellen länglich mit elliptischem Querschnitt, in Gürtelansicht rechteckig, an den vier Enden mit langen Borsten. Schalen mit sehr niedrigem Mantel, die Zellhöhe wird durch zahlreiche ringförmige, offene Zwischenbänder bestimmt, deren Enden auf der einen (breiten) Seite in Gürtelansicht eine zickzackförmige Linie (Imbikationslinie) bilden. Die Zellwände sind sehr zart strukturiert, Struktur im LM nicht erkennbar. Eine Art lebt planktisch in Seen.

Wichtige Literatur: Honigmann (1910), Hustedt (1930), Simonsen (1979)

1. Acanthoceras zachariasii (Brun) Simonsen 1979 (Fig. 79: 1–6)

Attheya zachariasii Brun 1894; *Acanthoceras magdeburgense* Honigmann 1910

Zellen im Querschnitt elliptisch, Pervalvarachse bei frühen Teilungsstadien kürzer als Zelldurchmesser, bei späteren Teilungsstadien wesentlich länger, Schalenmantel kaum vorhanden oder nicht breiter als eines der vielen offenen Zwischenbänder. Letztere beherrschen die Gürtelansicht, sie sind in der Schalenmitte miteinander verzahnt und bilden dabei eine zickzackförmige, pervalvar verlaufende Imbrikationslinie. Die Zellwände sind sehr dünn und können leicht übersehen werden. Die Schalen besitzen an den Polen der längeren Achse je einen langen, spitz zulaufenden Dorn, der an der Basis stark verbreitert ist und bei Hypo- und Epitheka auf verschiedenen Seiten des Schalenmantels sitzt (Fig. 79: 2). Nach der Zellteilung dienen diese Dornen eine zeitlang als Verbindungsdornen (Fig. 79: 4), so daß Zweierketten vorhanden sind. Die längere Achse der Schale ist 13–40 μm lang, die kürzere ist im LM kaum erkennbar, weil die Schalen durch die Borsten immer auf der längeren Achse liegen. Die pervalvare Zellhöhe ist abhängig von den Teilungsschritten und der Bildung von Zwischenbändern, sie kann weit über 100 μm betragen, wozu noch auf beiden Zellenden Borsten mit Längen zwischen 40 und 80 μm kommen.

Verbreitung: Kosmopolitische Planktonform, besonders in eutrophen Seen, Teichen und Flüssen der Ebene (wo sie im allgemeinen vom Juli bis in den Herbst Maxima erreicht) verbreitet und stellenweise häufig. Zumeist findet man sie im Plankton gemeinsam mit *Rhizosolenia longiseta*.

In Binnengewässern gibt es keine ähnliche Form. Durch ihre zarten Schalen wird sie ebenso wie die vorgenannte Art sehr leicht übersehen, man sollte deshalb in diesen Fällen Trockenpräparate oder Kontrastierungsmethoden verwenden.

12. **Chaetoceros** Ehrenberg 1844

Typus generis: *Chaetoceros tetrachaeta* Ehrenberg

Schalenfläche elliptisch, Gürtelansicht rechteckig, meist Zwischenbänder vorhanden. Jede Schale besitzt zwei lange Borsten. Dauersporen häufig, sie haben zumeist eine artcharakteristische Form. Marine Gattung mit zahlreichen Arten, auch die Binnenformen bevorzugen Gewässer mit höherem Elektrolytgehalt. Im Gebiet nur eine Art in Binnengewässern, aus Nordamerika kennt man dagegen mehrere.

Wichtige Literatur: Hustedt (1930); Rushforth & Johansen (1985, 1986)

1. **Chaetoceros muelleri** Lemmermann 1898 (Fig. 80: 1, 2)

Chaetoceros subsalsus Lemmermann 1904; *Chaetoceros zachariasii* Honigmann 1909; *Chaetoceros thienemannii* Hustedt 1925

Zellen in Gürtelansicht quadratisch oder querrechteckig, Schalenfläche rund bis elliptisch, in der Regel einzeln lebend, aber auch kurze Ketten bildend, Durchmesser 5–30 μm. Schalen flach, konkav oder konvex, dementsprechend die in den Ketten vorhandenen Lücken schmal, elliptisch oder in der Mitte etwas eingezogen. Der hohe Schalenmantel ist zumeist pervalvar ⅓ so hoch, wie die gesamte Zellhöhe. An den vier Ecken der Zelle entspringen lange, dünne, hohle, sich zu den Enden hin verschmälernde Borsten, diagonal zur Gürtelansicht. In den Zellen häufig Dauersporen, (Fig. 80: 2) mit gleichmäßig gewölbter Primärschale und stark eingeschnürter Sekundärschale.

Verbreitung: Kosmopolitischer Plankter in Gewässern mit erhöhtem Elektrolytgehalt der Küstengebiete und des Binnenlandes. Fundorte sind z.B. der Prestersee bei Magdeburg, das Sperenberger Salzgebiet, der Waterneverstorfer See in Holstein und salzhaltige Gewässer bei Halle/Saale (Heynig in litt.).

Aus dem umfangreichen Artenspektrum dieser marinen Gattung ist sie die einzige Art in europäischen Binnengewässern. Dagegen beschreiben Rushforth & Johansen (1986) aus nordamerikanischen Binnengewässern mehrere Arten.

13. **Rhizosolenia** Ehrenberg 1843; emend Brightwell 1858

Typus generis: *Rhizosolenia americana* Ehrenberg 1843

Zellen mit stark verlängerter Pervalvarachse, lange Ketten bildend oder einzeln lebend, Schalen mützenartig (deshalb hier auch Calyptra genannt) mit einer sehr langen Borste im Apex, welche die Schale pervalvar verlängert. Die Länge der Zellen entsteht durch zahlreiche offene Zwischenbänder, die auf einer Schalenseite bei den hier diskutierten Arten eine deutliche Imbrikationslinie bilden. Eine Struktur ist zumeist im LM kaum erkennbar. Die Schalen sind sehr schwach verkieselt und werden deshalb leicht übersehen. Planktonmaterial sollte deshalb entweder als Trockenpräparat oder mit Kontrastierungsmethoden überprüft werden. Die Gattung ist in den Meeren mit zahlreichen Arten verbreitet, aus dem Süßwasser sind im Gebiet nur 2 Arten bekannt.

Wichtige Literatur: Hustedt (1929), Mann (1982), Yung, Nicholls & Cheng (1988)

Bestimmungsschlüssel der Arten

1a Borsten sitzen etwa auf der Mitte der Calyptrae, Suturen der Zwischenbänder und Imbrikationslinie meist im LM wenig deutlich (Fig. 86: 1–4) . . . . **1. R. longiseta**

1b Borsten sitzen auf den Seiten der Calyptrae, Suturen der Zwischenbänder und Imbrikationslinie bereits im Wasserpräparat deutlich (Fig. 86: 5–8) . . . . **2. R. eriensis**

1. Rhizosolenia longiseta Zacharias 1893 (Fig. 86: 1–4)

Zellen langgestreckt schwach dorsiventral mit sehr niedrigen Schalen und zahlreichen offenen, ringförmigen Zwischenbändern und elliptischem Querschnitt, Durchmesser 4–10 µm, Zellenhöhe 40–200 µm. Die Zwischenbänder (2–3/ 10 µm) greifen an ihren freien Enden dachziegelartig übereinander. De Toni (1891) hat deshalb die zickzackförmige Pervalvarlinie in der Schalenmitte imbricatio (Imbrikationslinie) genannt. Die häubchenförmigen Schalen (calyptrae) gehen in ihrer Mitte oder wenig versetzt von ihr kontinuierlich in eine lange, hohle und zum Ende dünner werdende Borste über, die gleich lang oder länger als die gesamte Zelle ist. Die Zellen besitzen sehr dünne Wände, so daß sie leicht übersehen werden, sie fallen auch leicht beim Eintrocknen zusammen. Feinstrukturen sind im LM nicht erkennbar.

Verbreitung: Kosmopolitischer Plankter in Seen, Teichen und langsam fließenden, auch stärker eutrophierten Gewässern, nicht selten aber sporadisch auftretend.

Von der folgenden *Rh. eriensis* abgegrenzt durch die normalerweise schwer sichtbaren Suturen und die Imbrikationslinie (bei ersterer sind diese Linien sogar in Wasser sichtbar) und die kontinuierlich meist relativ zentral ansetzenden sehr langen Borsten (bei *Rh. eriensis* sitzen sie an einer Seite der Schale und sind stets kürzer als die Pervalvarlänge der Zellen). Yung, Nicholls & Cheng (1988) haben gezeigt, daß die Zellwände der vorliegenden Art sehr leicht durch stärkere Säuren zerstört werden können. So waren z. B. von den ohne Präparation vorhandenen Schalen in einer bestimmten Probe nach Behandlung in 30%igem Wasserstoffsuperoxyd nur noch 83%, in 50%iger Salpetersäure 27%, in 100%iger Salpetersäure weniger als 0,05% und in 100%iger Schwefelsäure überhaupt keine Zellwände mehr vorhanden. Die Präparation sollte also ausschließlich in Wasserstoffsuperoxyd erfolgen, quantitative Aussagen müssen auf unpräpariertes Material zurückgreifen und geeignete Kontrastierungsverfahren verwenden.

2. Rhizosolenia eriensis H. L. Smith 1872 (Fig. 86: 5–8)

Zellen pervalvar sehr langgestreckt mit parallelen bis leicht konvexen Seiten, manchmal insgesamt etwas gebogen, seitlich etwas zusammengedrückt (mit elliptischem Querschnitt). Durchmesser (der längeren Seite) 5–20 µm, der kürzeren Seite nur 2–4 µm, Zellhöhe ohne Borsten pervalvar 5–150 µm. Die niedrigen, haubenförmigen und stark schiefkegeligen Schalen (Calyptrae) gehen an ihrem

Rand plötzlich in mäßig lange, spitz zulaufende Borsten über, welche immer kürzer als die Zellhöhe sind. Schalenmantel sehr niedrig, die Zellhöhe entsteht durch zahlreiche offene Zwischenbänder (3–9/10 μm) die sich auf der Mitte der breiteren Zellseite dachziegelartig überlappen und dabei pervalvar eine zickzackförmige Linie (Imbrikationslinie) bilden. Infolge stärkerer Verkieselung sind diese und die Suturen der Copulae bereits in Wasserpräparation zu erkennen.

var. eriensis (Fig. 86: 5–8)

Länge pervalvar 40–150 μm, längere Achse der Schalen 6–15 μm lang, Zwischenbänder 3–4/10 μm.

var. morsa W. & G. West 1905

Längere Schalenseite 5–20 μm lang, Zwischenbänder schmäler und zahlreicher, 6–9/10 μm.

Verbreitung: Kosmopolitischer Plankter mit der gleichen Verbreitung wie *Acanthoceras zachariasi*. Nach Hustedt ist die Art seltener als *Rh. longiseta*. Während die letztere Art mehr eutrophierte Gewässer bevorzugt, findet man beide formae besonders in mehr oligotrophen subalpinen Seen, wo sie beide zu bestimmten Jahreszeiten zu Massenentwicklungen neigen.

Zur Abgrenzung gegen *Rh. logiseta* siehe dort. Heynig (in litt.) fand in Gewässern von Sachsen-Anhalt kleine, fast dornenlose Formen, die vielleicht gesondert benannt werden sollten. Neben den oben angeführten zwei Arten kommen in Binnengewässern noch einige Taxa vor, die aber bisher in Europa noch nicht beobachtet wurden. Hustedt (1942) führt bei *Rh. eriensis* außer zwei tropischen Varietäten (die wesentlich zarter gebaut sind als var. *morsa*) noch eine var. *comensis* an, die Zacharias (1907) als *Rh. comensis* beschrieben hat. Ihre Zellen sind etwa 70 μm lang, 15–18 μm breit, die Borsten sind 35–40 μm lang. Nach Hustedt ist es kaum ein selbständiges Taxon, sondern gehört zur Nominatvarietät.

14. **Pleurosira** (Meneghini) Trevisan 1848

Typus generis: *Melosira (Pleurosira) thermalis* Meneghini 1846; *Biddulphia laevis* Ehrenberg 1843

Zellen in geraden oder zickzackförmigen Ketten, durch Schleim verbunden der aus Ocelli auf der Schalenfläche austritt. Zellen zylindrisch, Schalenflächen rund bis breit-elliptisch mit zwei auf der Längsachse gegenüberstehenden marginalen Ocelli, Schale deutlich gegliedert in eine flache Schalenfläche und den scharf davon abgesetzten Mantel. Schalenfläche mit zahlreichen radial angeordneten, in der Mitte zumeist unregelmäßig verteilten Areolen und (0-)2–15 Lippenfortsätzen.

Wichtige Literatur: Uherkovich (1971), Compère (1982), Kociolek, Lamb & Lowe (1983)

1. **Pleurosira laevis** (Ehrenberg) Compère 1982 (Fig. 83: 1–4; 84: 1–4)

Biddulphia laevis Ehrenberg 1843

Frustel zylindrisch mit rundem bis elliptischen Querschnitt, Gürtelansicht oft auch etwas trapezoid, Zellen zickzackförmige, seltener gerade Ketten bildend, pervalvar 40–170 μm lang, Schalen breit elliptisch bis fast rund, 30 × 50 bis 115 × 170 μm, an der längeren Schalenachse marginal je ein Ocellus entweder in der Schalenfläche oder etwas herausgehoben, seine Abmessungen 4–6 × 8–15 μm. Schalenfläche flach oder mäßig konvex, in ihr 0 bis mehr als 4 Lippenfortsätze in der Mitte zwischen Zentrum und Rand. Areolae in radialen Str., auf der Schalenfläche (16 und mehr/10 μm) die Areolierung setzt sich in gleicher Weise auf dem Schalenmantel fort. Das Mittelfeld der Schale ist etwas unregelmäßig areoliert. Zusätzlich, besonders in der Randzone verschieden geformte Dörnchen.

Zur Morphologie im REM siehe Compère (1982) und Kociolek, Lamb & Lowe (1983).

f. laevis (Fig. 83: 1–4)

Biddulphia laevis Ehrenberg 1843

Zellen 40–100 μm lang. Schalen breit-elliptisch 30 × 115 bis 30 × 130 μm. Die Schalenfläche ist flach, der Mantel scharf abgesetzt, die Ocelli liegen ohne Erhebung in der marginalen Schalenfläche.

f. polymorpha (Kützing) Compère 1982 (Fig. 84: 1–4)

Odontella polymorpha Kützing 1844; *Cerataulus polymorphus* Grunow in Van Heurck 1883; *Biddulphia polymorpha* (Grunow) Wolle 1894

Zellen 50–170 μm, Schalen elliptisch bis kreisförmig, 40 × 150 bis 50 × 170 μm. Zellwände stärker verkieselt, Schalen stärker konvex, so daß der Übergang zwischen Schalenfläche und Schalenmantel undeutlicher ist, die Ocelli stehen auf Erhebungen. Schalenmantel und Valvarfläche mit zahlreichen Dörnchen zerstreut besetzt. Die radialen Punktreihen auf der Schalenfläche sind dekussiert angeordnet und bilden so insgesamt 3 Streifensysteme, 10–12/10 μm, der mittlere Schalenteil dagegen ist unregelmäßig punktiert. Gürtelbänder sehr zart punktiert in zwei sich kreuzenden Streifensystemen, 20–22/10 μm.

Verbreitung: Kosmopolitische, benthische Taxa, die Nominatvarietät im eutrophen Süß- und Brackwasser weit verbreitet, besonders in Flüssen und Flußmündungen mit mittleren bis höheren Elektrolytgehalt, nach Hustedt (1928) besonders an überrieselten Felsen. Nach Compère (1982) scheint sie besonders verbreitet in warmen und tropischen Gewässern zu sein. Forma *polymorpha* marin und im Brackwasser, besonders in temperiertem und warmem Wasser, Nachweise aus Binnengewässern fehlen.

Im bearbeiteten Gebiet gibt es außer den beiden Formen keine ähnliche Art aus der Gattung, so daß Verwechslungen kaum möglich sind. Hustedt (1930 in Rabenhorst p. 854) weist darauf hin, daß die beiden formae teilweise nur sehr schwer zu unterscheiden sind, weil nach seinen Erkenntnissen die Bestachelung der Membran und die Ausbildung der Ocelli sehr stark variierten. Uherkovich (1971) fand Populationen in der Theiß bei Szeged als Epiphyten auf der Rotalge *Thorea ramosissima*, wo sie lange zickzackförmige Ketten bildet und die Zellen wesentlich länger als breit sind (Quotient aus Pervalvarhöhe/Durchmesser bis 1,8). In den Flußmündungen Norddeutschlands und im Küstenbereich findet sich neben *P. laevis* eine Art, *Odontella (Biddulphia) rhombus* Kützing, die zumindest in Schalenansicht gewisse Ähnlichkeiten mit den oben beschriebenen Formae besitzt (Fig. 83: 5, 6). Schalen- und Gürtelansicht zeigen aber recht unterschiedliche Merkmale, die Ocelli sitzen immer auf hornartigen Fortsätzen und der Zellgürtel ist ebenso grob ornamentiert wie die Schalen.

15. **Actinocyclus** Ehrenberg 1837

Typus generis: *Actinocyclus octonarius* Ehrenberg

Zellen diskusartig mit runder Schalenfläche und relativ niedrigem Mantel, Schalen meist konzentrisch gewellt. Regelmäßig angeordnete Erhebungen am Schalenrand fehlen. Stets ist aber am Schalenrand ein im LM oft schwer sichtbarer Pseudonodulus vorhanden, der im LM bei hoher Fokussierung als heller Lichtfleck erscheint. Die Schalenstruktur besteht aus radialen Areolenreihen, die besonders bei größeren Schalen zu Bündeln zusammengefaßt sind. Der Mantel ist zumeist etwas feiner areoliert, oft sieht man diese feinere Areolierung auch am Rande der Schalenfläche. Regelmäßig angeordnete Lippenfortsätze sind auf der Innenseite der Schale (am Mantelrand) vorhanden, im LM sehen sie aus wie Randdornen. Zur Feinstruktur im REM siehe die angegebene Literatur. Im Gebiet eine Art, die als Plankter vor allem in langsam fließenden Flüssen und eutrophen Seen des norddeutschen Flachlandes nicht selten ist.

Wichtige Literatur: Kolbe (1925), Hustedt (1929), Hasle (1977)

1. **Actinocyclus normanii** (Gregory ex Greville) Hustedt 1957 (Fig. 80: 3–5; 81: 1–5; 82: 1–7)

Coscinodiscus normanii Gregory ex Greville 1859; *Actinocyclus normanii* var. *subsalsus* (Juhlin-Dannfelt) Hustedt 1957

Zellen trommelförmig mit konzentrisch gewellten Schalen, die eine Schale jeweils im Mittelbereich konkav eingedellt, die andere in der Mitte konvex (Fig. 80: 3), Durchmesser 25–110 µm, Zellhöhe/Durchmesser 0,4 bis mehr als 1. Schalenfläche mit polygonalen (im LM oft rund erscheinend), großen Areolen, die bei größeren Formen in gebündelten radialen Reihen angeordnet sind, bei kleinen aber auch unregelmäßig verteilt sein können, 10–13 radiale Reihen/10 µm mit 8–12 Areolen/10 µm. Der Mantel ist wesentlich feiner areoliert, die feine Mantelareolierung reicht etwas über den Schalenrand und ist deshalb als schmaler Ring auch in Schalenansicht erkennbar. Stets sind am Schalenrand Lippenfortsätze erkennbar, häufig in jeder Areolenbündel je einer. Marginal an der Grenze zwischen Mantel- und Schalenareolierung liegt ein Pseudonodulus von 1–2 µm Durchmesser, der aber nur unter günstigen Umständen und besonders bei größeren Schalen zu beobachten ist. Er erscheint dann bei hohem Fokus als leuchtender Fleck, bei tiefem Fokus dagegen zart granuliert. REM-Bilder der Art zeigen Hasle (1977) und Belcher & Swale (1979). Diese Bilder lassen erkennen, daß es sich bei den «Randdornen» von Hustedt (1928) um Lippenfortsätze handelt, die im Schaleninneren liegen.

Morphotyp normanii (Fig. 81: 1, 2)

Coscinodiscus normanii Gregory ex Greville 1859; *Coscinodiscus subtilis* var. *normanii* (Gregory) Van Heurck 1885; *Coscinodiscus rothii* var. *normanii* (Gregory) Hustedt 1928

Zelldurchmesser 30–110 µm, Bündelung der radialen Areolenreihen deutlich.

Morphotyp subsalsus (Fig. 80: 3–5; 81: 3–5; 82: 1–7)

Coscinodiscus subsalsus Juhlin-Dannfelt 1882; *Coscinodiscus subtilis* var. *fluviatilis* Lemmermann 1898; *Coscinodiscus rothii* var. *subsalsum* (Juhlin-Dannfelt) Hustedt 1928

Zelldurchmesser 16–58 µm, Zellhöhe 10–25 µm. Bündelung der Areolenreihen oft undeutlich bis fehlend, die Areolen dann unregelmäßig angeordnet.

Verbreitung: Kosmopolitische Plankter, Morphotyp normanii besonders an den Küsten, beide Morphotypen zusammen in eutrophen Binnengewässern mit mittlerem bis leicht erhöhtem Elektrolytgehalt, im Niederrheingebiet und den Niederlanden verbreitet und stellenweise häufig.

Im Gebiet könnte die Art höchstens mit *Thalassiosira bramaputrae* (Ehrenberg) Hakansson & Locker 1981 (*Coscinodiscus lacustris* Grunow 1891) verwechselt werden, die eine ähnliche Schalenform aufweist, sich aber eindeutig durch Fehlen des Pseudonodulus, die tangential gewellten Schalen und die wesentlich feineren Areolen der Schalenfläche unterscheidet. Nach Hustedt (1957) ist die *f. subsalsa* «lediglich eine durch geringeren Cl-Gehalt hervorgerufene ökologische Reduktion der Art». Belcher & Swale (1979) widersprechen dieser Ansicht, im Bereich der Themse komme bei unterschiedlichen Elektrolytgehalten immer die gleiche Form vor. In den von uns beobachteten Populationen aus dem Rheingebiet, besonders aus dem Biesbosch / Holland bilden beide Morphotypen kontinuierliche Formwechselzyklen im Verlauf der vegetativen Teilung, die keine taxonomische Trennung zulassen.

B. Pennales

Bestimmungsschlüssel der Familien
1a Schalen mit Raphen 2
1b Raphen fehlen .... Fragilariaceae (S. 90)
2a Jede Zelle mit einer raphenlosen Schale .... Achnanthaceae (Bd. 2/4)
2b Beide Schalen einer Zelle mit Raphen .... Eunotiaceae (S. 168)

Familie Fragilariaceae Hustedt 1930

Typus familiae: *Fragilaria* Lyngbye

In Binnengewässern ist dies die einzige Familie der Pennales ohne Raphen. Häufiger als bei den übrigen Familien der Pennales findet man Arten, die sich zu Kolonien formieren, zum Teil im Benthos leben, aber auch eine bedeutende Rolle im Algenplankton der Binnengewässer spielen. Die Gliederung der Familie in Gattungen befindet sich gegenwärtig in lebhafter Diskussion. Hierzu und zur Morphologie siehe die Beschreibungen bei den einzelnen Gattungen. **Wichtige Literatur:** Siehe bei den Gattungen.

Bestimmungsschlüssel für die Gattungen der Fragilariaceae
1a Zwischenbänder der Zellen mit Septen 2
1b Zwischenbänder der Zellen ohne Septen 3
2a Schalen mit deutlich erkennbaren Querwänden .... **1. Tetracyclus (S. 90)**
2b Schalen ohne Querwände .... **5. Tabellaria (S. 104)**
3a Schalen stets mit deutlichen Querwänden 4
3b Schalen ohne Querwände (vgl. aber auch Fig. 118: 1–10) 5
4a Schalen heteropol .... **3. Meridion (S. 101)**
4b Schalen isopol .... **2. Diatoma (S. 93)**
5a Zellen fast immer heteropol, zumeist sternförmig, selten zickzackförmige Kolonien bildend .... **4. Asterionella (S. 102)**
5b Merkmalskombination unzutreffend 6
6a Schalen mit teilweise geschlossenen Alveolen (eindeutig nur im REM erkennbar), Brackwasser-Arten (siehe Fig. 136: 8, 9) ... **6. Synedra (S. 111)**
6b Merkmalskombination nicht zutreffend 7
7a Zellen der Populationen ausnahmslos heteropol, Brackwasser-Arten, Areolenfeinstruktur siehe Fig. 118: 20 .... **8. Opephora (S. 165)**
7b Merkmalskombination unzutreffend .... **7. Fragilaria (S. 113)**

1. Tetracyclus Ralfs 1843

Typus generis: *Tetracyclus lacustris* Ralfs 1843

Zellen in Schalenansicht elliptisch bis lanzettlich, oft in der Mitte aufgetrieben, in Gürtelansicht rechteckig. Der Gürtel mit zahlreichen spangenförmigen, einseitig offenen Zwischenbändern, die auf der geschlossenen Seite jeweils ein in seiner Breite stark variierendes Septum besitzen. Zusätzliche kleinere Septen sind häufig auch in transapikaler Verbreiterungen der Schalenmitten vorhanden (Fig. 89: 1, 3, 6; 90: 5–7). Die offene Spangenseite eines Zwischenbandes liegt jeweils zwischen den Septen der anliegenden Zwischenbänder (Fig. 87: 1, 2). Die Grundstruktur der Schaleninnenseite ist ein alveoliertes Transapikalrippen-System, in den Alveolen Reihen zarter Areolen. Die Transapikalrippen werden in der Mediane durch eine schmale hyaline Axialarea (Sternum) unterbrochen, die im LM nicht immer sehr deutlich zu sehen ist. Stabilisiert werden die Schalen zusätzlich durch zahlreiche Transapikalwände, von denen viele die gesamte Schalenhöhe ausfüllen, besonders in der Mitte und an den Polen aber häufig auch nur marginal angedeutet sind. An beiden Schalenpolen sind apikale Porenfelder vorhanden, Rimoportulae sind vorhanden, ihre Anzahl und Anordnung ist aber variabel. Die Zellen bilden oft lange Bänder, die durch Schleim zusammengehalten werden. Von den anderen hier behandelten Gattungen der Araphideae ist *Tetracyclus* durch die Kombination zweier Merkmale abgegrenzt: Trennwände in den Schalen und septierte Zwischenbänder. In den europäischen Binnengewässern nur drei Arten mit einigen (unsicheren) Varietäten. Sie leben besonders im Litoral nordischer und alpiner Gewässer, aber auch in Moosen und auf überrieselten Felsen.

Wichtige Literatur: Hustedt (1914, 1931), Williams (1987).

Bestimmungsschlüssel der Arten

1a Schalen kürzer als 30 µm, Umriß linear-elliptisch bis kreisförmig (Fig. 89: 8–20) . . . . **3. T. rupestris**
1b Schalen länger als 30 µm, in der Mitte transapikal erweitert, kreuzförmig, selten auch rhombisch **2**
2a Mittlere Auftreibung eine bauchige Erweiterung, Schalen damit breit kreuzförmig, selten auch rhombisch, Ausbuchtungen nie zusätzlich ausgerandet (Fig. 87: 1–8; 88: 1–8; 89: 1–6) . . . . **1. T. glans**
2b Mittlere Auftreibung deutlich abgesetzt und zusätzlich konvex ausgerandet (Fig. 89: 8–20) . . . . **2. T. emarginatus**

1. Tetracyclus glans (Ehrenberg) Mills 1935 (Fig. 87: 1–8; 88: 1–14; 89: 1–6)

Navicula glans Ehrenberg 1838, Ehrenberg 1854, 17/2: 23; *Tetracyclus lacustris* Ralfs 1843; *Biblarium elegans* Ehrenberg 1854

Schalen und Zwischenbänder wie in der Gattungsbeschreibung, in der Gürtelansicht dominieren die zahlreichen offenen, septierten Zwischenbänder; die ebenfalls septierte Valvocopula und die Pleura treten demgegenüber im LM kaum in Erscheinung. Schalen im Umriß elliptisch rhombisch oder linear und dann in der Mitte mehr oder weniger transapikal aufgetrieben bis breit kreuzförmig, oder mit dreiwelligen Seiten, nicht selten schwach kopfig, Enden breit gerundet oder etwas keilförmig, Länge 30–85 µm, Breite 15–40 µm. Transapikalwände sehr kräftig, zumeist etwas gekurvt mit der Tendenz, lotrecht auf den Schalenmantel zu treffen. Sowohl in der Schalenmitte, als auch am Ende eingestreute, kurze, marginale Trennwände, insgesamt 3, seltener bis 4/10 µm. Zwischen letzteren jeweils etwa 6–8 feine Transapikalstreifen, 20–26/10 µm, darauf 24–30 im LM nur sehr schwer sichtbare Punkte. In der Mediane eine schmale, undeutliche hyaline Axialarea (Sternum).
Im REM zeigen die Schalen keine wesentlichen weiteren Merkmale, die zur Abgrenzung nötig sind (vgl. dazu Williams 1987).

Verbreitung: Kosmopolit in nordischen Gewässern, wo die Art selten häufig, aber allgemein verbreitet ist. Seltener auch in den Alpen; in den Mittelgebirgs- und Flachlandbereichen bisher nicht beobachtet.

Schalen der Art sind kaum mit der charakteristisch geformten *T. emarginatus* zu verwechseln, auch wenn beide Arten ähnliche Biotope bevorzugen. Die Art ist im Umriß ziemlich variabel, wobei die Variationen stets unter den «Normalformen» vorkommen. Solche «Grenzvariationen» wurden in der Vergangenheit vielfach benannt und auch Hustedt (1930, 1931) hat einige davon bestehen lassen. In der Synonymie zur Beschriftung der Tafel 88 werden einige davon aufgeführt. Wie bei vielen anderen Arten ist es beim Stand unserer Kenntnisse ungewiß, ob sich hinter *T. glans* nicht mehrere genetisch abgegrenzte Sippen verbergen. Es ist aber ungeklärt, ob sich diese in dem uns heute bekannten Formenspektrum dokumentieren. *Tetracyclus*-Arten sind in vielen fossilen Materialien verbreitet und hier existieren mit größerer Wahrscheinlichkeit Sippen, die nicht zu den heute lebenden gehören. Das gilt wahrscheinlich auch für *T. rhombus* (Ehrenberg 1844) Ralfs in Pritchard 1861 (Fig. 89: 7), eine Form, die sehr groß werden kann und aus fossilem Material von Oregon / USA stammt. Sie darf nicht mit den zumeist wesentlich kleineren, ebenfalls elliptischen Formen von *T. glans* (Fig. 88: 11–13) verwechselt werden. Ehrenberg (1838) hat *T. glans* fossil aus «Bergmehl von Kymmene Gard», Schweden undeutlich beschrieben, aber auf der Basis des Typenmaterials in der Mikrogeologie (1854) mit den oben genannten Bildern verifiziert. Die diversen Abbildungen von Williams (1987) beruhen nicht auf Typenmaterial (wie er anführt), Untersuchungen desselben stehen noch aus. Ehrenbergs Bilder sind aber (in diesem Falle) so eindeutig, daß eine gesicherte Zuordnung möglich ist.

2. Tetracyclus emarginatus (Ehrenberg) W. Smith 1856 (Fig. 90: 1–7)

Biblarium emarginatum Ehrenberg 1844, 1845, 1854 Fig. 33/2: 6

Schalen und Zwischenbänder wie in der Gattungsbeschreibung, der Gürtel besteht aus zahlreichen offenen, septierten Zwischenbändern, einer septierten Valvocopula und einer Pleura. Die Zwischenbänder besitzen immer sowohl auf ihrer geschlossenen Seite als auch in ihren transapikalen Auftreibungen deutlich entwickelte Septen. Der Schalenumriß ist stark geliedert, die Mitte stark transapikal aufgetrieben, die Auftreibungen sind ihrerseits deutlich konkav eingezogen, die Schalenenden sind breit oder keilförmig gerundet und kopfig. Länge 40–60 µm, Breite 19–30 µm. Transapikalwände sehr kräftig, zumeist etwas gekurvt mit der Tendenz, lotrecht auf den Schalenmantel zu treffen, in der Schalenmitte, manchmal auch am Ende, eingestreute, kurze, marginale Trennwände, unregelmäßig verteilt, etwa 1–2/10 µm. Zwischen letzteren jeweils etwa 6–8 feine Transapikalstreifen, 20–25/10 µm, darauf 20–30 im LM nur sehr schwer sichtbare Punkte. In der Mediane eine schmale, undeutliche hyaline Axialarea (Sternum).

Verbreitung: Seltene Litoralform, fossil wahrscheinlich weiter verbreitet, rezent nur von einigen nordeuropäischen (einschließlich schottischen) Fundorten bekannt, im übrigen Europa nur vereinzelte Funde.

Von *T. glans* leicht durch die konkave Einbuchtung in der apikalen Verbreiterung und dem bizarren Umriß zu unterscheiden. Die Morphologie wird eingehend bei Williams (1987) diskutiert, er konnte 1–3 Rimoportulae an unterschiedlichen Stellen beobachten, während diese bei *T. glans* anscheinend fehlen.

3. **Tetracyclus rupestris** (Braun) Grunow in Van Heurck 1881
(Fig. 89: 8–20)

Gomphogramma rupestre Braun in Rabenhorst 1853; *Tetracyclus braunii* Grunow 1862

Schalen und Zwischenbänder wie in der Gattungsbeschreibung, Gürtelansicht rechteckig mit zahlreichen offenen, septierten Zwischenbändern, Septen relativ tief eindringend, ihre Länge und Anordnung aber sehr unregelmäßig. Schalen im Umriß linear-elliptisch, elliptisch bis fast kreisförmig, Enden stumpf gerundet, in der Mitte nicht aufgetrieben, Länge 4–30 µm, Breite 3–12 µm. Transapikalwände sehr kräftig, gerade und relativ niedrig, besonders im Mittelteil wesentlich niedriger als der Schalenmantel und deshalb in Gürtelansicht bei kleineren Schalen oft wenig deutlich, etwa 3–5/10 µm. Transapikalstreifen randständig, etwa 20–24/10, die hyaline Zentralarea (Sternum) ist dementsprechend ziemlich breit und lanzettlich (Fig. 89: 12), sie kann mehr als die halbe Schalenbreite einnehmen. An einem Pol befindet sich jeweils eine Rimoportula.

Verbreitung: Kosmopolit, verbreiteter und nicht seltener Bewohner überrieselter Felsen und Moosrasen in den Mittel- und Hochgebirgen Europas, gesicherte nordeuropäische Fundorte scheinen zu fehlen.

Die Art unterscheidet sich durch Vorkommen und Schalenumriß stark von den übrigen *Tetracyclus*-Arten. Dagegen wurde sie mehrmals mit *Diatoma mesodon* verwechselt, die Septierung der Zwischenbänder bei den *Tetracyclus*-Arten ist aber ein immer deutliches Unterscheidungskriterium. Ähnlich sind in Gürtelansicht auch manche *Tabellaria*-Formen, weil sie ebenfalls septierte Zwischenbänder besitzen. Ihnen fehlen aber auf den Schalen die fast immer sehr deutlichen Trennwände von *T. rupestris*. Zur Morphologie siehe Williams (1987). Allerdings beruhen die Angaben zu den Schalenbreiten in dieser Arbeit auf einem Irrtum.

2. **Diatoma** Bory 1824 nom. cons.

Typus generis: *Diatoma vulgaris* Bory de Saint-Vincent 1824

Zellen in Gürtelansicht rechteckig, in Schalenansicht elliptisch bis linear, Zwischenbänder in unterschiedlicher Anzahl vorhanden, Septen fehlen, dazu regelmäßig eine Valvocopula (und ?) eine Pleura. Innere Schalenfläche mit einem alveolierten Rippensystem mit zarten Areolenreihen, das zumeist kontinuierlich in den Schalenmantel überläuft. Transapikalrippen und Areolenreihen werden in der Mediane durch ein sehr schmales oder mäßig breites Sternum (Axialarea) unterbrochen. Innen werden die Schalen durch mehr oder weniger regelmäßig angeordnete transapikale Trennwände von unterschiedlicher Höhe unterbrochen, zwischen ihnen können auch unvollständige Trennwände (Fig. 91: 3, 4; 42: 5) eingeschoben sein. Auch die vollständig ausgebildeten Trennwände sind stets wesentlich niedriger als die Höhe des Schalenmantels. An einem Schalenende liegen 1–2 Rimoportulae (Fig. 91: 2; 42: 1, 24, 5). Die Außenseite der Schalen ist ebenfalls in der Regel schwach gerippt (Fig. 91: 1) und bisweilen am Mantelrand mit kleinen, unregelmäßig angeordneten Verbindungsdörnchen besetzt (Fig. 91: 1 VD; Fig. 92: 3). Die Pole sind mit apikalen Porenfeldern bedeckt. Die Zellen bilden geschlossene oder zickzackförmige Ketten, oder aber sternförmige Kolonien, die durch Schleim zusammengehalten werden.

Zwei Merkmale grenzen die Gattung von den hier behandelten Gattungen der Araphideae ab: Die Schalen besitzen außer den Transapikalrippen kräftige Trennwände und die Zwischenbänder haben keine Septen. In der neueren

Literatur werden dazu eine Anzahl weiterer Merkmale eingeführt. Eine sorgfältige Bewertung derselben in Hinblick auf die Systematik steht aber noch aus, dazu wäre eine vergleichende Untersuchung vieler (auch in Binnengewässern nicht vorkommender Gruppen) erforderlich. Die Untersuchung von morphologischen Strukturen des Cingulums (Williams 1985) hat zwar die Beschreibung der Arten verbessert, aber bisher wenig zu ihrer taxonomischen Abgrenzung beitragen können. Van Heurck (1885) hat nach der Form der Ketten zwei Gruppen unterschieden, die bei Hustedt (1927) als Untergattungen und bei Hustedt (1930) als Sektionen geführt werden: *Diatoma* und *Odontidium*: Die ersteren sollen zickzackförmige Bänder, die letzteren geschlossene Bänder bilden. Zur zweiten Gruppe zählt Van Heurck *D. hiemalis* mit var. *mesodon* und *D. anceps*, alle übrigen gehören zu *Diatoma*. Die Schalen haben in der *Odontidium*-Gruppe viel weiter gestellte Trennwände als in der *Diatoma*-Gruppe. Williams (1985) führt für die beiden Untergattungen einige zusätzliche Merkmale ein, besonders zum Bau des Zellgürtels. Dazu überführt er *D. anceps* zur Gattung *Meridion*, die außer ihrer Apikal-Asymmetrie im Schalenbau Ähnlichkeiten mit *D. anceps* besitzt. Im folgenden wird auf diese Untergliederung verzichtet, weil sie bei dieser sehr kleinen Gruppe kaum zu sichtbaren Erkenntnissen führt und bei manchen Arten (z. B. *D. mesodon*) beide Formen der Koloniebildung vorkommen.

Von einigen Arten wurden in der Literatur zahlreiche Varietäten beschrieben die sich im allgemeinen immer nebeneinander finden, wobei alle Übergänge vorhanden sind. Nach dem Stand unserer Kenntnisse sollten solche Umrißvariationen nicht benannt werden. Es kommt aber daneben (wenn auch selten) vor, daß sich solche, alleine durch den Schalenumriß charakterisierten Formen, rein in geschlossenen Populationen finden. In manchen Fällen, wie z. B. bei den «Constricta»-Formen scheint dabei auch die Umwelt eine Rolle zu spielen. Im folgenden werden diese Formen nicht entsprechend den Regeln des ICBN, sondern als Morphotypen behandelt. Zukünftige Untersuchungen müssen zeigen, ob der eine oder andere Morphotyp als Taxon (entsprechend der vorrätigen Synonymik) abgetrennt werden kann.

Der Name *Diatoma* geht auf De Candolle 1805 zurück, einem späteren Homonym von *Diatoma* Loureiro 1790 für eine andere Pflanzengattung. Außerdem handelt es sich bei dem Typusart von De Candolle um keine Art, die in die hier beschriebene Gattung gehört. Bei Hartman (1967) wird mit Recht darauf hingewiesen, daß der Gattungsname *Diatoma* weibliches Geschlecht besitzt und deshalb die dazugehörigen Artnamen nicht auf -e, sondern auf -is zu enden haben.

Die Gattung umfaßt wenige Formen, die koloniebildend hauptsächlich im Süßwasser, teilweise aber auch im Brackwasser leben.

Wichtige Literatur: Hustedt (1930, 1931), Mayer (1935), Hartman (1967); Kociolek & Lowe (1983), Williams (1985).

Bestimmungsschlüssel der Arten

1a In der Regel mehr als 6 Trennwände/10 µm, Schalen bilden häufig zickzackförmige Bänder 2

1b In der Regel weniger als 5 Trennwände/10 µm, Schalen bilden zumeist geschlossene Bänder 5

2a Schalen an beiden Enden mit Lippenfortsätzen, Transapikalstr. sehr zart, im LM nicht sichtbar, Umriß spindelförmig oder linear, ohne abgesetzte Enden (Fig. 92: 6; 96: 11–21) . . . . **4. D. moniliformis**

2b Schalen nur an einem Ende mit einem Lippenfortsatz 3

3a Schalenbreite 5 µm und kleiner, Schalen schmal und lang (Fig. 96: 1–9, 10) .
. . . . **3. D. tenuis**

3b Schalen robuster gebaut, Breite größer als 6 µm **4**
4a Schalen linear mit deutlich abgesetzten und gekopften Enden (Fig. 92: 5;
95: 8–14) . . . . **2. D. ehrenbergii**
4b Schalen zumeist breit, linear oder elliptisch-lanzettlich, wenn linear, dann
in der Regel ohne abgesetzte Enden (Fig. 91: 2, 3; 93: 1–12; 94: 1–13; 95:
1–7; 97: 3–5) . . . . **1. D. vulgaris**
5a Schalen linear mit deutlich abgesetzten, zumeist kopfigen Enden (Fig. 102:
4–10) . . . . **7. D. anceps**
5b Enden nicht kopfig, höchstens etwas abgesetzt **6**
6a Schalen sehr robust, zumeist länger als 40 µm, Str. deutlich, 18–22/10 µm
(Fig. 97: 6–10; 98: 1–6) . . . . **5. D. hyemalis**
6b Schalen zarter, zumeist kürzer als 40 µm, Str. sehr zart, 22–35/10 µm
(Fig. 91: 1; 92: 1–4; 98: 7; 99: 1–12) . . . . **6. D. mesodon**

1. **Diatoma vulgaris** Bory 1824 (Fig. 91: 2, 3; 93: 1–12; 94: 1–13; 95: 1–7; 97: 3–5)

Gürtelansicht der Zellen rechteckig-tafelförmig bis länglich-rechteckig mit relativ hohem Schalenmantel und mehreren Zwischenbändern, Schalen isopol, elliptisch bis lanzettlich mit breit gerundeten, vorgezogenen oder kopfigen Enden, Länge 8–75 µm, Breite 7–18 µm. Querwände relativ dünn, 5–12/10 µm, Transapikalstreifen im LM kaum zu sehen, da stets mehr als 40/10 µm, Axialarea (Sternum) sehr schmal, bei geeigneter Fokussierung immer deutlich zu erkennen, an einem Schalenende seitlich der Mediane ein Lippenfortsatz. Im lebenden Zustand bilden die Zellen in der Regel zickzackförmige Ketten.

Im REM (Fig. 91: 2, 3) werden an den beiden Schalenpolen apikale Porenfelder sichtbar, die Trennwände zeigen in ihrer Ausbildung eine gewisse Variabilität, die fließenden Übergänge lassen aber kaum die von Williams (1986) vorgenommene Typisierung zu. Das Sternum erscheint als schwach ausgebildete, schmale Medianrippe und der einzige, polare Lippenfortsatz ist mit kräftigen Lippen ausgestattet.

Im folgenden werden Kurzdiagnosen einiger Morphotypen gegeben, die als «Grenzvariationen» im Sinne von Hustedt (1930) angesehen werden müssen. Zwischen ihnen gibt es fließende Übergänge in den meisten Populationen, und einige der in den Tafeln 43–45 abgebildeten Formen ließen sich deshalb nicht eindeutig einer dieser Formengruppen zuordnen. Zukünftige Untersuchungen müssen zeigen, ob die Abgrenzung bestimmter Formen auch taxonomisch sinnvoll ist:

Morphotyp vulgaris (Fig. 93: 8–11; 94: 2–6, 10–12)

Schalen breit-elliptisch bis breit-lanzettlich, Enden gerundet und etwas keilförmig zulaufend, manchmal schwach abgesetzt.

Morphotyp brevis (Fig. 94: 6)
Diatoma vulgaris var. *brevis* Grunow 1862

Schalen breit elliptisch-lanzettlich, Enden stumpf gerundet und nicht abgesetzt.

Morphotyp ovalis (Fig. 94: 7)
Diatoma ovalis Fricke in A. Schmidt et al. 1906; *Diatoma vulgaris* var. *ovalis* (Fricke) Hustedt 1930

Schalen breit-elliptisch bis fast kreisförmig, Länge 8–14 µm, Breite um 10 µm (und nicht 5–7 µm).

Morphotyp producta (Fig. 93: 5, 94: 9, 10)
Diatoma vulgaris var. *producta* Grunow 1862
Schalen linear, linear-elliptisch bis linear-lanzettlich, Enden etwas abgesetzt und flach gerundet.

Morphotyp linearis (Fig. 93: 1–4, 6, 7; 94: 1)
Diatoma vulgaris var. *linearis* Grunow in Van Heurck 1881
Schalen linear, Enden nicht oder kaum abgesetzt.

Morphotyp capitulata (Fig. 93: 11 (?); 97: 3–5)
Diatoma vulgaris var. *capitulata* Grunow 1862
Schalen linear-elliptisch bis linear-lanzettlich, Enden kopfig abgesetzt.

Morphotyp constricta (Fig. 95: 1–7)
Diatoma vulgaris var. *constricta* Grunow in Van Heurck 1881
Schalen linear bis linear-lanzettlich, lange Formen in der Mitte etwas eingeschnürt, Enden stumpf gerundet oder keilförmig.

Verbreitung: Kosmopolit, verbreitet und häufig im Litoral und Tychoplankton von Seen und langsam fließenden Gewässern, aber auch in Feuchtgebieten verschiedener Art mit mittlerem Elektrolytgehalt. Die verschiedenen Morphotypen zumeist untereinander vermischt, seltener (besonders die Linearis-Formen) auch als einheitliches Material. Morphotyp constricta bevorzugt Gewässer mit höherem Elektrolytgehalt (Küstengebiete der Ostsee), allerdings bilden auch die längeren Formen der übrigen Morphotypen in den Binnengewässern mit mittlerem Elektrolytgehalt constricte Formen aus. In flachen Seen leben die Kolonien zeitweise auch als Plankter.

Abgrenzungsprobleme gibt es nur gegen kürzere Formen von *D. ehrenbergii*, die manche Konvergenzen mit längeren Capitulata-Formen von *D. vulgaris* aufweisen. In diesen Fällen muß auf das gesamte Variationsspektrum in der jeweiligen Probe zurückgegriffen werden, das dann in der Regel eindeutige Hinweise gibt. Die bisher geübte Praxis, Schalenumrisse zu benennen, führt bei dieser sehr stark variierenden Art bis heute zu keinen befriedigenden Ergebnissen und auch Williams (1985) hat die meisten von Grunow (1862, 1881) und Fricke (1906) beschriebenen Varietäten in die Synonymie verwiesen. Zwei Vorschlägen von ihm können wir aber nicht folgen. Zum einen verbindet er *Diatoma vulgaris* var. *capitulata* Grunow 1862 mit *D. ehrenbergii* Grunow, weil beide Formen kopfige Enden aufweisen. Tatsächlich aber gibt es in vielen «typischen» Populationen von *D. vulgaris* breitere Formen mit kopfig vorgezogenen Enden, die nicht mit *D. ehrenbergii* verbunden werden können. Fig. 97: 2 zeigt eine gedrungene Form aus einer *D. ehrenbergii*-Population, Fig. 97: 3–5 Capitulata-Formen aus dem *D. vulgaris*-Kreis. Solche Konvergenzen haben ja auch bisher manche Autoren (einschließlich Grunow 1862) bewogen, *D. ehrenbergii* als var. von *D. vulgaris* zu betrachten. Weiterhin hat Williams (1985) die Constricta-Formen zur Art erhoben, *D. constricta* (Grunow) Williams. Nach unseren Erkenntnissen betrifft aber seine Diagnose kein Taxon, sondern typologisch ausgewählte Formen aus Proben, die in ihrem Formenspektrum (zumeist) in erster Linie andere Morphotypen enthalten. Im Typenmaterial von Harnösand/Västerbotten (Fig. 95: 1–7) gibt es zwischen constricten und lanzettlichen Formen vielfältige Übergänge, die kleineren Formen aus dem Teilungszyklus sind nie constrict. Auch zusätzlich von Williams eingeführte Merkmale liegen im Variationsbereich von *D. vulgaris*. Ebenso sind die Schalenenden durchaus nicht nur keilförmig, sondern auch stumpf gerundet (Fig. 95: 2). Im übrigen handelt es sich bei den meisten von

Williams genannten sonstigen Funden dieser Form um constricte Einzelexemplare aus Proben der *D. vulgaris*.

Bei Hustedt (1930) und in der Folgeliteratur (u. a. Hustedt 1931, Patrick & Reimer 1966, Germain 1981) werden für die Art 16 Transapikalstreifen / 10 µm angeführt. Diese Angabe ist irrtümlich, das REM zeigt eine viel feinere Struktur, sie liegt zwischen 40 und 70 Str. / 10 µm, und ist im LM weder sichtbar noch meßbar.

2. Diatoma ehrenbergii Kützing 1844 (Fig. 92: 5; 95: 8–14)

Diatoma grande W. Smith 1855; *Diatoma vulgaris* var. *ehrenbergii* (Kützing) Grunow 1862; *Diatoma vulgaris* var. *grande* (W. Smith) Grunow 1862

Gürtelansicht der Zellen linear, rechteckig, Verhältnis Länge / Breite sehr groß, mit relativ hohem Schalenmantel und mehreren Bändern, Schalen isopol, Seiten gerade bis schwach konvex, Enden breit gerundet und kopfig abgesetzt, Länge 30–120 µm, Breite 6–9 µm. Querwände relativ dünn, 6–12/10 µm. Transapikalstreifen durch wenig ausgeprägte Transapikalrippen im LM nicht zu sehen, im REM mehr als 40/10 µm. Axialarea (Sternum) sehr schmal, bei geeigneter Fokussierung immer deutlich zu erkennen, an einem Schalenende seitlich der Mediane ein Lippenfortsatz. Im lebenden Zustand bilden die Zellen in der Regel zickzackförmige Ketten.

Im REM (Fig. 92: 5) werden an den beiden Schalenpolen apikale Porenfelder sichtbar, die den gesamten polaren Schalenmantel ausfüllen, die Lippen der Rimoportulae sind relativ groß und deshalb auch im LM zu sehen. Bemerkenswert sind die vielen kurzen, eingestreuten Trennwände.

Verbreitung: Kosmopolit, in Binnengewässern verbreitet und nicht selten (Seen, Teiche, Flüsse).

Die großen linearen, langgestreckten, gekopften Formen sind gut von *D. vulgaris* zu unterscheiden, vor allem auch deshalb, weil sie immer in relativ reinen Populationen, ohne Übergänge zu *D. vulgaris* vorkommen. Das ist auch der Grund, weshalb es sinnvoll erscheint, sie als besondere Art zu führen. Dagegen sind die von Williams (1985) zusätzlich angeführten Merkmale zum Bau der Trennwände, des Gürtels und der Erstlingszellen kaum für eine Abgrenzung geeignet, weil sich diese Merkmale rein funktionell aus der linearen, langgestreckten Form der Zellen von *D. ehrenbergii* ergeben. Die gleichen Merkmale zeigen sich auch bei den «Ehrenbergii»-Formen aus dem *D. vulgaris*-Variationskreis (Fig. 97: 3–5), die nicht mit *D. ehrenbergii* verwechselt werden dürfen (was Williams 1985 ebenfalls getan hat). Aus dem gleichen Grunde ist es auch nicht möglich, kürzere, linear-elliptische und gekopfte Einzelexemplare aus dem vorliegenden Bereich der einen oder der anderen Art zuzuweisen, wenn der Überblick über die gesamte Population fehlt.

3. Diatoma tenuis Agardh 1812 (Fig. 96: 1–9, 10)

Diatoma tenuis var. *elongatum* Lyngbye 1819; *Diatoma elongatum* (Lyngbye) Agardh 1824; *Diatoma mesoleptum* Kützing 1844

Zellen sehr schmal und langgestreckt, Gürtelansicht schmal-rechteckig mit hohem Schalenmantel und mehreren Zwischenbändern, Seiten stets etwas konkav, Schalen isopol, schmal und lang, Verhältnis Länge / Breite größer als 10, meist wesentlich höher, Seiten in der Regel gerade, seltener schwach konkav (Fig. 96: 2, 6, 8). Enden in der Regel stark kopfig, die Köpfchen zumeist breiter als die Schale, Länge 22–120 µm, Breite 2–5 µm. Querwände deutlich, aber schmal, 6–10/10 µm, Transapikalstreifen durch wenig ausgeprägte Transapikal-streifen im LM nicht zu sehen (über 40/10 µm im REM), Axialarea (Sternum) sehr schmal, bei geeigneter Fokussierung immer deutlich zu erkennen, an einem Schalenende seitlich der Mediane ein Lippenfortsatz. Im lebenden Zustand bilden die Zellen in der Regel zickzackförmige Ketten, zwischen denen wie bei *Asterionella* auch sternförmige Elemente eingeschoben sein können, es finden sich auch Populationen, die nur aus sternförmigen Kolonien bestehen. Im REM zeigen sich keine Besonderheiten zu den anderen Arten (vgl. dazu Williams 1985).

Verbreitung: Kosmopolit sowohl als Epiphyt als auch als Plankter verbreitet und stellenweise massenhaft in Gewässern mit mittlerem bis höherem Elektrolytge-halt (Küstengewässer der Ostsee!), seltener benthisch.

Die langen, schmalen, stark gekopften Schalen unterscheiden die Art gut von benachbarten. Schmale Schalen und eine ähnliche Verbreitung in vorwiegend brackigen Gewässern besitzt auch *D. moniliformis*. Sie unterscheidet sich aber eindeutig dadurch, daß sie an beiden Schalenpolen je einen Lippenfortsatz besitzt und zudem ihre Enden nicht gekopft sind. Es hat den Anschein, als ob sich hinter dem Namen *D. tenuis* mehrere Sippen verbergen. Das gilt z. B. für Formen wie Fig. 96: 10 mit stärker konvexen Schalenseiten, die besonders in den Tropen als reine Populationen gefunden wurden. Auch *Diatoma elongatum* var. *actinastroi-des* Krieger 1927 verdient besondere Beachtung. Es handelt sich dabei um sternförmige Kolonien aus vielen Einzelzellen, die Krieger im Gebiet der Havel gefunden hat. Die Einzelzellen unterscheiden sich allerdings im LM nicht von den zickzackförmige Ketten bildenden Zellen der Nominatvarietät. Dagegen besteht kein Grund, Einzelformen mit etwas vergrößerten Köpfchen, die in allen Populationen vorkommen, gesondert zu benennen (*Diatoma tenuis* var. *pachy-cephala* Grunow 1881).

Auch bei dieser Art gibt es in der Literatur zumeist irrtümliche Angaben über die Zahl der Str./10 µm. So entsprechen die Angaben über die Anzahl der Transapi-kalstreifen bei Hustedt (1930, 1931), Patrick & Reimer (1966) und einer Anzahl späterer Autoren mit 16/10 µm auch hier nicht den Tatsachen. Das gilt auch für die Fig. 629 bei Hustedt (1931), die in den Bildern eingezeichneten Str. konnte Hustedt mit dem LM nicht beobachten. Auf einem Irrtum beruht dieser Wert auch bei Williams (1985), «striae indistinct, measure 10 in 10 µm, only measura-ble under the SEM», 10 Str./10 µm wären im übrigen auch im LM leicht zu messen.

4. Diatoma moniliformis Kützing 1833 (Fig. 92: 6; 96: 11–21)

Diatoma tenuis var. *moniliformis* Kützing 1833

Gürtelansicht der Zellen breit rechteckig mit hohem Schalenmantel und mehre-ren Gürtelbändern, Schalen isopol, elliptisch, elliptisch-lanzettlich bis linear mit fast geraden bis mäßig konvexen Seiten, Enden breit bis etwas keilförmig gerundet und bisweilen etwas vorgezogen oder schwach kopfig abgesetzt, Länge 8–40 µm, Breite 2–4,5 µm. Querwände relativ dünn, 7–12/10 µm, Str. im LM nicht sichtbar, im REM 40–50/10 µm, Axialarea (Sternum) sehr schmal, bei geeigneter Fokussierung immer deutlich zu erkennen, an beiden Schalenenden seitlich der Mediane je ein Lippenfortsatz. In den Ketten sind die Zellen zickzackförmig bzw. mehr oder weniger unregelmäßig angeordnet.

Im REM (Fig. 92: 6) zeigen die Schalen den bei der Gattung *Diatoma* üblichen Bauplan, bei den kürzeren Schalen mit lanzettlichem Umriß sind häufiger eingeschobene, unvollständige oder nicht vollständig ausgebildete Querwände vorhanden. Auffällig sind die Lippenfortsätze an beiden Polen mit deutlichen Lippen auf der Schalen-Innenseite. Zum Bau des Zellgürtels siehe Williams (1985).

Verbreitung: Aufwuchspflanze, verbreitet und nicht selten in Gewässern mit erhöhtem Elektrolytgehalt (im Balaton/Plattensee, massenhaft zwischen Grünalgen, Neusiedler See, Küstengebiete der nördlichen Ostsee, dort auch im Plankton), seltener in Binnengewässern mit mittlerem Elektrolytgehalt.

Im LM fällt die Art durch ihre Zartheit und ihren Schalenumriß ins Auge, die an jedem Pol vorhandenen Lippenfortsätze dagegen kann man oft nicht erkennen, dazu ist die Untersuchung im REM erforderlich. Dort wo die Art zusammen mit anderen *Diatoma*-Arten vorkommt (z. B. in Algenrasen im Litoral des Balaton/Ungarn zusammen mit *D. vulgaris* und *D. tenuis*) zeigt sich ein unabhängiges Variationsspektrum.

5. Diatoma hyemalis (Roth) Heiberg 1863 (Fig. 97: 6–10; 98: 1–6)
Conferva hyemalis Roth 1800; *Odontidium hyemalis* Kützing 1844

Gürtelansicht der Zellen länglich rechteckig mit mehreren einseitig offenen Zwischenbändern (einschl. der Pleura und der Valvocopula sind häufig 8–10 Bänder vorhanden, die Anzahl variiert aber sehr stark), Schalen linear bis lanzettlich, isopol, mit geraden, konvexen oder konkaven Seiten und stumpfen, breit gerundeten, keilförmigen oder keilförmig abgesetzten Enden, Länge 30–100 μm, Breite 7–13 μm. Querwände sehr kräftig, 2–4/10 μm, aber oft sehr unregelmäßig angeordnet, oft auch etwas schräg verlaufend, Str. deutlich, 18–22/10 μm, das polare Feld zwischen den distalen Trennwänden und den polaren Mantel wird fast vollständig von großen apikalen Porenfeldern ausgefüllt. Axialarea (Sternum) je nach der Schalenform sehr unterschiedlich ausgebildet, an einem Schalenende seitlich der Mediane ein Lippenfortsatz. Im lebenden Zustand bilden die Zellen bandförmige Ketten.

var. hyemalis (Fig. 97: 6; 98: 1–6)
Sternum relativ schmal, Enden keilförmig.

var. maxima (Grunow) Meister 1912 (Fig. 97: 7–10)
Odontidium anomalum var. *maximum* Grunow 1862
Schalen sehr lang, Sternum relativ breit, Trennwände besonders breit.

Verbreitung: Kosmopolit, im gesamten Gebiet verbreitet und oft massenhaft als Aufwuchs im Litoral von Teichen und Seen, aber auch von Kleingewässern, besonders im nordischen Bereich, den Alpen und den Mittelgebirgen. Var. *maxima* relativ selten in den gleichen Gewässern.

Die grobe Struktur grenzt die Art gut ab. Schwierigkeiten bei der Bestimmung entstehen manchmal bei der Zuordnung großer Einzelexemplare von *D. mesodon*. Hier gibt oft nur die Untersuchung geschlossener Populationen einen sicheren Aufschluß. Hustedt (1931) führt an, daß die Str. vor den Enden viel zarter seien. Mit seinen LM-Untersuchungen konnte er nicht erkennen, daß es sich an den Enden um apikale Porenfelder und nicht um Str. handelt. Williams (1985) führt *D. maxima* (Grunow) Fricke in A. Schmidt et. al. 1906 als eigene Art auf, während die meisten Autoren in der Vergangenheit die var. *maxima* zur Nominatvarietät eingezogen haben. Das zuletzt genannte Taxon ist ohne Zweifel recht unsicher umschrieben, es ist möglich, daß es sich dabei um Erstlingszellen der Nominatvarietät handelt. Untersuchungen an lebendem Material stehen hier aus, nur sie können die Zusammenhänge klären.

6. Diatoma mesodon (Ehrenberg) Kützing 1844 (Fig. 91: 1; 92: 1–4; 98: 7; 99: 1–12)

Fragilaria mesodon Ehrenberg 1839; *Diatoma hiemalis* var. *mesodon* (Ehrenberg) Grunow in Van Heurck 1881

Gürtelansicht der Zellen rechteckig bis fast quadratisch, Seiten gerade bis schwach konvex Anzahl der Zwischenbänder sehr variabel, Schalen isopol, elliptisch bis elliptisch-lanzettlich, die Mantelhöhe nimmt kontinuierlich von der Schalenmitte zu den Polen hin ab. Enden breit gerundet bis keilförmig gerundet, seltener etwas abgesetzt, Länge 10–40 µm, Breite 6–14 µm. Querwände deutlich, aber unterschiedlich dick, 3–6/10 µm, Transapikalstreifen nicht immer sehr deutlich, Anzahl sowohl beim gleichen Individuum als auch bei verschiedenen Exemplaren einer Population stark variierend, 22–35/10 µm. Axialarea (Sternum) schmal, bei geeigneter Fokussierung immer deutlich zu erkennen, an einem Schalenende seitlich der Mediane ein oder zu beiden Seiten der Mediane je ein Lippenfortsatz. Im lebenden Zustand bilden die Zellen in der Regel geschlossene Ketten, häufig findet man aber auch unregelmäßige Anordnungen oder sogar zickzackförmige Ketten.

Im REM werden an den beiden Schalenpolen apikale Porenfelder sichtbar (Fig. 92: 1, 2, 4, Fig. 99: 3). Die Areolenreihen liegen auch auf der Schalen-Außenseite in alveolenartigen Gruben und bedecken auch einen großen Teil des Schalenmantels (Fig. 41: 1). Am Mantelrand sind unregelmäßig angeordnete Verbindungsdornen verstreut (Fig. 91: 1 VD), die Zwischenbänder (Fig. 91: 1 GB) besitzen auf ihrer geschlossenen Seite eine deutliche funktionelle Ligula (Fig. 91: 1 L).

Verbreitung: Benthischer Kosmopolit, eine der häufigsten Diatomeen mit stellenweise massenhaftem Auftreten in gebirgigen Gegenden, besonders in Quellen, Trögen, fließenden Gewässern, aber auch in der Ebene verbreitet und häufig.

Die Art findet sich immer als «Reinmaterial», wobei die geringe Variabilität der Hauptmerkmale auffällt. Es ist deshalb kein Problem, geschlossene Proben von *D. hyemalis* zu unterscheiden. Dagegen können einzelne kleine Teilungsstadien von *D. hyemalis* in Schalenansicht leicht mit *D. mesodon* verwechselt werden, in solchen Fällen sollte auf eine Bestimmung verzichtet werden. Dagegen sind Gürtelansichten auch bei Einzelexemplaren leicht zu unterscheiden, weil die Schalenfläche und der distale Rand des Mantels bei *D. hyemalis* gerade und damit parallel verlaufen, bei *D. mesodon* dagegen ist die distale Mantellinie stärker konvex, so daß der Schalenmantel an den Polen wesentlich niedriger ist als in der Schalenmitte.

7. Diatoma anceps (Ehrenberg) Kirchner 1878 (Fig. 102: 4–10)

Fragilaria ? anceps Ehrenberg 1843; *Meridion anceps* (Ehrenberg) Williams 1985

Gürtelansicht der Zellen rechteckig-tafelförmig mit wenig gerundeten Ecken, der Gürtel besteht im fertig ausgebildeten Zustand aus 4 Bändern. Schalen isopol, linear bis linear-elliptisch, Seiten gerade, leicht konkav oder schwach konvex, mit deutlich abgesetzten vorgezogenen oder kopfigen Enden. Länge 12–85 µm, Breite 4–7 µm. Querwände kräftig, 3–6/10 µm, vielfach in der Mediane etwas gegeneinander versetzt und dann oft auf beiden Seiten unterschiedlich dick. Transapikalstreifen auch im LM deutlich, 18–20/10 μm, Axialarea (Sternum) sehr schmal, aber bei geeigneter Fokussierung immer deutlich, sie teilt transapikal die beiden Schalenhälften in zwei unterschiedlich strukturierte Rippensysteme. An einem Schalenende seitlich der Mediane ein Lippenfortsatz. Im lebenden Zustand bilden die Zellen in der Regel geschlosene Ketten. In ihnen befinden sich häufig Zellen mit inneren Schalen (Fig. 102: 4).

Verbreitung: Benthischer Kosmopolit, scheint Gebirgsgewässer mit niedrigerem Elektrolytgehalt zu bevorzugen, in Europa weit verbreitet aber selten individuenreich.
Schalenumriß und Transapikal-Asymmetrie grenzen die Art gut ab. Aufgrund des Baues der Schalengürtel hat Williams (1985) die Art zu *Meridion* überführt. Abgesehen davon, daß seine Gürtelmerkmale wenig abgesichert sind, lassen sich auch viele Argumente für den Verbleib bei *Diatoma* anführen. Die Art besitzt Merkmale aus beiden so nahe verwandten Gattungen und man könnte ohne Schwierigkeit auch *Meridion circulare* als asymmetrische Form von *Diatoma* auffassen. Neue Erkenntnisse würden dadurch allerdings kaum gewonnen.

3. Meridion Agardh 1824

Typus generis: *Echinella circularis* Greville 1823 *Meridion circulare* (Greville) Agardh
Für diese Gattung gilt die gleiche Beschreibung wie für die Gattung *Diatoma*, nur sind die Zellen nicht isopol, sondern sowohl in Schalenansicht als auch in Gürtelansicht keilförmig und die Kolonien sind dementsprechend kreisförmige Ketten (Fig. 50: 1–3). Im Gebiet lebt nur eine Art mit zwei Varietäten.
Wichtige Literatur: Hustedt (1931), Williams (1985).

1. Meridion circulare (Greville) C. A. Agardh 1831 (Fig. 100: 1–3; 101: 1–14; 102: 1–3)

Echinella circularis Greville 1822; *Meridion zinckenii* Kützing 1843
Gürtelansicht der Zellen keilförmig zur Apikalachse, kontinuierlich vom breiterem Kopf- zum Fußpol verschmälert, nur lotrecht an die Schalenfläche anschließendem Schalenmantel und einem Gürtel aus vier Bändern (bei späteren Teilungsstadien), ihre Suturen zeigen vielfach apikal verlaufende gewellte Linien (Fig. 101: 3, 4; 52: 2), Septen fehlen. Schalen im Verlauf der Apikalachse ebenfalls heteropol, der breitere Kopfpol breit gerundet, manchmal kopfig abgesetzt, der Fußpol ebenfalls gerundet oder leicht kopfig. Länge 10–82 μm, Breite 4–8 μm. Querwände deutlich, viele auf beiden Seiten der Mediane unabhängig voneinander entwickelt, 2–5/10 μm, Transapikalstreifen zart, aber deutlich, 12–16/10 μm. Axialarea (Sternum) schmal, aber immer gut zu erkennen, manchmal etwas gewellt verlaufend, am breiten Schalenende seitlich der Mediane ein großer, auch im LM deutlicher Lippenfortsatz. Die Zellen bilden kreisförmige, spiralige Bänder, häufig sind innere Schalen vorhanden.

var. circulare (Fig. 100: 1–3; 101: 1–5, 13, 14; 102: 2, 3)
Enden stumpf gerundet.

var. constrictum (Ralfs) Van Heurck 1880 (Fig. 101: 6–12; 102: 1)
Meridion constrictum Ralfs 1843

Beide Enden kopfig abgesetzt.

Verbreitung: Kosmopolit, besonders häufig und massenhaft als Epiphyt in kalkreichen Quellen und Bächen, aber auch sonst nicht selten. Die Varietät constrictum nicht so häufig, sie ist aber besonders im Mittelgebirgsbereich ebenfalls weit verbreitet.

Schalenform und Form der Kolonien grenzen die Art eindeutig ab. Var. *constrictum* findet sich häufig völlig rein ohne Übergänge zur Nominatvarietät. Dagegen gibt es auch manchmal bei letzterer Einzelexemplare mit leicht (kopfig) abgesetzten Kopfenden. Diese Übergänge meint wohl Hustedt (1931), wenn er ausführt, daß die Varietät mit der Art durch Übergänge verbunden ist. Auch die von ihm abgebildeten kurzen «Constrictum»-Formen (seine fig. 627g, h) weisen durchaus nicht den charakteristischen Umriß auf, wie kurze Exemplare aus typischen Populationen der var. *constrictum*. Sehr häufig bildet die Art innere Schalen aus, die von Kützing (1843) als *Meridion zinckenii* benannt wurden. Im Verlauf der Teilungsvorgänge werden schrittweise erst die vollständigen Schalengürtel ausgebildet. In Gürtelansicht werden die Zellen deshalb nicht nur infolge der fortschreitenden Verkürzung, sondern auch durch den Zuwachs an Gürtelbändern immer relativ breiter (vgl. Fig. 100: 1–3).

4. Asterionella Hassall 1850

Typus generis: *Asterionella formosa* Hassall 1850

Zellen isopol, in Gürtelansicht Seiten gerade bis schwach konvex, zu den Enden hin etwas verbreitert und stumpf gerundet, Gürtel aus einem bis mehreren schmalen Bändern bestehend, Septen fehlen, die Zellwände sind zumeist relativ dünn. Schalenflächen langgestreckt, Seiten gerade bis schwach konvex, an beiden Enden gekopft und zur Apikalachse häufig etwas heteropol, dann Köpfchen am Fußpol (der Pol, an dem sich die Schalen zu Kolonien verbinden) wesentlich größer als am Kopfpol. Schalen zart areoliert, die Areolen liegen auf Transapikalstreifen, die in der Mediane durch ein deutliches Sternum unterbrochen werden. Die Zellen bilden verschiedenartige Kolonien, bei den hier behandelten sind die Zellen mit dem breiteren Schalenpol zu sternförmigen, seltener auch schrauben- oder zickzackförmigen, Kolonien verbunden (Fig. 53: 9). Die Arten leben als Plankter im Süßwasser und Meer. In unseren Binnengewässern gibt es nur zwei Arten, wovon die eine sehr häufig *(A. formosa)*, die andere dagegen sehr selten ist *(A. ralfsii)*.

Wichtige Literatur: Hustedt (1932), Lund (1949, 1950), Körner (1970)

Bestimmungsschlüssel der Arten

1a Gürtelansicht mit dreieckig verbreiterten Enden (Fig. 103: 1–9; 104: 9,10) .
. . . . **1. A. formosa**
1b Gürtelansicht nur am Fußpol schwach erweitert (Fig. 104: 1–8) . . . .
. . . . **2. A. ralfsii**

1. Asterionella formosa Hassall 1850 (Fig. 103: 1–9; 104: 9,10)

Diatoma gracillima Hantzsch in Rabenhorst 1861; *Asterionella gracillima* (Hantzsch) Heiberg 1863; *Asterionella formosa* var. *gracillima* (Hantzsch) Grunow in Van Heurck 1881

Zellen in Gürtel- und Schalenansicht wie oben in der Gattungsbeschreibung angeführt. In Gürtelansicht an beiden Enden stark dreieckig verbreitert. Länge (nach Körner 1970) (30–)40–80(–160) µm, Breite in der Schalenmitte 1,3–6 µm. Querwände fehlen, Transapikalstreifen sehr zart und im LM nicht immer gut zu sehen, 24–28/10 µm mit 28–32 Punkten/10 µm. Axialarea (Sternum) sehr schmal, an den Enden nicht erweitert. Am Fußpol seitlich der Mediane ein Lippenfortsatz, zuweilen auch einer am Kopfpol. Im lebenden Zustand bilden die Zellen in der Regel sternförmige, seltener auch zickzackförmige, schraubenförmige oder unregelmäßige Ketten. In Agarkulturen entwickeln sich auch bandförmige Ketten.

Präparierte Schalen zeigen im REM (Fig. 104: 9, 10) oft an den Fußpolen schnabelartig auseinanderklaffende Theken. An den Schalenrändern sind stets Rudimente von Verbindungsdornen sichtbar. An jedem Pol befindet sich ein apikales Porenfeld.

Verbreitung: Sehr verbreitete kosmopolitische Planktonform, in eutrophen Seen oft in Massenentwicklung.

Schalenform und die Ausbildung der Schalenenden in Gürtelansicht unterscheiden die Art von *A. ralfsii*. Sie besitzt ein sehr breites Variationsspektrum, in Kulturen konnten Jaworski, Wiseman & Reynolds (1988) sogar Schalen finden, die an kleine, fast runde Fragilarien erinnern und in Kolonien zickzackförmige Ketten bilden. In der Literatur (Hustedt 1932, Patrick & Reimer 1966) werden *A. formosa* und *A. gracillima als Arten oder Varietäten unterschieden*. Die letztere soll sich von der ersteren dadurch unterscheiden, daß (nach Hustedt 1932) die «Zellen sowohl in Schalen- als auch in Gürtelbandansicht an beiden Polen gleichmäßig stark erweitert», und damit isopol sind. Körner (1970) zeigte, daß beide Formen in einen Variationskreis gehören, sie sind Grenzformen einheitlicher Populationen. Bei *A. formosa* var. *acaroides* Lemmermann 1906 handelt es sich nach Körner (1970) um schwach verkieselte, abnorme Formen, wie sie auch in überalterten Kulturen auftreten und bei denen die Zellen bogig gekrümmt sind.

2. Asterionella ralfsii W. Smith 1856 (Fig. 104: 1–8)

Asterionella formosa var. *ralfsii* (W. Smith) Wolle 1890; *Peronia erinacea* Brébisson & Arnott 1868 sensu Hustedt 1932; *Asterionella fibula* (Brébisson) Hustedt 1952 pro parte

Zellen in Schalen- und Gürtelansicht wie oben in der Gattungsbeschreibung angeführt. Valvaransicht heteropol, Seiten leicht konkav, am Fußpol (nicht am Kopfpol) etwas verbreitert, in Schalenansicht an beiden Enden Köpfchen, Länge 20–90 µm, Breite in Zellmitte 1,5–3,5 µm. Str. zart, 20–32/10 µm, Sternum schmal. Beide Schalenenden mit je einem Lippenfortsatz und einem apikalen Porenfeld (im LM kaum erkennbar).

Körner (1970) unterscheidet drei Varietäten:

var. ralfsii (Fig. 104: 1–3)

Sternum sehr schmal, Str. 28–32/10 µm, in Schalenansicht Fußpol stark kopfig erweitert und von der übrigen Schale etwas abgeschnürt, Länge 20–60 µm, Breite 2–3,5 µm.

var. hustedtiana Körner 1970 (Fig. 104: 4–8)

Sternum sehr schmal, Str. deutlich, 20–24/10 µm, die Köpfchen am Kopfpol durch eine längere Einschnürung abgesetzt, Länge 25–50 µm, Breite 2–3,2 µm.

var. americana Körner 1970

Sternum breit und unregelmäßig begrenzt, Str. 36–40/10 µm, Fußpol abgerundet dreieckig, Länge 20–90 µm, Breite 1,5–2,4 µm.

Verbreitung: Nominatvarietät seltener im Plankton und Benthos von Gewässern mit niedrigerem Elektrolytgehalt, Funde aus verschiedenen Teilen Europas. Var. *hustedtiana* Küstenkanal und Hunte im Frühjahr und Herbst, var. *americana* in Gewässern mit niedrigem Elektrolytgehalt der Ostküstenstaaten der USA im Frühjahr nicht selten, im Gebiet noch keine Funde.

Die Nominatvarietät ist von *A. formosa* durch ihre zartere Struktur gut zu unterscheiden, bei var. *hustedtiana* ist die Einschnürung hinter dem Kopfpol ein brauchbares Abgrenzungsmerkmal. Alle Formen sind sehr zart verkieselt und werden deshalb leicht übersehen.

5. Tabellaria Ehrenberg 1840

Typus generis: *Tabellaria trinodis* Ehrenberg 1840 *(T. fenestrata)* (Lyngbye) Kützing 1844

Lebende Zellen auf Substraten angeheftet oder pelagisch, meistens zu kettenförmigen Aggregaten unterschiedlicher Gestalt miteinander verbunden. Als Gattung der Unterordnung Araphidineae ohne Raphenstrukturen. Als Gattung der Unterfamilie Tabellarioideae in der Familie Fragilariaceae stets mit ausgeprägter Septenbildung der Zwischenbänder. Differentialmerkmal zu *Tetracyclus*, als «benachbarter» Gattung (süßwasserspezifisch) in dieser Unterfamilie, ist das Fehlen einzelner auffällig stark verkieselter transapikaler Rippen. Eine Rimoportula befindet sich in jeder Schale in subzentraler Position oder zwei bis drei Rimoportulae in subdistaler Position. Apikale Porenfelder sind an jedem Schalenpol ausgebildet. Die Str., aus einfachen Areolenreihen bestehend, sind durch eine in Schalenmitte verlaufende, meist eng lineare Axialarea unterbrochen. Meistens ist die Pervalvarachse länger als die Transapikalachse, so daß die Gürtelbandansicht der Frusteln mit in der Regel 4 bis 30 septierten Zwischenbändern prominenter wirkt als die Schalenansicht. Wichtige Bestimmungsmerkmale der bisher 5 als Arten angesehenen Taxa sind die Modifikationen der Zwischenbänder. Artspezifisch ist ihre Zahl je Zelle auf regelmäßig 4 begrenzt oder aber unbegrenzt, an beiden Polen geschlossen oder einseitig offen. Septen können an nur einem Pol oder aber an beiden Polen vorhanden sein, im letzten Fall fakultativ einseitig nur ansatzweise («rudimentär»). Eine Art, *T. binalis*, besitzt stets nur relativ kurze, in der Mitte konkav eingerandete Septen, die in Reihenfolge der Zwischenbänder regelmäßig alternierend am einen oder anderen Pol ausgebildet sind.

Kritische Bemerkungen zur Taxonomie der Arten innerhalb der Gattung:

Die Arten der Gattung *Tabellaria* gehören wohl zu den in neuerer Zeit morphologisch wie ökologisch am intensivsten untersuchten Diatomeentaxa überhaupt (vgl. z. B. Knudson 1952, 1953a, b, 1954, Lehn 1969, Koppen 1975, 1978, Flower & Batterbee 1985, Flower 1986, 1989, Lange-Bertalot 1988). Trotzdem stehen wir eher vor mehr Problemen als bei anderen artenarmen Gattungen der

Süßwasserdiatomeen, die weniger intensiv erforscht sind. Hauptproblem ist, daß die neueren taxonomischen Kriterien (seit 1952) sich zu einem erheblichen Teil nicht mehr mit den älteren decken. So findet man in älteren Präparaten fast aller prominenter Sammlungen nicht die dort angegebene *T. fenestrata*, sondern langschalige Populationen von *T. flocculosa* im Sinne der neueren Publikationen. Hinzu kommt, daß die früher mit *T. fenestrata* verbundenen infraspezifischen Taxa «*intermedia*», «*geniculata*» und »*asterionelloides*» zu *T. flocculosa* gehörig betrachtet werden. Auch darüber hinaus gehören zu *T. flocculosa* offenbar viel mehr Sippen als früher angenommen. Dagegen ist *Tabellaria ventricosa* Kützing seit Grunow (1862) nicht mehr als selbständige Art bzw. Taxon beachtet worden. Die von Knudson als Differentialmerkmal zwischen *T. fenestrata* und *T. flocculosa* gewerteten «rudimentären Septen» halten Flower & Batterbee für praktisch wenig hilfreich. Sie sind nur bei letzterer fakultativ vorhanden. Noch komplizierter wird die Situation, weil die früher für zwei Arten publizierten Informationen nun, nach der Neubeschreibung von *T. quadriseptata*, auf drei Arten sinngemäß «aufgeteilt» werden müssen. Dabei ist die Selbständigkeit des jüngsten Taxons als Art nicht unbestritten geblieben (Koppen 1975). Flower & Batterbee finden jedoch recht überzeugende morphologische und ökologische Differentialmerkmale für dieses Taxon, zumindest in den untersuchten süd-schottischen Gewässern. Koppen kann in einer größeren mittleren bis nordwest-lichen Region der USA vier Sippen und dazu einen weiteren Ökotyp differenzie-ren, möchte diese aber nur auf zwei Arten, nämlich eine Sippe auf *T. fenestrata*, alle anderen auf *T. flocculosa* (incl. einer var. *linearis* Koppen 1975) verteilen. Seine für die nordamerikanische Region passenden Merkmalskombinationen lassen sich aber zumindest nicht zwanglos mit den Sippen in Mitteleuropa in Einklang bringen. Flower & Batterbee meinen, daß *T. quadriseptata* im Untersu-chungsgebiet von Koppen wegen der anderen ökologischen Bedingungen, insbe-sondere den pH-Wert betreffend, gar nicht vorkommt. Aus ähnlichen Gründen könnten einige der amerikanischen *T. flocculosa*-Sippen in Europa fehlen oder durch andere mit anders kombinierten Merkmalen ersetzt sein. Sogar die Ergeb-nisse aus Nordwesteuropa (England und Schottland) müssen nicht unbedingt auch für Mitteleuropa repräsentativ sein. So findet man in älteren Präparaten aus Schweizer Seen unter früher so genannten *T. fenestrata*-Populationen auch Formen mit dem für *T. quadriseptata* charakteristische Positionsmerkmal der Rimoportula, obgleich dort sicher ökologische Bedingungen herrschen, die ein Vorkommen von *T. quadriseptata* eigentlich ausschließen sollten. Auch die Längen / Breiten-Relationen der Schalen, die proximalen und distalen Auftrei-bungen, die konvergierenden bzw. parallel verlaufenden Schalenränder sowie die Zahl der Gürtelbänder können hier nicht mehr als völlig zuverlässige Differen-tialmerkmale dienen, so daß letztlich die Länge der Dörnchen auf den Schalen-rändern ausschlaggebend wäre (siehe auch Diskussion unter *T. quadriseptata*). Insgesamt befinden wir uns, *Tabellaria* betreffend, noch in einer Phase der Verunsicherung und bedürfen weiterer Untersuchungsergebnisse, um auch für unser Gebiet ein völlig klares Bild zu erhalten. Es fiele nicht schwer, in einer Bestimmungsflora exemplarisch «Paradebeispiele» zu präsentieren und dann den Benutzer mit der viel komplizierteren Sachlage «allein zu lassen».

Wichtige Literatur: Huber Pestalozzi & Hustedt (1942), Knudson (1952, 1953, 1954), Koppen (1975, 1978), Flower & Batterbee (1985), Flower (1986, 1989), Lange-Bertalot (1988).

Bestimmungsschlüssel der Arten

1a Schalen in der Mitte konkav oder annähernd elliptisch (Fig. 105: 9–16) . . . .
. . . . **5. T. binalis**

1b Schalen in der Mitte und an den Enden konvex aufgetrieben 2

2a Schalenränder (beim Fokussieren) ohne Dörnchen, (isolierte) Zwischenbänder an einem Ende offen (ob stets?) und ohne rudimentäre Septen;
kombiniert damit sind folgende Merkmale: Axialarea auch in der Mitte
eng, linear, Enden deutlich kopfig abgeschnürt, Rimoportula deutlich,
dem Mittelpunkt der zentralen Auftreibung mehr oder minder genähert,
4 Zwischenbänder mit Septen bei ausdifferenzierten, teilungsbereiten Zel-
len (Fig. 105: 1–4) . . . . **1. T. fenestrata**

2b Schalenränder mit zarten bis gröberen Dörnchen, vorgenannte Merkmalskombination nicht zutreffend 3

3a Dörnchen relativ grob, länger als 0,5 µm (im REM), Schalenränder zwischen den Auftreibungen parallel, konstant 4 Zwischenbänder mit Septen
bei ausdifferenzierten Zellen, Rimoportula an der Axialarea, aber deutlich
distal in den Randbereich der mittleren Auftreibung versetzt (Fig. 105:
5–8) . . . . **2. T. quadriseptata**

3b Merkmalskombination in einem oder mehreren Punkten davon abweichend, insbesondere Zahl der septierten Zwischenbänder höher 4

4a Schalen in der Mitte 10–16 µm breit, je eine Rimoportula nahe den Enden,
im LM beim Fokussieren als regelmäßige kurze transapikale Striche oder
als deutliche Punkte erkennbar (Fig. 107: 1–6) . . . . **4. T. ventricosa**

4b Schalen unter 10 µm breit, nur eine einzige Rimoportula nahe der Schalenmitte (Fig. 106: 1–13) . . . . **3. T. flocculosa**-Sippenkomplex

1. Tabellaria fenestrata (Lyngbye) Kützing 1844 (Fig. 105: 1–4, Fig. 107: 8)

Diatoma fenestratum Lyngbye 1819

Frusteln in Gürtelansicht maximal mit 5 (bei den kürzesten Exemplaren),
meistens jedoch mit 4 septierten, an einem Ende (stets ?) offenen Zwischenbändern; stets ohne rudimentäre Septen. Die Septen kurven am Rande der Frustel (in
Gürtelansicht) auffällig nach innen. In situ meistens gerade, mit den Schmalseiten
verbunden, selten zickzackförmige Aggregate bildend. Schalen vergleichsweise
wenig variabel, linear mit etwa gleichmäßig oder wenig stärker aufgetriebener
Mitte als die ausgeprägt kopfig abgeschnürten Enden; Länge ca. (25)33–116
(meistens 40–75) µm, Breite ca. 4–10 µm. Axialarea eng, linear, ohne merkliche
Erweiterung in der Mitte. Rimoportula auch im LM deutlich erkennbar, nahe der
Schalenmitte, stets innerhalb der Auftreibung. Str. (14)17–22/10 µm. Im REM:
Schalenränder bei Populationen in Nordamerika und auch Europa regelmäßig
ohne Dörnchen, in anderen europäischen Seen jedoch mit Dörnchen variabler
Länge.

Verbreitung infolge der neuen Definition auch in Mitteleuropa nicht genauer
bekannt, vermutlich kosmopolitisch, im Gebiet eher zerstreut in elektrolytärmeren, oligo- bis mesotrophen Gewässern. Die Autökologie ist noch etwas umstritten. In kanadischen Seen konnten wir sie auch individuenreich im Plankton
feststellen. Die ökologische Amplitude ist sicher wesentlich enger als bei den
Formenschwärmen von *T. flocculosa* und liegt gegenüber *T. quadriseptata* im
weniger sauren Milieu mit höherer Alkalinität.

Die meisten Fundangaben aus Europa beruhen auf Verwechslungen mit langschaligen Sippen von *T. fluocculosa* und *T. quadriseptata*. Die Konstanz spezifi-

scher Aggregatbildung ist umstritten und eher unwahrscheinlich; der taxonomische Indikatorwert also fragwürdig. Es erscheint nicht abwegig, *T. fenestrata* und *T. quadriseptata* – analog zu den infraspezifischen Sippen von *T. flocculosa* – als Varietäten einer einzigen Art zu werten (siehe Diskussion unter *T. quadriseptata*).

2. Tabellaria quadriseptata Knudson 1952 (Fig. 105: 5–8, 107: 9)

Frusteln in Gürtelansicht maximal mit 5 (bei den kürzesten Exemplaren) meistens jedoch mit vier septierten Zwischenbändern, die an beiden Enden geschlossen sind. Möglicherweise handelt es sich bei öfter auch vorkommenden einseitig offenen Bändern um Pleurae und nicht Copulae. In situ zickzackförmige Ketten von meistens weniger als 15 Zellen bildend, oft berühren sich auch je drei Zellen an den Ecken (cis-Zellen nach Marvan 1973). Schalen linear mit parallelen Rändern zwischen Mitte und Enden, die etwa gleichmäßig aufgetrieben sind; letztere angeblich nicht ausgeprägt kopfig abgeschnürt wie bei *T. fenestrata*. Auf den Rändern sitzen (auch im LM bei Fokussieren) gut erkennbare Dörnchen. Länge ca. 23–130 μm, Breite ca. 6–9 μm. Die Relation Länge/Breite ist im Populations-Durchschnitt größer als 8/1. Axialarea eng linear, in der Mitte oft mehr oder minder merklich erweitert. Rimoportula dicht an der Axialarea im Übergangsbereich zwischen mittlerer Auftreibung und dem «Schaft». Str. 13–20/10 μm. Im REM: ausgedehnte apikale Porenfelder, marginale Dörnchen länger als 0,5 μm, Rimoportula in der regelmäßig auch im LM erkennbaren typischen Position.

Verbreitung infolge von Identifikationsschwierigkeiten nicht genauer bekannt, vermutlich kosmopolitisch, in Mitteleuropa (regional unterschiedlich) selten bis mäßig häufig, in elektrolytarmen, oligo- bis dystrophen, relativ stark sauer reagierenden Gewässern mit geringer Alkalinität, dort im Benthos oft vergesellschaftet mit *T. flocculosa* und/oder *T. binalis*, jedoch (angeblich) nicht mit *T. fenestrata*.

Diskussion der Identität von T. quadriseptata im Zusammenhang mit T. fenestrata: Weniger problematisch – zumindest grundsätzlich – ist die Bestimmung der zahlreichen *T. flocculosa*-Sippen als *T. flocculosa* sensu lato aufgrund ihrer unbegrenzten Septenbildung. Im Gegensatz dazu können *T. fenestrata* und *T. quadriseptata* regelmäßig jeweils nur bis zu 4 Zwischenbänder (bedingt auch 5) ausbilden. Alle anderen bisher gefundenen Merkmale sind insoweit variabel, daß sie in Einzelfällen keine sichere Bestimmung garantieren können. Viel größere Schwierigkeiten ergaben sich nun aber – nach Vergleich einer größeren Zahl von Populationen verschiedener geographischer Herkunft – bei der Differenzierung zwischen *T. fenestrata* und *T. quadriseptata*; denn alle bisher aufgeführten Differentialmerkmale erweisen sich als problematisch.
1. Die Form der Koloniebildung, lineare Ketten gegenüber Zick-Zack-Aggregaten, ist nicht immer artkonstant. (Vergleichsweise ist sie auch innerhalb *T. flocculosa* extrem variabel.)
2. Der Schalenumriß, insbesondere die Intensität kopfig abgeschnürter Enden ist hier und in anderen Diatomeengattungen allenfalls ein «schwaches» Merkmal, im Problemfall unzulänglich; das gleiche gilt für die Breite der Axialarea im proximalen Schalenbereich.
3. Die Position der Rimoportula, bei *T. quadriseptata* im Grenzbereich der proximalen Schalenauftreibung, bei *T. fenestrata* weiter in der Mitte, erweist sich als ebenso unzulänglich, weil zumindest bei *T. fenestrata* variabel.
4. Die Septen in Gürtelansicht kurven distal bei beiden Taxa vom Schalenrand zur Mitte, bei *T. quadriseptata* etwas weniger intensiv.

5. Als Differentialmerkmalskomplexe verbleiben nach verschiedenen Literaturangaben: Besitz randständiger Dörnchen und die Autökologie in dystrophen oder «sehr oligotrophen» Gewässern für *T. quadriseptata*; fehlende Dörnchen, einseitig offene Elemente des Zellgürtels und Vorkommen in allenfalls schwach saurem Milieu leicht eutropher Seen und Teiche, (keine Moortümpel!) für *T. fenestrata*.

Nun finden wir jedoch wiederholt folgende Merkmalskombinationen: Unterschiedlich lange Dörnchen bei Populationen mit einseitig offenen Zwischenbändern und ± charakteristischem *«fenestrata*-Umriß» in circumneutralen Seen z. B. Finnlands, aber auch in dystrophen Moortümpeln mit *Sphagnum* und pH-Werten zwischen 5 und 6,5 (soweit gemessen) in den Pyrenäen, der Bretagne und in Mittelgebirgen Westdeutschlands. Kolonieform sind – soweit beobachtet – lineare Ketten. Andererseits besitzt eine eindeutig als *T. quadriseptata* zu bestimmende Population aus den Niederlanden (präp. H. Van Dam), assoziiert mit *T. binalis*, Elemente des Zellgürtels, möglicherweise nicht Copulae sondern Pleurae, die einseitig offen sind. Das andere Ende besitzt kein oder ein schwach entwickeltes rudimentäres Septum.

Die Frage nach dem Artrang von *T. quadriseptata* steht also wieder zur Diskussion. Aufgrund der variablen Merkmalskombinationen vermute ich, daß *T. fenestrata* und *T. quadriseptata* infraspezifische Formenschwärme einer Art sind. Es ist eigentlich nicht einzusehen, warum hier andere Kriterien der Beurteilung angelegt werden sollten als im Falle der variantenreichen *T. flocculosa* und bei den zumindest im Umriß sehr unterschiedlichen Sippen von *T. binalis*. Solange sie als zwei Arten betrachtet werden sollen, bleibt der Wunsch nach Angaben präziser Differentialmerkmale offen.

Tabellaria flocculosa-Sippenkomplex

3. Tabellaria flocculosa (Roth) Kützing 1844 (Fig. 106: 1–13, Fig. 107: 7, 11, 12)

Conferva flocculosa Roth 1797

Synonyme, bzw. infraspezifische von der Nominatvarietät zu differenzierende Taxa sind:
T. flocculosa var. *ambigua* Brügger 1863; *T. fenestrata* var. *intermedia* Grunow in Van Heurck 1881; *T. fenestrata* var. *asterionelloides* Grunow in Van Heurck 1881; *T. fenestrata* var. *geniculata* A. Cleve 1899; *T. flocculosa* var. *pelagica* Holmboe 1899; *T. fenestrata* var. *willei* Huitfedt-Kaas 1906; *T. flocculosa* var. *teilingii* Knudson 1952; *T. flocculosa* var. *linearis* Koppen 1975.

Diese Art besteht aus mehreren differenzierbaren Sippen. Frusteln in Gürtelansicht mit 3 – ca. 32 septierten, geschlossenen Zwischenbändern. In situ meist längere (mehr als 15 Zellen umfassende) zickzack-, korkenzieher- oder sternförmige bis fallschirmförmige Aggregate bildend. Schalen in der Proportion Länge / Breite sehr variabel. Mittlere Auftreibung in der Regel breiter als die an den Enden, die Schalenränder verlaufen dazwischen konkav oder bei längeren Exemplaren zu den Enden konvergierend; Länge ca. 6–130 µm, Breite ca. 3,8–8,5 µm. Auf den Rändern sitzen mehr oder minder kleine Dörnchen. Axialarea eng linear, in der Mitte meistens merklich erweitert. Rimoportula exzentrisch in oder im Grenzbereich der mittleren Auftreibung (siehe aber auch unter *T. ventricosa*). Str. 13–20/10 µm. Im REM: ausgedehnte apikale Porenfelder, Rimoportula, marginale Dörnchen bis um 0,5 µm Länge, bei manchen Sippen unregelmäßig gestellt.

Verbreitung kosmopolitisch im Benthos und Plankton, im Gebiet häufig, je nach Sippe entweder in elektrolytarmen oligo- bis dystrophen Gewässern (in Hochmooren, soweit wenigstens eine rieselnde Wasserbewegung vorhanden ist) oder aber in meso- bis schwach eutrophen Gewässern. Im Plankton mancher Seen auch besonders schmale, langschalige Populationen, die früher oft als *T. fenestrata* bestimmt worden sind. Die ökologische Amplitude ist also erheblich weiter gespannt als bei *T. quadriseptata, T. binalis* und wahrscheinlich auch *T. fenestrata.*

Die Probleme um die systematischen Zusammenhänge der *flocculosa*-Sippen im Plankton und Benthos bleiben vorläufig noch ungelöst. Besonders häufig tritt im Benthos elektrolytarmer, meist sauer reagierender Gewässer Mitteleuropas der Stamm IV im Sinne von Koppen (1975) auf. Welchen taxonomischen Rang *T. flocculosa* var. *linearis* Koppen 1975 und die jetzt so kombinierten var. *geniculata* und var. *asterionelloides* und weitere Taxa beanspruchen können, bleibt weiter zu untersuchen. Auch scheint der Status des planktischen Ökotyps von *T. flocculosa* var. *flocculosa* Stamm IIIp im Sinne von Koppen (1975) noch nicht völlig ausdiskutiert zu sein, besonders im Hinblick auf die Planktonsippen in mitteleuropäischen Seen, die früher als *T. fenestrata* angesehen wurden. Interessant ist jedenfalls die hier unterstellte und wahrscheinlich tatsächlich zutreffende enorme Plastizität einer Art in Haupt- und Nebenmerkmalen. Analog sollte für viele weniger gut erforschte Taxa mit oft weit geringeren Differentialmerkmalen mögliche Konspezifität als Arbeitshypothese angenommen werden. Die winkelige Knickung bei «*geniculata*» machte auf Huber-Pestalozzi (1942) den Eindruck einer erblich gewordenen Mißbildung. Analog sei auf prinzipiell vergleichbare Symmetrieabweichung bei *Fragilaria arcus* aufmerksam gemacht, wo sie zur Begründung einer Gattung, nämlich *Ceratoneis*, diente; siehe auch Diskussion zu *Centronella*, S. 167.

4. Tabellaria ventricosa Kützing 1844 (Fig. 107: 1–6, 10)

Differentialdiagnose zu *T. flocculosa*: Die Proportion von Länge / Breite der Schalen ist regelmäßig niedriger und übersteigt kaum das Verhältnis von 3 : 1. Schalenbreite im Bereich der mittleren Auftreibung 10–16 μm, sie ist somit erheblich breiter als bei allen *T. flocculosa*-Sippen mit maximal 8,5 μm. Im REM: Anstatt einer einzigen Rimoportula im mittleren Schalenteil, liegen je eine, seltener zwei Rimoportulae den Schalenpolen genähert (sie sind beim Fokussieren auch im LM als regelmäßig dort auftretende kurze Striche oder Punkte erkennbar).

Verbreitung bisher nur von der nördlichen Hemisphäre bekannt, nordatlantische Inseln, Norwegen, Frankreich; im Gebiet zerstreut aber mit individuenreichen Populationen in Mittelgebirgslagen, oft mit *T. flocculosa* (Stamm IV sensu Koppen) assoziiert. Ökologischer Schwerpunkt in oligo- bis dystrophen, relativ stark sauren Gewässern mit niedrigem Elektrolytgehalt.

Diese in Unkenntnis der morphologischen Besonderheiten, bisher zu *T. flocculosa* gezogene Sippe wird von Lange-Bertalot (1988) ausführlich diskutiert. Hustedt und die Mehrzahl anderer Autoren haben erklärtermaßen oder in ihren Artdiagnosen, ersichtlich aus den Angaben über die Schalenbreite von ca. 3,8–16 μm, ein Kontinuum´ erkennen wollen, das *ventricosa*-Formen in die *T. flocculosa*-Formenschwärme mit einbezieht. Nach den neuen Befunden trifft diese Annahme jedoch nicht zu. Abgesehen von der noch offenen taxonomischen Identität, ist auch noch nach möglichen genetischen Beziehungen zwischen *T. ventricosa* und den *T. flocculosa*-Formenschwärmen zu fragen. Die

einfachste Lösung wäre, sie aufgrund der signifikant unterschiedlichen Merkmalskombinationen als unabhängige Art zu betrachten. Man kann sie natürlich auch als infraspezifische Sippen einer Art auffassen, was für den vorläufigen Zwischenstand der Erkenntnisse vorteilhafter erscheint. Ein Studium des Entwicklungszyklus bis zur Auxospore war bisher noch nicht möglich.
Innerhalb der artenarmen Gattung *Tabellaria* zeigt sich insgesamt eine bemerkenswerte Variabilität schalenmorphologischer Strukturen. In vergleichbaren anderen Gattungskomplexen, insbesondere der Fragilariaceae, werden sie von verschiedenen Autoren taxonomisch sehr hoch bewertet. So sollen z. B. Zahl und Position der Rimoportulae, Fehlen oder Vorkommen von Verbindungsdörnchen auf den Schalenrändern sowie Besitz geschlossener oder offener Elemente des Zellgürtels entscheidende Kriterien für die «Aufsplitterung klassischer Gattungen» sein. *Tabellaria* zeigt, daß sogar die regional variierenden Formenschwärme einzelner Arten diesbezüglich keine Konstanz aufweisen. Möglicherweise liegen hier genetische Varianten vor, Sippen mit eingeschränktem, aber grundsätzlich vorhandenem Genfluß untereinander, wie sie bei Spermatophyten durch viele bekannte Beispiele belegt sind. Es steht zur Diskussion und zur Untersuchung an, ob Arten bei Diatomeen stets Biospecies im strengeren Sinne von Ernest Mayer sein müssen oder nicht. Darüber hinaus bleibt auch noch der Dualismus zwischen typologisch und populationsbiologisch zu verstehenden Arten weiter zu beachten.

5. Tabellaria binalis (Ehrenberg) Grunow in Van Heurck 1881 (Fig. 105: 9–16)

Fragilaria? binalis Ehrenberg 1854

Frusteln in Gürtelansicht breit rechteckig, Pervalvarachse gleich oder länger als Apikalachse. Zwischenbänder zahlreich, an einem Ende offen (erkennbar, wenn isoliert vorliegend) mit auffällig kurzen mehr oder minder schräg liegenden Septen; in situ meistens bandförmige, manchmal annähernd zickzackförmige Aggregate bildend. Schalen im Umriß meistens etwa hantelförmig mit stumpf keilförmigen Enden. Andere Populationen besitzen ausschließlich kleine Individuen, die Schalen sind dann elliptisch bis linear-elliptisch mit breit gerundeten Enden. Die Länge variiert somit erheblich zwischen ca. 6–23 µm, Breite an der breitesten Stelle ca. 3,3–9 µm. Axialarea eng bis sehr eng, linear, Str. etwas unregelmäßig gestellt, 14–20/10 µm. Im REM: Eine Rimoportula ist nahe dem apikalen Porenfeld an einem der Schalenpole regelmäßig vorhanden, detailliertere Angaben bei Flower (1989).

var. binalis (Fig. 105: 9–11)

Schalen in der Mitte konkav mit aufgetriebenen Enden, dadurch annähernd hantelförmig.

var. elliptica Flower 1989 (Fig. 105: 12–16)

Schalen elliptisch, in der Mitte nicht konkav.

Verbreitung auf der nördlichen Hemisphäre bekannt, Europa, Asien, Nordafrika, Nordamerika, im Gebiet ziemlich selten, lokal jedoch individuenreich in sehr elektrolytarmen, extrem oligo- oder dystrophen Gewässern (z. B. des «Lobelia-Seen»-Typs), regelmäßig mit pH-Wert unter 5. Öfter gemeinsam mit *T. quadriseptata* vorkommend.

Ehrenbergs Typus bleibt auf seine nicht ganz zweifelfreie Konspezifität mit Grunows Material zu überprüfen. Die kleinen, in der Mitte nicht eingeschnürten

Exemplare der var. *elliptica* werden leicht übersehen und sind früher in die Schlüsselmerkmale anderer Autoren nicht mit einbezogen worden.

6. Synedra Ehrenberg (1830) 1832

Typus generis: *Synedra baltica* Ehrenberg 1832 (bez. von R. Ross 1979) syn. *Navicula gaillonii* Bory 1827; *Synedra gaillonii* (Bory) Ehrenberg 1833

Frusteln mit den charakteristischen Merkmalen der Familie Fragilariaceae (innerhalb der Unterordnung Araphidineae sensu Simonsen 1979), in vivo nicht zu bandförmigen Aggregaten verkettet, sondern einzeln oder in Büscheln auf Gallertstielen sitzend im Litoral der Meeresküsten. Schalen langgestreckt linear bis linear-lanzettlich mit stumpf bis breit gerundeten Enden. Die Gattung ist im wesentlichen charakterisiert und von anderen Gattungen der Familie differenziert durch ein Zweischalensystem. Eine äußere und eine innere Schalenlage werden durch die Transapikalrippen miteinander verbunden. Es handelt sich um eine Konstruktion vergleichbar mit *Pinnularia* und *Caloneis* unter den Naviculaceae (siehe dort). Zwischen innerer und äußerer Schalenfläche und den Transapikalrippen liegen geschlossene Alveolen, die durch Öffnungen an den Mantelrändern mit dem Schaleninneren verbunden sind. Weitere Charakteristika (jedoch keine Unterscheidungskriterien zu benachbarten Gattungen) sind: Rechteckiger Frustelquerschnitt, Unterbrechung der gleichmäßig gestellten Areolenreihen durch eine enge oder breite Axialarea (Sternum) und an den Mantelrändern. Eine Rimoportula und apikale Porenfelder (in Gestalt eines sogenannten Ocellulimbus) und wenige kurze apikale Dörnchen an jedem Schalenpol. Gürtelbänder (Valvocopula, Copulae und Pleura) einseitig offen, mit Ligula.

Genau diese Gattungsdiagnose reklamieren Round & Williams (1986) für eine neu umschriebene Gattung «Catacombas». Dem können wir nicht folgen:

1. Dies ist formal nach den Regeln der ICBN gar nicht statthaft, weil der Typus generis der neuen Gattung bereits Typus generis einer älteren Gattung ist, nämlich *Synedra*.

2. Die neue Gattung ist überflüssig, weil sich eine Gattung *Synedra* sensu stricto (im Sinne der hier formulierten Diagnose und mit dem Typus generis *S. baltica*) jetzt endlich problemlos und überzeugend definieren läßt. Sie läßt sich zwanglos aus dem heterogenen Sippenspektrum von *Synedra* sensu lato herauslösen.

3. Einer angekündigten Bemühung zur Konservierung der Gattung *Synedra* (offenbar gegenüber *Fragilaria*) mit dem Typus generis *Synedra ulna* sollte dringend widersprochen werden, weil so taxonomische Forschung in eine bestimmte subjektiv gewünschte Richtung gelenkt würde. Eine Synonymisierung einer derart umschriebenen *Synedra* mit *Fragilaria* (unter welchem Namen auch immer) ließe sich letztlich doch nicht aufhalten, mangels substantieller Begründung eines Gattungs-Zwillingspaares.

4. Eine Abgrenzung von *Synedra* mit dem Typus generis *S. ulna* läßt sich nicht gegenüber *Fragilaria* sensu lato und noch weniger gegenüber *Fragilaria* sensu Williams & Round biologisch begründen, allenfalls typologisch nach Sortiermerkmalen.

5. Die Frage, ob die Gürtelbänder einseitig offen oder geschlossen sind, bliebe das einzige konkret faßbare Kriterium zur Abgrenzung einer stark reduzierten Rumpfgattung um *S. ulna*. Davon sollen noch einige Varietäten der *S. acus* abgezogen werden. Der Rest soll ergänzt werden durch Überführung einiger Arten aus *Fragilaria*, z. B. *F. ungeriana* und *F. pseudogaillonii*.

6. Dieses Kriterium allein ist aber zur Definition einer Gattung völlig unzurei-

chend, weil weit entfernt von jeder modernen polythetischen Gattungsdefinition (siehe nähere Erläuterungen unter Fragilariaceae).

7. Offene und geschlossene Gürtelbänder sind in unumstritten homogenen Gattungen gemeinsame Bestandteile im Variabilitätsspektrum eng verwandter Arten, z. B. in der benachbarten Gattung *Tabellaria*.

8. In der Diagnose für Rest-*Synedra* sensu Williams (1986) lassen sich keine anderen präzisierbaren Charakteristika einer so definierten Gattung finden. Die Diagnose nennt lediglich Varianten des Schalenbaus, wie sie bei *Fragilaria* und anderen Fragilariaceae allgemein vorkommen.

9. Wir stellen fest, daß die wichtigsten der früher von Round (1979, 1984) hervorgehobenen Kriterien für *Synedra* fallengelassen worden sind. In der Gattungsdiagnose von Williams kommen sie nicht mehr vor.

10. Nach der Definition Ehrenbergs ist danach auch die später gültige Definition aufgegeben worden. Das ist ein zweifacher Paradigmawechsel in der Geschichte der Gattung *Synedra*.

11. Die Gattungskriterien der bisher gültigen zweiten Definition haben sich also doch als unzulänglich erwiesen, man hat sie für Rest-*Synedra* konsequenterweise (größtenteils) verworfen.

12. Insbesondere sind dies: a) Fehlende Kettenbildung mit Hilfe von Verbindungsdörnchen, b) Fehlende Blasenbildung (Blisters) auf dem Schalenmantel, c) Zweizahl der Rimoportulae in jeder Schale, d) Variabilität der Areolenreihen gegenüber Uniformität bei *Fragilaria* (vgl. Poulin et al. 1986), e) Lebensweise bzw. Ökologie. Alle diese Merkmale haben sich in unterschiedlicher Kombination als frei variabel erwiesen.

Die Aufsplitterung von Gattungen nach einem typologischen Sortiermerkmal, wie es das offene oder geschlossene Gürtelband darstellt, dient nicht zu einer besseren Ordnung, die für den Biologen (außerhalb einer kleinen Gruppe taxonomischer Spezialisten) einsichtig wäre. Ein willkürliches Ordnungsprinzip, das Einzelmerkmalen (die zudem ohne Elektronenmikroskop gar nicht und mit ihm auch nicht immer zweifelsfrei erkannt werden können) den Vorzug gibt vor einer Gesamtsicht morphologischer Baupläne, führt ins biologische Abseits – und außerdem zu berechtigtem Unverständnis unter den Diatomeen-Interessenten in anderen Forschungsdisziplinen.

Andere enger definierte Gattungen, die aus dem Reservoir von *Synedra* (nach älterer Definition) stammen, stehen als Bewohner mariner Habitate hier, in dieser Süßwasserflora, nicht zur Diskussion. Dazu gehören insbesondere *Ardissonia* und *Toxarium*, als neue Gattungen *Hyalosynedra* und *Neosynedra*. Die auch im Brackwasser und Süßwasser lebenden Taxa der neuen Gattungen *Tabularia* und *Ctenophora* zählen wir vorläufig weiterhin zu *Fragilaria* (siehe auch Diskussion unter *Fragilaria*). Hinter *Tabularia* verbirgt sich der Sippenkomplex um die «alte» *Synedra tabulata*, jedoch nur ein Teil davon; hinter *Ctenophora* verbirgt sich als einzige Art die «alte» *Synedra pulchella*.

Wichtige Literatur: Grunow in Van Heurck Atlas (1880–1883), Gemeinhardt (1926), Hustedt (1933), Cleve-Euler (1953), Patrick & Reimer (1966), Round (1979, 1984), Lange-Bertalot (1980), Hasle & Syvertsen (1981), Poulin et al. (1984, 1986), Williams (1986), Williams & Round (1986, 1987), Le Cohu (1988), Lange-Bertalot (1989).

1. Synedra gaillonii (Bory) Ehrenberg 1833 (Fig. 136: 8, 9)

Navicula gaillonii Bory 1824; *Synedra baltica* Ehrenberg 1832

Frusteln in Gürtelansicht schmal rechteckig, vor den Enden etwas verschmälert. Schalen linear oder von der Mitte zunächst allmählich und erst vor den breit abgerundeten Enden etwas stärker verschmälert, Länge 110–270 μm, Breite 6,5–12 μm. Axialarea von sehr eng bis mäßig weit, linear, ohne Zentralarea. Str. 9–12(14)/10 μm, mit «Längslinien», dicht an den Schalenrändern verlaufend, die hier einen Strukturwechsel innerhalb der Str. andeuten. Die Pole erscheinen frei von Str., leicht proximal versetzt sind die Rimoportulae erkennbar. Im REM: apikale Porenfelder und Rimoportulae an jedem Schalenpol. Alveolen im Schaleninneren nur nahe am Mantelrand offen, fast über die gesamte Schalenfläche geschlossen. Die Foramina auf der Schalenaußenfläche bleiben noch genauer zu untersuchen.

Verbreitung vermutlich kosmopolitisch, im Gebiet stellenweise häufiger (oder auch fehlend) als Litoralform der Meeresküsten bis in die Flußästuarien, sehr selten auch vereinzelt in salzhaltigen Binnengewässern gefunden.

Weitgehend ähnliche Schalenstrukturen weisen die marinen Arten *S. camtchatica* Grunow und *S. laevigata* Grunow auf, weitere Taxa mariner Sippen bleiben zu untersuchen, inwieweit sie auch noch zu dieser Restgruppe von *Eu-Synedra* gehören oder aber zu *Ardissonia, Toxarium* oder anderen, evtl. noch zu definierenden Gattungen.

7. Fragilaria Lyngbye 1819

Typus generis: *Fragilaria pectinalis* (O. F. Müller) Lyngbye 1819 (? *Fragilaria capucina* Desmazières 1825)

Fragilaria ist eine polythetische Gattung, d. h. sie besitzt kein absolut differenzierendes Einzelmerkmal gegenüber anderen Gattungen der Familie. Als Hauptmerkmal gilt die Fähigkeit der Zellen, regelmäßig kürzere bis lange bandförmige Aggregate zu bilden, die wieder in Einzelindividuen zerfallen können. Weitere vorhandene oder fehlende Merkmale können immer nur als Differentialmerkmale (und nicht Charaktermerkmale) gegenüber einzelnen anderen Gattungen der Familie und ranghöheren Taxa dienen. Es fehlen insbesondere Raphen (ob stets ?). Kurze raphenartige Spalten an beiden Polen jeder Schale bei zwei bisher bekannten Taxa bleiben auf ihre Funktion hin und mögliche systematische Bedeutung weiter zu beobachten (vgl. Krammer & Lange-Bertalot 1985; Lange-Bertalot & Le Cohu 1985). Es fehlen Septen an den Zwischenbändern. Dagegen besitzt die Valvocopula oft mehr oder weniger verlängerte septenartige Anhängsel. Die Gürtelbänder können geschlossen oder auch offen sein, sie variieren in ihren Eigenschaften, ihrer Zahl und ihren Proportionen in Relation zu den Schalenmänteln von Artengruppe zu Artengruppe (Sektionen, die sich z. T. zu Untergattungen zusammenfassen lassen), aber manchmal auch von Art zu Art innerhalb solcher Gruppen. Die Alveolen sind stets offen und niemals teilweise geschlossen wie bei *Synedra gaillonii* und einigen verwandten Taxa aus dem Meereslitoral. Die Schalensymmetrie ist meistens bipolar, selten tripolar (sternförmig), meistens isopol, selten heteropol keulenförmig, meistens linear oder elliptisch bis lanzettlich, selten bananenförmig gekrümmt. Alveolen und Areolenreihen in unterschiedlicher Dichte, variabler Größe, Gestalt, Feinbau, regelmäßig durch eine engere bis weitere Axialarea unterbrochen, oft mit einer davon abgesetzten Zentralarea. Apikale Porenfelder in variabler Ausdehnung und Umgrenzung meistens vorhanden, Rimoportula an einem oder jedem Schalenpol in Einzahl vorhanden oder fehlend. Die Verkettung einzelner Zellen durch reißverschlußartig ineinandergreifende Verbindungsdörnchen ist die Regel, aber kein Differentialmerkmal der Gattung. Es gibt (anlog zu anderen Gattungen) Sippen mit randständigen Verbindungsdörnchen, die trotzdem regelmäßig pelagisch als sternförmige Kolonien oder benthisch in Nadelkissenform leben. Andererseits gibt es (wiederum analog zu anderen Gattungen) Arten in charakteristischen, oft sehr langen bandförmigen Kolonien, die nicht «verzahnt», sondern durch andere Mechanismen miteinander verbunden sind. Einige (wenige) Sippen zeigen – soweit erkennbar – überhaupt keine (dauerhafte) Bänderbildung, mehrere andere besitzen diese Fähigkeiten offenbar fakultativ. Wiederum kann allein deswegen (analog zu anderen Gattungen, z. B. *Eunotia, Pinnularia, Nitzschia*) eine andere Gattungszugehörigkeit nicht abgeleitet werden. Ebensowenig haben sich die verschiedensten feinstrukturellen Merkmale als gattungstypisch sensu stricto oder lato erwiesen wie z. B. die schuppenartigen Auflagerungen («Blisters», siehe unter *Synedra*) am Rande des Schalenmantels zur Valvocopula. Wechselbeziehungen zwischen schalenmorphologischen Kriterien, Merkmalen der lebenden Zellen und Lebensweise (Ökologie) haben sich als frei variabel erwiesen. Die bis vor wenigen Jahren noch gültige Gliederung des Sippenspektrums in *Fragilaria* (sensu Hustedt), *Eu-Synedra* (das ist *Synedra* ohne *Ardissonia* und *Toxarium* und die Gruppe mariner Arten um *S. gaillonii*), *Centronella, Ceratoneis / Hannaea, Opephora*, ist jetzt nach Maßgabe der im LM und REM erkennbaren Merkmalskombinationen nicht mehr sinnvoll, weder grundsätzlich biologisch noch nach bestimmungstechnischer Ordnungsfunktion (s. unter diesen Taxa).

Fragilaria ist eine vergleichsweise artenreiche Gattung, jedoch auch unter Einschluß einer Anzahl früherer *Synedra*-Arten erreicht sie nicht die 10 «Spitzenreiter» unter den Diatomeen-Gattungen. In *Fragilaria* lassen sich zweifellos mehrfach Arten gruppieren, welche untereinander auffällige Ähnlichkeiten aufweisen, die sie von anderen Gruppierungen unterscheiden. Das aber ist im Spektrum der «größeren» Diatomeen-Gattungen eher die Regel als die Ausnahme. Williams & Round (1987 und in mehreren folgenden Publikationen) sehen darin aber offenbar ein Problem. Im Sinne einer möglichen Lösung zerschlagen sie *Fragilaria* in zahlreiche neu konzipierte kleine Gattungen. Infolge der sehr engen, in den meisten Fällen keineswegs präzisen Definitionen dieser Einheiten müssen zwangsläufig fortlaufend weitere Taxa aus ihrem gegenwärtigen Gattungsverband herausgelöst und als neue «Klein-Gattungen» präsentiert werden. Sie basieren z. T. durchaus auf beachtlichen diakritischen Merkmalskombinationen, z. B. im Falle von *Staurosira* – die allerdings wiederum erweitert werden müßte – evtl. auch im Fall von *Neofragilaria / Fragilariforma*. Vorwiegend aber basieren sie auf z. T. extrem dürftigen Einzelmerkmalen oder – aus der Sicht des modernen polythetischen Gattungsbegriffs – auf banalen Varianten im morphologischen Konstruktionsmuster. Als Untergattungen oder nomenklatorisch unverbindliche Sektionen sollte man einigen davon eine «taxonomische Bewährungsprobe» einräumen, ob sie sich nach vertieften vergleichenden Untersuchungen auch noch als Ordnungsprinzip eignen oder nicht. So aber betrachten wir das Prinzip der Partikularisierung traditioneller Gattungen mit äußerster Zurückhaltung und Skepsis. Wir empfehlen, jede neue nomenklatorische Verbindlichkeit, die zu einer unübersehbaren Zahl neuer Binome führt, vorläufig zu vermeiden bis überzeugendere Kriterien gefunden worden sind als reine Sortiermerkmale.

Betreffend «taxonomischer Bewährungsprobe»: Vergleichsweise waren sich Lange-Bertalot & Le Cohu (1985) durchaus klar darüber, daß *Fragilaria loetschertii* nur sehr bedingt in diese Gattung hineinpaßt. Die Kreation einer neuen Gattung mit einer einzigen Art erschien ihnen jedoch übereilt. Die vorläufige Position, quasi in einer «Wartestellung», wirft jedoch am wenigsten Probleme auf. Ganz allgemein sollte gelten, nomenklatorische Verbindlichkeiten zu vermeiden, die wieder revidiert werden müßten, wenn weitergehende Untersuchungen im breiten systematischen Umfeld zu anderen Ergebnissen führen sollten. Und wie viele Taxa sind seit allgemeiner Verbreitung des REM denn wirklich schon in allen Details genau genug untersucht?

Bestimmungsschlüssel der Arten

1, 6), vgl. auch *F. lata* (Fig. 129: 5) und einzelne Formen im *F. ulna*-Sippenkomplex .... **21. F. constricta**

14b   Schalenbreite regelmäßig unter 8 µm **15**

15a   Die 2,5–3 µm breiten Schalen sind über eine längere Distanz schwach eingerandet (Fig. 111: 25–28) .... **23. F. alpestris**

15b   Schalen breiter und/oder nur im Bereich der Zentralarea konkav eingezogen **16**

16a   Schalen zweiwellig und grob punktiert (Fig. 130: 19, 20) .... **43. F. robusta**

16b   Falls Merkmalskombination unzutreffend, vgl. folgende Taxa: 1. 5. *F. capucina* var. *mesolepta*, 12. *F. parasitica* var. *subconstricta*, 8. *F. crotonensis*, 1. *F. capucina*-Sippenkomplex part. (manche Populationen), 2. *F. bidens* part., 4. *F. famelica* part., 34. *F. construens* part., 40. *F. oldenburgiana* part., 22. *F. lata* part., 15. *F. virescens* part., 26. *F. ulna*-Sippenkomplex part.

17a(13) Schalen in der Mitte mehr oder weniger aufgetrieben **18**

17b   Schalen linear, elliptisch, lanzettlich, aber in der Regel nicht bauchig aufgetrieben **24**

18a   Schalen schmal linear (3–3,5 µm breit) und in der Mitte leicht aufgetrieben (Fig. 134: 26–31) .... **40. F. oldenburgiana**

18b   Schalen kürzer und breiter mit stärkerer Auftreibung **19**

19a   Str. grob, weniger als 12/10 µm und nicht auffällig punktiert (Fig. 133: 33–42) .... **37. F. leptostauron part.**

19b   Str. feiner, regelmäßig mehr als 12/10 µm **20**

20a   Enden bei annähernd rhombisch-lanzettlichem Umriß länger vorgezogen und spitzer gerundet, (im REM) ohne Verbindungsdörnchen (Fig. 130: 1–8) .... **12. F. parasitica part.**

20b   Merkmalskombination unzutreffend **21**

21a   Axialarea nicht oder kaum erkennbar differenziert (Fig. 129: 3–5) .... **22. F. lata part.**

21b   Axialarea mehr oder weniger deutlich differenziert **22**

22a   Str. grob punktiert erscheinend (Fig. 130: 25–30) .... **42. F. pseudoconstruens part.**

22b   Str. allenfalls zart punktiert **23**

23a   Schalen zu den Enden regelmäßig auffallend lang schnabelartig vorgezogen (Fig. 116: 8–10) .... **11. F. heidenii part.**

23b   Enden weniger lang vorgezogen und breiter gerundet (Fig. 132: 1–32) .... **34. F. construens part.**

24a(17) Schalenränder mehrwellig (Fig. 132: 23–27), sehr selten auch bei *F. pinnata* .... **34. F. construens part.**

24b   Merkmal unzutreffend **25**

25a   Axialarea sehr eng bis kaum differenzierbar **26**

25b   Axialarea enger bis weiter, aber stets noch deutlich differenzierbar **28**

26a   Schalen breiter als 5 µm (Fig. 126: 1–10) .... **15. F. virescens**

26b   Schalen bis zu 5 µm breit **27**

27a   Str. gleichmäßig gestellt, 18–21/10 µm (Fig. 126: 11–20) .... **17. F. exigua**

27b   Str. 13–17/10 µm, oft unregelmäßig gestellt (Fig. 118: 11–16); falls Str. dichter vgl. auch *F. incognita* ohne Diatoma-ähnliche, bandförmige Rippenbildungen (Fig. 118: 1–6) ..... **24. F. bicapitata**

28a(25) Zentralarea mehr oder weniger deutlich halbseitig ausgeprägt bei einer Schalenlänge von regelmäßig unter 50 µm (Tafel 108, 109); hinzu kommen weitere Sippen oder einzelne Exemplare dieses

Komplexes ....
.... **F. capucina 1.8. var. vaucheriae 1.11. var. perminuta**

28b   Merkmalskombination unzutreffend **29**

29a   Str. grob, ca. 5–12/10 μm **30**

29b   Str. regelmäßig mehr als 12/10 μm **32**

30a   Polyhalobe Meeresform (Fig. 136: 12, 13) ..... **33. F. investiens**

30b   Sippen im Süßwasser und eingeschränkt im Brackwasser **31**

31a   Längenwachstum der Populationen auf meistens deutlich unter 40 μm begrenzt, Str. nicht punktiert, allenfalls liniert erscheinend (Fig. 133: 1–42), vgl. auch grobstreifige Sippen des *F. capucina*-Komplexes .... **36. F. pinnata part.**

31b   Länge meistens erheblich über 40 μm und/oder Breite um oder über 5 μm; vgl. aber auch grobstreifige Populationen von *F. capucina* und grob punktierte von *F. minuscula* **61**

32a(29)   Str. mehr oder weniger deutlich punktiert erscheinend **33**

32b   Punkte der Str. schwer oder nicht auflösbar **36**

33a   Schalen linear bis linear-lanzettlich, meistens mit wenigstens angedeuteter von der Axialarea abgesetzter Zentralarea (Fig. 111: 4–17)................................. **4. F. famelica part.**

33b   Schalen rundlich bis linear-elliptisch, Zentralarea von der Axialarea nicht abgesetzt **34**

34a   Schalen meistens linear-elliptisch mit breit bis flach gerundeten Enden und sehr weiter Axialarea (Fig. 129: 10–13; vgl. auch *Delphineis karstenii* (Fig. 129: 16, 17) .... **44. F. zeilleri part.**

34b   Schalen stärker konvex gekrümmt oder rundlich **35**

35a   Schalen breit elliptisch bis annähernd rundlich (Fig. 130: 31–42); vgl. auch Formen entspr. Fig. 130: 21–23) .. **35. F. elliptica part.**

35b   Schalen linear-elliptisch mit stumpf bis mäßig breit gerundeten Enden (Fig. 132: 17–22) ....
.... **34. F. construens part. (subsalina-Sippen)**

36a(32)   Schalen ohne eine von der Axialarea abgesetzte Zentralarea .. **37**

36b   Zentralarea mehr bis weniger deutlich erkennbar abgesetzt, Tafel 108–112 vgl. auch *F. famelica* part. ....
.... **1. F. capucina-Sippenkomplex part.**

37a   Schalen (außer den kleinsten) strikt linear mit keilförmig verschmälerten Enden (Fig. 127: 1–5A) .... **16. F. neoproducta**

37b   Schalenumrisse variabel, selten strikt linear (Fig. 132: 1–32); vgl. auch *F. oldenburgiana*, *F. famelica*, *F. capucina*-Sippenkomplex, *F. investiens* .... **34. F. construens-Sippenkomplex part.**

38a(12)   Größte Schalenbreite 1,5–2 μm, Str. kaum differenzierbar, mehr als 22/10 μm (Fig. 115: 15, 16) .... **7. F. nanana**

38b   Größte Schalenbreite wenigstens 2 μm und/oder Str. deutlicher differenzierbar, bis um 22/10 μm **39**

39a   Falls Axialarea in Relation zur geringen Breite von 2–3 μm ziemlich weit (z. B. Fig. 115: 8, 9), vgl. folgende Taxa: 5. *F. tenera* part., 6. *F. delicatissima* part., 1.13 *F. capucina* var. *amphicephala*, Sippenkomplex um 32. *F. fasciculata* part.

39b   Axialarea enger **40**

40a   Falls Länge regelmäßig deutlich unter 100 μm, vgl. folgende Taxa: 5. *F. tenera* part., 1. *F. capucina*-Sippenkomplex part., 4. *F. famelica* part.

40b   Länge regelmäßig um oder über 100 μm **61**

41a(9)   Str. grob punktiert (Fig. 136: 1–7) .... **31. F. pulchella**

41b   Str. undeutlich oder gar nicht punktiert erscheinend (Fig. 111:

54a Schalen über 100 μm lang, unregelmäßig verbogen mit mittlerer Auftreibung beidseitig der Zentralarea (Fig. 116: 6, 7); vgl. auch Auxosporen und Erstlingszellen anderer Taxa . **9. «F. montana»**

54b Merkmale nicht zutreffend (Fig. 117: 15–16), Individuen in situ auf Zooplankton sitzend . . . . **13. F. cyclopum**

55a(2) Str. um oder über 20/10 μm **56**

55b Str. weniger als 16/10 μm **57**

56a Sippen im elektrolytarmen Süßwasser (Fig. 126: 11–20) . . . .
. . . . **17. F. exigua part.**

56b Sippen im Brackwasser der Meeresküsten (Fig. 127: 9–15) . . . . . .
. . . . **18. F. subsalina**

57a(55) Str. 13–16 in 10 μm, fein punktiert erscheinend, Axialarea extrem eng (Fig. 127: 16–21) . . . . **19. F. schulzii**

57b Str. meistens weiter gestellt, nicht punktiert, sondern liniert oder hyalin, Axialarea weniger eng (Sippen entsprechend der Gattung *Opephora* sensu auct. nonnull.) **58**

58a Sippen im Brackwasser der Meeresküsten, Dörnchen in Schräg-lage auf den Str. sichtbar und nicht auf den Transapikalrippen (Fig. 134: 9–20 bzw. 32, 33) . . . . **Op. pacifica (S. 166)**
. . . . **Op. olsenii (S. 166)**

58b Sippen weit überwiegend im Süßwasser lebend und Dörnchen fehlend oder, falls vorhanden, meistens auf den Transapikalrip-pen inseriert (Fig. 133: 12–17 bzw. 28–30), *Opephora martyi* sensu auct. nonnull., vgl. auch *F. berolinensis* (Fig. 134: 22, 23) . . .
. . . . **36.4 F. pinnata var. subsolitaris**
. . . . **37.3 F. leptostauron var. martyi**

59a(1) «Arme» langgestreckt, ca. 20–40 μm bei ca. 2 μm Breite, Str. 20 und mehr/10 μm (Fig. 117: 1, 2) . . . . **10. F. reicheltii**

59b Merkmale unzutreffend **60**

60a Pole kopfig gerundet, Str. mehr als ca. 13/10 μm (Fig. 117: 4–7A)
. . . . **34.5 F. construens f. exigua**

60b Str. deutlich weiter gestellt und Pole nicht kopfig gerundet (Fig. 117: 3) . . . . **36.3 F. pinnata var. trigona**

61a(31, 40) Str. auch mit optischen Hilfsmitteln nicht als einfach punktierte Linien aufzulösen, im EM Areolen regelmäßig in Doppelreihen angeordnet (Fig. 120: 1–5), vgl. auch *F. goulardii* (Fig. 123: 4) so-wie diverse weitere Sippen aus dem Komplex um *F. ulna* . . . .
. . . . **29. F. lanceolata**

61b Areolen in einfachen Reihen angeordnet **62**

62a Pole breit gerundet oder mehr bis weniger kopfig, oft annähernd löffelförmig gestaltet, Zentralarea in der Regel nicht ausgebildet, Länge der Schalen durchschnittlich über 250 μm, Breite 5–10 μm, Frusteln fakultativ zu bandförmigen Aggregaten verkettet und fakultativ mit Dörnchen auf den Schalenrändern (Fig. 121: 1–5), vermutlich handelt es sich um eine heterogene Sippengruppe . . . .
. . . . **28. F. biceps**

62b Merkmalskombination unzutreffend **63**

63a Frusteln regelmäßig zu bandförmigen Aggregaten verkettet und mit Dörnchen auf den Schalenrändern, Schalen 7–10 μm breit und im Durchschnitt bei jeder Population unter 200 μm lang (Fig. 121: 6–8) . . . . **27. F. ungeriana**

63b Merkmalskombination unzutreffend; Merkmale in variablen Kombinationen, insbesondere die Relationen von Länge zu Breite, Gestalt der Pole und der Zentralarea (Tafel 119, 122) . . . . .
. . . . **26. F. ulna-Sippenkomplex**

1. Untergattung Fragilaria

Typus subgeneris: *Fragilaria pectinalis* (O. F. Müller) Lyngbye 1819

Diese Untergattung ist wahrscheinlich keine homogene Gruppe. Andererseits erscheint sie jedoch entschieden homogener als vergleichsweise die Untergattung *Cymbopleura* innerhalb der Gattung *Cymbella* (siehe dort). In der Untergattung *Fragilaria* bleiben vorläufig alle Arten vereinigt, die im Sinne von Williams & Round (1987) auf die beiden neu definierten Gattungen *Fragilaria* (in stark verengter Definition) und *Neofragilaria* syn. *Fragilariforma* verteilt werden sollten. In Anbetracht der Tatsache, daß bisher nur relativ wenige der vielen zur Diskussion stehenden Arten daraufhin untersucht worden sind, wohin sie gestellt werden sollen, halten wir eine weitergehende taxonomisch verbindliche Auftrennung der Gattung für voreilig. Im Rahmen dieser Flora halten wir vorläufig nicht einmal eine Differenzierung auf der niederen Rangstufe von Untergattungen für praktikabel.

Bei der Untergattung *Fragilaria* verbleiben daher alle Arten mit dem Grundbaumuster der Gattung, die nicht die besonderen Merkmalskombinationen der nachfolgenden Untergattungen aufweisen. Insbesondere sind dies: Offene Gürtelbänder (soweit bekannt), verbunden mit dem regelmäßigen Vorkommen einer Rimoportula (ausnahmsweise zwei oder keine). Andere morphologische Eigenheiten, die obligatorisch oder fakultativ auftreten, sind auf ihre Bedeutung als systematische Kriterien noch genauer zu untersuchen. Sie bleiben vorläufig noch umstritten und können bisher lediglich als beliebige Sortiermerkmale bewertet werden.

Der Sippenkomplex um Fragilaria capucina / vaucheriae

Dieser Komplex besteht aus einer Vielzahl von Sippen, die sich typologisch, aber auch in der «biologischen Realität» schwer voneinander unterscheiden lassen. Ein Teil der Sippen verdient sicher Artrang, andere sind wahrscheinlich Unterarten, wiederum andere ökologisch bedingte Varianten (genetische oder phänetische Modifikationen) innerhalb der Arten. Die meisten der rein typologisch begründeten, extrem merkmalsarmen Taxa sind jedoch allem Anschein nach nichts weiter als Erscheinungsformen innerhalb des normalen Variabilitätsspektrums der Sippen. Sehr viele Taxa sind als Synonyme zu betrachten. Infolge unzulänglicher Protologe und mangelnder Typenstudien waren die Konzeptionen von traditionell oft zitierten Taxa bei namhaften Autoren allgemein verbreiteter Bestimmungsfloren sehr verschieden. Das größte Hindernis für realistische Konzepte war jedoch (bis 1980) die Aufteilung der Formenschwärme in zwei Gattungen, *Fragilaria* und *Synedra*. Je nachdem, ob eine Population in bandförmigen Aggregaten oder aber in nadelkissenförmigen Büscheln wuchs, wurde sie der ersten oder der zweiten Gattung zugeordnet. So kam es, daß fast jedes Taxon in *Fragilaria* einen Doppelgänger («alter ego») in *Synedra* besaß. Die Definition der beiden Gattungen nach einem fiktiv entscheidenden REM-Kriterium, Besitz von Verbindungsdörnchen oder nicht, hatte die Verwirrung nur noch verstärkt. Die genauere Kenntnis einzelner Sippen in diesem Komplex ist jedoch vom Standpunkt der Ökologie betrachtet von größter Wichtigkeit, weil sie sich hervorragend als Zeiger des Trophiegrades eignen (G. Hofmann, Dissertation der J. W. Goethe-Universität, Frankfurt a. M. 1991). Dabei ist es zunächst nicht von entscheidender Bedeutung, ob sich die gleichen Populationen unter dem Einfluß des wechselnden Milieus in ihrer morphologischen Erscheinung ändern oder – was wahrscheinlicher ist – ob genetisch unterschiedliche Populationen gefördert werden. Nach dem gegenwärtigen Stand unserer Kenntnisse gliedern wir die Sippen wie folgt, wobei eine verbindliche Nomenklatorik gegenüber einer (vorläufigen) biologischen Ordnung zurückstehen soll.

1. Fragilaria capucina Desmazières 1925

Zusammenfassende Diagnose des Sippenkomplexes
Frusteln in Gürtelansicht schmal linear-rechteckig, in situ oft zu bandförmigen Aggregaten verkettet («fragilarioid») oder büschelartig («synedroid») auf Substraten angeheftet. Schalen im Umriß ziemlich variabel, linear, sublinear, schmal bis breiter lanzettlich oder in der Mitte mehr bis weniger eingeschnürt, mit spitzer oder stumpfer gerundeten oder keilförmig bis schwach kopfig vorgezogenen Enden. Größendimensionen extrem variabel, Länge von unter 10 bis (?) über 100 µm, Breite ca. 2–6,5 µm. Axialarea mehr oder weniger eng linear, Zentralarea variabel in Umriß und Größe, halbseitig ausgebildet oder fehlend. Str. parallel, Dichte sehr variabel, von 9 bis über 22/10 µm. Im REM: Jede Schale besitzt in der Regel zwei apikale Porenfelder und eine Rimoportula (zwei untersuchte Sippen hatten an jedem Pol eine). Verbindungsdörnchen am Mantelrand von unterschiedlicher Gestalt, in der Regel reißverschlußähnlich verzahnt, mit der Basis auf einer Intercostalrippe der Areolenreihen sitzend. In manchen Sippen sehr dicht nebeneinander auf Transapikal- und Intercostalrippen sitzend, bei anderen wiederum wenige unregelmäßig verteilt oder aber völlig fehlend. Die Gürtelbänder sind (alle ?) einseitig offen, soweit untersucht.

1.1 capucina-Sippen sensu stricto (Fig. 108: 1–8)
Fragilaria capucina Desmazières 1825 var. capucina

Fragilaria capucina var. *lanceolata* Grunow in Van Heurck 1881; *Synedra rumpens* var. *familiaris* f. *major* Grunow in Van Heurck 1881; *Synedra (amphicephala* var. ??) *fallax* Grunow in Van Heurck 1881; *Synedra rumpens* var. *acuta* (Ehrenberg) Rabenhorst 1864 sensu Grunow; *Synedra rumpens* sensu auct. nonnull.; *Fragilaria intermedia* sensu auct. nonnull.; *Fragilaria producta* sensu auct. nonnull.

Schalenumrisse variabel zwischen lanzettlich und linear, Breite 3,5–4,5 µm; Str. 12–17/10 µm. Im REM: Verbindungsdörnchen nicht auf den Transapikalrippen, sondern auf den Str. (ob stets ?).
Ökologie noch nicht ganz sicher zu beurteilen. Schwerpunkt wahrscheinlich in oligotrophen bis schwach mesotrophen, mäßig sauren bis circumneutralen Gewässern mit niedrigem bis mittlerem Elektrolytgehalt. Die Sensibilität gegen Saprobie in Flüssen und Trophie in stehenden Gewässern ist vorläufig noch unklar, weil in der Vergangenheit oft *capucina*-Sippen in kritisch belasteten Gewässern als *vaucheriae*-Sippen bestimmt worden sind. Viele Autoren in der ökologischen Literatur haben die beiden Sippen überhaupt nicht unterscheiden können.
Die Population im Typenmaterial ist in den Schalen breiter und auch gröber strukturiert als in der Vergangenheit von den meisten Autoren angenommen wurde. Es wird dadurch schwierig, sie von *Fragilaria vaucheriae* zu unterscheiden, wenn man berücksichtigt, daß auch die Gestalt der Zentralarea variabel sein kann. Insgesamt sind die hier zugehörigen Populationen morphologisch schwer zu umgrenzen, da sogar in der hier engen Umschreibung noch ziemlich variabel.
Besonders interessant ist in diesem Zusammenhang der Lectotypus von «*Synedra (amphicephala* var. ??) *fallax*» (Coll. Grunow 598, aus Kremsmünster). Diese Sippe verbindet durch ihre Merkmalskombination die Taxa *Fragilaria capucina* (Lectotypus), *Synedra vaucheriae* und *Synedra amphicephala*. 1. Auf die große Ähnlichkeit und vermutete Konspezifität mit *S. vaucheriae* weist Grunow bereits im Protolog hin. 2. Mit der von Grunow (doppelt) in Frage gestellten Nominatvarietät *amphicephala* verbindet die *fallax*-Sippe hauptsächlich die Gestalt der kopfigen Enden. 3. Von Exemplaren des *capucina*-Lectoty-

pus schließlich unterscheidet sich die *fallax*-Sippe nicht, außer durch ihre stärker kopfig vorgezogenen Enden.

1.2 radians-Sippen (Fig. 109: 17, 18)

Synedra radians Kützing 1844

Schalen wie bei den *capucina*-Sippen, jedoch Str. durchschnittlich etwas weiter gestellt, um 10/10 µm. Die Merkmale überschneiden sich mit einigen anderen Sippen dieses Komplexes.

Als Lectotypus kommt im Zusammenhang mit dem Protolog nur ein Präparat aus dem Herbar Kützing 188, Tennstädt, in Frage, bezeichnet wurde B.M. 18192. Das Problem aber besteht darin, welche der Populationen darin Kützing wohl als *Synedra radians* angesehen hat. Es enthält nämlich: *F. pulchella, F. famelica* und verschiedene Populationen aus dem hier diskutierten *capucina*-Sippenspektrum, darunter *rumpens*- und *gracilis*-Sippen. Konform mit dem Protolog ist jedoch nur die hier durch Fig. 109: 17, 18) repräsentierte Sippe mit gröberen Str., weil alle anderen entweder die Länge von etwa 45 µm oder die Breite von etwa 4 µm überhaupt nicht aufweisen (vgl. Kützing 1844, Fig. 14: 7). Diese muß als Lectotypus-(Population) angesehen werden! Wahrscheinlich hat Kützing die diversen Populationen im Präparat aus Tennstädt und später auch im Präparat aus Falaise (Herbar Kützing 1211; es handelt sich darin um eine *rumpens*-Sippe, vgl. Fig. 110: 1, 2) nicht differenziert. In situ können mehrere davon «*radians*-Kolonieformen» bilden, das Merkmal ist nicht eindeutig. Kein einziges der später mit Kützings Taxon verbundenen jüngeren Taxa anderer Autoren hat wirklich etwas mit *Synedra radians* (Lectotypus) zu tun. Am wenigsten die in der neueren Literatur vorgestellten Sippen um *Synedra / Fragilaria acus*.

1.3 rumpens-Sippen (Fig. 108: 16–21; Fig. 110: 1–6A)

Fragilaria capucina var. rumpens (Kützing) Lange-Bertalot 1991

Synedra rumpens Kützing 1844; *Fragilaria laevissima* Oestrup 1910 non Cleve nec Meister; *Fragilaria pseudolaevissima* Van Landingham 1971; (?) *Synedra puellaris* Messikommer 1944

Die Population des Lectotypus besitzt (wie var. *capucina*) Schalenbreiten um 4 µm, Str. jedoch dichter gestellt, 18–20/10 µm. Andere Populationen besitzen durchschnittlich weniger breite Schalen und leiten so zu den *gracilis*-Sippen über.

Ökologischer Schwerpunkt wahrscheinlich in oligo- bis mesotrophen Gewässern.

Die Diagnose bezieht sich auf den Lectotypus (Herb. Kützing 194, B.M. 18357). Sehr wahrscheinlich handelt es sich dabei tatsächlich um *S. rumpens* entsprechend der Angabe im Protolog, «Brackwasser der Oldenburgischen Küste». B.M. 18357 ist daher wohl tatsächlich Lectotypus und nicht Neotypus, *Synedra rumpens* sensu Hustedt et auct. nonnull. stimmt mit ihm in vielen Fällen nicht überein. Viele Autoren sind offensichtlich von der Vorstellung ausgegangen, daß das Epitheton «*rumpens*» Formen bezeichnet, die in der Mitte mehr bis weniger geknickte Umrißlinien aufweisen. Das aber ist weder in Bezug auf den Lectotypus der Fall noch etymologisch zwingend zu begründen. Populationen oder einzelne Klone mit derart geknickt erscheinenden Schalen kommen sporadisch zwischen normal gestalteten vor.

1.4 gracilis-Sippen (Fig. 110: 8–13; Fig. 111: 1–3; Fig. 113: 22–26)
Fragilaria capucina var. gracilis (Oestrup) Hustedt 1950
Synedra rumpens var. *familiaris* (Kützing) Grunow 1881 part.; *Fragilaria gracilis*
Oestrup 1910; *Synedra familiaris* sensu auct. nonnull; *Synedra famelica* sensu
auct. nonnull. Aus der Synonymie auszuschließen sind: *Synedra familiaris*
Kützing 1844; *Synedra famelica* Kützing 1844 (quoad Lectotypus)

Schalen schmäler als bei var. *capucina* und var. *rumpens*, etwa 2–3 μm. Str. um 20/
10 μm, in Schalenmitte oft durch eine deutliche oder undeutliche Zentralarea
abgeschwächt oder unterbrochen, die Ränder können hier, in der Mitte, unregelmäßig etwas konkav oder konvex verbogen sein. Im REM: Zumindest ein Teil
der Sippen besitzt keine Dörnchen auf den Schalenrändern.
Ökologischer Schwerpunkt in oligosaproben, oligo- bis mesotrophen, schwach
sauren bis schwach alkalischen Gewässern mit niedrigem bis mittlerem Elektrolytgehalt. Die *gracilis*-Sippe eignet sich daher zur Differenzierung solcher Gewässer gegenüber stärker saurem, insbesondere dystrophem Milieu einerseits
und durch ihre Sensibilität gegenüber zunehmender Trophie andererseits.
Man findet diese Sippen, die evtl. eine selbständige Art repräsentieren, in der
Literatur unter sehr verschiedenen Namen verzeichnet. Wahrscheinlich sind sie
sogar untereinander wiederum heterogen. So z. B. der Lectotypus von *F. gracilis*
einerseits und die «Kölma-Sippe» aus dem Herbar Kützing andererseits (vgl.
Fig. 110: 9–11 und Fig. 111: 1). Letztere ist eine von drei heterogenen Syntypen
der *Synedra famelica* (siehe dort) im Herbar Kützing: 1. der Lectotypus (no. 179
= B.M. 18189) aus Halle, 2. no. 841 aus Zürich (vgl. unter *perminuta*-Sippe),
3. no. 189 aus Kölma, das ist eine relativ kurzschalige Sippe. Sie kann durchaus
zur hier diskutierten *gracilis*-Sippe gehören. Man könnte sie aber auch als eine
weitere definierbare Sippe betrachten. Was *scotica*-Formen betrifft (*Synedra
rumpens* var. *scotica* Grunow), so bleiben mögliche Beziehungen zu anderen
Taxa von *Fragilaria* noch weiter zu klären (vgl. Lange-Bertalot 1980).

1.5 mesolepta-Sippen sensu lato (Fig. 110: 14–21, 23, 24)
Fragilaria capucina var. mesolepta (Rabenhorst) Rabenhorst 1864
Fragilaria mesolepta Rabenhorst 1861; *Fragilaria subconstricta* Oestrup 1910;
Fragilaria tenuistriata Oestrup 1910.

Schalen annähernd linear und in der Mitte mehr oder weniger stark eingeschnürt,
Axialarea durch Verkürzung der Str. etwas breiter erscheinend als bei anderen
Sippen.
Ökologischer Schwerpunkt noch nicht sicher zu beurteilen. Wahrscheinlich
ähnlich wie die *gracilis*-Sippen.
mesolepta-Erscheinungsformen sensu stricto kommen regelmäßig gemeinsam
vor mit weniger eingeschnürten *subconstrica*-Formen (selbständige Spezies im
Sinne von Oestrup) und auch mit der vielleicht ebenfalls hier zugehörigen
Fragilaria tenuistriata. Letztere besitzt auffallend stumpf bis breit gerundete
Enden und keine Einschnürung in Schalenmitte. Diese drei Sippen stehen
gemeinsam der Nominatvarietät der *F. capucina* relativ fern.

1.6 Sippe aus dem Taunus (Fig. 115: 8, 9)
Schalen mit Umrissen, die sowohl *F. tenera* als auch der *gracilis*-Sippe von
F. capucina ähneln, Axialarea infolge stark verkürzter Str. jedoch vergleichsweise
sehr weit.

1.7 Sippe aus dem Baikalsee (Fig. 112: 3–8)
Es handelt sich dabei vermutlich um eine selbständige Art, jedoch sind in ihrer
Merkmalskombination fließende Übergänge zu den *rumpens*- und zu *vauche*-

riae-Sippen erkennbar. Auch die größten Individuen innerhalb der Population sind lanzettlich und nicht linear.

1.8 vaucheriae-Sippen sensu stricto (Fig. 108: 10–15)
Fragilaria capucina var. vaucheriae (Kützing) Lange-Bertalot 1980
Exilaria vaucheriae Kützing 1833; *Staurosira intermedia* Grunow 1862; *Fragilaria intermedia* Grunow in Van Heurck 1881; *Synedra rumpens* var. *meneghiniana* Grunow in Van Heurck 1881; *Fragilaria vaucheriae* (Kützing) Petersen 1938.

Schalen bei den größten Exemplaren einer Population stets annähernd linear, Breite 4–5 μm. Zentralarea in der Regel, aber nicht immer einseitig ausgeprägt. Str. 9–14/10 μm. Im REM: Ein Teil der Sippen besitzt Verbindungsdörnchen auf den Schalenrändern, die dicht gereiht auf oder zwischen den transapikalen Rippen stehen. Andere Sippen zeigen abweichende Stellung der Dörnchen, wiederum andere besitzen überhaupt keine, ohne daß in der übrigen Schalenmorphologie signifikante Unterschiede zu erkennen wären.
Ökologische Amplitude offensichtlich weit gespannt, ökologische Schwerpunkte einzelner Sippen noch nicht erkennbar. Schwierige Abgrenzung von anderen der hier aufgeführten Sippengruppen und auch schwierige Differenzierung innerhalb der *vaucheriae*-Sippen sensu stricto.
Gerade diese Sippen stehen der Typenpopulation von *F. capucina* doch sehr viel näher als bisher vermutet, weil beide Typen früher wohl kaum jemals direkt in Vergleich gezogen worden sind. In der «alltäglichen Bestimmungspraxis der Hydrobiologen» bereitet eine klare Unterscheidung jedenfalls immer noch Schwierigkeiten. Viel leichter ist es natürlich bei anderen Sippen, die bisher von zweiter Hand als «Prototypen» von *Fragilaria capucina* und *Synedra vaucheriae* in der Bestimmungsliteratur vorgestellt wurden. Derart falsche «Prototypen» stehen den Lectotypen beider Taxa jedoch eher ferner als nahe.

1.9 distans/fragilarioides-Sippen (Fig. 109: 16; Fig. 113: 16–21)
Synedra vaucheriae var. *distans* Grunow in Van Heurck 1881; *Synedra rumpens* var. *fragilarioides* Grunow in Van Heurck 1881

Schalen wie bei var. *vaucheriae* sensu stricto, durchschnittlich jedoch längere, lineare Schalen, Str. durchschnittlich noch weiter gestellt, um 10/10 μm (vgl. aber auch *radians*- und *amphicephala*-Sippen).
Ökologischer Schwerpunkt infolge von Abgrenzungsproblemen noch nicht genauer bekannt, jedenfalls nicht in stärker mit Abwasser belasteten Flüssen.
Diese Sippen bleiben bezüglich ihres Variabilitätsspektrums noch genauer zu untersuchen.

1.10 capitellata-Sippen (Fig. 109: 25–28)
Synedra vaucheriae var. *capitellata* Grunow in Van Heurck 1881; *Fragilaria vaucheriae* var. *capitellata* Ross 1947

Schalenenden mehr oder weniger köpfchenförmig vorgezogen. Grunow (in Van Heurck 1881, fig. 40: 24–26) unterscheidet noch eine etwas weiter gestreifte Variante mit 15–17 Str./10 μm von der Nominatform mit 18/10 μm.
Ein Teil dieser Sippen erreicht ein Wachstumsoptimum unter eutrophen Verhältnissen und ist tolerant gegen starke Abwasserbelastung (Saprobie) bis α-mesosaprob. Ebenso verhalten sich aber auch (alle?) *vaucheriae*-Sippen sensu stricto.
Das Variabilitätsspektrum solcher abwasserresistenten Formenschwärme bleibt noch genauer zu untersuchen. Diese und eine Sippe aus oligotrophem Wasser auf Tenerifa/Kanarische Inseln besitzen keine Verbindungsdörnchen (Fig. 109: 27).

1.11 perminuta-Sippe (Fig. 109: 1–5)

(?) *Synedra (vaucheriae* var.?) perminuta Grunow in Van Heurck 1881; *Synedra famelica* Kützing part. (excl. Lectotypus)

Schalen sehr ähnlich den *vaucheriae*-Sippen sensu stricto, aber die Populationen bestehen durchweg aus zierlicheren, enger gestreiften Individuen, linear-lanzettlich mit mehr oder weniger kopfig vorgezogenen Enden, Länge etwa 7–40 µm, Breite 3–3,5(4) µm, Str. 17–21/10 µm.

Im Herbar Kützing als dritter Syntypus von *Synedra famelica*, aus dem Zürichsee. Allgemein in den Seen der Voralpen und den periglazialen Seen im Norden des Gebiets sehr verbreitet und häufig. Ökologischer Schwerpunkt unter oligo- bis mesotrophen Verhältnissen, verschwindet sukzessive bei zunehmender Eutrophierung, sie kommt also auch nicht in Flüssen mit stärkerer Abwasserbelastung vor wie andere der *vaucheriae*-Formenschwärme. Sie reagiert jedoch weniger sensibel auf höhere Trophie-Grade als die *gracilis*-Sippe und (zwar nicht so deutlich) auch weniger sensibel als die *amphicephala*- und *rumpens*-Sippen. Diese Sippe ist im Vergleich zu anderen aus dem Komplex immer gut identifizierbar und auch leicht abzugrenzen. Sie könnte eher Artrang, unabhängig von *F. capucina* beanspruchen als die *vaucheriae*-Sippe sensu stricto! Allerdings ist es ohne genauere populationsbiologische Kenntnisse unmöglich, die genetischen Beziehungen zwischen den Sippen sicher zu beurteilen. Vgl. die Literatur zu diesbezüglichen Problemen der Artbildung bei anderen Klassen der Pflanzen (z. B. Grant 1976).

1.12 parvula-Sippen (? Fig. 113: 13, 14)

(?) *Synedra (vaucheriae* var.?) *parvula* Grunow in Van Heurck 1881 nec. al.

Schalen aller Individuen innerhalb einer Population vergleichsweise sehr klein, lanzettlich, Länge regelmäßig unter 15 µm, Breite um 4 µm; Str. um 14/10 µm, also weiter als bei var. *perminuta*.

Ökologischer Schwerpunkt in oligo- bis mesotrophen stehenden Gewässern mit mittlerem Elektrolytgehalt, sensibel gegen Abwasserbelastung.

Bei derart stets klein bleibenden Erscheinungsformen könnte es sich um mehr als nur eine Sippe handeln. Es ist noch fraglich, ob sie wirklich selbständige Populationen bilden und nicht bloß Kümmerformen anderer Sippen sind.

1.13 amphicephala-Sippen (Fig. 109: 19, 20; Fig. 113: 1, 2)
Fragilaria capucina var. amphicephala (Grunow) Lange-Bertalot 1991
Synedra amphicephala Kützing 1844

Schalen linear mit kopfig vorgezogenen Enden. Axialarea mäßig eng bis stärker erweitert, Zentralarea durch abgeschwächt erscheinende Str. diffus ausgeprägt. Dichte der Str. um 10–14/10 µm.

Verbreitung allgemein in Gewässern des Alpenrandbereichs und der Pyrenäen, häufig. Ökologischer Schwerpunkt in oligo- bis mesotrophen, circumneutralen bis schwach alkalischen (kalkhaltigen) Seen und größeren Fließgewässern mit mittlerem bis mäßig erhöhtem Elektrolytgehalt. Sensibel gegen höhere Trophiegrade, kommt nicht in Flüssen mit Abwasserbelastung vor.

Die *amphicephala*- und *austriaca*-Sippen sind schwer voneinander zu trennen, wenn man die Sippe «var. *tenuistriata*» Grunow in litt. (= striis tenuioribus, fig. 39: 14b in Van Heurck Atlas) mit in Betracht zieht. Kritisch ist auch die Trennung von *Fragilaria delicatissima*, soweit es sich um kürzere und mittelgroße Individuen handelt. Im Gegensatz zum Präp. B.M. 18205, wo *S. amphicephala* nicht gefunden werden konnte, liegt sie, wenn auch selten, im Präp. 2528 der Coll. Grunow. Beide stammen aus dem Herbar Kützing 192 aus Thun. Die Individuen wachsen oft in nadelkissenförmigen Büscheln und besitzen doch z. T.

Randdörnchen, so daß man folgern darf, daß sie die Potenz zur Bänderbildung besitzen. Meistens lassen sich die Populationen von den *capucina*- und *vaucheriae*-Sippen leicht unterscheiden, so daß man ihnen eigentlich Artrang einräumen möchte. Jedoch kommen auch öfter «Übergangsformen» zu diesen Sippen vor, die den geschlossenen Sippencharakter gleichsam wieder verschwimmen lassen, vgl. z. B. var. *fallax* (hier unter *capucina*-Sippen).

1.14 austriaca-Sippen (Fig. 109: 21–24; Fig. 113: 3–5)
Fragilaria capucina var. austriaca (Grunow) Lange-Bertalot 1980
(?) *Fragilaria tenuicollis* Heiberg 1863; *Synedra amphicephala* var. *austriaca* Grunow in Van Heurck 1881; (?) *Fragilaria gracillima* Mayer 1919

Frusteln zu bandförmigen Aggregaten verkettet oder in nadelkissenförmigen Büscheln wachsend. Schalen schmal lanzettlich bis linearlanzettlich mit mehr oder weniger ausgeprägt kopfig vorgezogenen Enden, Länge 20–60 µm, Breite 3–4 µm. Axialarea eng linear, Zentralarea variabel, entweder einseitig ziemlich deutlich oder durch etwas abgeschwächt erscheinende Str. kaum ausgeprägt. Str. 12–15/10 µm.

Verbreitung aus Identifikationsgründen noch nicht genauer bekannt. Im Gebiet besonders im Voralpengebiet häufig mit ähnlicher ökologischer Amplitude wie die *amphicephala*-Sippen (siehe dort).

Das *gracillima*-Typenmaterial von A. Mayer ist z. Z. nicht überprüfbar. *F. tenuicollis* bleibt auf ihre wirkliche Streifendichte zu überprüfen. Sie besitzt angeblich 10 Str./10 µm und würde insofern mit der Diagnose der *austriaca*-Sippen nicht mehr übereinstimmen. Als Lectotypus von *Synedra* (*amphicephala* var. ?) *austriaca* wird von uns das Präparat 128 (Graben bei Fahrfeld) in der Coll. Grunow bezeichnet. Hieraus stammen die fig. 39: 16a, b in Van Heurck Atlas.

Zusammenfassende Diskussion

Es lassen sich sicher noch weitere Sippen in diesem Komplex identifizieren, u. a. evtl. eine *truncata*-Sippe entspr. *Synedra truncata* Greville (partim) sensu Grunow in Van Heurck 1881. Weitere vergleichende Untersuchungen zur Klärung des komplizierten Sachverhalts und zur genauen Identifikation weiterer etablierter Taxa sind unumgänglich. Wie sind z. B. *Synedra socia* Wallace 1962, *Synedra netronoides* und *S. stela* Hohn & Hellerman 1963 zu definieren? Sie konnten von uns im Typenpräparat nicht zweifelsfrei identifiziert werden oder sie lassen sich vom *F. capucina*-Sippenkomplex nicht zwanglos trennen. Andere Autoren halten *F. capucina* und *F. vaucheriae* für zwei Arten und nicht für zwei Varietäten einer Art. Das ist möglich, es bleibt aber fraglich, an welchen Kriterien man das im LM erkennen soll, in Anbetracht der Schwierigkeit, die Sippen grundsätzlich sicher zu bestimmen, egal auf welcher Rangstufe. Welche Sippen sind überhaupt gemeint, denn es gibt ja viel mehr als nur die zwei typologisch definierten Populationen des Typenmaterials, die Anspruch besitzen, ein Taxon von *F. capucina* oder *F. vaucheriae* zu sein. Welche taxonomische Rangstufe sollen sie alle erhalten? Falls es die unterschiedliche Stellung der Dörnchen (im REM erkennbar) ist, die über Art oder Unterart entscheiden soll, dann kann man diesbezüglich auf Variabilität bei vergleichbaren Arten verweisen. Was Art ist oder Unterart oder Varietät usw., wird hoffentlich zukünftig erkannt werden können. Vorläufig aber bleiben bestimmte zugewiesene Rangstufen nur unbewiesene Hypothesen. Es erscheint im jetzt erreichten Stadium der Erkenntnisse vorteilhafter, die trotz Heterogenität nicht zu übersehende Konformität der Sippen auch in ihrer Benennung auszudrücken. Registriert man sie unter ganz verschiedenen Artnamen, dann wird eine Sicherheit der Identifikation vorgetäuscht, die tatsächlich aber gar nicht vorhanden ist.

2. «Fragilaria bidens» Heiberg 1863 (Fig. 111: 18–22)

Synedra pulchella var. *minuta* Hustedt in A. Schmidt et al. 1913; (?) *Synedra rumpens* var. *fragilarioides* f. *constricta* Hustedt 1937

Frusteln in Gürtelansicht rechteckig, meistens zu bandförmigen Aggregaten verkettet. Schalen linear mit keilförmig verschmälerten, manchmal schwach vorgezogenen, stumpf (bis breit) gerundeten Enden. Ränder in der Mitte mit je einer mehr bis weniger ausgeprägten Auftreibung, flankiert von je zwei schwachen Einschnürungen, Länge 10–50 µm, Breite (2)3–4 µm. Axialarea variabel von ziemlich eng bis ziemlich breit. Str. (11 ?)15–18/10 µm, in der Mitte unterbrochen oder Str. abgeschwächt erscheinend (Alveolen, nicht aber Foramina vorhanden) und so eine mehr bis weniger undeutlich begrenzte Zentralarea bildend, nach Cleve-Euler (1953) bei einer Sippe auch distinkt halbseitig.

Verbreitung kosmopolitisch, im Gebiet selten, hier aber fossil und allgemein in Nordeuropa häufiger. Ökologische Präferenz infolge problematischer Identifikationen fraglich, wahrscheinlich oligo- bis eutrophe Seen.

Wir halten dieses Taxon für eine Sortiergruppe ähnlicher Erscheinungsformen, seien es Populationen oder individuenreiche Klone im Zuge vegetativer Zellteilung oder Einzelzellen im Verband von Populationen mit variabler Schalenmorphologie. Die hier in Fig. 111: 19 gezeigte Sippe aus der Coll. Hustedt (Fundort Kopenhagen) z. B. besitzt nur zum Teil das charakteristische «*bidens*»-Merkmal, die überwiegende Zahl sieht dagegen aus wie Zellen aus dem variantenreichen, schwer abzugrenzenden Formenspektrum von *F. capucina*. Vergleichbar ist das »*Synedra rumpens*»-Spektrum. Auch die von Cleve-Euler (1953) angegebenen fünf Varietäten mit recht unterschiedlichen Schalenumrissen und Dichte der Str. sprechen dafür. Insbesondere var. *subsymmetrica* Cleve-Euler ließe sich in der Bestimmungspraxis wohl kaum ernsthaft von *F. capucina* var. *vaucheriae* differenzieren. Insgesamt gesehen ließen sich «*bidens*»-Erscheinungsformen in vielen *Fragilaria*-Sippen «ausdeuten», was die Mehrzahl der Autoren, wahrscheinlich aus Gründen des Zweifels, unterlassen hat. *S. pulchella* var. *minuta* Hustedt gehört nach Prüfung des Typenmaterials sicher nicht zu dieser Art, sondern es handelt sich um «*F. bidens*»-Erscheinungsformen. Des weiteren gibt es in tropisch-subtropischen Regionen Sippen, die von verschiedenen Autoren als *F. bidens* bestimmt werden. Genau so könnte man sie aber auch als *Synedra rumpens* var. *lanceolata* f. *constricta* Hustedt bestimmen. Fazit: Die Erscheinungsformen mit dem *bidens*-Merkmal können nicht als Art definiert werden.

3. Fragilaria utermoehlii (Hustedt) Lange-Bertalot 1991 (Fig. 111: 23, 24)

Synedra utermoehlii Hustedt 1932; *Synedra tenera* var. *utermoehlii* (Hustedt) Cleve-Euler 1953

Frusteln zu büschelig-sternförmigen Kolonien verbunden, als einzelne Individuen von den *gracilis*-Sippen der *F. capucina* grundsätzlich nicht zu unterscheiden.

Vorkommen außerhalb Europas sind uns nicht bekannt geworden. Skandinavien, UdSSR und Norddeutschland, im Plankton einiger Seen und Flüsse.

Das Taxon ist nur durch die besondere Koloniebildung von den oben genannten *gracilis*-Sippen zu unterscheiden. Allein diese Eigenschaft kann aber nicht als differenzierendes Artmerkmal angesehen werden (analog zur pelagisch in sternförmigen Kolonien vorkommenden *Synedra acus* var. *ostenfeldii* Krieger 1927). Weitergehende Untersuchungen werden sicher unsere Forderung nach Einbeziehung in *F. capucina* var. *gracilis* oder *F. famelica* oder ein noch älteres Taxon bestätigen.

Der Fragilaria famelica-Sippenkomplex

4. Fragilaria famelica (Kützing) Lange-Bertalot 1980 (Fig. 111: 4–17)

Frusteln in bandförmigen Aggregaten oder einzeln oder radialbüschelförmig wachsend. Schalen variieren in allen hier nicht gesondert aufgeführten Merkmalen ebenso wie bei den schmalen *F. capucina*-Sippen, Länge 10 bis annähernd 100 µm, Breite 2,5–4 µm; Str. 11–16/10 µm, meistens auch im LM erkennbar punktiert erscheinend, je nach Sippe zart bis ziemlich grob. Im REM: Merkmale wie *F. capucina*, jedoch Foramina stets weiter gestellt. Auch bei bandförmigen Aggregaten wurden bisher niemals Verbindungsdörnchen gefunden, jedoch kommen die angeblich «fragilariatypischen» Blisters auch bei «synedroid» büschelförmig wachsenden Populationen vor.

4.1 famelica-Sippen sensu stricto (Fig. 111: 4–5A, 8–12, 17)
Fragilaria famelica (Kützing) Lange-Bertalot 1980 var. famelica
Synedra famelica Kützing 1844; *Synedra (famelica* var ?) *minuscula* Grunow in Van Heurck 1881

Schalen linear-elliptisch bis linear-lanzettlich, jedoch nicht lang nadelförmig, Str. zwar erkennbar aber nicht grob punktiert. Axialarea meistens sehr eng linear, Zentralarea variabel, oft unregelmäßig begrenzt oder fehlend.
Hierzu gehören die Sippe des Lectotypus von *Synedra famelica* und die des Lectotypus von *Synedra minuscula* (fossil aus Mineralquellen von Franzensbad). Auch im Lectotypenpräparat von *Synedra radians* Kützing 1844 kommt *F. famelica* vor.

4.2 Sippen mit «nadelförmiger Gestalt» (Fig. 111: 6, 7, 16)

Schalen mehr oder weniger schmal nadelförmig verlängert. Str. zart punktiert.
Hierzu gehören Populationen in Salinen, die manchmal mit *famelica*-Populationen sensu stricto assoziiert sind, aber auch allein in großer Individuenzahl auftreten können, z. B. in der Carolinenquelle von Kreuzburg zusammen mit *«Achnanthes grimmei»* (Typenmaterial Krasske) oder in elektrolytreichen Wüstenquellen Namibias/Südwest-Afrika.

4.3 Sippen «mit grob punktierten Streifen» (Fig. 111: 13–15)
Fragilaria famelica var. littoralis (Germain) Lange-Bertalot 1991
Fragilaria intermedia var. *littoralis* Germain 1981

Die bisher bekannt gewordenen Sippen von der Belle Ile (Germain), Guerande und der Halbinsel Quiberon (allesamt Bretagne/Frankreich) sind im LM auffällig grob punktiert. Im REM: Die Gürtelbänder sind einseitig offen wie auch bei anderen Sippen des Komplexes.

Verbreitung vermutlich kosmopolitisch, aus Identifikations- und Verwechslungsgründen nicht sicher bekannt. Ökologischer Schwerpunkt, anders als beim *F. capucina*-Sippenkomplex, in elektrolytreichen Binnengewässern und brackigem Wasser der Meeresküsten. Im Gebiet zerstreut, aber lokal sehr individuenreich, in elektrolytreichen Mineralquellen und kalkhaltigen Gebirgsgewässern, in Flußästuarien, im Watt der Nordseeküste.

Abgrenzungsmerkmale dieses Sippenkomplexes gegenüber dem um *F. capucina* sind: 1. die weiter gestellten und dadurch auch im LM differenzierbaren Areolen, 2. das Fehlen von Verbindungsdörnchen (ob stets ?), 3. der ökologische Schwerpunkt in elektrolytreichen bis brackigen Gewässern.

Ähnlich ist Fragilaria acidoclinata. Sie besitzt jedoch auffällig kopfige Enden und lebt in elektrolytarmem, circumneutralem Wasser (vgl. Bd. 2/4, fig. 82: 11–13).

5. Fragilaria tenera (W. Smith) Lange-Bertalot 1980 (Fig. 115: 1–5, ? 6,7; Fig. 114: 12–16)
Synedra tenera W. Smith 1856; (?) *Synedra acus* var. *radians* (Kützing) Hustedt 1930 (excl. Lectotypus); *Synedra acus* var. *angustissima* Grunow sensu Hustedt part.

Die folgende Beschreibung erfaßt nur das Typenmaterial, die in der Synonymie aufgeführten und weitere Sippen nach eigenen Beobachtungen, schließt jedoch die Angaben anderer Autoren über *S. tenera* aus, weil sie insgesamt, zumindest nach Maßgabe der angeführten Streifendichte, das Typenmaterial ausschließen würden.

Schalen nadelförmig, sublinear bis schmal lanzettlich, von der Mitte zu den meist kopfig vorgezogenen Enden allmählich verschmälert, Länge ca. 30–100 (und mehr ?) µm, Breite ca. 2–3 µm; das Typenmaterial ca. 70–100 bzw. 2–3 µm. Axialarea eng bis mäßig weit, Zentralarea variabel, oft fehlend oder durch abgeschwächt kontrastierende Str. angedeutet. Str. 17–20/10 µm.

Verbreitung vermutlich kosmopolitisch, wegen Identifizierungs- und Abgrenzungsschwierigkeiten nicht genauer zu beurteilen, im Gebiet nordisch-alpin (?), zerstreut in Gewässern mit niedrigerem bis mittlerem Elektrolytgehalt, besonders in Gebirgslagen.

Das Taxon umfaßt möglicherweise viel mehr Sippen als die hier aufgeführten, könnte andererseits aber leicht zu einem Sammelbecken heterogener Formenschwärme werden. Sicherer Anhaltspunkt ist das Typenmaterial (W. Smith A 62 = BM 20878). In Protokollen von Hustedt wird *S. tenera* trotz Anwesenheit im Präparat nicht erwähnt, dafür aber *S. acus* var. *angustissima*.

F. tenera ist schwer oder überhaupt nicht befriedigend zu definieren (siehe auch Diskussion unter *F. delicatissima*). Konvergenzen ergeben sich zu *Synedra acus* sensu auct. nonnull., mehr noch zu *F. capucina* var. *gracilis*, soweit kürzere Individuen zur Diskussion stehen und schließlich auch zur schmäleren *F. nanana* (= *S. nana*). Aggregate von bis zu vier Zellen im präparierten (!) Typenmaterial deuten auf potentielle Kettenbildung hin, vergleichbar *F. capucina*.

6. Fragilaria delicatissima (W. Smith) Lange-Bertalot 1980 (Fig. 115: 11–13; Fig. 114: 1–8)
Synedra delicatissima W. Smith 1853

Differentialdiagnose zu *Fragilaria tenera* (W. Smith) Lange-Bertalot: Schalen von der breiteren Mitte zu den lang ausgezogenen, kopfigen Enden stärker verschmälert (also eher spindel- als nadelförmig), Länge von etwa 30 bis über 100 µm, Breite in der Mitte 2,5–3 µm. Str. weiter gestellt, 14–16/10 µm. (Falls die *delicatissima*-Varietäten von Grunow sich tatsächlich als konspezifisch erweisen sollten, sind die Längendimensionen auf weit über 200 µm zu erweitern.)

Verbreitung vermutlich kosmopolitisch, infolge von Abgrenzungsproblemen noch nicht genauer bekannt. Im Gebiet zerstreut, lokal jedoch mit individuenreichen Populationen. Ökologischer Schwerpunkt im Plankton, aber auch als Aufwuchs in oligo- bis mesotrophen Seen bei mittlerem Elektrolytgehalt.

Bei früheren Beschreibungen dieser Art ist nicht beachtet worden, daß es neben langen Individuen auch viel kürzere, bis unter 40 µm gibt. Man findet sie vorzugsweise im Aufwuchs auf untergetauchten Pflanzen. Dadurch treffen die Längen-Breiten-Proportionen in der Diagnose bei Patrick & Reimer (1966) überhaupt nicht mehr zu. In der Coll. Grunow ist eine *delicatissima*-Population aus dem Attersee als *Synedra radians* bezeichnet. In der Folgezeit haben die Autoren offensichtlich keine klaren Konzepte besessen, welche Sippen als *S. acus, S. tenera, S. radians, S. amphicephala* (sensu Kützing oder sensu H. L. Smith) und *S. delicatissima* zu bestimmen sind. Hinzu kommt eine Vielzahl infraspezifischer Taxa, die unterschiedlich zugeordnet wurden. Wir stellen hier beispielhaft Populationen der Typenmaterialien vor. Danach kann man *F. delicatissima* von *F. tenera* und diese mit Vorbehalt von *F. nanana* unterscheiden. Ob alle in Frage stehenden Populationen, die zusätzlich gefunden werden, sich durch dieses typologische Raster zuverlässig bestimmen lassen, bleibt zu prüfen, vermutlich nicht. Problematisch bleiben vor allem Taxa, die in der Vergangenheit mit *Synedra acus* oder *S. delicatissima* oder *S. tenera* verbunden worden sind. Sie überschneiden sich allesamt durch ihre Diagnosen und erwarten dringend eine umfassende Revision.

7. Fragilaria nanana Lange-Bertalot 1991 (Fig. 115: 14–16; ? Fig. 114: 9–11)

Synedra nana Meister 1912

Aus der Synonymie auszuschließen ist: *Fragilaria nana* Steemann-Nielsen 1935.

Schalen nadelförmig, in Relation zur Länge extrem schmal; zu den spitz gerundeten bis mehr oder weniger kopfig vorgezogenen Enden hin allmählich verschmälert, Länge 40 (und weniger ?) –90 (und mehr ?) µm, Breite in der Mitte 1,5–2 µm. Axialarea und die 22–25(30) Str./10 µm sind bei manchen Präparaten kaum differenzierbar.

Verbreitung vermutlich kosmopolitisch, im Gebiet nordisch-alpin, in Skandinavien häufig, in den Alpen zerstreut bis eher selten im Plankton oligotropher Seen.

Das von Hustedt in einem Isotypenpräparat (vom Lago della Crocetta) einzige markierte Exemplar ist ca. 40 µm lang, 1,8 µm breit und besitzt 22–23 Str./10 µm. Es liegt damit unterhalb der von Meister, Hustedt (1932) und anderen Autoren angegebenen Dimensionen. Auch die ausgeprägt kopfig gerundeten Enden der Originalzeichnung von Meister fehlen bei späteren Darstellungen anderer Autoren. Ob es sich bei *F. nanana* evtl. nur um eine milieubedingte schmälere Variante von *F. tenera* handelt, analog z. B. zu den als konspezifisch betrachteten *acus*- und *angustissima*-Sippen im *F. ulna*-Formenkreis, muß vorläufig offen bleiben.

8. Fragilaria crotonensis Kitton 1869 (Fig. 116: 1–4, ? 5)

Fragilaria smithiana Grunow in Van Heurck 1881

Frusteln in Gürtelansicht linear mit pervalvar lanzettlich erweiterter Mitte und öfter ebenfalls, wenn auch schwächer, erweiterten Enden. Die bandförmig miteinander verketteten Frusteln bilden in der Regel ein doppelt kammförmig aussehendes Aggregat, das auch spiralig gedreht sein kann, weil sie nur in der Mitte (manchmal zusätzlich auch an den Enden) aneinander haften und dazwischen Lücken bilden. Schalen schmal lanzettlich, in der Mitte transapikal erweitert, z. T. auch «bidens»-artig eingeschnürt, zu den leicht kopfig gerundeten Enden lang vorgezogen, Länge 40–170 µm, Breite in der Mitte 2–4(5) µm. Axialarea sehr eng linear. Str. (11) meist 15–18/10 µm, in der Mitte unterbrochen oder abgeschwächt sichtbar, so daß sich eine rechteckige Zentralarea bis zu den Rändern ausdehnt. Im REM: Im Bereich der Zentralarea Alveolen ohne Foramina, am Mantelrand Verbindungsdörnchen direkt zwischen den Foramina jeder Reihe, apikale Porenfelder vorhanden, dazwischen weitere dornartige Fortsätze.

Verbreitung kosmopolitisch, aber über weite Regionen offenbar fehlend, im Gebiet häufig im Plankton stehender, langsam fließender und auch mancher brackiger Küstengewässer, aber in vielen großen Flüssen und stehenden Gewässern auch fehlend. Ökologische Amplitude noch nicht ganz unumstritten, danach offenbar ziemlich weit gespannt, vorwiegend in oligo- bis schwach eutrophen, meistens schwach alkalisch reagierenden, eher mäßig elektrolytreichen Seen und deren Ausflüssen. Vitalität im Zuge wachsender Abwasserbelastung rückläufig. Massenentwicklung mit bis zu 37 Millionen Zellen pro Liter in meso- bis eutrophen Stauseen.

F. crotonensis ist durch die charakteristische Gestalt ihrer Kolonien eigentlich sehr gut charakterisiert und gibt derart keinen Anlaß zu Verwechslungen. Wenn allerdings einzelne Schalen vorliegen, können sie leicht mit schmalen Schalen aus den variantenreichen Formenkreisen um *F. ulna*, insbesondere var. *acus* verwechselt werden. Wird var. *oregona* Sovereign in die Betrachtung einbezogen, dann bestehen noch weitere Verwechslungsmöglichkeiten mit schwer bestimmbaren und schwer abgrenzbaren Sippen lang- und schmalzelliger Fragilarien, die früher stets Zuordnungsprobleme (*Fragilaria* oder *Synedra*) bereiteten. Können wir übrigens ganz sicher sein, daß *F. crotonensis* immer im charakteristischen Habitus ihrer Kolonien erscheint und sich nicht *F. capucina* nähert, etwa in der sogenannten var. *scotica*? Vergleiche analog dazu die diesbezügliche Variabilität von *F. heidenii*. Auch manche einzeln oder in sternförmigen Büscheln lebende Sippen, die sich schwer einer etablierten Art zuordnen lassen, stehen *F. crotonensis* evtl. nicht fern.
Var. *oregona* ist vergleichbar mit *bidens*- oder *rumpens*-Formen von *F. capucina*, wie sie ähnlich auch in den *F. ulna*-Formenkreisen vorkommen. Isolierte Schalen von *F. crotonensis* wurden von einigen Autoren auch schon für *Synedra montana* Krasske gehalten, bei der es sich ziemlich sicher um früher so angenommene Sporangialformen irgendwelcher Fragilarien handelt. Andere Arten, z. B. *F. pulchella*, entwickeln grundsätzlich ähnlich aussehende Sporangialformen.
Detailliertere Befunde zur Feinstruktur verschiedener Sippen von *F. crotonensis* werden von Crawford et al. (1985) beschrieben.

9. Fragilaria montana (Krasske) Lange-Bertalot 1980 (Fig. 116: 6, 7)

Synedra montana Krasske ex Hustedt 1932

Frusteln in Gürtelansicht und Schalen grundsätzlich wie Einzelexemplare von *F. crotonensis*, ähnlich in allen meßbaren Dimensionen auch *F. tenera* und manchen als *Synedra ulna* bestimmten Formen (z. B. Foged 1981, fig. 5:13); lediglich in der Mitte unregelmäßig aufgetrieben.

Vorkommen des Typenmaterials in einem Sturzbach auf Moosen in den Hohen

Tauern bei Kaprun, weitere Funde sporadisch weltweit aus verschiedenen Regionen gemeldet.

Wir vermuten, daß es sich bei «*montana*»-Erscheinungsformen nicht um eine selbständige Art handelt sondern um *F. crotonensis*. Manche derart bezeichneten Exemplare verschiedener Autoren gehören sicher zu *F. crotonensis*. Das Typenmaterial enthält nicht nur die exemplarisch abgebildeten, in der Mitte zweiwelligen, relativ linear gestalteten Exemplare, sondern auch wesentlich stärker «verformte», in der Mitte nur einfach aufgetriebene Schalen. Erstlingszellen von *F. pulchella* können analog dazu ähnliche Gestalt annehmen. Vgl. auch *Synedra arcuata* (Oestrup) Cleve-Euler 1953 und *S. filiformis* var. *curvipes* Cleve-Euler 1953.

10. Fragilaria reicheltii (Voigt) Lange-Bertalot 1986 (Fig. 117: 1, 2)

* *Centronella reicheltii* Voigt 1902; *Centronella rostafinskii* Woloszynska 1922

Frusteln in (selten zu findender) Gürtelansicht wie *Fragilaria/Synedra*, als Einzelzellen im Plankton schwebend oder zu bandförmigen Kolonien vereinigt. Schalen tripolar-sternförmig, im übrigen – von der actinomorphen Symmetrie abgesehen – ähnlich wie *F. capucina* var. *gracilis*, *F. tenera*, *F. crotonensis*. Arme von der proximal leicht geknickt erscheinenden Basis aus allmählich zu den schwach kopfig gerundeten Enden verschmälert, Länge (der Arme) ca. 22–40 µm, Breite über der Knickung um 2 µm. Axialarea linear, in der Breite variabel, Zentralarea variabel; Str. 19–26/10 µm.

Verbreitung: Im Gebiet zerstreut bis eher selten, von Nordeuropa und Nordamerika sind uns keine Literaturangaben bekannt geworden, in Westfrankreich selten. Vorkommen im Plankton meso- bis eutropher Seen.

Falls es sich bei *F. reicheltii* um ein infraspezifisches Taxon handeln sollte, analog zu *F. construens* var. *exigua* oder *F. pinnata* var. *trigona*, so ist hier noch keine sichere Zuordnung möglich. Das heißt jedoch nicht, daß eine nähere Verwandtschaft, evtl. zu einem der oben genannten Taxa, auszuschließen ist; denn die normalen bipolaren Sippen gerade dieses Formenkreises sind allesamt schwer zu definieren. Am wahrscheinlichsten ist nach den Untersuchungen von Schmid (1985) Konspezifität mit *F. crotonensis*.

11. Fragilaria heidenii Oestrup 1910 (Fig. 116: 8–10)

Synedra inflata Heiden 1900; *Fragilaria inflata* (Heiden) Hustedt 1931 non Pantocsek 1902; (?) *Fragilaria longirostris* Frenguelli 1941

Frusteln in Gürtelansicht zu bandförmigen Aggregaten verkettet, «meistens» derart, daß sie sich nur in der Mitte berühren, während die verschmälerten Enden frei bleiben (kammartig, vergleichbar *F. crotonensis*). Schalen lanzettlich, in der Mitte meist transapikal aufgetrieben, zu den stumpf oder subcapitat abgerundeten Enden stark verschmälert, Länge 20–50 µm, Breite 6–10 µm. Axialarea linear bis lanzettlich erweitert. Str. 13–15/10 µm.

Verbreitung nach Maßgabe verschiedener Fundangaben möglicherweise kosmopolitisch, wegen taxonomisch/nomenklatorischer Probleme und Identifika-

---

* S. auch S. 167 unter *Centronella*. (Wer diesen Namen unter den Gattungen nicht missen möchte, kann ihn ja als Synonym weiter anwenden.)

tionsschwierigkeiten jedoch nicht genauer bekannt und nicht zweifelsfrei, auch aus dem Gebiet liegen bisher nur wenige Angaben vor. Nach Hustedt (1931) in größeren Binnenseen verbreitet, nach Hustedt (1939) «euryhalin, vielleicht sogar mesohalobe Art», nach Brockmann (1950) massenhaft im Plankton des «Kurischen Haffs», also im Brackwasser der Ostsee.

Die Zusammenhänge mit diversen infraspezifischen Taxa sowie *F. istvanffyi* Pantocsek 1902 und *F. hungarica* Pantocsek 1892 bleiben noch genauer zu klären.
Die einzige in der Coll. Hustedt benannte, markierte Schale (fig. 116: 10) mit Fundortsangabe stammt aus dem Watt der Nordseeinsel Wangerooge. Sie stimmt mit der von uns überprüften Population des Typus überein, die ebenfalls unter dem Einfluß von Wasser mit erhöhtem Elektrolytgehalt gefunden wurde. Die relativ kurzen Schalen (Fig. 132: 32, entspr. Hustedt 1931, fig. 669 f–k) zeigen gewisse Konvergenzen zum *F. construens*-Formenkreis; einige gezeichnete Exemplare aus Cleve-Euler (1953, fig. 349) erinnern in Umriß und Größe an *F. parasitica.*

12. Fragilaria parasitica (W. Smith) Grunow in Van Heurck 1881 (Fig. 130: 1–8)

Frusteln in situ epiphytisch auf anderen Algen sitzend (ob stets ?), oft auf größeren Diatomeen wie *Surirella* oder *Nitzschia sigmoidea.* Schalen breit- bis rhombisch-lanzettlich, var. *subconstricta* in der Mitte unterschiedlich stark transapikal eingeschnürt, mit schnabelartig vorgezogenen, spitz gerundeten Enden, Länge 10–25 µm, Breite 3–5 µm. Axialarea sehr variabel, schmal bis breit lanzettlich oder eng linear und in der Mitte abrupt in eine unregelmäßig begrenzte Zentralarea einmündend. Str. meist schwach radial, 16–20/10 µm, bei manchen Populationen deutlich punktiert. Im REM: wenig besondere Merkmale im Vergleich zu *F. construens* oder *F. brevistriata,* jedoch bisher keine marginalen Verbindungsdörnchen beobachtet. Apikale Porenfelder in Gestalt eines Ocellulimbus, umrandet-abgesetzt auf beiden Polspitzen, Rimoportulae fehlend.

12.1 var parasitica (Fig. 130: 1–5)
Odontidium ? parasiticum W. Smith 1856; *Synedra parasitica* (W. Smith) Hustedt 1930
Schalen in der Mitte ohne transapikale Einschnürung.

12.2 var. subconstricta Grunow in Van Heurck 1881 (Fig. 130: 6–8)
Fragilaria parasitica var. *constricta* Mayer 1912; *Synedra binodis* (Ehrenberg) Chang & Steinberg 1988
Schalen in der Mitte transapikal unterschiedlich stark eingeschnürt.
Verbreitung kosmopolitisch, im Gebiet überall vorkommend, aber meistens mit geringen Individuenzahlen in meso- bis eutrophen, circumneutralen Gewässern bis zum kritischen Belastungsgrad.

Manche Autoren wollten festgestellt haben, daß die Nominatform und die *subconstricta*-Form durch kontinuierliche Umrißvariabilität miteinander verbunden sind und somit nicht als Varietäten taxonomisch verbindlich fixiert werden dürften. Im Gegensatz dazu nennen Chang & Steinberg (1988) Gründe, die für den Artrang auch bei der *subconstricta*-Sippe sprechen. Bestimmungsschwierigkeiten könnten in Grenzfällen mit Sippen aus den variationsreichen Formenkreisen um *F. construens* oder *F. brevistriata* auftreten.

13. Fragilaria cyclopum (Brutschy) Lange-Bertalot 1980 (Fig. 117: 15, 16)

Synedra cyclopum Brutschy 1922; *Eunotia lunaris* var. *planktonica* Lemmermann 1910; *Synedra cyclopum* var. *robustum* Schulz 1931

Frusteln transapikal schwach gekrümmt, in situ regelmäßig an Copepoden (Crustaceen-Plankton) büschelförmig festsitzend. Schalen leicht bananenförmig gekrümmt, im mittleren Teil linear oder leicht aufgetrieben, distal allmählich verschmälert, mit schwach kopfig gerundeten Enden, Länge 25–95 µm, Breite 3–7 µm. Axialarea eng linear, Zentralarea variabel, meist unscharf abgesetzt oder fehlend. Str. 14–20/10 µm.

Verbreitung: Europa, Asien, Nordamerika, im Gebiet zerstreut, zeitweise mit mäßig individuenreichen Populationen, in verschiedensten Seen mittleren Elektrolytgehalts, auf Copepoden.

Wir vermuten, daß es sich hierbei um Sippen aus dem Sippenkomplex um *F. capucina* handelt, adaptiert an die besondere Lebensweise. Die etablierten infraspezifischen Taxa zeigen allenfalls schwache Abweichungen im Umriß und der meßbaren Dimensionen, so daß, analog zu anderen Gattungsvertretern, jede taxonomisch verbindliche Differenzierung wenig sinnvoll erscheint.
Ganz allgemein bleibt zu fragen, warum trotz regelmäßig gleicher Symmetrieverhältnisse wie bei *F. arcus*, in diesem Falle der Anschluß an eine selbständige Gattung *Ceratoneis* bzw. *Hannaea* nicht zur Debatte gestanden hat?

14. Fragilaria arcus (Ehrenberg) Cleve 1898 (Fig. 117: 8–14; Fig. 118: 18)

Navicula arcus Ehrenberg 1838

Frusteln in Gürtelansicht und Schalen gerade oder ± bananenförmig gebogen, einzeln oder büschelförmig oder zu Aggregaten verkettet, die den Fingern einer leicht gekrümmten Hand ähneln. Schalen von der Mitte zu den ± kopfig vorgezogenen Enden meistens allmählich verschmälert, Dorsalseite bei dorsiventralen Sippen meistens gleichmäßig konvex bogenförmig; bei sehr langen «*linearis*»-Sippen oder annähernd winkelig gebogen. Ventralseite konkav mit einer ± ausgeprägten Auftreibung in der Mitte, beiderseits davon manchmal konkav eingeschnürt; bei sehr kurzen Exemplaren kann dadurch die gesamte Ventralseite aus drei gleichmäßigen Wellen bestehen; Länge ca. 15–150 µm, Breite ca. 4–8 µm. Axialarea eng bis sehr eng linear, Zentralarea gar nicht oder durch abgeschwächt erscheinende Str. ± variabel in der Ausdehnung angedeutet. Str. parallel, 13–16(18)/10 µm, undeutlich punktiert. Im REM: Alveolen im Bereich der mittleren Auftreibung oft bzw. z. T. ohne Foramina. Schalen mit marginalen Verbindungsdörnchen auf oder unmittelbar neben einer Intercostalrippe. Apikale Porenfelder an beiden, Rimoportula an einem oder beiden Schalenpolen.

14.1 var. arcus (Fig. 117: 8–13)
Ceratoneis arcus (Ehrenberg) Kützing 1844; *Ceratoneis amphioxys* Rabenhorst 1853; *Ceratoneis arcus* var. *amphioxys* (Rabenhorst) Brun 1880; *Ceratoneis arcus* var. *linearis* Holmboe 1899; *Hannaea arcus* (Ehrenberg) Patrick in Patrick & Reimer 1966

Schalen gekrümmt.

14.2 var. recta Cleve 1898 (Fig. 117: 14)
Fragilaria aequalis var. *inaequidentata* Lagerstedt 1873 (fide Cleve-Euler 1953);
Ceratoneis recta (Skvortzow & Meyer 1928) Iwahashi 1936; *Ceratoneis arcus*
var. *linearis* f. *recta* (Skvortzow & Meyer 1928) Proschkina-Lavrenko in Sabelina
et al. 1951

Schalen nicht gekrümmt.

Verbreitung kosmopolitisch, im Gebiet nur (?) die Nominatvarietät, häufig,
vorwiegend in Gebirgslagen, im Flachland eher sporadisch auftretend. Var. *recta*
in arktischen und antarktischen Regionen der alten und neuen Welt sowie
Ostasien zerstreut oder häufiger. Ökologischer Schwerpunkt in kälteren Fließgewässern und überrieselten Moosrasen, circumneutral bis mäßig sauer (also
sicher nicht alkalibiont!) bei niedrigem und mittlerem Elektrolytgehalt. In
schnellfließenden, kalten Gewässern der Alpen, z.B. der Mur unterhalb von
Judenburg toleriert die generell als oligosaprob bezeichnete Art auch eine
stärkere Abwasserbelastung (ob bis zum kritischen Grad?).

Grundsätzliches zur Systematik s. unter *Ceratoneis*. Die hier in die Synonymie
der Nominatvarietät eingezogene var. *linearis* könnte evtl. als forma einen
taxonomisch verbindlichen Rang beanspruchen. Dagegen sind *«amphioxys»*-
Formen eher reine Umrißvariationen, die keine geschlossenen Sippen bilden.
Das Gegenteil gilt allem Anschein nach für *«recta»*-Sippen. Weitere zur ehemals
selbständigen Gattung gehörende Taxa unterschiedlicher Rangstufe bleiben
weiter zu untersuchen.

15. **Fragilaria virescens** Ralfs 1843 (Fig. 126: 1–10)

Fragilaria aequalis Heiberg 1863 sensu Grunow in Van Heurck 1881 non sensu
Mayer 1937 (Typus ?)

Frusteln in Gürtelansicht ziemlich breit rechteckig, meistens zu bandförmigen
Aggregaten verkettet. Schalen im Umriß sehr variabel, meistens elliptisch bis
linear, selten ohne, meistens mit ± vorgezogenen Enden; seltener sind Schalen
im Umriß rhombisch, lanzettlich, mit ± konkav eingezogenen Rändern oder
heteropol; Länge ca. 10–120 µm, Breite ca. 6–10 µm (bei mesolepta-Formen in
der Mitte auch nur ca. 5 µm). Axialarea sehr eng, linear. Str. parallel, an den
Enden allenfalls schwach radial, 13–19/10 µm. Im REM: Gürtelbänder einseitig
(weit) offen. Areolen um 40/10 µm. Eine Rimoportula (stets auch im LM mit
guter Auflösung erkennbar) und zwei apikale Porenfelder in jeder Schale:
Erstlingszellen mit Rimoportula an beiden Polen (ob regelmäßig ?). Verbindungsdörnchen zwischen zwei Schalen reißverschlußartig eng miteinander verzahnt. Sie besitzen eine kurze, abgeflacht dornförmige Basis und eine breite,
abgeflachte Spitze, die beilförmig, spatelförmig, konkav eingerandet bis mondsi-
chelförmig, aber nicht spitz bis lanzenförmig ist; sie sitzen meistens direkt auf
den Intercostalrippen der Areolenreihen, seltener auf den Transapikalrippen.

Verbreitung kosmopolitisch, im Gebiet noch häufig, aber infolge zunehmender
Eutrophierung «zivilisationsnaher» Biotope offensichtlich rückläufig. Ökologische Präferenz: oligotrophe, elektrolytärmere, circumneutrale Quell- und kleinere Fließgewässer.

Die bisher in das Taxon *F.virescens* eingruppierten Sippen bedürfen einer
tiefgreifenden Neuordnung. Soweit unsere noch nicht abgeschlossenen Untersuchungen reichen, zeigt sich folgende Situation: 1. Die Varietäten *lata* O. Müller
1898, *mesolepta* Schönfeld 1907, *elliptica* Hustedt in A. Schmidt et al. 1913 und
möglicherweise viele weitere infraspezifische Taxa, insbesondere «Mayer-Varie-

täten und Formae», auch var. *capitata* sensu auct. nonnull. halten wir für reine Umrißvarietäten ohne taxonomische Bedeutung. 2. Die var. *capitata* Østrup 1910 (s.str.) und var. *oblongella* Grunow in Van Heurck 1881 gehören möglicherweise nicht zu *F. virescens*, ihre Typen bleiben zu überprüfen. 3. Die ökologisch als Brackwasser-Arten zu charakterisierenden Sippen var. *subsalina* Grunow incl. f. *oviformis* Cleve-Euler sowie var. *oblongella* f. *clavata* Grunow gehören auch aufgrund signifikanter feinstruktureller Unterschiede sicher nicht zu *F. virescens*, sondern zu *F. schulzii*, bzw. zu einer zum Artrang erhobenen *F. subsalina*. 4. *F. exigua* Grunow ist (wieder) als selbständige Art zu betrachten, weil die Sippen unabhängig von *F. virescens* variieren und die Feinstrukturen differieren, insbesondere fehlen Rimoportulae. 5. Die hier als *F. neoproducta* «präzisierte» *F. aequalis* var. *producta* Lagerstedt 1873 im Sinne vieler Autoren (der Typus ist allgemein unbekannt), kann aus den gleichen Gründen wie unter 4. genannt, nicht zu *F. virescens* gezogen werden.

Insgesamt verbleibt damit bei *F. virescens* eine relativ homogen erscheinende Gruppe von Sippen, die, unabhängig von der geographischen Herkunft, in Schalenmorphologie und ökologischen Ansprüchen gut übereinstimmen, wie es moderne auf photographische Dokumentationen gestützte Literaturangaben zeigen.

16. Fragilaria neoproducta Lange-Bertalot 1991 (Fig. 127: 1–5A; Fig. 125: 3)

(?) *Fragilaria producta* var. *bohemica* Grunow in Van Heurck 1881; (?) *Fragilaria producta* Lagerstedt sensu Hustedt in A. Schmidt et al. 1913 et sensu auct. nonnull.

Aus der Synonymie auszuschließen sind
Fragilaria aequalis var. *producta* Lagerstedt 1873 sensu Grunow in Van Heurck 1881; *Fragilaria producta* sensu Cleve-Euler 1915

Frusteln in Gürtelansicht rechteckig, Str. vergleichsweise nur ziemlich kurz über den Mantelrand laufend, meistens zu bandförmigen Aggregaten verkettet. Schalen linear mit ± keilförmig verschmälerten Enden, Länge ca. 15–50 µm, Breite ca. (2,5 ?)4–6 µm. Axialarea linear und eng, aber weniger eng und deutlicher abgesetzt als bei *F. virescens* und *F. exigua*. Str. in der Mitte parallel, vor den Enden jedoch (auffällig) stärker radial, ca. 13–17/10 µm. Im REM: apikale Porenfelder, aber (bis auf ein nicht ganz zweifelsfrei identifiziertes Exemplar einer anderen Population) keine Rimoportula vorhanden. Verbindungsdörnchen eng miteinander verzahnt, mit längerer dornförmiger Basis (als bei *F. virescens*), ihre Spitzen spieß- bis lanzenförmig, manchmal annähernd dreilappig, stets auf den Transapikalrippen sitzend und mit der Spitze in eine Areolenreihe der Nachbarzelle eingesenkt.

Verbreitung allgemein und im Gebiet aus Identifikationsgründen nicht genauer bekannt, in Skandinavien, insbesondere Island ziemlich häufig in elektrolytärmeren Gewässern, im Gebiet durch eigene Funde (Alpen) bestätigt, nach Angaben von Mayer (1937) zu schließen, an vielen Orten Bayerns und Frankens, nach Hustedt im Eulengebirge, also zerstreut oder eher häufig als selten, falls nicht auch Verwechslungen vorliegen.

Das Taxon *Fragilaria aequalis* var. *producta* Lagerstedt 1873 hat zu einem wohl kaum noch auflösbaren Wirrwar in der Literatur geführt. Das Typenmaterial hatte keinem der jeweiligen Autoren vorgelegen, die 1. die Nomenklatur bzw. die Rangstufe des Taxons veränderten, 2. Identifizierungsversuche, 3. Synonymisierungen vorgenommen haben. Da auch der Typus von *F. aequalis* nicht genau bekannt ist und eine Verbindung mit *F. virescens,* wie es Hustedt (1930) postulierte, nicht in Frage kommen kann, erscheint die Beschreibung der vorliegenden Sippen als neue Art in diesem Problemfall doch der sinnvollste Weg zur Präzisierung, was gemeint ist. Falls Konspezifität mit einem älteren Taxon nachträglich festgestellt werden sollte, kann, vorbehaltlich eindeutiger Prioritätsverhältnisse (auf gleicher Rangstufe!), der neu eingeführte Name zwanglos in die Synonymie verwiesen werden. Nach Überprüfung muß Konspezifität von *F. aequalis* var. *producta* (Grunow Nr. 1477 entspr. V.H. fig. 44: 7) bereits ausgeschlossen werden. Im zugehörigen Protokoll Grunows ist die Kombination mit *F. aequalis* Heiberg offenbar nachträglich zu *F. producta* Lagerstedt korrigiert. Die vorliegende Sippe gehört zu *F. virescens* (falls nicht eine andere übersehen wurde). *F. producta* var. *bohemica* bleibt noch zu überprüfen. Ob «*F. virescens* var.? *oblongella*» Grunow in Van Heurck 1881 der hier in Fig. 127: 6–8 gezeigten Sippe entspricht, die unter diesem Namen in der Coll. Hustedt liegt und vom Fundort Geilo in Norwegen stammt, bleibt zu prüfen. Ob es sich um eine selbständige Art handelt oder welcher Art sie sich evtl. anschließen läßt, kann z. Zt. noch nicht entschieden werden.

17. Fragilaria exigua Grunow in Cleve & Möller 1878 (Fig. 126: 11–18, ? 19, 20; Fig. 125: 4)

Fragilaria virescens var. ? *exigua* Grunow in Van Heurck 1881.
Aus der Synonymie auszuschließen sind *Fragilaria exigua* (W. Smith) Lemmermann 1908; *Triceratium exiguum* W. Smith 1856; *Fragilaria construens* f. *exigua* (W. Smith) Hustedt 1959

Schalen in Gürtelansicht rechteckig, meistens zu bandförmigen Aggregaten verkettet. Schalen elliptisch bis schmal linear oder ± lanzettlich, ohne oder mit vorgezogenen und stumpf gerundeten Enden, Länge 5–25 µm (und mehr ?), Breite 3–5 µm. Axialarea extrem eng linear, manchmal im LM und REM kaum differenzierbar. Str. parallel, 18–21/10 µm. Im REM: Areolen um 40/10 µm; Rimoportulae fehlen, apikale Porenfelder vorhanden, aber nicht immer sicher zu differenzieren, Verbindungsdörnchen nicht signifikant verschieden von den als variabel bezeichneten bei *F. virescens.*

Verbreitung nicht genauer bekannt, vermutlich vorzugsweise in arktischen und antarktischen Regionen, in Nordeuropa ziemlich häufig, auch in der Bretagne und fossil in der Auvergne, im Gebiet selten, z. B. in nordwestdeutschen Flachmooren. Ökologische Präferenz: oligotrophe, elektrolytärmere, circumneutrale Kleingewässer. Genauere Angaben sind nicht möglich, weil Identifikations- und Abgrenzungsprobleme in der Literatur zu vermuten sind.

Der Typus ist in der Legende zu Cleve & Möller no. 144 von Spitzbergen als *Fragilaria* (*virescens* var.) *exigua* bezeichnet. Das Taxon wird in der Literatur vergleichsweise selten aufgeführt, vorhandene Angaben, insbesondere von Mayer (1937), werden von Cleve-Euler (1953) angezweifelt. Die morphologisch wenig variablen Populationen kommen z. T. mit *F. virescens* gemeinsam vor, aber häufiger noch ohne die vermeintliche «Nominatvarietät», so daß letztlich doch gewisse Differenzen in ihren ökologischen Amplituden zu vermuten sind. Da die Sippen beider Taxa keine Konvergenzen zueinander aufweisen (*F. virescens* besitzt z. B. regelmäßig eine Rimoportula), kommt u. E. eine intraspezifische Verbindung (nach traditioneller Artauffassung) nicht in Frage.

18. Fragilaria subsalina (Grunow) Lange-Bertalot 1991 (Fig. 127: 9–15; Fig. 118: 17)

Fragilaria virescens var. *subsalina* Grunow in Van Heurck 1881; *Fragilaria virescens* var. *subsalina* f. *oviformis* Cleve-Euler 1953

Schalen allgemein zur Heteropolie neigend, von linear-elliptisch bis oval mit gerundeten, nicht vorgezogenen Enden, Länge 7–20 µm, Breite 2–5 µm. Axialarea extrem eng, meistens kaum erkennbar abgesetzt. Str. 19–24/10 µm. Im REM: soweit untersucht (vgl. auch Poulin et al. 1984), weder Rimoportula noch apikale Porenfelder, Randdörnchen fakultativ vorhanden, Areolen um 50/10 µm. An einem oder beiden Polen, anstatt der «üblichen» Porenfelder, von einem Punkt ausgehend radiale Porenreihen, die enger als die Str. auf der Schalenfläche gestellt sind (andeutungsweise auch im LM erkennbar, vgl. aber auch *Ardissonia crystallina*, Fig. 136: 11).

Verbreitung über Europa und Nordamerika hinaus nicht genauer bekannt, im Gebiet an den Meeresküsten ziemlich häufig, auch in brackigen Gewässern des Binnenlandes, insbesondere aus der salzhaltigen Soos bei Franzensbad angegeben (Zitat 1914). Wahrscheinlich aber auch unter Bedingungen hoher osmotischer Druckschwankungen im Süßwasser.

Die bisher für richtig gehaltene engere systematische Verbindung mit *F. virescens* ist aus ökologischen und morphologischen Gründen, insbesondere wegen der unterschiedlichen Feinstrukturen, höchst unwahrscheinlich. Die isopolen Sippen, insbesondere das Typenmaterial sollten aber noch genauer überprüft werden.

Auf vermutlich wechselfeuchten Moosrasen in extrem elektrolytarmen Tümpeln des zentralen isländischen Gletschervorlandes konnten Populationen gefunden werden, die sich zumindest nicht erkennbar (REM) von denen aus Brackwasser unterscheiden und keine Konvergenz zur gröber gestreiften *F. exigua* zeigen. Dort zusammen mit einzelnen Individuen anderer «Brackwasser-Sippen» vorkommend, u. a. *Nitzschia valdestriata, Navicula digitoradiata*.

•

19. Fragilaria schulzii Brockmann 1950 (Fig. 127: 16–21)

Fragilaria virescens var. *oblongella* f. *clavata* Grunow in Van Heurck 1881; *Opephora schulzii* (Brockmann) Simonsen 1962

Schalen heteropol (ob stets?) mit stärker bis schwächer verschmälertem Fußpol und breit gerundetem Kopfpol, manche Exemplare wenig heteropol, oval, Länge ca. 10–32 µm, Breite ca. 4–7 µm. Axialarea extrem eng, oft kaum erkennbar abgesetzt. Str. parallel, ca. 13–16/10 µm, undeutlich fein punktiert erscheinend. Im REM: Areolen um 35/10 µm. Verbindungsdörnchen bei bisher untersuchten Exemplaren fehlend, bei anderen jedoch, soweit im LM erkennbar, vorhanden. Zwei apikale Porenfelder, keine Rimoportula vorhanden.

Verbreitung über Europa und Nordamerika hinaus kaum genauer bekannt, vermutlich kosmopolitisch, im Gebiet an den Meeresküsten und in Flußästuarien ziemlich häufig, im Sandwatt oft mit dem Fußpol auf den Körnchen sitzend. Wahrscheinlich auf marine Brackwasserbiotope beschränkt, aus Binnenseen noch nicht bekannt geworden.

Mit (im LM) ähnlich aussehenden Formen aus elektrolytarmen Binnengewässern, die wahrscheinlich sämtlich zu *F. exigua* gehören, sollte *F. schulzii*, incl. der ebenfalls aus brackigem Wasser stammenden Grunow-Typen, nicht verwechselt werden (s. auch unter *F. subsalina* und *F. virescens* «var. *oblongella*» sowie die Diskussion zu *Opephora*). Zu überprüfen bleibt die Stellung von *Sceptroneis australis* var. *baltica* Cleve-Euler 1953 im Zusammenhang mit den anderen hier diskutierten Taxa.

20. Fragilaria nitzschioides Grunow in Van Heurck 1881 (Fig. 128: 1–10; Fig. 125: 5)

Fragilaria aequalis Heiberg 1863 sensu Mayer 1937 non sensu Grunow 1881

Frusteln in Gürtelansicht schmal rechteckig, regelmäßig zu bandförmigen Aggregaten verkettet. Str. pervalvar weit über die Mantelfläche verlaufend (einziges sicheres Differentialmerkmal zu ähnlichen Taxa). Schalen linear (kürzere linear-elliptisch), erst kurz vor den Enden leicht verschmälert und ziemlich flach gerundet. Länge (4)10–93 µm, Breite 3,5–6 µm. Axialarea sehr eng, annähernd linear. Str. parallel (14)16–26/10 µm. An den Schalenrändern sind im LM Verbindungsdörnchen sichtbar (allerdings auch bei manchen anderen Arten der Gattung, falls genauer untersucht wird). Jedoch sind es nicht 8/10 µm, wie öfter angegeben, weil vermutlich immer einige abbrechen, sondern etwa so viele wie die Zahl der Str. oder einige weniger. Im REM: Die Reihen der sehr kleinen Foramina (40 bis über 50/10 µm) laufen über den gesamten, stets sehr breiten Schalenmantel bis dicht an die vergleichsweise schmalen Gürtelbänder heran. Die pervalvar verlaufenden Rippen sind an der Nahtstelle zur Valvocopula, durch hier sehr regelmäßig «aufgelegte» schmale, eher wulstige als plattige Verkieselungsstrukturen stabilisiert. Es handelt sich hier um eine Sonderform der sogenannten Blisters (deutsch = Schuppen) im Sinne von Round (1984), wie sie die meisten aggregatbildenden Fragilarien besitzen, jedoch auch zahlreiche Arten anderer Gattungen, z. B. *Meridion*. Auf den 2–3 schmalen offenen Bändern des Gürtels liegen am Rande sehr feine granuläre Strukturen, so wie auch bei vielen anderen Artengruppen innerhalb *Fragilaria*. Enden der Verbindungsdörnchen breit-spatelförmig abgeflacht und mosaikartig ineinandergreifend (Fig. 125: 5). Apikale Porenfelder und an jedem (!) Pol eine Rimoportula sind vorhanden (ob stets?).

Vorkommen (zweifelsfrei) bisher nur in Europa und Nordamerika bekannt, auch im Gebiet selten (Elbsandsteingebirge, Regensburg?, Fränkischer Jura, Schaalseegebiet und Wümme, Schwarzes Moor in der Rhön, CSFR, vgl. Marvan & Hindak 1975), vermutlich aber weiter verbreitet und bisher übersehen oder verwechselt. Ökologische Präferenz bisher schwer definierbar, im Fränkischen Jura zwar mit Blaualgenkrusten auf Kalkfelsen, die aber offenbar nur vom vermutlich elektrolytarmen Niederschlagswasser überrieselt werden; im Schwarzen Moor in einem elektrolytarmen, schwach dystrophen Bach.

Diese Art ist durch die außergewöhnliche relative Höhe und Strukturierung des Schalenmantels gut charakterisiert. Hustedts (1931) fig. 675 ist von der zeichnerischen Darstellung her diesbezüglich irreführend. Trotz der wenigen bisher bekannt gewordenen Populationen ist eine sehr hohe Variabilität der Zahl der Str. bemerkenswert. So besitzt die Population aus dem Schwarzen Moor 23–26 gegenüber den bisher bekannten mit ca. 17 Str./10 µm. *F. nitzschioides* var. *brasiliensis* Grunow kann nicht mehr als Varietät zu *F. nitzschioides* gezogen werden, weil vor allem die Gürtelansicht anders gestaltet ist. Außerdem unterscheidet sie sich im Variabilitätsspektrum der Umrisse ähnlich wie *F. constricta* von *F. virescens*. Anlaß zur ursprünglichen Kombination war sicher die seinerzeit als außergewöhnlich betrachtete Erkennbarkeit der Randdörnchen im LM, die darin den Fibulae der Nitzschien ähneln. Eine Versetzung der *brasiliensis*-Sippe in die Kategorie einer selbständigen Art erübrigt sich jedoch, weil sich *F. javanica* Hustedt 1938 als ein bisher unbekannt gebliebenes jüngeres Synonym erweist. Sie scheint pantropisch verbreitet zu sein (vgl. Fig. 128: 15, 16).

F. aequalis Heiberg ist uns als Typenmaterial nicht bekannt. Trifft die Identifizierung von Mayer (1937) zu, der sich Cleve-Euler (1953) anschließt, dann hätte dieser Namen Priorität. Andere Autoren, z. B. Hustedt (1931) halten dagegen *F. aequalis* für ein Synonym von *F. capucina. F. aequalis* var. *producta* Lagerstedt (1873) sensu Grunow in Van Heurck (1881, fig. 44: 7) konnte von uns anhand des zugrundeliegenden Präparates als *F. virescens* identifiziert werden. In Grunows zugehörigem Protokoll ist «*aequalis*» wieder ausgestrichen und durch «*producta*» ersetzt. Beide Taxa bleiben bis zur Überprüfung des Typenmaterials problematisch und in ihrer Konzeption umstritten.

21. Fragilaria constricta Ehrenberg 1843 (Fig. 128: 11–14; Fig. 129: 1, 2, 6)

Fragilaria undata W. Smith 1855

Frusteln in Gürtelansicht rechteckig, breit linear, zu bandförmigen oder zickzackförmigen Aggregaten verkettet. Schalenumriß sehr variabel, von kurz, breit und fast linear (in der Mitte nur schwach konkav) bis langgestreckt und ausgeprägt zwei- bis mehrwellig; Enden ± vorgezogen und stumpf gerundet, Länge 11–80 µm, Breite 5–12 µm. Axialarea sehr eng, linear, manchmal kaum differenzierbar. Str. parallel, 13–19/10 µm.

Verbreitung auf der nördlichen Hemisphäre bekannt, in Nordeuropa häufig, im Gebiet zerstreut bis selten, vorwiegend in strikt oligotrophen bis leicht dystrophen, elektrolytarmen «circumneutralen» Gewässern.

Die in der Literatur allgemein aufgeführten Varietäten und Formae bleiben noch genauer zu überprüfen. Möglicherweise handelt es sich z. T. um reine Umrißvariationen ohne taxonomische Bedeutung. Andere verdienen wahrscheinlich eine taxonomische Fixierung, auf welcher Rangstufe auch immer. Bei einigen Erscheinungsformen kommt es im LM zu Abgrenzungsproblemen gegenüber *F. lata* (siehe dort).

22. Fragilaria lata (Cleve-Euler) Renberg 1977 (Fig. 129: 3–5)

Synedra parasitica f. *lata* Cleve-Euler 1953

Frusteln zu bandförmigen Aggregaten verkettet. Schalen im Umriß sehr variabel, meistens rhombisch-elliptisch mit mehr oder weniger langen, schmal schnabelartig vorgezogenen Enden, oft auch in der Mitte konkav und dadurch zweiwellig. Länge 4–35 µm, Breite 3–10 µm. Axialarea linear, extrem eng, oft schwer erkennbar, Zentralarea fehlt. Str. annähernd parallel bis schwach radial, unregelmäßig gebogen, 15–18/10 µm. Im REM: Verbindungsdörnchen auf den transapikalen Rippen und auch andere Strukturen ähnlich der Artengruppe um *F. virescens* und *F. constricta*.

Verbreitung auf der nördlichen Hemisphäre unter nordisch-alpinen Wachstumsverhältnissen, im Gebiet noch nicht gefunden(?). Ökologischer Schwerpunkt in oligotrophen, elektrolytärmeren, circumneutralen bis schwach sauren Gewässern.

In den gleichen Gewässern wie *F. lata* kommen manchmal einige weitere Sippen vor, die morphologisch mehr oder weniger ähnlich sind. Ihre richtige taxonomische Position bleibt noch genauer zu untersuchen. So z. B. im Falle von *Fragilaria hungarica* var. *tumida* Cleve-Euler 1953, *Fragilaria constricta* f. *lata* Cleve-Euler 1953 sowie deren f. *stricta* Cleve (syn. var. *quadrata* Hustedt); hinzu kommen weitere Taxa von Cleve-Euler wie *F. polygonata* Cleve-Euler 1953. Es mag zutreffen, daß sich *F. lata* im REM sicher von *F. constricta* unterscheiden läßt. Wenn aber nur Vergleiche im LM in Frage kommen, ergeben sich jedoch Probleme. Renberg erklärt zwar im Protolog, daß *F. constricta* grundsätzlich breiter sei und einen anderen Schalenumriß hat. Das ist jedoch nicht immer so. Vergleicht man Fig. 129: 5 und 6, dann sind beide Arten mit Hilfe dieser Kriterien keineswegs mehr zu unterscheiden. Auch *F. constricta* f. *binodis* Hustedt 1931 repräsentiert eine Umrißvariante mit schmalen Schalen, die bisher keine Beachtung gefunden hat. *F. acidobiontica* Charles 1986 konnte von uns im Gebiet und auch in anderen Regionen bisher noch nicht gefunden werden.

23. Fragilaria alpestris Krasske ex Hustedt 1931 (Fig. 111: 25–28)

(?) *Fragilaria capucina* var. *amphicephala* (Kützing) Lange-Bertalot 1986

Frusteln in Gürtelansicht rechteckig, zu bandförmigen Aggregaten verkettet. Schalen schmal linear mit meistens schwach konkaven Rändern und keilförmig vorgezogenen, ziemlich spitz gerundeten Enden, Länge 20–50 µm, Breite 2,5–3 µm. Axialarea mäßig eng, linear. Str. parallel, 12–14(16)/10 µm.

Verbreitung in Europa und evtl. darüber hinaus (UdSSR), in Nordeuropa und den Alpen zerstreut, eher selten, in elektrolytarmen Gewässern (in den Zentralalpen auf Moosen), nach Cleve-Euler (1953) angeblich auch in eutrophen Seen und Flüssen. Sehr ähnliche Sippen kommen in subantarktischen oligotrophen Gewässern der südlichen Hemisphäre vor.

Die Art ist in zu wenigen Populationen bekannt, um als gut charakterisiert gelten zu können. So enthält ein weiteres Präparat aus der Coll. Krasske (überrieselte Kalkfelsen am Gardasee) nicht wie angegeben diese Art, sondern *F. capucina* var. *vaucheriae*. Ob die bei Mölder & Tynni (1970, fig. 1: 1) photographierte Schale dazu gehört, ist möglich, aber nicht zweifelsfrei, ebenso die von Cleve-Euler gemeinten, aber nicht abgebildeten Populationen aus eutrophen Gewässern. Le Cohu (1988) zeigt die Feinstrukturen einer als *F. alpestris* bestimmten Sippe von den Kerguelen, die danach zur Artengruppe um *F. construens* gehören müßte, die von anderen Autoren jedoch als Gattung *Staurosira* betrachtet wird. Andererseits zeigen sich deutlich Konvergenzen zur Artengruppe um *F. pinnata*, also der «Gattung *Staurosirella*». Schließlich besitzen, zumindest die europäischen Populationen, im LM den Habitus einer *Fragilaria* im verengten Sinne von Williams & Round, so wie vergleichsweise der Sippenkomplex um *F. capucina*. Es bleibt zu fragen, wie sinnvoll ein derartiges Ordnungsprinzip sein kann.

24. Fragilaria bicapitata A. Mayer 1917 (Fig. 118: 11–16)

Frusteln in Gürtelansicht rechteckig, zu bandförmigen Aggregaten verkettet. Schalen von schmal linear bis elliptisch-lanzettlich. Außer bei den kleinsten Exemplaren sind die Enden ± deutlich breit kopfig abgesetzt, Länge 10–55 µm, Breite 3–5(6) µm. Axialarea sehr eng, linear. Str. parallel 13–17(22?)/10 µm, öfter in unregelmäßigen Abständen voneinander. Im REM: Jede Schale besitzt an einem oder beiden Polen eine Rimoportula.

Verbreitet auf der nördlichen Hemisphäre, aber auch in Chile, im Gebiet zerstreut. Ökologische Amplitude schwer zu definieren, in elektrolytarmen und -reicheren (auch Karstquellen), oligo- bis eutrophen, oligo- bis β-mesosaproben, stehenden und fließenden Gewässern.

Den von Mayer aufgeführten infraspezifischen Taxa erkennen wir keine taxonomische Bedeutung zu.

Man erkennt gewisse Konvergenzen zu *F. incognita* im Schalenbau, insbesondere in der unregelmäßigen Stellung der Areolenreihen zueinander und in den manchmal ungleichmäßig stark verkieselten Transapikalrippen.

25. Fragilaria incognita Reichardt 1988 (Fig. 118: 1–7)

Schalen schmal lanzettlich bis annähernd linear mit einfach stumpf gerundeten, meistens aber mehr oder minder kopfig vorgezogenen Enden, Länge 25–116 µm, Breite 1,8–3 µm. Axialarea sehr schmal, meistens unregelmäßig ausgeprägt und im LM kaum erkennbar. Zentralarea fehlend. Str. unregelmäßig gestellt, im LM oft nur bei sorgfältigem Fokussieren zu erkennen, 20–28/10 µm. Besonders bemerkenswert ist die Bildung von schwächer bis stärker ausgeprägten Rippenbildungen, das sind stärker verkieselte Transapikalrippen in etwas unregelmäßigen Abständen, jeweils zwischen zwei benachbarten Str. Innerhalb einer Population können diese Strukturen bei einem Teil der Individuen nur sehr schwach, bei anderen überhaupt nicht entwickelt sein. Unterschiedlich ist auch die Intensität der Verkieselung, es treten sehr zart konturierte neben mehr oder minder dickwandigen Schalen auf. Im REM: Rimoportula an einem Schalenpol querliegend, groß. Apikale Porenfelder weit ausgedehnt. Areolen in sehr flachen Alveolen liegend. Innenfläche der Schalen z. T. mit flachem Relief, z. T. mit mehr oder minder starken rippenartig bandförmigen Kieselanlagerungen, ähnlich wie bei *Diatoma*. Verbindungsdörnchen fehlen.

Verbreitung dieser erst vor kurzem identifizierten Art noch nicht genauer bekannt, vermutlich aber kosmopolitisch. Im Gebiet (auch auf den Britischen Inseln) sehr häufig in den Seen des Voralpenlandes. Besonders häufig im Frühjahr als Aufwuchs auf Wasserpflanzen. Auf den Kerguelen in der Subantarktis kommt eine nahe verwandte Art vor (Fig. 118: 8–10). Ökologischer Schwerpunkt in schwach alkalischen, oligo- bis eutrophen Seen bei mittlerem Elektrolytgehalt.

F. incognita ist schon wiederholt als vermeintliche Erscheinungsform von *Diatoma tenue* registriert worden, vielleicht auch manchmal mit *Asterionella* verwechselt. Die antarktische Sippe wurde von mehreren Autoren für *Diatoma ehrenbergii* oder ein anderes etabliertes *Diatoma*-Taxon gehalten. Tatsächlich spiegelt sich in diesen beiden *Fragilaria*-Sippen das charakteristische Erscheinungsbild der zwei *Diatoma*-Arten wider. Williams (im Druck) beschreibt *F. incognita* – aufgrund seiner notorisch extrem engen Gattungsdefinitionen zwangsläufig – als eine weitere neue Gattung der Fragilariaceae. Wir können uns aus den oben genannten Gründen (siehe Diskussionen unter der Familiendiagnose sowie unter *Synedra* und *Fragilaria*) seiner Argumentation nicht anschließen. Allerdings sind diese zwei *Fragilaria*-Sippen von besonderer Bedeutung und verdienen besondere Aufmerksamkeit, weil sie zumindest eine Potenz besitzen, die man in der Unterfamilie der Fragilarioideae bisher nicht vermutet hatte, nämlich die zur Bildung bandförmiger verstärkter Transapikalrippen. Wir sehen darin nicht das Kriterium für eine isoliert stehende neue Gattung, sondern vielmehr ein verbindendes morphologisches Detail zwischen den Bauplänen der zwei Gattungen *Fragilaria* sensu lato und *Diatoma* und somit auch zwischen den zwei Unterfamilien. Für diese Sicht spricht auch die fakultative und nicht obligatorische Realisierung dieser Potenz.

2. Untergattung Alterasynedra Lange-Bertalot 1991

Typus subgeneris: *Fragilaria ungeriana* Grunow

Frusteln mit dem Grundbaumuster der Gattung *Fragilaria*, jedoch mit geschlossenen Gürtelbändern. Andere morphologische Eigenheiten, die obligatorisch oder fakultativ auftreten, bleiben auf ihre Bedeutung als systematische Kriterien noch genauer zu untersuchen und zu präzisieren.

Die hier abgegrenzte Untergattung entspricht genau der von Williams (1986) neu definierten Gattung *Synedra*. Die divergierenden Auffassungen über die Grundlagen der Klassifizierung und zur richtigen Anwendung der Nomenklaturregeln werden hier unter der Gattungsdiagnose von *Synedra* ausführlich begründet. Synonym der neuen Untergattung ist: *Ulnaria* Kützing 1844 (partim = zum größten Teil) als Untergattung von *Synedra* Ehrenberg.

Der Fragilaria (Synedra) ulna-Sippenkomplex

Weil eine weit umfassende monographische Bearbeitung noch aussteht und im Rahmen dieser Flora nicht möglich erscheint, fehlt uns z. Z. die nötige Übersicht über die verwirrende Vielzahl etablierter Taxa in und um diesen Sippenkomplex. Welche davon sind als selbständige Arten zu bewerten und welche als infraspezifisch und welche sind ökologische Modifikationen oder gar nur Lokalvariationen und Umrißvarianten?. Eine sichere Umschreibung und Diagnose für *F. ulna* als Art kann daher nicht garantiert werden. Es soll hier auch gar nicht ansatzweise versucht werden, die vorhandene Fülle morphologischer Erscheinungsformen taxonomisch adäquat inter- oder infraspezifisch zu ordnen. Vielmehr werden einige der für das Gebiet charakteristischen Sippen vorgestellt, einige davon als bisher übersehene Arten umschrieben und allgemeine Bestimmungsprobleme diskutiert. Eine kritische Bewertung muß später erfolgen.

26. Fragilaria ulna (Nitzsch) Lange-Bertalot 1980 (vgl. Tafel 119–122)

Bacillaria ulna Nitzsch 1817: *Synedra ulna* (Nitzsch) Ehrenberg 1832

Frusteln in situ einzeln, in nadelkissenförmigen Büscheln oder in kurzen, auch in mehr oder minder langen bandförmigen Aggregaten auftretend. Schalen linear bis linear-lanzettlich, selten in der Mitte konkav oder schwach aufgetrieben. Der Grad der Verschmälerung zu den Enden und die Form der Enden sehr variabel, Länge ca. 27–600, meistens jedoch ca. 50–250 μm, Breite ca. (1,5)2–9 μm. Axialarea eng linear, Zentralarea sehr variabel oder fehlend. Str. 7–15 (bis 18 und sogar 24 werden genannt)/10 μm, oft als einfach punktiert erkennbar. Im REM: Jeder Schalenpol mit einem abgesetzten Porenfeld (Ocellulimbus) je einer Rimoportula sowie meistens einigen apikalen Dörnchen, die bei manchen Sippen auch fehlen können. Die Alveolen liegen innen durchgehend offen (im Gegensatz zu *Synedra* mit dem Typus generis *S. baltica*). Str. aus ein bis zwei Areolenreihen zusammengesetzt. Alle Gürtelbänder sind beidseitig geschlossen (soweit bisher untersucht). Auch bei Populationen, die nicht in bandförmigen Aggregaten vereinigt sind, sondern in Form von Nadelkissen wachsen, können kurze Dörnchen (ohne ihre sonst charakteristischen abgeflachten Enden) auf den Schalenrändern stehen.

26.1 ulna-Sippen sensu lato (Fig. 122: 1–8)

var. *ulna*

Schalen ohne die besonderen Merkmale der anderen Sippen.

26.2 oxyrhynchus-Sippen (Fig. 122: 10)
Synedra ulna var. *oxyrhynchus* (Kützing) Van Heurck 1885 sensu Hustedt; *Synedra oxyrhynchus* var. *medioconstricta* Forti 1910; *Synedra ulna* var. *oxyrhynchus* f. *contracta* Hustedt 1930

Schalen linear, Länge vergleichsweise eng begrenzt, meistens unter 100 μm, Enden ziemlich schmal vorgezogen und annähernd spitz gerundet, vergleichsweise zu den *ulna*-Sippen dichter gestellt, jedenfalls mehr als 10/10 μm. Auszuschließen ist hier die var. *oxyrhynchus* sensu Germain et. auct. nonnull. mit viel weiter gestellten Str. von 7–9/10 μm, sie gehört wahrscheinlich zu *F. lanceolata* (siehe dort). Es muß jedoch beachtet werden, daß zumindest ein Teil der Syntypen von *Synedra oxyrhynchus* Kützing keinesfalls der Auffassung von Hustedt entspricht, sondern tatsächlich einfach punktierte Str. und zwar weniger als 10/10 μm aufweist. Diese müssen zu den *ulna*-Sippen sensu stricto gezählt werden. *S. ulna* var. *impressa* Hustedt und weitere vergleichbare Taxa sind in diesem Zusammenhang kaum definierbar.

26.3 danica-Sippen (Fig. 122: 9)
Synedra danica Kützing 1844; *Synedra ulna* var. *danica* (Kützing) Van Heurck 1885

Schwer zu definierendes Taxon. Sinngemäß nach Hustedt (1930) geht die ganze Gruppe von *Synedra ulna* durch ihre var. *danica* in *Synedra acus* über(!). Die Str. können aus einfachen oder Doppelreihen von Areolen zusammengesetzt sein, mit Übergängen (vgl. Le Cohu 1988).

26.4 acus-Sippen (Fig. 122: 11–13; Fig. 119: 8)
var. *acus* (Kützing) Lange-Bertalot 1980; *Synedra acus* Kützing 1844; (?) *Synedra delicatissima* W. Smith 1853

(Hustedt 1932 folgend): Schalen von einem schmal linearen Mittelteil «schnell» gegen die Enden verschmälert oder überhaupt im ganzen sehr schmal nadelförmig. Str. meistens 12 oder mehr/10 μm. Und weiter Hustedt (1930) folgend im Anschluß an var. *danica*: wer weiter kombinieren will, kann ohne besonderen Zwang auch den Formenkreis von *Synedra acus* in *S. ulna* einbegreifen(!).

26.5 ungeriana-Sippen (Fig. 121: 6–8)
Fragilaria ulna var. *ungeriana* (Grunow) Lange-Bertalot 1980
Siehe unter *F. ungeriana* und *F. biceps*.

26.6 angustissima-Sippen (Fig. 122: 15, 16; Fig. 114: 21)
Synedra delicatissima var. *angustissima* Grunow in Van Heurck 1881; *Synedra acus* var. *angustissima* (Grunow) Van Heurck 1885; *Synedra acus* var. *radians* (Kützing) Hustedt sensu auct. nonnull. (excl. Lectotypus)

Sippen mit Schalenbreiten von nur 2–4 oder andere mit nur 1–2 μm, Länge variabel von 40(?) bis etwa 500 μm. Dichte der Str. variabel zwischen 12–18/10 μm. Es handelt sich hierbei um Sippen des Planktons oligo- bis eutropher Seen.

Verbreitung der hier aufgeführten Sippen insgesamt kosmopolitisch, im Gebiet sehr häufig, manche Sippen stellenweise massenhaft, in fast allen Gewässertypen (außer in Hochmooren). Die meisten, insbesondere aber die variantenreichen *ulna*-Sippen, ohne eindeutig erkennbaren ökologischen Schwerpunkt. Bestimmte Sippen darunter dringen bis in schwach polysaprobes Milieu vor, auch unter starkem Abwassereinfluß chemischer Industrie. *Acus*-Sippen sind im

Aufwuchs und *angustissima*-Sippen sensu lato im Plankton stehender und größerer Fließgewässer individuenreich vertreten.

Zusammenfassende Diskussion

Allein schon die wenigen hier aufgeführten Taxa – manche davon werden von den meisten Autoren noch als selbständige Arten betrachtet – zeigen, wie schwer eindeutige Unterscheidungsmerkmale (auch Merkmalskombinationen) zu finden sind. Was den Besitz oder Nichtbesitz von Verbindungsdörnchen betrifft, so ist dies, z. B. bei *Fragilaria capucina* var. *vaucheriae* oder bei *Eunotia denticulata* oder *Navicula gallica*, nicht einmal intraspezifisch als Differentialmerkmal tauglich. Die von vielen Autoren als Differentialmerkmale zwischen «*Synedra ulna*» und «*S. acus*» beschriebenen Eigenschaften können noch weniger überzeugen, weil sie – wie wir meinen – willkürlich in ein Kontinuum meßbarer Dimensionen einschneiden (vgl. Lange-Bertalot 1980 mit Hinweisen auf Widersprüche in der Literatur). Zweifellos gibt es in diesem Gesamtkomplex genetisch voneinander abgegrenzte Sippen, darunter gewiß viele biologischen Arten und nicht bloß intraspezifisch differenzierte Populationen. Aber wie man sie definieren soll, ist die Frage. Erschwert wird alles durch einen undurchdringlich erscheinenden Dschungel rein typologisch begründeter Taxa (mit ihren Prioritätsansprüchen). Hinzu kommen noch die a priori und a posteriori festgelegten und oft wieder veränderten Unterschiede im taxonomischen Rang, dazu unübersehbar viele erwiesene oder zur Diskussion stehende Synonyme.

Auch in der Bestimmungspraxis zeigen sich ständig Probleme und Widersprüche. Wie soll man – weltweit übereinstimmend – Populationen bestimmen, die nicht in das vorgegebene typologische Muster passen? Oft werden dann neue Taxa gemacht. Ein Beispiel zum *acus*/*ulna*-Problem aus der Bestimmungspraxis:

Die photographische fig. 5: 13 bei Foged (1981) zeigt als «*Synedra ulna*» ein Exemplar, das nach den Kriterien Hustedts und anderer Autoren «*S. acus*» sein müßte und darüber hinaus sogar noch zu dicht gestreift wäre, um zu *S. acus* s. str. zu gehören. Unsicherheiten zeigen sich besonders darin, daß immer wieder einzelne Exemplare mutmaßlich fremder Taxa in das acus-Formenspektrum eingereiht werden, dies sind u. a. im einzelnen: *Synedra*/*Fragilaria delicatissima*, *radians*, *capucina* var. *gracilis* und sogenannte *rumpens*-Formen, *tenera* sowie *nana* Meister, schließlich sogar *F. crotonensis*. Unsicherheit auch, ob *S. longiceps* Ehrenberg wohl als selbständige Art zu bewerten ist; welche Konstellation *S. delicatissima* W. Smith, *S. delicatissima* var. *angustissima* Grunow in Van Heurck 1881, *S. acus* var. *angustissima* Grunow in Van Heurck 1885 zueinander haben – wir wissen es nicht, und wir sehen auch im Moment noch keinen befriedigenden Ausweg aus diesem Dilemma.

27. Fragilaria ungeriana Grunow 1863 (Fig. 121: 6–8)

Fragilaria ulna var. *ungeriana* (Grunow) Lange-Bertalot 1980; weitere Synonyme bei Williams (1986)
Aus der Synonymie auszuschließen ist jedoch *Fragilaria pseudogaillonii* Kobayasi & Idei 1979

Differentialdiagnose zu *F. ulna*:
Schalen wie *Fragilaria ulna* (part.) jedoch auf den Rändern mit Verbindungsdörnchen; Areolen einreihig geordnet. Frusteln in situ zu bandförmigen Aggregaten verkettet (ob stets?).

Verbreitung vorwiegend in tropisch-subtropischen Regionen, aber auch in Zypern, im Gebiet noch nicht sicher nachgewiesen (vgl. aber *F. biceps* syn. *F. pseudogaillonii*).

Wahrscheinlich ist dieses Taxon ein Komplex von mehreren Sippen, die sich mehr oder weniger unterscheiden. In einer Sippe vom Sinai kamen auch Individuen ohne Dörnchen vor. Ob *F. ungeriana*-Populationen vielleicht grundsätzlich nur Varianten von *F. ulna*-Sippen sind, bleibt weiter zu untersuchen.

28. Fragilaria biceps (Kützing) Lange-Bertalot 1991 (Fig. 121: 1–5)

Synedra ulna var. *biceps* (Kützing) Kirchner in Cohn 1878 (partim?) et sensu auct. nonnull.; (?) *Synedra longissima* W. Smith 1853; (?) *Synedra sphaerophora* Meister 1912; *Fragilaria pseudogaillonii* Kobayasi & Idei 1979
Aus der Synonymie auszuschließen ist:
Fragilaria ungeriana Grunow 1863

Frusteln in situ fakultativ(!) zu bandförmigen Aggregaten verkettet. Schalen linear, von der Mitte allmählich verschmälert zu den stumpf bis breit gerundeten, oft löffelförmig oder kopfig vorgezogenen Enden, Länge von etwa 160 bis annähernd 750 µm, Breite (5)7–10 µm. Axialarea eng linear, in der Regel ist keine Zentralarea vorhanden. Str. 7–9/10 µm, Areolen stets einreihig geordnet. Im REM: Auf den Schalenrändern stehen größere oder nur sehr kleine Verbindungsdörnchen (wie bei *F. ungeriana*), auch wenn die Frusteln nicht in Ketten, sondern in nadelkissenförmigen Büscheln wachsen (nähere Ausführungen bei Lange-Bertalot (1989). Weitere Feinstrukturen unterscheiden sich im wesentlichen nicht von *F. ulna*.

Verbreitung kosmopolitisch, aber auch unter verschiedenen anderen Namen verzeichnet. Im Gebiet zerstreut, vorwiegend in oligotrophen Gewässern im Gebirge. Ökologischer Schwerpunkt bleibt noch genauer zu untersuchen. Oft zusammen mit verschiedenen *F. ulna*-Sippen vorkommend. Sensibel gegen Abwasserbelastung.

Die von uns auf allen Kontinenten gefundenen Populationen zeigten morphologisch keine wesentlichen Abweichungen voneinander, ganz im Gegensatz zu verschiedenen *F. ungeriana*-Sippen untereinander. Synonymie wäre aufgrund der signifikant unterschiedlichen Merkmalskombinationen dieser beiden Taxa völlig unrealistisch. Das Kriterium der bandförmigen Verkettung würde anderenfalls grotesk überbewertet.
Die Syntypen von *Synedra biceps* Kützing und auch die oben in Frage gestellten Synonyme von *Synedra biceps* (syn. *S. ulna* var. *biceps*) bleiben auf mögliche Konspezifität mit *F. pseudogaillonii* noch genauer zu überprüfen. Auch *S. ulna* var. *aequalis* und vielleicht noch weitere Taxa der Sammelart *Synedra ulna* sollten auf mögliche Potenz zur Ausbildung von Verbindungsdörnchen überprüft werden. Es kann dagegen kaum noch einen Zweifel geben, daß *Synedra ulna* var. *claviceps* Hustedt 1937, aus dem Tobasee, mit *Fragilaria biceps* konspezifisch ist und nur eine Umrißvariante, die Enden betreffend, darstellt. Genau so aussehende Formen (Fig. 121: 4) kommen im Oranje-Fluß, Südafrika, unter *biceps*-Formen vor und besitzen wie diese randständige Dörnchen. Auch an einem «*aequalis*»-Exemplar in derselben Probe konnten Dörnchen gefunden werden. Eigenartig ist, daß Kobayasi & Idei in ihrer Diskussion zu *Fragilaria pseudogaillonii* trotz vieler anderer Vergleiche keinen Hinweis auf *Synedra ulna* var. *biceps* und var. *aequalis* geben, obgleich die übereinstimmenden Merkmale im LM unübersehbar sind.

29. Fragilaria lanceolata (Kützing) Reichardt 1988 (vgl. Fig. 120: 1–9)

Synedra lanceolata Kützing 1844; *Synedra ulna* var. *lanceolata* (Kützing) Grunow 1862; *Synedra juliana* De Notaris in De Notaris & Baglietto 1871; *Synedra ulna* var. *fonticola* Hustedt 1937; *Synedra ulna* sensu auct. nonnull; *Synedra ulna* var. *oxyrhynchus* sensu Germain 1981

Differentialdiagnose zu *Fragilaria ulna*:
Schalen wie bei *Fragilaria ulna* (part.), jedoch Str. aus Doppelreihen von Areolen zusammengesetzt. Auf den Schalenrändern keine Dörnchen, jedoch können wenige dornartige Strukturen an den Polen, am Rande des Ocellulimbus stehen wie bei den meisten Sippen des *Fragilaria ulna*-Komplexes.

Verbreitung kosmopolitisch, keineswegs pantropisch, sondern auch in gemäßigten Klimazonen wie Japan und Europa. Im Gebiet zerstreut, vermutlich nicht selten, doch bisher stets als *Synedra ulna* bestimmt. Ökologischer Schwerpunkt deshalb noch nicht genauer bekannt.

Es gibt weltweit und auch in Europa mehr als nur eine *ulna*-ähnliche Sippe, die doppelte Areolenreihen besitzen. Sie unterscheiden sich untereinander wie auch die Sippen von *F. ulna* (vgl. Fig. 120: 1–8). Da in der Vergangenheit der Ein- bzw. Doppelreihigkeit von Areolen kaum jemals besondere Aufmerksamkeit geschenkt wurde, hielt man alle Formenschwärme für *Synedra ulna*, wenn sie so aussahen wie *S. ulna*. Ob es der taxonomischen Weisheit letzter Schluß bleibt, alles was Doppelreihen besitzt, trotz *ulna*-Habitus zu *F. lanceolata* zu ziehen, ist zweifelhaft. Hier muß man differenzieren. Im Falle der *Synedra nyansae* G. S. West syn. *S. dorsiventralis* O. Müller syn. *Fragilaria dorsiventralis* (O. Müller) Lange-Bertalot ist das auch geschehen, weil ein zweites Kriterium, nämlich eine auffällig gestaltete Zentralarea vorhanden ist. Andererseits gibt es unter *Fragilaria ungeriana* sensu lato offensichtlich Sippen, die eine sehr ähnliche Zentralarea besitzen, jedoch einreihige Areolen- und Verbindungsdörnchen. Vermutlich besitzt aber die tropische «*Staurosira ungeriana*» aus der Coll. Cleve & Möller 188 doppelreihige Areolen – und sie bildet bandförmige Aggregate (vgl. Fig. 121: 8).

30. Fragilaria dilatata (Brébisson) Lange-Bertalot 1986 (Fig. 123: 1–3)

Synedra dilatata Brébisson 1838; *Synedra capitata* Ehrenberg 1836; *Synedra hastata* Rabenhorst 1864; *Fragilaria capitata* (Ehrenberg) Lange-Bertalot 1980
Aus dem Synonymie auszuschließen ist:
Fragilaria capitata Ehrenberg 1853 und 1854

Schalen linear, vor den Enden transapikal «spießförmig» erweitert und dann keilförmig verschmälert, Pole oft schwach schnabelartig und spitz bis stumpf gerundet, Länge 120–500 µm, Breite proximal (5)7–10 µm, distal (7)10–15 µm. Axialarea eng linear, Zentralarea variabel oder fehlend. Str. (6)8–11/10 µm, punktiert erscheinend, um 35/10 µm*. Im REM: Median- und Transapikalrippensystem vergleichbar *F. ulna*, aber der Frustelgröße entsprechend kräftiger ausgeprägt. Alveolen mit einfachen Areolenreihen, stark eingetieft und durchgehend nach innen offen. Je Schalenpol eine Rimoportula und ein apikales Porenfeld vorhanden.

Verbreitung kosmopolitisch, im Gebiet überall zerstreut, meistens in geringeren Individuenzahlen auftretend. Ökologischer Schwerpunkt in oligo- bis eutro-

---

* Die Ziffern in Klammern gelten für eine Sippe aus Australien (Foged 1978, fig. 9: 6)

phen, stehenden und langsam fließenden, eher elektrolytreicheren Gewässern, allenfalls bis zum β-mesosaproben Belastungsgrad. Auch im schwach brackigen Wasser der Ostseeküsten gefunden; häufig in fossilen Ablagerungen.

Im weiteren Rahmen *F. ulna*-ähnlicher Sippen ist *F. dilatata* offensichtlich durch den, in anderen Fällen weniger signifikanten, hier aber kaum verwechselbaren Umriß und ihre weniger variablen meßbaren Dimensionen charakterisiert. Bedauerlicherweise ist das «altvertraute Epitheton *capitata*» in der Kombination mit *Fragilaria* ein jüngeres Homonym eines nahezu vergessenen Synonyms von *Diatoma anceps*.

3. Untergattung Ctenophora (Grunow) Lange-Bertalot 1991

Typus subgeneris: *Fragilaria pulchella* (Ralfs ex Kützing) Lange-Bertalot 1980
Ctenophora ist ursprünglich von Grunow 1862 als Untergattung («Gruppe») zur Gattung *Synedra* definiert worden. De Toni 1892 führt das Taxon *Ctenophora* auf Brébisson zurück. Williams & Round erheben sie zur monotypischen Gattung. Die Diagnose der Untergattung entspricht der Merkmalskombination der einzigen Art (siehe unter *F. pulchella*). Es bleibt weiter zu prüfen, was an den Eigenschaften der einzigen hier zugehörigen Art eigentlich so besonders ist, daß sie eine Trennung von den anderen Arten auf noch höherer Rangstufe erforderlich machen würde. Ergibt sich der Anlaß dazu nicht zwangsläufig aus den extrem engen Definitionen der benachbarten Artengruppierungen zu fiktiven Gattungen? *F. pulchella* paßt schlecht in das enge Raster willkürlich gewählter Sortiermerkmale und bleibt gleichsam übrig (siehe auch unter *F. incognita*).

31. Fragilaria pulchella (Ralfs ex Kützing) Lange-Bertalot 1980 (Fig. 136: 1–7)

Exilaria pulchella Ralfs ex Kützing 1844; *Synedra pulchella* (Ralfs) Kützing 1844; *Synedra familiaris* Kützing 1844; *Ctenophora pulchella* (Ralfs) Williams & Round 1986

Frusteln in Gürtelansicht meistens linear-lanzettlich, einzeln, in büschel- oder fächerförmigen, selten bandförmigen Aggregaten auf Gallertpolstern sitzend. Schalen im Umriß sehr variabel, breit linear, lanzettlich bis schmal linear-lanzettlich; Enden ebenfalls sehr variabel, spitzlich ± stumpf bis breit gerundet oder ± kopfig abgesetzt, Länge ca. 20 bis über 200 μm, Breite ca. 5–8,5 μm. Axialarea eng bis sehr eng, seltener etwas unregelmäßig erweitert, Zentralarea auffällig groß, ± rechteckig, Ausdehnung transapikal bis zu den hier oft verstärkt erscheinenden Schalenrändern, apikal variabel. Str. 9–17/10 μm, stets auffällig grob punktiert. Im REM: An jedem Schalenpol regelmäßig eine Rimoportula und ein Porenfeld, marginale Verbindungsdörnchen fehlen. Transapikalrippen im Schaleninnern wulstig gerundet, auch die zentrale Area wird von einem Randwulst umringt und vermutlich dadurch stabilisiert. Alveolen und evtl. Areolen darin nur flach angedeutet. Foramina auf der Schalenaußenfläche durch relativ grob strukturierte Cribra abgeschlossen, vergleichbar mit *Achnanthes brevipes* (siehe Lange-Bertalot & Krammer 1989, fig. 10: 2 und andere Arten dieser Untergattung von *Achnanthes*). Valvocopula einseitig offen.

Verbreitung kosmopolitisch, im Gebiet häufig. Ökologischer Schwerpunkt im Brackwasser der Meeresküsten, in Flußästuarien und Binnengewässern mit meist erhöhtem Salzgehalt unterschiedlicher Ionenzusammensetzung, jedoch auch in reinem Süßwasser mit nur mittlerem Elektrolytgehalt. Förderung des Wachstums in großen Flüssen bis in die α-mesosaprobe Belastungszone, wahrscheinlich infolge diskontinuierlicher industrieller Abwassereinleitungen. In Kläranlagen mit kommunalen Abwässern und deren Vorflutern spielt die Art keine Rolle, ebensowenig unter oligosaproben Bedingungen im reinen Süßwasser, ganz im Gegenteil zu *F. fasciculata*.

Anders als im Falle von *F. fasciculata* oder auch *F. ulna* lassen sich infraspezifische Taxa innerhalb des scheinbaren Formenkontinuums von *F. pulchella* nicht klar voneinander abgrenzen. Die var. *parva* Hustedt in A. Schmidt et al. 1913 gehört definitiv nicht hierher, sondern entspricht genau *F. bidens*-Sippen, die wiederum vermutlich zum *F. capucina*-Formenkreis sensu lato gehören. Wir sehen – noch weniger als im Falle von *F. fasciculata* – irgendeinen zwingenden Grund, für diese Art eine neue monotypische Gattung einzurichten. Es sind im Sinne moderner Gattungsdefinition nach Michener (1957) keine entscheidend «große Lücken» zu anderen Artengruppen innerhalb *Fragilaria* zu erkennen.

4. Untergattung Tabularia (Kützing) Lange-Bertalot 1991 (als nov. comb.)

Tabularia Kützing 1844 (als Untergattung der Gattung Synedra); *Tabularia* (Kützing) Williams & Round 1986 (als Gattung)

Williams & Round (1986) beschreiben sehr detailliert die Morphologie einiger weniger Taxa in dieser Gruppe und gliedern sie nach Maßgabe des Areolenfeinbaus in drei Untergruppen weiter auf. Aus ihren Ausführungen geht jedoch nicht hervor, was denn nun das Entscheidende, das Besondere an der Merkmalskombination sein soll, das eine Umschreibung als selbständige Gattung erforderlich machen würde. Alle morphologischen Merkmale findet man bei den übrigen Artengruppen von *Fragilaria* (sensu lato) in frei variabler Kombination miteinander verbunden. Die Gruppe 2, in der nur *Fragilaria investiens* namentlich genannt wird, zeichnet sich durch grillartig untergliederte Alveolen aus. Dieses hier «infragenerisch bewertete» Merkmal soll im Falle der untereinander doch sehr nahe stehenden Sippengruppen von *F. construens* und *F. pinnata* Kriterium zwischen zwei neu definierten Gattungen sein, nämlich *Staurosira* und *Staurosirella* (siehe dort). In der Erwartung, daß vielleicht doch noch überzeugendere Argumente für die neue systematische Aufgliederung der traditionellen Gattungen *Fragilaria / Synedra* nachgeliefert werden können, fassen wir die Sippengruppe *Tabularia* vorläufig weiter als Untergattung auf, dies im ursprünglichen Sinne von Kützing, jedoch aus zwingenden Gründen nicht mehr in der Gattung *Synedra* sondern in *Fragilaria*. Phylogenetische Spekulationen, z. B. über die Mono- oder Polyphylie von Sippen, können wertvolle Forschungsbeiträge sein. Sie sollten jedoch nicht in einem frühen Stadium der Diskussion bereits zu eilig betriebenen nomenklatorischen verbindlichen Systemveränderungen führen. Zur Untergattung *Tabularia* werden hier im Sinne von Williams & Round folgende früher zu *Synedra* (nach Lange-Bertalot zu *Fragilaria* sensu lato gehörige) Taxa zusammengefaßt: *T. barbatula*, *T. parva*, *T. investiens* und der sicher heterogene, aber vorläufig sehr schwer differenzierbare Sippenkomplex um *T. fasciculata*. Die beiden zuerst genannten Taxa sind marine Sippen und sollen in dieser Süßwasserflora nur ohne diagnostische Angaben erwähnt bzw. im Zusammenhang mit vergleichbaren Formen des *F. fasciculata*-Sippenkomplexes vorgestellt werden. Es bleibt in diesem Zusammenhang fraglich, ob die Alveolen bei *T. parva* wirklich immer durch Areolen in Doppelreihen untergliedert sind. Wir haben Populationen gesehen (u. a. eine in Bryozoen lebende), die zwar vorwiegend Doppelreihen, aber ansatzweise auch einfache Reihen aufwiesen. Wiederum andere Populationen besitzen regelmäßig einfache Reihen, zeigen überdies aber keine erkennbaren Unterschiede zu *T. parva*. Zu welchem Taxon gehören sie? Wir erinnern an die Variabilität der Doppel-/Einfachreihen bei anderen Familien der Diatomeen. Hinzu kommt das Problem der Sippengruppe um *Fragilaria fonticola* Hustedt. Welche Feinstrukturen verbergen sich hinter ihrer Nominatvarietät und hinter var. *angusta* Hustedt und hinter var. *sinaica* Hustedt? Zu welchen Taxa gehören *F. fonticola* sensu Krasske und *F. fonticola* sensu Frenguelli aus Südamerika und andere vergleichbare Sippen, die im Süßwasser der Sinai-Halbinsel und der Negev-Wüste leben (vgl. Lange-Bertalot 1980)? Welche Beziehungen bestehen zwischen ihnen untereinander, welche zu ähnlich aussehenden *fasciculata*-Sippen oder noch weiteren Sippen anderer Taxa? Die bisher bekannt gewordenen Befunde deuten auf ein breites Variationsspektrum der Feinstruktur in den Areolen hin. Bevor diesbezüglich tiefgreifende systematische Veränderungen durchgeführt werden, sollten alle diese Sippen zuerst genauer untersucht und die Ergebnisse vergleichend diskutiert sein.

Der Sippenkomplex um Fragilaria fasciculata

32. Fragilaria fasciculata (C. Agardh) Lange-Bertalot 1980 sensu lato (Fig. 135: 1–18; Fig. 124: 3)

Diatoma fasciculatum C. Agardh 1812; *Diatoma tabulatum* C. Agardh 1832; *Synedra fasciculata* (Agardh) Kützing excl. descr. et excl. *Synedra fasciculata* Ehrenberg 1832; *Synedra affinis* Kützing 1844; *Synedra hamata* W. Smith 1853

Frusteln in Gürtelansicht einzeln oder zu kürzeren oder auch längeren bandförmigen Aggregaten vereinigt. Schalen weniger im Umriß als in den Proportionen Länge/Breite extrem variabel. Umriß meistens lanzettlich oder linear-lanzettlich mit allmählich zu den stumpf, selten breit gerundeten oder kopfigen oder schnabelartig vorgezogenen Enden verschmälert, seltener annähernd linear mit eher abrupt verschmälerten Enden, Länge ca. (12)20 bis über 400 μm, Breite ca. 2–8 μm. Axialarea sehr variabel, mäßig bis sehr breit. Str. im Grad ihrer Verkürzung (mehr oder weniger randständig) und in ihrer Breite sehr variabel, ca. 7,5 bis 26/10 μm, die Pole oft frei von Str. mit auch im LM erkennbarer Rimoportula. Im REM: Apikale Porenfelder in Gestalt des sogenannten Ocellulimbus an beiden; Rimoportulae an einem oder beiden Schalenpolen. Alveolen, Areolen, Foramina mit Cribra, bei verschiedenen Sippen variabel in ihrer Feinstruktur. Sogar innerhalb einer Population können Intercostalrippen die Alveolen untergliedern oder auch fehlen. Verbindungsdörnchen fehlen stets, auch bei bänderbildenden Sippen.

Verbreitung kosmopolitisch, im Gebiet häufig mit extrem weit gespannter ökologischer Amplitude. Ökologischer Schwerpunkt zweifellos in Brackgewässern unterschiedlicher Ionenzusammensetzung, jedoch entgegen der Ansicht von Cholnoky (1968) auch in reinem Meerwasser und in reinem Süßwasser bei mittleren und höheren Elektrolytgehalten und zwar in Populationen mit hoher Individuenzahl lebend. In der Wellenschlagzone großer europäischer Flüsse könnte das Wachstum durch hohe osmotische Druckschwankungen begünstigt werden, in anderen Süßwasserbiotopen scheint das Vorkommen jedoch unabhängig davon zu sein. Genauer zu untersuchen bleibt noch, ob *F. fasciculata* industrielle Abwassereinwirkungen nur bis zum kritischen Belastungsgrad toleriert oder darüber hinaus auch regelmäßig in die α-meso- und evtl. polysaprobe Zone eindringen kann.

Fragilaria fasciculata umfaßt zweifellos eine Vielzahl morphologisch und vermutlich auch ökologisch unterschiedlicher Sippen. Anders als im Falle von *F. ulna* sehen wir vorläufig, ohne eine umfangreiche vergleichend morphologische Bearbeitung, keinen Weg, die Vielfalt von Erscheinungsformen taxonomisch sinnvoll zu gliedern. Weder nach den historischen Definitionen der Taxa noch nach «moderneren» Kriterien konnten wir bisher überzeugende Abgrenzungsmöglichkeiten finden. Einige infraspezifische Sippen werden hier deshalb, bewußt unkritisch, unter Bezeichnungen abgebildet, wie sie u. a. in der Collection Hustedt eingeordnet sind. Anders jedoch im Falle von *Synedra hamata* W. Smith 1853. Das Typenpräparat wurde von uns überprüft. Sie kann weder als Art noch als *Synedra tabulata* var. *hamata* (W. Smith) Mills 1934 einen taxonomischen Rang beanspruchen, denn es handelt sich dabei lediglich um eine relativ schwache schalenmorphologische Verformung, wie sie bei vielen Klonen vorkommt.

Bei einigen sehr langschaligen Formen mit kurzen randständigen Str. (z. B. aus Südafrika) mit Längen um 300–400 µm, bliebe zu klären, ob nicht doch evtl. nach innen teilweise geschlossene Alveolen vorliegen wie bei *Synedra gaillonii*. Andererseits existieren dort auch im gleichen Biotop sehr kleine feinstreifige Formen, ähnlich var. *parva* (Kützing) Grunow sensu Hustedt (Länge 12–40 µm, Str. bis 26/10 µm). Darüber hinaus gibt es dort «intermediäre» Erscheinungsformen. REM-Untersuchungen sollen zur Klärung beitragen. Erwähnenswert ist, daß Hustedt (aus Afrika) *Synedra affinis* var. *obtusa* und *Fragilaria longissima* beschrieben hat. Wenn man einzelne Exemplare beider Taxa vergleicht, fragt man, was sie eigentlich unterscheiden soll. Die unterschiedliche Gattungszuweisung ist auch wieder nur durch das Kriterium der bandförmigen Aggregate verständlich.

Zur Nomenklatur: Die Kombination *Synedra fasciculata* (Agardh) Kützing 1844, das ist die gültige im Sinne von Patrick in Patrick & Reimer (1966), berücksichtigt nicht die Priorität von *Synedra fasciculata* Ehrenberg 1832 für eine andere Art (= *Exilaria vaucheriae* fide Ehrenberg 1838). In der Kombination *Fragilaria fasciculata* jedoch existiert keine Homonymie.

33. Fragilaria investiens (W. Smith) Cleve-Euler 1953 (Fig. 136: 12, 13)

Synedra investiens W. Smith 1856

Frusteln in Gürtelansicht rechteckig, einzeln oder in sternförmigen Büscheln («synedroid») lebend oder zu bandförmigen Aggregaten vereinigt. Schalen schmal linear bis schmal lanzettlich oder rhombisch, seltener schwach heteropol keulenförmig, die kleinsten Exemplare elliptisch, mit stumpf gerundeten, nicht vorgezogenen Enden, Länge ca. 8–60 µm, Breite 2–5 µm. Axialarea von linear über schmäler bis breiter linear-lanzettlich. Str. mehr oder weniger verkürzt und dadurch manchmal «randständig» (vergleichbar dem Variabilitätsspektrum bei *F. pinnata*), 5–12/10 µm. Im REM: Alveolen breit, durch Intercostalrippen grillartig unterteilt, genau so wie bei *F. pinnata*. Je Schale zwei apikale Porenfelder in Gestalt des sogenannten Ocellulimbus und meistens eine, manchmal aber auch zwei Rimoportulae. Randständige Verbindungsdörnchen fehlen, trotz häufig beobachteter Vereinigung zu bandförmigen Aggregaten (vergleichbar *F. fasciculata*). Der Gürtel ist aus 6–8 offenen Bändern zusammengesetzt.

Verbreitung nicht genauer bekannt, «nordatlantische Küsten» der alten und neuen Welt, aus dem Gebiet nur selten gemeldet, «polyhalobe Meeresform». Auch an Federn tauchender Seevögel (Holmes & Croll 1984).

Interessant ist, daß diese Art von den meisten Autoren permanent als *Synedra* aufgefaßt wurde, obwohl sie bekanntermaßen bandförmige Kolonien bilden kann. Die morphologische Konvergenz bei kürzeren Formen könnte evtl. Anlaß zu Verwechslung mit *F. pinnata* und «*Opephora martyi*» gegeben haben. Die letzten beiden Taxa wurden erstaunlich häufig von Meeresküsten angegeben, *F. investiens* vergleichsweise selten. Differentialmerkmal (im REM, denn im LM nicht immer sicher erkennbar) ist der Besitz von Rimoportulae. Sie differenzieren *F. investiens* auch von *F. pacifica* (neben anderen Merkmalen).

5. Untergattung Staurosira (Ehrenberg 1843) Lange-Bertalot

Typus subgeneris: *Staurosira construens* Ehrenberg 1843

Diese Untergattung umfaßt die Gattungen *Staurosira* sensu Williams & Round 1987 und *Staurosirella* Williams & Round 1987 und *Punctastriata* Williams & Round 1987 und (?) *Pseudostaurosira* Williams & Round 1987.

Alle hier zu *Staurosira* zusammengefaßten Kleingruppen besitzen das fragilaria-typische Grundbaumuster. Sie unterscheiden sich von den anderen größeren Gruppen innerhalb *Fragilaria* sensu lato jedoch durch eine charakteristische gemeinsame Merkmalskombination.

1) Ausnahmslos fehlen bei allen zugehörigen Arten die in anderen Gruppen zumindest in der Regel vorhandenen Rimoportulae. 2) Apikale Porenfelder sind in der Regel vorhanden, aber im Vergleich zu anderen Gruppen stärker reduziert, niemals als Ocellulimbus (umrandetes Feld) ausgebildet, ausnahmsweise sogar völlig zurückgebildet. 3) Die Zellgürtel erscheinen vergleichsweise stark ausgeprägt a) durch eine große Valvocopula mit septenartig ins Zellinnere vorspringenden Fortsätzen, die mit den Transapikalrippen der Schalenfläche korrespondieren; b) durch mehrere, meistens 6–8 offene, mit je einer Ligula ausgestatteten, oft gekrümmten Copulae. 4) Robuster, kompakt erscheinender Bau der Frusteln, insbesondere des Rippensystems bei geringer Längenausdehnung. 5) Oft gemeinsames Vorkommen mehrerer Arten aus den verschiedenen Kleingruppen, vorwiegend in oligosaproben stehenden Gewässern, insbesondere auch Fossillagern. Gemeinsam mit anderen Fragilariagruppen ist die regelmäßig auftretende aber fakultative Verkettung zu bandförmigen Aggregaten. Die Verbindungsdörnchen auf den Schalenrändern sind variabel in ihrer Gestalt und Anordnung, ebenso der Feinbau der Areolen. Die Abgrenzung zu *Opephora* sensu lato (also inclusive *O. martyi* und ähnlichen Sippen) ist grundsätzlich nicht praktikabel, zu *Opephora* sensu stricto (wenige Sippen an den Meeresküsten) ist problematisch und eigentlich nur unterhalb des Gattungsrangs sinnvoll. Darüber hinaus sind viele Taxa der Fragilariaceae noch nicht so genau untersucht, um sie sicher der *Staurosira*- oder einer anderen Gruppierung zuordnen zu können. Solange unsere Kenntnisse noch nicht erheblich weiter reichen, sind eilige tiefgreifende taxonomisch-nomenklatorische Umstellungen sehr skeptisch zu beurteilen.

Der Sippenkomplex um Fragilaria construens

Von der großen Mehrzahl aller Autoren werden bis heute nur ein bis zwei der hier zugehörigen Taxa als selbständige Arten betrachtet, nämlich *F. construens* und *F. elliptica*. Dem steht eine Vielzahl von Taxa gegenüber, die infraspezifisch zu *F. construens* gezogen werden. Diese Klassifikation erscheint unbefriedigend und inkonsequent, besonders in Relation zum Sippenkomplex um *F. pinnata* (siehe dort). Dort nämlich sind vergleichbare schalenmorphologische Kriterien, meistens betrifft es die Schalenumrisse, zur Grundlage mehrerer selbständiger Arten und sogar verschiedener Gattungen gemacht worden. Wir betrachten die hier noch beibehaltene traditionelle Ordnung der Taxa des Komplexes als vorläufig. Sie lehnt sich eng an das Konzept von Hustedt (1957) an und bedarf einer gründlichen Revision im umfassenden Rahmen. Isolierte Betrachtung einzelner Taxa und darauf gründende tiefgreifende taxonomisch-nomenklatorische Umstellungen können nicht überzeugen.

34. Fragilaria construens (Ehrenberg) Grunow 1862 (Fig. 132: 1–34; Fig. 129: 21–27; Fig. 131: 5, 6)

Frusteln in Gürtelansicht rechteckig, meistens zu bandartigen Aggregaten verkettet. Infolge der bauchigen oder mehrbuckeligen Gestalt erscheinen entsprechende Kolonien pervalvar wie von ein bis mehreren Bändern gekreuzt. Schalenumrisse sehr variabel, die kleinsten rund, die Nominatform bauchig aufgetrieben, andere Sippen linear, elliptisch, lanzettlich, zwei- bis mehrwellig, selten tripolar, Länge 4–35 µm, Breite 2–12 µm. Axialarea variabel von eng linear bis breiter elliptisch oder lanzettlich. Str. annähernd parallel, (12?)14–18(20)/10 µm. Im REM: Alveolen schmal in Relation zu den breiteren Transapikalrippen und wenig eingetieft. Foramina klein, nicht grillartig verlängert (wie bei *F. pinnata*), ziemlich weit über den Mantelrand verlaufend (Fig. 131: 5, 6), ca. 35- bis über 50/10 µm. Apikale Porenfelder vorhanden. Rimoportulae fehlen. Verbindungsdörnchen auf den Transapikalrippen am Schalenrand sitzend, mit einfacher, im Querschnitt etwa rundlicher Basis und abgeflachten und verbreiterten Enden. Falls nicht mit Nachbarzellen untereinander eng verzahnt, brechen diese Enden oft ab und täuschen eine einfachere dornartige Struktur vor. Die Varietät *exigua* zeigt im REM die gleichen Feinstrukturen.

34.1 construens-Sippe sensu stricto (Fig. 132: 1–5, 29; Fig. 131: 5)
Fragilaria construens f. construens (Ehrenberg) Hustedt 1957
Staurosira construens Ehrenberg 1843
Schalen transapikal mehr oder weniger stark bauchig aufgetrieben bis annähernd kreuzförmig, zu den Enden stärker verschmälert.

34.2 venter-Sippen (Fig. 132: 9–16, 28; Fig. 131: 6; ?Fig. 129: 21–27, 34)
Fragilaria construens f. venter (Ehrenberg) Hustedt 1957
Fragilaria venter Ehrenberg 1854 (ob incl. aller Syntypen?); *Fragilaria construens* var. *venter* (Ehrenberg) Grunow 1881; (?) *Fragilaria construens* var. *pumila* Grunow 1881
Schalen elliptisch, elliptisch-lanzettlich bis rhombisch.

34.3 subsalina-Sippen (Fig. 132: 17–22)
(?) *Fragilaria construens* var. *pumila* Grunow in Van Heurck 1881; *Fragilaria construens* f. *subsalina* (Hustedt) Hustedt 1957; *Fragilaria construens* var. *subsalina* Hustedt 1925
Schalen linear bis linear-lanzettlich.

34.4 binodis-Sippen (Fig. 132: 23–27)
Fragilaria construens f. binodis (Ehrenberg) Hustedt 1957
Fragilaria binodis Ehrenberg 1854 non *Fragilaria* (?) *binodis* Ehrenberg 1843; *Fragilaria construens* var. *binodis* (Ehrenberg) Grunow 1862
Schalen durch transapikale Einschnürungen in der Mitte mit meist ausgeprägt zwei- bis mehrbuckeligen Rändern.

Es ist durchaus wahrscheinlich, daß es sich bei einigen so gestalteten Populationen um eine genetisch fixierte Art, Varietät oder Forma handelt. Nach eigenen, noch nicht abgeschlossenen Untersuchungen können jedoch verschiedene Sippen mehrbuckelige Formen als Umrißvariationen ausbilden. Die verschiedenen bi- und triundulaten Formen bleiben also noch genauer zu untersuchen.

34.5 exigua-Sippe (Fig. 117: 4–7A)
Fragilaria construens f. exigua (W. Smith) Hustedt 1959
Triceratium exiguum W. Smith 1856; *Fragilaria exigua* (W. Smith) Lemmermann 1908 non Grunow; *Fragilaria exigua* var. *concava* Lemmermann 1908; *Fragilaria construens* var. *exigua* (W. Smith) Schulz 1922

Schalen dreipolig mit vorgezogenen Enden (Ecken).

Verbreitung des Sippenkomplexes kosmopolitisch, im Gebiet häufig, weniger in fließenden, aber oft massenhaft in stehenden, vorzugsweise oligosaproben (nicht unbedingt oligotrophen) Gewässern mit weiterer ökologischer Amplitude, ausgenommen ausgeprägt huminsaurer. Forma *subsalina* in brackigen Gewässern des Binnenlandes und an den Meeresküsten, jedoch sind morphologisch im LM davon nicht zu unterscheidende Sippen auch in reinem Süßwasser vertreten. Forma *exigua* ist im und außerhalb des Gebiets ziemlich selten, lokal jedoch manchmal häufig (auch) im Plankton, z. B. im oberschwäbischen Federsee.

Die Syntypen der «Ehrenberg-Taxa» konnten bisher nicht überprüft werden, die Identität der vergleichsweise wenig variablen Nominatform ist dennoch kaum umstritten und zweifelhaft. (Vielleicht wäre sie, analog zu *F. leptostauron*, doch im Range eher stärker von der anderen Formae abzusetzen.) Die Variabilität der f. *venter*, genauer derjenigen Sippen, die allgemein dafür gehalten werden, ist ungleich viel größer, sie lassen sich oft nicht zweifelsfrei identifizieren. Das betrifft nicht nur die Annäherung zur Nominatform. Besonders problematisch ist auch eine sichere Abgrenzung zu den für *F. elliptica* Schumann gehaltenen Sippen. Nicht einmal die Zugehörigkeit von *F. lancettula* Schumann läßt sich eindeutig ausschließen, denn die Str. werden im Protolog als punktiert angegeben, was eher auf morphologische Nähe zu *F. construens* als *F. pinnata* schließen läßt. REM-Untersuchungen erbrachten bisher eher problematische Ergebnisse bezüglich einer infraspezifischen Gliederung der Art und bezüglich der Abgrenzung zu anderen Arten. Ausgenommen ist die durch die «grillartigen» Foramina gut charakterisierte *F. pinnata*-Formengruppe. Versuchte man die variablen Sippen früher mit Hilfe der Schalenumrisse zu ordnen, so würde man diese historische Differenzierung gern mit feinstrukturellen Merkmalen stützen. Diese lassen sich nun aber nicht zwanglos in der «gewünschten» Weise damit korrelieren, sondern sprechen eher für andere Einteilungskriterien. Auffällig ist z. B. die differenzierte Position der Verbindungsdörnchen, fast immer sitzen sie auf den Transapikalrippen, bei manchen Sippen aber auf einer marginalen Intercostalrippe, also direkt in einer Reihe von Foramina. Müssen Sippen dann stets zu *F. elliptica* gehören? Wie ist f. *subsalina* diesbezüglich zu definieren? Darüber hinaus sind die Foramina der meisten Sippen klein und liegen sehr dicht beieinander (ca. 35 bis über 50/10 µm), andere Sippen besitzen nur wenige größere, rundliche Foramina, ca. 3–4/Str. zwischen Schalenrand und Axialarea (um oder weniger als 30/10 µm). Wieder andere besitzen Foramina, von denen je zwei miteinander verschmelzen und derart eine deutliche Auflösung als Punkte auch im LM ermöglichen. Die apikalen Porenfelder können bis auf wenige Poren (z. B. drei) reduziert sein. Untersuchungen darüber, ob sich evtl. doch regelmäßige Merkmalskombinationen, nicht nur für einzelne Populationen oder Sippen, sondern für die vorhandenen taxonomischen Einheiten finden lassen, dauern noch an.

Außer der Nominatform innerhalb der Nominatvarietät ist eigentlich nur f. *exigua* gut definiert (vgl. auch unter *F. pinnata* var. *trigona* sowie *Centronella*). Forma *subsalina* hingegen, die Hustedt (1959) von einer Varietät herabstuft, wäre durch die Ökologie in brackigen Gewässern zwar gut charakterisiert, aber ganz ähnliche oder sogar genetisch identische Sippen können auch in reinem Süßwasser auftreten, erkennbar an der Merkmalskombination: linearer Schalenumriß und relativ grobe, auch im LM sichtbare Punktierung der Str. Die Zugehörigkeit dieser Sippen zu *F. construens* sensu stricto ist eher unwahrscheinlich. Ebenso kann wohl *F. construens* var. *javanica* Hustedt 1942 nur bei extrem großzügiger Auslegung der Konspezifitätshypothese noch zu dieser Art gezogen werden.

35. Fragilaria elliptica Schumann 1867 (Fig. 130: 31–42)

(?) *Fragilaria construens* var. *pumila* Grunow in Van Heurck 1881; (?) *Fragilaria construens* var. *subsalina* Hustedt 1925

Schalen rundlich bis linear-elliptisch mit breit gerundeten Enden, Länge 3–10 (und mehr?) µm, Breite 2,8–6 µm. Axialarea enger bis breiter linear bis lanzettlich. Str. 11–16 (und mehr?)/10 µm, auch im LM als punktiert erkennbar. Im REM: Foramina rundlich, die marginal liegenden (meistens?) erheblich größer als die übrigen, um oder deutlich unter 30/10 µm. Auf dem Mantelrand liegt zentrifugal von jedem Dörnchen nur je eine Areole, vergleichbar mit *F. brevistriata* und ungleich *F. construens*. Öfter vereinigen sich je zwei Foramina, so daß die derart verminderte Anzahl/Str. im LM deutlicher differenziert erscheint. Intakte Areolen besitzen (vermutlich regelmäßig) drei bis mehrere Foraminalippen, die zarter verkieselt sind als die normale Zellwand und daher bei der Präparation leicht zerstört werden. Verbindungsdörnchen stehen regelmäßig nicht auf den Transapikalrippen, sondern marginal über einer Foramina-Reihe. Apikale Porenfelder sind (stets?) vorhanden.

Verbreitung wahrscheinlich kosmopolitisch, im Gebiet zerstreut, lokal aber häufig, ökologischer Schwerpunkt evtl. auf Grundschlamm elektrolytreicherer Süß- oder Brackgewässer.

Problematisch bleibt die Identität dieses Taxons, solange das Typenmaterial nicht für LM- und REM-Vergleiche zur Verfügung steht. Hält man sich an den Protolog Schumanns, dann bleibt immer noch die morphologische Variabilität und damit die Abgrenzung gegenüber ähnlichen Taxa fraglich. Insbesondere halten wir die recht unterschiedlichen, durch REM-Analysen gestützten Konzepte dieser Art, einerseits von Haworth (1975), andererseits Archibald (1983) sowie Poulin et al. (1984) für kaum miteinander vereinbar. Legt man die Angabe Schumanns zugrunde, daß die (umgerechnet) ca. 11 Str./10 µm im LM punktiert erscheinen, dann repräsentiert die von Haworth beschriebene Sippe mit ihren 40–60 Areolen/10 µm und 16–20 Str./10 µm wahrscheinlich nicht *F. elliptica*, sondern viel eher den Formenkreis um *F. construens*. Kritisch ist, daß die Textangabe Schumanns, die um 25 Str./Pariser Linie lautet (= ca. 11 Str./10 µm), die Abbildung (im Maßstab × 900) aber ca. 16 Str./10 µm zeigt. Mayer (1937) hat diese Diskrepanz in seiner sonst sehr detaillierten Diskussion überhaupt nicht erwähnt, sie könnte aber darüber entscheiden, ob *F. elliptica* eher zum Formenkreis um *F. construens* oder *F. pinnata* gehört. Unterstellt man die Korrektheit der Abbildung und der angeblich im LM (damaliger Qualität) erkennbare Punktierung der Str., dann kann weder *F. pinnata* noch *F. construens* in Frage kommen. Letztere besitzt zumindest bei der Nominatvarietät (aber auch anderen infraspezifischen Taxa) stets wenigstens 35 und bis zu 60 Areolen/10 µm (im

REM). Ebenfalls im LM sichtbar gröbere Punktierung der Str. besitzt jedoch die var. oder forma *subsalina* Hustedt, deren Typenmaterial zwar im LM vorliegt (Fig. 132: 17–19), bisher aber nicht im REM untersucht werden konnte. Trotz der bei den Typen sehr unterschiedlichen Umrißlinien, besonders der Schalenlängen, kann eine Konspezifität oder sogar Synonymie nicht ausgeschlossen werden. Analoge Beispiele der Umrißvariabilität bieten viele andere Arten der Gattung. Des weiteren bleibt zu klären, ob die hier vorgestellte Sippe nicht evtl. mit *F. construens* var. *pumila* Grunow übereinstimmt. Wir wissen bisher wenig über die Identität dieses Taxons.

Interessant ist, daß das von Archibald erstmals gezeigte besondere Strukturmuster gleichfalls von Poulin et al. und von uns bei mehreren anderen Populationen aus Brackwasser und Süßwassergrundschlamm gefunden werden konnte. Ob es jedoch ein definiertes Taxon charakterisiert oder mit einfacherer Areolierung fließende Übergänge bilden kann, muß weiter untersucht werden. Jedenfalls gibt es andere Sippen mit relativ grob punktierten Str. (im LM sichtbar), die diese Besonderheit nicht aufweisen (vgl. z. B. Krammer & Lange-Bertalot 1985, fig. 32: 11).

Der Sippenkomplex um Fragilaria pinnata

Williams & Round (1987 und weitere Ankündigungen) wollen diesen Komplex von u. E. eng zusammengehörigen Sippen in mehrere neue Gattungen(!) aufspalten: *Staurosirella, Punctastriata, Martyana*. Hinzu kommt noch die traditionelle Gattung *Opephora*. Wir halten die Begründung dazu für 1) grundsätzlich nicht überzeugend, 2) größtenteils leicht widerlegbar, 3) in der Bestimmungspraxis nicht praktikabel (Lange-Bertalot 1989). Wir versuchen nachfolgend, gleichsam als Provisorium, mit Ausnahme von *Opephora martyi* alle traditionell als Arten angesehenen Sippen in dieser taxonomischen Stellung beizuhalten. Die Kriterien der Artabgrenzung bleiben jedoch problematisch. Wir warten auf neue, mehr als bisher überzeugende Forschungsergebnisse im Zuge einer umfassenden Revision.

36. Fragilaria pinnata Ehrenberg 1843 (vgl. Fig. 112: 15, 16; Fig. 117: 3; Fig. 131: 3, 4; Tafel 133)

Frusteln in Gürtelansicht meistens rechteckig, seltener schwach keilförmig, häufig zu bandförmigen, seltener zu zickzackförmigen Aggregaten verbunden. Die Gürtelseiten können bei kleinzelligen Ketten in Relation zur geringen Breite der Schalenoberfläche mehrfach so breit sein. Schalen im Umriß sehr variabel, meistens schmäler bis breiter elliptisch oder linear-elliptisch bis linear mit breit gerundeten Enden, aber auch lanzettlich, rundlich, oval bis keulenförmig, selten dreipolig mit leicht konkaven oder konvexen Randpartien; Länge 3–35(60?) µm, Breite 2–8 (und mehr?) µm; bei dreipoligen Exemplaren 10–22 µm Kantenlänge zwischen zwei Polen. Axialarea eng bis mäßig weit, linear oder zur Mitte hin lanzettlich bis elliptisch erweitert. Str. parallel oder schwach radial, (5)6–12/10 µm, bei größeren Individuen oft fein liniert erscheinend. Im REM: Auf den Transapikal- seltener auf Intercostalrippen in Randlage meistens je ein bis (seltener) mehrere Verbindungsdörnchen, die distal abgeflacht, erweitert und z. T. einfach bis mehrfach gegabelt sein können. Analog zu anderen *Fragilaria*-Arten können Dörnchen bei manchen Populationen auch völlig fehlen. Alveolen stets durch apikale, seltener zusätzlich durch transapikale Intercostalrippen grill-bzw. gitterartig (punctastriat) unterteilt, entsprechend variieren die Foramina von apikal schlitzförmig gestreckt bis isodiametrisch verkleinert (vgl. Lange-

Bertalot 1989). In der Regel mit 2 apikalen Porenfeldern, stets aber ohne Rimoportula. Bei manchen Formen findet man nur ein einziges oder keine Porenfelder.

36.1 pinnata-Sippen sensu lato (Fig. 133: 1–11, 32, 32A; Fig. 131: 3, 4)
Fragilaria pinnata Ehrenberg var. pinnata
Odontidium mutabile W. Smith 1856; (?) *Fragilaria mutabilis* var. *subsolitaris* Grunow 1862; *Fragilaria pinnata* var. *lancettula* (Schumann 1867) Hustedt in A. Schmidt et al. 1913 (ob incl. Holotypus?); *Fragilaria elliptica* Schumann 1867 sensu auct. nonnull. (ob incl. Holotypus?); *Fragilaria pinnata* var. *subrotunda* Mayer 1937; *Odontidium martyi* var. *polymorpha* (Jouravleva) Proschkina-Lavrenko 1950

Schalen im Umriß sehr variabel, elliptisch, elliptisch-lanzettlich, linear, mit einer schwachen mittleren Auftreibung (nur bei Erstlings- oder Erstlingsfolgezellen?), seltener annähernd rhombisch oder rundlich oder oval oder keulenförmig. Axialarea eng, Str. relativ eng gestellt, ca. 8–12/10 µm.

Wir halten diese Sippengruppe innerhalb des *pinnata*-Komplexes für heterogen, sehen aber vorläufig noch keine praktikable Möglichkeit, einzelne Sippen darunter klar und taxonomisch verbindlich voneinander zu trennen. Das gilt sowohl für die oben in der Synonymie aufgeführten und ebenso für weitere «historische» infraspezifische Taxa. Hinzuweisen ist in diesem Zusammenhang auf die große Variabilität der von Geitler (1932) unter der Bezeichnung «*Opephora martyi*» beschriebenen Population mit allen ihren Besonderheiten im Zuge der Zellteilungsfolge.

36.2 intercedens-Sippen (Fig. 133: 19–23)
Fragilaria pinnata var. intercedens (Grunow) Hustedt 1931
Fragilaria mutabile var. *intercedens* Grunow in Van Heurck 1881

Schalen linear, (bei Erstlingsfolgezellen) in der Mitte schwach aufgetrieben. Axialarea durch mehr oder weniger starke Verkürzung der Str. breiter linear. Str. 6–8/10 µm, also eher *F. leptostauron* und ihrer var. *dubia* entsprechend als der Nominatvarietät.

Dieses Taxon und seine Verbindung mit *F. pinnata* weist beispielhaft auf eine Inkonsequenz hin. Konsequenterweise sollte es wie die *dubia*-Sippen (incl. *woerthensis*-Sippe) zu *F. leptostauron* gezogen werden oder aber die letzteren insgesamt zu *F. pinnata*.

36.3 trigona-Sippe (Fig. 117: 3)
Fragilaria pinnata var. trigona (Brun & Héribaud) Hustedt in A. Schmidt et al. 191. (Hustedt 1930)
Staurosira mutabile var. *trigona* (Cleve ex Grunow) Grunow 1882; *Fragilaria pacifica* var. *trigona* Brun & Héribaud 1893; *Fragilaria pinnata* var. *trigona* (Brun & Héribaud) Hustedt 1930 non Cleve; (?) *Fragilaria leptostauron* var. *alvarniensis* Wuthrich 1979

Schalen dreipolig mit flach konkav eingezogenen Rändern. Var. *alvarniensis* (evtl. als forma aufzufassen) weniger sternförmig, sondern triangulär-rundlich mit konvexen Rändern.

Auch bei dieser Sippe bleibt wieder zu fragen, warum sie eigentlich mit *F. pinnata* verbunden wird und nicht mit *F. leptostauron* (vgl. unter var. *intercedens*).

36.4 subsolitaris-Sippen («*Opephora martyi*» part.) (Fig. 133: 12–17)
Fragilaria pinnata f. subsolitaris (Grunow) A. Mayer 1937
Fragilaria mutabilis var. *subsolitaris* Grunow 1862; *Opephora martyi* Héribaud
1902 sensu auct. nonnull.

Frusteln von annähernd rechteckig bis trapezförmig. Schalen heteropol, oval bis keulenförmig verlängert. Andere Merkmale variabel wie bei den übrigen Sippten um *F. pinnata*.
Vgl. Diskussion unter *F. leptostauron* var. *martyi*. In manchen Fällen dürfte es sich bei *subsolitaris*-Formen eher nur um Klone handeln als um wirklich biologisch definierbare Sippen.

Verbreitung kosmopolitisch, die *pinnata*-Sippen sensu lato im Gebiet häufig, jedoch sind die Vorkommen evtl. infolge ungünstiger Biotopveränderungen rückläufig. Die übrigen Varietäten zerstreut bis sehr selten, in manchen Fossillagern noch häufiger. Die ökologische Amplitude aller Varietäten ist offenbar ziemlich weit gespannt und schwer genauer zu definieren. Angaben lauten von mäßig dystrophen, sauren Moorgewässern bis ins Brackwasser der Meeresküsten (falls nicht auch einige Verwechslungen vorliegen, z. B. mit *Fragilaria pacifica*). Der ökologische Schwerpunkt liegt in eindeutig oligosaproben Gewässern mit mittlerem oder eher mäßig erhöhtem Elektrolytgehalt. In Island aber auch hohe Vitalität bei unter 100 µS/cm und stark schwankendem pH bis 9,3.

Zusammenfassende Diskussion

Konsequent wäre eigentlich – im gegenwärtigen Stadium unzulänglicher Kenntnisse – die infraspezifische Verbindung von drei bisher selbständigen Arten, nämlich *F. pinnata*, *F. leptostauron* und *Opephora martyi* (mit ihren infraspezifischen Taxa) unter *F. pinnata*. Ein derart radikaler Schritt müßte auf den ersten Blick befremden. Gleichsam als provisorische Notmaßnahme wäre er jedoch verständlich, wenn man die Kriterien der Artendifferenzierung klar zu bestimmen versuchte. Infolge von ständig erweiterten Diagnosen der Taxa überlappen sich die Merkmale derart, daß die Abgrenzung der früher selbständigen Arten sogar im infraspezifischen Rang sehr schwierig wird. Beispielhaft ist, daß Hustedt (1931) für *F. pinnata* auf der Species-Rangstufe 10–12 Str./10 µm angibt, für deren var. *intercedens* jedoch etwa 6/10 µm. Andere Autoren machen davon erheblich abweichende Angaben. Entscheidend dürften auch die traditionellen Gepflogenheiten der zeichnerischen Darstellungsweise das «Image» der Taxa bestimmt haben. So wurden die Str. bei *F. leptostauron*- sowie *Opephora martyi*-Sippen von den prominentesten Autoren stets zweikonturig gezeichnet, die von *F. pinnata*-Sippen dagegen einkonturig (vgl. z. B. Mayer 1937). Der dadurch verursachte Gegensatz im subjektiven Eindruck steht im krassen Mißverhältnis zur photographischen Dokumentation. Erst sie demonstriert, daß tatsächlich ein Kontinuum nicht nur im Schalenumriß, sondern auch in der Streifenstruktur vorliegt. REM-Analysen bestätigen die Konformität sämtlicher erfaßbarer Strukturelemente.
Zu den Varietäten und Formae: Die von manchen Autoren (z. B. Mayer 1937, Cleve-Euler 1953) zahlreich aufgeführten, hier aber in die Synonymie verwiesenen oder nicht mehr erwähnten infraspezifischen Taxa sind auf unterschiedliche Größendimensionen und Schalenumrisse gegründet. Sie sind ausnahmslos (auch die von Hustedt noch aufrechterhaltene var. *lancettula*) in manchen Populationen durch Übergangsformen mit der Nominatvarietät zu einem Formenkontinuum verbunden. Grundsätzlich trifft das auch auf *F. leptostauron* zu. Sie ist aber, aufgrund ihres charakteristischen «bauchigen» Umrisses, wenigstens bei der Mehrzahl vorkommender Individuen, dadurch morphologisch gut differen-

ziert und beansprucht deswegen traditionell den Rang einer Art. (Die gleiche relative Stabilität zeichnet aber auch die Nominatform von *F. construens* aus, und sie ist dennoch sukzessive zur forma herabgestuft worden!) Kritisch sind jedoch «rhomboide» Grenzvariationen, denn feiner gestreifte Exemplare neigen zu *F. pinnata*, gröbere zu *F. leptostauron* var. *dubia*. Letztere bildet zusammen mit var. *martyi* sehr wahrscheinlich ein Formenkontinuum. Sie sollte aber, hauptsächlich aus Gründen des historischen Verständnisses, vorläufig taxonomisch so fixiert bleiben. Es ist nicht völlig auszuschließen, daß var. *intercedens* eher zu *F. lapponica* als zu *F. pinnata* gehört. Da das Typenmaterial noch nicht überprüft werden konnte, und aufgrund der Bemerkungen von Grunow in Van Heurck, daß var. *intercedens* eine Übergangsstellung zu *F. lapponica* besitze, sollte die aktuelle taxonomische Stellung (noch) unberührt bleiben. Var. *trigona* müßte, ebenso wie *F. construens* var. *exigua*, konsequenterweise in die Gattung *Centronella* überführt werden, wenn diese Gattung ausreichend begründet werden könnte (vgl. Diskussion dieses Taxons). Erläuterungen zu verschiedenen *trigona*-Formen ebenso wie eine kritische Beurteilung der Gattung *Opephora* finden sich bei Lange-Bertalot (1989). Besonders problematisch ist die Beurteilung von *F. elliptica* Schumann, ferner auch *F. oldenburgiana*. Solange das entsprechende Typenmaterial, bzw. die morphologische Variabilität dieser Taxa überhaupt nicht genauer bekannt sind, wird auch die Stellung von *F. elliptica* Schumann weiterhin umstritten bleiben (s. unter diesen Taxa). Unabhängig davon ist nochmals darauf hinzuweisen, daß auch von der REM-Strukturanalyse nicht die Lösung aller Probleme in diesem Formenkreis erwartet werden kann. Beispielhaft zeigen die recht unterschiedlichen Strukturmuster innerhalb derselben Population, wie hoch die Variabilität sein kann und welche Fehlschlüsse bezüglich der taxonomischen Differenzierung daraus leicht resultieren könnten. Andererseits können «LM-Zwillingsarten», die möglicherweise nicht einmal derselben Gattung angehören wie *F. loetschertii*, ohne REM überhaupt nicht erkannt werden. Ob sich bei der allgemein bekannten Umrißvariabilität des *F. pinnata*-Sippenkomplexes neben *F. pinnata*, *F. leptostauron* var. *dubia* und var. *martyi* weitere nur mit dem Umriß begründete Taxon wie z.B. *Opephora americana* M. Peragallo 1910 oder *O. ansata* Hohn & Hellerman 1963 halten lassen, erscheint zweifelhaft, bedarf aber der Nachprüfung.

37. Fragilaria leptostauron (Ehrenberg) Hustedt 1931 (Fig. 133: 24–31, 33–41; Fig. 131: 1, 2)

Frusteln in Gürtelansicht rechteckig bis trapezförmig, zu dicht geschlossenen band-, seltener zickzack-förmigen Ketten verbunden. Wegen der meistens vorhandenen mittleren Anschwellung erscheinen sie wie von einem Band gekreuzt. Schalen im Umriß rhombisch bis annähernd kreuzförmig infolge der transapikal stark aufgetriebenen Mitte oder oval, kleinste Exemplare elliptisch (ob auch dreipolig?), Enden stumpf gerundet und nicht vorgezogen, Länge (6?)15–36 µm, Breite (an der breitesten Stelle) (3?)10–23 µm. Axialarea linear bis meistens schmal lanzettlich. Str. durchgehend radial, 5–9(11)/10 µm, meistens fein liniert erscheinend, ca. 25–35 Linien/10 µm. Im REM: auf den Rippen in Randlage je ein bis mehrere Verbindungsdörnchen, die bei manchen Populationen aber auch ganz fehlen können. Alveolen durch Intercostalrippen grillartig unterteilt. Seltener sind die großen Alveolen durch ein Rippensystem 3. Ordnung netzartig unterteilt. Zwei apikale Porenfelder, keine Rimoportula.

37.1 var. leptostauron (Fig. 133: 33–41; Fig. 131: 1, 2)
Bibliarium leptostauron Ehrenberg 1854; *Odontidium harrisonii* W. Smith 1856;
Fragilaria harrisonii (W. Smith) Grunow 1862
Schalen mit transapikal stark aufgetriebener Mitte.

37.2 var. dubia (Grunow) Hustedt 1931 (Fig. 133: 24–27)
Fragilaria harrisonii var. *dubia* Grunow 1862; *Fragilaria rhomboides* Grunow
1862; *Fragilaria harrisonii* var. *woerthensis* Mayer 1937
Schalen transapikal nicht oder wenig aufgetrieben.

37.3 var. martyi (Héribaud) Lange-Bertalot 1991 (Fig. 133: 28–31)
Opephora martyi Héribaud 1902 excl. var. *robusta* Héribaud 1903; *Opephora
martyi* var. *capitata* Héribaud 1903; *Opephora cantalense* Héribaud 1903;
Opephora cantalense var. *capitata* Héribaud 1903

Wie var. *dubia*, jedoch Frusteln mehr oder weniger trapezförmig und Schalen
heteropol, oval bis keulenförmig verlängert. Individuen in der Regel einzeln
lebend, aber auch zu Ketten verbunden, Verbindungsdörnchen z. T. vorhanden
z. T. nicht.
Die Varitäten *dubia* und *martyi* kommen charakteristischerweise oft gemeinsam
im Probenmaterial vor. Ob zwischen der grob gestreiften *martyi*-Sippe und den
subsolitaris-Sippen von *F. pinnata* überhaupt eine Zäsur auf der Rangstufe
unterschiedlicher Artzugehörigkeit gemacht werden soll, bleibt problematisch.
Solange hier aber keine überzeugenderen Kriterien der Sippentrennung gefunden worden sind als bisher, bleibt jede andere nomenklatorische Konstellation
gleichermaßen problematisch und unbefriedigend (siehe auch unter *Opephora*).

Verbreitung kosmopolitisch, im Gebiet weit verbreitet, aber meistens nur in
geringeren Individuenzahlen vorkommend (fossil häufiger). In verschiedensten
Gewässern mit schwer zu definierendem ökologischem Schwerpunkt.

Nomenklatorische Fragen werden bereits von Patrick & Reimer (1966) ausführ-
licher diskutiert. Ob *F. leptostauron* var. *dubia* (Grunow 1862) Hustedt 1931,
wie sie bei Patrick & Reimer definiert wird, wirklich zu dieser Art gehört,
erscheint uns nicht ganz zweifelsfrei. Andererseits faßt Hustedt (1930) var.
rhomboides Grunow und die nur fossil bekannte, sehr grobstreifige und in der
Mitte besonders stark aufgetriebene var. *amphitetras* Grunow nur noch als
Grenzvariationen auf, wonach sich, falls es zutrifft, eine taxonomisch verbindliche Fixierung erübrigen würde. Überhaupt können eigentlich nur die charakteristischen Formen mit stark aufgetriebener Mitte als einigermaßen «gut umschrieben» gelten. Vergleicht man jedoch die inzwischen erweiterten Diagnosen der
variantenreichen Arten *F. pinnata* und *F. leptostauron*, hinzu kommen Sippen,
die bisher als *Opephora martyi* bestimmt wurden, dann sehen wir uns eigentlich
wieder am Anfang des Bemühens, hier klare Definitionen zu finden. Das REM
hat bisher wenig zur Klärung beitragen können, signifikante Differentialmerkmale konnten noch nicht entdeckt werden. Es erschiene uns nicht abwegig, die
leptostauron-Sippen (var. *leptostauron*, var. *dubia*, var. *rhomboides*, var. *woerthensis*, var. *amphitetras* und weitere etablierte Taxa) allesamt infraspezifisch zu
F. pinnata zu ziehen. Analog dazu wird im Parallelfall von *F. construens* mit ihren
infraspezifischen Taxa nämlich – völlig anders als hier – so verfahren. Das ist
inkonsequent! Warum sollten u. a. var. *venter* und var. *subsalina* zu ihrer
Nominatvarietät f. *construens* um so viel näher stehen als die *leptostauron*-Sippen
zur *F. pinnata*? Eher noch könnte das Gegenteil angenommen werden. Natürlich
halten wir die meisten der hier genannten Taxa für unabhängig voneinander

variierende Sippen, aber ob sie als Arten oder nur als Unterarten bewertet werden sollen, bleibt eine offene Frage. Wie bei vielen anderen Sippenkomplexen wissen wir z. Zt. noch nicht, welche genetischen Beziehungen zwischen den einzelnen Sippen bestehen. Gibt es Polyploide, gibt es Sippenbastarde, gibt es Sippen, die nur bedingt (evtl. Isolation durch fortlaufende Autogamie) einem gemeinsamen Genpool angehören? Wir wissen es nicht und dulden vorläufig die oben erläuterte Inkonsequenz der unterschiedlichen Bewertung des taxonomischen Ranges im *construens*- und *pinnata*-Sippenkomplex (vgl. auch Diskussion unter *F. pinnata*).

38. Fragilaria lapponica Grunow in Van Heurck 1881 (Fig. 134: 1–8)

Frusteln in Gürtelansicht rechteckig, meistens zu bandförmigen Aggregaten vereinigt. Schalen linear bis linear-elliptisch mit breit gerundeten Enden, kleinste Exemplare fast rund, Länge 10–30(40) µm, Breite 3–6 µm. Axialarea breit linear bis linear-elliptisch. Str. annähernd parallel, kurz, randständig, 6–10/10 µm. Im REM: Auf den transapikalen Rippen randständige Verbindungsdörnchen, die an ihrer Spitze verbreitert und meistens verzweigt sind. Die weit über den Mantelrand laufenden Alveolen sind durch Intercostalrippen grillartig unterteilt, die manchmal Ansätze zu gitterartiger Vernetzung wie bei *F. pinnata* zeigen. Apikale Porenfelder sind vorhanden, keine Rimoportula.

Verbreitung kosmopolitisch, im Gebiet zerstreut, regional häufiger, insbesondere in Seen der norddeutschen Tiefebene. Im Gegensatz zu manchen Fossil-Lagerstätten meist in geringeren Individuenzahlen auftretend. Ökologischer Schwerpunkt in stehenden Gewässern mit niedrigerem bis mittlerem Elektrolytgehalt.

Umriß, Größendimensionen und Dichte der Str. variieren erheblich weniger als vergleichsweise bei *F. pinnata* und *F. leptostauron*, so daß eine Abgrenzung der Art «praktisch» leichter fällt. Grundsätzlich jedoch kann das Differentialmerkmal, nämlich die randständigen Str. auch nicht über jeden Zweifel erhaben sein, wie schon Grunows Bemerkungen in Van Heurck zu *F. pinnata* var. *intercedens* zeigen. So dürfte es in Grenzfällen nicht möglich sein, beide Taxa sicher zu unterscheiden.

39. Fragilaria berolinensis (Lemmermann) Lange-Bertalot 1989 (Fig. 134: 21–25)

Synedra berolinensis Lemmermann 1900

Frusteln in Gürtelansicht rechteckig, zu büschelig-sternförmigen Aggregaten im Plankton vereinigt. Die kleineren Schalen elliptisch, die größeren linear, häufig in der Mitte und an den stumpf gerundeten Enden schwach bauchig aufgetrieben, manchmal leicht heteropol keulenförmig, Länge 5–40 µm, Breite 1,3–3,4 µm. Axialarea eng linear; Str. (8,5)11–16/10 µm. Im REM: grundsätzlich gleiche Feinstrukturen wie bei *F. pinnata*.

Verbreitung in Europa, Asien, Afrika bekannt, im Gebiet selten bis zerstreut, jedoch stellenweise in höherer Individuenzahl, in Südwestlappland häufig. Im Plankton stehender und langsam fließender Gewässer mittleren Elektrolytgehalts, als «circumneutral» charakterisiert. Der Federsee, als langjährig bekannter Fundort, ist stärker eutrophiert, in skandinavischen Seen können eher oligotrophe Verhältnisse vermutet werden.

Die Angabe der Str./10 µm und die Größendimensionen von verschiedenen Populationen deuten auf ähnliche Variabilität hin wie u. a. bei *F. pacifica* / *O. olsenii* oder *F. pinnata*. Interessant ist das Vorhandensein von «fragilarioiden» Verbindungsdörnchen auf den Transapikalrippen am Mantelrand trotz der typischerweise pelagisch «synedroiden» Wuchsform. Eine geschlossene Verkettung zu bandförmigen Aggregaten ist bisher nicht beobachtet worden, trotzdem ist die Potenz dazu strukturell manifestiert. Das gleiche gilt für «synedroide» nadelkissenförmige Aufwuchsformen im Sippenspektrum von *Fragilaria capucina*, die früher als *S. rumpens* oder *S. tenera* bezeichnet worden wären. Europäische und afrikanische Sippen (Lake George, Uganda) von *F. berolinensis* teilen alle *F. pinnata*-Merkmale, wie Verbindungsdörnchen, grillartig strukturierte Alveolen, Fehlen von Rimoportulae; allerdings sollen die afrikanischen im Gegensatz zu den europäischen keine apikalen Porenfelder besitzen, was unregelmäßig aber auch bei *F. pinnata* vorkommen kann. Arbeitshypothese: *F. berolinensis* könnte eine ökologische Modifikation, als Anpassung an die pelagische Lebensweise, innerhalb der Art *F. pinnata* sein. Vergleichbar sind die «Paarungen»: *F. utermoehlii* / *F. famelica* oder *F. capucina* und *F. oldenburgiana* / *F. construens*. Genauer untersucht werden sollte auch die pelagisch in sternförmigen Kolonien vorkommende *S. acus* var. *ostenfeldii* Krieger 1927.

40. Fragilaria oldenburgiana Hustedt 1959 (Fig. 134: 26–31)

Schalen schmal linear mit mehr oder weniger vorgezogenen (geschnäbelten) Enden, Länge 10–20 µm, Breite 3–4 µm. Axialarea eng, linear; Str. um 13/10 µm.

Verbreitung zerstreut auf der nördlichen Hemisphäre. Die Art ist in ihrer Variabilität noch wenig bekannt. Im Gebiet am Typenhabitat, im Plankton des Huntegebiets bei Oldenburg sowie im Garrensee gefunden. Ähnliche Erscheinungsformen in Island.

REM-Untersuchungen von Sippen aus dem Garrensee und aus Island zeigen feinstrukturelle Merkmale der Alveolen, die etwa zwischen *F. construens* und *F. pinnata* liegen (Lange-Bertalot 1989). Als entscheidendes Kriterium zwischen zwei Gattungen, *Staurosira* und *Staurosirella*, kann die Gestalt der Alveolen danach nicht dienen.

Der Fragilaria brevistriata-Sippenkomplex
(Hier mit 4 Taxa im Speziesrang aufgeführt)

41. Fragilaria brevistriata Grunow in Van Heurck 1885 (Fig. 130: 9–16, ?17; Fig. 131: 7)

Fragilaria brevistriata var. *subacuta* Grunow in Van Heurck 1881; *Fragilaria brevistriata* var. *pusilla* Grunow in Van Heurck 1881; *Fragilaria brevistriata* var. *subcapitata* Grunow in Van Heurck 1881

Frusteln in Gürtelansicht rechteckig, meistens zu bandartigen Aggregaten verkettet. Schalenumriß sehr variabel, von linear bis lanzettlich, auch annähernd rhombisch oder mit mehr oder weniger stark aufgetriebener Mitte (Sippen mit zwei- oder dreiwelligen Rändern sowie rundliche Exemplare repräsentieren evtl. selbständige Arten); Enden manchmal vorgezogen, spitz bis stumpf gerundet, Länge (5)11–30(42) µm, Breite 3–5(7) µm. Axialarea durch stark verkürzte Str. großflächig, Str. somit randständig, 12–17/10 µm. Im REM: randständige Verbindungsdörnchen mit flach schwalbenschwanzförmigen oder einfach spitzen

Enden stehen entweder auf den Intercostalrippen direkt zwischen den Foramina oder, bei anderen Populationen auf den Transapikalrippen. Die Alveolen öffnen sich zur Schalenaußenfläche regelmäßig nur mit ein bis zwei (auch drei bis vier?) Foramina, zur Innenseite sind sie durch je eine zusammenhängende rosettenartig erscheinende Siebmembran abgeschlossen. Apikale (kleine) Porenfelder sind vorhanden.

Verbreitung kosmopolitisch, im Gebiet verbreitet und stellenweise häufig, fossil manchmal massenhaft. Ökologischer Schwerpunkt in oligosaproben, oligo- bis eutrophen stehenden, meist basisch reagierenden Gewässern mit sehr unterschiedlichem Elektrolytgehalt, sogar im Brackwasser. *F. brevistriata* fehlt aber in den mäßig und stärker belasteten großen Flüssen und nach Hustedt auch in mehr oder weniger sauren Seen Nordwestdeutschlands fast völlig.

Die Art ist durch die randständigen und dabei relativ dicht gestellten Str. kaum zu verwechseln; in Frage kämen allenfalls die deutlich gröber gestreiften *F. lapponica* sowie manche Populationen aus dem *F. construens*-Formenkreis mit erweiterter Axialarea. Allerdings gibt es einige Taxa (von außerhalb des Gebiets beschrieben), z. B. *F. zeilleri* var. *africana* Gasse 1978 (fig. 2: 11), die wahrscheinlich zum erweiterten Formenkreis um *F. brevistriata* zu ziehen sind, zumindest sind ihre Differentialmerkmale nicht klar definiert. Auf eine infraspezifische Untergliederung wird hier verzichtet, weil wir bisher in den meisten der historisch gewachsenen Taxa reine Umrißvarianten mit «fließenden Übergängen» untereinander zu erkennen glauben. Die Ausnahme bilden eine Sippe, die von Marciniak (1982) als *F. pseudoconstruens* beschrieben wurde, des weiteren *F. robusta* (Fusey) Manguin syn. *F. pseudoconstruens* var. *bigibba* Marciniak 1982 (siehe unter diesen Taxa).

42. **Fragilaria pseudoconstruens** Marciniak 1982 (Fig. 130: 25–30)

Fragilaria rhombica Oestrup 1910 non Cleve 1901 nec (O'Meara 1877) Heiden & Kolbe 1928; *Fragilaria pseudoconstruens* var. *rhombica* Marciniak 1982; *Pseudostaurosira pseudoconstruens* Williams & Round 1987

Schalen im Umriß (begrenzt) variabel, so wie *F. construens* und weitere Taxa in dieser Artengruppe, Länge 3–22 μm, Breite 3–7 μm. Axialarea durch verkürzte Str. ziemlich großflächig lanzettlich. Str. 15–18/10 μm, die meisten der Str. lassen sich (im LM) deutlich als zwei, drei oder vier Punkte auflösen, andere (meist distal) bestehen aus einem einzigen Punkt. Im REM: Grundsätzlich gleiche Konstruktionsmerkmale wie bei *F. brevistriata*, jedoch stehen die Dörnchen meistens auf den Transapikalrippen, also zwischen den Str. Wie bei anderen Arten auch gibt es aber Abweichungen von dieser Regel.

Verbreitung infolge unterschiedlicher Benennung noch nicht genauer bekannt, wahrscheinlich nordisch-alpin und in Fossillagern unter (früher) vergleichbaren Wachstumsbedingungen.

Oestrups Taxon ist in der Folgezeit wohl praktisch vergessen worden, die Überprüfung des Typus zeigte völlige Übereinstimmung mit Marciniaks Taxon. Nach Maßgabe des Protologs von Marciniak erfolgt die Abgrenzung zu *F. brevistriata* aufgrund der mehrfach areolierten Str. Bei *F. brevistriata* – soweit auf Grunows Abbildungen der verschiedenen Varietäten erkennbar – sind die Str. stets sehr kurz, so daß wahrscheinlich allesamt aus je einer einzigen Areole (auf der Schalenfläche) bestehen. Dies zeigen auch die photographischen Abbildungen (Fig. 130: 9–12) einiger der authentischen Sippen. Diejenige Sippe jedoch, die von Williams & Round (1987, fig. 28–31) als *Fragilaria* (= *Pseudostaurosira*) *brevistriata* vorgestellt wird, besitzt proximal 3–4 Areolen/Str. Die Verbindungsdörnchen stehen auf den Transapikalrippen und nicht zwischen je einem assoziierten Areolenpaar auf der Kante zwischen Schalenfläche und Mantel. Zudem ist bei *F. brevistriata* sensu Williams & Round der Schalenumriß in der Mitte aufgebläht wie im Fall von *F. construens* var. *construens* und auch von *F. pseudoconstruens*. Dagegen kommen solche Formen bei allen von Grunow in Van Heurck gezeigten (1881, fig. 45: 31–35) *F. brevistriata*-Varietäten gar nicht vor. Nun werden seltsamerweise von Williams & Round (fig. 34, 36, 37) gerade solche Formen, die mit *F. brevistriata* (im Sinne von Grunow) völlig übereinstimmen, nur als *Pseudostaurosira* bezeichnet, ohne Artzugehörigkeit. Hier muß ein Irrtum, eine Verwechslung vorliegen. Falls nicht, bliebe zu fragen, welche Populationen man zukünftig wohl als *F. brevistriata* und welche als *F. pseudoconstruens* bestimmen sollte? Siehe auch Diskussion unter *F. robusta*.

43. Fragilaria robusta (Fusey) Manguin (Fig. 130: 20)

Fragilaria construens var. *binodis* f. *robusta* Fusey 1951; *Fragilaria pseudoconstruens* var. *bigibba* Marciniak 1982
Aus der Synonymie auszuschließen ist:
Fragilaria robusta Hustedt in A. Schmidt et al. 1913 (nom. nud.)
Schalen im Umriß wie die *binodis*-Formen von *F. construens*, Str. wie bei *F. pseudoconstruens*.

Verbreitung infolge problematischer Identifikation noch nicht genauer bekannt, wahrscheinlich nordisch-alpin und in Fossillagern unter vergleichbaren Wachstumsbedingungen. Im Gebiet insbesondere in den Seen des Voralpengebiets.

Wie bei anderen Sippenkomplexen von *Fragilaria* ist es schwer zu entscheiden – und die von anderen Autoren getroffenen Entscheidungen sind oft schwer einzusehen –, welche diakritischen Merkmale zur Abgrenzung von selbständigen Arten und welche nur zu infraspezifischen Taxa taugen sollen. Die Umrisse, die Zahl der Areolen auf den Str. und die Stellung der Dörnchen (ob auf oder zwischen den Transapikalrippen) sind fragwürdige Kriterien und werden allgemein kontrovers beurteilt. Es bleibt aber im höchsten Maße unbefriedigend, wenn historisch bedingt, aber auch bei Neubeschreibungen und Revisionen, offenbar völlig unreflektiert, bei gleicher Voraussetzung taxonomisch unterschiedlich entschieden wird. So könnte man auch hier verschiedene Standpunkte vertreten: 1) das Taxon gehört infraspezifisch zu *F. brevistriata* oder 2) zu *F. pseudoconstruens* oder 3) es soll Artrang besitzen. Auszuschließen ist aufgrund der Areolierung jedoch die Verbindung mit *F. construens*. So hat z. B. Foged eine tatsächlich zum hier diskutierten Sippenkomplex gehörende Form als *F. construens* var. *binodis* f. *borealis* Foged 1974 (vgl. Fig. 130: 19) zweifellos falsch eingeordnet. Auch *F. construens* var. *binodis* sensu Foged (1977, fig. 6: 7) wird falsch beurteilt und gehört zum hier diskutierten Sippenkreis, wahrscheinlich ist sie identisch mit *F. robusta*, sicher mit *F. pseudoconstruens*. *bigibba* Marciniak. Auch *F. construens* var. *bidens* f. *gibba* Hustedt 1948 dürfte hierher gehören und nicht zu *F. construens*.
Es gibt weitere wenig bekannte Taxa, die in diesem Zusammenhang genauer zu untersuchen bleiben, dazu gehört *F. brevistriata* var. *inflata* (Pantocsek) Hustedt 1930 syn. *F. pantocsekii* Cleve-Euler 1953 syn. *F. inflata* Pantocsek 1902 non (Heiden) Hustedt 1931, *F. brevistriata* var. *elliptica* Héribaud 1903.
F. microstriata Marciniak 1982 gehört sicher ebenfalls in den oder in die Nähe des Sippenkomplexes um *F. brevistriata*. Allein nach Maßgabe des Protologs, ohne

LM-Photographien, ist sie kaum zweifelsfrei zu identifizieren und noch weniger im Zusammenhang mit vergleichbaren Taxa richtig zu beurteilen.

44. Fragilaria zeilleri Héribaud 1902 (Fig. 129: 10–13)

Diese bisher nur fossil bekannte Art ist von Serieyssol (1986) genauer beschrieben worden. Sie soll an dieser Stelle nur durch photographische Abbildungen vorgestellt werden, weil es wiederholt Fehlbestimmungen, Verwechslungen mit ähnlich aussehenden Taxa und auch (wahrscheinlich unzutreffend) infraspezifische Verbindungen gegeben hat. Darüber hinaus ist es im LM sehr schwierig, sie von *Delphineis karstenii* (syn. *Fragilaria karstenii*) zu unterscheiden. Letztere (Fig. 129: 16, 17) kommt an den Meeresküsten der südlichen Hemisphäre regional massenhaft (rezent) vor und kann von dort aus weit ins Land verweht werden. Von den Küsten Europas ist sie bisher nicht bekannt geworden. Als *F. zeilleri* var. *elliptica* Gasse 1980 wird eine Sippe bezeichnet, die mit der Nominatvarietät in den Fossillagern oft assoziiert vorkommt. Sie ähnelt jedoch in der Merkmalskombination mehr noch *F. brevistriata* (vgl. Fig. 129: 14, 15 und Fig. 130: 17). Ob die Schalengröße oder aber die Tatsache höher bewertet werden soll, daß die Str. auf der Schalenfläche nicht aus je einem sondern zwei Punkten zusammengesetzt sind, bleibt fraglich. Das erste Merkmal paßt eher zu *F. brevistriata*, das zweite eher zu *F. zeilleri*. Die Differenzierbarkeit der Punkte im LM *ist überdies ein recht schwaches Kriterium, das die Entscheidung nicht erleichtert. Im Gegensatz zu F. zeilleri* kommt die var. *elliptica* auch rezent vor, z. B. in Ost-Afrika und im Gebiet (in einem Präparat aus dem Herbar Kützing, aus Tennstädt).

8. Opephora Petit 1888

Typus generis: *Opephora pacifica* (Grunow) Petit 1888 (designiert durch Patrick in Patrick & Reimer 1966; nach dem Index Nominorum Genericorum Plantarum «non designatus»)
(s. auch unter *Fragilaria pinnata* und *F. leptostauron*)

Differentialmerkmale innerhalb der Fragilarioideae im Sinne von Petit sind – bei rechteckigem (nicht etwa trapezförmigem!) Umriß der Gürtelansicht – die keilförmig/keulenförmige Gestalt der Schalen und die breiten randständigen Str. in «Knopflochform». Die Gattung wird von Petit gegründet und begründet, um die keilförmigen Sippen von *Fragilaria pinnata*, *Fragilaria pacifica* und *Fragilaria marina* pro parte (*Sceptroneis marina* var. *parva*) im Sinne von Grunow (in Van Heurck 1881, fig. 45: 18–20) taxonomisch zu vereinigen. *F. schwartzii* Grunow wurde von Petit erst 1889 dazugezogen, nicht bei der ursprünglichen Gattungsumschreibung. Alle weiteren Taxa, vor allem aber weitere Differentialmerkmale der Gattung wurden von anderen Autoren hinzugefügt. So insbesondere die folgenden: a) keilförmige Gürtelansicht, b) ohne Verkettung untereinander, c) mit Fußpol Substraten angeheftet, d) abweichender, jedoch nicht näher konkretisierter Bau der Gürtel(seite) gegenüber *Fragilaria*. Keines dieser Kriterien ist letztlich signifikant für eine sinnvolle Gattungsdefinition. Die zumeist vertretene Konzeption von *Opephora*, nämlich die keulenförmige Gestalt der sonst fragilarioiden Schalen kann überhaupt nicht mehr befriedigen, weil sie quer durch etablierte Spezies verlaufen würde und somit ihre Ordnungsfunktion völlig verfehlt.

Ob *O. schwartzii* und noch eher *O. gemmata* irgendwelche Merkmale besitzen, die für den Rang einer eigenständigen Gattung sprechen, muß vorläufig offen bleiben. Ältere Gattungen außer *Opephora* sind auch bereits etabliert. Die anderen von Petit designierten Taxa jedoch zeigen im REM keinerlei Besonderheiten, die verschiedene Sippen von *Fragilaria* oder *Eu-Synedra* (im herkömmlichen Sinne) nicht auch hätten: insbesondere gilt dies auch für *O. pacifica* als Typus generis. Dazu gehört auch eines der a priori-Merkmale, nämlich die Struktur der Str. in Form grillartig gegliederter Alveolen bzw. Foramina. Letztlich verbleibt also die keulenförmige Gestalt der Schalen. Neuerdings wird der Feinstruktur in den Areolen besondere Aufmerksamkeit geschenkt (Sundbäck 1987). Das wäre ein weiteres Gattungs-Kriterium a posteriori. Falls es Anerkennung finden sollte, müßte *Opephora martyi* und alle anderen opephoroiden Sippen des Süßwassers aus der Gattung ausgeschlossen werden, ganz im gegenteiligen Sinne von Petit (1888). Die gemeinte Feinstruktur in Gestalt eines besonderen verästelten Verspannungssystems innerhalb der Siebmembranen fassen wir jedoch nur als Modifikation des Rippensystems auf, wie es u. a. bei *Fragilaria pinnata* vorliegt. Wir würden auf dieser Basis die Definition einer Untergattung von *Fragilaria* vorziehen und Opephora als heterogene Gattung in die Synonymie verweisen.

Wichtige Literatur: Poulin et al. (1984), Sundbäck (1987), Lange-Bertalot (1989).

●

1. Opephora olsenii Moeller 1950 (Fig. 134: 9–20; ?32, 33)

(?) *Fragilaria pacifica* Grunow 1862; (?) *Opephora pacifica* (Grunow) Petit 1888

Frusteln in Gürtelansicht rechteckig bis schwach keilförmig, einzeln oder in bandförmig verketteten Bändern vorkommend. Schalen mehr oder weniger ausgeprägt keulenförmig mit stärker verschmälertem Fußpol und breiter gerundetem Kopfpol, selten schwach vorgezogen, Länge ca. 7–60 µm, Breite ca. 2,5–7 µm. Axialarea eng linear. Str. in ihrer Breite und Dichte sehr variabel, etwa 6–14/10 µm. Im REM: Alveolen durch Intercostalrippen grillartig unterteilt, meistens zusätzlich gitterartig vernetzt. Schalen ohne Rimoportula, mit apikalen Porenfeldern und mit marginal auf je einer Intercostalrippe sitzenden Verbindungsdörnchen. Genauere Darstellung bei Lange-Bertalot (1989).

Verbreitung wahrscheinlich kosmopolitisch, im Gebiet häufig, stellenweise massenhaft an den Meeresküsten und im Brackwasser der Flußästuarien, insbesondere auf Körnchen im Sandwatt sitzend. Bisher nicht in Binnengewässern gefunden.

Es besteht kein Zweifel, daß *Opephora pacifica* sensu Hustedt (1939), Brockmann (1950), Cleve-Euler (1953), Sippen von europäischen Meeresküsten betreffend, mit *O. olsenii* übereinstimmt. Grundsätzlich zeigt auch der Neotypus von *Fragilaria pacifica* im LM wenig erkennbare Unterschiede. Der einzige Unterschied besteht darin, daß dessen Frusteln den opephoroiden Formen des Süßwassers noch mehr gleichen als *O. olsenii* (vgl. Fig. 134: 32, 33).

Die sehr verschiedenen Angaben über die Dichte der Str. bei diesem Taxon könnten als exemplarisch für die Variabilität innerhalb der Gattung (oder Gattungsgruppe) angesehen werden. In einem einzigen Präparat mit vermutlich nur einer einzigen Population weisen die Individuen zwischen 7,5 und 14 Str./ 10 µm auf, was natürlich auch den Habitus so variabel erscheinen läßt, daß man die Konspezifität bezweifeln würde, läge hier nicht ein Kontinuum vor. Diese Variabilität entspricht ziemlich genau derjenigen im Sippenkomplex um *F. pinnata*. Hauptdifferentialmerkmal sind die blind endenden Verästelungen eines Rippensystems 3. Ordnung in den Alveolen. Dagegen ist die Ansatzstelle der Verbindungsdörnchen am Rande der Intercostalrippen ausnahmsweise auch bei *F. pinnata* zu finden.

[9. Hannaea] Patrick in Patrick & Reimer 1966 (Fig. 117: 8–14; Fig. 118: 18).

Ceratoneis Ehrenberg 1840 sensu Grunow 1862 excl. Ehrenberg

Typus generis: *Hannaea arcus* (Ehrenberg) Patrick 1966, *Navicula arcus* Ehrenberg 1838
(s. unter *Fragilaria arcus*)

Die nomenklatorischen Probleme werden von Patrick (1966) ausführlich erläutert. Als einziges Differentialmerkmal der Gattung gegenüber *Fragilaria / Synedra* kommt die abweichende Symmetrie in Frage: Frusteln in Gürtelansicht und Schalen meistens bananenartig gekrümmt. Dies gilt den Typus generis betreffend allerdings nur für die Nominatvarietät bzw. -form. Die Varietät *Hannaea arcus* var. *linearis* in der forma *recta* (syn. *Fragilaria arcus* var. *recta* Cleve 1898) unterscheidet sich weder in der Symmetrie noch sonst grundsätzlich von einer *Fragilaria capucina* var. *vaucheriae* oder *Synedra dorsiventralis* O. Müller 1910. Es bleibt die Frage nach der Konsequenz, wenn die Symmetrieabweichung zum einen nur im Range der forma, zum anderen («drei Stufen höher») im Range der Gattung bewertet wird. Im übrigen bleibt zu untersuchen, ob nicht jene Autoren die besseren Argumente auf ihrer Seite haben, die in den sehr stabil erscheinenden ostasiatischen «*recta*»-Populationen eine selbständige Art zu erkennen glauben, bekannt als *Ceratoneis recta* (Skvortzow & Meyer) Iwahashi 1936. Sie müßte als ein mit dem Typus generis gleichwertiges Taxon konsequenterweise aus der Gattung ausgegliedert werden. Ebenso sehen wir keinen vernünftigen Grund, *Fragilaria cyclopum* nicht zu *Hannaea / Ceratoneis* zu ziehen. Es sei denn, man folgt Cleve, der bereits 1898 diese kaum zu begründende Gattung in die Synonymie zu *Fragilaria* verwies. Gattungsmerkmale a posteriori sind auch im REM nicht zu erkennen (vgl. z. B. Fig. 118: 18 mit Fig. 118: 19, *Fragilaria mazamaensis*). Die Zellen leben «fragilarioid», durch Verbindungsdörnchen zu bandförmigen («handförmig») Aggregaten verkettet oder «synedroid» einzeln oder büschelförmig auf Sandkörnchen. Die Frage muß nicht ironisch sein, ob es wohl *Ceratoneis / Hannaea* gäbe, wenn der historische Zufall umgekehrt verlaufen wäre, nämlich die *recta*-Sippe als Nominatvarietät Priorität hätte, und gekrümmte Formen erst später als konspezifische Sippe gefunden und erkannt worden wären? In gewisser Weise konsequent ist Kobayasi (1965), wenn er *Fragilaria / Synedra vaucheriae* zu *Ceratoneis* überführt. Diakritisches Merkmal wäre danach die Zentralarea. Überzeugen kann diese Maßnahme jedoch überhaupt nicht, und sie ist auch weitgehend unbeachtet geblieben.

Wichtige Literatur: Hustedt (1933), Cleve-Euler (1953), Kobayasi (1965).

[10. Centronella] Voigt 1902

Typus generis: *Centronella reicheltii* Voigt 1902
(s. unter *Fragilaria reicheltii*)

Frusteln und Schalen in allen Merkmalen mit *Fragilaria* übereinstimmend, außer der Symmetrie. Schalen nämlich tripolar-sternförmig mit einem Winkel von 120° (mit gewissen Abweichungen) zwischen den Armen.

Falls die tripolare Symmetrie bei «fragilarioiden» Sippen ein zwingendes Gattungskriterium sein soll, wäre es inkonsequent, die Taxa *Fragilaria construens* var. *exigua* (syn. *Triceratium exiguum*), *F. pinnata* var. *trigona*, *F. pacifica* var. *trigona* und *Staurosira mutabile* var. *trigona* sowie *F. leptostauron* var. *alvarniensis* nicht in diese Gattung aufzunehmen. Der Unterschied besteht lediglich darin, daß der Typus generis von nadelförmig langgestreckten Ausgangsformen abzuleiten ist, die übrigen Taxa von kurz kompakt gebauten. Andere Familien der Pennales können (sporadisch?) ebensolche tripolaren Erscheinungsformen ausbilden, die (spekulativ und auf die Symmetrie beschränkt) auf phylogenetisch ältere «Vorfahren» unter den Centrales hinweisen, z. B. *Triceratium*. Nach A. Schmid (persönl. Mitteilung) können immanente Potenzen zur Tripolarität (Actinomorphie) durch gezielte künstliche Entwicklungssteuerung bei bipolaren Sippen «geweckt» werden. Es wäre völlig unangemessen, die hier genannten Taxa als «Monstrositäten» zu betrachten; viel eher als genetisch fixierte Mutationen bipolarer Ausgangsformen, deren abweichende Gestalt in pelagischer Lebensweise möglicherweise einen Selektionsvorteil bietet. Siehe analog dazu auch die Bemerkung von Huber-Pestalozzi zur Varietät *geniculata* von *Tabellaria floculosa* (S. 109).

Logischerweise bleibt nun zu entscheiden, ob die oben genannten Taxa zu *Centronella* zu ziehen sind oder aber *Centronella reicheltii* wie alle anderen tripolaren Sippen zu bewerten ist. Wir entscheiden uns für die Einziehung der u. E. nicht überzeugend begründeten Gattung in die Synonymie von *Fragilaria*. Begründung: Die Inkonsequenz, das gleiche (Symmetrie-)Merkmal, bei ansonsten grundsätzlicher Übereinstimmung, bei einem Taxon im Range einer Gattung zu werten, bei anderen aber historisch stufenweise fortlaufend vom Artrang bis schließlich zur forma abzuwerten («*F. construens* f. *exigua*» Hustedt 1959) spricht eindeutig gegen eine hohe Rangstufe. *Denticula vanheurckii* f. *trigona* Hustedt ist nur ein Beispiel aus anderen Gattungen für eine (unserer Meinung nach) angemessene Klassifizierung tripolarer Klone.

Wichtige Literatur: A. M. Schmid (1985), Marvan & Hindak (1989).

Familie Eunotiaceae Kützing 1844

Typus familiae: *Eunotia* Ehrenberg 1837

Zellen in Schalenansicht gerade keilförmig bei der heute von den meisten Autoren als Unterfamilie betrachteten artenarmen Gattung *Peronia*. Zellen in Schalenansicht dorsiventral, um die Apikalachse mehr oder weniger gekrümmt bei der sehr artenreichen Gattung *Eunotia*, bei *Actinella* und bei einigen weiteren von manchen Autoren als Gattungen definierten Taxa. *Actinella* ist regelmäßig heteropol, während *Eunotia* nur fakultativ heteropol erscheinen kann. Umstritten ist, ob eine Definition von *Desmogonium* und *Semiorbis (Amphicampa)* als Gattungen sinnvoll ist.

Charakteristisch für die Familie ist das besondere Raphensystem mit kurzen, fast immer stärker gebogenen, an den Schalenenden liegenden Raphenästen. Nur bei *Peronia* liegen die wenig gebogenen, teils sehr kurzen, teils verlängerten Raphen (die an manchen Stellen auch völlig fehlen können) median oder seitlich verschoben in den Schalenflächen. Bei *Eunotia*, *Actinella* (resp. weitere Gattungen) verlaufen die Raphen ganz oder überwiegend im Schalenmantel, nur die distalen Enden, häufig nur in Gestalt von Terminalspalten, laufen über den Mantelrand auf die Schalenfläche. Terminalknoten mit Helictoglossae sind stets vorhanden, «zentrale» Knotenbildungen fehlen. Rimoportulae sind meistens an einem Pol jeder Schale ausgebildet, zusätzlich zur Helictoglossa, seltener an beiden Polen oder fehlend. Weitere Merkmale werden in den Gattungsdiagnosen diskutiert.

Traditionell wird die Familie an den Anfang der Raphidineae gestellt. Wahrscheinlich ist sie phylogenetisch direkt von den Araphidineen abzuleiten. Die Raphen sollten danach eher als primitiv und nicht mehr als reduziertes Naviculeen-Raphensystem aufgefaßt werden, unbeschadet davon, daß die Naviculaceen im Verlauf des Tertiärs bereits im späten Eozän, die Eunotiaceen aber erst im frühen Miozän gefunden werden können (vgl. Simonsen 1979). Der ökologische Schwerpunkt der gesamten Familie liegt – einheitlich wie in keiner anderen Familie der Diatomeen – in oligo- bis dystrophen, elektrolytärmeren, sauren oder zur Versauerung neigenden Gewässern.

Wichtige Literatur: Grunow in Van Heurck (1881), Hustedt (1926, 1932, 1952, 1965), Patrick (1958), Patrick & Reimer (1966), Simonsen (1979) sowie weitere unter den Gattungsdiagnosen genannte Autoren.

Bestimmungsschlüssel für die Gattungen der *Eunotiaceae*
1a Schalen keilförmig gerade .... **3. Peronia (S. 229)**
1b Schalen regelmäßig nicht keilförmig und gerade, sondern zur Apikalachse mehr bis weniger gekrümmt und dadurch dorsiventral 2
2a Innerhalb einer Population sind alle Schalen regelmäßig heteropol ....
.... **2. Actinella (S. 229)**
2b Innerhalb einer Population sind entweder alle Schalen isopol oder nur ein Teil ist heteropol .... **1. Eunotia (S. 169)**

1. Eunotia Ehrenberg 1837

Typus generis: *Eunotia arcus* Ehrenberg 1837

Frusteln in situ einzeln oder zu bandförmigen oder seltener zu anderen, z. B. stern- oder zickzackförmigen Aggregaten vereinigt. Gürtelansicht annähernd rechteckig (seltener trapezoid oder rhombisch) mit relativ kurzen Raphenästen auf den distalen Partien jedes ventralen Schalenmantels. Gürtelbänder in unterschiedlicher Zahl und Breite, oft dominiert der breite Zellgürtel über die Schalenansicht, Septen fehlen. Schalen dorsiventral, regelmäßig mit konvexem, im Umriß sehr variablem Dorsalrand und konkavem bis geradem Ventralrand. Apikalachse somit bogenförmig gekrümmt, Schalenhälften meistens symmetrisch zur Transapikalachse. Charakteristisch für das *Eunotia*-Raphensystem sind relativ kurze Raphenäste, die, falls überhaupt, nur nahe den Enden bogenförmig über den Ventralrand in die Valvarfläche einlenken. Bei den weitaus meisten Arten, mit Ausnahme einiger (darauf noch genauer zu untersuchender) tropischer Sippen, verlaufen sie weitgehend im Schalenmantel der Ventralseite. Bei manchen Sippen liegt auch das distale Ende der Raphenäste nahe am Rande des Schalenmantels. Bei *E. incisa* z. B. liegt es in lokalen Depressionen, so daß es im LM nur bei tieferem Fokus erkennbar wird. Die Terminalknoten sind dann regelmäßig von den Polen weg nach proximal versetzt. Die Taxa dieser morphologischen Gruppe erscheinen im LM so, als ob ihre Enden durch je eine Einkerbung («Nasenloch») vom mittleren Schalenteil abgegliedert und vorgestreckt wären wie Nasen (vgl. z. B. Tafel 161, 163). Bei einer anderen Artengruppe wiederum sind zumindest die äußeren Raphenspalten rückläufig von der Terminalpore, bzw. dem darunterliegenden Terminalknoten in proximaler Richtung, z. B. bei *E. bilunaris*. Terminalknoten an beiden Polen, Rimoportula nur an einem, seltener an beiden Polen oder auch völlig fehlend, z. B. bei *E. triodon*. Proximale Enden der Raphenäste enden regelmäßig ohne Knotenbildung in einer Endpore. Die Länge der Raphenäste und ihr detaillierter Verlauf auf Schalenmantel und -fläche sind variabel, aber weitgehend offenbar artkonstant. Variabel (wie bei anderen Gattungen) sind auch im Detail die transapikalen Rippen und Reihen der Areolen- bzw. deren Foramina (Streifen). Nur in seltenen Ausnahmefällen werden die Str. durch eine median verlaufende Axialarea unterbrochen. In der Regel ist sie in Gestalt einer «Ventralarea» mehr oder weniger dicht an den Mantelrand gerückt und im LM oft schwer zu differenzieren. Die Terminalknoten, die Raphenäste insgesamt und/oder deren proximale

Enden können von verschieden ausgedehnten Areae umgeben sein. Die Reihen der Areolenforamina (Str.) können in der Dichte/10 µm innerhalb einer Art, einer Population und sogar an einer Frustel, auch von der Schalenmitte zu den Enden oder von der Schalenfläche zum Mantel erheblich variieren. Als Hilfsmittel zur Artabgrenzung sind sie gerade bei *Eunotia* wenig verläßlich (siehe z. B. unter *E. septentrionalis*). Am Dorsal- seltener auch Ventralrand können variabel gestellte, meist kurze, kegelförmige Dörnchen in einfachen oder doppelten Reihen sitzen. Wie vergleichsweise in der Gattung *Fragilaria* können sie innerhalb einer Art bei bestimmten, z. B. ökologisch differenzierten Sippen vorhanden sein oder fehlen. Die Verbindungsfunktion zwischen Frusteln eines bandförmigen Aggregats kann auch durch andere Mechanismen, außer Dörnchen, erfüllt werden. Die Differenzierung der Taxa erfolgte in der Vergangenheit weitgehend nach Merkmalen des Schalenumrisses und der Streifendichte. Weniger beachtet wurden besondere Details des Raphenverlaufs. Viele Eunotien sind wegen ihrer relativen Merkmalsarmut und dabei großer Variabilität innerhalb der Populationen grundsätzlich schwer bestimmbar. Ein taxonomisches Problem ersten Ranges ergibt sich aus der Tatsache gleitender Übergänge zwischen flach- und hochrückigen Erscheinungsformen, zwischen einbuckeligen und zwei- bis mehrbuckeligen Umrißvarianten. Da früher weniger auf Raphenverlauf und autökologische Gemeinsamkeit geachtet wurde, dafür um so mehr auf Schalenumrisse, sind viele so begründete Taxa entstanden.

Eine taxonomische Neuordnung wird dadurch erschwert, daß solche «Mehrbuckel-Taxa» teils als Arten, teils auf den Rangstufen der Varietät und Forma, teils aber nomenklatorisch überhaupt nicht bewertet und definiert worden sind. Von manchen Autoren ist die potentielle Mehrbuckel-Bildung innerhalb einer Art bereits früh erkannt worden. Kritischer ist es, wenn für altbekannte charakteristische *«bidens / bidentula / polydentula / undulata*-Taxa» auch eine später entdeckte *«monodon / simplex*-Variante» zur Diskussion steht. Sie wird dann fast immer als neue Art bewertet. Wir wissen noch zu wenig über die morphogenetischen Grundlagen solcher Buckelvarianten. Sie können innerhalb des Entwicklungszyklus eines einzigen Klons vorkommen, aber auch als getrennte Klone oder in getrennten Populationen. Ganz ähnliche Bemerkungen gelten für unterschiedliche Varianten, was die durchschnittliche Zellgröße oder die Gestalt der Pole bestimmter Populationen betrifft. Beispielhaft für einen solchen Komplex morphologischer Varianten «um einen Prototyp herum» ist *E. praerupta* (siehe dort). Derartige Komplexe gruppieren sich auch um *E. pectinalis*, *E. bilunaris (lunaris)* und *E. exigua*, um nur wenige Beispiele aus gemäßigten Zonen zu nennen. Ganz anders als leicht definierbare Arten wie *E. hexaglyphis*, *E. clevei*, *E. bactriana* lassen sich die Komplexe nur sehr schwer zu «benachbarten Arten» abgrenzen. Noch schwieriger ist eine interne Differenzierung der vermutlich zugehörigen Sippen. In der Vergangenheit hat man einige Varietäten und Formae unterschieden. Das aber kann bei kritischer Betrachtung nur wenig helfen, weil auch diese infraspezifischen Taxa als Konglomerate verschiedener Sippen demaskiert werden können. Konsequenterweise müßten noch viel mehr Taxa eingeführt werden, um auch diese Sippen zu kennzeichnen. Es ist aber zweifelhaft, ob ein befriedigendes typologisch-nomenklatorisches Verfahren gefunden werden kann, um der biologischen Realität solcher Sippenkomplexe ordnend gerecht zu werden.

Eunotia weist als Gattung neben der auffälligen Schalenmorphologie und den Besonderheiten des Raphenverlaufs auch ein ökologisches Charakteristikum auf. Die weit überwiegende Mehrzahl der bekannten Arten besitzt nämlich ihren ökologischen Schwerpunkt in dystrophen bis oligotrophen, sauer reagierenden Gewässern mit meistens niedrigem Elektrolytgehalt, insbesondere Chlor- und Calciumionen betreffend. Dagegen wird humin- und mineralsaures Wasser toleriert oder bevorzugt. In «zivilisationsnahen» und dadurch belasteten Gewässern und in kalkreichen Wassereinzugsgebieten ist die Gattung daher selten vertreten. Das Entfaltungsoptimum der weitaus meisten Arten liegt deswegen im Gebiet in den von Menschen dünnbesiedelten Hoch- und Mittelgebirgen mit Silikatgestein sowie torfmoosreichen Gewässern der Ebene. *Eunotia*-Sippen können sich hervorragend als Indikatorarten für anthropogen verursachte Umweltveränderungen eignen (vgl. z. B. unter dem Sippenkomplex um *E. exigua*). Überregional liegt ein Schwerpunkt im circumborealen Bereich und einer entsprechenden Region auf der südlichen Hemisphäre. Ein zweiter, viel stärker ausgeprägter Verbreitungsschwerpunkt mit einer viel höheren Artenzahl liegt in den tropischen Regenwäldern und ihren Ersatzgesellschaften, insbesondere des Amazonas-Einzugsgebiets. Wahrscheinlich ist ein großer Teil der dort lebenden Arten noch unbekannt. Auffälliger als bei anderen Gattungen ist der Unterschied zwischen tropisch verbreiteten Arten und den charakteristischen Arten in kalten bis gemäßigten Klimazonen. Allerdings sind die typologisch begründeten Taxa von dort noch viel zu wenig mit den Sippenkomplexen hier genauer in Beziehung gesetzt worden. Nur extrem wenige Taxa sind aus marinen Ablagerungen (fossil) bekannt (vgl. dazu Simonsen 1979).

Die Kriterien zur Abtrennung der Gattungen *Himantidium* und *Desmogonium* wurden bereits früher in Frage gestellt und allgemein abgelehnt (vgl. z. B. Hustedt 1949), Cholnoky (1954, p. 274) stellt sie auch für *Actinella* in Frage. Für die bisher selbständige Gattung *Amphicampa/Semiorbis* ergeben sich nach Entdeckung der Raphe ebensowenig stützende Kriterien aus der Sicht konstruktiv relevanter Strukturmerkmale (vgl. unter *E. hemicyclus*).

Als ein großes Problem erweist sich bei Diatomeen allgemein, hier bei *Eunotia* aber zugespitzt, die rein typologische Umschreibung von Arten. Beispielhaft dafür sind *Eunotia torula* Hohn 1961 (Fig. 161: 21) oder *Eunotia cordillera* Hohn & Hellerman 1963 (Fig. 159: 10). Beide Taxa gründen sich auf nur ein einziges Individuum. Im ersten Fall bezieht sich der Protolog auf ein einziges Individuum, im zweiten Fall war nur ein einziges bekannt. Wenn man dagegen – beispielhaft – die Variabilitätsspektren von *E. subarcuatoides* und von *E. bilunaris* var. *mucophila* betrachtet (siehe dort), erweist sich eine derartige Taxonomie als obsolet. Der Holotypus von *E. torula* kann entweder ein sehr kleines Exemplar eines Klons mit durchschnittlich viel größeren Individuen sein (vgl. z. B. *E. schwabei* Krasske, Fig. 161: 20) oder ein durchschnittlich großes Exemplar. Zur Repräsentation einer bestimmbaren Art ist er völlig ungeeignet. *E. cordillera* kann als irgendeine Umrißvariante in das Variabilitätsspektrum vieler Sippen passen, warum nicht zu *E. tecta* Krasske (dazu gehört sie tatsächlich) oder zu *E. trigibba* Hustedt oder in der der vielen Varianten von *E. pyramidata* Hustedt? Sie könnte auch eine *trigibba*-Variante einer *praerupta*-Sippe sein. Eine *bigibba*-Variante kommt im Holotypuspräparat vor. Daß *bigibba*- und *trigibba*-Varianten in ein und derselben Population vorkommen können, wissen wir aus vielen Beispielen. Fazit: Solche «unzeitgemäßen Taxa» belasten unnötig die wissenschaftliche Beschäftigung mit Diatomeen.

Wichtige neuere Literatur: Hustedt 1952, 1965, Cleve-Euler 1953, Patrick & Reimer 1966, Moss et al. 1978, eine gründliche Revision der Gattung bzw. Gattungsgruppe steht noch aus.

Bestimmungsschlüssel der Arten

Da die *Eunotia*-Arten im Zuge ihres Entwicklungszyklus, aber auch von Population zu Population sehr variabel aussehen können, kommt die weit überwiegende Mehrzahl im Schlüssel regelmäßig mehrfach vor. Auf die Kennzeichnung «part.», d. h. zum Teil, wird hier deshalb verzichtet.

1a   Raphenenden in der Schalenfläche ein kurzes Stück zur Schalenmitte rücklaufend (Tafel 137–140) . . . . **Schlüsselgruppe C**

1b   Merkmal unzutreffend **2**

2a   Schalenenden nasenartig vorgezogen und distale Raphenenden nur bei tiefem Fokus zu erkennen, oder Schalenenden zwar nicht nasenartig, dann aber überhaupt keine Raphen erkennbar **3**

2b   Distale Raphenenden als kurzer oder längerer Bogen auf der Valvarfläche endend (Tafel 141–160), Schalenenden nicht nasenartig vorgezogen . . . . **Schlüsselgruppe A**

3a   Weder Raphenverlauf noch Terminalknoten im LM erkennbar, Schalen sehr stark, bis annähernd halbkreisförmig gebogen (Fig. 166: 8–11), vgl. auch *E. eruca* (Fig. 166: 6, 7) . . . . **53. E. hemicyclus**

3b   Raphen ausschließlich im Schalenmantel verlaufend (nur die Terminalspalten können kurz in die Schalenfläche einbiegen), in Valvaransicht daher nicht bei hohem Fokus, sondern nur bei tieferem Fokus erkennbar; Terminalknoten von den Polen mehr oder weniger entfernt liegend und Schalenenden dadurch nasenförmig vorgezogen. Falls schwer zu entscheiden, ist die Art auch unter A eingeordnet (Tafel 161–164 u. 166 part.) . . . . **Schlüsselgruppe B**

Schlüsselgruppe A

1a   Größere Schalen in Länge und / oder Breite, zumindest ein Teil der Schalen innerhalb einer Population länger als 30 μm und / oder breiter als 6 μm **2**

1b   Kleinere Schalen, maximale Länge in der Regel unter 30 μm und Breite unter 6 μm **4**

2a   Dorsalrand mit zwei oder mehr ausgeprägten Buckeln . . . . **Untergruppe Aa**

2b   Dorsalrand einfach gebogen oder flachwellig, oder mit niedrigen mehr oder weniger spitzen Höckern oder vor den Enden mit konvexen Schultern **3**

3a   Schalen mit variablen Auftreibungen am Dorsal- oder Ventralrand . . . . **Untergruppe Ab**

3b   Dorsalrand einfach gebogen . . . . **Untergruppe Ac**

4a(1) Dorsalrand vor den Enden mit je einer auffälligen Schulter (Fig. 150: 8, 9), vgl. auch *E. auriculata* (Fig. 160: 14) . . . . **41. E. bactriana**

4b   Dorsalrand einfach gebogen oder mit einer bis mehreren Auftreibungen **5**

5a   Dorsalrand mit mindestens einer auffälligen Auftreibung oder Welle . . . . **Untergruppe Ad**

5b   Dorsalrand einfach gebogen . . . . **Untergruppe Ae**

Untergruppe Aa

1a   Schalen mit zwei Buckeln bzw. Wellen, falls nur mit je einer spitzlich gerundeten Schulter vor den Enden (Fig. 150: 8, 9), falls auch Ventralrand mit zwei Buckeln (Fig. 160: 4, 5) . . . . . **41. E. bactriana** . . . . **42. E. gibbosa**

1b   Schalen mit drei bis vielen (ausnahmsweise mehr als 20) Buckeln, falls Schalen mit ziemlich flach undulierter Rückenkante (Fig. 141: 1–7), vgl. auch *E. siberica* (Fig. 141: 8–10) . . . . **10. E. pectinalis**

2a   Schalen einer Population mit konstant drei Buckeln (Fig. 146: 6–9) . . . . **44. E. triodon**

2b	Schalen mit mehr als drei Buckeln (Fig. 146: 1–5), vgl. auch *E. muelleri* (Fig. 146: 10, 11) . . . . **43. E. serra**
3a(1)	Schalen, insbesondere Buckel stark aufgewölbt **4**
3b	Buckel schwächer aufgewölbt **5**
4a	Abfall von den Buckeln zu den Enden sehr steil, bis annähernd im Winkel von 90° (Fig. 149: 3–6), vgl. auch *E. papilio* (Fig. 160: 9) sowie weitere Taxa tropisch-subtropischer Regionen . . . . **6.7. E. praerupta papilio-Sippen**
4b	Falls Abfall weniger steil und Bucht zwischen den Buckeln weniger tief (Tafel 149, 150), vgl. andere Taxa im Sippenkomplex um *E. praerupta* sowie weitere Taxa tropisch-subtropischer Regionen
5a(3)	Dorsalrand vor den Enden auffällig stark eingezogen, Enden dadurch schnabelartig aufgebogen erscheinend (Fig. 150: 1–7) . . . . **6.6. E. praerupta var. bigibba**
5b	Enden nur stumpf gerundet oder flach gestutzt erscheinend **6**
6a	Dorsalrand zu den Enden deutlich eingezogen **7**
6b	Dorsalrand hier nicht oder nur schwach eingezogen **8**
7a	Enden gerundet (Fig. 149: 8–19), vgl. auch *E. circumborealis* (Fig. 143: 16–23) . . . . **7. E. diodon**
7b	Enden abgestutzt (Fig. 148: 9, 11, 12) . . . . **6.4. E. praerupta bidens-Sippen**
8a(6)	Enden schmal gerundet, manchmal mit Zähnchen am Dorsalrand (Fig. 149: 8–19) . . . . **7. E. diodon**
8b	Enden abgestutzt oder breit gerundet **9**
9a	Schalen in Relation zur Länge relativ schmal, ca. 6–14× länger als breit **11**
9b	Schalen breiter, kompakter erscheinend **10**
10a	Enden flach abgestutzt (Fig. 148: 9, 11, 12) . . . . **6.4. E. praerupta bidens-Sippen**
10b	Enden breit gerundet (Fig. 158: 4–6), vgl. auch *E. circumborealis* (Fig. 143: 16–23) und *E. implicata* (Fig. 143: 1–9A) sowie *E. zygodon* (Fig. 159: 8, 9) . . . . **30.2. E. monodon var. bidens**
11a(9)	Dorsalrand weniger konvex, mehr linear, Str. über 12/10 µm (Fig. 159: 1) . . . . **45. E. ruzickae**
11b	Dorsalrand stärker konvex, weniger linear, Str. unter 12/10 µm (Fig. 147: 18) . . . . **5. E. arcus bidens-Sippen**

Untergruppe Ab

1a	Ventralrand in der Mitte mit einer Auftreibung **2**
1b	Ventralrand gerade bis schwach gebogen oder flach wellig ohne mittlere Auftreibung **8**
2a	Dorsalrand in der Mitte eingezogen **3**
2b	Merkmal unzutreffend **4**
3a	Enden auffällig «paddelförmig» verbreitert (Fig. 141: 8–10) . . . . **12. E. siberica**
3b	Enden anders geformt (Fig. 141: 1–7) . . . . **10. E. pectinalis**
4a	Dorsalrand mit Höcker oder Welle in der Mitte **5**
4b	Merkmale unzutreffend **6**
5a	Enden annähernd keilförmig, Raphe distal weit um den Pol herumlaufend (Fig. 152: 8–12A) . . . . **29. E. formica**
5b	Enden breit bis annähernd spitz gerundet, Raphe kürzer, Dorsalrand manchmal mehrfach flach gewellt (Fig. 141: 1–7) . . **10. E. pectinalis**
6a(4)	Enden annähernd keilförmig (Fig. 152: 8–12A) . . . . **29. E. formica**

Untergruppe Ac

12a	Dorsalrand vor den Enden eingezogen, Pole dadurch mehr oder weniger abgeschnürt (Tafel 147) . . . . **5. E. arcus**
12b	Pole nicht abgeschnürt (Fig. 142: 7–15), vgl. auch *E. intermedia* (Fig. 143: 10), *E. tenella* (Fig. 154: 23–30) und *E. bilunaris* (Tafel 137, 138) . . . . **14. E. minor**
13a(8)	Terminale Raphenenden bis nahe an den Dorsalrand laufend (Fig. 151: 1–10A) . . . . **27. E. glacialis**
13b	Terminale Raphenenden kürzer (Fig. 142: 1–6) . . . . **11. E. soleirolii**
14a(7)	Enden abgerundet **15**
14b	Enden flach gestutzt **16**
15a	Schalen entsprechend einigen Fig. der Tafel 137 . . . . . **1. E. bilunaris**
15b	Schalen anders gestaltet, Str. weiter gestellt (Fig. 142: 1–6), vgl. auch *E. pectinalis* (Tafel 141) . . . . **11. E. soleirolii**
16a(14)	Proportion Breite / Länge 1/3–7 (Tafel 148) . . . . **6. E. praerupta**
16b	Proportion Breite / Länge 1/6–15 (Tafel 147) . . . . **5. E. arcus**
17a(1)	Schalenbreite maximal 10 µm **18**
17b	Schalenbreite größer als 10 µm **21**
18a	Enden mit auffällig großen Terminalknoten(-areae), Str. zart, um 20/10 µm (Fig. 151: 11–13) . . . . **32. E. lapponica**
18b	Merkmalskombination unzutreffend **19**
19a	Dorsal- und Ventralrand bis zu den Enden parallel (Fig. 10: 14–18) . . . . **28. E. parallela**
19b	Dorsalrand vor den Enden eingezogen oder Schalen distal allmählich verschmälert **20**
20a	Enden stumpf gerundet oder aufgebläht (Fig. 151: 1–10A) . . . . **27. E. glacialis**
20b	Falls Enden breit gerundet bis flach gestutzt, vgl. *E. praerupta* und *E. arcus* (Tafel 147, 148)
21a(17)	Schalenbreite 22–28 µm (Fig. 158: 7, 8) . . . . **31. E. clevei**
21b	Schalenbreite unter 18 µm **22**
22a	Dorsalrand bis zu den Enden parallel (Fig. 152: 1–7) . . . . **28. E. parallela**
22b	Dorsalrand mehr oder weniger stark eingezogen, Form der Enden variabel (Tafel 148) . . . . **6. E. praerupta**

Untergruppe Ad

1a	Dorsalrand schwach wellig, das Wellental in Schalenmitte ist am tiefsten (Fig. 156: 35–40) . . . . **38. E. silvahercynia**
1b	Merkmal unzutreffend **2**
2a	Dorsalrand in der Mitte mit einer spitzlichen Auftreibung **3**
2b	zwei oder mehr rundliche Buckel **4**
3a	Ventralrand wellig (Fig. 156: 27–34) . . . . **24. E. microcephala**
3b	Ventralrand gerade (Fig. 155: 22–37) **23.2. E. paludosa var. trinacria**
4a(2)	Dorsalrand mit mehr als zwei Buckeln **5**
4b	zwei Buckel **6**
5a	Buckel ziemlich gleichmäßig verteilt, flach gerundet (Fig. 156: 1–22), vgl. auch *tridentula*-Formen von *E. exigua* (Fig. 153: 21–27) . . . . **39. E. muscicola**
5b	Buckel unregelmäßig verteilt, blockig erscheinend (Fig. 156: 23–26) . . . . **40. E. crista-galli**
6a(4)	Enden schnabelartig nach dorsal zurückgebogen oder kopfig abgesetzt (Fig. 153: 19, 20, 24) . . . . **17. E. exigua var. bidens** Fig. 154: 18–22) . . . . **22. E. rhynchocephala var. satelles**

6b	Enden weder kopfig erweitert noch schnabelartig zurückgebogen . **7**
7a	Enden stumpf gerundet (Fig. 143: 1–9A) . . . . **15. E. implicata**
7b	Enden breit bis flach gerundet oder schief gestutzt, Str. meistens etwas weiter gestellt als bei *E. implicata* (Fig. 143: 16–23) . . . . **16. E. circumborealis**

Schlüsselgruppe Ae

1a	Raphenenden allenfalls sehr wenig über den Ventralrand in die Schalenfläche einbiegend (Fig. 164: 12–20), vgl. auch *E. siolii* (Fig. 165: 1–10) und weitere Arten tropisch-subtropischer Regionen . . . . **48. E. rhomboidea**
1b	Raphenenden in der Regel auch bei hohem Fokus gut erkennbar . . **2**
2a	Schalen schmal, ca. 1 bis um 3 µm **3**
2b	Schalen regelmäßig breiter als 3 µm **5**
3a	Str. weit gestellt, weniger als 15/10 µm (Fig. 150: 10–24), vgl. auch *E. tenella* (Fig. 154: 23–30) . . . . **26. E. fallax**
3b	Str. enger liegend, mehr als 14/10 µm **4**
4a	Ventralrand stärker gebogen (Tafel 137, 138), vgl. auch sogenannte *falcata-* und *subarcuata-*Formen und *E. subarcuatoides* sowie verschiedene Sippen aus dem Artenkomplex um *E. exigua* (Tafel 153, 154) . . . . **1.2. E. bilunaris var. mucophila**
4b	Ventralrand nur schwach gebogen oder gerade, Schalenbreite bei den unterschiedlichen Varietäten variabel, auch mit kurzem, spitzlichem Mittelhöcker (Tafel 155), vgl. auch die unter 4a genannten, leicht zu verwechselnden Taxa . . . . **23. E. paludosa**
5a(2)	Schalen 3 bis um 5 µm breit **6**
5b	Schalen über 5 µm breit **23**
6a	Schalen annähernd bohnenförmig, Dorsalrand vor den Enden überhaupt nicht eingezogen (Fig. 143: 10–15) . . . . **37. E. intermedia**
6b	Merkmalskombination unzutreffend **7**
7a	Ventralrand stark gebogen (Fig. 157: 4–12), vgl. auch *E. elegans* (Fig. 157: 1–3) . . . . **34. E. arculus**
7b	Ventralrand mäßig bis schwach oder gar nicht gebogen **8**
8a	Falls Dorsalrand wenig aufgewölbt und Enden mehr bis weniger schnabelartig abgesetzt, vgl. Artenkomplex um *E. exigua* (Tafel 155, 156) und *E. arculus* (Fig. 157: 4–12)
8b	Merkmalskombination unzutreffend **9**
9a	Ventralrand gerade oder sehr schwach gebogen **21**
9b	Ventralrand noch deutlich konkav **10**
10a	Dorsalrand stark aufgewölbt **14**
10b	Dorsalrand mäßig stark aufgewölbt **11**
11a	Enden schnabelartig bis kopfig abgesetzt (Tafel 153, 154, 138) . . . . **17. E. exigua** . . . . **20. E. meisteri** . . . . **36. E. subarcuatoides**
11b	Enden nicht oder kaum merklich abgesetzt, stumpf bis breit gerundet **12**
12a	Dorsalrand vor den Enden stärker eingezogen (Tafel 153, 154), vgl. auch *E. septentrionalis* (Fig. 157: 13–18) und *E. denticulata* (Fig. 157: 19–28) . . . . **17. E. exigua** . . . . **21. E. tenella**
12b	Dorsalrand schwach oder gar nicht eingezogen **13**
13a	Dorsalrand noch merklich eingezogen, Enden daher etwas abgesetzt

Schlüsselgruppe B

Schlüsselgruppe C

Der Sippenkomplex um Eunotia bilunaris (Tafeln 137–140)

Hierzu zählen wir außer *E. bilunaris* (syn. *E. lunaris* oder *E. curvata* sensu auct. mult.) noch *E. naegelii*, *E. okavangoi*, außerdem eine Vielzahl von Taxa, die infraspezifisch zu *E. lunaris* gezogen worden sind. Nicht fern davon stehen auch die Sippen um *E. flexuosa* und *E. pseudopectinalis*. Die fragliche *E. bilunaris* var. *subarcuata* / var. *mucophila* könnte wegen ihrer stets sehr kurzen rücklaufenden Terminalspalten eigentlich ebenso wie *E. naegelii* Artrang beanspruchen. Wenn man die unterschiedliche Länge der rücklaufenden Terminalspalten außer acht läßt, existiert aber tatsächlich ein Kontinuum von Populationen (Sippen?, Varietäten?, Formae?). Es gibt zwischen den «Riesen», das sind Populationen mit durchschnittlich sehr langen um 5 µm breiten Individuen, einerseits und den um 2 µm breiten «Zwergen» andererseits viele weitere Populationen mit intermediären Größenverhältnissen. In ähnlicher Weise nähern sich schmalschalige *bilunaris*-Sippen den ebenfalls unterschiedlichen *naegelii*-Sippen. Welche taxonomische Bedeutung man den *capitata*-Umrißvarianten zuerkennen soll, wissen wir noch nicht. Aus diesem Sippenkomplex klar herausstellen möchten wir dagegen *E. subarcuatoides*. Sie ist bisher meistens für *E. lunaris* var. *subarcuata* gehalten worden, zeigt jedoch einen davon ganz unabhängigen Formenwechsel, der an *E. fastigiata* Hustedt aus Sumatra erinnert. Nur die sehr häufig vorkommenden sogenannten *falcata*-Formen beider Arten sind praktisch nicht voneinander zu unterscheiden. Weil es sich nur um Stadien innerhalb des Entwicklungszyklus handelt, können auch die breiteren, mondsichelförmigen *falcata*-Umrißvarianten anderer *lunaris* / *bilunaris*-Sippen keinen taxonomischen Rang beanspruchen, weder als Varietät noch als Forma. Viele Fragen zur Identität von Taxa, die in oder in die Nähe des hier diskutierten Sippenkomplexes gehören, bleiben vorläufig ungeklärt. So z. B., ob *E. repens* Berg 1939 eine selbständige Art ist oder mit *E. naegelii* verbunden werden muß. Möglicherweise ist eine Rücklaufraphe vorhanden, aber im LM nicht erkennbar.
Auch für diesen Komplex gelten die grundsätzlichen Bemerkungen zum *E. praerupta*- und *E. exigua*-Sippenkomplex (siehe dort). Wir haben jedoch nicht immer die gleichen taxonomischen Konsequenzen gezogen, weil in diesem Stadium beschränkter Kenntnisse möglichst wenige neue nomenklatorische Verbindlichkeiten geschaffen werden sollten.

1. Eunotia bilunaris (Ehrenberg) Mills 1934 (Tafel 137; Fig. 138: 10–24)

Frusteln in Gürtelansicht schmal rechteckig mit manchmal etwas aufgetriebener Mitte. Schalen schlank, mehr oder weniger bogenförmig mit weitgehend parallel verlaufenden oder allmählich konvergierenden Rändern. Ventralrand schwächer bis stärker konkav, bei Anomalien mit bis zu drei wellenförmigen Höckern oder einer Einkerbung oder einem Knick. Dorsalrand parallel dazu oder stärker konvex, erst vor den Enden etwas stärker abfallend. Enden meistens wenig abgesetzt erscheinend, bei manchen Sippen verschmälert, bei *capitata*-Umrißvarianten schwach kopfig aufgetrieben, schmäler bis stumpfer gerundet, oft leicht dorsalwärts gebogen. Länge 10–150(205) µm, Breite 1,9–6 µm. Raphe kurz, bogenförmig über den Mantelrand biegend, Terminalspalten dann jedoch – beim Fokussieren meist deutlich erkennbar – wieder in Richtung Schalenmitte zurücklaufend. Ventralarea an den Enden, manchmal durchgehend dicht um Ventralrand oder überhaupt nicht erkennbar. Str. (9)11–28/10 µm. Im REM: Auf der Schalenaußenfläche zeigt sich die mehr bis weniger weit «zurücklaufende» Außenspalte (Terminalspalte) der Raphenäste. Auf der Innenfläche sind die

Areolenreihen an dieser Stelle durch eine enge unperforierte (Terminalspalten-) Area unterbrochen, stets ohne jeden spaltenartigen Durchbruch.

1.1 var. bilunaris (Tafel 137)
Synedra bilunaris Ehrenberg 1832; *Synedra lunaris* Ehrenberg 1832; *Exilaria curvata* Kützing 1834 (Exsicc. edit. dec. 112); *Eunotia lunaris* (Ehrenberg) Grunow in Van Heurck 1881; *Eunotia lunaris* var. *bilunaris* (Ehrenberg) Grunow in Van Heurck 1881; *Eunotia curvata* (Kützing) Lagerstedt 1884
Aus der Synonymie auszuschließen ist:
Eunotia lunaris Brébisson ex Rabenhorst 1864

Schalen (beim Fokussieren) an den Enden mit mehr oder weniger deutlich erkennbarer, längerer rücklaufender Terminalspalte. Im REM: auf der inneren Schalenfläche unterbricht eine schmale aber deutliche hyaline Area die Areolenreihen, dort wo auf der Außenfläche die Terminalspalte verläuft. Die Schalen sind regelmäßig über 3 µm breit, die Str. relativ weit gestellt, weniger als 20/10 µm.

1.2 var. mucophila Lange-Bertalot & Nörpel 1991 (Fig. 138: 20–24; ?10–19)
(?) *Synedra lunaris* var. *subarcuata* Nägeli ex Kützing 1849; (?) *Eunotia lunaris* var. *subarcuata* (Nägeli) Grunow in Van Heurck 1881; (?) *Eunotia subarcuata* (Nägeli) Pantocsek 1902
Schalenumrisse im Zuge des Entwicklungszyklus grundsätzlich ähnlich wie bei den meisten Sippen, die der Nominatvarietät zugeordnet werden, jedoch Breite der Schalen nur 1,9–2,7(3) µm. Längen bis über 70 µm. Streifen enger gestellt, 20–28/10 µm. Rücklaufende Terminalspalten im LM niemals erkennbar, im REM einen kurzen Bogen bildend, der nur ansatzweise einen Rücklauf andeutet. Eine hyaline Area unterhalb der Terminalspalte auf der Schaleninnenfläche ist allenfalls andeutungsweise erkennbar. Populationen in der Gallerte anderer Algen lebend, z. B. von *Batrachospermum*.

1.3 var. linearis (Okuno) Lange-Bertalot & Nörpel 1991 (Fig. 137: 13–16)
Eunotia flexuosa var. *linearis* Okuno 1952; *Eunotia okavangoi* Cholnoky 1966; *Eunotia curvata* var. *linearis* (Okuno) Kobayasi, Ando & Nagumo 1981; *Eunotia flexuosa* sensu auct. nonnull.
Schalen meistens weniger stark gekrümmt. Dorsal- und Ventralrand (zumindest bei größeren Individuen) bis annähernd zu den Enden parallel. Außerdem durch folgende Merkmalskombination von den anderen Varietäten zu unterscheiden: Schalen erreichen eine durchschnittlich größere Länge, 44–205 µm, Breite 3,5–5,5 µm, sie erscheinen robuster, d. h. wahrscheinlich stärker verkieselt, die Terminalspalten der Raphe treten regelmäßig sehr kräftig hervor, die Str. erscheinen gröber konturiert und sind weiter gestellt, 9–12/10 µm.

Verbreitung kosmopolitisch, die Nominatvarietät im Gebiet häufig bis sehr häufig, meistens epiphytisch, oft auf in Zersetzung befindlichen Fadenalgen oder Phanerogamen. Ein erster und hauptsächlicher ökologischer Schwerpunkt liegt in sauren stehenden und fließenden Gewässern mit niedrigem Elektrolytgehalt, vernäßten Moosrasen, überrieselten Silikatfelsen. *E. bilunaris* ist gleichermaßen eine charakteristische Art der Niedermoore, in Hochmooren dagegen kommt sie nur bei zoo- oder anthropogener Veränderung der Wasserqualität vor (Eutrophierung?). Ein zweiter, weniger ausgeprägter Schwerpunkt liegt in eutrophen Biotopen, bei mittlerem Elektrolytgehalt im neutralen bis schwach alkalischen Milieu, z. B. in kommunalen Binsen-Kläranlagen. Auch in Grundwasser-Austritten elektrolytreicher Flüsse, z. B. in sogenannten «Gießen» am oberen Rhein entlang. Die sogenannte var. *subarcuata*, d. h. Sippen mit enger begrenztem Längenwachstum, die nicht in Gallerten anderer Algen vorkommen, sind im Gebiet zerstreut bis selten, meist auf Moosrasen und überrieselten Felsen. Var. *linearis* in Afrika, Asien, Süd- und Nord-Amerika, im Gebiet noch nicht bekannt geworden oder verwechselt oder nicht von der Nominatvarietät oder von *E. flexuosa* differenziert.

Die Nomenklatur um diese Art gleicht einem Verwirrspiel und wird später detailliert diskutiert. Die Art wird erstmalig von Ehrenberg (1832) als *Synedra* beschrieben, wobei der Autor aufgrund der sowohl einfach als auch doppelt gekrümmten Schale zwei Arten vorliegen zu haben glaubte. Grunow (1865 und 1881) verbindet beide Taxa als Varietäten, zunächst unter der Gattung *Ceratoneis*, später unter *Eunotia*, ebenso De Toni (1892) unter *Pseudoeunotia*. Es folgen weitere Namen verschiedener Autoren für diese Art. Eine taxonomisch verbindliche Differenzierung des Taxons «*bilunaris*» wird fallengelassen, da es sich lediglich um eine Anomalität handelt.

Komplizierter wird die Sachlage erst durch Rabenhorst (1864); er hält weiterhin die Kombination *Synedra lunaris* und *S. bilunaris* aufrecht, veröffentlicht daneben aber *Eunotia lunaris* mit Bezug auf Brébisson in litt. (und nicht Ehrenberg). Diese Art kann nach Maßgabe des Protologs nicht konspezifisch sein, denn es handelt sich um kleinschalige Formen von geringer Länge, gefunden im Salzwasser der französischen Atlantikküste. Außerdem hat Brébisson *Synedra lunaris* Ehrenberg im Exsikkat Algen Europas 2025 richtig erkannt (Rabenhorst schreibt im zugehörigen Text: «bearbeitet und gesammelt von Brébisson 1867»). In der Folgezeit ist dieser Sachverhalt übersehen worden. Nach den Prioritätsregeln ist die Kombination *Eunotia lunaris* (Ehrenberg) Grunow 1881 ein jüngeres Homonym und mußte daher durch das ebenso alte Epithet *bilunaris* ersetzt werden (vgl. Synonymieliste oben).

E. bilunaris (sensu lato) ist trotz häufig auftretender Anomalien oder Teratologien durch den Verlauf der Raphe in Kombination mit der Schalenform gut charakterisiert und kaum zu verwechseln. Venkataraman (1939, p. 311, fig. 53: 61) weist zuerst auf die «rücklaufende» Raphe hin und beschreibt *E. pseudolunaris* als neue Art, weil er dieses Charakteristikum in den Abbildungen von *E. lunaris* vermißte. Auch weitere «neue Arten» resultieren aus diesem Mißverständnis, z. B. *E. karelica* Mölder 1951, *E. pseudolunaris* Manguin 1962 (syn. *E. neocaledonica* Van Landingham 1969), obgleich Hustedt (1949, p. 20, fig. 2: 11–15) das Problem – wenn auch sehr spät – diskutiert hat. Patrick & Reimer (1966) halten den Namen *E. curvata* (Kützing) Lagerstedt 1884 für gültig und machen zwar Angaben zum charakteristischen Raphenverlauf, berücksichtigen dies jedoch nicht in den Abbildungen. Ob infraspezifische Taxa, insbesondere var. *subarcuata*, var. *falcata* und var. *capitata* taxonomisch verbindlich differenziert werden sollen, wird wohl weiterhin unterschiedlich beurteilt werden, ebenso die Differenzierung von *E. repens* als Art, die möglicherweise (Rücklaufraphe nicht erkennbar) mit *E. naegelii* zu verbinden sein wird.

Die Umschreibung einer neu typisierten Varietät, nämlich var. *mucophila* wurde nötig, weil die etablierte var. *subarcuata* nur einen völlig unzulänglichen Protolog ohne Abbildung besitzt; es fehlt auch jeder Hinweis auf den Typenhabitat. Die Länge der Schalen soll 12–23 µm betragen, über Breite und Dichte der Str. teilt Kützing nichts mit. In Frage kommen danach mehrere Sippen aus dem Komplex um *E. bilunaris* oder auch andere Arten wie z. B. *E. subarcuatoides*. Die Konzepte späterer Autoren, var. *subarcuata* betreffend, sind unterschiedlich. Die meisten verbinden damit kurze *falcata*-Erscheinungsformen aus dem «normalen» *bilunaris*-Sippenspektrum mit weniger als 20 Str./10 µm, nicht jedoch die Sippe, die wir hier als var. *mucophila* umschreiben mit ihren sehr lang werdenden

Schalen. Weiter offen bleiben muß die Frage, ob alle auf Tafel 138 (Fig. 8–24) gezeigten Individuen einer einzigen homogenen Sippe zuzuordnen sind oder aber verschiedenen Sippen, evtl. einer im Längenwachstum stets enger begrenzten var. *subarcuata* und der var. *mucophila*. Es könnte sich schließlich auch um ökologisch bedingte Variationen handeln oder um eng zusammengehörige Sippen unterschiedlichen Polyploidiegrades des Chromosomensatzes. Wir wissen es noch nicht.
Var. *linearis* ist ein etabliertes Taxon, das von Okuno zu *E. flexuosa* gestellt wurde. Kobayasi et al. (1981) diskutieren und dokumentieren die viel engere Verbindung mit *E. curvata* im Gegensatz zu *E. flexuosa*. Wir können ihre Auffassung voll bestätigen, verbinden jedoch das Taxon aus Prioritätsgründen mit *E. bilunaris* anstatt mit *E. flexuosa* (siehe oben).

2. Eunotia naegelii Migula in Thomé 1907 (Fig. 140: 1–6)

Synedra alpina Nägeli ex Kützing 1849; *Eunotia lunaris* var. ? *alpina* (Nägeli) Grunow in Van Heurck 1881; *Eunotia alpina* (Nägeli) Hustedt in A. Schmidt et al. 1913.

Aus der Synonymie auszuschließen sind:
Eunotia alpina Kützing 1844; *Eunotia alpina* Kützing sensu Grunow in Cleve & Möller 1877-1882

Schalenumrisse durchschnittlich weniger stark gekrümmt als bei *E. bilunaris*, Breite nur 1,5–3,5 µm, daher ist die Relation Breite / Länge zugunsten schlanker erscheinender Schalen verschoben. Raphenverlauf im LM bei den kleinsten Individuen schwer erkennbar, bei den meisten Populationen ist aber ein rücklaufender Raphenfortsatz zu sehen. Str. durchschnittlich enger gestellt, die Angaben diverser Autoren differenzieren erheblich, z. B. 14–20/10 µm (Hustedt 1932, Patrick & Reimer 1966), in extremen Fällen angeblich mehr als 27/10 µm.

Verbreitung kosmopolitisch, im Gebiet zerstreut bis eher selten, vorwiegend in Gebirgslagen, aber auch im Flachland manchmal mit individuenreichen Populationen vorkommend, z. B. Holland, Dänemark, Frankreich. *E. naegelii* kommt nicht selten mit Sippen von *E. bilunaris* gemeinsam vor.

Für eine deutliche taxonomische Trennung von *E. bilunaris* spricht die stets(?) vorhandene Möglichkeit zur Differenzierung in assoziierten Populationen. Ob nicht auch eine infraspezifische Trennung «deutlich» genug wäre, steht weiter zur Diskussion. Aus morphologischer Sicht spricht vieles für die Auffassung von Grunow in Van Heurck, die Taxa infraspezifisch zu verbinden (siehe auch kritische Bemerkungen zum Komplex um *E. bilunaris*).

Eunotia flexuosa-Sippenkomplex

3. Eunotia flexuosa (Brébisson) Kützing 1849 (Fig. 140: 8–18)

Synedra? flexuosa Brébisson ex Kützing 1849; *Eunotia flexuosa* var. *pachycephala* und var. *eurycephala* und var. ? *bicapitata* Grunow in Van Heurck 1881; *Eunotia pseudoflexuosa* Hustedt 1949; *Eunotia mesiana* Cholnoky 1966

Frusteln in Gürtelansicht meistens lang und schmal rechteckig und oft etwas verbogen erscheinend. Schalen meistens nur sehr schwach gebogen mit weitgehend parallel verlaufendem Ventral- und Dorsalrand. Die Enden sind in «charakteristischen Fällen» mehr oder weniger kopfig aufgetrieben und halbkreisförmig gerundet. Andere Populationen oder Exemplare lassen jedoch diese Form der Enden vermissen, ihre Enden sind kaum oder gar nicht kopfig erweitert und lediglich stumpf, breit bis flach abgerundet. Länge (50)90 bis über 300 µm, Breite 2–7 µm (nach Cleve-Euler 1,5–8 µm). Terminalknoten endständig, Raphenäste (wie bei *E. bilunaris*, größtenteils jedoch klarer erkennbar) mit nach proximal rücklaufenden Fortsätzen in der Schalenfläche. Ventralarea dicht am Ventralrand verlaufend, meistens sichtbar. Angaben über die Dichte der Str. differieren bei diversen Autoren erheblich, (9)11–20/10 µm.

Verbreitung kosmopolitisch, in Nordeuropa häufiger, im Gebiet selten, vorwiegend in Gebirgslagen, auch in der Bretagne. Ökologischer Schwerpunkt in stehenden bis schwach fließenden oligotrophen Gewässern, z. B. Sümpfe, Quellen, sphagnumreiche Tümpel mit niedrigem bis mittlerem Elektrolytgehalt, nicht in Hochmoorkomplexen.

Die Liste der (z. T. zu vermutenden) Synonyme ist sehr lang (vgl. Van Landingham 1969), insbesondere bleibt die fragliche Konspezifität mit *Eunotia biceps* Ehrenberg (1843) zu überprüfen, auf deren Abbildung sich Kützing bezieht. Ein mehr aktuelles Problem ist jedoch die noch ungenügend bekannte potentielle Formenvariabilität bei *E. flexuosa*, insbesondere die Umrisse der Enden betreffend. In exemplarischen Abbildungen werden meistens nur problemlose Formen ausgewählt, hier also ausgeprägt lange, schlanke Schalen mit deutlich aufgetriebenen Enden und mehr als 14 Str./10 µm. Abweichungen davon führen dann nahezu zwangsläufig zur «Kreation neuer Arten». So ist auch die Haltung Hustedts ambivalent. In A. Schmidt Atlas (1913, fig. 291: 9–14) schreibt er noch: «Die Unterscheidung der einzelnen Varietäten beruht lediglich auf der mehr oder weniger starken Anschwellung der Enden, ist deshalb m. E. kaum durchführbar und besser zu unterlassen.» Aus Afrika beschreibt er jedoch (1949) *E. pseudoflexuosa*, bei der es schwer fällt, ihr allenfalls noch Varietätsrang zuzuerkennen. Denn daß sie nur dorsal und nicht beidseitig aufgetriebene Enden besitzen und die Dichte der Str. 7–9/10 µm betragen soll (tatsächlich sind es aber 10–12/10 µm), erscheint nach seiner eigenen kritischen Aussage wenig relevant. *Pseudoflexuosa*-Formen sind nicht nur aus Zentralafrika, sondern durch Foged (1981) auch aus Alaska und aus Nordamerika bekannt geworden. Bevor nicht die Variabilität der Formen und Längendimensionen bei den unterschiedlichen Populationen von *E. flexuosa* genauer bekannt sind, erscheinen etwa 15 jüngere Taxa (davon allein 7 von Cholnoky) fragwürdig, die sich ziemlich problemlos mit *E. flexuosa* und *E. pseudopectinalis* verbinden lassen. So z. B. *E. mesiana*, die sich von *eurycephala*-Erscheinungsformen durch nichts weiter unterscheidet, als daß sie in einer Population neben Individuen mit deren charakteristischen Enden auch Individuen mit noch stärker aufgeblähten Enden entwickeln kann. Noch unverständlicher ist seine Aussage in Bezug auf *Eunotia okavangoi* Cholnoky. Sie soll *E. flexuosa* nahestehen, dagegen äußert er nichts über die völlige Übereinstimmung dieses Taxons mit Sippen aus dem Komplex von *E. lunaris/bilunaris*. Fig. 137: 13, 14 zeigen zwei Exemplare aus dem Typenpräparat. Fig. 13 wird von Cholnoky als *E. lunaris* protokolliert. Fig. 14 zeigt dagegen eine Schale von *E. okavangoi*. Sie unterscheiden sich durch nichts weiter als durch ihre unterschiedliche Länge, ca. 40 bzw. 100 µm, sowie durch die bei längeren Individuen klarer hervortretende rücklaufende Terminalspalte und etwas deutlicher punktierte Str. Solche grob gestreiften Sippen kommen auch in Brasilien vor (Fig. 137: 16), aber auch in Kanada, wo sie von anderen Autoren teils als *E. lunaris*, teils als *E. flexuosa* bestimmt werden. Wir können *E. okavangoi* von *E. flexuosa* var. *linearis* syn. *E. bilunaris* var. *linearis* unterscheiden (siehe dort). Ganz anders eine weitere Sippe, die tatsächlich in den *E. flexuosa*-Sippenkomplex gehört, jedoch als selbständige Art beschrieben worden ist, *Eunotia latitaenia* Kobayasi, Ando & Nagumo 1981. Die von den Autoren genannten Differentialmerkmale können wenig überzeugen. Wir finden auch in Europa und anderswo *E. flexuosa*-Populationen (sensu lato) mit fehlenden Dörnchen am Schalenrand und mit kurzen cirumpolar verlaufenden Str. (vgl. Fig. 140: 14, aus Finnland). Allenfalls können wir für solche Erscheinungsformen den Rang einer Varietät vorschlagen. Für den Fall, daß derart geringe Differenzen der Feinstrukturen und die Umrisse als Kriterien für Arten dienen sollen, müßte der ganze *E. flexuosa*-Sippenkomplex in zahlreiche selbständige Arten aufgelöst werden. Taxonomisch-nomenklatorisch ginge dabei aber der enge morphologische Zusammenhang zwischen diesen Sippen verloren und der größere morphologische Abstand zu anderen Arten der Gattung *Eunotia* würde «verwischt». Auch die Ökologie kann hier keine Entscheidungshilfe liefern.

4. Eunotia pseudopectinalis Hustedt 1924 (Fig. 140: 7)

Eunotia pectinalis sensu Hustedt in A. Schmidt et al. 1911

Schalenform und -dimensionen sowie Raphenverlauf grundsätzlich wie beim Sippenkreis um *E. flexuosa*, mit folgenden Abweichungen: Breite seltener 4–7 µm, meistens 8–10 µm. Ventral- und Dorsalrand zu den Enden meistens leicht eingezogen, so daß diese etwas verschmälert werden, nur sehr selten etwas aufgetrieben wie regelmäßig bei *E. flexuosa*.

Verbreitung auf der nördlichen Hemisphäre nordisch-alpin, in Nordeuropa zerstreut, im Gebiet sehr selten in Gebirgslagen, z. B. Sudeten. Ökologie entsprechend *E. flexuosa*.

Hustedt bezieht sich bei der Erstbeschreibung dieses Taxons auf *E. pectinalis* f. *elongata* Grunow in Van Heurck (fig. 33: 16). Diese gehört jedoch wahrscheinlich tatsächlich eher zum *E. pectinalis*-Sippenkreis als zu *E. pseudopectinalis*. Es ist unwahrscheinlich, daß Grunow die rücklaufenden Raphenfortsätze nur bei *E. flexuosa* und nicht auch bei *E. pseudopectinalis* erkannt und gezeichnet hätte. Hustedt kannte offenbar auch noch nicht die Variationsbreite seines Taxons, z. B. daß die Schalenlänge bis ca. 60 µm, die Breite auf 4–7 µm reduziert sein kann und daß auch die Form der Enden abweichen kann. Insgesamt ergeben sich daraus Probleme der Abgrenzung zu großschaligen Sippen von *E. flexuosa*, die noch zu lösen bleiben.

5. Eunotia arcus Ehrenberg 1837 (Tafel 147)

Himantidium arcus Ehrenberg 1840 pro parte

Frusteln in Gürtelansicht schmal bis breit rechteckig mit wenigen Bändern, Individuen oft zu bandartigen Aggregaten verbunden. Ventralrand der Schalen schwächer bis stärker konkav, im Bereich der Raphenäste schwach wellig, der Dorsalrand verläuft annähernd parallel dazu, manchmal stärker aufgebogen, bei «var.» *bidens* schwach zweiwellig, meistens allmählich abfallend und vor den Enden wenig bis sehr stark eingezogen, seltener erfolgt der Abfall abrupt über etwas eckige Schultern. Enden schmäler bis breiter gerundet oder schief bis gerade gestutzt, oft mehr oder weniger kopfig oder etwas nach dorsal aufgebogen. Länge 17–90 µm, Breite 3–9 µm. Terminalknoten mit klein erscheinender Terminalarea dicht an die Pole gerückt. Distale Raphenenden als kurze Bögen am Ventralrand sichtbar, ebenso die Ventralarea. Str. sehr variabel in der Dichte, 8–14/10 µm, zusätzliche verkürzte Str. können von ventral wie dorsal «eingeschoben» sein.

var. arcus (Fig. 147: 1–17)
Himantidium attenuatum Rabenhorst 1853; (?) *Eunotia arcus* var. *uncinata* Grunow in Van Heurck 1881; (?) *Eunotia arcuoides* Foged 1977
Dorsalrand nicht zweiwellig.

var. bidens (Umrißvariation ?) (Fig. 147: 18)
Eunotia arcus var. *bidens* Grunow in Van Heurck 1881
Dorsalrand flach zweiwellig.
Ob es sich bei diesem Taxon tatsächlich um eine definierbare Sippe handelt oder lediglich um gleitende Umrißvariationen – analog zu anderen *Eunotia*-Arten – bleibt zu klären.

Verbreitung kosmopolitisch, in Nordeuropa häufiger, im Gebiet nur zerstreut, vorwiegend in kalkreichen stehenden Gewässern des Voralpenlandes. Ökologisch mit breiterer Amplitude als die meisten anderen Arten, in oligo- bis schwach mesotrophen Gewässern, auch bei mäßig hohem Elektrolytgehalt (Kalk), oft mit Moosen assoziiert. Ob bestimmte morphologische Erscheinungsformen evtl. mit unterschiedlichen ökologischen Bedingungen korreliert sind, bleibt zu überprüfen.

Der Typus von *E. arcus* stammt aus fossilem Material (Bergmehl aus Degernfors, Schweden). Aufgrund des Protologs und der zwei Abbildungen könnte es sich evtl. auch um schmalere Exemplare von *E. praerupta* handeln; die Abbildung in «Mikrogeologie» (1854) deutet jedoch durch ihre Proportion Länge/Breite deutlicher auf *E. arcus* hin, in den heute angenommenen Dimensionen. Sowohl die von Ehrenberg (1843) als *Himantidium arcus* abgebildeten Formen als auch diejenigen, die Kützing (1844) so bezeichnet, sind viel eher anderen Taxa zuzuordnen. Auch in der Folgezeit gab es vielfach Verwirrung um dieses Taxon, z. B. im Zusammenhang mit *E. praerupta* und sogar *Ceratoneis arcus*. Interessant ist die Breite des Formenspektrums, insbesondere die Variabilität der Streifendichte und Polformen, die Hustedt in A. Schmidt et al. (1911) mit der Art verbindet, interessant vor allem deswegen, weil es beispielhaft den Glauben an die Konstanz der Streifenstrukturen bei *Eunotia*-Arten relativiert. Nicht ganz überzeugen kann auch die Relation von Länge zu Breite, als das immerhin noch am meisten geeignete Differentialmerkmal zwischen *E. arcus* und *E. praerupta*, denn es kommt in den unterschiedlichsten Populationen nicht selten zur Überlappung der angegebenen Dimensionen. Weiter zu untersuchen bleiben die unterschiedlichen ökologischen Optima. Sie dienen bislang als besonders leicht feststellbares Bestimmungsmerkmal, solange es sich um kalkreiches Wasser handelt und eine ganze Diatomeen-Gesellschaft vorliegt. In solchen Fällen entscheidet man sich stets für *E. arcus*. Ob es sich dabei aber nicht etwa um Ökodeme des *praerupta*-Sippenkomplexes handelt, steht zur Diskussion. Jedoch sollten bis zu weiteren klärenden Untersuchungen beide Formenkreise weiter als getrennte Arten mit morphologisch nahem Verwandtschafts-, d. h. Ähnlichkeitsgrad behandelt werden. Auf eine weitergehende infraspezifische Gliederung wird hier, mit Ausnahme der im Gebiet selten vorkommenden zweiwelligen «var.» *bidens*, aufgrund mangelnder Klarheit über die Abgrenzungskriterien vorläufig verzichtet. Nicht ganz sicher ist die Abgrenzung zu *E. diodon* in Einzelfällen. Noch nicht ganz geklärt erscheint auch die Beziehung von *E. arcuoides* Foged 1977 (p. 52, fig. 9: 16, 17) zu *E. arcus*, an einer Konspezifität ist jedoch kaum zu zweifeln, da die als Abgrenzungskriterien genannten Merkmale bei vielen Arten der Gattung als Varianten vorkommen.

Der Sippenkomplex um *Eunotia praerupta*

Die Gliederung dieses Sippenkreises ist hier als provisorisch aufzufassen, denn anders als die Gemeinsamkeiten, lassen sich wirklich überzeugende Abgrenzungskriterien nach kritischem Vergleich kaum finden, angesichts der bekannten und zu vermutenden Variabilität. Die in der Literatur angegebenen Merkmale erweisen sich sämtlich als unzuverlässig, denn sie haben sich, inzwischen bekanntermaßen, als kontinuierlich variabel erwiesen. Betroffen davon sind von den für Mittel- und Nordeuropa relevanten «Arten» hauptsächlich *E. praerupta*, *E. arctica*, *E. suecica*, *E. papilio* sensu auct. nonnull. (excl. Typus), *E. sarekensis* und *E. bigibba*. Hinzu kommen jeweils sogenannte Varietäten und Formen sowie die in der Synonymie und den Diskussionen aufgeführten Taxa. Sie alle überlappen sich vielfach in ihren Diagnosen. Kritisch ist weiterhin die Abgrenzung zu *E. arcus* und *E. diodon*, die hier als selbständige Arten aufrechterhalten bleiben. Hauptsächlich sind es die Umrisse und insbesondere die Form der Enden, die bisher taxonomisch zu hoch bewertet worden sind, weil man ihnen eine relativ große art- oder wenigstens sippenspezifische Konstanz unterstellt hat. Zahlreiche Vergleiche der Umrisse innerhalb von Populationen und zwischen den Populationen in verschiedenen Regionen und/oder verschiedener Wasserqualitäten zeigen nun, daß die Realität nicht so ist. Wir kommen danach zu einer anderen Beurteilung. Sie soll vorläufig noch nicht zu nomenklatorisch verbindlichen Konsequenzen führen, sondern zunächst nur auf diesbezügliche Unzulänglichkeiten des «status quo ante» in der Taxonomie hinweisen.

Noch nicht näher angesprochen werden sollen hier Probleme, die sich beim Vergleich der in Europa allgemein bekannten Arten mit Taxa von anderen Kontinenten aufdrängen. Was eigentlich trennt den Sippenkomplex um *E. praerupta* von *E. tecta* Krasske, *E. insociabilis* Krasske, *E. tridentata* Ehrenberg sensu Cleve, *E. pyramidata* Hustedt, sämtlich aus Südamerika beschrieben. Was unterscheidet *E. cordillera* Hohn & Hellerman (ein Exemplar in Nordamerika) von *E. tecta*? Ferner blieben noch die Differentialmerkmale folgender Taxa zu präzisieren: *E. damasii* Hustedt, aus alpiner Höhenlage in Ostafrika; *E. rabenhorstii* mit ihren zahlreichen Varietäten, um nur zwei Beispiele zu nennen.

6. Eunotia praerupta Ehrenberg 1843 sensu lato (Tafel 148–150)
Himantidium praeruptum Ehrenberg 1843

Frusteln in Gürtelansicht schmäler bis breiter rechteckig, meistens einzeln, manchmal auch zu bandartigen Aggregaten verbunden. Schalen in Länge und Breite, Ausbildung des Dorsalrandes und der Streifendichte sehr variabel. In gewissen Grenzen sind auch die Umrisse der Enden variabel, jedoch nicht so stark. Ventralrand schwach bis mäßig konkav, oft mit flachen Wellen im Bereich der Raphenäste. Dorsalrand unterschiedlich stark gewölbt, von annähernd parallel zum Ventralrand bis ziemlich hoch konvex, z. T. zweiwellig, zu den Enden hin (abgesehen von kleinsten Exemplaren) ziemlich abrupt eingezogen oder abgeknickt erscheinend. Enden stark bis schwächer abgestutzt, gerade oder schief, auch breit gerundet, angedeutet kopfig und dorsal manchmal schnabelartig aufgebogen. Länge (10)20–100 μm, Breite (4)6–17 μm. Das Verhältnis Breite zu Länge soll 1 : 3–7 sein. Terminalknoten mit den meistens lang bogenförmigen distalen Raphenenden dicht an den Polen. Ventralarea stets an den Enden, manchmal den gesamten Ventralrand entlang sichtbar. Str., was regelmäßige Stellung, Dichte sowie Auflösbarkeit der Punktierung betrifft, sehr variabel (5)7–13/10 μm, von dorsal können zusätzlich verkürzte Str. «eingeschoben» sein, vor allem dann, wenn der Dorsalrand hoch gebuckelt ist.

6.1 praerupta-Sippen sensu stricto (Fig. 148: 1–3, 14)
var. praerupta
Eunotia praerupta-monos Berg 1939 pro parte; *Eunotia praemonos* Cleve-Euler 1953 pro parte

Schalen mittelgroß bis groß, Dorsalrand einfach. Eine Nominatvarietät läßt sich hier zwanglos nur so definieren, daß die besonderen Merkmale der übrigen Varietäten (Sippen) nicht zutreffen. Eine klare, überzeugende Abgrenzung dürfte in manchen Fällen schwierig sein, insbesondere zu denjenigen Sippen, die als forma *inflata*, var. *curta* und var. *bidens* nomenklatorisch fixiert sind. Etwas deutlicher, jedoch ebenfalls nicht überzeugend ist die Differenzierung zu den «*arctica*»-, «*suecica*»-, «*papilio*»-Sippen. Ungelöst bleibt letztlich sogar die klare Abgrenzung von *E. arcus*.

6.2 inflata-Sippen (Fig. 148: 14–17)
Eunotia praerupta var. *inflata* Grunow in Van Heurck 1881

Wie die Nominatform, jedoch mit stärker konvexem Dorsalrand und somit in der Proportion Breite / Länge zugunsten der Breite verschoben. Insgesamt erscheint die Differenzierung von der Nominatform im Vergleich zur diesbezüglichen Variabilität ähnlicher Taxa so geringfügig, daß die Rangstufe einer Varietät viel zu hoch erscheint. Auch entspricht die früheste Abbildung der Art von Ehrenberg (1854, fig. 13.1: 15) in allen Proportionen eher einer *inflata*-Form als allen anderen Varietäten. Wie der Typus aus Nordamerika im Verhältnis dazu aussieht, bleibt bis zu einer Überprüfung ungewiß.

6.3 curta-Sippen (Fig. 148: 4–10)
Eunotia praerupta var. *curta* Grunow in Van Heurck 1881; (?) *Himantidium arcus* var. *curtum* Grunow 1862; *Himantidium laticeps* f. *curta* Grunow in Van Heurck 1881; *Himantidium praerupta* var. *muscicola* Petersen 1928; *Himantidium praerupta-minor* Berg 1939 pro parte; *Himantidium praerupta-nana* Berg 1939 pro parte

Schalen während des gesamten Zellteilungszyklus stets relativ klein mit flach gewölbtem Dorsalrand. Ventralrand distal annähernd gerade, im mittleren Teil konkav und parallel zum Dorsalrand. Str. etwas enger gestellt als bei der Nominatvarietät. Ökologischer Schwerpunkt in Moosrasen. Taxonomisch schwer einzuordnen sind Formen entsprechend Fig. 148: 9, weil nicht zwangsläufig klar wird, welche Merkmale im taxonomischen Rang höher bzw. niedriger zu bewerten sind. So könnte man hier eine «*bidens*»-Form, d. h. eine zweibuckelige Form von Grunows var. *curta* erkennen, oder aber eine «*curta*»-Form seiner var. *bidens* oder eine «*curta*»-Form von *E. suecica* im Sinne von Cleve-Euler.

6.4 bidens-Sippen (Fig. 148: 11, 12)
Eunotia bidens Ehrenberg 1841; *Eunotia praerupta* var. *bidens* Grunow in Cleve & Grunow 1880; *Eunotia sarek* Berg 1939; *Eunotia praerupta-bidens* Berg 1939; *Eunotia sarekensis* Cleve-Euler 1953 pro parte (fig. 454e, i, j)

Dorsalrand flach zweiwellig.

6.5 arctica-Sippen (Fig. 149: 1, 2)
Eunotia arctica Hustedt 1937; *Eunotia arctica* var. *simplex* Hustedt 1937

Schalendimensionen relativ klein, annähernd wie bei var. *curta*, jedoch nach Angabe von Hustedt mit etwas stärker konkavem Ventralrand. Dorsalrand abgeflacht konvex oder mit zwei mäßig hohen Buckeln. Schalenenden weniger abgestutzt erscheinend, vielmehr breit gerundet und meistens dorsal leicht schnabelartig zurückgebogen.

Bisher nur in Nordeuropa gefunden.

Die Einbeziehung dieses Taxons in das Sippen-Spektrum von *E. praerupta* erscheint nicht ganz unproblematisch, jedoch unterscheiden sich die zwei ursprünglichen Varietäten von *E. arctica* eher mehr untereinander als von vielen kleineren Formen aus Mitteleuropa, die bisher unumstritten als *E. praerupta* angesehen wurden. Beispielhaft zeigt sich hier bei *arctica*- und ihren *simplex*-Formen folgendes Dilemma: Ein und dasselbe Kriterium, nämlich einfacher oder zweiwelliger Dorsalrand wird in der taxonomischen Rangordnung teils für die Abgrenzung von Arten, teils für Varietäten und teils für Formae herangezogen.

6.6 bigibba-Sippen (Fig. 150: 1–7)

Eunotia (*praerupta* var. ?) *bigibba* (Kützing) Grunow in Van Heurck 1881; *Eunotia bigibba* var. *pumila* Grunow in Van Heurck 1881; (?) *Eunotia* (*bigibba* var. ?) *herkiniensis* Grunow in Van Heurck 1881; (?) *Eunotia herkiniensis* O. Müller 1898

Ventralrand der Schalen mäßig bis schwach konkav. Dorsalrand mit zwei flacher bis stärker aufgewölbten Buckeln, vor den Enden meist stark eingezogen, so daß diese insgesamt kopfig abgesetzt, nach dorsal meistens schnabelartig aufgebogen und schräg und flach gestutzt erscheinen. Länge 13–30 (und mehr ?) μm, Breite 4–8 (und mehr ?) μm. Terminalknoten und die am Ventralrand nur kurz sichtbaren distalen Raphenenden nahe den Polen, ebenso der sichtbare Teil der Ventralarea. Str. um 12–14/10 μm, Punktierung kaum auflösbar, von dorsal auch einzelne verkürzte Str. eingeschoben.

Verbreitung infolge problematischer Abgrenzung nicht genauer überschaubar, in Nordeuropa häufig, im Gebiet in Mittel- und Hochgebirgslagen zerstreut. Auch in postglazialen Kieselgurlagern. Ökologischer Schwerpunkt in oligo- bis leicht mesotrophen Gewässern wie z. B. moosreiche Tümpel, überrieselte Felsen, Quellmoore, jedoch keine Hochmoorform.

Wie die ausführliche Diagnose zeigt, wollten wir *E. bigibba* zunächst als selbständige Art beschreiben. Nach erweitertem Studium zahlreicher Populationen haben wir unseren Entschluß jedoch revidiert. *E. bigibba* ist von Kützing (1849) ohne Abbildung veröffentlicht worden, dies ist vermutlich ein Hauptgrund für zahlreiche Identifikationsprobleme und Verwechslungen. Als erste stellen W. Smith (1856) sowie Rabenhorst (1864) *E. bigibba* zu *E. bidens* (die heute unter der Kombination *E. praerupta* var. *bidens* als korrekt gilt), später folgen ihnen weitere Autoren. Diese Maßnahme erschien uns zunächst wenig sachgerecht, erweist sich jedoch bei kritischem Fazit als annähernd richtig. Wir meinten auch zunächst, daß *E.* (*praerupta* var. ?) *bigibba* sensu Grunow in Van Heurck (1881, fig. 34: 26) aus der Synonymie auszuschließen sei und daß nur *E. bigibba* var. *pumila* (fig. 34: 27) dem Typus der Art entspräche. Letztere ist jedoch nur ein Stadium innerhalb des Entwicklungszyklus der Klone. Ein Vergleich mit dem Typenmaterial zeigte, daß Grunows var. *pumila* damit tatsächlich völlig übereinstimmt. Jedoch kann man diese typusnahen Klone nicht isoliert für sich betrachten. Vielmehr sind sie durch gleitende Übergänge mit verschiedenen *praerupta*-Erscheinungsformen verbunden. Sie können flacher abgestutzte Enden haben anstatt der abgerundet aufgebogenen. Bereits Hustedt faßt beide Formengruppen in seinen diversen Publikationen unter *E. bigibba* zusammen. Konsequenterweise ist danach aber eine von *E. praerupta* völlig unabhängige Art

E. bigibba nicht mehr aufrechtzuerhalten. Cleve-Euler zieht *E. bigibba* u. a. mit *E. papilio*-Formen sensu Hustedt zu einem dubiosen «neuen» Taxon *E. sarekensis* zusammen. Die Verwirrung erreichte damit einen Höhepunkt.

6.7 papilio-Sippengruppe (Fig. 149: 3–6)

Eunotia robusta var. *papilio* Grunow in Van Heurck 1881; *Eunotia suecica* A. Cleve 1895 pro parte; *Eunotia papilio* f. *minor* Hustedt 1924; *Eunotia sarekensis* A. Berg in Cleve-Euler 1953 pro parte; *Eunotia papilio* sensu auct. nonnull.; *Eunotia suecica* sensu auct. nonnull. *Eunotia praerupta* var. *papilio* (Grunow) Nörpel 1991
Aus der Synonymie auszuschließen sind: *Himantidium papilio* Ehrenberg 1843; *Eunotia papilio* (Ehrenberg) Hustedt (quoad Typus)

Frusteln in Gürtelansicht breit bis schmaler rechteckig. Ventralrand der Schalen mäßig bis stark konkav, Dorsalrand mit zwei unterschiedlich hochgewölbten Buckeln, die steil, bei manchen Populationen fast rechtwinklig zu den breit gerundeten bis flach gestutzten oder schwach schnabelartig dorsalwärts gebogenen Enden abfallen.

Verbreitung bisher nur aus Europa und Nordamerika sicher bekannt. Andere Fundangaben bleiben zu überprüfen, soweit Angaben aus tropischen Gewässern vorliegen, dürfte es sich wohl um die authentische *E. papilio* handeln. Im Gebiet ziemlich selten in manchen Mittelgebirgen und den Alpen, häufiger in Nordeuropa. Ökologischer Schwerpunkt in stehenden, sickernden und schwach fließenden oligo- und dystrophen Gewässern und *Sphagnum*-Niedermooren mit niedrigem bis mittlerem Elektrolytgehalt, (regelmäßig ?) in Assoziation mit Moosen.

Systematik und Nomenklatur um *E. papilio* waren bisher sehr verworren wegen der irrtümlichen Annahme der Konspezifität zwischen tropischen *papilio*- und circumborealen *papilio*-Sippen. Es ist nicht auszuschließen, daß der Typus von *Himantidium papilio* aus Südamerika (Cayenne) zum extrem variantenreichen tropischen Formenkreis um *E. camelus* Ehrenberg gehört. Jedenfalls aber ist er nicht konspezifisch mit den «nordischen» *papilio*-Sippen sensu Hustedt und sensu Grunow. Bereits Grunow stellte die Konspezifität in Frage. Tatsächlich muß die nordische «falsche» *papilio* in engen Zusammenhang mit dem Sippenkreis um *E. praerupta* gebracht werden.
Betrachtet man Material aus Spitzbergen (Coll. Krasske C II 204, 205, 213), woher offenbar auch das Material für Grunows fig. 33: 8 in Van Heurck (1881) stammte, dann ergibt sich folgendes Problem: Populationen, die bisher als *E. papilio*, *E. papilio* f. *minor*, *E. suecica* und auch als zu *E. praerupta* gehörig betrachtet wurden, bilden dort ein lückenlos ineinanderfließendes Kontinuum von Erscheinungsformen. Darüber hinaus erscheint es kaum möglich, die *arctica*-Sippen, *bidens*-Sippen und sogar manche Nominatformen von *E. praerupta* durch irgendwelche überzeugende Kriterien davon zu unterscheiden. Am wenigsten unterscheiden sich die Gürtelansichten, aber auch die Dorsalumrisse, und die Höhe der Buckel ist kontinuierlich variabel. Ein weiteres Problem ist: Die von A. Cleve (1895) gezeichneten Typen der *E. suecica* sollen (von der Autorin anerkanntermaßen) nicht konspezifisch sein. Zudem stellt sie (genauer A. Berg in Cleve-Euler 1953) mit *E. sarekensis* eine nomenklatorisch und taxonomisch anfechtbare «neue Sammelart» auf. Das seltsamste an dieser «Art» ist weniger die Zusammensetzung aus mehreren älteren Taxa, vielmehr die fehlende Erklärung dafür, was sie eigentlich vom *E. praerupta*-Sippenspektrum trennen soll. Der zugehörige Bestimmungsschlüssel trennt lediglich höher von flacher gebuckelten Formen, und das kann wenig überzeugen. Die Verwirrungen um

E. papilio und *E. suecica* im Sinne der verschiedenen Autoren und der Streit darum zwischen Hustedt und Cleve-Euler kann an dieser Stelle nicht erläutert werden. Dazu bedarf es einer gesondert klärenden Darstellung.

6.8 excelsa-Sippen (Fig. 160: 8)

Eunotia praerupta var. *excelsa* Krasske 1938; *Eunotia rabenhorstii* Grunow sensu auct. nonnull.

Dorsalrand mehr oder weniger spitzlich gebuckelt.

Diese Umrißvariante läßt sich relativ leicht definieren, solange nur «nordische» Populationen zur Diskussion stehen. Problematisch wird es, wenn *E. rabenhorstii* in die Diskussion einbezogen wird. Dieses Taxon wird bisher allgemein aufgrund des ebenfalls spitzlich gebuckelten Dorsalrandes definiert. Es besitzt eine Reihe infraspezifischer Taxa, die zum Teil auch als *E. praerupta* var. *excelsa* bestimmt werden könnten. Wie aber unterscheidet sich die Nominatvarietät von *E. pyramidata* Hustedt? Diese besitzt ebenfalls eine Reihe infraspezifischer Varianten, die sich zum Teil nicht mehr von *E. rabenhorstii*-Varietäten unterscheiden lassen. In Fig. 160: 6–8 werden zwei Vertreter zweier Populationen aus Südamerika neben der nordischen *E. praerupta* var. *excelsa* vorgestellt. Es ist wahrscheinlich, daß der gesamte Sippenkreis von *E. pyramidata* in die bisher zu eng definierte *E. rabenhorstii* einzubeziehen ist. Ein Teil der *E. rabenhorstii*-Varietäten müßte andererseits dem Sippenkomplex von *E. praerupta* zugeordnet werden.

Verbreitung der Sippen insgesamt kosmopolitisch, in Nordeuropa häufig, im Gebiet selten im Flachland, in Gebirgslagen stärker verbreitet (auch in Kieselgurlagern). Ökologisches Spektrum breiter als bei den meisten anderen Arten der Gattung, Vorkommen in sehr unterschiedlichen Gewässertypen. Schwerpunkt jedoch in circumneutralen bis schwach sauren, elektrolyärmeren, oligotrophen Biotopen.

E. praerupta wurde von Ehrenberg (1843) mit einer «Diagnose von zwei Zeilen» beschrieben, erst 1854 ergänzt durch die Abbildung einer einzigen Frustel, allerdings von einem anderen Fundort. In Anbetracht des umfangreichen, sehr variablen Formenspektrums, das dieser Art in der Folgezeit zugeschrieben wurde, war das entschieden zu wenig, um Mißdeutungen vorzubeugen. Bis zu Grunow in Van Heurck (1881) tritt der Name trotz des häufigen Vorkommens der Art dann kaum wieder auf, abgesehen von der Erwähnung durch Kützing (1844). Vermutlich sind weitere Funde anderer Autoren als *E. bidens* und *E. arcus* bezeichnet worden. Ohne einen noch ausstehenden Aufschluß mit Hilfe des Typenmaterials basiert das Konzept der Art vorläufig auf den Abbildungen Grunows in Van Heurck (fig. 34: 17–26), die ihren variablen Formenkreis bereits recht eindrucksvoll repräsentieren. Ein auch aus heutiger Sicht teilweise noch adäquates «Verwandtschaftsdiagramm» der Formenkreise um *E. praerupta* liefert Hustedt bereits 1914 (p. 59) mit weiteren Erläuterungen 1924 (p. 542). Insbesondere wird hier auf die Schwierigkeit hingewiesen, sie von den nächst verwandten Arten abzugrenzen. Trotzdem (oder gerade deshalb) hatte auch Hustedt offensichtlich Bestimmungsprobleme.

Die hier vorgenommene provisorische infraspezifische Gliederung erscheint, wenn schon nicht überzeugend, so doch zumindest vorläufig zweckmäßig. Vor einer nomenklatorischen Neufixierung sind weitere vergleichende Untersuchungen nötig, insbesondere auch mit Hilfe des Typenmaterials. Ebenso schwer wie für die einzelnen Sippen ist es auch, eine charakteristische Merkmalskombination anzugeben, die das gesamte breite Formenspektrum des Artenkomplexes erfaßt und es gegen andere Arten abgrenzt (siehe oben). Hustedt wies sogar auf diesbezügliche Probleme mit den größten Formen von *E. exigua* hin. Noch am besten als Differentialmerkmal geeignet ist der vor den Enden ziemlich abrupt eingezogene Dorsalrand in Kombination mit der Gestalt der Pole, die auffällig breit gerundet bis flach gestutzt sind, wobei sie häufig angedeutet kopfig oder schnabelartig dorsal zurückgebogen erscheinen. Was die bisher benutzten Kriterien zu Aufspaltung von Arten in diesem Komplex betrifft, so bleibt streitbar zu fragen, wie groß bei zweiwelligen Formen die Buckelhöhe sein darf, um sie noch (oder eben nicht mehr) als zu dieser Art gehörig zu tolerieren. Insgesamt gesehen handelt es sich bei *E. praerupta* wohl um eines der problematischsten Taxa der Gattung.

7. **Eunotia diodon** Ehrenberg 1837 (Fig. 149: 8–19)

Eunotia robusta var. *diodon* Ralfs in Pritchard 1861; (?) *Eunotia minutula* Grunow 1862; *Eunotia islandica* Oestrup 1918; *Eunotia bidentula* W. Smith sensu Hustedt pro parte

Frusteln in Gürtelansicht breit rechteckig mit breiten Gürtelbändern. Ventralrand der Schalen von (seltener) fast gerade bis schwach oder mäßig konkav gebogen mit flachen Wellen im Raphenbereich. Dorsalrand meistens mit zwei hochgewölbten Buckeln oder zwei flacheren Wellen, die selten zu einem einfachen Bogen «eingeebnet» sein können; Abfall zu den Enden, variabel im Steilheitsgrad, auf etwa ½–⅓ der maximalen Schalenbreite. Enden stumpf bis breit gerundet, manchmal angedeutet schnabelartig bis kopfig vorgezogen. Dorsalrand bei manchen Populationen mit Verbindungsdörnchen besetzt (ob analog zu *E. denticulata* ökologisch bedingt?). Länge 10–65(80) µm, Breite 5–14(20) µm. Terminalknoten dicht an die Pole gerückt, distale Raphenenden nur wenig sichtbar. Ventralarea bei geeigneter Lage der Schale dicht entlang dem Ventralrand sichtbar. Str. (10)12–16(19)/10 µm, manchmal verkürzte Str. von dorsal eingeschoben.

Verbreitung kosmopolitisch (?), in Nordeuropa häufiger (oft auch fossil), im Gebiet zerstreut, meist vereinzelt in Hoch- und Mittelgebirgslagen. Ökologischer Schwerpunkt in Niedermooren, überrieselten Felsen und Moosrasen mit niedrigem (bis mittlerem) Elektrolytgehalt.

Eine Überprüfung des Typenmaterials steht noch aus. Die verschiedenen Abbildungen von Ehrenberg reichen nicht aus, um klar zu erkennen, ob es sich bei *E. diodon* wirklich um eine sicher abgrenzbare Art handelt, oder aber um zweibuckelige Erscheinungsformen anderer etablierter Taxa. Handelt es sich evtl. um Angehörige des Sippenkomplexes um *E. praerupta*? Wir wissen es noch nicht. Wir lehnen uns hier an Grunows Konzept von *E. diodon* an (in Van Heurck (1881, fig. 33: 5 und 6).

Aus der Synonymie bzw. Konspezifität auszuschließen sind danach jedoch die Konzepte von W. Smith (1853) und Rabenhorst (1864 sowie Algen Sachsens Nr. 2). Hustedt (1911, fig. 270: 14–18) sowie Mayer (1918, fig. 1: 47–51) deuten die Übergänge zwischen kleinen und großen Formen an, dagegen sind die auf kleinere Formen reduzierten Abbildungen Hustedts (1930, 1932) geeignet, ein sehr einheitliches, tatsächlich aber zu enges Artspektrum vorzutäuschen. So werden z. B. größere Exemplare, die tatsächlich zu *E. diodon* gehören mit *E. bidentula* vereinigt (vgl. Hustedt 1932, fig. 744, Bild links und mitte), was sich anhand des Materials in der Coll. Hustedt kontrollieren läßt. Zum *E. diodon*-Formenkreis gehören vermutlich auch Populationen, bei denen die flacher werdenden Buckel schließlich zu einem einfach gebogenen Dorsalrand «verschmelzen». Allerdings ergeben sich hier Abgrenzungs- und Zuordnungsprobleme mit Formen, die zu den Formenkreisen von *E. arcus* und *E. praerupta* gehören oder ihnen nahestehen. *E. islandica* Oestrup erweist sich nach Überprüfung des Typenpräparats als ein Entwicklungsstadium innerhalb einer (wie üblich gestalteten) Population von *E. diodon* sensu Grunow et sensu auct. nonnull. Eine infraspezifische Gliederung läßt sich wegen mangelnder konkreter Kriterien zur Abgrenzung kaum vertreten.

8. Eunotia rabenhorstii Cleve & Grunow in Van Heurck 1881 (Fig. 160: 6)

Eunotia pyramidata Hustedt in A. Schmidt et al. 1913 pro parte

Diese Art ist aus europäischen Gewässern noch nicht bekannt geworden. Sie kommt, zumindest schwerpunktmäßig, in tropischen und subtropischen Regionen vor. Die verschiedenen als Varietäten mit ihr verbundenen Taxa oder als Nominatvarietät bestimmten Sippen gehören jedoch nur zum größeren Teil wirklich zum *rabenhorstii*-Sippenkreis. Andere gehören dagegen zum Sippenkreis um *E. praerupta* oder stehen ihm nahe, jedenfalls näher als zu *E. rabenhorstii*, die in ihrer heutigen Zusammenstellung als Sammelart betrachtet werden muß (siehe auch unter *E. praerupta* var. *excelsa*).

9. Eunotia papilio (Ehrenberg) Hustedt (Fig. 160: 9)

Himantidium papilio Ehrenberg

Aus der Synonymie auszuschließen sind: *Eunotia robusta* var. *papilio* Grunow in Van Heurck 1881; *Eunotia papilio* sensu Hustedt, sensu Cleve-Euler et auct. nonnull.

Schalen im Umriß annähernd schmetterlingsförmig. Die Enden können zwischen breit bis ziemlich schmal erheblich variieren. Merkmale zur Unterscheidung von den borealen *papilio*-Formen sensu Hustedt et auct. nonnull. sind 1. die Verkettung zu langen bandförmigen Aggregaten, während jene allenfalls kurze Aggregate von wenigen Frusteln bilden; 2. Umrißvarianten bilden ein Kontinuum eher mit den Varietäten der tropischen *E. camelus* als mit den Varietäten von *E. praerupta*.

E. papilio ist (nach Maßgabe des Typus aus Cayenne) eine in den Tropen der alten und neuen Welt verbreitete Sippe. In circumborealen Regionen und ebenso in Europa allgemein ist sie bisher nicht nachgewiesen worden. Was hier als *E. papilio* bestimmt worden ist, oder als Varietät mit diesem Taxon verbunden wurde, gehört sämtlich in den Sippenkomplex um *E. praerupta* (siehe dort).

Der Sippenkomplex um Eunotia pectinalis

Hierzu zählen wir die von ihrem Typus her nicht genau genug bekannte *E. pectinalis* mit allen mutmaßlichen zugehörigen infraspezifischen Taxa. Des weiteren als Arten *E. soleirolii* und *E. siberica*. Dem Komplex relativ fern steht dagegen *Himantidium minus* Kützing, die nicht länger als var. *minor* zu *E. pectinalis* gestellt werden sollte. Ebenso fern steht *E. implicata* syn. *E. impressa* var. *angusta* Grunow, die nicht länger als *E. pectinalis* var. *minor* f. *impressa* klassifiziert werden sollte. *E. impressa* Ehrenberg ist bisher leider genau so wenig wie *E. pectinalis* bezüglich ihres Typus bekannt.

10. Eunotia pectinalis (Dillwyn ?, O. F. Müller ?, Kützing) Rabenhorst 1864 (Fig. 141: 1–7; 143: 1)

Frusteln in Gürtelansicht häufig zu bandförmigen Aggregaten verkettet, Schalen in Umriß und Größendimensionen außergewöhnlich variabel. Ventralrand von fast gerade bis mäßig stark gebogen, oft mit einem Höcker in der Mitte (sogenannte var. *ventralis*), bei kurzen Exemplaren fehlt dieser Höcker manchmal. Dorsalrand sehr variabel, nur selten, bei kurzen, breiten Exemplaren, stärker gebogen als der Ventralrand, meistens flach mit Mittelhöcker, oft zweibis mehrwellig, vor den schmäler bis breiter gerundeten Enden meist abrupt abfallend. Länge 10–140 µm, Breite (3 ?)5–10 µm. Terminalknoten und die bogig in die Schalenfläche einbiegenden distalen Raphenenden dicht an die Pole gerückt. Ventralarea bei *ventricosa*-Formen in der Mitte deutlich, sonst manchmal dicht am Ventralrand sichtbar. Dichte der Str. sehr variabel, 7–15/10 µm. Im REM zeigen sich schwach erhabene Transapikalrippen und darüber hinaus größere Dörnchen an den Polen, etwas kleinere auf allen Schalenrändern. Weitere diagnostisch interessante Merkmale siehe Fig. 143: 1–9A. Insbesondere besitzt die Raphe einen charakteristischen von *E. minor* abweichenden Verlauf.

10.1 pectinalis-Sippen sensu lato (Fig. 141: 6; Fig. 142: 1 ?)
Conferva pectinalis Dillwyn 1809 non O. F. Müller 1788 (?); *Himantidium pectinale* Kützing 1844; *Eunotia pectinalis* f. *curta* Van Heurck 1885

Größte Länge der Schalen innerhalb einer Population über 100 µm. Schalenränder annähernd linear, wenig gekrümmt oder wellig in Kombination mit weiter Stellung der Str. (um 10/10 µm) oder Ventralrand in der Mitte auffällig aufgetrieben, Dorsalrand vor den Enden meist ziemlich abrupt abfallend. Mehrere Sippen besitzen an den Schalenrändern Dörnchen und an jedem Schalenende größere Dornen, die bei Fokus auf den Ventralrand auch im LM an jeder der vier Ecken in Gürtelansicht erkennbar sind.

Es handelt sich bei der hier zusammengefaßten Gruppe von Taxa sicher um mehrere Sippen, die noch genauer zu differenzieren sind – auf welcher Rangstufe auch immer. Umrißvarianten, die im Zuge des Teilungszyklus eines einzigen Klons auftreten, müssen dabei aus der Liste der zugehörigen Taxa ausgeschieden werden. Die am häufigsten genannten infraspezifischen Sippen sind (siehe bei Patrick & Reimer 1966): var. *ventricosa* Grunow in Van Heurck 1981; var. *ventralis* (Ehrenberg) Hustedt.

10.2 undulata-Sippen (Fig. 141: 1–5, 7)
Eunotia undulata Grunow in Möller 1868 fide Van Landingham 1969; *Eunotia pectinalis* var. *undulata* (Ralfs) Rabenhorst 1864

Schalenränder meist dreifach gewellt, wobei zwischen diesen etwas größeren Wellen jeweils weitere flachere Wellen eingeschoben sein können.

Zwar glauben Cholnoky (1968) und auch andere Autoren, daß sich die «klassischen» *pectinalis*-Taxa, nämlich Nominatvarietät, *ventricosa*, *ventralis*, *undulata*, auch als Varietäten nicht voneinander unterscheiden lassen. Jedoch lassen sich zumindest einige davon als Sippen – und nicht nur Entwicklungsstadien innerhalb von Klonen – sehr wohl voneinander trennen, insbesondere var. *undulata*. Es ist nicht einmal auszuschließen, daß es mehr als nur eine *undulata*-Sippe gibt.

Verbreitung kosmopolitisch, im Gebiet ziemlich häufig in verschiedensten Gewässertypen, anthropogen belastete Gewässer jedoch meidend. Schwerpunkt wahrscheinlich in circumneutralen bis schwach sauren elektrolytärmeren Gewässern. Die ökologischen Angaben in der Literatur sind z. T. widersprüchlich, die ökologische Amplitude wäre danach ziemlich weit. Die Nominatvarietät und ihr nahestehende Sippen sollen auch in elektrolytreicheren, auch basenreichen und manchmal eutrophem Milieu vorkommen, angeblich sogar bis ins Brackwasser vordringen.

E. pectinalis im weitesten Sinne ist innerhalb der Gattung ein Beispiel dafür, daß man trotz großer Formenvielfalt und (vermeintlich) stark divergierender Dimensionen (wie z. B. der Streifendichte) die Artzugehörigkeit fallweise auch «großzügig» ausgelegt hat, hier zu großzügig! Dies ganz im Gegensatz zu kleinlichen Differenzierungen bei vergleichbaren anderen Taxa. Allerdings ist die Synonymieliste auch bei *E. pectinalis* infolge mehrfacher Benennung durch ältere Autoren, besonders Ehrenberg, länger als hier angedeutet. In jüngerer Zeit ging die Toleranz für die Variabilität der Art zweifellos erheblich zu weit. Denn aufgrund des abgebildeten Raphenverlaufs wird erkennbar, daß auch solche Formen hierhergezogen wurden, die höchstwahrscheinlich zu *E. rhomboidea*, *E. siolii* oder *E. incisa* gehören. Die vielen infraspezifischen Taxa (vgl. Cleve-Euler 1953) sind schwer zu beurteilen. Die bis heute noch so klassifizierte var. *minor* ist sicher eine selbständige Spezies (siehe dort). Dieses Taxon ist insofern problematisch, als bisher ständig auch solche Formen dazugezählt wurden, die aufgrund ihres abweichenden Raphenverlaufs viel eher in die Formengruppe um *E. rhomboidea* oder um *E. siolii* gehören oder zu einer weiteren noch neu zu definierenden Sippe. Andere gemeinhin für var. *minor* gehaltene Sippen (nicht die *curta*-Formen der Nominatvarietät) gehören in Anbetracht ihrer doch entschieden abweichenden Dimensionen weder zu *E. pectinalis* noch zu *E. minor* (siehe unter *E. implicata*). Auch noch weitere Taxa, die mit *E. pectinalis* infraspezifisch in Verbindung gebracht worden sind, gehören überhaupt nicht hierher, weder in die Nähe der sogenannten var. *minor* noch zur sogenannten f. *impressa* oder zum erweiterten Sippenkreis um die Nominatvarietät. So z. B. *E. pectinalis* var. *minor* f. *intermedia* Krasske ex Hustedt 1932. Die var. *rostrata* Germain 1981 gehört vielleicht, aber nicht sicher zu *E. pectinalis*, sondern evtl. zu *E. septentrionalis* (vgl. auch *E. rostellata* sensu Patrick & Reimer 1966). *E. siberica* Cleve betreffend siehe unter diesem Taxon. *E. soleirolii*, die von den meisten Autoren in der Synonymie von *E. pectinalis* aufgeführt wird, muß unbedingt wieder als eigenständiges Taxon, sehr wahrscheinlich sogar als selbständige Art bewertet werden, wie hier geschehen.

11. Eunotia soleirolii (Kützing) Rabenhorst 1864 (Fig. 142: 1 ?, 2–6; Fig. 144: 2)

Himantidium soleirolii Kützing 1844; *Eunotia pectinalis* var. *soleirolii* (Kützing) Van Heurck 1885; *Eunotia pectinalis* var. *pectinalis* sensu Hustedt 1932, sensu Germain 1981 et sensu auct. nonnull.
Aus der Synonymie auszuschließen ist: *Himantidium soleirolii* W. Smith 1856
Fraglich ist die Zugehörigkeit von: *Eunotia pectinalis* f. *elongata* Grunow in Van Heurck 1881

Differentialdiagnose zu *Eunotia pectinalis* var. *pectinalis*: Ränder der Schalen annähernd parallel verlaufend oder Dorsalrand etwas stärker gekrümmt, bei größeren Exemplaren nicht abrupt, sondern allmählich zu den Enden abfallend, bei kleineren Exemplaren überhaupt nicht eingezogen. Es treten keine Buckel auf, weder auf dem Dorsal- noch auf dem Ventralrand. Länge 10– über 100 µm, Breite 5–8 µm (und mehr ?). Str. 7–14 in 10 µm, deutlich punktiert erscheinend. Die breiteren Individuen zeigen (in Gürtelansicht) häufig charakteristische Bildung von Dauersporen («innere Schalen»).

Verbreitung kosmopolitisch, im Gebiet zerstreut bis mäßig häufig. Was die Autökologie betrifft, so ist sie noch nicht genauer von *E. pectinalis* differenziert, mit der sie jedoch nicht selten gemeinsam vorkommt. Schwerpunkt vermutlich in oligotrophen, elektrolytärmeren, circumneutralen Gewässern.

Patrick & Reimer haben aus Kützings Herbar 27 (B.M. 17865) einen Lectotypus festgelegt. Wir haben überprüft, daß die Schalenbreite dort jedoch keinesfalls 3–4 µm, sondern 5–7 µm beträgt. Auch Kützings Figuren im Protolog zeigen etwa 5–6 µm Breite. Wichtiger ist, daß die hier vorgestellte Sippe nicht länger als *E. pectinalis* var. *pectinalis* identifiziert werden kann, wie es die meisten Autoren bisher getan haben, z. B. Hustedt oder Germain (1981).

Auch unabhängig von den Dauersporen weicht die gesamte morphologische Merkmalskombination von jeder anderen Variante der *E. pectinalis* ab, obgleich habituell eine gewisse Ähnlichkeit besteht. Kritisch wird eine Unterscheidung lediglich von den größten Exemplaren der *E. minor*, die jedoch keine vergleichbaren Dauersporen bildet. Es gibt Proben, z. B. aus der Bretagne/Frankreich, in denen alle drei hier diskutierten Sippen miteinander assoziiert aber völlig getrennt voneinander variierend vorkommen, dazu noch die problematische *E. implicata* (siehe dort).

12. Eunotia (*eruca* Ehrenberg var. ?) **siberica** Cleve in Cleve & Grunow 1880 (Fig. 141: 8–10)

Die Sippen dieses Taxons sind aus dem Gebiet, soweit bekannt, noch nicht gemeldet worden. In einem Präparat Krasskes aus Sachsen jedoch, finden wir eine Sippe von *E. pectinalis*, die starke Konvergenz zu *E. siberica* zeigt oder auch bereits zu letzterer gehören könnte (vgl. Fig. 141: 7 und 8). Die verwandtschaftlichen, taxonomischen und nomenklatorischen Zusammenhänge zwischen folgenden Sippen bleiben noch zu präzisieren: *E. pectinalis*-Sippenkomplex, unter «*Tavastia australis*» in der Coll. Hustedt aus Finnland, *E. siberica*-Typus Cleves aus dem Jenissei/Sibirien, sowie *E. eruca* in Cleve & Möller 130 aus Mexico, *Amphicampa eruca* Ehrenberg und *Amphicampa mirabilis* Ehrenberg syn. *Eunotia serpentina* Ehrenberg (vgl. Fig. 166: 5–7). Die unterschiedliche Zuordnung von Sippen und Namen in der Literatur hat zu allgemeiner Verwirrung geführt. Auch die infraspezifisch zugeordneten Taxa bleiben auf ihre Identität zu prüfen.

13. Eunotia eruca Ehrenberg 1844 (Fig. 166: 6, 7)

Amphicampa eruca (Ehrenberg) Ehrenberg 1854

Diese aus tertiären Ablagerungen Mexicos beschriebene Art ist in Europa noch nicht gefunden worden, wohl aber die mit ihr oft verwechselte *Eunotia serpentina* Ehrenberg in ihrer var. *transsilvanica* (Pantocsek) Hustedt, fossil in Ungarn. Die Nominatvarietät, *E. serpentina*, wird häufiger (rezent) aus Nord- und Mittelamerika, Australien, Neuseeland gemeldet.

Beide durch ihre Schalenumrisse sehr gut charakterisierten Arten werden hier ohne Diagnosen durch photographische Abbildungen (Fig. 166: 5–7) vorgestellt, um weiteren Verwechslungen mit anderen Arten oder falschen infraspezifischen Zuordnungen vorzubeugen (siehe unten *E. siberica*).

Bereits Kolbe (1956) hat darauf hingewiesen, daß *Eunotia*-Raphen vorhanden sind (vgl. auch Proschkina-Lawrenko 1953). Ebenso wie im Falle von *E. hemicyclus* besteht danach kein Grund mehr, diese Taxa wegen ihrer vermeintlichen Raphenlosigkeit aus der Gattung *Eunotia* auszugliedern, als *Amphicampa* bzw. *Semiorbis* oder *Hemicyclus* (vgl. dagegen Patrick & Reimer 1966 unter *Amphi-*

campa mirabilis sowie *Semiorbis*). Kolbe diskutiert des weiteren die phylogenetische Bedeutung der Raphenentwicklung bei dieser vergleichsweise sehr alten *Eunotia*-Art aus der Übergangszeit zwischen oberem und mittlerem Miozän (vgl. auch Diagnose der Eunotiaceae sowie im anderen systematischen Zusammenhang *Fragilaria loetschertii*, Fig. 133: 42).

14. Eunotia minor (Kützing) Grunow in Van Heurck 1881 (Fig. 142: 7–15)

Himantidium minus Kützing 1844; *Eunotia pectinalis* var. *minor* (Kützing) Rabenhorst 1864; *Eunotia pectinalis* var. *minor* (Kützing) Grunow in Van Heurck 1881

Aus der Synonymie auszuschließen sind: *Eunotia impressa* var. *angusta* Grunow in Van Heurck 1881; *Eunotia pectinalis* var. *minor* f. *impressa* (Ehrenberg) Hustedt 1930

Frusteln in Gürtelansicht regelmäßig zu längeren bandförmigen Aggregaten verbunden. Schalen im Umriß sehr variabel, oft heteropol. Ventralrand von fast gerade bis mäßig konkav, ohne mittlere Auftreibung. Dorsalrand von annähernd parallel zum Ventralrand bis mäßig hoch aufgewölbt oder in der Mitte niedergedrückt, so daß zwei Buckel zumindest angedeutet erscheinen, zu den Enden hin über Schultern mehr bis weniger steil oder allmählich abfallend. Enden stumpf bis etwas breiter gerundet. Länge 20–60 µm, meistens zwischen 30–40 µm, Breite 4,5–8 µm, Str. 9–15/10 µm, in der Mitte oft weiter gestellt als an den Enden.

Verbreitung vermutlich kosmopolitisch, wegen zahlreicher Fehlbestimmungen noch nicht genauer zu überblicken; im Gebiet sehr häufig in circumneutralen Gewässern, nicht in Hochmoorkomplexen, sondern Schwerpunkt in Quellregionen und Bächen auf Silikatgestein, auch überrieselte Felsen und Moosrasen. Das ökologische Optimum liegt danach in anderen Biotopen als bei *E. pectinalis* und auch *E. implicata*, obgleich alle drei Taxa innerhalb ihrer ökologischen Amplituden auch manchmal gemeinsam vorkommen können.

E. minor ist ökologisch und auch morphologisch von *E. pectinalis* differenziert. Morphologisch im Bezug auf viel geringere durchschnittliche Länge innerhalb der Populationen. Gewellte Dorsalränder und Auftreibungen am Ventralrand kommen nicht vor. Die Raphe verläuft (im REM) in einem viel stumpferen Winkel vom Mantel auf die Schalenfläche und dort weniger weit dorsalwärts und anders gekrümmt. Randständige Dörnchen wie bei *E. pectinalis* und *E. soleirolii* haben wir bei den bisher im REM untersuchten Populationen nie gesehen. Dauersporen in Gestalt innerer Schalen wie bei *E. soleirolii* sind ebenfalls bisher nicht bekannt geworden. Die durchschnittlich viel enger gestreifte *E. implicata* ist im Bereich der proximalen Raphenenden am Ventralrand punktuell auffällig konkav eingezogen und erscheint hier dadurch wie geknickt. *E. veneris* (siehe dort) hat im Gegensatz zur Auffassung von Patrick mit *E. minor* kaum gemeinsame Merkmale. Im Typenpräparat aus dem Herbar Kützing, Jever, (BM 17863) erkennen wir ein (von welcher Hand?) eingekreistes Exemplar als Lectotypus von *Himantidium minus* an, das mit dem Protolog noch in Übereinstimmung gebracht werden kann. Ein anderes eingekreistes Exemplar gehört zweifellos nicht mehr dazu, sondern zu *E. pectinalis* var. *undulata* so wie die weit überwiegende Hauptmasse der Diatomeen im Typenpräparat. Es ist also keineswegs unwahrscheinlich, daß Kützing die kleineren Exemplare dieser Sippe als *H. minus* aufgefaßt hat und die andere Sippe davon nicht differenziert hat oder gar nicht differenzieren konnte. Sehr vereinzelt kommt auch, als dritte Sippe, *E. implicata* darin vor und als vierte, *E. soleirolii*.

15. Eunotia implicata Nörpel, Lange-Bertalot & Alles 1991 (Fig. 143: 1–9A)

Eunotia impressa var. *angusta* Grunow in Van Heurck 1881; *Eunotia impressa* var. *angusta* f. *vix impressa* Grunow in Van Heurck 1881; *Eunotia pectinalis* var. *minor* f. *impressa* (Ehrenberg) Hustedt 1930 (excl. Basionym); *Eunotia impressa* Ehrenberg sensu Cleve-Euler 1934, 1953

Aus der Synonymie auszuschließen sind: *Eunotia impressa* Ehrenberg 1854; *Himantidium minus* Kützing 1844; *Himantidium pectinale* var. *minus* (Kützing) Grunow 1862; *Eunotia pectinalis* var. *minor* (Kützing) Rabenhorst 1864 sensu Grunow; Eunotia (*pectinalis* var. ?) *minor* Grunow in Van Heurck 1881

Schalen im Umriß ähnlich kleineren Exemplaren von *E. minor* (Kützing) Grunow. Meistens jedoch ist der Dorsalrand flach zweiwellig ohne weitere Wellen, im Gegensatz zu *E. pectinalis,* bei der eine so regelmäßig ausgeprägte Zweiwelligkeit selten vorkommt. Dimensionen im Durchschnitt bei jeder Population erheblich kleiner, Länge 20–40 μm, Breite 3–6 μm. Dichte der Str. höher, 14–22/ 10 μm, meistens um 17/10 μm.

Verbreitung wahrscheinlich kosmopolitisch. Ökologischer Schwerpunkt in elektrolytarmen, oligo- bis schwach dystrophen circumneutralen Gewässern.

E. implicata mit neuem Namen im Range einer selbständigen Art ist als biologische Sippe gut bekannt –, obgleich auch Verwechslungen nicht selten vorgekommen sind. Höchst problematisch ist allerdings 1. die taxonomische Identifizierung in Bezug auf ältere Taxa und 2. die richtige Klassifizierung mit Bezug zu anderen Taxa im Spezies- und Varietätsrang. Eine Identifikation mit *E. impressa* Ehrenberg kann aufgrund des abweichenden Protologs nicht in Frage kommen (erheblich unterschiedliche Dimensionen und Dichte der Str.). Das erkannte zweifellos auch Grunow als er ein neues Taxon *«angusta»* als Varietät mit *E. impressa* verband. Die hier zur Diskussion stehende Sippe ist aber allem Anschein nach eine selbständige Art. *E. impressa* dagegen ist, was ihre Identität betrifft, heute völlig unbekannt. Sie könnte mit zahlreichen *impressa*-Erscheinungsformen verschiedener Art in Verbindung gebracht werden. Ganz sicher darf die hier definierte Sippe nicht mit *E. pectinalis* infraspezifisch verbunden werden, denn beide Sippen variieren unabhängig voneinander völlig unterschiedlich. Das erkannte bereits Grunow (1862 und 1881) indem er *E.* (*pectinalis* var. ?) *minor* und *E. impressa* var. *angusta* als Angehörige zweier Arten darstellte. Die Mehrzahl aller Autoren folgt bisher aber Hustedt und bestimmt *E. implicata* als *E. pectinalis* var. *minor* f. *impressa*. Wir empfehlen, diese Kombination zukünftig als unkorrekt zu betrachten und nicht weiter zu benutzen.

16. Eunotia circumborealis Lange-Bertalot & Nörpel 1991 (Fig. 143: 16–23)

Eunotia septentrionalis var. *bidens* Hustedt 1925 sensu Simonsen 1987 pro parte (fig. 129: 12); (?) *Eunotia scandinavica* f. *angusta* (Fontell 1917) Cleve-Euler 1953; *Eunotia pectinalis* var. *undulata* sensu Krasske

Aus der Synonymie auszuschließen sind: *Eunotia scandinavica* Cleve-Euler 1922; *Eunotia scandinavica* «f. *typica»* Cleve-Euler 1953; *Eunotia pectinalis* var. *curta* f. *subimpressa* Cleve-Euler 1953

Ventralrand (abgesehen von den kürzesten Schalen) distal annähernd gerade, dann über einen schwachen Knick eingezogen und in der Mitte schwach konkav oder wiederum annähernd gerade. Dorsalrand mit zwei flachen Buckeln. Enden breit gerundet bis leicht schief gestutzt erscheinend. Länge ca. 13–45 μm, Breite (im Buckelbereich) 6–8 μm. Terminalknoten und die distalen Raphenenden dicht an die Pole gerückt, Ventralarea in den distalen Schalenpartien meistens gut erkennbar. Str. 13–17/10 μm.

Vorkommen nur in Nord- und Mitteleuropa sicher bekannt, zerstreut in oligo- bis dystrophen Gewässern.

Die hier beschriebene Sippe läßt sich nicht zwanglos einem der älteren bekannten Taxa zuordnen. *E. scandinavica* («f. *typica*» sensu Cleve-Euler), die von Hustedt mit *E. monodon* var. *bidens* synonymisiert wurde, kann mit der hier vorgestellten Sippe kaum in Verbindung gebracht werden, wohl aber f. *angusta* Fontell fide Cleve-Euler (1953, p. 129). Wie aus den Ausführungen Cleve-Eulers (1953, p. 158) zu entnehmen, ist dieses Taxon auch für *E. diodon* gehalten worden. Weitere Konvergenzen ergeben sich zu manchen Sippen von *E. praerupta* und *E. arcus*. Die taxonomisch relevanten Zusammenhänge bleiben also noch zu klären. Was Hustedt (1925) unter *E. septentrionalis* var. *bidens* verstanden hat, ist wegen des unzulänglichen Protologs nicht ganz klar (vgl. Simonsen 1987). Eines der von Simonsen dokumentierten Individuen (fig. 129: 13) gehört zu *E. rhynchocephala* var. *satelles*, das zweite (fig. 129: 12) gehört zu *E. circumborealis*. Beide jedoch stehen *E. septentrionalis* fern.

Der Sippenkomplex um Eunotia exigua (Tafel 153, 154)

Das Typenmaterial der namengebenden Art dieses Komplexes hat uns bisher nicht zum Vergleich vorgelegen. Das trifft aber auf fast alle anderen Autoren zu, die sich auf dieses Taxon beziehen. Trotzdem haben sie ihm neue infraspezifische Taxa zugeordnet oder Taxa in die Synonymie verwiesen oder Diskussionsbeiträge geliefert. Wir unterstellen, daß Rabenhorst das Typenmaterial von *Himantidium exiguum* Brébisson ex Kützing gekannt hat, als er es in die bis heute gültige Kombination *Eunotia exigua* (Brébisson) Rabenhorst 1864 überführte. Im Exsikkatenwerk Rabenhorst Alg. Eur. Nr. 1953 liegt unter der Bezeichnung *Eunotia gracilis* W. Smith allerdings ebenfalls die Sippe vor, die bis heute unumstritten als Nominatvarietät von *Eunotia exigua* gilt. Dagegen fehlt in dieser Sammlung ein Nachweis für *Eunotia (Himantidium) exigua;* es gibt lediglich ein Exsikkat (Alg. Sachens Nr. 53) mit *Himantidium minus* Kützing, die Rabenhorst (1864) offenbar für *E. exigua* hielt. Eine Überprüfung des Typenmaterials (B.M. 24229) von *Eunotia gracilis* W. Smith nec (Ehrenberg) Rabenhorst zeigt hierin ebenfalls eine Population, die mit *E. exigua* sensu auct. mult. übereinstimmt. *E. gracilis* W. Smith ist also die Sippe, auf die wir uns hier beziehen, wenn wir von der Nominatvarietät der *Eunotia exigua* sprechen. Grunow erklärt im V.H. Atlas «*E. EXIGUA* (BREB.) GRUN. (HIMANTIDIUM BREB.)», daß die fig. 34: 11 nach authentischem Material gezeichnet wurde. Sie entspricht tatsächlich ebenfalls dem allgemein als gültig betrachteten Konzept dieses Taxons. Die bis heute nicht aufgelöste Verwirrung beginnt aber mit Grunows Einlassungen zu fig. 34: 9. Unter fig. 9 steht nämlich «*E. (EXIGUA* BREB. VAR.) *PALUDOSA* GRUN. (*E. gracilis* W. Smith nec. Ehr.)». Hier muß eine Verwechslung vorliegen. Weitere Diskussionen, insbesondere bei Hustedt (1930) haben Grunows fig. 34: 8 und 10 für «*E. (EXIGUA* BREB. VAR.) *NYMANNIANA* GRUN.» ausgelöst. Wie soll man *E. nymanniana* identifizieren? Zeigen die Figuren tatsächlich – wie Hustedt unterstellt – zum Teil Formen aus dem Sippenspektrum der Nominatvarietät von *E. exigua* und zum Teil eine andere Sippe, die Hustedt als *E. exigua* var. *compacta* Hustedt neu beschreibt? Wir wissen es noch nicht. In der Folgezeit haben sich die «Irrungen und Wirrungen» um *E. exigua* so stark verstrickt, daß sie nicht an dieser Stelle, sondern nur in detaillierten speziellen Arbeiten adäquat dargestellt werden können. Schwierig ist, daß alle Taxa, die zu *E. exigua* gezogen worden sind oder ihr doch sehr nahe stehen, teils als Varietäten, teils als selbständige Arten beschrieben und bis heute auch so unterschiedlich bewertet werden, ohne nähere Begründung. Warum z. B. soll *E. nymanniana* als *E. exigua* var. *compacta* nur Varietätsrang erhalten, dagegen *E. meisteri* oder *E. tenella* oder *E. steineckei* Artrang? Das erscheint inkonsequent. Wir kennen nicht die genetischen Zusammenhänge in dieser Gruppe von Taxa, die wir als Sippenkomplex auffassen mit abgestuften morphologischen und ökologischen Ähnlichkeiten. Wir stellen fest, daß die Kriterien der typologisch begründeten Taxa mit den real existierenden Populationen und Sippen nicht immer in Einklang zu bringen sind. Exemplarisch gezeichnete «Prototypen» sind nicht hilfreich sondern eher irreführend. Es zeigen sich immer wieder geringfügige bis auffällige Differenzen zwischen – weltweit betrachtet – verschiedenen Populationen einer »vermuteten Art». Wenn man diese Differenzen nomenklatorisch bewerten wollte, müßten viele neue Taxa entstehen. Sie hätten nicht weniger Existenzberechtigung als die historisch etablierten. Viele neue Taxa erscheinen aber wenig sinnvoll, ohne neue Konzepte der Artdefinition. Die Abgrenzungen der bereits etablierten Taxa untereinander werden immer dürftiger und können mit zunehmender Kenntnis über die Variabilität der Sippen immer weniger überzeugen. Auch die meisten der zu vermutenden «guten Arten» überlappen sich, was ihre morphologische Erscheinung betrifft, in verschiedenen Stadien ihres Entwicklungszyklus. Sie können nur beim Vergleich vieler unterschiedlich alter Individuen zuverlässig bestimmt werden, einzelne oder wenige Exemplare sind häufig grundsätzlich unbestimmbar (vgl. auch gleichartige Probleme in der Gattung *Surirella* bei Krammer & Lange-Bertalot (1987 und Bacill. 2/2). Außerdem treffen auch hier wieder die Ausführungen zu, die dem Sippenkomplex von *F. capucina* vorangestellt sind (siehe dort). Wenn wir Sippen, die wir zu diesem Komplex gehörig betrachten, hier im Range von Arten vorstellen, ist das eine vorläufige Lösung, die am wenigsten nomenklatorisch verbindliche Änderungen erfordert. Wir zählen dazu: *E. exigua*, *E. nymanniana*, *E. tenella*, *E. steineckii*, *E. meisteri*, *E. rhynchocephala*. Des weiteren, unter den bisher wenig bekannten «Exoten» *E. incurva* Carter, *E. levistriata* Hustedt, *E. fastigiata* Hustedt. *E. paludosa* muß – ganz im Gegensatz zur herrschenden Ansicht unbedingt wieder aus der Synonymie mit *E. exigua* herausgelöst werden und steht sogar dem Sippenkomplex relativ fern.

17. Eunotia exigua (Brébisson ex Kützing) Rabenhorst 1864 (Fig. 153: 5–43)

Himantidium exiguum Brébisson ex Kützing 1849; *Eunotia gracilis* W. Smith 1853 nec *Eunotia gracilis* (Ehrenberg) Rabenhorst 1864; *Eunotia minuta* Hilse ex Rabenhorst (Alg. Eur. Nr. 1167); (?) *Eunotia* (*exigua* Bréb. var.) *nymanniana* Grunow in Van Heurck 1881 (pro parte?)

Frusteln in Gürtelansicht schmal rechteckig, manchmal schwach konvex oder konkav erscheinend. Die Individuen treten entweder (ökologisch bedingt?) regelmäßig isoliert auf, z. B. in Niedermooren oder vorwiegend zu kürzeren bis langen bandförmigen Aggregaten verbunden, z. B. in Quellsümpfen. Schalen im Umriß (Details betreffend) extrem variabel, einzelne Schalen (ohne Verbindung mit einer Population) können daher unbestimmbar sein. Ventralrand von fast gerade bis stärker konkav, oft mit schwach bis stärker ausgeprägten Wellen im Bereich der Raphenäste, seltener völlig gerade und erst vor den Enden stärker konkav eingezogen oder geknickt erscheinend. Dorsalrand annähernd parallel zum Ventralrand oder schwach bis stärker konvex aufgewölbt, sehr selten auch zwei-, dreiwellig oder -buckelig; zu den Enden hin kontinuierlich abfallend oder davor ziemlich abrupt eingezogen. Die Form der Enden kann schon innerhalb einzelner Populationen erheblich variieren, öfter sind sie heteropol, schmäler bis breiter gerundet, selten abgestutzt, schmal bis breit kopfig vorgezogen und dabei breit bis ziemlich spitz schnabelartig nach dorsal aufgebogen. Länge (5)8–28(60) μm, Breite (2 ?)2,5–4(5) μm. Die Dimensionen sollen in den Tropen allgemein höher sein, was jedoch auf Bestimmungsfehlern beruhen kann, denn überprüfte Fälle erwiesen sich als *E. paludosa* oder andere Arten, nicht jedoch *E. exigua*. Die nicht eingeklammerten Dimensionen gelten für die regelmäßig in Europa und in der Palaearktis vorkommenden Formen. Terminalknoten und distale (kurz bogig verlaufende) Raphenenden dicht an die Pole gerückt, Ventralarea allenfalls an den Enden sichtbar. Str. in der Dichte sehr variabel, meistens 18–24/10 μm, von dorsal manchmal verkürzte Str. zusätzlich eingezogen. Im REM: Die Rimoportula liegt bei heteropolen Exemplaren stets am breiteren Ende. Die Raphenäste auf dem Schalenmantel sind bezüglich Länge und Lage sehr konstant, dagegen ist die Länge der Endspalten in der Valvarfläche variabler.

bidens/undulata-Umrißvarianten (Fig. 153: 18–20, 24)
Eunotia exigua var. *undulata* Magdeburg 1926; *Eunotia exigua* var. *bidens* Hustedt 1930
Dorsalrand zweiwellig bis -buckelig.

tridentula-Umrißvarianten (Fig. 153: 21, 22, 25–27)
Eunotia exigua var. *tridentula* Oestrup 1910
Dorsalrand dreiwellig.

Verbreitung kosmopolitisch, im Gebiet häufig in sehr verschiedenen Gewässertypen wie Quellen, Bachoberläufe, Niedermoore und deren Abläufe, Quellsümpfe, kleine ephemere Wasseransammlungen, allgemein auf Silikatböden oder auf Rohhumusböden in Fichtenwäldern. Auch in schwefelsauren Gewässern infolge des Steinkohlenabbaus bei pH-Werten zwischen 2 und 3. Ökologischer Schwerpunkt in oligotrophem, elektrolytarmem, sauer reagierendem Wasser, aber auch höherem Stickstoff- und Phosphorgehalt solange der pH unter 7 bleibt. Oft zusammen mit Sphagnen, *Fontinalis, Drepanocladus* und anderen Wassermoosen. *E. exigua* ist keineswegs Charakterart der Hochmoore, dort wird sie von *E. paludosa* und *E. denticulata* abgelöst. In Flüsse, Seen und Teiche wird sie meistens aus anderen Biotopen eingeschwemmt. Andererseits ist sie die resistenteste aller Diatomeen-Arten gegenüber starker Versauerung der Bäche, z.B. durch «sauren Regen», auch bei Belastung durch Schwermetalle. Sie kommt noch massenhaft vor, wenn alle Eunotia-Arten, auch die anderen Vertreter aus dem *exigua*-Sippenkomplex verschwunden sind.

Wie schon Hustedt (1930) bemerkte, gibt es fließende Übergänge zwischen «typischen» *exigua*-Umrißvarianten und «*nymanniana*-Umrißformen». Letztere zeichnen sich durch stärker nach dorsal aufgebogene Enden aus. Ob Grunow wirklich derartige *exigua*-Umrißvarianten mit der später von Hustedt als *E. exigua* var. *compacta* neu beschriebenen Sippe vermischte und so eine heterogene *E. nymanniana* umschrieben hat, bleibt zu prüfen. Die fig. 34: 10 in V.H. Atlas stammt nicht von Grunow sondern von Van Heurck. Unabhängig davon gibt es innerhalb von *E. exigua* auch Umrißvarianten, die mit *E. tenella, E. meisteri* und *E. steineckei* konvergieren. Es wird in manchen Fällen problematisch oder sogar unmöglich sein, genau zu bestimmen, welches Taxon tatsächlich vorliegt. *Bidens-* und *tridentula*-Umrißvarianten kommen bei *E. exigua* und auch bei anderen Sippen innerhalb des Komplexes vor, sie haben in manchen Fällen zu falschen infraspezifischen Kombinationen Anlaß gegeben.

18. Eunotia steineckei Petersen 1950 (Fig. 153: 1–4)

Eunotia arcuata f. *parallela* Steinecke 1915; *Eunotia paludosa* sensu Steinecke 1916 et sensu Magdeburg 1926; *Eunotia exigua* sensu Hustedt (pro parte, 1932, fig. 751a, q, r); *Eunotia exigua* var. *lunata* Petersen 1932

Differentialdiagnose zu *E. exigua*: Schalen in ihren Umrissen sehr ähnlich, jedoch Enden der meisten Exemplare innerhalb einer Population etwas mehr «blockig», weniger abgerundet erscheinend. Individuen im Populationsdurchschnitt erheblich länger als bei *E. exigua* (soweit in klimatisch gemäßigten Regionen), nämlich 18–50 µm.

Über Verbreitung und Ökologie dieser Sippe besteht noch weitgehend Unklarheit. Außer in Skandinavien auch im Gebiet in montanen Lagen gefunden, z. B. im Schwarzwald und Taunus. Ökologischer Schwerpunkt – anders als bei *E. exigua* – wahrscheinlich in durch Huminsäuren gut gepufferten Gewässern. Verschwindet bei anthropogen beeinflußter Versauerung durch Mineralsäuren, insbesondere Schwefelsäure.

Die Eigenständigkeit dieser Art ist besonders kritisch zu beurteilen, weil sie sich von den variantenreichen Sippen der *E. exigua* doch morphologisch wenig unterscheidet, etwa im Gegensatz zu *E. nymanniana*. Konvergenzen ergeben sich jedoch auch zu *E. tenella* und auch zu *E. incurva* Carter. Letztere ist durchschnittlich schmäler und wurde bisher nur auf der südatlantischen Inselgruppe Tristan da Cunha gefunden.

19. Eunotia nymanniana Grunow in Van Heurck 1881 (pro parte, sensu Hustedt) (Fig. 154: 31–43)

Eunotia exigua var. *compacta* Hustedt 1930

Differentialdiagnose zu *E. exigua*: Schalen mit fast geradem bis schwach konkavem Ventralrand und stark kopfig vorgezogenen, dorsalwärts aufgebogenen Enden. Schalen durchschnittlich breiter, um oder über 4 µm.

Verbreitung im Gebiet ziemlich selten, in Skandinavien und im nördlichen Nordamerika dagegen häufiger, lokal mit hohen Individuenzahlen. Die Ökologie betreffend gelten weitgehend ähnliche Befunde wie im Fall von *E. steineckei, E. meisteri, E. tenella* (siehe dort).

Das Variabilitätsspektrum der Art ist wegen ihrer relativen Seltenheit vielen Autoren noch nicht genau bekannt. Auf Konvergenzen mit *E. exigua*-Umrißvarianten wurde unter dieser Art hingewiesen. Trotzdem ist die Merkmalskombination der *E. nymanniana* sensu Hustedt so charakteristisch und weicht von anderen *exigua*-ähnlichen Sippen so weit ab, daß wir sie hier nur zögernd dem Sippenkomplex um *E. exigua* zuordnen, ganz im Gegensatz zu Hustedt. Anders auch als Hustedt meinen wir, daß in Van Heurck (1881) fig. 34: 8A und B sehr wohl konspezifisch sein können, und daß lediglich fig. 10 die «falsche *E. nymanniana*» zeigt. Letztere stammt auch nicht von Grunow, sondern wurde von Van Heurck hinzugefügt.

20. Eunotia meisteri Hustedt 1930 (Fig. 154: 1–10)

Differentialdiagnose zu *E. exigua*: Schalen mit stark konvexem, auf dem Scheitel nicht abgeflachtem Dorsalrand bei schwach konkavem Ventralrand, mittlere Breite dadurch höher als bei *E. exigua*, ca. 3,5–4,5 μm.

bidens-Umrißvarianten (fig. 153: 23 ?)
Eunotia meisteri var. *bidens* Hustedt 1930 excl. Holotypus (Fig. 231)
Dorsalrand zweiwellig.

Abgrenzungsprobleme zwischen *E. meisteri* und *E. exigua* zeigen sich beispielhaft schon darin, daß der Holotypus von *E. meisteri* var. *bidens* – erkennbar am stark konkaven Ventralrand – tatsächlich eine *bidens*-Variante von *E. exigua* repräsentiert. Trotzdem besitzt evtl. auch *E. meisteri bidens*-Varianten. Was die Verbreitung im Gebiet betrifft, so treffen die Bemerkungen unter *E. tenella*, eingeschränkt, auch für *E. meisteri* zu.

Verbreitung wegen Verwechslungen nicht genauer bekannt, möglicherweise kosmopolitisch. Sie kommt zwar öfter in Assoziation mit *E. exigua* vor, reagiert aber empfindlicher gegenüber Mineralsäuren und ist toleranter gegen Huminsäuren als diese.

Es kann erhebliche Bestimmungsschwierigkeiten geben im Zusammenhang mit *meisteri*-ähnlichen Erscheinungsformen von *E. exigua* und auch mit *E. rhynchocephala*. Grundsätzlich müßte für *E. meisteri* eine neue Diagnose aufgestellt werden. Die bislang als charakteristisch angesehenen Merkmale können fehlen, insbesondere gibt es neben den hochgebuckelten Formen auch schwächer ausgeprägte Buckel, bei variabler Gestalt der Enden und Dichte der Str.

21. Eunotia tenella (Grunow) Hustedt in A. Schmidt et al. 1913 (Fig. 154: 23–30)

Eunotia arcus var.? *tenella* Grunow in Van Heurck 1881
Aus der Synonymie auszuschließen sind: *Eunotia arcus* var. *hybrida* Grunow in Van Heurck 1881; *Eunotia tenella* sensu Cholnoky, sensu Germain 1981 et sensu auct. nonnull.

Differentialdiagnose zu *E. exigua*: Schalen im Umriß variabel, die Enden der größeren bis mittelgroßen Individuen innerhalb einer Population sind jedoch meistens blockartig kopfig vorgezogen, die Umrisse der Enden erscheinen dadurch meistens annähernd abgerundet quadratisch und selten rundlich oder dorsal aufgebogen. Str. meistens relativ weit gestellt, ca. 14–19/10 μm; es gibt jedoch häufig Individuen mit weit gestellten Str. auf einer und viel enger gestellten auf ihrer zweiten Schale.

Verbreitung wegen vielfacher Verwechslungen nicht genauer bekannt, möglicherweise kosmopolitisch. *E. tenella* kommt häufig in Assoziation mit *E. exigua* vor. Im Gegensatz zu dieser toleriert sie aber mineralsaures Wasser viel weniger, insbesondere nicht schwefelsaures, wohl aber huminsaure Biotope. Infolge anthropogener Versauerung von schwach gepufferten Quellgewässern scheint die *tenella*-Sippe gegenüber *E. exigua* zunehmend «auszusterben», zumindest im Gebiet.

Lectotypisiert wird im Typenpräparat Coll. Grunow 168 die darin vorkommende Population mit weit gestellten Str. (entspr. V.H. Atlas, fig. 43: 5, 6) unter Ausschluß der ebenfalls darin enthaltenen enger gestreiften *E. exigua* sowie

E. rhomboidea (= *E. tenella* sensu auct. nonnull.). Erhebliche Abgrenzungsprobleme gibt es zu *E. exigua*, *E. steineckii* und evtl. auch zu *e. incurva* Carter (siehe unter *E. steineckii*).

22. Eunotia rhynchocephala Hustedt 1936 (Fig. 154: 11–22)

Differentialdiagnose zu *E. exigua* und *E. meisteri*: Dorsalrand ziemlich hoch konvex aber auf dem Scheitel breit bis flach gerundet, sehr schwach wellig oder zweibuckelig. Str. vergleichsweise weit gestellt, 12–15/10 μm.

22.1 var. rhynchocephala incl. undulata-Umrißvariante (Fig. 154: 11–15)
Eunotia rhynchocephala var. *undulata* Hustedt 1936

Dorsalrand gewellt erscheinend.
Es zeigt sich hier jedoch beispielhaft, daß ein Kontinuum zwischen gewellten, kaum noch merklich gewellten und nicht gewellten Erscheinungsformen besteht. Eine nomenklatorisch verbindliche Trennung ist daher völlig überflüssig.

22.2 var. satelles Nörpel & Lange-Bertalot 1991 (Fig. 154: 18–22)
Eunotia bigibba var. *pumila* Grunow sensu Foged 1977 et sensu auct. nonnull.

Schalen mit den gleichen Proportionen wie var. *rhynchocephala*, jedoch mit zwei sehr ausgeprägten Buckeln.

Verbreitung noch weitgehend unbekannt ebenso die genauere Autökologie, soweit es eine Differenzierung von den anderen Sippen des *exigua*-Komplexes betrifft. Wahrscheinlich charakteristisch für oligo- bis dystrophe Gewässer in Skandinavien und circumboreale Regionen allgemein. Beide Varietäten sind im Gebiet bisher nur durch eigene Funde im Schwarzwald (Feldsee) bekannt.

Die Nominatvarietät mit ihrer *undulata*-Variante läßt sich vergleichsweise leicht von den anderen Arten des Sippenkomplexes um *E. exigua* unterscheiden. Ob die hier neu definierte var. *satelles* tatsächlich zu *E. rhynchocephala* gehört und nicht evtl. eine selbständige Art repräsentiert, bleibt weiter zu überprüfen. Die Bestimmung als *E. bigibba* var. *pumila* Grunow durch Foged und (in Proben von den Färöer-Inseln) auch durch Hustedt ist verständlich. Denn die Sippe zeigt doch in den Umrissen Konvergenzen zu den kleinsten Entwicklungsstadien der *E. praerupta* var. *bigibba* (siehe dort). Ihre Individuen bleiben jedoch stets viel kleiner im Populationsdurchschnitt, und die Enden sind schmäler vorgezogen. Var. *satelles* begleitet oft, wenn auch nicht immer die Nominatvarietät.

23. Eunotia paludosa Grunow 1862 (Fig. 155: 1–20; 22–37)

Frusteln bzw. Schalen, besonders die Länge betreffend sowie die Form der Enden, außerordentlich variabel. Ventralrand der Schalen sehr schwach bis stärker konkav, Dorsalrand parallel dazu oder stärker konvex, vor den Enden kaum bis sehr stark eingezogen, selten mit einem spitz gerundeten Höcker in der Mitte oder schwach wellig. Enden schmäler bis breiter gerundet, zum Teil dorsalwärts schnabelartig aufgebogen. Länge 6–60, in den Tropen bis 80 μm, Breite 2–3(4) μm. Terminalknoten und die in Schalenansicht zur kurz-bogig sichtbaren distalen Raphenenden dicht an die Pole gerückt, Ventralarea nicht sichtbar. Str. 19–25(32 ?)/10 μm, bei Erstlingszellen bis zu 16/10 μm reduziert. Im EM ergeben sich kaum neue Gesichtspunkte für eine Abgrenzung von ähnlichen Taxa, insbesondere auch nicht zwischen var. *trinacria* und var. *paludosa*.

var. paludosa (Fig. 155: 1–20)
Eunotia (*exigua* Bréb. var.) *paludosa* Grunow in Van Heurck 1881
Dorsalrand ohne einen Höcker in der Mitte und ohne Wellen.

var. trinacria (Krasske) Nörpel 1991 (Fig. 155: 22–37)
Eunotia trinacria Krasske 1929; *Eunotia trinacria* var. *undulata* Hustedt 1930;
Eunotia exigua var. *gibba* Hustedt 1937
Schalen in allen Merkmalen und Dimensionen wie var. *paludosa* mit Ausnahme
des Dorsalrandes, der hier in der Mitte einen meistens gut ausgeprägten spitzlichen bis stumpfen kleinen Höcker und bei größeren Exemplaren seltener
zusätzlich zwei bis mehrere flache Wellen aufweist.

Verbreitung vermutlich kosmopolitisch, infolge vielfacher Verwechslungen und
Abgrenzungsschwierigkeiten nicht genauer bekannt. Im Gebiet gegenwärtig,
nach tiefgreifenden Umweltveränderungen, mit abnehmendem Vorkommen,
jedoch lokal massenhaft als eine Charakterart der wasserstoffionenreichen
Hochmoore oder in sphagnumreichen Quelltöpfen, in Zwischen- oder in Niedermooren oder anderen sehr elektrolytarmen Gewässern meist nur vereinzelt.
Noch zu klären bleibt ein zweites ökologisches Optimum, speziell auf überrieselten Felsen des Elbsandsteingebirges, weil die ökologischen Bedingungen dort
(dem ersten Anschein nach) nicht zwanglos als mit denen in Hochmoorschlenken übereinstimmend angenommen werden können. Allerdings sind die Diatomeenassoziationen in beiden Biotoptypen erstaunlich ähnlich, z. B. kommt
neben den beiden *E. paludosa*-Varietäten auch *E. denticulata* (ohne Dorsaldörnchen) vor. Die Ursache für den Biotopwechsel liegt offensichtlich in der Mikro-
Ökologie begründet. Denn in beiden Biotopen ist *E. paludosa* wechselnassen
Bedingungen, also zeitweiliger Austrocknung ausgesetzt. Sie überlebt die Trokkenperioden eingehüllt in massige Gallerten, so daß die «inneren Lebensbedingungen» in jedem Falle die gleichen sein dürften. Insofern ist *E. paludosa* nicht
aerophil im strengen Sinne, sondern resistent, dabei aber frostempfindlich. Dies
gilt für beide Varietäten. Darüber hinaus verhalten sich *E. fallax* und *E. microcephala* ebenso, z. B. im Einflußbereich von Wasserfällen.

Wie bei manchen anderen kleinschaligen *Eunotia*-Arten herrscht bislang auch
um *E. paludosa* ein «heilloser Wirrwarr» von Verwechslungen, Abgrenzungsschwierigkeiten, Diagnosedifferenzen und diversen Versuchen taxonomischer
Rekombination. Auch Hustedt hat hierzu wiederholt beigetragen, denn wie sich
aus seinen Bestimmungen rückschließen läßt, hatte er keine genauere Vorstellung von diesem Taxon. Wir halten die fig. 10: 2–12 in Hustedts Sunda-Arbeit
(1937), die dort als *E. exigua* bezeichnet sind, für *E. paludosa*. Dagegen halten wir
die von Hustedt (1930, fig. 228) als *E. paludosa* vorgestellte Schale, die von
Material aus dem tropischen Demerara River stammen soll (Cleve & Möller 321,
322), für ein anderes Taxon, evtl. eine bisher noch nicht beschriebene Art (vgl.
Fig. 155: 21). *E. paludosa* sensu Hustedt 1924 gehört tatsächlich zu *E. arcus*.
Leider ist das Typenmaterial aus Mandling in der Steiermark in der Coll.
Grunow z. Z. nicht auffindbar; zugänglich sind drei von Grunow «autorisierte»
Präparate, nämlich Cleve & Möller 131 sowie 236 und V.H. 274. Davon enthalten jedoch V.H. 274 und Cleve & Möller 236 neben *E. bilunaris* und anderen
Arten auch *E. paludosa*, während Nr. 131 als in Frage kommende Population nur
E. denticulata (mit deutlichen Dörnchen) enthält. *E. paludosa* var. *groenlandica*
Grunow in V.H. 262 ist *E. fallax* (siehe dort). Besser als durch ihr ziemlich
variables Spektrum der einzelnen morphologischen Dimensionen ist *E. paludosa*
charakterisiert durch ihren prägnanten ökologischen Schwerpunkt (auch am
Typenhabitat) in Hochmooren, in sehr artenarmen Diatomeenassoziationen

unter Bedingungen extremer Mineralarmut, aber hoher H-Ionenkonzentration. An solchen Fundorten treten auch, meist vereinzelt Formen auf, die von der bisher selbständigen Art *E. trinacria* nicht mehr zu unterscheiden sind. Auch am *trinacria*-Typenhabitat kommen beide Taxa gemeinsam vor. Wir entscheiden uns daher, beide Taxa als Varietäten einer Art zu verbinden. Darüber, daß *E. exigua* sensu Hustedt (1937, fig. 10: 2–12) sowie deren var. *gibba* konspezifisch sind, besteht allgemein kein Zweifel, wir behaupten jedoch, daß hier der Formenkreis von *E. paludosa* vorliegt und nicht *E. exigua* und daß var. *gibba* genau den *trinacria*-Formen entspricht. Daraus folgt logischerweise, daß analog auch eine infraspezifische Verbindung von *trinacria*- und *paludosa*-Formen nicht mit Begründung des abweichenden Schalenumrisses abgelehnt werden kann. Die Abgrenzung zu manchen Erscheinungsformen im Sippenkomplex um *E. exigua* ist ohne Berücksichtigung der unterschiedlichen Ökologie letztlich nur mit Hilfe der Relation Breite/Länge praktikabel, ähnlich wie im Falle von *E. arcus / E. praerupta*. Problematisch bleibt die Abgrenzung zu *E. fallax*, weil in «Hochmoor-Populationen» von *E. paludosa* vereinzelt auch grob gestreifte Exemplare vorkommen, die als Erstlingszellen angesehen werden könnten, sich von *E. fallax* jedoch bisher nicht unterscheiden lassen. Schwierigkeiten kann es auch in manchen Fällen bei der Unterscheidung zwischen var. *trinacria* und *E. microcephala* geben. Bei individuenreichen Populationen treten solche Probleme jedoch nicht auf.

24. Eunotia microcephala Krasske 1932 (Fig. 156: 27–34)

Eunotia tridentula var. *franconica* Grunow in Cleve & Möller 1878 (no. 56); *Eunotia tridentula* var.? *perpusilla* Grunow in Van Heurck 1881; *Eunotia tridentula* var. *perpusilla* f. *tridentula* Mayer 1918; *Eunotia tridentula* var. *perpusilla* f. *simplex* Mayer 1918

Frusteln in Gürtelansicht schmal rechteckig. Ventralrand der Schalen gerade bis schwach konkav und wellig, vor den Enden eingezogen. Dorsalrand mäßig konvex und teilweise wellig, dabei oft mit einem markant spitzen Höcker in der Mitte. Vor den Enden ebenfalls (wie ventral), jedoch in der Regel noch stärker eingezogen, so daß diese ziemlich lang und kopfig vorgezogen erscheinen. Länge 10–15 µm, Breite 2–3 µm. Raphenenden und Terminalknoten dicht an die Pole gerückt oder, ebenso wie die Ventralarea, nicht sichtbar. Str. 18–22/10 µm.

Verbreitung vermutlich kosmopolitisch, im Gebiet seltener, in Nordeuropa häufiger in oligo- bis dystrophen, elektrolytarmen Gewässern, z.B. wechselfeuchte Moosrasen, überrieselte Felsen vorwiegend der Gebirgslagen. Keine Hochmoorform, jedoch in dessen Randzonen (Lagg) vertreten.

Wie bei anderen «spät beschriebenen Arten» findet man den Formenkreis bereits in den Präparaten älterer Autoren unbeachtet oder anderen Taxa zugeordnet. Falls nur Einzelexemplare und nicht Populationen zu bestimmen sind, können Verwechslungen mit *E. paludosa* var. *trinacria* vorkommen. Daß die *microcephala*-Sippe in der Coll. Cleve & Möller no. 56 unter dem Namen *Eunotia tridentula* var. *franconica* Grunow vorliegt, versehen mit einer sehr kurzen Diagnose, ist bisher wohl übersehen worden. Das Material wurde von P. Reinsch in Franken (Franconia) gesammelt. Das Taxon scheint in der späteren Literatur nicht mehr aufzutreten. Es bleibt der starke Verdacht, daß Grunow in Van Heurck (1881, fig. 34: 31) diese Sippe zeigt, jedoch unter anderem Namen, nämlich «*E. tridentula* var. ? *perpusilla* Grunow». Wie dem auch sei, die *franconica*-Sippe kann nicht mit *E. tridentula* verbunden bleiben.

Das Epitheton *franconica* hat, da auf der Rangstufe «Varietät», keine Priorität vor *microcephala*. Dagegen hat Grunow die Zuordnung oder Selbständigkeit im Falle des Epithetons *perpusilla* in Frage gestellt. Die korrekte Benennung der hier gemeinten Sippe bleibt also noch abschließend zu klären.

25. Eunotia denticulata (Brébisson) Rabenhorst 1864 (Fig. 157: 19–28)

Himantidium denticulatum Brébisson ex Kützing 1849; (?) *Eunotia andina* Frenguelli 1942

Frusteln in Gürtelansicht mit oder ohne randständige Dörnchen, manche schwach rhombisch erscheinend. Ventralrand der Schalen schwach bis mäßig konkav, im Bereich der Raphenäste oft flach wellig. Dorsalrand parallel dazu, bei kleineren Exemplaren stärker konvex, zu den Enden hin ± stark eingezogen, bei Populationen außerhalb der Hochmoore meistens mit Dörnchen. Enden schmäler bis breiter gerundet oder flach abgestutzt, oft schnabelartig dorsalwärts aufgebogen. Länge 15–60(90) µm, Breite (3)3,5–5 µm. Distale Raphenenden kurz bogig, dicht an die Pole gerückt. Terminalarea auffällig groß ausgeprägt (im Gegensatz zum *E. exigua*-Formenkreis). Ventralarea schwer erkennbar. Str. ca. 15–22/10 µm.

Verbreitung infolge von Verwechslungen mit *E. exigua* nicht genauer bekannt. In Nordeuropa und im Gebiet als «Normalform» mit Dorsaldörnchen zerstreut in oligotrophen, elektrolytarmen, sauren Gewässern, vorwiegend in und im Umfeld von Gebirgen. Als unbedornte «Hochmoorform» häufig in extrem mineralarmen, oligo- bis dystrophen, durch Sphagnen mit hohen H-Ionenkonzentrationen angereicherten und dadurch stark sauren (intakten!) Hochmoorkomplexen.

E. denticulata ist in der Vergangenheit oft für eine großschalige *E. exigua* gehalten worden, was sich anhand von benannten Präparaten und Untersuchungsprotokollen, z. B. von Hustedt, Krasske, Bock überprüfen läßt. Während die «Normalformen» mit ihren charakteristischen Dorsaldörnchen bestimmungstechnisch problemlos sind, konnte man unbedornte «Hochmoorformen» meistens nicht als *E. denticulata* identifizieren. Es kommen manchmal aber auch bedornte und unbedornte Individuen in gemischten Populationen vor.

26. Eunotia fallax A. Cleve 1895 (Fig. 150: 10–24)

Frusteln in Gürtelansicht meistens schmal rechteckig (wie bei *E. paludosa*), Schalenmäntel relativ hoch. Ventralrand der Schalen schwach bis mäßig konkav. Dorsalrand dazu parallel oder etwas stärker konvex, vor den Enden teilweise stärker eingezogen. Enden seltener mehr bis weniger schnabelartig dorsalwärts aufgebogen oder schmal gerundet, selten schwach ventralwärts gebogen, Länge 12–55(75 ?) µm, Breite 2–5 µm. Distale Raphenenden und Ventralarea in Ventralansicht kaum, Terminalknoten angedeutet punktförmig erkennbar. Str. im mittleren Teil (9 ?)12–15, polar bis 19/10 µm.

26.1 var. fallax (Fig. 150: 16–24)

Enden mehr oder wenig deutlich kopfig erweitert und meistens dorsalwärts schnabelartig aufgebogen. Str. vergleichsweise zu var. *groenlandica* gröber erscheinend, oft, aber nicht regelmäßig, in der Mitte weiter gestellt als weiter distal.

26.2 var. groenlandica (Grunow) Lange-Bertalot & Nörpel 1991 (Fig. 150: 10–15)
Eunotia paludosa var. *groenlandica* Grunow in Van Heurck 1880–1887 (Type de Synopsis 262); *Eunotia fallax* var. *gracillima* Krasske 1929

Enden der Schalen nicht oder wenig kopfig erweitert und allenfalls schwach schnabelartig dorsalwärts aufgebogen. Str. in der Regel gleichmäßig eng stellt, weniger grob erscheinend als bei var. *fallax*. Habituell sehr ähnlich *E. paludosa*, aber gröber gestreift als diese.

Verbreitung wegen zu vermutender Verwechslungen noch nicht genauer bekannt, wahrscheinlich kosmopolitisch, im Gebiet häufiger in wechselfeuchten Moosrasen auf überrieseltem Silikatgestein in Randzonen (Lagg) von Hochmooren, insgesamt also elektrolytarme, oligo- bis dystrophe Gewässer, vorwiegend in Gebirgslagen. In sauren Gewässern treten regelmäßig «Populationen» mit schmäleren Zellgürteln auf als in neutralen.

Taxonomisch erweisen sich die zwei Varietäten als sehr problematisch. Die Nominatvarietät ist nur durch den Protolog bekannt, das Typenmaterial dürfte verloren und nicht mehr überprüfbar sein. Die Sippe oder Sippen, die allgemein als Nominatvarietät bestimmt werden, zeigen in ihrem Erscheinungsbild gewisse Anklänge an *E. glacialis*. Viele *fallax*-Individuen sehen aus wie eine «Zwergform» dieser, in ihrem Größenspektrum ganz anderen Art.
Das Typenmaterial und weitere von Krasske als var. *gracillima* bestimmte Populationen wurden von uns überprüft. Sie sind regelmäßig mit var. *fallax*-Individuen assoziiert, so daß sich leicht der Eindruck eines Formenkontinuums zwischen beiden Sippen ergibt. Grunow hat die heute unter dem Epitheton *gracillima* allgemein bekannte Sippe in V.H. Type des Synopsis 262 (aus England) seiner *E. paludosa* als var. *groenlandica* zugeordnet. Er mußte die gleiche Sippe also wahrscheinlich schon zuvor von Grönland gekannt haben (Nachweise?). Grunows Zuordnung erscheint uns nicht unbegründet und es bleibt zu fragen, ob diese oder aber die Zuordnung (var. *gracillima*) zu *E. fallax* der Realität näher kommt. Schließlich könnte es sich trotz aller Konvergenzen evtl. auch um eine selbständige Art handeln oder es könnte spekulativ ein Genfluß zwischen *E. fallax* und *E. paludosa* angenommen werden. *E. fallax* var. *aequalis* Hustedt 1937 ist aus dem Artspektrum auszuschließen und aufgrund der abweichenden Position von Raphenenden und Terminalknoten mit *E. rhomboidea* zu verbinden. Ob einige weitere infraspezifische Taxa (vgl. Cleve-Euler 1953) wirklich zu *E. fallax* gehören, erscheint zumindest nicht in allen Fällen wahrscheinlich.

27. **Eunotia glacialis** Meister 1912 (Fig. 151: 1–10A)
Himantidium gracile Ehrenberg 1843; *Eunotia valida* Hustedt 1930

Frusteln in Gürtelansicht breit rechteckig mit wenigen Bändern, proximale Raphenenden von einer langen und relativ breiten hyalinen Area umgeben. Am Rande des Schalenmantels, an das Gürtelband angrenzend, befinden sich regelmäßig zahlreiche verkürzte «eingeschobene» Str. Ventralrand der Schalen ziemlich schwach konkav, Dorsalrand parallel dazu oder wenig stärker konvex gebogen, allmählich abfallend und vor den Enden schwach eingezogen. Enden nicht verschmälert bis leicht aufgetrieben, stumpf gerundet und meistens etwas dorsalwärts gebogen. Länge (15 ?) 30– ca. 200 μm, (bei noch höheren Längenangaben besteht zumindest der Verdacht, daß es sich um *E. formica* oder *E. flexuosa* handeln könnte), Breite 3–7,5(10) μm. Distale Raphenenden weit in die Schalenfläche einbiegend, mit den Terminalknoten dicht an die Pole gerückt. Ventralarea von den Polen mit geringer Neigung zum Ventralrand verlaufend und meistens durchgehend sichtbar. Str. 9–15/10 µm.

Verbreitung kosmopolitisch (?), in Nordeuropa, Alpen, Pyrenäen und Nordamerika häufiger, auch fossil in Kieselgurlagern, im Gebiet ziemlich selten in Gebirgslagen. Ökologischer Schwerpunkt noch nicht genauer bekannt, in verschiedenartigen circumneutralen bis schwach sauren, meist kälteren Gewässern, bei niedrigem aber auch mäßig erhöhtem Elektrolytgehalt, z. B. überrieselte Felsen, Moosrasen und Niedermoore.

Die Nomenklatur erweist sich als ziemlich kompliziert: *Himantidium gracile* Ehrenberg (1843) ist zwar das älteste Synonym der Art, in der Kombination mit *Eunotia*, erstmalig von Rabenhorst (1864) publiziert, jedoch ein jüngeres Homonym von *E. gracile* W. Smith (1853). Letztere wiederum ist ein jüngeres Synonym von *E. exigua* (vgl. unter diesem Taxon). Nach den vergleichenden Untersuchungen von Nörpel (unveröffentlicht), vgl. auch Patrick & Reimer (1966, p. 188), ist Konspezifität von *E. gracilis* Ehrenberg mit *E. glacialis* Meister 1912 und *E. valida* Hustedt 1930 sehr wahrscheinlich. Der Name von Meister ist korrekt, solange keine älteren Synonyme gefunden sind. Weitere jüngere Synonyme sind mit mehr oder minder hoher Wahrscheinlichkeit *E. uncinata* sensu Meister 1912 non Ehrenberg 1843, *E. nodulosa* Meister 1932 sowie die folgenden Taxa, sämtlich von Berg (1939) stammend: *E. angusta* pro parte, *E. antiqua*, *E. grunowii* pro parte, *E. hebridica* pro parte, *E. vetteri*. Aus der Synonymie auszuschließen sind dagegen: *E. uncinata* Ehrenberg 1841 und *E. gracilis* W. Smith 1853. Ein Vergleich des Typenmaterials von *E. valida* und weiterer von Hustedt oder Krasske als *E. valida* bezeichneter Populationen mit anderen, die als *E. gracilis* benannt sind, zeigen keinerlei relevante morphologische Unterschiede, vielmehr ergibt sich ein lückenloses Formenkontinuum. Man kann wohl an der behaupteten Konspezifität zweifeln, wenn man die größeren Individuen isoliert sieht (die Hustedt ausschließlich als *E. glacialis* betrachtete) und sie den kleinsten Individuen von *E. valida* (in enger Definition) gegenüberstellt. Es bleibt weiter zu prüfen, ob sich hier nicht doch zwei getrennte Sippen in ihren Variationsspektren weit überlappen durch gleich aussehende Erscheinungsformen. Gerade die großen Exemplare von *E. glacialis* (in enger Definition) kommen immer vergleichsweise sehr selten vor, zusammen mit *E. valida*-Erscheinungsformen. Es ist daher auch schwer zu entscheiden, ob nicht wenigstens zwei Varietäten einer Art vorliegen.

Das offenbar in Vergessenheit geratene Taxon *E. valida* Grunow (vgl. Cleve & Möller 321/322) ist ein älteres Homonym. Eine Konspezifität mit *E. valida* Hustedt läßt sich nach Überprüfung aller in diesen Präparaten vorkommenden *Eunotia*-Sippen nicht feststellen. Darüber hinaus ist auch noch nicht sicher bekannt, ob die «nordische» *E. gracilis* im Sinne späterer Autoren wirklich mit dem Typus von Ehrenberg identisch ist.

Die von Desikachary & Sreelatha (1989) photographisch dokumentierte «*E. glacialis* Meister» aus dem tertiären Fossilager von Oamaru/Neuseeland (oberes Eozän) gehört ganz sicher nicht zu diesem Taxon.

28. Eunotia parallela Ehrenberg 1843 (Fig. 152: 1–7)
Himantidium parallelum (Ehrenberg) Ralfs in Pritchard 1861

Ventral- und Dorsalrand der fast geraden bis stark gebogenen Schalen auffällig regelmäßig parallel zueinander verlaufend, selten dorsal etwas schwächer konvex, so daß die Schalen in der Mitte schwach verengt erscheinen. Distal nicht oder nur kaum merklich eingezogen, die breit bis flach gerundeten Enden sind gegenüber der Mitte nicht verschmälert und nicht abgesetzt, Umrißlinien dadurch annähernd «wurstförmig». Länge von weniger als 30 bis über 200 μm, Breite 5–15 μm. Distale Raphenenden und Terminalknoten dicht an die Pole gerückt, bei var. angustior jedoch häufig etwas davon abgesetzt. Ventralarea nur an den Enden sichtbar. Str. 8–16/10 μm.

28.1 var. parallela (Fig. 152: 4–7)
Eunotia media A. Cleve 1895; *Eunotia crassa* Pantocsek & Greguss 1913; *Eunotia pseudoparallela* Cleve-Euler 1934; *Eunotia parallela* var. *pseudoparallela* und var. *media* Cleve-Euler 1953

Schalen mit der Merkmalskombination: größere Breite (7–15 μm) in Relation zur Länge, Str. enger gestellt (11–16/10 μm), Terminalknoten stets sehr dicht an den Polen.

28.2 var. angusta Grunow 1884 (Fig. 152: 1–3)
Eunotia parallela f. *angustior* Grunow in Van Heurck 1881; *Eunotia angusta* (Grunow) Berg 1939 pro parte (α typica Cleve-Euler 1953)

Schalen mit der Merkmalskombination: geringere Breite (5–8 μm) in Relation zur Länge, Str. weiter gestellt (8–11/10 μm). Terminalknoten häufig weniger dicht an die Pole gerückt.

Verbreitung kosmopolitisch, in Nordeuropa häufig und in individuenreichen Populationen vorkommend, im Gebiet selten in Gebirgslagen. Ökologischer Schwerpunkt in kaltem, dystrophem Wasser sphagnumreicher Niedermoore.

Die Differenzierung in zwei infraspezifische Taxa ist aus unserer Sicht eine klare Unterbewertung. Die zwei Sippen treten regelmäßig in streng separaten Populationen auf ohne jede Annäherung zueinander. Die Verhältnisse liegen also ganz anders als in den Sippenkomplexen, z. B. um *E. praerupta* oder *E. bilunaris*. Eine Trennung auf der Rangstufe von Arten erscheint daher viel eher gerechtfertigt als in zahlreichen anderen kritischen Fällen.
Die mangelnde Differenzierung bei Hustedt und (paradoxerweise dazu) die Aufspaltung in zwei selbständige Arten durch Berg, Cleve-Euler und weitere skandinavische Autoren hat einen historischen Hintergrund. Ehrenberg (1854) bildete bereits beide Formengruppen zusammen als *E. parallela* ab. Kützing (1844), Grunow (1862), Rabenhorst (1865) beschreiben nur noch var. *parallela*. Grunow differenziert erst später (1881 in Van Heurck als forma *angustior*) und (1884 als var. *angusta*) ein zweites Taxon von der Nominatform. Später bilden Hustedt (1911) sowie Mayer (1918) nur noch die schmalen Formen als *E. parallela* ab, Hustedt (1930, 1932) wiederum nur noch die breiten Formen. In der Folge entstehen dann verschiedene, aufeinander folgende Versionen von zwei Arten durch Cleve-Euler sowie Berg, jeweils in Verbindung mit mehreren anderen Sippen, die höchstwahrscheinlich nicht konspezifisch mit *E. parallela* und auch nicht mit *E. angusta* (α typica sensu Cleve-Euler) sind.

29. Eunotia formica Ehrenberg 1843 (Fig. 152: 8–12A)

Frusteln in Gürtelansicht oft in langen bandförmigen Aggregaten auftretend, bis zu mehr als 1000 Zellen und einer Länge von 2,2 cm! (Geitler 1932). Schalen und Länge und Breite sehr variabel, wenig gebogen bis fast gerade. Ventralrand sehr schwach konkav mit Mittelhöcker, manchmal nur als flache Welle oder gar nicht ausgeprägt. Dorsalrand annähernd parallel dazu, seltener mit einer Welle in der Mitte. Enden proximal ± aufgetrieben, distal rund- bis spitz-keilförmig verschmälert. Länge (12)35–200(230) μm, Breite 7–14 μm. Distale Raphenenden und Terminalknoten dicht an die Pole gerückt. Ventralarea distal und manchmal am Ventralhöcker sichtbar. Str. 6–12/10 μm, Punkte um 24/10 μm.

Verbreitung kosmopolitisch, im Gebiet zerstreut, lokal häufig in oligo- bis dystrophen stehenden oder langsam fließenden Gewässern. Die ökologische Amplitude bleibt noch genauer zu untersuchen, wahrscheinlich auch bei mittlerem Elektrolytgehalt noch uneingeschränkt vital.

Die Variationsbreite der Art ist durch die Kulturversuche von Geitler (1932) bekannt geworden und deutet exemplarisch auf die potentielle Variabilität des Umrisses und der Maße auch für andere Vertreter der Gattung hin. Insbesondere kann die Form der Enden erheblich variieren und kleine Exemplare können ihren Habitus soweit ändern, daß sie, allein auftretend, kaum noch oder nicht mehr als zu dieser Art gehörig erkennbar sind. Trotzdem beschreibt Berg (1939) derartige Variationen als neue Arten wie z. B. *E. batavica, E. hebridica* (pro parte) und *E. nodosa* Berg non Ehrenberg. Er ordnet auch verschiedenen Arten neue infraspezifische Taxa zu, die allesamt höchstwahrscheinlich zum *E. formica*-Formenspektrum gehören (z. B. *E. submonodon* f. *depressa, E. major* f. *excelsa* und f. *plectrum*). Ältere Synonyme, insbesondere von Ehrenberg und Schumann, finden sich bei Van Landingham aufgelistet.

30. Eunotia monodon Ehrenberg 1843 (Fig. 158: 1–6)

(?) *Himantidium monodon* Ehrenberg 1843

Ventralrand bei kurzen Schalen meist stärker, bei längeren schwächer konkav, bei *ventricosa*-Formen mit einem Höcker in der Mitte. Dorsalrand meistens stark konvex, im mittleren Teil oft parallel zum Ventralrand, allmählich abfallend und vor den Enden manchmal schwach eingezogen, bei den *bidens* Sippen schwach zweiwellig gebogen. Enden seltener einfach gerundet, häufiger stumpf keilförmig und leicht kopfig erweitert. Länge 35–220 μm, Breite 6–15 μm. Terminalknoten und die einfach gebogenen distalen Raphenenden dicht an die Pole gerückt, Ventralarea in der Regel nur an den Enden, bei *ventricosa*-Formen z. B. auch durchlaufend sichtbar. Mittlere Str. 8–12/10 μm, an den Enden enger werdend.

30.1 var. monodon (Fig. 158: 1–3)

Eunotia alpina Kützing 1844; *Eunotia major* var. *ventricosa* A. Cleve 1895; *Eunotia monodon* var. *major* (W. Smith) Hustedt 1930

Dorsalrand einfach gebogen.

30.2 var. bidens (Gregory) Hustedt 1932 (Fig. 158: 4–6)

Himantidium bidens Gregory 1854; *Eunotia major* var. *bidens* (Gregory) Rabenhorst 1864; *Eunotia media* var. ? *jemtlandica* Fontell 1917; *Eunotia scandinavica* A. Cleve ex Fontell 1917 pro parte (Cleve-Euler 1953, fig. 471a, b); *Eunotia tibia* var. *bidens* Cleve-Euler 1953; *Eunotia monodon* var. *constricta* Cleve-Euler 1953

Dorsalrand flach zweiwellig. Es bleibt ungeklärt, ob es sich hier – ebenso wie bei anderen *Eunotia*-Arten – lediglich um Umrißvariationen handelt, eine höher einzustufende Varietät oder sogar um eine selbständige Art.

Verbreitung kosmopolitisch, im Gebiet zerstreut und meistens vereinzelt vorkommend, im erweiterten alpinen Bereich häufiger. Ökologischer Schwerpunkt in oligo- bis dystrophen, elektrolytärmeren Gewässern, z. B. Quellfluren, Tümpel, Sümpfe (nicht Hoch und Niedermoore).

Die Sippen mit einfach gebogenem Dorsalrand zeigen sich im Gegensatz zu den *bidens*-Sippen weniger problematisch in der Abgrenzung, abgesehen von der mit wenig überzeugenden Argumenten in Frage gestellten Konspezifität mit *E. major*. Die Bemerkungen von Patrick & Reimer (1966, p. 198, 199) zu *E. monodon* var. *constricta* Cleve-Euler (1953) erübrigen sich, wenn *E. major* und *E. monodon* als Synonyme anerkannt werden (vgl. oben).

Die Abtrennung einer var. *major* (W. Smith) Hustedt 1930, bei der die Schalenränder weitgehend parallel verlaufen und die Enden keilförmig, kopfig erweitert sind und die Länge maximal 220 μm erreicht, ist wegen fehlender diskontinuierlicher Merkmale in dieser taxonomischen Rangstufe kaum haltbar, zumal Hustedt (1932, p. 306) das Vorkommen von Übergangsformen betont. Eine Varietät *ventricosa* aufrechtzuerhalten, erscheint wenig sinnvoll, weil es sich teils um spontan auftretende Umrißvarianten handelt, teils um bestimmte Entwicklungsstadien, wie sie bei vielen anderen Arten der Gattung ebenso vorkommen. Zur var. *bidens*: Ihre Identität bleibt noch genauer zu klären. Es ist gut möglich, daß *E. monodon* auch *bidens*-Varianten entwickelt wie so viele andere *Eunotia*-Arten. Ob sie dann den Rang einer Varietät verdienen, bleibt dahingestellt, wie bei *bidens*-Varianten allgemein. Es werden aber immer wieder verschiedene Sippen als *E. monodon* (oder *major*) var. *bidens* bestimmt, die sicher zu ganz anderen Arten gehören, z. B. zu *E. zygodon*. Andere wiederum könnten evtl. noch nicht beschriebene selbständige Arten repräsentieren. So z. B. *E. monodon* var. *constricta* Hustedt in A. Schmidt et al. 1913 aus dem tropischen Demerara River. Sie besitzt, neben mehreren anderen entschieden von *E. monodon* abweichenden Merkmalen, völlig andere Raphenenden und nach proximal versetzte Terminalknoten. Außerdem gehören die drei von Simonsen (1987, fig. 31: 1–3) gezeigten Individuen sicher nicht derselben Sippe an. Simonsens fig. 1 gehört viel eher zusammen mit fig. 4 = *E. zygodon* var. *depressa* Hustedt sowie fig. 32: 1,2 = *E. zygodon* var. *emarginata* Hustedt zum Sippenkomplex um *E. zygodon*. Darüber hinaus ist *E. zygodon* var. *depressa* sehr ähnlich *E. zygodon* var. *elongata* Hustedt. Auch diese mehrfach flach gebuckelte Varietät tropisch-subtropischer Regionen wurde vielfach irrtümlich als *E. monodon*-Varietät identifiziert. Andererseits bleibt aber zu fragen, was eigentlich *E. frickei* var. *elongata* Hustedt in A. Schmidt et al. 1913 (ebenfalls aus dem Demerara, vgl. Simonsen 1987, fig. 36: 2–4) von *E. monodon* unterscheiden soll.

31. **Eunotia clevei** Grunow in Cleve & Möller 1878 (Fig. 158: 7, 8)

Frusteln in Gürtelansicht in der Mitte dorsalwärts aufgetrieben, zu den Enden verjüngt und rechteckig abgeschnitten. Ventralrand der Schalen stark konkav. Dorsalrand ziemlich hoch konvex, allmählich abfallend und vor den Enden schwach eingezogen, selten auch mit Verbindungsdörnchen. Enden stumpf gerundet. Länge 100–340 μm, Breite 22–40 μm. Distale Raphenenden lang bogenförmig, von den Polen etwas abgesetzt. Terminalareae relativ großflächig. Ventralarea zieht sich vom Ventralrand stärker abgesetzt über die gesamte Schalenfläche. Str. auffallend regelmäßig gestellt, im mittleren Teil 12–15, an den Enden 15–18/10 μm, Punkte sehr grob, um 12/10 μm, selten sind von dorsal einzelne kürzere Str. «eingeschoben».

Verbreitung rezent ziemlich selten in Nordamerika, Nordeuropa und Nordasien bekannt, häufiger in postglazialem Kieselgur als Leitform der *Ancylus*-Ablagerungen, im engeren Gebiet offenbar fehlend. Ökologischer Schwerpunkt im Grundschlamm von Klarwasserseen mit niedrigem bis mittlerem Elektrolytgehalt.

Durch ihre Größe und Form ist die Art so unverwechselbar, daß trotz fehlender diagnostischer Erstbeschreibung bisher nicht einmal Synonyme aufgetreten sind.

32. Eunotia lapponica Grunow ex A. Cleve 1895 (Fig. 151: 11–13)

Eunotia (denticula Bréb. var.) *glabrata* Grunow in Cleve & Möller 1877–1882 (Exsikkate 28 und 37)

Frusteln in Gürtelansicht rechteckig mit stärker abgerundeten Ecken und mit ziemlich ausgedehnten hyalinen Areae im proximalen Bereich der Raphenäste. Schalen mit schwach konkavem Ventralrand und wenig konvex aufgewölbtem Dorsalrand, der allmählich abfallend vor den Enden ziemlich schwach eingezogen ist. Enden meistens schwach kopfig und schmäler bis breiter gerundet, manchmal schwach schnabelartig dorsalwärts aufgebogen. Länge 38–100(150) µm, Breite 6–9,5 µm. Terminalareae ausgedehnt endständig, distale Raphenenden konstant bogenförmig. Ventralarea an den Enden schwach sichtbar. Str. parallel, gleichmäßig voneinander gestellt, 16–22/10 µm.

Verbreitung (nur ?) auf der nördlichen Hemisphäre, in Nordeuropa verbreitet und häufig, im Gebiet rezent selten in Hoch- und Mittelgebirgslagen (fossil häufiger), in oligotrophen, eher elektrolytärmeren stehenden und fließenden Gewässern, z. B. Niedermoore, Quellen.

Die Art hat bisher kaum zu Verwechslungen Anlaß gegeben. Jedoch war bisher offenbar nicht bekannt, daß es Populationen mit randständigen Dörnchen gibt – analog zu *E. denticulata* oder *E. diodon*, beispielsweise. Kobayasi, Ando & Nagumo (1981) finden eine der bedornten Populationen in Japan und nennen eine andere, von *E. lapponica* unabhängige Art gefunden zu haben, nämlich *E. nipponica* Skvortzow, trotz völliger Übereinstimmung mit *E. lapponica* (ohne Dornen).

33. Eunotia elegans Oestrup 1910 (Fig. 157: 1–3)

Aus der Synonymie auszuschließen sind: *Eunotia elegans* sensu Hustedt 1932; *Eunotia volvo* Berg 1939; *Eunotia voluta* Berg ex Cleve-Euler 1953

Frusteln sind morphologisch bedingt selten in Gürtelansicht zu sehen. Schalen sehr stark bogenförmig gekrümmt. Ventralrand stark konkav, Dorsalrand bis kurz vor den Enden weitgehend parallel dazu, dann abrupt eingezogen, so daß die Enden kopfig bis stark schnabelartig und dorsal aufgebogen erscheinen. Länge (im Bogenradius) ca. 20–30 µm, Breite um 2,5 µm. Terminalknoten und die kurz bogenförmigen distalen Raphenenden dicht an die Pole gerückt, Ventralarea nicht sichtbar. Str. 18–24/10 µm.

Verbreitung (nur ?) auf der nördlichen Hemisphäre, Angaben aus den Tropen werden von anderen Autoren angezweifelt. In Nordeuropa zerstreut, fast immer mit individuenarmen Populationen, im Gebiet sehr selten, z. B. Lausitz, Grünsee bei Davos. Ökologischer Schwerpunkt in schwach bis mäßig sauren, oligotrophen, stehenden und schwach fließenden Gewässern mit niedrigem Elektrolytgehalt, z. B. Nieder- jedoch keine Hochmoore.

Die auffällig stark gebogenen Schalen der Art schienen zunächst eine leichte Identifizierbarkeit zu garantieren. Aber schon Hustedts Abbildung (1932, fig. 752) gab Anlaß zur Beschreibung einer neuen Art, nämlich *E. volvo* (syn. *E. voluta*) durch Berg. Verschiedene Bestimmungen «*E. elegans*» treffen viel eher auf den Sippenkomplex um *E. bilunaris* zu. Insgesamt ist der Entwicklungszyklus der richtigen *E. elegans* noch zu wenig bekannt. Relativ nahe steht ihr *E. arculus* (siehe dort).

34. Eunotia arculus (Grunow) Lange-Bertalot & Nörpel (Fig. 157: 4–12)

Eunotia paludosa var. *arculus* Grunow in Van Heurck 1880–1887 (Type de Synopsis 274); *Eunotia rostellata* Hustedt sensu Foged 1981 non Hustedt

Ventralrand variabel, bei kleinsten Exemplaren wenig, bei den größten stark konkav gekrümmt. Dorsalrand stets stark gekrümmt, bei kleineren Exemplaren buckelartig aufgekrümmt, bei den größten parallel zum Ventralrand vergleichbar *E. elegans*. Enden meistens kopfig vorgezogen und gerundet und nur manchmal wenig dorsalwärts aufgebogen. Länge 14–50 µm, Breite 3–4 µm. Terminalknoten und distale Raphenenden dicht an die Pole gerückt. Ventralarea nicht sichtbar. Str. 16–24/10 µm.

Verbreitung noch nicht genauer bekannt, in Nordeuropa und im Gebiet, auch in Holland zerstreut bis selten. Ökologischer Schwerpunkt in schwach sauren, elektrolytarmen, stehenden Gewässern.

Grunows Zuordnung zu *E. paludosa* ist nicht aufrechtzuerhalten. Eher könnte an eine Verbindung mit *E. elegans* gedacht werden, die Grunow noch nicht gekannt hat. Beide Sippen kommen manchmal gemeinsam vor. Wir konnten bisher jedoch kein Kontinuum zwischen den stark gekrümmten, allgemein bekannten *elegans*-Erscheinungsformen und den einzelnen sehr variablen Entwicklungsstadien von *E. arculus* feststellen. Letztere zeigen in jedem Fall eine geringere Krümmung, d. h. der Krümmungsradius liegt entschieden höher. Grunows Taxon fehlt sowohl im Atlas als auch im Text der Synopsis. Gewohnheitsgemäß wird ein derart nicht regelgerecht publiziertes Taxon bei sicherer Zuordnung eines Lectotypus jedoch als gültig veröffentlicht anerkannt.

35. Eunotia septentrionalis Oestrup 1897 (Fig. 157: 13–18; Fig. 159: 6, 7)

Eunotia arcuata f. *compacta* Steinecke 1916

Ventralrand der Schalen schwach bis stärker konkav, im Bereich der Raphenäste oft mit flachen Wellen, manchmal mit einem Knick in der Mitte. Dorsalrand annähernd parallel dazu, bei kürzeren Exemplaren stärker konvex, bei längeren Schalen von der Mitte allmählich, vor den Enden abrupt abfallend. Enden schmäler, breiter bis flach gerundet, manchmal etwas kopfig vorgezogen oder nach dorsal schnabelartig aufgebogen. Länge 11–140 µm, Breite 3–6 µm. Terminalknoten und die kurzen Bögen der distalen Raphenenden dicht an die Pole gerückt. Ventralarea dicht am Ventralrand verlaufend durchgehend sichtbar. Str. 8–19/10 µm, von dorsal vereinzelt verkürzte Str. «eingeschoben».

Verbreitung (nur ?) nördliche Hemisphäre, Angaben auch aus den Tropen, im Gebiet zerstreut, lokal häufiger, besonders in elektrolytarmen Niedermooren und Übergangsmooren der Gebirgslagen. Fließendes sowie mineralreicheres Wasser, aber auch Hochmoorkomplexe meidend. Was die Sensibilität gegen anthropogene Versauerung betrifft, insbesondere SO_4-Ionen, so verhält sich *E. septentrionalis* ähnlich wie *E. tenella* (siehe dort).

Abgesehen von den häufig vernachlässigten kleinsten Exemplaren, gehört *E. septentrionalis* zu den leichter identifizierbaren, wenig verwechselten Arten. Grunow (In Cleve & Möller 186) bestimmte die Sippe noch als «*Eunotia minor*

(Kützing)», d. h. er hat sie von der richtigen *E. minor,* die er auch kannte, noch nicht unterschieden. Foged (1981, p. 90, fig. 13, 14) beschreibt für kopfige Formen taxonomisch verbindlich eine fo. *capitata* «neu». Ob er dabei beachtet hat, daß die Figur der Erstbeschreibung der Nominatform (Oestrup 1897, fig. 1:10) genau diese Form zeigt? *E. septentrionalis* var. *bidens* Hustedt 1925, aus Finnland, bleibt fraglich, was ihre Identität betrifft. Die von Simonsen (1987) dokumentierten Formen gehören jedenfalls nicht zu dieser Art, sondern zur hier unter *E. circumborealis* vorgestellten Sippe (fig. 129: 12) und zu *E. rhynchocephala* var. *satelles* (fig. 129: 13). *E. septentrionalis* ist beispielhaft für die Variabilität der Streifendichte. So zeigte eine Frustel auf einer Schale 18 Str./10 µm, die ergänzende Schale nach Teilung (umweltbedingt?) nur 8 Str./10 µm.
Eunotia rostellata Hustedt in A. Schmidt et al. 1913 sowie *Eunotia pectinalis* var. *rostrata* Germain 1981 sind zwei mit *E. septentrionalis* verwechselbare Taxa. Beide sind wenig bekannt. Die erste wurde bisher im Gebiet noch nicht sicher nachgewiesen. Es gibt jedoch auch hier, z. B. im Taunus grob gestreifte, relativ große Erscheinungsformen, die als *E. septentrionalis* oder ebenso treffend als *E. rostellata* bestimmt werden können (vgl. Fig. 159: 4–7). *E. rostellata* sensu Cleve & Euler 1953, aus Lappland, könnte eher noch zu *E. pectinalis* gehören. Ganz anders Germains Taxon, es könnte eher noch zu *E. septentrionalis* oder *E. rostellata* gehören als zu *E. pectinalis.* Da bisher nur eine einzige Population davon bekannt ist, bleibt die Sippe weiter kritisch vergleichend zu beachten.

36. Eunotia subarcuatoides Alles, Nörpel & Lange-Bertalot 1991 (Fig. 138: 1–9)

Eunotia lunaris var. *subarcuata* sensu auct. nonnull.

Frusteln in Gürtelansicht ohne besondere diagnostisch interessante Merkmale. Schalen am Ventralrand schwach bis mäßig konkav, Dorsalrand parallel dazu oder ± stärker konvex, vor den stumpf gerundeten Enden wenig oder gar nicht eingezogen, niemals schnabelartig aufgebogen. Länge 6–35(40) µm, Breite 2,7–4,5 µm. Terminalknoten der Raphenäste ziemlich dicht an die Pole gerückt. Distale Raphenenden biegen vom Schalenmantel ausgehend nur kurz in die Schalenfläche ein. Ventralarea daher in Schalenansicht schwer sichtbar. Eine «Rücklaufraphe» ist nicht vorhanden. Str. 18–23/10 µm, zu den Polen hin etwas dichter gestellt als in Schalenmitte. Im REM (cf. Fig. 138: 8, 9): Auf der Schalenoberfläche endet die Raphe in einer Terminalpore ohne jeden Ansatz einer nach proximal zurücklaufenden äußeren Raphenspalte. Anders als bei *E. bilunaris* und weiteren Taxa mit «Rücklaufraphe» sind die Transapikalstreifen auf der Innenschale auch distal durchlaufend und nicht durch eine schmale hyaline Area unterbrochen. Eine solche Area liegt regelmäßig auf der Schaleninnenfläche unter einer «rücklaufenden» Raphe, das ist eine auf der Oberfläche verlaufende Terminalspalte ohne Durchbruch zum Schaleninnern. An einem Schalenpol ist zusätzlich zur Helictoglossa eine Rimoportula ausgebildet wie bei der weit überwiegenden Zahl aller *Eunotia*-Arten.

Verbreitung vermutlich kosmopolitisch, bisher in Europa, insbesondere Deutschland und Niederlande sowie in Süd-Chile mit Sicherheit nachgewiesen; wahrscheinlich auch in Nordamerika. In Mitteleuropa ziemlich häufig in Mittelgebirgslagen, Bachoberläufe auf Buntsandstein, Quarzit und anderen sauren Gesteinen. Ökologischer Schwerpunkt in oligotrophen, elektrolytarmen kleinen Fließgewässern bei vergleichsweise sehr niedrigen pH-Werten zwischen 3,7–5,2. Direkt auf Steinen wachsend oder in *Scapania*- oder *Sphagnum*-Polstern, sowie zwischen fädigen Grünalgen, nicht in Gallerte eingehüllt wie *Eunotia bilunaris* var. *mucophila.* In Süd-Chile in vulkanisch beeinflußten Quellen, wahrscheinlich unter dem Einfluß von Schwefel-Verbindungen. In Europa evtl. gefördert durch anthropogene Versauerung («saurer Regen»). Nicht in dystrophen Moorgewässern.

Diese Art ist uns aus der Literatur bisher unter keinem speziellen Taxon bekannt geworden. Protokolliert und abgebildet wird sie von verschiedenen Autoren als Angehörige des Formenkreises um *E. lunaris* und *E. naegelii* (sowie deren Synonymen), insbesondere als *E. lunaris* var. *subarcuata*. Tatsächlich sind zumindest die charakteristischen halbmond- bis mondsichelförmigen Individuen von den kleinen *subarcuata*-Formen im LM kaum zu unterscheiden. Letztere besitzen wie auch *E. naegelii* die typischen Kriterien der «Rücklaufraphe», die jedoch oft nur im REM erkannt werden kann. Die längeren Exemplare von *E. subarcuatoides* besitzen eine weniger charakteristische Gestalt und weichen stärker vom Sippenkreis der *E. bilunaris* ab. Sie konvergieren mit mehreren anderen *Eunotia*-Arten und sind dadurch vermutlich falsch bestimmt worden (vgl. aber auch PIRLA (1986), *Eunotia species* 6). *E. exigua* kann in manchen Sippen vergleichbare Formen bilden, die sich jedoch durch breiter gerundete Enden auszeichnen. Sehr kleine Formen von *E. incisa* unterscheiden sich regelmäßig durch weiter gestellte Str. und ihre noch erkennbaren «nasenartigen» Enden. Besonders zu beachten sind jedoch die Konvergenzen zu *E. fastigiata* Hustedt und *E. levistriata* Hustedt. Diese beiden Taxa aus Sumatra bzw. Java besitzen auch gleiche ökologische Charakteristika wie *E. subarcuatoides* (vgl. auch unter Sippenkomplex um *E. exigua*).

37. Eunotia intermedia (Krasske ex Hustedt) Nörpel & Lange-Bertalot 1991 (Fig. 143: 10–15)
Eunotia pectinalis var. *minor* f. *intermedia* Krasske ex Hustedt 1932; *Eunotia faba* var. *intermedia* Cleve-Euler 1953; *Eunotia vanheurckii* var. *intermedia* Patrick 1958

Ventralrand von annähernd gerade bis sehr schwach konkav. Dorsalrand mäßig stark konvex bei kürzeren Individuen, annähernd parallel zum Ventralrand bei Erstlingszellen. Enden regelmäßig nicht oder kaum merklich abgesetzt. Länge 14–45 µm, Breite 3,5–5 µm. Terminalknoten der Raphen dicht an die Pole gerückt, nur bei Erstlingszellen wenig entfernter gestellt. Raphenenden distal sehr wenig in die Schalenfläche einlenkend. Str. 14–19/10 µm, an den Enden auch dichter gestellt.

Verbreitung bisher nur von der nördlichen Hemisphäre sicher bekannt, im Gebiet zerstreut, meistens mit individuenärmeren Populationen auftretend. Angaben von Krasske über Funde in Südamerika haben sich nach Überprüfung dieser Sippe als Irrtum erwiesen. Ökologischer Schwerpunkt in elektrolytarmen, circumneutralen bis schwach sauren, oligotrophen Gewässern, im Gebiet in Gebirgslagen (Alpen, Pyrenäen).

Wenn Patrick feststellt, daß Krasskes Taxon eher infraspezifisch mit *E. vanheurckii* verbunden werden könnte als mit *E. pectinalis*, dann muß man dem sicher zustimmen. Was Krasske und Hustedt zu der ursprünglichen Zuordnung bewogen haben mag, bleibt kaum verständlich in Anbetracht sonstiger, oft sehr kleinlicher Differenzierungen von einander sehr viel näher stehenden Sippen im Range von Arten. Nicht Patrick (1958), sondern Cleve-Euler (1953) hat aber die *intermedia*-Sippe zuerst zu *E. faba* gezogen. Trotz der umrißbedingten Ähnlichkeit mit *E. faba* können wir uns der taxonomischen Entscheidung beider Autorinnen nicht ganz ausschließen, weil die Lage der Terminalknoten unterschiedlich ist. Wir ziehen es vor, die Sippe im Artrang zu definieren, auch aufgrund der stets unterschiedlichen Variationsspektren. Darüber hinaus ist auch schon *E. subarcuatoides* als *E. vanheurckii* var. *intermedia* bestimmt worden.

38. **Eunotia silvahercynia** Nörpel, Van Sull & Lange-Bertalot 1991 (Fig. 156: 35–40)

Frusteln in Gürtelansicht schmal-rechteckig ohne besondere diagnostisch wichtige Merkmale. Ventralrand der Schalen schwach konkav bis annähernd gerade. Dorsalrand bei größeren Exemplaren schwach, bei kleineren mäßig stark konvex. Mit Ausnahme der Erstlings- und sehr kurzen Zellen ist der Dorsalrand schwach wellig, wobei das Wellental in Schalenmitte regelmäßig am stärksten ausgeprägt ist. Enden meistens schwach vorgezogen und stumpf bis breit gerundet. Länge 12–40 µm, Breite wenig variabel, um 4 µm. Terminalknoten ziemlich nahe an die Pole gerückt, distale Raphenenden nur wenig in die Schalenfläche einbiegend; Ventralarea im LM kaum sichtbar; Str. 16–22/10 µm.

Verbreitung außerhalb Europas noch nicht bekannt, hier ein charakteristisches Element der armorikanisch-herzynischen Mittelgebirge im Gebiet, Belgien, Frankreich (Bretagne). Meistens nur in individuenarmen, lokal jedoch auch individuenreichen Populationen auftretend, insgesamt ziemlich selten. Ökologischer Schwerpunkt in sehr elektrolytarmen (30–60 µS/cm), sauren, oligo- bis leicht dystrophen Bächen. Sie verschwindet bei zunehmender Strömung.
Die Art ist bisher wohl wegen ihrer relativen Seltenheit übersehen und sicher auch mit ähnlich aussehenden Taxa verwechselt worden. Wenn man die charakteristisch gewellte Dorsallinie nicht beachtet, können Verwechslungen mit *E. minor*, evtl. auch mit *E. incisa* vorkommen. Von letzterer und von *E. veneris* und ähnlichen Taxa unterscheidet sie sich jedoch durch die fehlenden nasenartigen Enden.

39. **Eunotia muscicola** Krasske 1939 (Fig. 156: 1–22)

Frusteln in Gürtelansicht schmal rechteckig. Ventralrand der Schalen schwach bis mittelstark konkav gebogen, im Bereich der Raphenäste stets mit je einer deutlichen Welle. Dorsalrand mit 2–5 gleichmäßig flachen und meistens gleichmäßig verteilten Buckeln, die im Gegensatz zu *E. crista-galli* in der Regel nicht unregelmäßig zusammenfließen und blockartig aussehen, vor den Enden stets konkav eingezogen; Enden angedeutet kopfig, breit oder schmäler gerundet, oft etwas schnabelartig dorsalwärts aufgebogen. Länge 6–35 µm, Breite 3–4 µm. Distale Raphenenden in schwach sichtbaren Bögen mit Terminalknoten meistens weit an die Pole gerückt. Ventralarea kaum differenzierbar. Str. 12–19/10 µm, nur vereinzelt zusätzliche verkürzte Str. von dorsal «eingeschoben». Im REM: Helictoglossae beidseitig und Rimoportula einseitig treten an den Polen markant in Erscheinung. Linienförmige schmale Ventralarea am Ventralrand durchgehend sichtbar. Insgesamt starke Ähnlichkeit mit *E. exigua*.

39.1 var. **muscicola** (Fig. 156: 1–7)

Breite der Schalen innerhalb der Populationen durchschnittlich um 3 µm.

39.2 var. **perminuta** (Grunow) Nörpel & Lange-Bertalot 1991 (Fig. 156: 8–11)

Eunotia tridentula var. *perminuta* Grunow in Cleve & Möller 1879; *Eunotia tridentula* var.? *perminuta* Grunow in Van Heurck 1881; *Eunotia tassii* Berg

1939 pro parte; (?) *Eunotia norvegica* Berg 1939; *Eunotia polydentula* Brun sensu Foged 1981 et sensu auct. nonnull.; *Eunotia perminuta* (Grunow) Patrick 1958

Breite der Schalen meistens um 3 μm, Str. etwas weiter gestellt, insgesamt aber kaum von der Nominatvarietät zu unterscheiden und evtl. als Synonym zu betrachten.

39.3 var. tridentula Nörpel & Lange-Bertalot 1991 (Fig. 156: 12–22)

Eunotia tridentula sensu auct. nonnull. non Ehrenberg; *Eunotia polydentula* Brun 1880 (nom. illegitim.) pro parte; *Eunotia perpusilla* Grunow sensu Patrick 1958

Aus der Synonymie auszuschließen sind: *Eunotia tridentula* Ehrenberg 1843; *Eunotia septena* Ehrenberg 1843; *Eunotia quaternaria* Ehrenberg 1843; *Eunotia quinaria* Ehrenberg 1843; *Eunotia ehrenbergii* Ralfs in Pritchard 1861; *Eunotia tridentula* var.? *perpusilla* Grunow in Van Heurck 1881

Schalen durchschnittlich breiter als bei den anderen Varietäten, meistens um 3,5 μm. Schalen dadurch etwas kompakter erscheinend.

Verbreitung der Varietäten insgesamt kosmopolitisch. Var. *perminuta*, Europa betreffend, häufiger in circumborealen Regionen, z. B. Skandinavien (ob auch im Gebiet?) sowie in Nordamerika bis in die südöstlichen Regionen der USA. Var. *muscicola* in Südamerika von Feuerland bis Brasilien. Var. *tridentula* ziemlich häufig in Europa unter nordisch-alpinen Wachstumsbedingungen sowie in nördlichen Regionen Nordamerikas. Sie soll nach Cholnoky auch in den Tropen vorkommen. Ökologischer Schwerpunkt in oligotrophen, meist elektrolytarmen circumneutralen bis schwach sauren Quellen, Quellsümpfen und deren Abflüssen; keineswegs charakteristisch für Hoch- und Niedermoore wie manchmal angegeben.

Um die hier unter einer Spezies zusammengefaßten Sippen herrscht eine große Verwirrung, was die Nomenklatur und die Identifikationen der Sippen betrifft. Nur die *muscicola*-Sippe ist bisher kaum beachtet und daher auch nicht in die Diskussionen einbezogen worden. Die var. *perminuta* ist durch Belege in der Coll. Grunow in Cleve & Möller 186, aus Norwegen, gut typisiert. Patrick (1958) versetzt das Taxon in den Artrang. Priorität im Artrang genießt jedoch *E. muscicola* Krasske 1939, sowohl gegenüber *E. perminuta* als auch gegenüber jedem Taxon, das die «falsche *tridentula*-Sippe» richtig bezeichnet. Dies natürlich nur dann, wenn alle drei Sippen als Varietäten einer Art betrachtet werden. Wir sind der Meinung, daß man sie so bewerten muß, so wie es ja auch schon Grunow in Cleve & Möller und in Van Heurck tat (bezüglich «*E. tridentula*» und var. *perminuta*). Nun existiert aber kein legitimes Epitheton für die «falsche *tridentula*-Sippe». Falsch, weil die hier gemeinte nordische Sippe keinesfalls als konspezifisch mit der tropischen *E. tridentula* Ehrenberg betrachtet werden darf. So sahen es auch bereits Hustedt, Patrick und viele andere Autoren. Dennoch ist sie immer wieder fälschlicherweise so benannt worden. Auch andere Taxa Ehrenbergs (siehe unter den aus der Synonymie auszuschließenden Taxa) können keinesfalls als konspezifisch betrachtet werden. Patrick (1958) identifiziert die «falsche *tridentula*-Sippe» als *E. perpusilla* Grunow, aber auch das ist ein Irrtum! *E. perpusilla* besitzt nach dem Protolog eine entschieden geringere Schalenbreite als 3–4 μm. Wir identifizieren *E. perpusilla* daher mit *E. microcephala* (siehe dort). Warum bezeichnen wir die falsche *tridentula*-Sippe nun nicht als *E. polydentula* Brun? Der Name hätte in diesem Fall Priorität in der Artbezeichnung vor *E. muscicola* und vor *E. perminuta*. Der Grund für unsere negative Entscheidung ist die Illegitimität des Epithetons *polydentula*. Denn Brun wählte es lediglich als nomen novum, als Ersatz für eine Anzahl angegebener Synonyme Ehrenbergs. Das war nicht korrekt, er hätte eines der (irrtümlich) angenommenen Synonyme als korrekten Namen erhalten müssen. Er tat es nicht, weil er *polydentula* für passender hielt, und er kreierte dadurch einen überflüssigen neuen Namen für einen älteren mit demselben zugrundeliegenden Typus. Daß er eine völlig andere Sippe vorliegen hatte als Ehrenberg, bemerkte er nicht. Er beschrieb sie weder als neue Art noch wählte er einen neuen Typus daraus. Wir gründen jetzt die neue Varietät *tridentula* von *E. muscicola* auf einen neuen Typus aus dem Spessart. Wir wählen *tridentula* mit Bedacht, was auf dieser Rangstufe durchaus möglich ist. Denn unter diesem Namen wird die hier diskutierte Sippe ständig in der Literatur bezeichnet. Die tropische *E. tridentula* hingegen mag unter anderen Namen evtl. mehrmals als neue Art beschrieben worden sein. Was Ehrenberg wirklich gemeint hat, bleibt weiterhin fraglich. Es gibt viele Arten mit drei Buckeln. Darüber hinaus können alle drei Varietäten von *E. muscicola* mit mehreren ihr näher stehenden Sippen anderer Arten verwechselt werden. So gibt es z. B. Abgrenzungsprobleme zu *E. crista-galli* und auch zu *tridentulaten* Formen von *E. exigua*. Ein weitgehend unbekanntes Taxon ist *Eunotia ternaria* Ehrenberg. Es ist von anderen Autoren auch im Zusammenhang mit *E. tridentula* Ehrenberg gesehen worden. *E. ternaria* Ehrenberg sensu Grunow in Cleve & Möller 213 aus Santos / Brasilien und *E. pyramidata* Hustedt müssen jedoch als konspezifische Sippen betrachtet werden.

40. **Eunotia crista-galli** P. T. Cleve 1891 (Fig. 156: 23–26)

Das Taxon zeigt Konvergenzen zum *E. praerupta*-Sippenkomplex, insbesondere die *bigibba*-Sippe betreffend, und andererseits zu *E. muscicola* var. *tridentula*. Von letzterer zeichnet sie sich durch folgende Differentialmerkmale aus: Die Schalenbreite beträgt 5–6 μm, Str. 13–15/10 μm. Die Wellen des Dorsalrandes sind etwas höher buckelartig, nicht so flachwellig, zudem manchmal «blockig zusammenfließend».

Vorkommen bisher nur aus Nordeuropa durch gesicherte Funde belegt, nicht im Gebiet. Ökologischer Schwerpunkt in oligotrophen, elektrolytärmeren Gewässern.

Das Variabilitätsspektrum der Art ist noch nicht genau genug bekannt, um sie mit verschiedenen anderen mehrbuckeligen Taxa in Beziehung zu setzen, die bisher nur außerhalb von Europa gefunden und ebenfalls wenig bekannt geworden sind.

41. **Eunotia bactriana** Ehrenberg 1854 (Fig. 150: 8, 9)

Frusteln in Gürtelansicht lang-rechteckig mit vielen Gürtelbändern. Schalen wenig bis mäßig stark gebogen. Ventralrand schwach konkav, manchmal im Bereich der Raphenäste mit je einer flachen Welle, Dorsalrand im mittleren Schalenteil annähernd parallel zum Ventralrand, vor den Enden mit je einem ± spitz gerundeten Buckel und darauf bis etwa zur halben Schalenbreite eingezogen. Enden meistens schwach kopfig zur Dorsalseite vorgezogen, flach gestutzt oder breiter bis schmäler gerundet. Länge 30–40 μm, Breite 3,5–5 μm. Verlauf der distalen Raphenenden kaum sichtbar, Terminalknoten etwas dorsalwärts dicht an die Pole gerückt. Str. 14–18/10 μm.

Verbreitung (soweit rezent) bisher zerstreut aus Nordeuropa und -amerika bekannt, Schwerpunkt in huminsauren, mineralarmen Gewässern wie Moorseen, anmoorigen Quellregionen, Flußoberläufe.

E. bactriana ist wegen des eigentümlichen zweischultrigen Schalenumrisses kaum mit anderen Arten zu verwechseln. Die Variationsbreite und morphologische Verwandschaft sind infolge des relativ seltenen und dazu fast stets individuenarmen Auftretens noch schwer überschaubar. Nach A. Berg ex Cleve-Euler (1953, fig. 473h) gehören auch Formen mit schwächer eingezogenem Dorsalrand vor den Enden zu dieser Art.

42. Eunotia gibbosa Grunow (Fig. 160: 4, 5)

Eunotia didyma var. *inflata* Hustedt in A. Schmidt et al. 1913

Schalen mit je zwei Buckeln am Ventralrand und etwas stärker ausgeprägt am Dorsalrand und so in der Mitte beidseitig eingeschnürt erscheinend; Enden etwas vorgezogen und stumpf keilförmig gerundet; Länge ca. 23–50 µm, Breite 10–16 µm im Buckelbereich. Raphen in gekippter Lage der Schalen fast über die ganze Länge der Buckel am Mantel verlaufend und distal sehr kurz in die Schalenfläche einlenkend, zusammen mit den Terminalknoten etwas von den Enden entfernt liegend. Str. 10–14/10 µm, in der Mitte weiter gestellt und stärker bogig verlaufend.

Vorkommen ziemlich selten in Nordeuropa, auch Nordamerika, im Gebiet bisher nicht gefunden.

Verwechslungen mit anderen gebuckelten Arten sind nicht völlig auszuschließen, insbesondere mit den im Umriß sehr variabel erscheinenden Sippen der vorwiegend tropisch verbreiteten *E. didyma* Grunow (Fig. 160: 12, 13).

43. Eunotia serra Ehrenberg 1837 (Fig. 146: 1–5)

Frusteln in Gürtelansicht rechteckig mit breitem Schalenmantel. Ventralrand bei kürzeren Schalen stärker, bei längeren schwächer konkav gebogen, mit manchmal leichten Wellen im Bereich der Raphenäste. Dorsalrand je nach Länge stärker oder schwächer konvex mit 4 bis über 20 spitzen bis stumpf gerundeten Buckeln, seltener mit flacheren Wellen. Daß die Zahl der Buckel im Zuge fortgesetzter Teilung abnimmt und deshalb eine Reihe früher selbständiger (auf bestimmte Buckelzahlen begründete) Taxa überflüssig wurde, trifft zwar für die Nominatformen, jedoch nicht für diadema- und tetraodon-Sippen zu. Enden von breit bis fast spitz gerundet, seltener angedeutet kopfig oder schnabelartig, Länge (21)30–160 µm, Breite 12–17(20) µm. Terminalknoten den Polen ziemlich dicht genähert, distale Raphenenden mäßig lang bogenförmig. Ventralarea nur in den distalen Teilen in der Schalenfläche sichtbar. Str. in etwas unregelmäßigen Abständen voneinander, 9–12(15)/10 µm, von dorsal zusätzlich unterschiedlich lange Str. «eingeschoben», Punkte um 22/10 µm.

43.1 var. serra (Fig. 146: 1, 2)

Eunotia robusta Ralfs in Pritchard 1861 pro parte; *Himantidium polyodon* (Ehrenberg) Brun 1880; *Eunotia scarda* Berg 1939

Dorsalrand mit mehr als 6 Wellen, die distalen manchmal weniger ausgeprägt.

43.2 var. diadema (Ehrenberg) Patrick 1958 (Fig. 146: 3, 4)

Eunotia diadema Ehrenberg 1838

Dorsalrand mit konstant 6 Wellen, Schalenlänge regelmäßig unter 50 (bis 85 ?) µm.

43.3 var. tetraodon (Ehrenberg) Nörpel 1991 (Fig. 146: 5)
Eunotia tetraodon Ehrenberg 1838
Dorsalrand mit konstant 4 Wellen, Schalenlänge unter 50 μm.

Verbreitung wahrscheinlich kosmopolitisch, besonders häufig unter nordisch-alpinen Bedingungen, aber auch Angaben aus den Tropen, die Nominatvarietät und var. *diadema* im Gebiet selten, var. *tetraodon* in Gebirgslagen dagegen häufiger. Ökologischer Schwerpunkt in oligo- oder dystrophen, elektrolytarmen, insbesondere kalten, durch *Sphagnum* sauer reagierenden Gewässern, z. B. Niedermoore, deren Abflüsse, Quellen. Massenvorkommen in fossilen Kieselgurlagern oder sogenannten Bergmehlen.

Neben den hier aufgeführten, z. T. bisher unbekannt gebliebenen Synonymen findet sich eine Vielzahl weiterer Synonyme, vor allem von Ehrenberg, u. a. bei Van Landingham (1969). Lange Zeit ist der Name *E. robusta* für korrekt gehalten worden, jedoch ist hier den Befunden von Patrick (1958) zu folgen, wonach Ralfs drei zweifelsfrei selbständige Arten unter dieser Bezeichnung vereinigt hat. Andererseits erscheint Patricks infraspezifische Kombination *E. serra* var. *diadema* für Formen mit 4 oder mehr Buckeln weniger überzeugend als die Beibehaltung der Varietäten *tetraodon* für Populationen mit 4 und *diadema* mit 6 Buckeln, weil es sich innerhalb des Artenspektrums neben der Nominatvarietät um zwei (und nicht nur eine) weitgehend konstant bleibende Sippen handelt. Des weiteren gibt es in tropisch-subtropischen Regionen eine Reihe von Taxa, *E. serrata*, *E. tropica*, *E. muelleri*, *E. subrobusta* sind nur Beispiele, die den Sippen von *E. serra* mehr oder weniger ähnlich sehen. Es handelt sich dabei sicher nicht um noch unerkannte konspezifische Taxa. Aber ihre Variabilitätsspektren sind allesamt noch zu wenig bekannt, und es wäre doch interessant, diese Taxa mit zum Vergleich heranzuziehen, wenn sogenannte *E. serra*-Populationen oder deren Synonyme aus den Tropen gemeldet werden.

44. Eunotia triodon Ehrenberg 1837 (Fig. 146: 6–9)

Ventralrand der Schalen mäßig bis stark konkav, sehr selten mit einem kleinen Höcker in der Mitte. Dorsalrand meistens stark gewölbt, und stets dreiwellig bei sehr variabler Buckelhöhe (siehe aber Diskussion). Enden ebenfalls sehr variabel, meistens breiter gerundet, seltener andeutungsweise kopfig. Länge 30–120 μm, Breite 10–26 μm im Bereich der Buckel. Terminalknoten dicht an die Pole gerückt, distale Raphenenden lang bogenförmig, oft nahe bis zum Dorsalrand verlaufend. Ventralarea durchgehend in der Schalenfläche, in der Mitte dem Ventralrand meist stärker genähert. Str. 15–20/10 μm, Punktierung relativ grob, um 24/10 μm. Im REM: soweit untersucht, fehlt die bei den weitaus meisten Arten der Gattung an einem Schalenpol vorkommende Rimoportula hier regelmäßig.

Verbreitung auf der nördlichen Hemisphäre nordisch-alpin (angeblich auch tropisch, jedoch zweifelhaft), im Gebiet ziemlich selten in den Alpen, in Nordeuropa häufig, auch als «Hauptform fossiler Bergmehle». Ökologischer Schwerpunkt in elektrolytarmen, oligotrophen Gewässern.

E. triodon hat zu Verwechslungen selten Anlaß gegeben. Es kommen aber außer den charakteristischen Individuen mit drei Buckeln auch Individuen vor, die zwei oder vier Buckel besitzen. Es existiert aber auch eine «*simplex*-Form», so wie bei vielen anderen normalerweise gebuckelten Arten. Es können sich so Konvergenzen mit der breitschaligen Sippe von *E. parallela* ergeben. Als jüngere

Synonyma sind höchstwahrscheinlich *E. astridae* Fontell 1917 und *E. hyperborea* var. *astridae* (Fontell) Berg 1939 zu betrachten.

45. Eunotia ruzickae Bily & Marvan 1962 (Fig. 159: 1)

(?) *Eunotia tibia* Cleve-Euler 1953 pro parte

Ventralrand der Schalen schwach konkav mit flachen Wellen im Raphenbereich. Dorsalrand schwach konvex, in der Mitte oft annähernd gerade bis sehr schwach konkav eingezogen, so daß die Dorsallinie zweiwellig erscheint. Enden ziemlich schwach vorgezogen und dorsalwärts gebogen. Pole breit gerundet, oft etwas schief abgestutzt erscheinend. Länge 40–90 µm, Breite 4,5–6 µm. Terminalknoten dicht an den Polen, distale Raphenenden laufen etwas in die Schalenfläche hinein. Ventralarea dicht am Ventralrand verlaufend und nur vor den Enden gut sichtbar. Str. 13–14/10 µm, zart punktiert, an den Enden dichter gestellt.

Vorkommen bisher nur aus Südböhmen und Mähren/CSFR bekannt geworden, neuerdings aber auch im Altmühltal/Franken. Die wenigen Biotope waren schwach alkalisch bis schwach sauer, eutroph (bis mesotroph?), β-mesosaprob, bei vermutlich mittlerem Elektrolytgehalt.

Diese bisher sehr wenig bekannt gewordene Sippe ist interessant wegen ihrer für *Eunotia* außergewöhnlichen Autökologie. Sie gleicht darin *E. arcus*, die jedoch oligotrophes Milieu bevorzugt. Mit *E. arcus* ist *E. ruzickae* aus morphologischen Gründen jedoch keinesfalls zu verbinden, aber höchstwahrscheinlich mit *E. tibia* Cleve-Euler. Zwar sind die Protologe der drei Varietäten wenig präzise und lassen Mißdeutungen zu, aber die photographische Abbildung einer als *E. tibia* bestimmten Sippe bei Foged (1981, aus Alaska) zeigt doch eindeutig grundsätzliche Übereinstimmung mit *E. ruzickae*. Daß die regelmäßige Schalenbreite bei letzterer durchschnittlich niedriger ist als bei *E. tibia* (mit 9–12 µm) ist bei anderen variantenreichen *Eunotia*-Arten nicht außergewöhnlich, innerhalb des Artenspektrums. Eine infraspezifische Verbindung beider Taxa dürfte daher der Realität eher angemessen sein als zwei selbständige Arten. Probleme bereiten dagegen die Identitäten der drei *E. tibia*-Varietäten, ihre Beziehungen zueinander und die wenig überzeugende Synonymisierungen durch Cleve-Euler.

46. Eunotia incisa Gregory 1854 (Fig. 161: 8–19; 162: 1, 2; 163: 1–7)

(?) *Himantidium veneris* Kützing sensu Grunow 1862 pro parte; *Eunotia veneris* (Kützing 1844) O. Müller 1898 (excl. Typus); (?) *Eunotia incurvata* Hustedt in A. Schmidt et al. 1913; (?) *Eunotia revoluta* Cleve-Euler 1932; (?) *Eunotia pseudoveneris* Hustedt 1942

Aus der Synonymie auszuschließen sind: *Himantidium veneris* Kützing 1844; (?) *Eunotia incisa* Gregory 1854 pro parte (fig. 4: 4β)

Frusteln in Gürtelansicht seltener quadratisch, meistens rechteckig oder rhombisch verschoben (wie auch *E. faba* und *E. rhomboidea*). Ventralrand der Schalen annähernd gerade bis schwach konkav, an den proximalen Enden der Raphenäste mit je einer flachen Welle, an den distalen Enden eingekerbt erscheinend (incisa), so daß die schmäler oder stumpfer bis annähernd spitz gerundeten Enden ± lang nasenartig (haifischähnlich), oft leicht ventralwärts geneigt, vorgezogen sind. Dorsalrand schwach, bei kleinen Exemplaren stärker konvex, zu den iso- oder heteropolen Enden allmählich abfallend, manchmal schwach eingezogen. Länge 13–50(65) µm, Breite (2)4–6(8) µm. Distale Raphenenden nicht in die Schalenfläche einbiegend, sondern in eine Depression auf dem Schalenmantel; mit den Terminalknoten von den Polen deutlich proximal abgesetzt. Ventralarea in

Schalenansicht nicht sichtbar. Str. entsprechend den Angaben verschiedener Autoren in der Dichte sehr variabel, (9)12–17(20)/10 µm. Im REM: Der bereits im LM durch Fokussieren erkennbare Verlauf der distalen Raphenenden wird bestätigt. Darüber hinaus sind bisher wenig diagnostisch verwertbare besondere Merkmale aufgefallen.

Verbreitung vermutlich kosmopolitisch, im Gebiet zerstreut, stellenweise häufig, besonders in Gebirgslagen. Die ökologische Amplitude bleibt noch genauer zu untersuchen. Ökologischer Schwerpunkt in elektrolytarmen, sauren, oligotrophen Gewässern. Die Toleranz gegenüber mäßig elektrolytreichen Verhältnissen, auch mit Ca-Ionen, scheint jedoch größer zu sein als bei den meisten anderen Arten der Gattung (vgl. auch *E. faba*). Fossil eine Charakterart der Kieselgurlager.

E. incisa senu lato – wie in dieser Diagnose umschrieben – scheint ein Komplex von verschiedenen, voneinander mehr bis weniger abweichenden selbständigen Sippen zu sein. Allerdings bereitet die genauere Differenzierung bisher noch größere Schwierigkeiten. Gehören solche Populationen (nicht einzelne Individuen) noch in das Variabilitätsspektrum der Art? Sind es ökologisch bedingte Varianten oder evtl. andere, wenn auch ähnliche Arten? Unsere laufenden Untersuchungen hierzu sind noch nicht abgeschlossen. Ganz klar deutet sich die Notwendigkeit an, eine besondere, hier provisorisch «*boreoalpina*» genannte Sippe herauszustellen. Außer in den Alpen ist sie z. B. auch in Nevada/USA, in einer Probe aus dem Kings River individuenreich vertreten (es handelt sich um das Typenmaterial von *E. rostellata* Hustedt und gleichzeitig *E. didyma* var. *inflata* Hustedt syn. *E. gibbosa*). Es ist eher unwahrscheinlich, daß es sich dabei um var. *obtusiuscula* Grunow in Van Heurck 1881 (fig. 34: 35B) handelt. Noch weniger dürfte var. *obtusa* Grunow in Frage kommen, die Cleve-Euler (1953) *E. faba* zuordnet.

Der (seit De Toni 1892) häufig gebrauchte Name *E. veneris* für diese Art ist sicher nicht korrekt (vgl. unter *E. veneris*). In der Vergangenheit scheint die sichere Unterscheidung von *E. faba* nicht immer problemlos gewesen zu sein. Exemplare mit breiter gerundeten Enden wurden mehrfach zusammen mit *E. incisa* abgebildet, so bereits von Gregory (1854, fig. 4β). Eine gewisse Ähnlichkeit (abgesehen vom Schalenumriß) besteht auch zu *E. sudetica*. Kritisch muß in diesem Zusammenhang desweiteren auch noch *E. rhomboidea* gesehen werden. Sie ist in der Regel zwar gut zu unterscheiden, es gibt jedoch auch Fälle des Zweifels.

Viel problematischer ist jedoch die taxonomische Bewertung einiger wenig bekannter Sippen, die *E. incisa* doch offensichtlich sehr nahe stehen. So z. B. *E. pseudoveneris* aus Celebes und *E. incurvata* aus Oregon/USA. In anderen Fällen, z. B. in der variantenreichen *E. didyma* wären solche Taxa zweifellos nur in einen infraspezifischen Rang eingestuft worden. Sie bleiben daher weiter vergleichend kritisch zu beobachten.

47. Eunotia veneris (Kützing) De Toni 1892 (Fig. 163: 14–19)

Himantidium veneris Kützing 1844; Konspezifität ist anzunehmen mit: *Eunotia pirla* Carter 1988 (vgl. Fig. 163: 8–13)

Aus der Synonymie auszuschließen sind: *Eunotia incisa* Gregory 1854; *Eunotia pectinalis* var. *minor* (Kützing) Rabenhorst 1864; *Eunotia veneris* (Kützing) O. Müller 1898 (excl. Typus); *Eunotia veneris* sensu Hustedt 1930 et sensu auct. nonnull.

Differentialdiagnose zu *E. incisa*: Terminalknoten der Raphen etwas näher polwärts verschoben. Enden dadurch weniger stark vorgezogen.

Verbreitung infolge von Identifikationsproblemen noch nicht genauer bekannt, Nord- und Südamerika, Schottland. Im Gebiet bisher noch nicht festgestellt. Ökologischer Schwerpunkt in dystrophen, sauren, nicht unbedingt elektrolytarmen Gewässern.

Kützings Taxon, entsprechend dem Typus aus dem Tacarigua See auf der Insel Trinidad hat Anlaß zu vielfachen Verwechslungen gegeben. Falsche Konzepte findet man bei Grunow, Rabenhorst, Hustedt und vielen weiteren Autoren. Meistens ist es *E. incisa*, die irrtümlich für *E. veneris* gehalten wird. Ursache ist der unzulängliche Protolog mit der leicht zu mißdeutenden Abbildung bei Kützing.

Eine Überprüfung des Typenpräparats zeigt eine Population mit charakteristischen «Nasenformen» und entsprechendem Raphenverlauf. Darin stimmt sie mit *E. incisa* überein. In der gesamten Merkmalskombination nähert sie sich jedoch eher noch *E. sudetica* als *E. incisa*. Viel ferner steht sie *E. pectinalis* var. *minor*, die solche «Nasenformen» nicht aufweist. Patricks Meinung in Patrick & Reimer (1966), daß *E. veneris* und das zuletzt genannte Taxon Synonyme wären, ist insofern zu revidieren. Ganz anders ist es jedoch im Falle von *E. pirla* Carter. Sie könnte allenfalls als Varietät von *E. veneris* betrachtet werden. Beim Vergleich der Typenmaterialien beider Taxa können wir keine wesentlichen Unterschiede feststellen, wenn man das ganze Variabilitätsspektrum beider Populationen berücksichtigt. Zwar besitzen mehrere Exemplare der *E. pirla* die von Carter gezeichneten, so charakteristisch erscheinenden leicht abgeknickten nasenförmigen Enden und in der Mitte des Ventralrandes eine Auftreibung, andere jedoch stimmen mit den normal gekrümmten Nasen und dem nicht bis kaum merklich aufgetriebenen Ventralrand von *E. veneris* völlig überein. Auftreibungen in der Mitte des Ventralrandes und auch ventralwärts abgebogene Enden können grundsätzlich bei allen «Nasenformen» auftreten.

48. Eunotia rhomboidea Hustedt 1950 (Fig. 164: 12–20; Fig. 162: 3, 4)

Eunotia incisa var. *minor* Grunow in Cleve & Möller 1878 (no. 56); (?) *Eunotia tenella* sensu Hustedt 1932 pro parte (fig. 749, unten rechts); *Eunotia fallax* var. *aequalis* Hustedt 1937 (fig. 30–31); (?) *Eunotia tenella* var. *capensis* Cholnoky 1958

Frusteln in Gürtelansicht häufig (nicht immer!) von rechteckig nach rhomboid «verschoben», nicht selten zu bandförmigen Aggregaten verbunden. Schalen häufig (nicht ausnahmsweise!) heteropol. Ventralrand gerade bis schwach konkav, in der Mitte oft mit einem schwachen Knick. Dorsalrand schwächer bis mäßig konvex, selten vor den ± stumpf bis schmal gerundeten Enden sehr schwach eingezogen, Länge 10–25 µm, Breite 2–4 µm. Raphenenden in Schalenansicht kaum oder als sehr kurze Bögen noch erkennbar, Terminalknoten von den Enden etwas abgesetzt am Ventralrand. Ventralarea nicht erkennbar. Str. (12) 15–19/10 µm, zu den Enden hin wenig enger gestellt. Im REM erkennt man, daß die Raphen mit ihren Terminalporen ganz im Bereich des hohen Schalenmantels verlaufen. Nur die Terminalspalten laufen kurz in die Schalenfläche hinein (REM-Fig. 162: 3, 4). Sie enden distal von der Helictoglossa in einer kleinen Grube.

Verbreitung kosmopolitisch, im Gebiet zerstreut, lokal häufiger in elektrolytarmen, oligotrophen Gewässern, keine Charakterart der Hochmoore, aber häufig in Niedermooren.

Als Art wurde *E. rhomboidea* vergleichsweise sehr spät «entdeckt». Dieser Formenkreis tritt jedoch, häufiger unerkannt oder als *E. tenella* betrachtet oder als Varietät dazu, in verschiedenen älteren Präparaten auf, z. B. auch im Typenpräparat von *E. tenella* Grunow. Auch *E. fallax* var. *aequalis* Hustedt aus Südostasien erweist sich als höchstwahrscheinlich konspezifisch. Das Taxon einfach mit *E. tenella* zu verbinden, ist nicht möglich. Grunow hat in Van Heurck (fig. 35: 5, 6 als «*E. arcus* var. ? *tenella*») die charakteristischen *rhomboidea*-Formen nicht mit abgebildet. Er betrachtete sie vielmehr als *E. incisa* var. *minor* (Cleve & Möller no. 56). Es muß immer wieder betont werden, daß die rhomboiden Umrisse allein nicht als Artmerkmal gewertet werden dürfen, weil sie bei diversen anderen Arten der Gattung auch auftreten.

In tropisch-subtropischen Regionen gibt es eine Vielzahl von Sippen, die *E. rhomboidea* mehr oder weniger ähneln. Über ihre Identitäten, Variabilitätsspektren, Abgrenzungen voneinander und evtl. Konspezifitäten wissen wir noch sehr wenig. Als ein Beispiel sei hier nur *E. siolii* Hustedt 1952 genannt (vgl. Fig. 165: 1–9). Sie stammt aus Brasilien. Der Protolog könnte zu Mißverständnissen Anlaß geben, insofern als er ein eng begrenztes Variabilitätsspektrum vermuten läßt. Schon in den Syntypenpräparaten liegen größere und in ihren Umrissen erheblich abweichende Individuen vor, die zu derselben Sippe gehören müßten. Andere Sippen, z. T. von anderen Kontinenten (Südostasien, Australien) stehen diesem erweiterten Formenspektrum von *E. siolii* zumindest sehr nahe (Fig. 165: 10–12). Eine auch nur einigermaßen sichere Bestimmung solcher Sippen wird so, durch unzulängliche, weil typologisch fixierte Protologe sehr schwierig bis kaum praktikabel. Die Unkenntnis tatsächlicher Variabilitätsspektren wird so immer wieder Anlaß zu neuen typologisch begründeten Taxa sein.

49. Eunotia sudetica O. Müller 1898 (Fig. 161: 1–7)

Ventralrand der Schalen gerade bis sehr schwach konkav, an den proximalen Raphenenden mit je einer flachen Welle, an den distalen Enden mit einer (scheinbaren) Einkerbung, in der Mitte manchmal mit einem Knick. Dorsalrand bei kleineren Exemplaren ziemlich hoch aufgewölbt, sonst regelmäßig im mittleren Teil parallel zum Ventralrand und erst vor den Enden mehr bis weniger stark abfallend, bei *bidens*-Formen meistens schwach ausgeprägt zweiwellig. Enden stumpf bis spitzer gerundet oder schief gestutzt, insgesamt naseartig vorgezogen und leicht ventralwärts geneigt (wie bei *E. incisa*). Länge 12–60 μm, Breite 5,5–9 μm. Distale Raphenenden nur wenig in die Schalenfläche einbiegend, Terminalspalten auf der Schalenfläche, anders als bei *E. incisa* (REM). Terminalknoten von den Polen deutlich proximal abgesetzt. Ventralarea nur in Schräglage der Schalen sichtbar. Str. 8–13(19 ?)/10 μm.

Verbreitung kosmopolitisch, im Gebiet selten, besonders in Gebirgslagen, ökologisch *E. incisa* entsprechend. *E. sudetica* kann jedoch eher als Charakterart kleiner Fließgewässer bezeichnet werden. In Seen wird sie wahrscheinlich eingeschwemmt.

Auch wenn es inkonsequent im Vergleich mit den hier als Varietäten aufgeführten *bidens*-Formen anderer Arten ist, fällt es schwer, den Formen mit nur schwach «eingedelltem» Dorsalrand bei *E. sudetica* einen Varietätsrang einzuräumen (vgl. auch unter *E. praerupta*). Wegen möglicher Verbindungen von *E. sudetica*-ähnlichen Taxa vgl. unter *E. incisa. E. minor* (syn. *E. pectinalis* var. *minor*) dürfte eigentlich bei Beachtung der Lage des Terminalknotens zukünftig keine Verwechslungen mehr verursachen. *E. veneris*, vor allem aber die ihr sehr nahe stehende *E. pirla* können mit manchen Populationen der *E. sudetica* jedoch durchaus verwechselt werden. Sie unterscheiden sich eigentlich nur durch die abweichende mittlere Dichte der Str. Dagegen sind die Variationsspektren der

Umrisse annähernd gleich. Auf beiden amerikanischen Subkontinenten kommen weitere Sippen mit nasenartigen Enden hinzu, z. B. *E. carolina*. Viele andere sind als Taxa noch gar nicht definiert oder sie werden – wenig überzeugend – als Varietäten an irgendwelche bekannten Arten angehängt oder erscheinen in kursierenden Fundlisten mit Photographien (z. B. PIRLA 1986) unter laufenden Nummern.

50. Eunotia faba Ehrenberg 1838 (Fig. 164: 1–10)

Himantidium faba Ehrenberg 1854; *Himantidium soleirolii* W. Smith 1856 non Kützing 1844; *Eunotia kocheliensis* O. Müller 1898; (?) *Eunotia correntina* Frenguelli 1933; *Eunotia vanheurckii* Patrick 1958

Frusteln in Gürtelansicht quadratisch bis lang rechteckig mit gerundeten Ecken, manchmal auch rhomboid verschoben. Unter besonderen osmotisch wirksamen Bedingungen werden auffällige Dauersporen (Innenschalen) gebildet. Vorkommen isoliert oder in bandförmigen Aggregaten. Schalenumriß sehr variabel von annähernd rundlich über bohnenförmig bis langgestreckt, annähernd linear, manchmal schlangenförmig verbogen, auch heteropol. Ventralrand gerade bis schwach konkav (selten sogar konvex) mit flachen Wellen im Bereich der Raphenäste, manchmal mit einem Knick in der Mitte. Dorsalrand ± stärker konvex, nur bei besonders langen Exemplaren parallel zum Ventralrand; zu den stumpf bis breit gerundeten Enden allmählich abfallend, selten sehr schwach eingezogen. Länge 16–60 (in Afrika angeblich bis über 160) µm, Breite 5–9 µm. Distale Raphenenden nicht über den Mantelrand in die Schalenfläche verlaufend, sondern abgesehen von den Terminalspalten auf dem Schalenmantel bleibend. Mit den Terminalknoten normalerweise deutlich von den Polen proximal versetzt. Ventralarea nur bei geeigneter Lage der Schalen dicht am Ventralrand durchgehend sichtbar, sonst nur an den Enden. Str. in der Dichte sehr variabel (10)13–15(20)/10 µm, zu den Enden hin regelmäßig enger liegend.

Verbreitung kosmopolitisch (häufig massenhaft fossil), in Nordeuropa häufig, im Gebiet nur in Gebirgslagen zerstreut bis mäßig häufig, im Flachland selten und meist vereinzelt. Ökologischer Schwerpunkt vermutlich in stehenden oligotrophen, meist sauren Gewässern mit niedrigem bis mittlerem Elektrolytgehalt. Im Gegensatz zur Mehrzahl der anderen Arten jedoch angeblich sogar in schwach brackigem Wasser mit höheren Individuenzahlen auftretend (ob lebend ?).

Diese habituell eigentlich gut identifizierbare Art hat trotz ihrer relativ eng begrenzten Variabilität dennoch zu mehreren Verwechslungen und überflüssigen «neuen Taxa» Anlaß gegeben. Hauptursachen dafür sind die Variabilität der Streifendichte (die aber bereits in fossilen Materialproben festzustellen ist), der Schalenlänge (die zu Habitusveränderungen führt) sowie verschiedene Anomalien, z. B. der Terminalknoten und Raphenäste, Verlagerung bis dicht an die Pole oder sogar zur Dorsallage (vgl. Fig. 164: 7, 8). Es ist kaum zweifelhaft, daß ähnliche Formen aus dem Kochelsee im Riesengebirge die Kreation des Taxons *E. kocheliensis* veranlaßt haben. Die Fähigkeit zur Ausbildung auffälliger innerer Schalen hat offensichtlich zu den Homonymen *E. soleirolii* Kützing (für *E. pectinalis*) und *E. soleirolii* W. Smith (für *E. faba*) geführt. Desweiteren hat vermutlich die Reduktion des Bildmaterials durch Hustedt, von einem relativ breiten Formenspektrum in A. Schmidt et al. (1911) zu wenigen exemplarischen Figuren (1930 u. 1932) weitere «Neubeschreibungen» nach sich gezogen. Die Begründung des nomen novum *E. vanheurckii* Patrick kann nicht überzeugen. Denn ein kritischer Vergleich der verschiedenen Maßangaben und Abbildungen Ehrenbergs zeigt, daß als *E. faba* keinesfalls eine *Epithemia* gemeint sein konnte, sondern unzweifelhaft die hier beschriebene *Eunotia*. Wir können auch nicht der Ansicht von Patrick zustimmen, wonach die bei Hustedt (1932, fig. 763, 1–o) mit *E. pectinalis* verbundenen Formen zum Formenkreis um *E. faba* zu ziehen sind.

Zwar lassen sich alle Übergänge zwischen grob-und feingestreiften Formen, isobis stark heteropole Schalen sowie weitere Formenvariabilitäten in einem Präparat finden (beispielhaft V.H. Type de Synopsis 274), doch kann *E. pectinalis* var. *minor* f. *intermedia* Krasske damit nicht verbunden werden. Sowohl das Variabilitätsspektrum der Schalenbreite als auch die Lage der Terminalknoten sind verschieden (siehe unter *E. intermedia*).

51. Eunotia bidentula W. Smith 1856 (Fig. 161: 21–25)
Eunotia bidentuloides Foged 1977

Frusteln in Gürtelansicht lang rechteckig bis schwach rhomboid (ob stets ?), mit wenigen breiten Bändern. Schalen mit geradem bis sehr schwach konkav gebogenem Ventralrand. Dorsalrand mit zwei mehr bis weniger hoch aufgewölbten Buckeln, zu den Enden bis auf ⅓ bis ¼ der maximalen Schalenbreite steil abfallend. Enden meistens ziemlich lang und gerade vorgezogen, manchmal ventral oder dorsal schwach aufgebogen, schmäler bis stumpfer gerundet oder leicht kopfig schräg abgestutzt. Länge 18–55 µm, Breite 6–14 µm. Terminalknoten von den Enden deutlich proximal versetzt. Distale Raphenenden nicht über den Mantelrand hinweg in die Schalenfläche einlenkend und daher, ebenso wie die Ventralarea, in Schalenansicht kaum erkennbar. Str. 15–20/10 µm, in den Buckeln einzelne verkürzte Str. von dorsal «eingeschoben».

Verbreitung infolge Verwechslungen nicht sicher bekannt, vermutlich kosmopolitisch, in arktischen und borealen Regionen Europas (z. B. auch Schottland) häufiger, im Gebiet nur aus dem Riesengebirge sicher bekannt. Ökologischer Schwerpunkt in kalten, oligotrophen, elektrolytarmen Gewässern.

Charakteristische Merkmale dieser Art sind, wie analog bei *E. faba, E. incisa, E. sudetica,* die von den Enden proximal versetzten, ganz im Schalenmantel liegenden Terminalknoten und distale Raphenenden. Die Variationsbreite der verschiedenen Populationen ist (in Europa) vergleichsweise gering, sogenannte Übergangsformen, die eine engere Verbindung mit anderen Taxa vermuten lassen könnten, liegen nicht vor.

Durch Vergleich mit dem Typenmaterial (BM 23082) konnten die Auffassungen anderer Autoren von diesem Taxon anhand ihrer Abbildungen überprüft werden. Danach sind aufgrund verschiedenartiger Anlagen der Terminalknoten aus der Synonymie auszuschließen:

E. bidentula Schumann (1867, p. 51, fig. 1: 1), *E. bidentula* sensu Hustedt (1930, p. 173, fig. 208 u. 1932, p. 277, fig. 744 Bild links und mitte), *E. bidentula* sensu Cleve-Euler (1953, p. 128, fig. 469). Die falsch bestimmten Formen gehören fast immer in den Formenkreis von *E. diodon.* Dagegen ist an der Konspezifität von *E. bidentuloides* Foged aufgrund seiner photographischen Abbildung und der völlig unzulänglich erscheinenden Angabe über Differentialmerkmale (schwach konvexer Ventralrand und spitzen Buckeln) nicht zu zweifeln.

Soweit zur Situation der Sippen in der «Alten Welt». Nun treten aber im südlichen Nord- und in Südamerika andere Sippen auf, die neue Probleme aufwerfen. Es sind *E. convexa* Hustedt 1952 mit ihrer forma *impressa* Hustedt 1952 sowie *E. carolina* Patrick 1958 aus Georgia/USA. Die letztere tritt im Typenpräparat ebenfalls zusammen mit einer «*impressa*»-Form auf. Beide Sip-

penpaare, das aus dem subtropischen Georgia und das aus dem tropischen Brasilien lassen sich schwer unterscheiden und können als konspezifisch betrachtet werden. Hinzu kommt eine Sippe aus Massachusetts/USA, die zuerst als *Eunotia bidentula* var. *elongata* Hustedt in A. Schmidt et al. 1913 beschrieben, später von Hustedt jedoch in die Nominatvarietät einbezogen wurde. Es ist offensichtlich die gleiche, die von Grunow in Van Heurck 1881 als «*E. bidentula* var.» bezeichnet und in Cleve & Möller 321, 322 wohl irrtümlich «*E. bidentata* Sm.» genannt wird. Wir sehen keine Kriterien, wie sich diese Sippe von den zuvorgenannten *impressa*-Sippen unterscheiden lassen soll. Sehr wahrscheinlich besteht hier ein insgesamt sehr eng systematischer Zusammenhang, der hier jedoch noch nicht zu nomenklatorischen Konsequenzen führen soll.
Zu fragen bleibt auch noch, warum *E. reflexa* f. *minor* Hustedt in A. Schmidt et al. 1913 mit *E. reflexa* (Nominatvarietät) verbunden wird und warum nicht mit *E. convexa*.

52. Eunotia hexaglyphis Ehrenberg 1854 (Fig. 166: 1–4)

Eunotia tetraglyphis Ehrenberg 1854; *Eunotia pentaglyphis* Ehrenberg 1854; *Eunotia ehrenbergii* Ralfs in Pritchard 1861 pro parte; *Eunotia polyglyphis* Grunow in Van Heurck 1881

Ventralrand der Schalen gerade bis schwach konkav, an den proximalen Raphenenden durch je eine flache Welle markiert. Distal erscheint je eine Depression auf der Gürtelseite in Form einer Einkerbung. Dorsalrand unterschiedlich stark konvex mit 4–8 (auch mehr?) flacheren bis spitz gerundeten Buckeln, zu den Enden zuerst allmählich, dann meist steil abfallend. Enden nasenartig, ventral geneigt, vorgezogen und schmäler bis stumpfer gerundet oder abgestutzt. Länge 25–60 (bis über 80) µm, Breite 5–11 µm (Angaben größerer Dimensionen evtl. infolge Verwechslung?). Distale Raphenenden und Terminalknoten von den Polen deutlich proximal abgesetzt, in den Ventralrand eingezogen erscheinend («Nasenloch»). Ventralarea nicht sichtbar. Str. 11–15/10 µm, manchmal gerade noch als punktiert auflösbar.

Verbreitung (nur?) auf der nördlichen Hemisphäre, oft auch in Kieselgurlagern, rezent in Nordeuropa häufiger, im Gebiet zerstreut, eher selten, in elektrolytarmen, oligotrophen (kalten) Gewässern wie Quellen, Seen, Sümpfe der Gebirgslagen.

Die Art kann nicht (wie *E. serra*) aufgrund ihrer Buckelzahl infraspezifisch gegliedert werden und gleicht darin deren Nominatvarietät. Angaben über höhere Buckelzahlen beruhen möglicherweise auf Verwechslungen mit *E. serra*, geringere als 4 betreffen evtl. andere Arten. Die Lage der Terminalknoten sollte Verwechslungen eigentlich ausschließen.

53. Eunotia hemicyclus (Ehrenberg) Ralfs in Pritchard 1861 (Fig. 166: 8–11)

Synedra hemicyclus Ehrenberg 1840; *Eunotia falcata* Gregory 1854; *Eunotia falx* Gregory 1855; *Ceratoneis hemicyclus* (Ehrenberg) Grunow in Rabenhorst 1865; *Pseudoeunotia hemicyclus* (Ehrenberg) Grunow in Van Heurck 1881; *Amphicampa hemicyclus* (Ehrenberg) Karsten in Engler & Prantl 1928; *Semiorbis hemicyclus* (Ehrenberg) Patrick in Patrick & Reimer 1966

Frusteln einiger Individuen manchmal mit den Enden aneinanderhaftend zu «korbartigen» Aggregaten verbunden. Schalen annähernd halbkreisförmig gebogen mit annähernd parallelen Rändern. Dorsalrand vor den Enden manchmal unterschiedlich stark eingezogen und die Pole etwas dorsalwärts aufgebogen oder vor den Enden einfach verschmälert und stumpf bis fast spitz gerundet. Länge im Bogenradius 20–40 µm, Breite 3–5,5 µm. Raphen und Terminalknoten im LM nur schwer oder gar nicht differenzierbar, im REM dicht am Mantelrand liegend erkennbar (vgl. die detaillierte Beschreibung von Moss et al. 1978 sowie die folgende Diskussion). Ventralarea nicht erkennbar. Str. 9–11/10 µm.

Verbreitung durch als unsicher geltende Angaben noch nicht genauer bekannt, zerstreut bis häufiger in Nordamerika und Nordeuropa, im Gebiet selten in höheren Gebirgslagen, in kälteren, elektrolytarmen, oligo- bis dystrophen Gewässern.

Wie bei manchen anderen Taxa im Range oberhalb der Spezies wird es wohl letztlich auch bei *E. hemicyclus* eine Frage individueller Bewertung bleiben, ob die Kriterien für eine selbständige Gattung *Semiorbis* ausreichen oder ob eine Zuordnung zu *Amphicampa* oder ein Verbleiben bei *Eunotia* die beste Lösung darstellt. Was die Entscheidung für *Semiorbis* gegen *Amphicampa* durch Patrick betrifft, so ist festzustellen, daß die Abtrennung im wesentlichen auf einer unzutreffenden Einschätzung der Merkmale erfolgte. Denn tatsächlich zeigen sich mehr Ähnlichkeiten mit *Amphicampa* (*Eunotia*-Raphe) als mit der Familie der *Fragilariaceae*, zu der das vermeintlich raphenlose Taxon gestellt wurde. Der weiterhin ins Feld geführte Unterschied der crenulaten Schalenränder bei *Amphicampa* kann als «gattungsentscheidend» wohl kaum überzeugen. Proschkina-Lavrenko (1953) und Kolbe (1956) haben sich nach Entdeckung der *Eunotia*-Raphe für die Kombination mit *Eunotia* entschieden, die auf Ralfs (1861) zurückgeht. Moss et al. (1978) dagegen plädieren für *Semiorbis*, innerhalb der Eunotiaceae, weil die gratartige Gestalt der transapikalen Rippen, die sehr stark gebogene Schalenform, die unregelmäßige Stellung der Foramina in den Str., der schwächer ausgeprägte Schalenmantel und schließlich das Fehlen von Rimoportulae von *Eunotia* abweichen. Dazu ist zu bemerken, daß bis auf das letztgenannte Kriterium alle anderen wenig überzeugen können, weil sie nicht qualitativer sondern allenfalls quantitativer Natur sind, was die Autoren auch zum Teil einräumen, z. B. daß die Schalenkrümmung bei *E. elegans* sich von *Semiorbis* nicht unterscheidet. Unregelmäßige Foraminastellung kann zufällig, populationsbedingt sein, wie bei vielen Diatomeenarten vorkommend. Die transapikalen Rippen können auch bei *Eunotia* gratartig ausgebildet sein, z. B. bei *E. catillifera* Morrow in Morrow et al. 1981. Bliebe das Kriterium der Rimoportula, wozu bereits Simonsen (1979 im Zusammenhang mit einer phylogenetischen Gliederung der Pennales) vorsichtig kritische Stellung bezüglich der Existenzberechtigung der Gattung *Semiorbis* bezieht. Zu bemerken ist darüber hinaus, daß einzelne Individuen und Populationen von *Eunotia* ohne Rimoportulae nachgewiesen sind. Ob das für einzelne Arten prinzipiell gilt, insbesondere *E. triodon*, bleibt offen. Jedoch bleibt ebenso für *Semiorbis* offen, ob es nicht auch Populationen mit Rimoportula gibt. *Eunotia* kann im übrigen keine, eine oder zwei (*E. synedraeformis*) Rimoportulae besitzen, ebenso wie die Gattung *Fragilaria*, wo fehlende Rimoportulae, z. B. bei *F. pinnata*, erst neuerdings die Forderung nach einer Ausgliederung aus ihrer Gattung nach sich gezogen hat.

2. Actinella F. W. Lewis 1863

Typus generis: *Actinella punctata* F. W. Lewis 1863

Frusteln und Schalen grundsätzlich mit gleichen Strukturmerkmalen wie *Eunotia*, jedoch mehr bis weniger deutlich heteropol, d. h. mit asymmetrischen Hälften zur Transapikalachse. Die Mehrzahl der Arten zeigt erheblich stärker ausgeprägte Unterschiede zwischen den beiden Schalenpolen als die fakultativ heteropolen Arten von *Eunotia*, wie z. B. *E. rhomboidea*. *Actinella brasiliensis* kann aber annähernd isopole Exemplare entwickeln und *A. eunotioides* unterscheidet sich regelmäßig kaum noch von den Symmetrieverhältnissen einiger *Eunotia*-Arten. Dörnchen am Dorsal- und Ventralrand der Schalen. Frusteln in vivo solitär oder in sternförmigen Aggregaten, mit den schmaleren Polen verbunden. Verbreitungsschwerpunkt der Arten in tropischen und subtropischen elektrolytarmen, dystrophen Gewässern. Der nachfolgend beschriebene Typus generis bildet geobotanisch die Ausnahme.
Wichtige Literatur: Hustedt 1952, 1965, Cholnoky 1954.

Actinella punctata Lewis (Fig. 160: 1)

Frusteln in situ sternförmige Aggregate bildend, in Gürtelansicht linear. Schalen wenig bogenförmig gekrümmt mit weitgehend parallelen Dorsal- und Ventralrändern; an einem Ende kurz keilförmig verschmälert oder stumpf gerundet, am anderen stärker aufgetrieben, gerundet und abrupt enger bis weiter eingerandet, so daß zwei zackenartige Enden erscheinen, Länge ca. 65–110 µm, Breite in der Mitte 4–6 µm. Distale Raphenenden wenig über den Mantelrand in die Schalenfläche einlenkend, dicht an den Enden gerückt, ebenfalls die Terminalknoten und Rimoportulae. Str. ca. 11–17/10 µm. Schalenränder mit Dörnchen besetzt.

Verbreitung zerstreut in Nordeuropa, auch Nordamerika, im Gebiet noch nicht gefunden. Ökologischer Schwerpunkt in dystrophen Gewässern.

3. Peronia Brébisson & Arnott ex Kitton 1868 (nom. cons.)

Typus generis: *Peronia erinacea* Brébisson & Arnott ex Kitton 1868 (nom. illegitimum)
Synonyme: *Gomphonema fibula* Brébisson ex Kützing 1849; *Peronia fibula* (Brébisson ex Kützing) Ross 1956

Frusteln in Gürtelansicht keilförmig, in situ einzeln auf Gallertstielen Substraten aufsitzend oder Aggregate von kreissegmentartiger Gestalt bildend. Schalen heteropol, zur Apikalachse symmetrisch, zur Transapikalachse asymmetrisch; vom keilförmig stumpf gerundeten Kopfpol zum spitzer gerundeten Fußpol allmählich verschmälert. Str. in der Mediane durch eine Axialarea unterbrochen. Raphenäste entsprechen der Gattung *Eunotia*, jedoch von den Terminal- bis zu den proximalen Endporen meist schwach gebogen, ebenfalls in der Mediane der Schalenfläche liegend. Raphenäste kurz, proximal meistens relativ weit vor der Mitte endend. Häufig zeigt eine Schale der Frustel weiter verkürzte oder völlig reduzierte Raphenäste. Raphen enden an den Schaleninnern an jedem Pol etwas proximal versetzt in einem auffälligen, ziemlich großen Terminalknoten; dichter an den Polen befindet sich je eine Rimoportula. Str. mit Areolen, bzw. Foramina und transapikale Rippen entsprechen der Mehrzahl der *Eunotia*-Arten. An beiden Enden befinden sich manchmal dichter gestellte feine Membrandurchbrüche vergleichbar den Porenfeldern von *Gomphonema*. Auf den Schalenrändern kegelförmige Dörnchen. Weitere Strukturen wie oder ähnlich wie bei *Eunotia*.

Wichtige Literatur: Hustedt 1952, Ross 1956, Patrick & Reimer 1966, Fabri & Leclercq 1984

Peronia fibula (Brébisson ex Kützing) Ross 1956 (Fig. 165: 15–22)

Gomphonema fibula Brébisson ex Kützing 1849; *Peronia erinacea* Brébisson & Arnott ex Kitton 1868; *Peronia heribaudii* Brun & M. Peragallo in Heribaud 1893

Frusteln und Schalen entsprechend der Beschreibung des Typus generis, Kopfpol manchmal etwas vorgezogen bis kopfig abgesetzt, Länge 15–70 μm, größte Breite unter dem Kopfpol 2,5–5 μm. Str. ca. 13–20/10 μm.

Verbreitung kosmopolitisch, im Gebiet zerstreut, aber stellenweise mit individuenreichen Populationen, schwerpunktmäßig in oligo- bis dystrophen, sauren, elektrolytarmen Gewässern.

Die Verwechslungen zwischen Sippen der Gattungen *Peronia* und *Asterionella* werden durch Ross (1956) und Körner (1969) ausführlich diskutiert.

Tafeln

Tafel 1: Morphologie bei Aulacoseira Thwaites. (REM, Fig. 2 × 6500, Fig. 3 × 5780, Fig. 4 × 4000, Fig. 5 × 2600)

Fig. 1: Schema einer Aulacoseira ambigua (Grunow) Simonsen. Frustel kurz nach einer Zellteilung. Die Schalen haben noch keine Gürtelbänder gebildet, das über den Schalen zweier benachbarter Frusteln liegende Gürtelband G stammt von der ehemaligen Mutterzelle. P = Pseudosulcus, ein Schlitz, dessen Form von der Ausbildung der Schalenfläche abhängt. S = Sulkusfurche, C = Collum, Hals, h = Mantelhöhe (nach Hustedt 1930)

Fig. 2: Aulacoseira distans (Ehrenberg) Simonsen. Zwischen Schalenfläche (oben) und Schalenmantel (unten) befindet sich ein Kranz von Verbindungsdornen, welche die Schalen miteinander verketten. Die Ausbildung ihrer distalen Teile ist ein gutes Artmerkmal, in präpariertem Zustand sind die Enden allerdings häufig abgebrochen und nur kurze Stummel (wie im vorliegenden Falle) bleiben stehen. Sowohl Schalenfläche als auch Mantel sind mit großen Areolen besetzt

Fig. 3: Aulacoseira distans var. nivalis (W. Smith) Haworth. Lange, spitze Verbindungsdornen ohne Anker, in den Mantelareolen befinden sich noch intakte Siebmembranen. Im Anschluß an den Schalenmantel eine Anzahl offener Gürtelbänder

Fig. 4, 5: Aulacoseira ambigua (Grunow) Simonsen. Zwei durch Verbindungsdornen mit bifiden Ankern verkoppelte Schalen. Gegenüber vom Sulkus ist rechts eine breite Ringleiste erkennbar. Bei der Schale Fig. 4 sind die Dornanker bei der Trennung der Schalen abgebrochen

Fig. 1: Nach Hustedt
Fig. 2: Nevada / USA, fossil, phot. Rau & Helmcke
Fig. 3: Geilo / Norwegen, rezent
Fig. 4, 5: Altenschlirf / Hessen, fossil

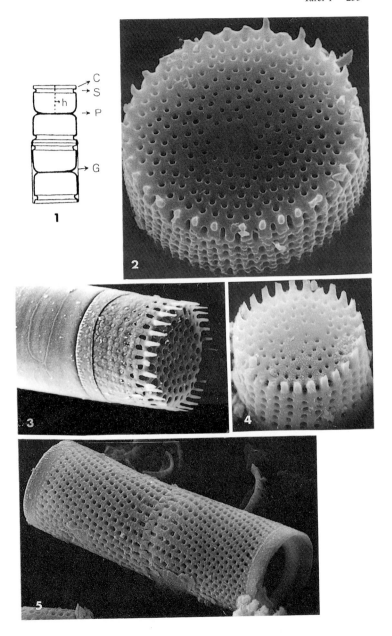

Tafel 2: Morphologie bei Aulacoseira Thwaites (REM, Fig. 1 × 9000, Fig. 2 × 8500, Fig. 3 × 1900, Fig. 4 × 3450, Fig. 5 × 8500, Fig. 6 × 12 000, Fig. 7 × 3500)

Fig. 1: Aulacoseira subarctica (O. Müller) Haworth mit langen, spitzen, an der Basis oft geteilten Verbindungsdornen ohne terminalen Anker

Fig. 2: Aulacoseira italica (Ehrenberg) Simonsen, mit an den Enden plattenförmig verbreiterten, manchmal etwas bifiden oder kammartigen Ankern an den Verbindungsdornen

Fig. 3: Aulacoseira ambigua (Grunow) Simonsen, Erstlingszelle, links die Mutterkette

Fig. 4–7: Aulacoseira alpigena (Grun.) Krammer. Fig. 3 Schalenpaar, die rechte Schale mit Valvocopula und mehreren offenen Gürtelbändern; Fig. 4 Schalenpaar, die Ringleiste (rechts im Bild) ist schmal und zart; Fig. 5 die Gürtelbänder sind unterschiedlich breit und nicht ornamentiert; Fig. 6 sehr charakteristisch zergliederte Anker an den Verbindungsdornen; Fig. 7 die sehr flache Schalenfläche besitzt nur marginal, korrespondierend mit den Verbindungsdornen, einen Ring von Areolen. Die Verbindungsdornen wurden beim Präparieren und Auseinandergleiten deformiert

Fig. 1: Schottland
Fig. 2: Magliano / Italien fossil
Fig. 3: Kultur u. phot. Le Cohu, Toulouse
Fig. 4–7: Moor in der Nähe des Kilpisjärvi / Nordwest-Finnland

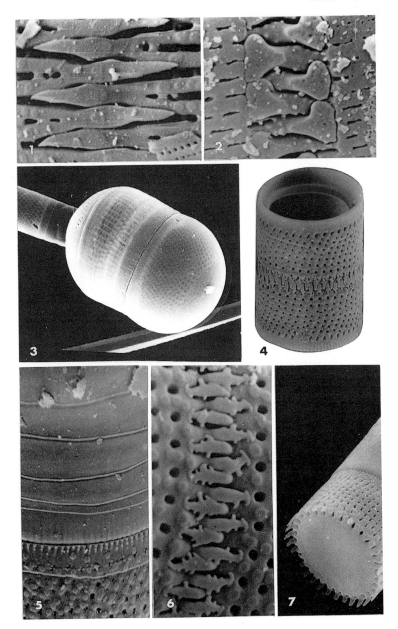

Tafel 3: (REM, Fig. 1 × 4700, Fig. 2 × 3450, Fig. 3 × 5000, Fig. 4 × 5000, Fig. 5 × 1420, Fig. 6 × 2500, Fig. 7 × 2550, Fig. 8 × 2500)

Fig. 1: Aulacoseira distans (Ehrenberg) Simonsen. Innenseite der Schale, die Schalenfläche ist abgesprengt, so daß die kräftige und breite Ringleiste und vier Lippenfortsätze sichtbar sind

Fig. 2: Aulacoseira distans (Ehrenberg) Simonsen. Die flache Schalenfläche ist im zentralen Bereich unregelmäßig areoliert

Fig. 3: Aulacoseira subarctica (O. Müller) Haworth. Ankerlose, spitze Verbindungsdornen, die an ihrer Basis in jeweils zwei Pervalvar-Rippen auslaufen

Fig. 4: Aulacoseira italica (Ehrenberg) Simonsen. Die Verbindungsdornen sind distal zu Ankern verbreitert, (hier bereits stark korrodiert)

Fig. 5, 6: Orthoseira dendroteres (Ehrenberg) Crawford. Die Epitheka in Fig. 5 enthält mehrere offene Gürtelbänder, von der Hypotheka sieht man nur die Schalenfläche. Fig. 6 zeigt die Schalenfläche mit einer charakteristischen, rippenartigen Marginalstruktur

Fig. 7: Ellerbeckia arenaria (Moore) Crawford. Teil der sehr komplizierten Wandstruktur im Bereich der Schalenflächen. Die Verbindungsdornen sind mit sehr unregelmäßig geformten Ankern versehen

Fig. 8: Melosira varians Agardh

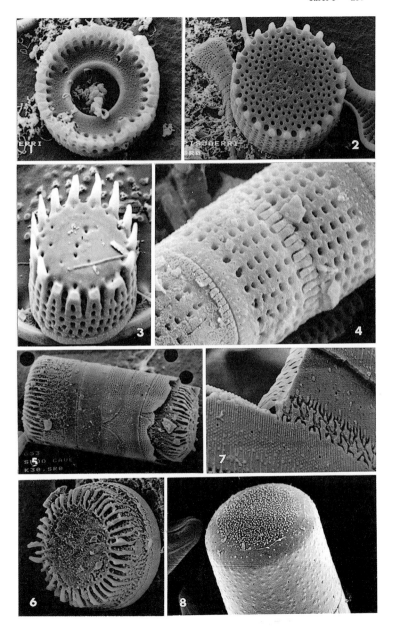

Tafel 4: (Fig. 4 REM × 6000, übrige LM, Fig. 3 × 2000, Fig. 5 × 600, die übrigen Fig. × 1000)

Fig. 1–8: Melosira varians Agardh. Diskus und Mantel einer Schale. Die Schalenfläche ist mit feinen Dörnchen besetzt (S. 7)

Fig. 1, 2: Zellkette im lebenden Zustand, die Chloroplasten sind körnig oder zerklüftet, die Verbindung der Zellen erfolgt durch Gallertpfropfen

Fig. 3: Der zart strukturierte Diskus im DIK-Durchlichtverfahren

Fig. 4: Die Zellwand des Mantels ist mit zahlreichen, unregelmäßig angeordneten feinen Areolen und Dörnchen strukturiert

Fig. 5: Aus der Eizelle hervorgegangene Auxospore mit «Nabel». Letzterer steckt in einer Theka der Mutterzelle, man kann also direkt das durch die Auxospore bewirkte Größenwachstum erkennen (hier etwa das 2,7fache)

Fig. 6: Verbindung von zwei Frusteln durch einen Gallertpfropfen (Aufnahme in Wasser)

Fig. 7, 8: Schalen mit und ohne Gürtel (Kanadabalsam-Präparat)

Fig. 1–8: Entwässerungsgräben bei Meerbusch

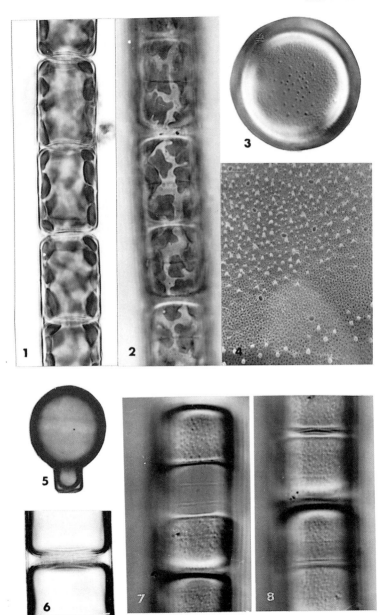

Tafel 5: (LM, Fig. 1 × 400, Fig. 4 × 800, übrige × 1000)

Fig. 1–7: Melosira moniliformis (O. F. Müller) Agardh (S. 8)

Fig. 1: Zellkette. Jeweils zwei Zellen sind nach der Teilung mit dem Gürtel der Mutterzelle verbunden

Fig. 2, 3: Disci, Fig. 2 im Durchlicht-LM, Fig. 3 im DIK

Fig. 4: Zellkette im Auflicht-LM. Deutlich sind die Gürtelbänder der Mutterzellen erkennbar, in denen jeweils zwei Tochterzellen stecken, deren Epitheken sichtbar sind

Fig. 5, 6: Durchlicht-Bilder, die offenen Gürtelbänder sind sichtbar

Fig. 7: Auflicht-LM-Bild von Mantel und Gürtel. Dieses Verfahren zeigt die charakteristische Mantelstruktur

Alle Bilder: Nordseeküste.

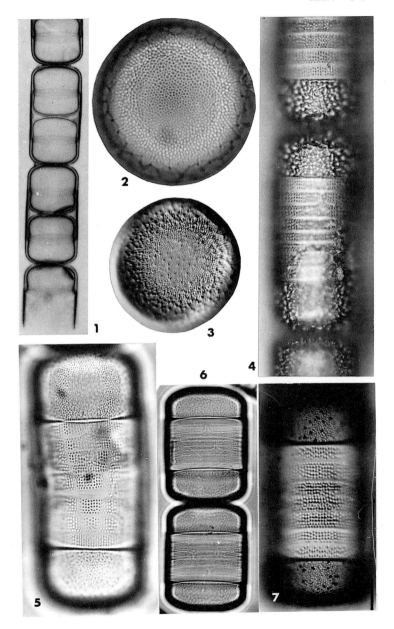

242

Tafel 6: (Fig. 1, 2 REM × 2300, Fig. 3–5 × 1500, Fig. 6, 7 × 1000, Fig. 8 × 600)

Fig. 1–5: Melosira moniliformis var. octogona (Grunow) Hustedt (S. 9)
Fig. 6, 7: Melosira undulata (Ehrenberg) Kützing (S. 16)
Fig. 8: Melosira undulata var. normanii Arnott, Fokus auf den Schalenrand

Fig. 1–5: Salzsümpfe Upolu/Samoa
Fig. 6, 7: Cleve & Möller 53, Habichtswald, fossil
Fig. 8: Lojosee, Finnland, Coll. Hustedt A2/12

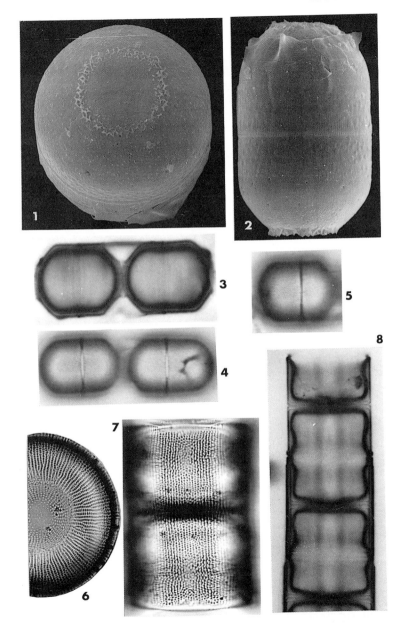

Tafel 7: (LM ×1500)

Fig. 1–9: **Melosira lineata** (Dillwyn) Agardh (S. 10)
Fig. 1, 2: **Melosira lineata Morphotyp orichalcea** sensu Crawford
Fig. 3–9: **Melosira lineata Morphotyp juergensii** sensu Crawford

Fig. 1–9: Watt, Norderney, Rabenhorst 2242

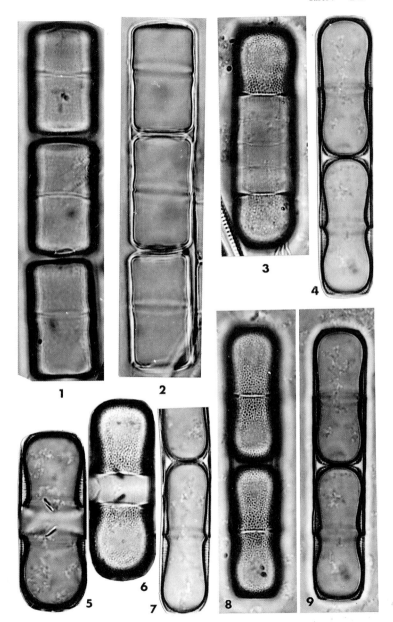

1 2 3 4 5 6 7 8 9

246

Tafel 8: (LM Fig. 1–4 × 600, Fig. 5–8 × 1500)

Fig. 1–8: Melosira nummuloides Agardh (S. 11)

Fig. 1, 2, 5, 7: Saline Artern/Thüringen
Fig. 3, 4: *Melosira hyperborea* in Cleve & Möller 283, Novaja Semlja auf Eis
Fig. 6: Van Heurck Types de Syn. 457, Granton Quarry, England
Fig. 8: Saline Hyéres, Frankreich

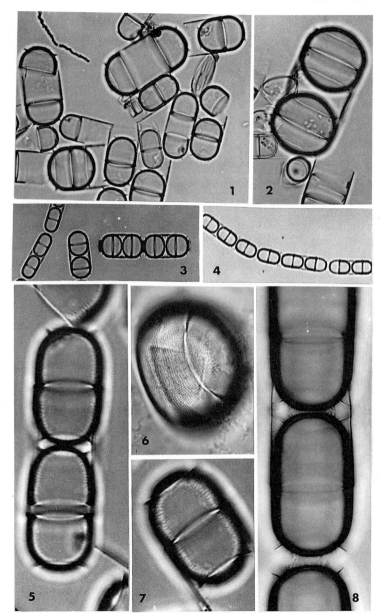

Tafel 9: (LM × 1500)

Fig. 1–13: Melosira dickiei (Thwaites) Kützing (S. 12)
Fig. 1–5: Normale Frusteln
Fig. 6–8: Frusteln mit inneren Schalen
Fig. 9–13: Disci mit unterschiedlicher Ornamentierung, Fig. 12, Ansicht von der Innenseite

Fig. 1–13: Typenmaterial Aberdeen, Schottland
Fig. 1–4: Eulenstein 3
Fig. 5–8: H. L. Smith 222
Fig. 9–13: Van Heurck Types de Syn. 469

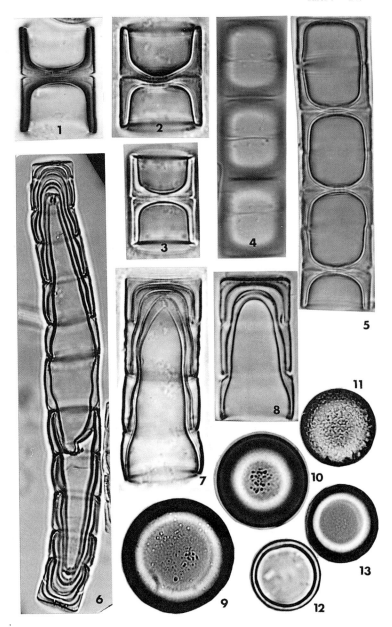

Tafel 10: (LM, × 1500, Fig. 10, 11 × 1000)

Fig. 1–11: Orthoseira roeseana (Rabenhorst) O'Meara; Fig. 1–7 Disci, Fig. 8, 9 Gürtelansichten von zwei Frusteln mit offenen Gürtelbändern, Fig. 10, 11 Gürtelansichten von Ketten bei Fokussierung auf die Schalenoberfläche (Fig. 10) und die Schalenmitte (Fig. 11) (S. 13)

Fig. 1, 2: Van Heurck Types de Syn. 465, Frahan/Belgien
Fig. 3: *Melosira roseana*, Typenmaterial Rabenhorst 383, Thüringen
Fig. 4–7: Van Heurck Types de Syn. 466
Fig. 8, 9: Coll. Hust. A1/84, Eisenach/Thüringen

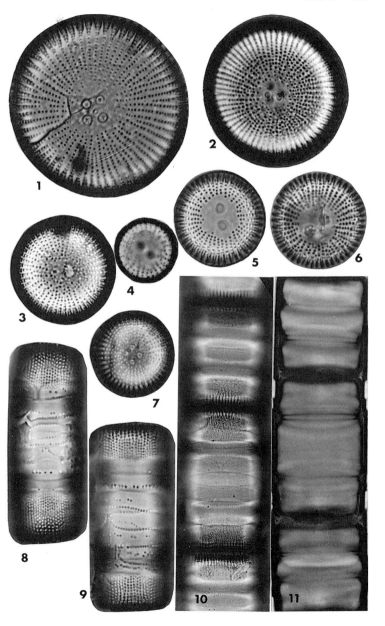

Tafel 11: (× 1500)

Fig. 1, 2: Orthoseira roeseana (Rabenhorst) O'Meara, Kette und einzelne Frustel (S. 13)

Fig. 3: Orthoseira dendroteres (Ehrenberg) Crawford, zwei Zellen (S. 14)

Fig. 4, 5: Orthoseira roeseana Morphotyp spiralis

Fig. 6–9: Orthoseira dendrophila (Ehrenberg) Crawford, Disci fokussiert auf unterschiedlichem Niveau (S. 14)

Fig. 1, 2: Typenmaterial Thüringen, Rabenhorst 383

Fig. 3: Rabenhorst 1326, Rabenauer Grund, Sachsen als *Orthosira spinosa* W. Smith

Fig. 4, 5: Delogne 195, Frahan

Fig. 6–9: Eulenstein 108

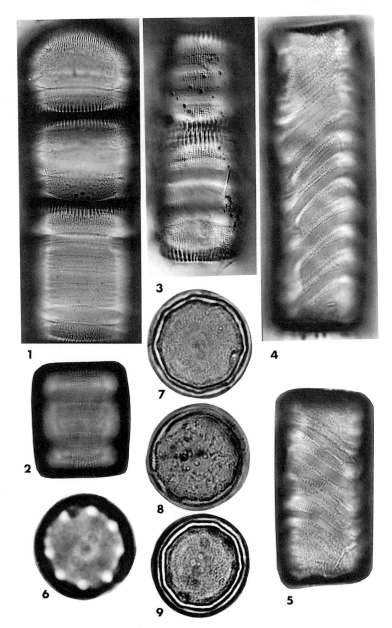

Tafel 12: (× 1500)

Fig. 1–7: Orthoseira dendroteres (Ehrenberg) Crawford, Fig. 1–5 Gürtelansichten; Fig. 6, 7 Schalenansichten (S. 14)

Fig. 8–12: Orthoseira circularis (Ehrenberg) Crawford, Fig. 8, 9 Disci, Fig. 10–12 Frusteln bei unterschiedlichem Fokus (S. 15)

Fig. 1: *Melosira roeseana* var. *epidendron*, Aberdeen/Schottland, Van Heurck Types de Syn. 467

Fig. 2–7: Rabenhorst 1326, Sachsen

Fig. 8–12: Coll. Grunow 2268 als *Melosira roeseana* var. *hamadryas*

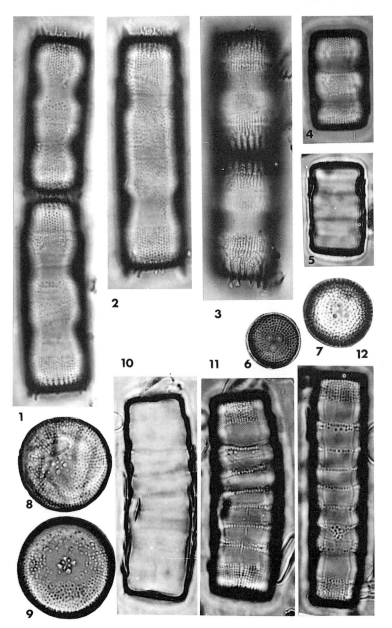

Tafel 13: (Fig. 1–8 LM, Fig. 1 × 2500, übrige × 2000, Fig. 9 REM × 2500)

Fig. 1–8: Melosira arentii (Kolbe) Krammer, Fig. 1–7 Schalenfläche,
Fig. 8 Gürtelseite (S. 15)
Fig. 9: Orthoseira roeseana (Rabenhorst) O'Meara, Schale (S. 13)

Fig. 1–8: Galloway, Schottland, leg. Carter
Fig. 9: Sachsen

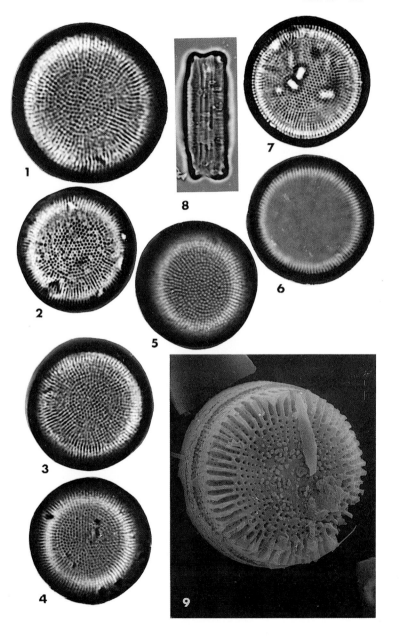

Tafel 14: (Fig. 1, 2 × 800, Fig. 3 × 125, Fig. 4, 5 × 400)

Fig. 1–5: Ellerbeckia arenaria (Moore) Crawford. Fig. 1 Blick auf den Schalenmantel und die Innenseite einer Schale. Fig. 2 Diskus-Außenseite. Fig. 3 Ketten bei schwacher Vergrößerung. Fig. 4, 5 Ketten, fokussiert auf Schalenmitte und Schalenoberfläche (S. 17)

Fig. 1, 2: Bodensee
Fig. 3: Coll. Hust. A1/4 Graben in Tirol
Fig. 4, 5: Himalaya

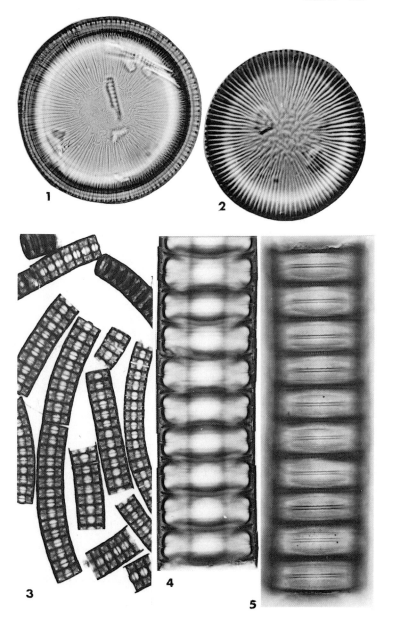

Tafel 15: (Fig. 1, 2, 4 LM, Fig. 1, 2 × 1500, Fig. 4 × 1000, Fig. 3, 5 REM, Fig. 3 × 7580, Fig. 5 × 450)

Fig. 1–3: Ellerbeckia arenaria (Moore) Crawford. Fig. 1 Schalenober-fläche, Durchlicht-LM; Fig. 2 Schalenoberfläche im Auflicht-LM; Fig. 3 Innenseite der Mantelwand (S. 17)
Fig. 4: Ellerbeckia arenaria f. teres (Moore) Crawford 1988 (S. 18)
Fig. 5: Ellerbeckia arenaria «Morphotyp teres»

Fig. 1: Alle / Belgien, Van Heurck Types de Syn. 468
Fig. 2: Falaise «an Callothiceum», leg. Brébisson
Fig. 3, 5: Bach im Malcantone / Tessin
Fig. 4: Ceyssac, Ht. Loire, Tempère & Peragallo 572

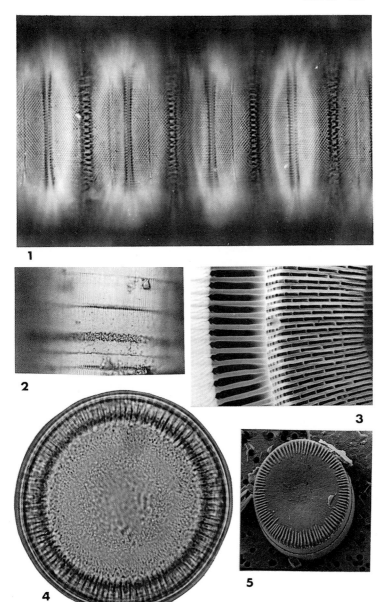

Tafel 16: (× 1500)

Fig. 1, 2: Aulacoseira granulata (Ehrenberg) Simonsen (S. 22)

Fig. 1, 2: Planktonpopulation aus dem Gat van Paulus/Biesbosch, Holland

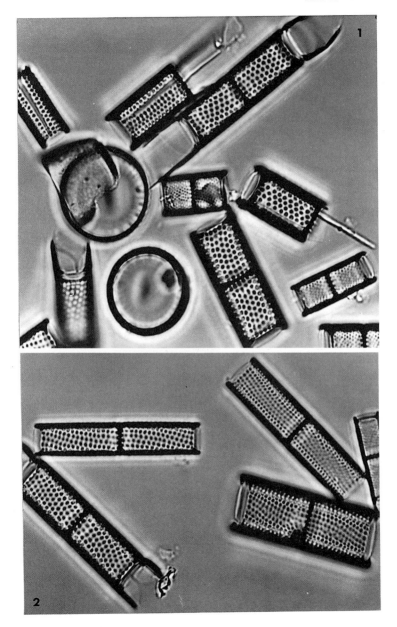

Tafel 17: (× 1500)

Fig. 1–10: Aulacoseira granulata (Ehrenberg) Simonsen. Die grob areolierten Zellen bilden Ketten mit deutlich unterschiedlich strukturierten Trennzellen (mit langen spitzen Trenndornen und Areolenreihen parallel zur Pervalvarachse) und Normalzellen (mit kurzen Verbindungsdornen und schräg zur Pervalvarachse verlaufenden, häufig gekurvten Areolenreihen). Die Ringleisten sind nur schwach ausgebildet (Fig. 2). Die Disci (Fig. 7–10) sind unregelmäßig und zart punktiert (S. 22)

Fig. 1–8: Planktonpopulation aus dem Gat van Paulus / Biesbosch, Holland
Fig. 9, 10: Inarisee, Finnisch-Lappland

Tafel 18: (× 1500)

Fig. 1–12: Aulacoseira granulata (Ehrenberg) Simonsen. Fig. 1–5, 10 Normalzellen, Fig. 6–9, 11, 12 Trennzellen (S. 22)

Fig. 13: Aulacoseira granulata var. angustissima (O. Müller) Simonsen (S. 23)

Fig. 14: (?) Aulacoseira granulata var. valida (Hustedt) Simonsen (ohne Diagnose)

Fig. 1, 2: Gat van Paulus, Biesbosch, Holland

Fig. 3, 4: Schaalsee

Fig. 5–7: Küchensee

Fig. 8–10: Höflsee, Fig. 8, 9 Kette aus Trennzellen, Fig. 10 Kette aus Normalzellen

Fig. 11, 12: Brasilien

Fig. 13: Behler See, Coll. Hust. A1/45

Fig. 14: Schollener See

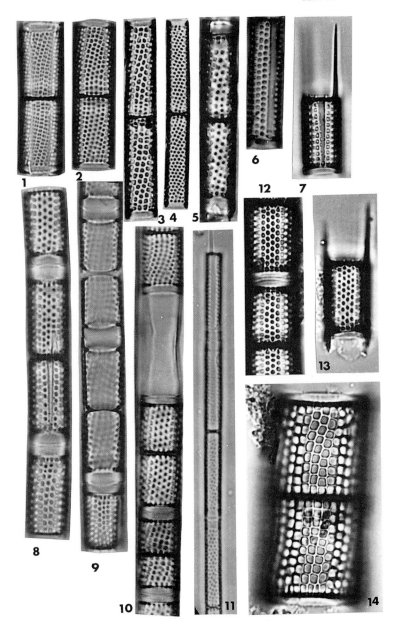

Tafel 19: (Fig. 1–7 × 1500, Fig. 6 × 500, Fig. 8 REM × 2000)

Fig. 1–9: Aulacoseira granulata (Ehrenberg) Simonsen (S. 23)

Fig. 1, 2: *Melosira granulata* var. *jonensis* Grunow, Typus, Jone Valley, Kalifornien, Carcon. Coll. Grun 2199 (= Cleve 40)

Fig. 3: *Melosira granulata* var. *jonensis* sensu Hustedt, Sumatra, Tobasee subfossil; Coll. Hust. 578/30

Fig. 4, 5: «*Melosira arcuata*» Pantocsek, Köpecz/Ungarn, Tempère & Peragallo 579

Fig. 6, 7: Curvata-Formen aus der Biesbosch-Population (vgl. Tafeln 16–18) von *Aulacoseira granulata*. Plankton, Gat van Paulus, Biesbosch, Holland

Fig. 8: *Melosira spiralis* Ehrenberg in Coll. H. L. Smith 231

Fig. 9: Trennzelle von *Aulacoseira granulata* mit den langen Trenndornen und Nuten, die zueinander kongruent sind

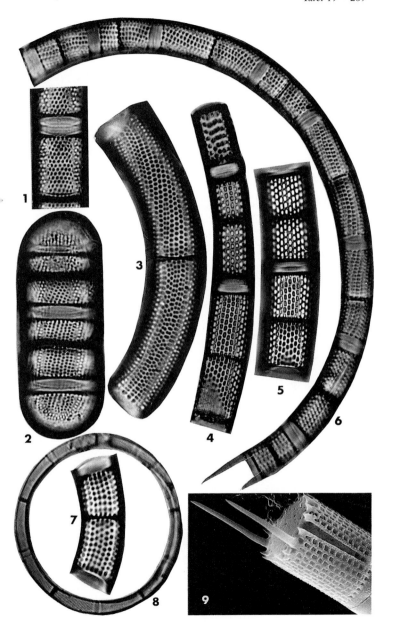

Tafel 20: (× 1500)

Fig. 1–8: Aulacoseira muzzanensis (Meister) Krammer (S. 24)
Fig. 1 grobporige Zellen; **Fig. 2–5** feinporige Zellen; **Fig. 6** Discus mit
marginaler Areolierung; Fig. 7, 8: Grob und fein areolierte Ketten aus
Trennzellen

Fig. 1, 7, 8: Plankton, Lago di Muzzano
Fig. 2–6: Isotypus Meister, Coll. Hust. A1/50, Lago di Muzzano / Tessin

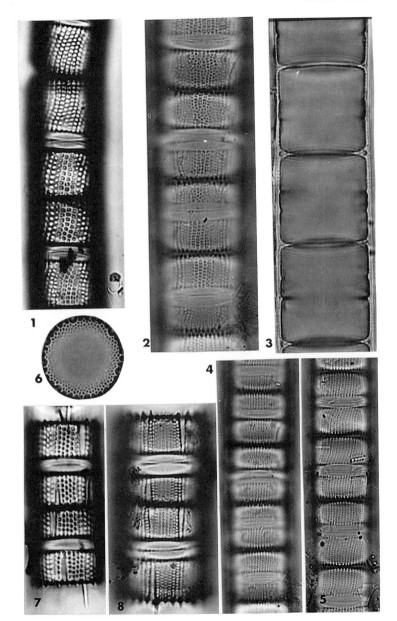

Tafel 21: (Fig. 13, 14 × 2000, Fig. 1–12, 15 × 1500, Fig. 16, 17 REM, Fig. 16 × 6500, Fig. 17 × 12 200)

Fig. 1–16: Aulacoseira ambigua (Grunow) Simonsen. Fig. 1–12 Oberflächen von Frusteln mit feinporiger Struktur; Fig. 14 Zelle mit grobporiger Struktur (status α); Fig. 4, 6 Fokus auf den Mantelrand; Fig. 5 Diskus; Fig. 15 Ringleiste, die von einem breiten, im Querschnitt rechteckigen bis trapezförmigen Sulkus gebildet wird. Über der Ringleiste liegt der Gürtel der Mutterzelle, so daß eine hohle Ringleiste vorgetäuscht wird; Fig. 16 Verbindungsdornen mit bifiden Dornankern (S. 25)

Fig. 1, 2: Vierwaldstädter See/Schweiz
Fig. 3: Wangari, fossil
Fig. 4: Coll. Grunow Präp. 2851, Loch Canmor/Schottland
Fig. 5: Coll. Grunow Präp. 2009, Waltham/Mass. USA
Fig. 12: Gat van Paulus, Biesbosch, Holland
Fig. 13–15: Steinhuder Meer, Niedersachsen
Fig. 16, 17: Kultur und phot. Le Cohu, Toulouse

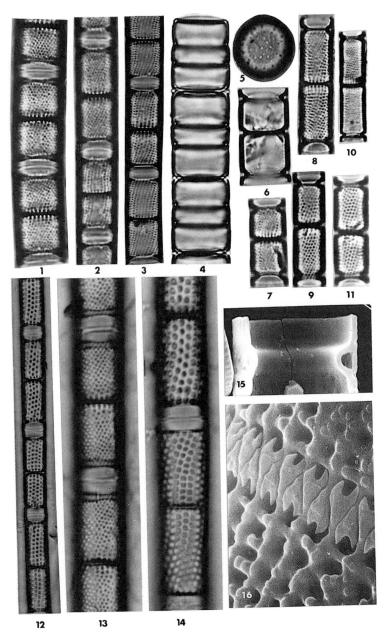

Tafel 22: (× 1500)

Fig. 1–3, 5–11: Aulacoseira islandica Morphotyp helvetica (O. Müller) Simonsen. Fig. 1, 5, 11 Fokus auf den Mantelrand; Fig. 2, 3, 6, 7 Fokus auf die Schalenoberfläche; Fig. 8–10 Disci (S. 26)

Fig. 4, 12: Aulacoseira islandica Morphotyp islandica (S. 27)

Fig. 4, 12: Newa bei Leningrad, Coll. Hust. A1/55
Übrige Fig.: Holsteiner Seen, Plankton

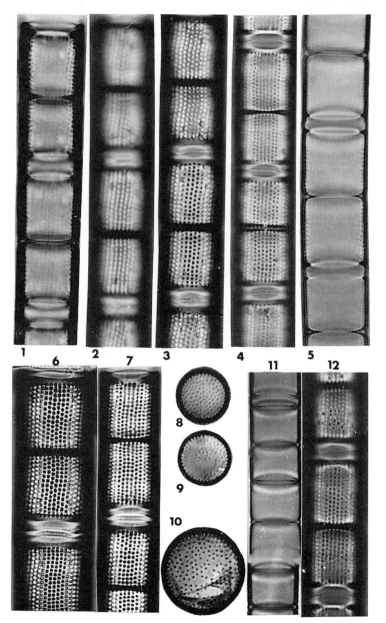

Tafel 23: (Fig. 1–3 × 1500, Fig. 4–7 × 2000, Fig. 8–11 REM, Fig. 8, 9 ungefähr × 4000, Fig. 10 ungefähr × 2500, Fig. 11 ungefähr × 1600)

Fig. 1, 2, 4–11: Aulacoseira subarctica (O. Müller) Haworth. Fig. 1, 2, 5–7 Fokus auf die Schalenoberfläche; Fig. 3, 4 Fokus auf den Mantelrand; Fig. 8–11 verschiedene Ansichten von Mantel und Diskus mit den artcharakteristischen spitzen Verbindungsdornen (S. 28)

Fig. 3: Rechts Aulacoseira subarctica f. recta (O. Müller) Krammer

Fig. 1, 2: Twenthe-Kanal, Holland
Fig. 8–11: Schottland
Fig. 3–7: Fevorvatn, Norwegen, Coll. Hust. A1/71

Tafel 24: (REM Fig. 1, 2 ×3800, Fig. 3–6 ×1500)

Fig. 1, 3–6: Aulacoseira italica (Ehrenberg) Simonsen. Fig. 1 zeigt die Verbindungsdornen und rundlichen Areolen, die regelmäßig in Spiralen angeordnet sind (S. 29)

Fig. 2: Aulacoseira crenulata (Ehrenberg) Krammer. Die Verbindungsdornen sind länger und schlanker, die unregelmäßig angeordneten länglichen Areolen liegen auf Linien, die parallel zur Pervalvarachse verlaufen (S. 30)

Fig. 1: Mount Lassen, Shastu County, USA
Fig. 2: Nieder-Österreich, auf *Hypnum rivulare*
Fig. 4–7: Santa Fiore, fossil

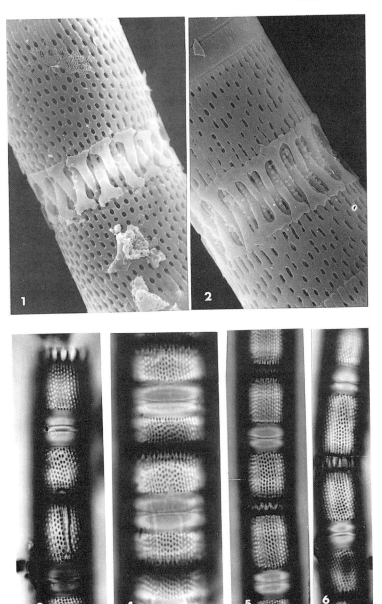

Tafel 25: (× 1500)

Fig. 1, 2, 4–11: Aulacoseira italica (Ehrenberg) Simonsen. Fig. 1 grob-punktierte Form (status α) übrige feinpunktiert (status τ); Fig. 2 Fokus auf den Mantelrand; Fig. 9–10 Disci (S. 29)

Fig. 3: Aulacoseira italica var. tenuissima (Grunow) Simonsen (S. 30)

Fig. 1, 2: Kieselgur von Beuern
Fig. 3: Gat van Paulus, Biesbosch, Holland
Fig. 4: Twenthe-Kanal, Niederlande
Fig. 5: Kieselgur von Kliecken
Fig. 6, 7, 9, 10: Nordschweden (wie 21: 1–4, 6–9)
Fig. 11: Shastu, Kalifornien
Fig. 8: Hopfensee / Allgäu, Sediment

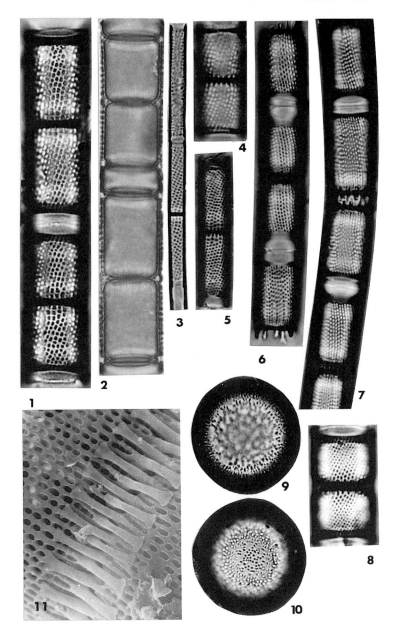

Tafel 26: (× 1500, Fig. 4 × 1000)

Fig. 1–9: Aulacoseira crenulata (Ehrenberg) Krammer. Fig. 1 Erstlingszelle nach der ersten Teilung; Fig. 2–5, 7 Fokus auf die Schalenoberfläche; Fig. 4, 7 Oberfläche im Auflichtmikroskop; Fig. 6, 8 Fokus auf den Mantelrand; Fig. 9 Diskus (S. 30)

Fig. 1–4, 6–9: Schweden
Fig. 5: H. L. Smith 228

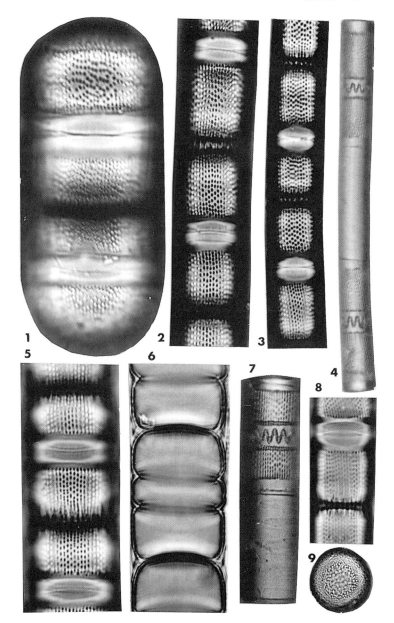

284

Tafel 27: (×1500)

Fig. 1–12: Aulacoseira crenulata (Ehrenberg) Krammer. Fig. 1, 2, 4, 6, 9, 10 Fokus auf die Schalenoberfläche; Fig. 6 Posterstlingszellen; Fig. 3, 11 Fokus auf den Mantelrand; Fig. 5, 8 Disci, Außenseite; Fig. 7, 12 Auxosporen; Fig. 7 Oberfläche; Fig. 12 Schalenrand (S. 30)

Fig. 1, 2, 8, 10, 11: Graben bei Frankfurt/Main, Rabenhorst 324
Fig. 3, 6: *Melosira crenulata* Kütz. in Van Heurck Types de Syn. 464, Rouge-Cloitre/Belgien
Fig. 4: Magliano/Italien, fossil
Fig. 5: Bilin/Böhmen, fossil
Fig. 7, 12: H. L. Smith Präp. 220
Fig. 9: Strehlen/Schlesien, in Mergelgruben, Rabenhorst 966

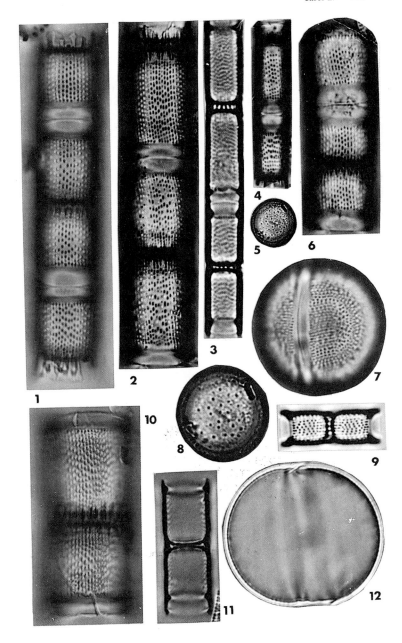

Tafel 28: (× 1500)

Fig. 1–12: Aulacoseira valida (Grunow) Krammer. Fig. 1, 6 Fokus auf den Mantelrand; Fig. 2–5, 7, 13 Fokus auf die Mantelfläche; Fig. 8, 9, 12 Disci, Außenseite; Fig. 10, 11 Schaleninnenseiten mit Ringleisten (S. 32)

Fig. 1–4: Norwegen

Fig. 5: Galloway / Südschottland

Fig. 6, 7, 10: Inarisee / Finnisch-Lappland, Oberflächensediment

Fig. 8, 9, 11, 12: *Melosira crenulata* var. *valida* Grunow, Typus, Gerardmer / Vogesen, Coll. Grunow 2827

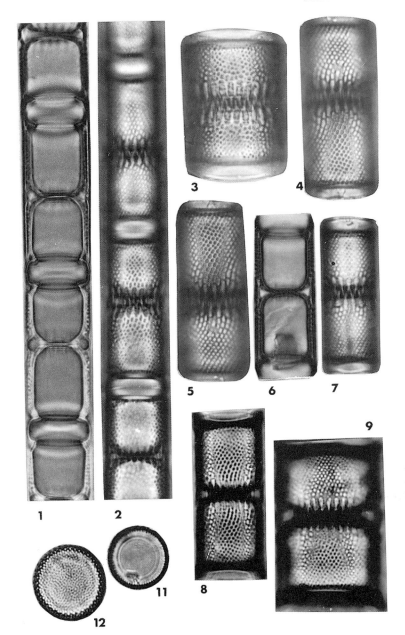

Tafel 29: (× 1500)

Fig. 1–23: Aulacoseira distans (Ehrenberg) Simonsen. Fig. 1 Kieselgur aus Bilin; Fig. 2–8 Areolenstruktur der Disci; Fig. 9–13 Ringleisten; Fig. 14–22: Mantelansichten von Schalen und Frusteln (S. 32)

Fig. 1–22: Kieselgur von Bilin (locus typicus)
Fig. 23, 24: Kieselgur von Oberhessen

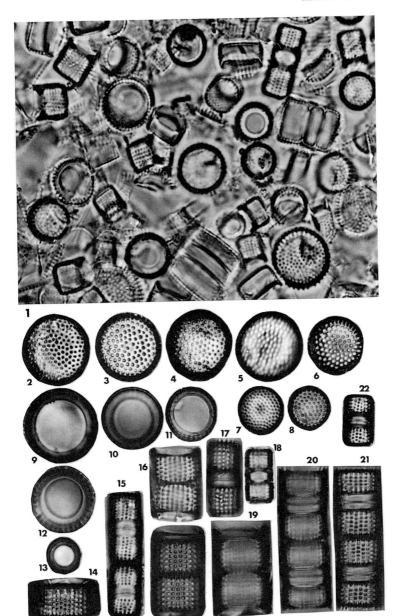

Tafel 30: (×1500, Fig. 11 REM ×6000)

Fig. 1: Aulacoseira alpigena (Grunow) Krammer (S. 34)

Fig. 2–10: Aulacoseira distans var. nivalis (Smith) Haworth. Fig. 1 Außenseite einer Kette; Fig. 2 Fokus auf Mantelrand mit der Ringleiste; Fig. 3–10 Disci, Außenseite (S. 33)

Fig. 11: Aulacoseira distans (Ehrenberg) Simonsen. Zwei Schalen, im Vordergrund die Ringleiste, oben rechts zum Teil herausgebrochen

Fig. 12–15: Melosira (Aulacoseira) spec. in H. L. Smith 221

Fig. 1–4: Verschiedene Proben aus Schottland

Fig. 5: Kochelteich, Riesengebirge/Schlesien

Fig. 6–8: *Melosira nivalis* W. Smith, Typenpr. VII-48-C10 W. Smith, Pass of Killicranckie, leg. Greville Aug. 1854, Coll. Van Heurck, Antwerpen

Fig. 9, 10: *Melosira distans* var. *nivalis*, Mull Dep. fossil, Van Heurck, Types de Syn. 462

Fig. 11: Nevada, phot. Helmcke & Rauh

Fig. 12–15: «*Melosira decussata*» in Präp. H. L. Smith 221, fossil

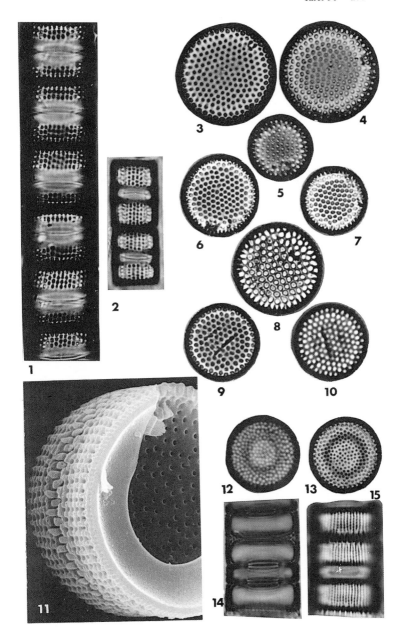

Tafel 31: (× 1500)

Fig. 1–15: **Aulacoseira alpigena** (Grunow) Krammer. Fig. 1, 2 Fokus auf die Mantelfläche; Fig. 3–6 Fokus auf den Mantelrand; Fig. 7–11 Disci, Außenseite (S. 34)

Fig. 16, 17: **Aulacoseira laevissima** (Grunow) Krammer (S. 35)

Fig. 1–14: Moor in der Nähe des Kilpisjärvi / Nordwest-Finnland

Fig. 15: *Melosira distans* var. *helvetica* Hustedt; Coll. Hustedt, Davos, Unterer Grialetschsee, Moos, Typenpräp. A2/84

Fig. 16, 17: *M. laevissima* Grunow, Loch Canmor, LT Coll. Grunow 2851

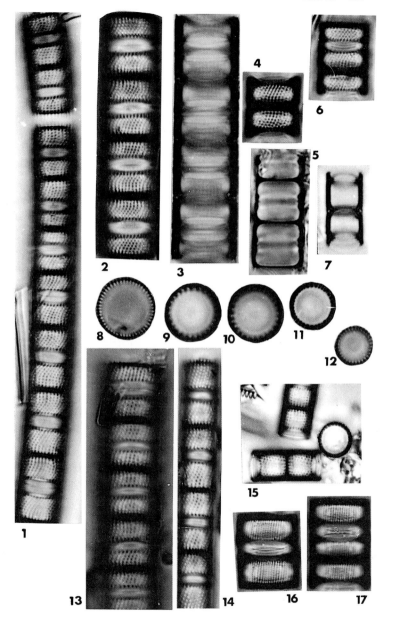

Tafel 32: (Fig. 1–4 × 2000, Fig. 5–15 × 1500, Fig. 16 × 4500)

Fig. 1–9: Aulacoseira tethera Haworth, Fig. 1, 2, 5, 6, 7 Disci, Fig. 3, 4, 8, 9 Gürtelansichten (S. 36)

Fig. 10–16: Aulacoseira alpigena (Grunow) Krammer (S. 34)

Fig. 1–9: Typenmaterial Haworth, Three Tarns, Bow Fell, Cumbria
Fig. 11–16: Mitteloppaquelle, Leiterberge im Gesenke, Mähren, Rabenhorst 1249

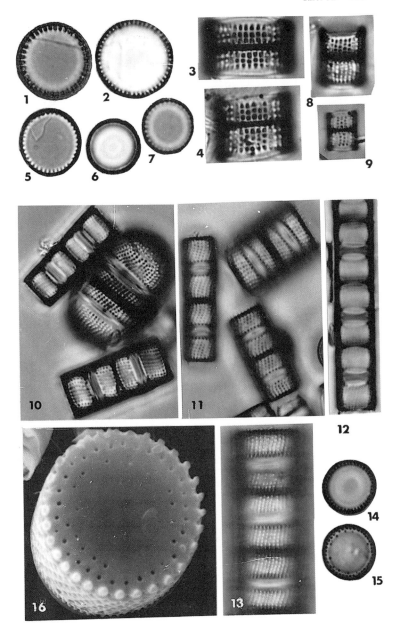

Tafel 33: (Fig.1–3, 5–8, 14–17 × 2000, Fig. 4, 9 × 1500, Fig. 11–13 REM, Fig. 11 × 4500, Fig. 12 × 4000, Fig. 13 × 2300)

Fig. 1–11: Aulacoseira pfaffiana (Reinsch) Krammer. Fig. 1–5 Gürtelansichten; Fig. 1–4 Fokus auf Schalenoberfläche; Fig. 5 Fokus auf die seitliche Schalenbegrenzung; Fig. 6–10 Disci; Fig. 11 Einzelschale mit der schmalen Ringleiste (S. 36)

Fig. 12–17: Aulacoseira perglabra (Oestrup) Haworth. Fig. 12 zwei Geschwisterschalen mit niedrigen Schalenmänteln und sehr breiter Ringleiste; Fig. 13 Einzelschale mit sehr niedrigem Mantel und voll areolierter Schalenfläche; Fig. 14, 15 verschieden areolierte Schalenflächen; Fig. 16 zwei Zellen mit voll entwickelten Zellgürteln; Fig. 17 große, nur aus den beiden Schalen bestehende Zelle (S. 37)

Fig. 1–11: *Melosira pfaffiana* Reinsch in Rabenhorst 1912, Graben im Reichsforst Kalkreuth, Franken

Fig. 12–17: Typenmaterial Madum Soe 674.2, 22. 8. 1901 leg. Feddersen, over Sandbund, Coll. Oestrup, Kopenhagen

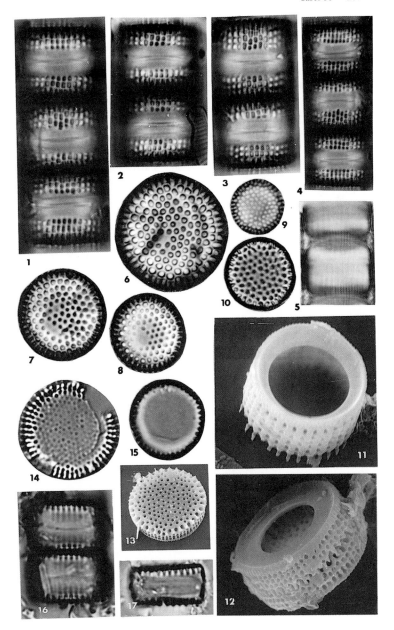

Tafel 34: (× 1500)

Fig. 1–12: Aulacoseira lirata (Ehrenberg) Ross, Fig. 1–4 Mantelfläche, Fig. 5, 6 Mantelrand, Fig. 7, 8 Ringleisten, Fig. 9–12 Disci, Außenseite (S. 37)

Fig. 1–3, 7, 9: Fevorvatn / Norwegen, Coll. Hust. A1/23
Fig. 4, 5, 8, 10–12: Südfinnland
Fig. 6: Malla / Nordschweden

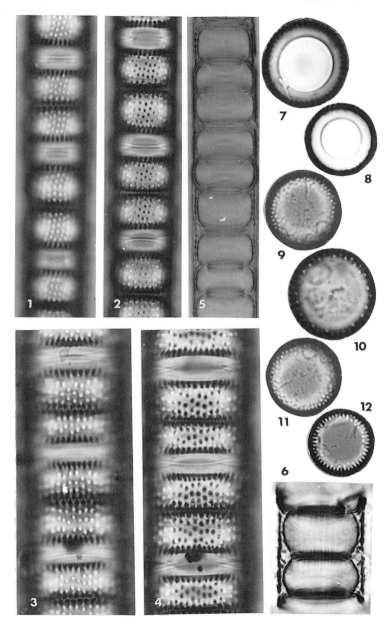

Tafel 35: (Fig. 1–4 × 1500, Fig. 5–13 × 2000)

Fig. 1–13: Aulacoseira lacustris (Grunow) Krammer, Fokus auf Mantel und Mantelrand (S. 38)

Fig. 1, 2: Järvens Stor Träsk / Finnland, Coll. Hust. A1/26
Fig. 3, 4, 5, 6, 8: Galloway, Schottland
Übrige: Finnland

Tafel 36: (×1500)

Fig. 1, 2: Aulacoseira lirata var. biseriata (Grunow) Haworth (S. 38)
Fig. 3–20: Aulacoseira tenuior (Krammer) Grunow (S. 39)

Fig. 1, 2: Typenpräp. Gerardmer, Vogesen, Coll. Grunow 2827
Fig. 3–20: Typenpräp. Gerardmer, Vogesen, Coll. Grunow 2827; *«Melosira lyrata* var. *lacustris* formae *tenuiores»* Grun. in Van Heurck, fig. 87: 4–5

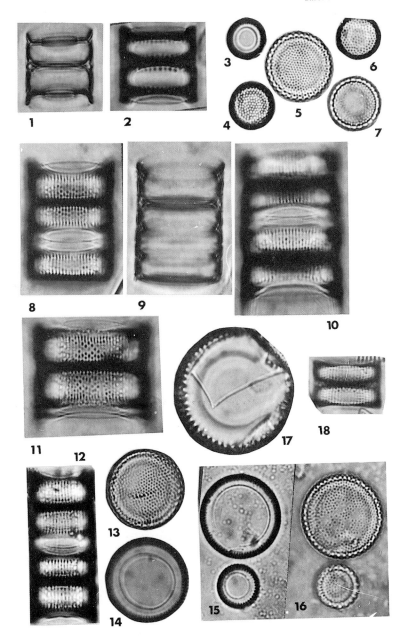

304

Tafel 37: (× 1500, Fig. 11 × 400)

Fig. 1–10: Aulacoseira crassipunctata Krammer. Fig. 1, 2, 4–7 Manteloberfläche; Fig. 3 Mantelrand; Fig. 8, 9 Diskus, Außenseite; Fig. 10 Ringleiste (S. 39)

Fig. 11–16: Aulacoseira canadensis (Hustedt) Simonsen. Fig. 11 Typusprobe; Fig. 12, 13 Mantelstruktur; Fig. 14, 15 Diskus, Außenansicht; Fig. 16 Ringleiste (S. 40)

Fig. 1–6, 8–10: Kleiner See nördl. des Foinaven / Nordschottland, Sediment
Fig. 7: Fossil, Steinfurth
Fig. 11–16: Lake Quesnel, Kanada, subfossil, Lectotypus Coll. Hust. A2/79

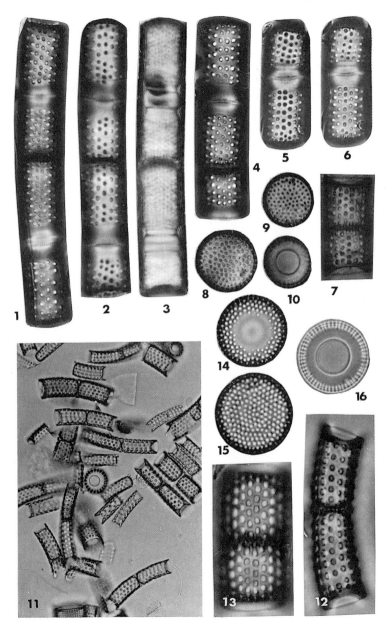

Tafel 38: (REM, Fig. 1 × 7000, Fig. 2 × 4400, Fig. 3 × 6000, Fig. 4 × 10 000, Fig. 5 × 9000)

Artmerkmale der Gattung Cyclotella, Alveolen, Areolen, Papillen, Öffnungen der Stützen- und Lippenfortsätze

Fig. 1: *Cyclotella distinguenda* Hustedt. Ausschnitt mit den Öffnungen der marginalen Stützenfortsätze (a) und der Öffnung des Lippenfortsatzes (b)

Fig. 2: *Cyclotella ocellata* Pantocsek. Die typische Zweiteilung der Schalenstruktur bei *Cyclotella*-Arten: die gestreifte Randzone und das anders strukturierte Mittelfeld (hier mit Vertiefungen (c) und Papillen (d)). Eine Öffnung des zentralen Stützenfortsatzes (a)

Fig. 3: *Cyclotella radiosa* Grunow. Ausschnitt der Randzone mit den Areolenreihen (Radialstreifen) zwischen den Interstriae, den marginalen Öffnungen der Stützenfortsätze (a) und der Öffnung des Lippenfortsatzes (b)

Fig. 4: Bruchstück einer *Cyclotella comensis* Grunow. Die Randzone mit den Areolenreihen über Alveolen (e). Das Mittelfeld zeigt die sehr unregelmäßigen Erhebungen (Schalenverdickungen) und Vertiefungen, die im LM zu Bestimmungsschwierigkeiten führen, da diese sehr unterschiedlich geformt sein können. Die Schale hat nur einen zentralen Stützenfortsatz (a)

Fig. 5: Bruchstück des marginalen Randes einer *Cyclotella radiosa* Grunow. Die kleinen Alveolenöffnungen (e) sind nach außen begrenzt von einer Schicht mit Areolenreihen (g) und seitwärts von den Radialrippen (f)

Tafel 39: (REM, Fig. 1 × 8000, Fig. 2 × 7000, Fig. 3 × 3900, Fig. 4 × 7000, Fig. 5 LM × 1500)

Dornen, Dörnchen und hyaliner zentraler Ring (Anulus)

Fig. 1: Ausschnitt einer *Cyclotella* sp. mit Dörnchen auf dem Mantel

Fig. 2: *Cyclotella glabriuscula* (Grunow) Håkansson. Ausschnitt mit zahlreichen Granulae auf dem Mantel, sowie mit mehr oder weniger regelmäßig verteilten Granulae auf der Schalenfläche

Fig. 3: *Stephanodiscus* sp. mit den Dornen am Übergang von der Schalenfläche zum Mantel (einige abgebrochen; die Bruchstelle ist sichtbar (h)). Unterhalb der Dornen in mehr oder weniger regelmäßigen Abständen die kurzen, etwas röhrenförmigen Öffnungen der Stützenfortsätze (a)

Fig. 4: *Cyclotella* sp. mit regelmäßig auf der Schalenfläche verteilten Granulae

Fig. 5: *Cyclotella bodanica* var. *affinis* Grunow mit den marginalen Kammern und dem zentralen hyalinen Ring (Anulus)

310

Tafel 40: (REM, Fig. 1 × 16 000, Fig. 2 × 15 000, Fig. 3 × 13 000, Fig. 4 × 13 000, Fig. 5 × 10 000, Fig. 6 × 7000, Fig. 7 × 14 000)

Artmerkmale der Gattung Cyclotella. Unterschiede der Stützen- und Lippenfortsätze

Fig. 1: *Cyclotella meneghiniana* Kützing. Öffnung der Stützenfortsätze (a) teilweise von Dörnchen umgeben

Fig. 2: *Cyclotella meneghiniana* Kützing. Innenansicht der Randzone mit dem Lippenfortsatz

Fig. 3: *Cyclotella* sp. mit gleichmäßig ausgebildeten Radialrippen. Der Lippenfortsatz direkt auf einer Radialrippe (Pfeil)

Fig. 4: *Cyclotella glabriuscula* (Grunow) Håkansson. Lange Stützenfortsätze, die Satellitporen haben flügelartige Ausbuchtungen. Die Lage des Lippenfortsatzes liegt zwischen der marginalen Zone und der zentralen Zone der Schale

Fig. 5: *Cyclotella* sp. Die Stützenfortsätze auf scheinbar verkürzten Radialrippen; der Lippenfortsatz zwischen den Radialrippen, jedoch etwas dem Schalenzentrum genähert

Fig. 6: *Cyclotella radiosa* Grunow. Jede vierte oder fünfte Radialrippe stärker verkieselt (Schattenlinien im LM) mit einem Stützenfortsatz. Der Lippenfortsatz zwischen der Randzone und dem Mittelfeld der Schale

Fig. 7: *Cyclotella* sp. Unregelmäßig angeordnete Stützenfortsätze auf den gleich stark verkieselten Radialrippen. Der Lippenfortsatz auch hier von der Randzone entfernt

Tafel 41: (REM, Fig. 1 ×12 000, Fig. 2 ×13 000, Fig. 3 ×9000, Fig. 4 ×12 000, Fig. 5 ×4000, Fig. 6 ×14 800)

Artmerkmale in den Gattungen Stephanodiscus und Thalassiosira

Fig. 1: *Stephanodiscus* sp. Außenansicht der Schale mit gegabelten Dornen (Pfeil) am Übergang der Schalenfläche zum Mantel. Zwischen ihnen die röhrenförmige Öffnung des Lippenfortsatzes (a)

Fig. 2: Innenansicht von *Stephanodiscus* sp. Die Stützenfortsätze zwischen den gebündelten Areolenreihen. Die Areolen sind durch gewölbte Siebmembranen (Cribra) verschlossen

Fig. 3: *Stephanodiscus minutulus* (Kützing) Cleve & Möller. Teratologische Schale mit schlitzartiger Struktur. Sieminska (1988) begründete mit dieser Form die Gattung: *Pseudostephanodiscus*. Genkal & Håkansson (1990) konnten jedoch zeigen, daß es sich bei Sieminskas Form um eine teratologische Erscheinung handelt, wie sie bei *Stephanodiscus* häufiger vorkommt, wobei die Ursache, die zu solchen Abweichungen führt, weiterer Untersuchung bedarf

Fig. 4: Innenansicht eines Bruchstückes von *Stephanodiscus* sp. Die Siebmembran der Areolen ist korrodiert. Die Ausbildung der Foramina ist an der vorderen Bruchkante deutlich sichtbar

Fig. 5: Randzone von *Thalassiosira bramaputrae* (Ehrenberg) Håkansson. Ausschnitt mit Lippenfortsatz. Am Mantel zwei Reihen von Stützenfortsätzen (a)

Fig. 6: Schaleninnenansicht mit Stützenfortsatz und vier Satellitporen von *Thalassiosira bramaputrae*.

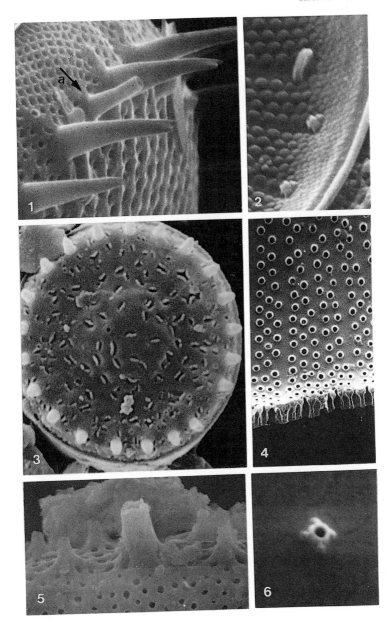

Tafel 42: (REM, Fig. 1 ×3800, Fig. 2 ×10500, Fig. 4 ×18000, Fig. 5 ×6000, Fig. 6 ×5000)

Artmerkmale in der Gattung Cyclostephanos. Unterschiedliche Öffnungen der Lippenfortsätze; Areolen- und Alveolenstruktur

Fig. 1: *Cyclostephanos dubius* (Fricke) Round. Außenansicht mit den zentralen (aa), sowie den marginalen Stützenfortsätzen. Die Interstriae sind leicht gewölbt. Areolenreihen am Schalenrande feiner und zahlreicher (oft im LM nur bei sehr hoher Auflösung sichtbar)

Fig. 2: Ausschnitt einer Innenansicht von *Cyclostephanos dubius* (Fricke) Round. Lippenfortsatz an einer verkürzten Radialrippe (normalerweise auch voll ausgebildet). Äußere Areolenreihen (Radialstreifen) deutlich zwischen den Radialrippen sichtbar. Die Siebmembran der Areolen ist korrodiert

Fig. 3: Ausschnitt einer Außenansicht von *Cyclostephanos* sp. mit Dornen (h) am Übergang der Schalenfläche zum Mantel, sowie den darunterliegenden, leicht röhrenförmigen Stützenfortsätzen (a). Die verdickte Öffnung des Lippenfortsatzes (b) zwischen den Stützenfortsätzen

Fig. 4: Ausschnitt einer Innenansicht von *Cyclostephanos* sp. mit den für die Gattung typischen Siebmembranen: auf der Schaleninnenfläche mit gewölbter, am Mantel mit flacher Siebmembran

Fig. 5: Außenansicht von *Cyclostephanos novaezeelandiae* (Cleve) Round mit den typisch gewölbten Interstriae, die sich am Mantel gabeln

Fig. 6: Innenansicht von *C. novaezeelandiae* mit der Gabelung der Interstriae (oft undeutlich, weil eine Radialrippe verkürzt ist). Auf der verkürzten Radialrippe gewöhnlich der marginale Stützenfortsatz (Pfeil).

Tafel 43: (× 1500)

Fig. 1–10: Cyclotella distinguenda Hustedt var. distinguenda (S. 43)
Fig. 11: Cyclotella distinguenda var. mesoleia (Grunow) Håkansson (S. 44)
Fig. 12–14: Cyclotella plitvicensis Hustedt (S. 44)

Fig. 1–3: *Cyclotella distinguenda* Hustedt, Holotypus, Coll. Hustedt Ac/19a, Lunz

Fig. 4–6: Als *Cyclotella operculata*, Coll. Kützing, Tennstedt, «Päckchen» 139, BM 17986, (Typus cons.)

Fig. 7: Als *Cyclotella kuetzingiana* Chauvin, Falaise, Coll. Grunow 2165

Fig. 8: Als *Cyclotella operculata* Kützing var. *mesoleia* Grunow. Hull (Angleterre), in Van Heurck, Type de Syn. 476

Fig. 9, 10: *Cyclotella distinguenda* Loch Leven, Schottland

Fig. 11: Als *Cyclotella operculata* var. *mesoleia* Grunow, Coll. Grunow 1043

Fig. 12–14: *Cyclotella plitvicensis*, Typenpräparat, Coll. Hustedt Ac 1/70, Plitvicer See, Moor

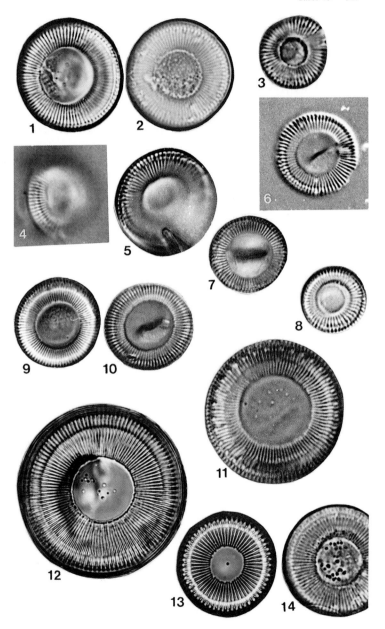

Tafel 44: (× 1500)

Fig. 1–10: Cyclotella meneghiniana Kützing (S. 44)
Fig. 11a, b: Cyclotella gamma Sovereign (S. 45)

Fig. 1–4: *Cyclotella meneghiniana*, Lectotypus, Coll. Kützing BM 17 988

Fig. 5, 9–10: *Cyclotella kuetzingiana* Thwaites, Coll. Thwaites, Typus, BM 77 957

Fig. 6, 7: Als «*Cyclotella kuetzingiana* Chauvin, Falaise (France)», in Van Heurck, Type de Syn. 477

Fig. 8: Als *Cyclotella rectangulata* Environs de Paris, de Bréb. 306, Coll. Grunow 2167

Fig. 11a, b: *Cyclotella gamma*, Holotypus 3477, Coll. Sovereign, Lake Killebrew, USA

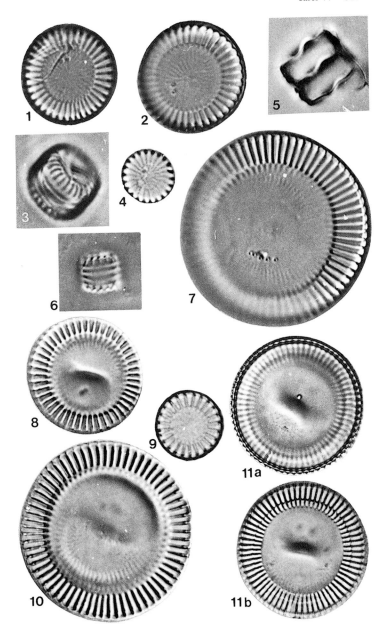

Tafel 45: (× 1500)

Fig. 1–8: Typen aus dem Sippenkreis um Cyclotella striata (Kützing) Grunow (S. 46)

Fig. 1: Als *Cyclotella dalasiana* W. Smith, in Cleve & Möller 178, Elephant Point, Bengal

Fig. 2: Als *Discoplea sinensis* Ehrenberg, Coll. Ehrenberg Canton, China (Typenmaterial)

Fig. 3, 4: Als *Coscinodiscus striatus* Kützing, Coll. Kützing Typus, BM 19 363 («pkt 825»)

Fig. 5a, b: Als *Cyclotella striata* var. *ambigua* Grunow, Coll. Grunow 2230, (Schale in verschiedener Fokussierung)

Fig. 6: *Cyclotella striata* sensu Hustedt, Coll. Hust. Ac 1/40, Hudson River

Fig. 7: *Cyclotella striata*, Coll. Grunow 905, Cuxhaven

Fig. 8: *Cyclotella* aff. *ambigua?* Grunow, Coll. Grunow 2863

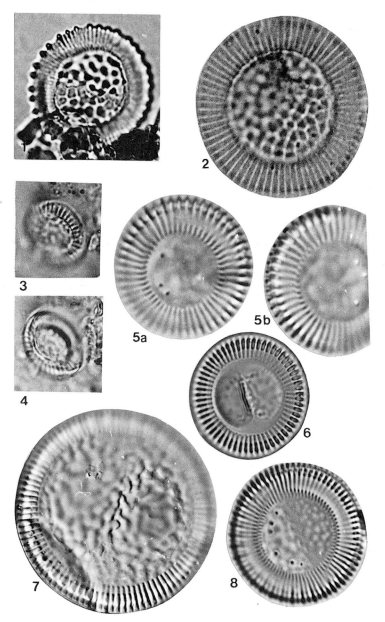

Tafel 46: (× 1500, außer Fig. 2–5 × 2000)

Fig. 1a, b: Cyclotella caspia Grunow (S. 47)
Fig. 2–5: Cyclotella hakanssoniae Wendker (S. 47)
Fig. 6–8: Cyclotella iris Brun et Héribaud (S. 47)
Fig. 9–11: ?Cyclotella michiganiana Sovereign oder **Cyclotella iris** Brun & Héribaud
Fig. 12, 13: Cyclotella michiganiana Sovereign (S. 48)

Fig. 1a, b: *Cyclotella caspia*, Coll. Grunow 2055d, Typenmaterial, Caspisches Meer (Schale in verschiedener Fokussierung)
Fig. 2–5: *Cyclotella hakanssoniae* Coll. Wendker, Typenmaterial von der Schlei, Schleswig-Hostein, Photo S. Wendker
Fig. 6–8: *Cyclotella iris*, Coll. Hustedt Ac 1/22, Aurillac, Frankreich
Fig. 9–11: ? *Cyclotella michiganiana* oder *Cyclotella iris*, aus Seen Finnlands
Fig. 12–13: *Cyclotella michiganiana*, Michigan Lake, USA

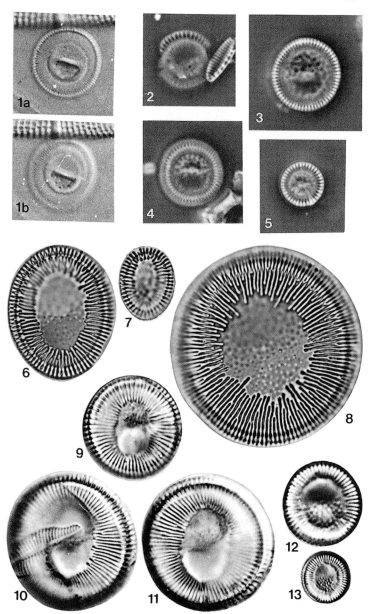

Tafel 47: (× 1500)

Fig. 1: Cyclotella elgeri Hustedt (S. 48)
Fig. 2: Cyclotella areolata Hustedt (S. 49)
Fig. 3, 4: Cyclotella fottii Hustedt (S. 49)
Fig. 5, 6: Cyclotella antiqua W. Smith (S. 49)

Fig. 1: *Cyclotella elgeri*, Isolectotypus, Coll. Hustedt Ac 1/96, Siskyon County, California

Fig. 2: *Cyclotella areolata*, Holotypus, Coll. Hustedt Ac 1/64, Sumatra, Tobasee TDF 4

Fig. 3a, b: *Cyclotella fottii*, Lectotypus, Coll. Hustedt Ac 1/51 Ochridasee (Schale in verschiedener Fokussierung)

Fig. 4: *Cyclotella fottii*, Isolectotypus, Coll. Hustedt Ac 1/49, Ochridasee

Fig. 5, 6: *Cyclotella antiqua*, Coll. Hustedt Ac 1/2 Sarekgebirge, Lappland, Torfmoos

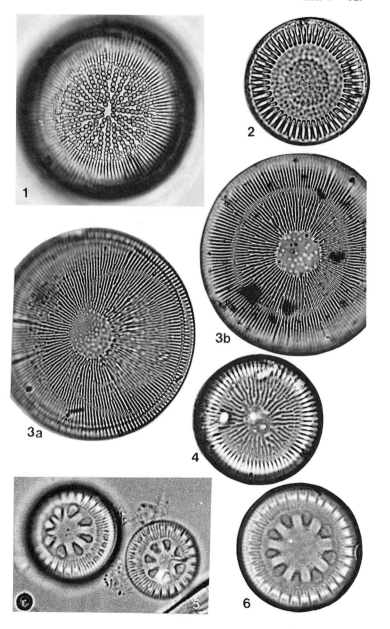

Tafel 48: (Fig. 1, 4, 5 × 1500, REM Fig. 2 × 6000, Fig. 3 × 9000, Fig. 6 × 5300, Fig. 7 × 2900)

Fig. 1–3: Cyclotella antiqua W. Smith (S. 49)
Fig. 4–7: Cyclotella tripartita Håkansson (S. 49)

Fig. 1: *Cyclotella antiqua*, Seen in Kanada

Fig. 2: REM. Außenansicht eines der dreieckigen, punktierten Felder. Die etwas nach außen verdickten Foramen sind die Öffnungen der Stützenfortsätze, die anderen sind Areolen. Siehe hierzu Fig. 3

Fig. 3: REM. Innenansicht mit den Stützenfortsätzen und den Areolen mit der gewölbten Siebmembran (Cribrum)

Fig. 4a, b, 6, 7: *Cyclotella tripartita*, Jämtland, Schweden

Fig. 5a, b: *Cyclotella tripartita*, Kanada

Fig. 6: REM. Die typische Dreiteilung der Schalenfläche. Die großen «Öffnungen» in den Vertiefungen sind nur scheinbar vorhanden (siehe Fig. 7 Innenansicht)

Fig. 7: REM. Nur die Stützenfortsätze durchdringen die Schale

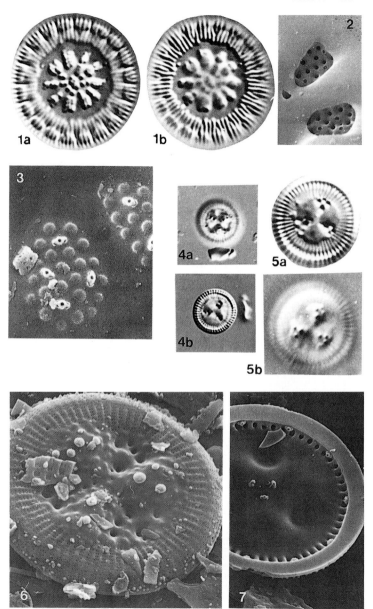

328

Tafel 49: (× 1500, außer Fig. 8, 10 × 2000)

Fig. 1–4, ?9: **Cyclotella stelligera** Cleve & Grunow (S. 50)
Fig. 5–7: **Cyclotella pseudostelligera** Hustedt (S. 51)
Fig. 8: **Cyclotella stelligeroides** Hustedt (keine Diagnose)
Fig. 10: **Cyclotella woltereckii** Hustedt (keine Diagnose)
Fig. 11: **Cyclotella glomerata** Bachmann (S. 51)

Fig. 1a, b: *Cyclotella stelligera*, Coll. Berggren Lund, Rotorua Lake, New Zealand, Typenlokalität

Fig. 2: Als *Cyclotella meneghiniana* var. *stelligera* Cleve & Möller, Cleve & Möller 300

Fig. 3: *Cyclotella stelligera*, Krageholmssjön, Schweden

Fig. 4: *Cyclotella stelligera*, Coll. Hustedt Ac 1/41

Fig. 5–7: *Cyclotella pseudostelligera*, Lectotypus, Coll. Hustedt Ac 51/1, Ems b. Papenburg 197

Fig. 8: *Cyclotella stelligeroides*, Holotypus, Coll. Hustedt M 2/43, Plitvicer Seengebiet, 11, Wasserfall

Fig. 9: *Cyclotella stelligera* var. *robusta* Hustedt, Coll. Hustedt Ac 1/61, Tobasee, Sumatra TDF 15

Fig. 10: *Cyclotella woltereckii*, Holotypus, Coll. Hustedt Ac 1/68 Buitenzorg, Java, Tech 98

Fig. 11: *Cyclotella glomerata* Bachmann, Coll. Hustedt Ac 1/20 Wolfgangsee

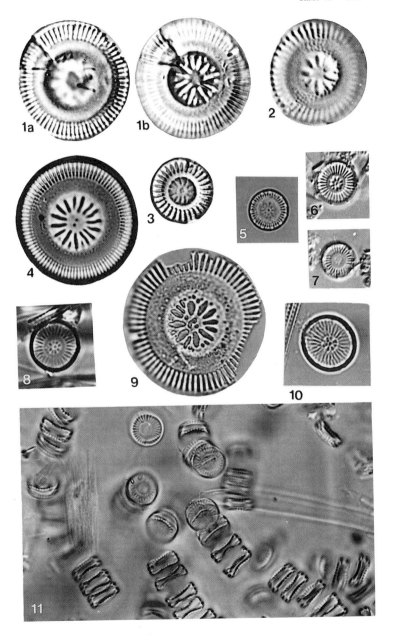

Tafel 50: (× 1500, außer REM Fig. 13 × 4800, Fig. 14 × 6400)

Fig. 1–11, 13, 14: Cyclotella ocellata Pantocsek (S. 51)
Fig. 12: Cyclotella trichonidea Economou-Amilli (S. 52)

Fig. 1–4: *Cyclotella ocellata*, Coll. Pantocsek, Typenmaterial, Balaton See
Fig. 5–7: *Cyclotella ocellata*, eutropher See in Finnland
Fig. 8: *Cyclotella ocellata*, Krageholssjön, Schweden
Fig. 9: *Cyclotella ocellata*, Roth See, Schweiz
Fig. 10: *Cyclotella ocellata*, Coll. Hustedt Ac 2/2
Fig. 11. *Cyclotella ocellata*, Coll. Hustedt Ac 1/31 Balaton See
Fig. 12: *Cyclotella trichonidea*, Material aus dem See Trichonis, Griechenland
Fig. 13: *Cyclotella ocellata*. Ein Stützenfortsatz im Mittelfeld der Schale
Fig. 14: *Cyclotella ocellata*. Die typischen Vertiefungen in der zentralen Zone der Schale, die die Silikatschicht nicht durchdringen (siehe Fig. 13)

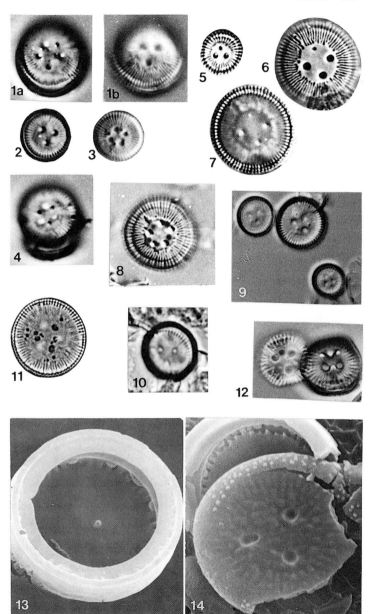

Tafel 51: (× 1500)

Fig. 1–5: Cyclotella ocellata Pantocsek (S. 51)
Fig. 6, 8, 16, 18: Cyclotella distinguenda var. **unipunctata** (Hustedt) Håkansson & Carter (S. 44)
Fig. 7?, 10–14: Cyclotella cyclopuncta Håkansson & Carter (S. 52)
Fig. 9, 15, 17: Cyclotella aff. **comta** var. **unipunctata** Hustedt (S. 54)
Fig. 19–21: Cyclotella atomus Hustedt (S. 53)

Fig. 1: Als *Cyclotella ocellata*, Coll. Hustedt Ac 1/31, Balaton See

Fig. 2, 3: Als *Cyclotella kuetzingiana* var. *planetophora* Fricke, Coll. Hustedt Ac 2/2 Freigericht See, Kahl am Main

Fig. 4: Als *Cyclotella kuetzingiana* var. *planetophora* Fricke, Coll. Hustedt Ac 1/23, Fricke, Gr. Ukleisee

Fig. 5: *Cyclotella ocellata*, Trummen, Schweden

Fig. 6–9: Als *Cyclotella operculata* var. *unipunctata* Hustedt, Lectotypus, Coll. Hustedt 1/84, Lunz U. S. Holz 3

Fig. 10–14: *Cyclotella cyclopuncta*, Håkansson & Carter, Baumstamm, Plitvicer See, Typenmaterial

Fig. 15, 17: *Cyclotella* aff. *comta* var. *unipunctata*, Sippen aus Süßwasserseen von Schweden

Fig. 16, 18: *Cyclotella distinguenda* var. *unipunctata*, Sippen aus Süßwasserseen von Deutschland, Finnland und Schweden

Fig. 19: *Cyclotella atomus*, Havgårdssjön, Schweden

Fig. 20–21: *Cyclotella atomus*, Holotypus, Coll. Hustedt, Ac 1/48, Java, Sindanglaja Stausee, Pl.

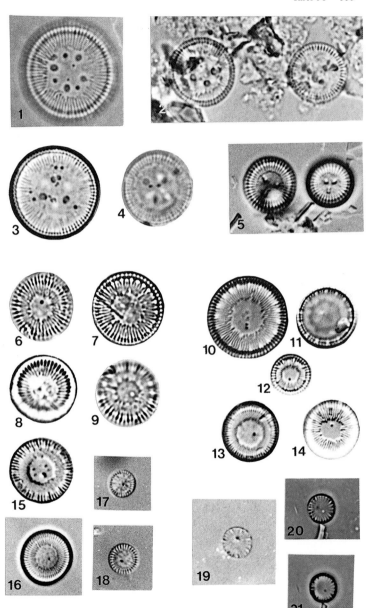

334

Tafel 52: (×1500, außer REM Fig. 7–9 ×9000)

Fig. 1, 2: Cyclotella aff. **comensis** Grunow
Fig. 3: Cyclotella delicatula Hustedt (S. 53)
Fig. 4–6: Cyclotella comensis Grunow (S. 53)
Fig. 7–9: Cyclotella aff. **comensis** ? Grunow

Fig. 1, 2: Als *Cyclotella melosiroides*, Coll. Hustedt Ac 1/32, Wörther See
Fig. 3: *Cyclotella delicatula*, Holotypus, Coll. Hustedt Ac 1/87, Kienberg-Graming, Nied. Österreich, Seebachlacke
Fig. 4–6: *Cyclotella comensis*, Lectotypus, Coll. Grunow 2862a, Comer See
Fig. 7–9: *Cyclotella* aff. *comensis*?; hier zum Vergleich abgebildet
Fig. 7: Außenansicht der Schale mit den großen lochartigen Vertiefungen, die die Silikatschicht nicht durchdringen. Die Öffnung des zentralen Stützenfortsatzes (a) ist oft schwierig zu finden. Die Öffnung des Lippenfortsatzes in der marginalen, striierten Zone (b)
Fig. 8: Innenansicht der Schale mit dem zentralen und den marginalen Stützenfortsätzen. Ein Lippenfortsatz (Pfeil) an einer Radialrippe
Fig. 9: Die Wellung der zentralen Zone erhoben über der Fläche der Schale. Der Mantel kurz und rundlich abfallend

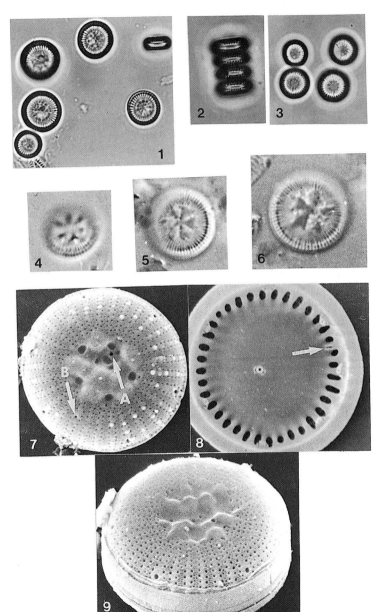

Tafel 53: (× 1500, außer Fig. 1, 2, 4 × 1000)

Fig. 1–6: Cyclotella bodanica Grunow var. **bodanica** (S. 54)

Fig. 1: Als «*Cyclotella,* Bodensee», Coll. Van Heurck Antwerpen, Eulenstein IX-63-C1, Photo R. Mahony, Philadelphia, USA

Fig. 2, 4: *Cyclotella bodanica*, Bodensee Material von 1925 (Plön Coll.)

Fig. 3: *Cyclotella bodanica*, Coll. Grunow no 1016

Fig. 5, 6: *Cyclotella bodanica*, Weissensee, Österreich

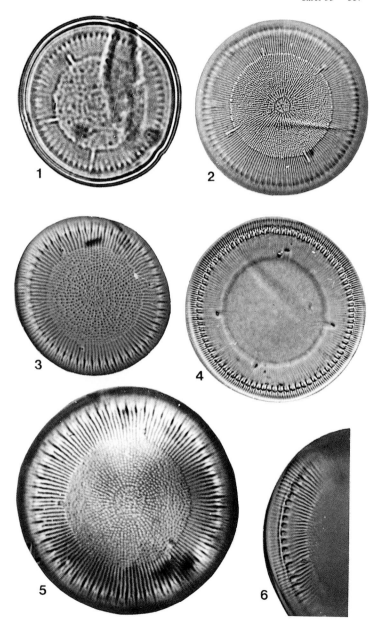

Tafel 54: (× 1500)

Fig. 1, 2: Cyclotella bodanica Grunow var. **bodanica** (S. 54)
Fig. 3–4b: Cyclotella bodanica var. **lemanica** (O. Müller ex Schröter) Bachmann (S. 54)

Fig. 1, 2: Als *Cyclotella bodanica*, Coll. Hustedt (Meister, Präp.) Kreuzlingen

Fig. 3a, b: Als *Cyclotella bodanica*, Coll. Deby, Genfer See, BM 14 423, Schale in unterschiedlicher Fokussierung

Fig. 4a, b: Als *Cyclotella bodanica* var. *intermedia* Manguin, Coll. Manguin, See Karluk, Schale in unterschiedlicher Fokussierung

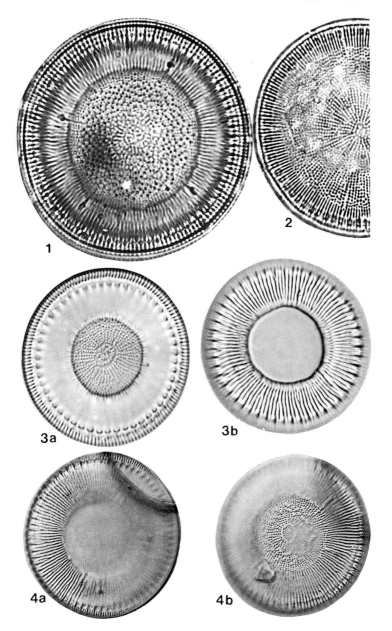

Tafel 55: (× 1500)

Fig. 1–7b: **Cyclotella bodanica** var. aff. **lemanica** (O. Müller ex Schröter) Bachmann

Fig. 1: Als *Cyclotella lemanensis* (O. Müller) Lemmermann, Coll. Hustedt Ac 1/8, Genfer See 1926

Fig. 2, 3: Als *Cyclotella bodanica*, Coll. Hustedt Ac 1/5, Lunzer See

Fig. 4: *Cyclotella bodanica* var. aff. *lemanica*, Krageholmssjö, Schweden

Fig. 5, 6: *Cyclotella bodanica* var. aff. *lemanica*, Frains Lake USA

Fig. 7a, b: *Cyclotella bodanica* var. aff. *lemanica*, Österreich, Schale in unterschiedlicher Fokussierung

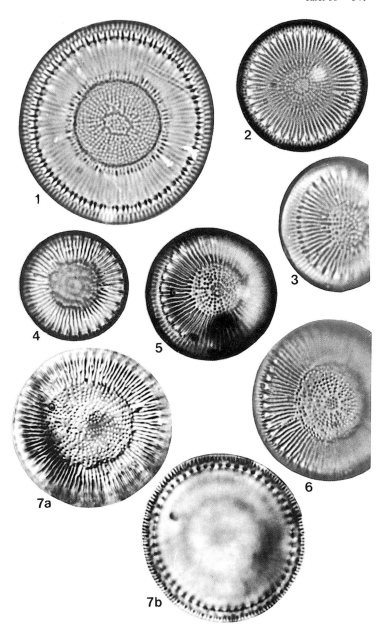

Tafel 56: (× 1500)

Fig. 1a–2: Cyclotella planktonica Brunnthaler (S. 59)
Fig. 3a–5: Cyclotella bodanica var. aff. **lemanica** (O. Müller ex Schröter) Bachmann

Fig. 1a–2: Bachmann Material von 1907, Zuger See, Schweiz
Fig. 3a, b: *Cyclotella bodanica* var. aff. *lemanica*, Sjömyretjärn, Schweden
Fig. 4a–5: *Cyclotella bodanica* var. aff. *lemanica*, Gull Lake, USA

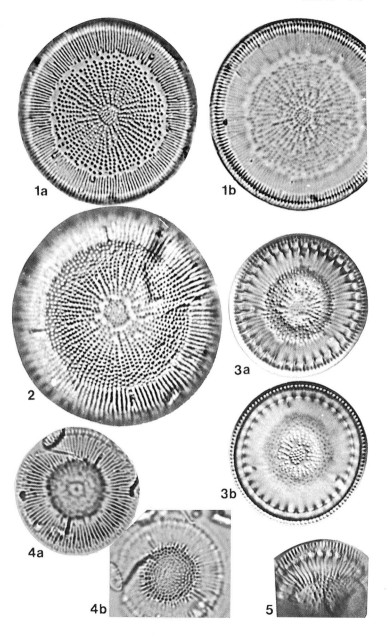

Tafel 57: (REM, Fig. 1 × 3500, Fig. 2 × 800, Fig. 3 × 5000, Fig. 4 ×3200, Fig. 5 × 3800)

Fig. 1–3: Cyclotella bodanica Grunow var. **bodanica**
Fig. 4, 5: Cyclotella bodanica var. aff. **lemanica** (O. Müller ex Schröter) Bachmann

Fig. 1: *Cyclotella bodanica* var. *bodanica*. Die sehr fein strukturierte Randzone (kaum im LM aufzulösen). Jede areolierte Reihe des Mittelfeldes geht in einen Radialstreifen der Randzone über

Fig. 2: Die Innenansicht der Schale zeigt das Mittelfeld mit den radialen Areolenreihen und den Stützenfortsätzen sowie die deutlichen Lippenfortsätze über den geschlossenen Alveolen. Am Rande der Schale die kammerförmigen Öffnungen der Alveolen

Fig. 3: Vergrößerung von Fig. 2 mit Einzelheiten des Schalenrandes

Fig. 4: *Cyclotella bodanica* var. aff. *lemanica*. Außenansicht der Schale mit dem typisch konkaven Mittelfeld, die Areolen lockerer gestellt als in der Nominatvarietät

Fig. 5: Die Innenansicht mit den Areolen und Stützenfortsätzen im Mittelfeld, dem Lippenfortsatz und dem Kammersystem der Randzone

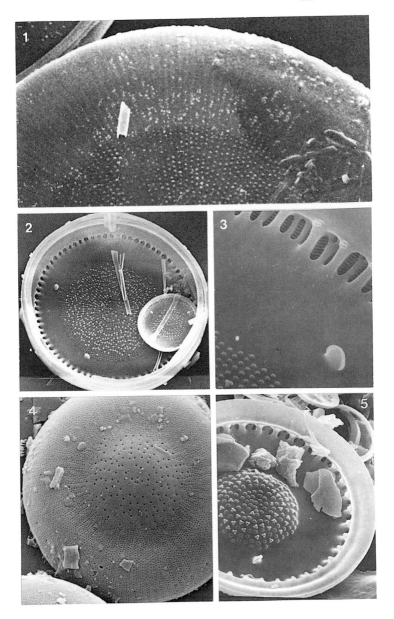

346

Fig. 1–4b: **Cyclotella bodanica** var. aff. **affinis** Grunow

Fig. 5, 6: **Cyclotella species** (aff. **Cyclotella bodanica** var. **affinis** ? oder var. **lemanica** ?)

Fig. 1–3: Als *Cyclotella operculata* var. *radiosa* in Grunows Aufzeichnungen zu Präp. 1109 (Möller 119) Kamtschatka. Als *Cyclotella operculata* var. *major* auf Original Zeichnung Coll. Grunow

Fig. 4a, b: Als *Cyclotella affinis*, Amerika, Möller Präparat 144, BM 81 214, Schale in unterschiedlicher Fokussierung

Fig. 5, 6: Als «*Cyclotella affinis* m.» Coll. Grunow 1468, Carcon USA (Grunow in Van Heurck (1882, Taf. 93: 11–13: *Cyclotella comta* var. *affinis*)

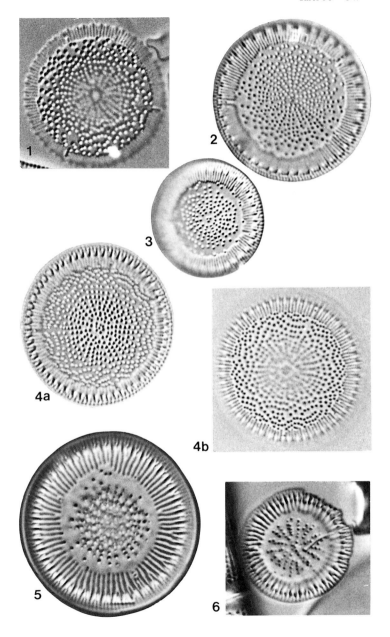

Tafel 59: (× 1500)

Fig. 1–3: Cyclotella species (aff. **bodanica** var. **affinis** Grunow) oder **Cyclotella styriaca** Hustedt?

Fig. 4: Cyclotella styriaca Hustedt (S. 56)

Fig. 5: Cyclotella baikalensis Skvortzow & Meyer (S. 56)

Fig. 6: Cyclotella stylorum Hustedt (S. 56)

Fig. 1, 2: Als *Cyclotella quadrijuncta* Schröter, Coll. Hustedt Ac 1/37, Sempacher See

Fig. 3: Als *Cyclotella comta* var. *lucida* Meister, Coll. Hustedt 2/64 (Meister Präp.) Walensee

Fig. 4: *Cyclotella styriaca*, Lectotypus, Coll. Hustedt Ah 46 Grundlsee/Ostalpen, Pl. 20 m

Fig. 5: *Cyclotella baikalensis*, Coll. Hustedt Ac 1/74, Baikalsee, Olhon Gate

Fig. 6: *Cyclotella stylorum*, Coll. Hustedt Ac 1/43, Washington River

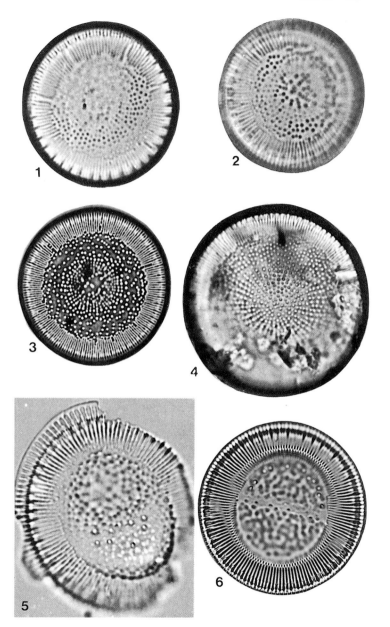

Tafel 60: (×1500, außer Fig. 3, 4 ×650, Fig. 9 ×3500, Fig. 10 ×4800)

Fig. 1–5: Cyclotella species (aff. **quadrijuncta** ?)
Fig. 6a, b: Thalassiosira pseudonana Hasle & Heimdal (S. 80)
Fig. 7–10: Cyclotella praetermissa Lund (S. 59)

Fig. 1–4: Als *Cyclotella quadrijuncta*, leg. T. Christensen, Kopenhagen
Fig. 5: Als *Cyclotella quadrijuncta*, Coll. Hustedt Ac 1/78, Sempacher See
Fig. 6: Als *Cyclotella nana* Hustedt, Coll. Hustedt, Bremen Wümme, von Halse & Heimdal zu *Thalassiosira pseudonana* überführt
Fig. 7–10: *Cyclotella praetermissa*, Typenmaterial T 88, Coll. Lund, Windermere

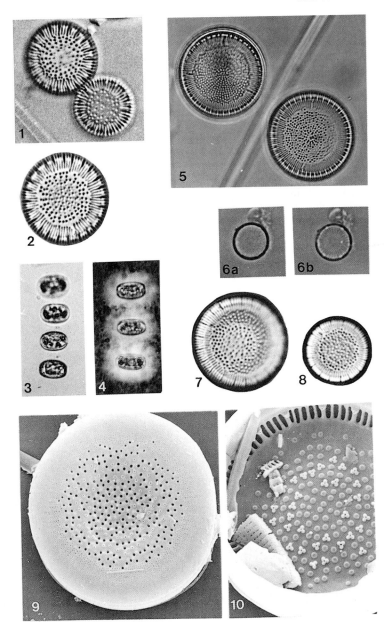

352

Tafel 61: (× 1500, außer Fig. 7 × 2000)

Fig. 1–5b: Cyclotella bodanica var. aff. **lemanica** (O. Müller ex Schröter) Bachmann
Fig. 6–10: Cyclotella austriaca (M. Peragallo in Handmann et Schiedler) Hustedt (S. 56)

Fig. 1–2b: *Cyclotella bodanica* var. aff. *lemanica*, Little Jons vatten, Norwegen
Fig. 3a–4: Als *Cyclotella bodanica* var. *affinis*, Coll. Grunow 1117, Bridgton, England
Fig. 5a, b: Als *Cyclotella bodanica* var. *intermedia*, Coll. Manguin, Karluk See
Fig. 6a, b: *Cyclotella austriaca*, Coll. Schimanski 129, Eschenlohe
Fig. 7: *Cyclotella austriaca*, Coll. Peragallo 901
Fig. 8–10: *Cyclotella austriaca* aus alpinen Seen der Schweiz

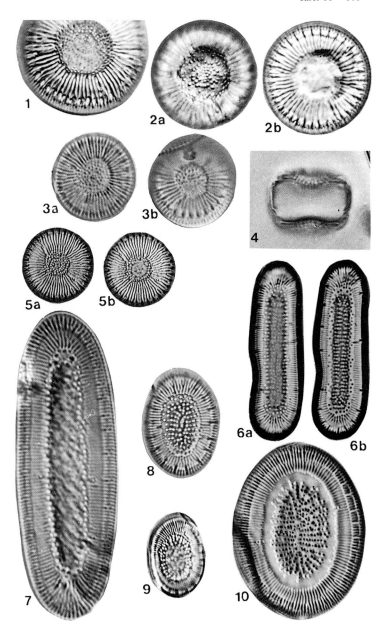

Tafel 62: (× 1500)

Fig. 1–4, 9: Cyclotella species (aff. comta?)
Fig. 5, 6, 10–12: Cyclotella comta (Ehrenberg) Kützing (S. 57)
Fig. 7: Cyclotella praetermissa Lund (S. 58)
Fig. 8: Cyclotella lacunarum Hustedt (ohne Diagnose)

Fig. 1–4, 7, 9, 10: Sippen aus Seen Englands und Schwedens
Fig. 5a, b: *Cyclotella radiosa* Grunow, Coll. Grunow 2146
Fig. 6a, b: *Cyclotella radiosa* Grunow, Typenmaterial, Coll. Grunow 913
Fig. 8: *Cyclotella lacunarum* Hustedt, Coll. Hustedt
Fig. 11, 12: *Cyclotella balatonis* Pantocsek, Typenmaterial, Coll. Pantocsek, Balaton See

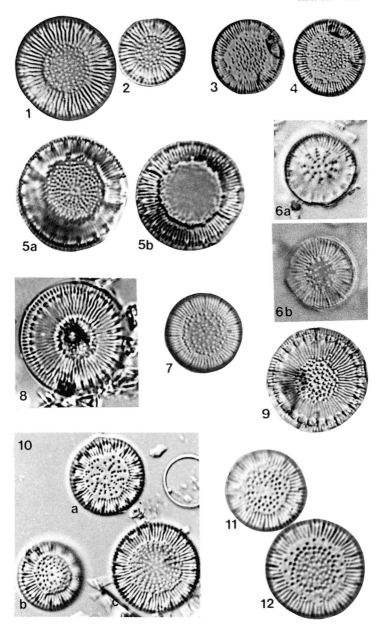

Tafel 63: (× 1500, außer REM Fig. 2, 3 × 5000)

Fig. 1–7: Cyclotella glabriuscula (Grunow) Håkansson (S. 59)

Fig. 1: Als *Cyclotella tenuistriata* Hustedt, Coll. Hustedt Ac 1/90, Lunz, Untersee, Abfluß

Fig. 2: Das leicht gewölbte Mittelfeld der Schale mit gleichmäßigen Foramina

Fig. 3: Im Mittelfeld nur Areolen mit der Siebmembran, keine zentralen Stützenfortsätze. Die marginalen Stützenfortsätze ragen weiter in das Mittelfeld hinein, sie ergeben im LM die Schattenlinien

Fig. 4: Als *Actinocyclus helveticus* Brun, Coll. Brun, Geneve

Fig. 5, 6: Als *Cyclotella comta* var. *glabriuscula* Grunow, Coll. Grunow 908

Fig. 7: Als *Cyclotella comta* (Ehrenberg) var. *radiosa* Grunow in Cleve & Möller 174, Neuchâtel

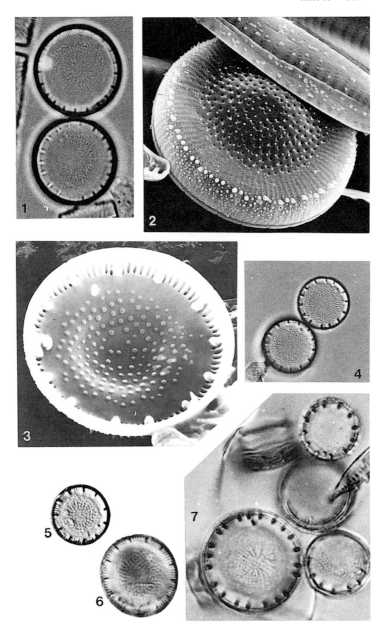

358

Tafel 64: (× 1500, außer Fig. 9, 10, 12–14 × 1000)

Fig. 1–8: Cyclotella rossii (Grunow) Håkansson (S. 60)
Fig. 9–11: Cyclotella planctonica Brunnthaler (S. 59)
Fig. 12–14: Cyclotella socialis Schütt (S. 59)

Fig. 1–3: Als *Cyclotella comta* var. *oligactis*, Coll. Grunow 2146
Fig. 4–8: Sippen aus Seen in Finnland und Schweden
Fig. 9–11: *Cyclotella planctonica*, Coll. Hustedt Ac 1/34 Wolfgangsee
Fig. 12–14: *Cyclotella socialis*, Coll. Hustedt Ac 1/39 Bodensee

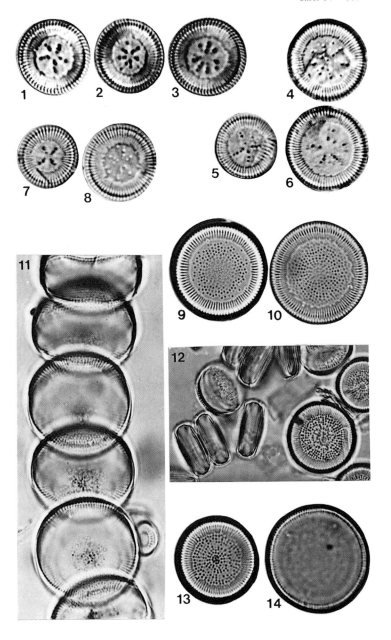

Tafel 65: (×1500, außer REM Fig. 9 ×7500, Fig. 10 ×35 000)

Fig. 1–3: Cyclotella schumannii (Grunow) Håkansson (S. 60)
Fig. 4–6: Cyclotella krammeri Håkansson (S. 60)
Fig. 7a, b: Cyclotella aff. **paucipunctata** Grunow (ohne Diagnose)
Fig. 8a–10: Cyclotella wuethrichiana Druart & Straub (S. 61)

Fig. 1–3: Als *Cyclotella kuetzingiana* var. *schumanni* Grunow in Van Heurck (1881), Coll. Grunow 1493, Domblitten

Fig. 4–6: Sippen aus Seen in Schweden

Fig. 7a, b: Als *Cyclotella comta* var. *paucipunctata* Grunow, Coll. Grunow 2146 Laxå

Fig. 8–10: *Cyclotella wuethrichiana*, Typenmaterial, Coll. Straub

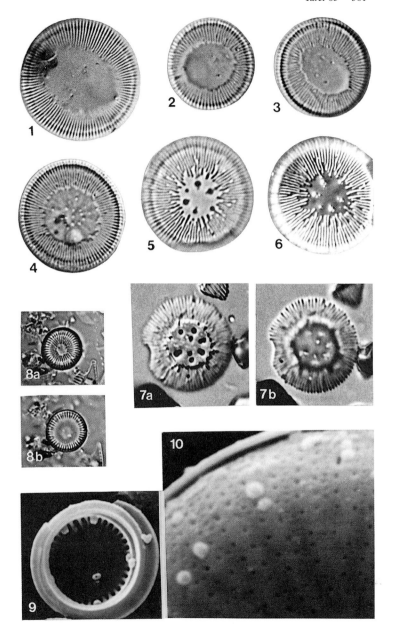

362

Tafel 66: (× 1500, außer Fig. 4a, b × 1000)

Fig. 1a–3: Cyclostephanos novaezeelandiae (Cleve) Round (S. 62)
Fig. 4a, b: Cyclostephanos damasii (Hustedt) Stoermer & Håkansson
(S. 63)

Fig. 1a, b, 3: *Cyclostephanos novaezeelandiae,* Typenpräparat, Cleve & Möller 300, Rotorua, New Zealand

Fig. 2a, b: *Cyclostephanos novaezeelandiae*, Ngontaha, New Zeeland, leg. F. S. C. Reed

Fig. 4a, b: *Cyclostephanos damasii*, Coll. Ross 1335, Edward See, Belgisch Kongo, Afrika

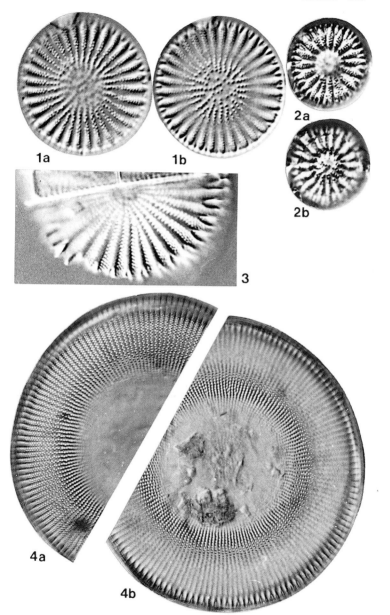

Tafel 67: (× 1500, außer Fig. 1a, b × 1000, REM Fig. 2 × 18 000)

Fig. 1a–2: Cyclostephanos damasii (Hustedt) Stoermer & Håkansson (S. 63)

Fig. 3, 4: Cyclostephanos invisitatus (Hohn & Hellermann) Theriot, Stoermer & Håkansson (S. 63)

Fig. 5: Cyclostephanos costatilimbus (Kobayasi & Kobayashi) Stoermer, Håkansson & Theriot (S. 64)

Fig. 6a, b: Cyclostephanos tholiformis Stoermer, Håkansson & Theriot (S. 64)

Fig. 7–9b: Cyclostephanos dubius (Fricke) Round (S. 65)

Fig. 1a–2: *Cyclostephanos damasii*, Tanganyika See, Afrika, leg. J. Kingston

Fig. 3: Als *Stephanodiscus hantzschii* var. *striatior* Kalbe, coll. Kalbe Rostock

Fig. 4: *Cyclostephanos invisitatus*, Holotypus ANSP A-G. C. 7059a

Fig. 5–6b: Typenmaterial, Amerika (Kanal in Verbindung mit dem See West Okoboji, Iowa, USA)

Fig. 7–9: Sippen aus eutrophen Gewässern Schwedens und Deutschlands mit mittlerem bis hohem Elektrolytgehalt

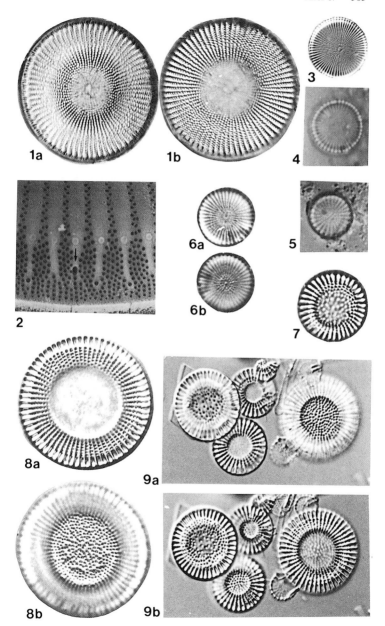

Tafel 68: (× 1500, außer Fig. 4a, b × 1000)

Fig. 1–3, 5: Stephanodiscus niagarae Ehrenberg (S. 67)
Fig. 4a, b: Stephanodiscus rotula (Kützing) Hendey (S. 68)

Fig. 1: *Stephanodiscus niagarae*, Isolectotypus, Coll. Ehrenberg 1 dbr
Fig. 2, 3: *Stephanodiscus niagarae*, Typenmaterial
Fig. 4a, b: Als *Stephanodiscus astraea*, Cleve & Möller 50, Lüneburg, fossil
Fig. 5: Als *Stephanodiscus niagarae*, Cleve & Möller 49, Buffalo. N. Y.

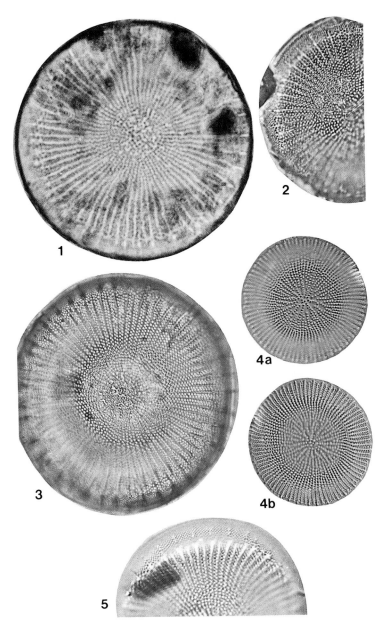

Tafel 69: (× 1500, außer Fig. 2 × 1000)

Fig. 1a, b: Stephanodiscus niagarae Ehrenberg (S. 67)

Fig. 2: Stephanodiscus yellowstonensis Theriot & Stoermer (hier nur zum Vergleich abgebildet)

Fig. 3: Stephanodiscus neoastraea Håkansson & Hickel (S. 68)

Fig. 4, 5: Stephanodiscus rotula (Kützing) Hendey (S. 68)

Fig. 1a, b: Als *Stephanodiscus astraea*, Cleve & Möller 49

Fig. 2: *Stephanodiscus yellowstonensis*, Great Lakes, Michigan, USA

Fig. 3: Aus einem oligotrophen See in Dänemark

Fig. 4, 5: *Stephanodiscus rotula*, Typenmaterial, Coll. Kützing BM 17 997

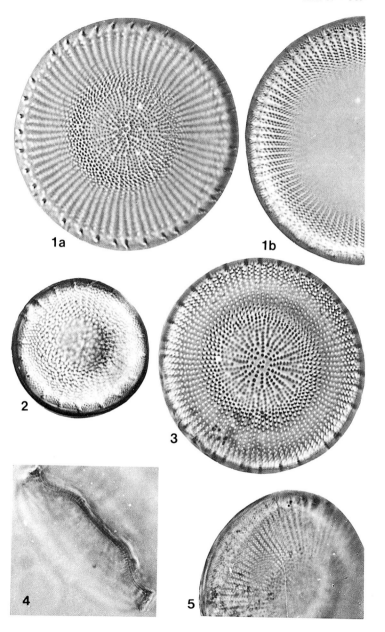

1a

1b

2

3

4

5

Tafel 70: (REM, Fig. 1 × 3000, Fig. 2 × 3000, Fig. 3 × 3000)

Fig. 1: **Stephanodiscus niagarae** Ehrenberg
Fig. 2: **Stephanodiscus rotula** (Kützing) Hendey
Fig. 3: **Stephanodiscus neoastraea** Håkansson & Hickel

Fig. 1–3: Ausschnitte des Schalenmantels der drei Arten. Die Unterschiede liegen in der Anordnung der Dornen, der Stützenfortsätze und der Areolen auf dem Mantel. Die Höhe des Mantels, der Abstand zwischen den Dornen und den Stützenfortsätzen sowie untereinander ist arttypisch.
In Fig. 1 ist der Abstand der Dornen (oder deren Basis) zu den marginalen Stützenfortsätzen größer als in Fig. 2 und 3. Der Abstand zwischen den marginalen Stützenfortsätzen scheint in Fig. 1 und 2 gleich zu sein, in Fig. 3 dagegen abweichend. Die Anordnung der Areolen weicht in allen drei Arten etwas voneinander ab.

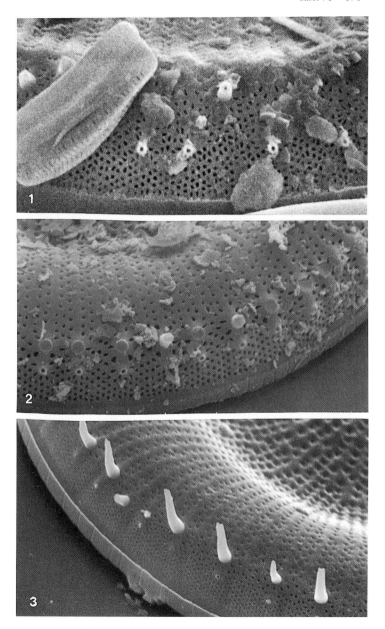

Tafel 71: (× 1500, außer Fig. 3a, b × 1000)

Fig. 1–2b: Stephanodiscus rotula (Kützing) Hendey (S. 68)
Fig. 3a–5b: Stephanodiscus neoastraea Håkansson & Hickel (S. 68)
Fig. 6: Stephanodiscus agassizensis Håkansson & Kling (S. 69)

Fig. 1–2b: Als *Cyclotella rotula*, Coll. Kützing BM 17 997
Fig. 3a–5b: *Stephanodiscus neoastraea*, Sippen aus eutrophen Seen Deutschlands und Schwedens
Fig. 6: *Stephanodiscus agassizensis*, Typenmaterial, Red River, Kanada

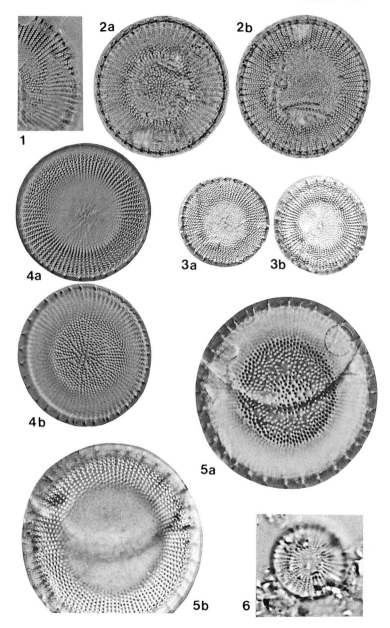

Tafel 72: (×1500, außer REM Fig. 1 ×7000, Fig. 4 ×1250)

Fig. 1–2b: Stephanodiscus agassizensis Håkansson & Kling (S. 69)
Fig. 3a–4: Stephanodiscus alpinus Hustedt (S. 70)

Fig. 1–2b: *Stephanodiscus agassizensis*, Typenmaterial, Red River, Kanada
Fig. 3a–4: *Stephanodiscus alpinus*, Lunzer Untersee

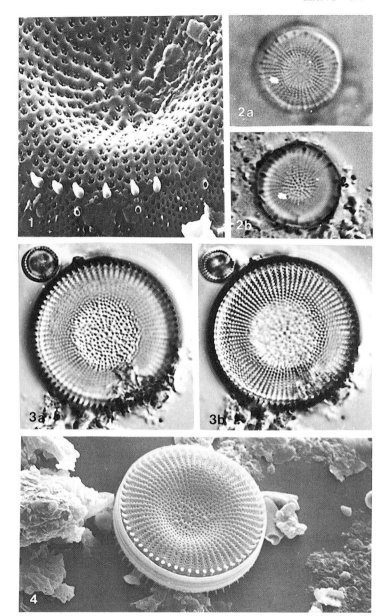

376

Tafel 73: (× 1500)

Fig. 1a–2: Stephanodiscus aegyptiacus Ehrenberg (S. 70)
Fig. 3a, b: Stephanodiscus atmosphaericus (Ehrenberg) Håkansson & Locker (S. 76)
Fig. 4a–5b: Stephanodiscus galileensis Håkansson & Ehrlich (S. 70)

Fig. 1a, b: *Stephanodiscus aegyptiacus*, Isolectotypus, Coll. Håkansson Ld 42
Fig. 2: *Stephanodiscus aegyptiacus*, Isolectotypus, Coll. Ehrenberg 2 cr
Fig. 3a, b: *Stephanodiscus atmosphaericus*, Isolectotypus, Coll. Håkansson Ld 51
Fig. 4a–5b: *Stephanodiscus galileensis*, Typenmaterial, Kinnereth See, Israel

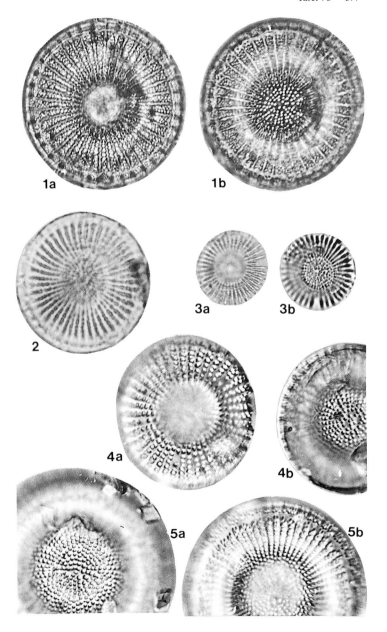

1a

1b

2

3a

3b

4a

4b

5a

5b

378

Fig. 1–4: **Stephanodiscus parvus** Stoermer & Håkansson (S. 71)
Fig. 5–7: **Stephanodiscus minutulus** (Kützing) Cleve & Möller (S. 71)
Fig. 8a–9: **Stephanodiscus vestibulis** Håkansson, Theriot & Stoermer (S. 72)
Fig. 10–11: **Stephanodiscus binderanus** (Kützing) Krieger (S. 72)
Fig. 12–16: **Stephanodiscus hantzschii** Grunow (S. 73)

Fig. 1, 2: Als *Stephanodiscus hantzschii* fo. *parva*, Cleve & Möller 266
Fig. 3: *Stephanodiscus parvus*, Werra, Hessen
Fig. 4: *Stephanodiscus parvus* aus einem südschwedischen See
Fig. 5: Als *Cyclotella minutula* Kützing, Coll. Kützing BM 17 995
Fig. 6–7: *Stephanodiscus minutulus*, Sippen aus stark eutrophen Seen Deutschlands und Amerikas. In Fig. 7 neben den beiden vegetativen Zellen eine Initialschale.
Fig. 8a, b: *Stephanodiscus vestibulis*, Typenmaterial, Iowa, USA
Fig. 9: Der Torbogen über der Öffnung des marginalen Stützenfortsatzes.
Fig. 10, 11: *Stephanodiscus binderanus* aus einem eutrophen See Deutschlands

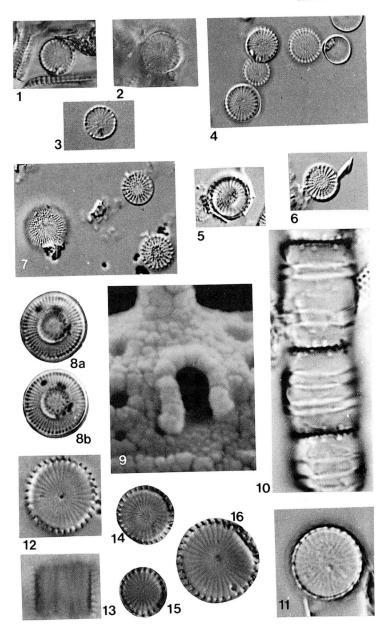

Tafel 75: (× 1500)

Fig. 1a–3b: ? Stephanodiscus medius Håkansson (S. 73)
Fig. 4–14: Stephanodiscus hantzschii Grunow (S. 73)

Fig. 1a, b: ? *Stephanodiscus medius*, Typenmaterial von *Cyclotella minutula* Kützing, Coll. Kützing BM 17 995
Fig. 2a, b: Als *Stephanodiscus minutus* Grunow ex Cleve & Möller 1879, Präp. 221
Fig. 3a, b: *Stephanodiscus medius* aus dem Mälaren, Schweden
Fig. 4–7: *Stephanodiscus hantzschii*, Typenmaterial, Rabenhorst 1104
Fig. 8–11: Sippen aus stark verunreinigten Gewässern Rußlands, Deutschlands und Schwedens
Fig. 12, 14: Als *Stephanodiscus tenuis* Hustedt, Coll. Hustedt 51/1
Fig. 13: *Stephanodiscus hantzschii* aus dem See Lången, Schweden

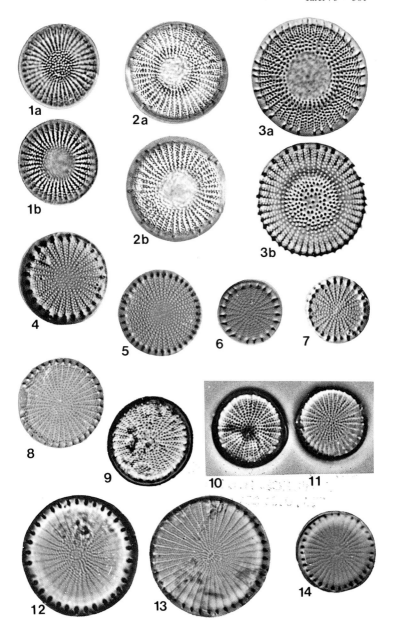

Tafel 76: (× 1500 außer Fig. 4a, b × 1000, REM Fig. 5 × 3600)

Fig. 1–3: Stephanodiscus hantzschii Grunow (S. 73)
Fig. 4a–6: Stephanodiscus transsylvanicus Pantocsek (S. 75)
Fig. 7a, b: Stephanodiscus oregonicus (Ehrenberg) Håkansson (S. 75)
Fig. 8a, b: Stephanodiscus subtranssylvanicus Gasse (hier nur zum Vergleich abgebildet)
Fig. 9: Stephanodiscus excentricus Hustedt (hier nur zum Vergleich abgebildet)

Fig. 1–3: Als *Stephanodiscus tenuis* Hustedt, Coll. Hustedt Ah 22
Fig. 4a–6: *Stephanodiscus transsylvanicus*, Typenmaterial Coll. Pantocsek
Fig. 5: Die sehr typische Randzone mit Details aus Fig. 4b
Fig. 7a, b: *Stephanodiscus oregonicus*, Typenmaterial, Coll. Håkansson Ld 103
Fig. 8a, b: *Stephanodiscus subtranssylvanicus*, Kanada
Fig. 9: *Stephanodiscus excentricus*, Typenmaterial, Oregon, USA

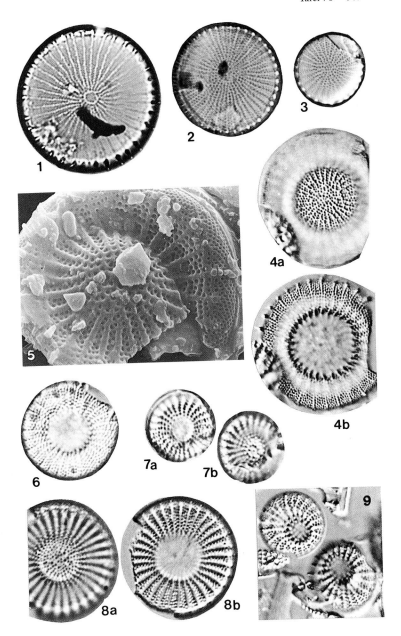

Tafel 77: (×1500 außer LM Fig. 6a, b × 1000, REM Fig. 4 × 4500)

Fig. 1, 2: **Thalassiosira nordenskioeldii** Cleve (S. 78)
Fig. 3, 4: **Thalassiosira weissflogii** (Grunow) Fryxell & Hasle (S. 79)
Fig. 5a, b: **Thalassiosira visurgis** Hustedt (S. 78)
Fig. 6a, b: **Thalassiosira baltica** (Grunow) Ostenfeld (S. 79)

Fig. 1, 2: *Thalassiosira nordenskioeldii*, Cleve & Möller, Präp. 51, Davis Strait
Fig. 3: Als *Thalassiosira fluviatilis* Hustedt, Coll. Hustedt Ad 1/55, Werra bei Münden
Fig. 4: REM. Die typischen Öffnungen der Stützenfortsätze im Mittelfeld der Schale
Fig. 5a, b: *Thalassiosira visurgis*, Coll. Hustedt Ad 77
Fig. 6a, b: *Thalassiosira baltica*, Schlei bei Schleswig, Photo S. Wendker

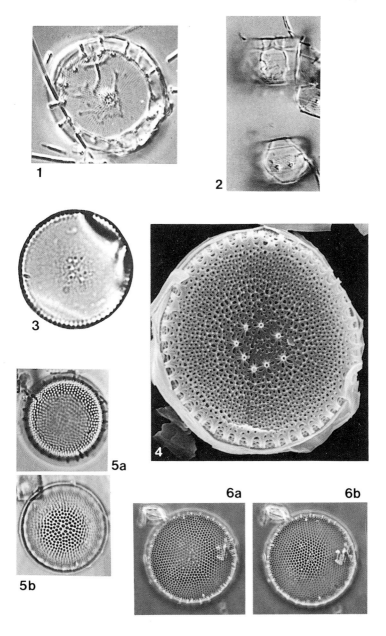

Tafel 78: (×1500 außer REM, Fig. 6 ×9000, Fig. 7 ×9000, Fig. 12 ×10 000)

Fig. 1–3: **Thalassiosira proschkinae** Makarova (S. 79)
Fig. 4–7: **Stephanodiscus lucens** Hustedt (S. 75)
Fig. 8–12: **Stephanocostis chantaicus** Genkal & Kuzmina (S. 80)

Fig. 1–3: *Thalassiosira proschkinae*, Schlei, Photo S. Wendker
Fig. 4–5: Als *Stephanodiscus lucens* Hustedt, Typus Coll. Hustedt 51/1 Ems bei Papenburg.
Fig. 6: REM. Schale mit *Stephanodiscus*- und *Thalassiosira*-ähnlicher Struktur. Die Öffnungen der marginalen Stützenfortsätze sind wie bei *Stephanodiscus* an den Enden der Interstriae. Die hyalinen Linien können stark erhoben erscheinen und dadurch im LM den Eindruck von Rippen erwecken. (Photo A. Mahood)
Fig. 7: Die Innenansicht der Schale zeigt bei dem zentralen sowie bei den marginalen Stützenfortsätzen 4 Satellitporen, wie sie typisch für *Thalassiosira*-Arten sind. (Photo A. Mahood)
Fig. 8–10: Als *Pleurocyclus stechlinensis* Casper & Scheffler, Coll. Casper & Scheffler, Neuglobsow, Brandenburg, Photo W. Scheffler
Fig. 11: *Stephanocostis chantaicus*, Kanada
Fig. 12: Die typischen «Rippen» hoch erhoben über der Schalenfläche und die Öffnung des zentralen Stützenfortsatzes mit den Öffnungen der marginalen Stützenfortsätze an den Enden der Rippen. Photo S. I. Genkal.

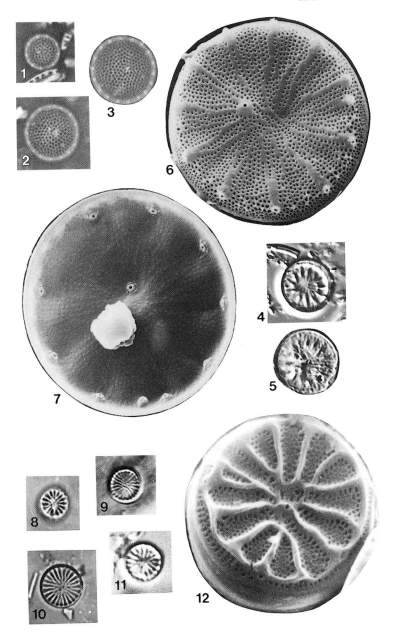

Tafel 79: (×600)

Fig. 1–6: Acanthoceras zachariasii (Brun) Simonsen (S. 83)

Fig. 1, 4: Wörlitzer See, Coll. Hust. G/33
Fig. 2, 3, 5: Helgasee, Südschweden

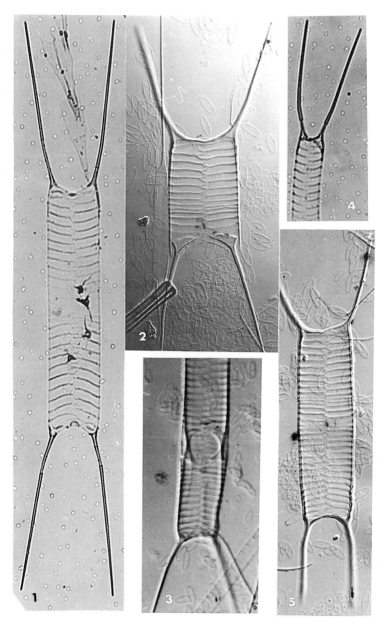

Tafel 80: (Fig. 1 × 490, Fig. 2 × 800, Fig. 3, 4 × 1500)

Fig. 1, 2: Chaetoceros muelleri Lemmermann. Fig. 1, A vegetative Zellen, B Zellen mit Dauersporen; Fig. 2 Zelle mit Dauersporen (S. 84)

Fig. 3–5: Actinocyclus normanii (Gregory) Hustedt, Morphotyp subsalsus sensu (Juhlin-Dannfelt) Hustedt. Gürtelansichten; Fig. 3, 4 Fokus auf die Mantelfläche; Fig. 5 Fokus auf den Mantelrand (S. 88)

Fig. 1: Nach Hustedt (1930)
Fig. 2: Coll. Hustedt A10
Fig. 3–5: Plankton Biesbosch, Holland

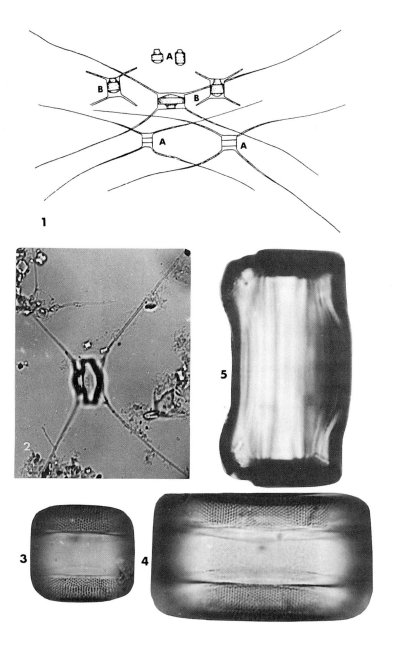

Tafel 81: (Fig. 1 × 1000, übrige × 1500)

Fig. 1, 2: Actinocyclus normanii (Gregory) Hustedt, **Morphotyp normanii**; Fig. 2, stärker vergrößertes Zentrum (S. 88)

Fig. 3–5: Actinocyclus normanii (Gregory) Hustedt, **Morphotyp subsalsus,** Fig. 5 schräg liegend (S. 88)

Fig. 1–5: Planktonprobe aus dem Gat van Paulus, Biesbosch, Holland

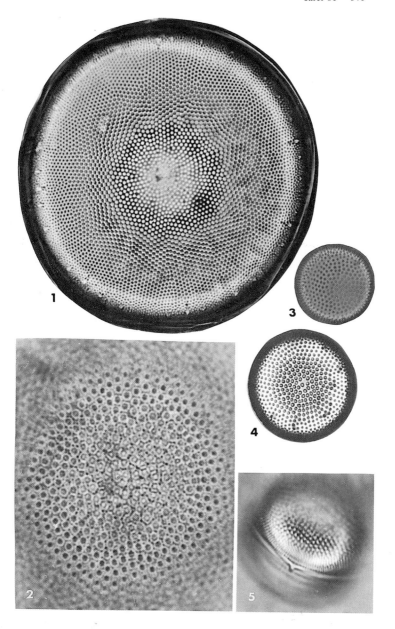

Tafel 82: (Fig. 1 × 1000, übrige × 1500)

Fig. 1–7: Actinocyclus normanii (Gregory) Hustedt (S. 88)

Fig. 1–3: Rhein-Altwasser bei Düsseldorf
Fig. 4–7: Biesbosch, Holland, Plankton

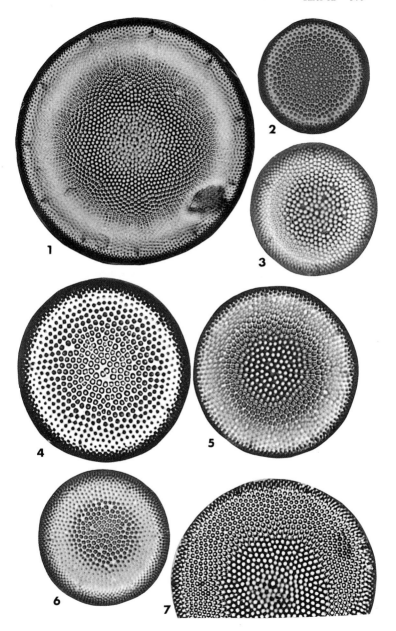

Tafel 83: (Fig. 1–4 × 1000, Fig. 5 × 600, Fig. 6 × 1500)

Fig. 1–4: Pleurosira laevis (Ehrenberg) Compère. Fig. 1, 2 Schalenflächen; Fig. 3, 4 Frustel in Gürtelansicht (S. 86)

Fig. 5, 6: Odontella rhombus (Ehrenberg) Kützing. Fig. 5 Schalenfläche, Fig. 6 Gürtelseite, Fokus auf die Oberfläche (ohne Diagnose)

Fig. 1, 3, 4: St. Jean de Braye, Abfluß eines Seitenkanals der Loire, coll. J. Bertrand

Fig. 2: Main bei Frankfurt, Steinbelag

Fig. 5: Liverpool, Van Heurck Types de Syn. 489

Fig. 6: Hafen von Pola/Istrien

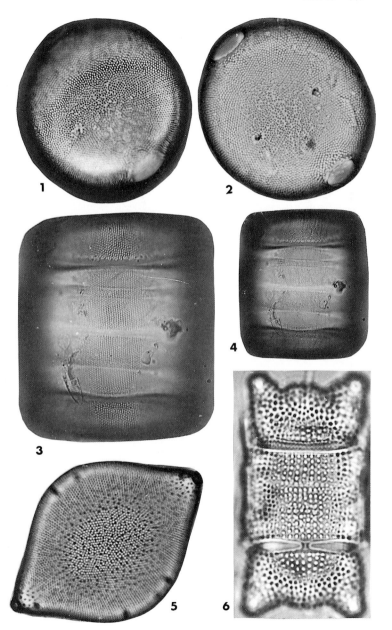

Tafel 84: (Fig. 1–3 × 600, übrige × 1500)

Fig. 1–4: Pleurosira laevis f. polymorpha (Kützing) Compère. Fig. 1, 2 Schalenansicht; Fig. 3 Gürtelansicht; Fig. 4 Areolen- und Dörnchenstruktur (S. 87)

Fig. 5–10: Skeletonema subsalsum (Cleve-Euler) Bethge. Fig. 8–10 DIK (S. 82)

Fig. 1–4: Ostindien, Van Heurck Types de Syn. 496
Fig. 5–10: Main bei Frankfurt

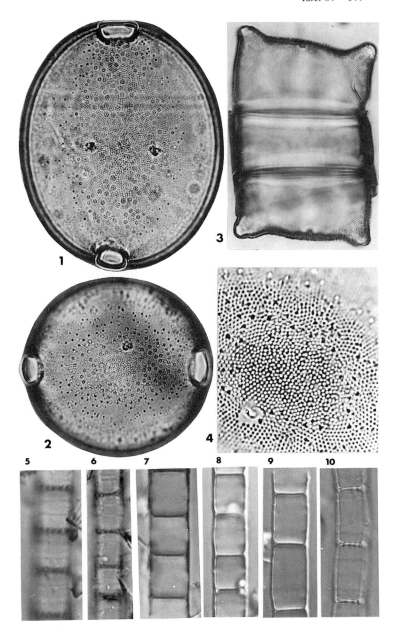

Tafel 85: (LM-Fig. 1–3, 5 × 1500, 6 × 2000, 7 × 3500, 8 × 13 500, 9 × 9000)

Fig. 1–3: Skeletonema subsalsum (Cleve-Euler) Bethge (S. 82)
Fig. 4–9: Skeletonema potamos (Weber) Hasle (S. 82)

Fig. 1–3: Alfsundasjoen bei Stockholm, leg. A. Cleve-Euler 12. 9. 1911; Coll. Hustedt Ah/2
Fig. 4: Little Miami River, Cincinnati/Ohio, USA, leg. Weber, Isotyp in Coll. Hustedt Ag/51
Fig. 5 (LM), 8, 9 (REM): Plankton aus der Altmühl, Bayern, leg. et phot. Reichardt. Für die LM-Phasenkontrast-Bilder wurden Proben in verdünntes Pleurax gebracht und langsam eingedickt. Nur die Disci (REM-figs 8, 9) sind stärker verkieselt und bleiben auch nach dem Eintrocknen stabil.
Fig. 6, 7: Exemplare aus Donauplankton. Die Schalen sind sehr zart verkieselt, so daß alle üblichen Präparationsmethoden die Artefakte in Fig. 6 erzeugen.

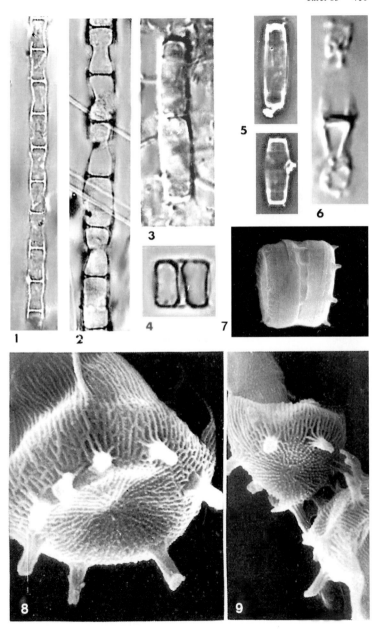

402

Tafel 86: (Fig. 1–3 × 500, Fig. 4–8 × 1500)

Fig. 1–4: Rhizosolenia longiseta Zacharias (S. 85)
Fig. 5–8: Rhizosolenia eriensis H. L. Smith (S. 85)

Fig. 1, 4: Helgasee, Südschweden
Fig. 2, 3: Wörlitzer See, Coll. Hust. Ac2/68
Fig. 5–8: Lake Erie, Coll. Hust. G/76

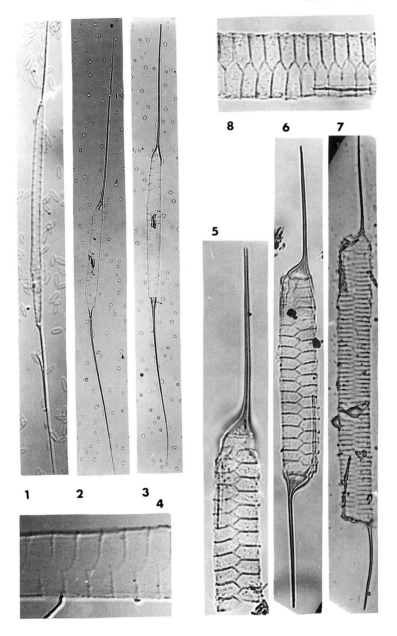

404

Tafel 87: (Fig. 1 × 1000, übrige × 1500)

Fig. 1–8: Tetracyclus glans (Ehrenberg) Mills. Fig. 1–3 Gürtelansichten; Fig. 4–8 Schalenansichten (S. 91)

Fig. 1–8: *Tetracyclus lacustris* Ralfs, Typenmaterial Dolgelly in Präp. H. L. Smith 592

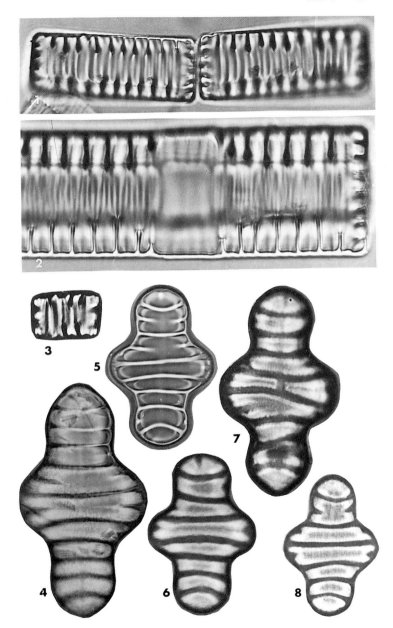

Tafel 88: (Fig. 5, 7 × 1000, übrige × 1500)

Fig. 1–14: Tetracyclus glans (Ehrenberg) Mills (S. 91)

Fig. 3, 4, 6: Diatomeenerde von Oasjö, Schweden, Coll. Hust. 175/7

Fig. 9: *Tetracyclus lacustris* var. *elongata* (Erstlingszelle?) aus einer Population mit «typischen» Exemplaren von *T. glans*. Präp. III-1-B12 Thum. foss. Schweden in Coll. Van Heurck, Antwerpen

Fig. 11–13: *Tetracyclus lacustris* var. *strumosa* (Ehrenberg) Hustedt. Fig. 10 Osjö, Schweden, Coll. Hust. 175/7

Fig. 14: *Tetracyclus lacustris* var. *capitata* Hustedt, Oregon, fossil

Übrige Fig.: *Tetracyclus lacustris* Ralfs in Eulenstein 55, Typenmaterial Dolgelly

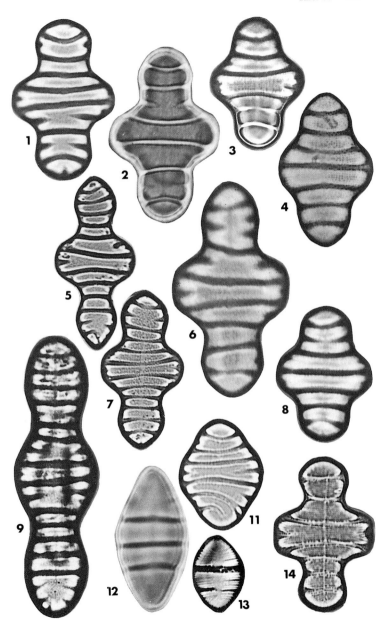

Tafel 89: (× 1500)

Fig. 1–6: Tetracyclus glans (Ehrenberg) Mills. Offene und geschlossene Zwischenbänder mit Septen (S. 91)

Fig. 7: Tetracyclus rhombus (Ehrenberg) Ralfs (ohne Diagnose)

Fig. 8–20: Tetracyclus rupestris (Braun) Grunow. Fig. 8–10 Zwischenbänder mit Septen; Fig. 11–16 Schalenansichten; Fig. 17–20 Ansichten von Gürtelseiten (S. 93)

Fig. 1–6: Typenmaterial *Tetracyclus lacustris*, Dolgelly

Fig. 7: Oregon, leg. Bailey, Coll. Van Heurck Antwerpen IX-46-B3

Fig. 8–20: Van Heurck Types de Syn. 348 und Delogne 50 Alle/Belgien

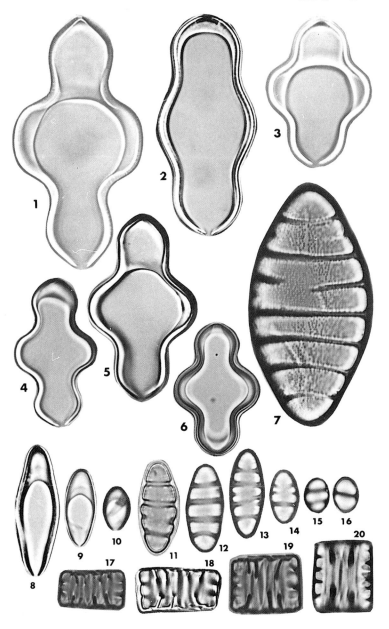

Tafel 90: (× 1500)

Fig. 1–7: Tetracyclus emarginatus (Ehrenberg) W. Smith. Fig. 1–4 Schalenfläche; Fig. 5–7 Zwischenbänder mit Septen (S. 92)

Fig. 1–6: Gap of Dunloe, Killarney, leg. W. Smith, Coll. Van Heurck, Antwerpen VII-47-C2 und Eulenstein, River Ness/Schottland, Coll. Van Heurck Antwerpen IV-24-B8

Fig. 7: Japan

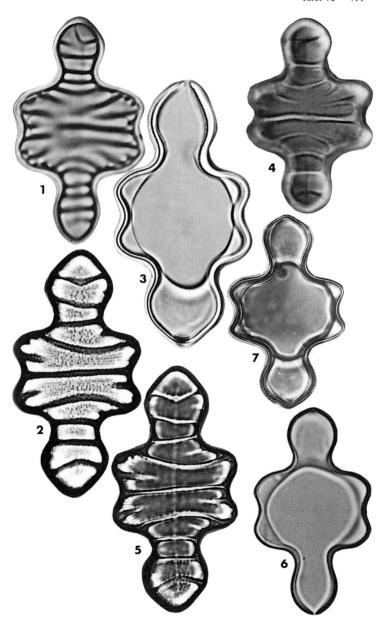

412

Tafel 91: (REM, Fig. 1 × 4350, Fig. 2, 3 × 7500)

Fig. 1: Diatoma mesodon (Ehrenberg) Kützing. SF Schalenfläche, SM Schalenmantel, VD Verbindungsdornen, GB Gürtelbänder, HYP Hypotheca

Fig. 2, 3: Diatoma vulgaris Bory. Innenseite einer Schale (Fig. 2 Schalenmitte, Fig. 3 Schalenende) mit unterschiedlicher Höhe, hohen Trennwänden, einer mäßig ausgebildeten Medianrippe und einem Lippenfortsatz an einem Schalenpol

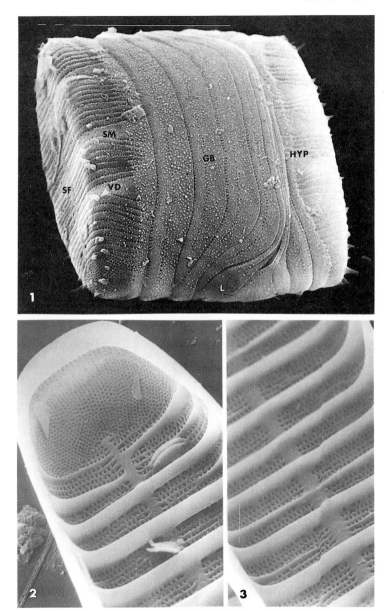

414

Tafel 92: (Fig. 1, 2 SEM, übrige REM, Fig. 1 × 11 500, Fig. 2 × 8800, Fig. 3 × 1850, Fig. 4 × 5700, Fig. 5 × 10 800, Fig. 6 × 7800)

Fig. 1–4: Diatoma mesodon (Ehrenberg) Kützing. Fig. 1 Schalenpol mit 2 Lippenfortsätzen; Fig. 2 Schalenpol mit einem Lippenfortsatz; Fig. 3 durch viele Gürtelbänder verlängerte Frustel, Fig. 4 Schalenende mit Porenfeld und dem äußeren Porus des Lippenfortsatzes

Fig. 5: Diatoma ehrenbergii Kützing. Schalenende mit polarem Porenfeld, Lippenfortsatz sowie durchlaufenden und partiellen transapikalen Trennwänden

Fig. 6: Diatoma moniliformis Kützing. Schalenmitte, alle Trennwände sind gleich hoch und queren vollständig die Schale

416

Tafel 93: (LM × 1500)

Fig. 1–12: Diatoma vulgaris Bory. Fig. 6, 7 Gürtelseite, übrige Fig. Schalenfläche (S. 95)

Fig. 1–7: Diatoma vulgaris Morphotyp linearis (*D. vulgaris* sensu var. *linearis* Grunow) (S. 96)

Fig. 8, 9, 11: Diatoma vulgaris Morphotyp vulgaris (S. 95)

Fig. 10: Diatoma vulgaris Morphotyp producta (*D. vulgaris* sensu var. *producta* Grunow) (S. 96)

Fig. 12: Morphotyp linearis mit kopfförmigen Enden (S. 96)

Fig. 1–4, 6, 7: Balaton/Ungarn
Fig. 5, 9: Leipzig, Thum 1066
Fig. 12: Plitvice, Gavanovac, Yugoslawien
Übrige: Verschiedene Fundorte in Europa

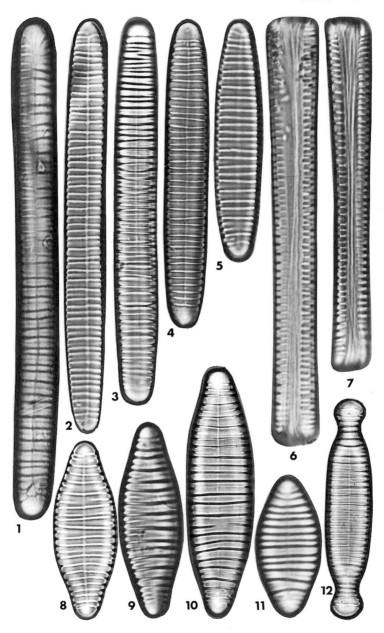

Tafel 94: (× 1500)

Fig. 1–13: Diatoma vulgaris Bory (S. 95)

Fig. 6, 7: Diatoma vulgaris Morphotyp ovalis (*Diatoma vulgaris* var. *ovalis* (Fricke) Hustedt sensu Hustedt 1933 et sensu auct. nonnull. non Fricke) (S. 95)

Fig. 8, 9: Diatoma vulgaris Morphotyp distorta (*Diatoma vulgaris* sensu var. *distorta* Grunow)

Fig. 1–7, 10–13: Verschiedene Fundorte in Europa

Fig. 6, 7: Es handelt sich hier um eine spätere Konzeption dieses Taxons und nicht um die ursprüngliche von Fricke (vgl. Lange-Bertalot & Krammer 1991)

Fig. 8, 9: Devizes/England, Van Heurck Types de Syn. 336

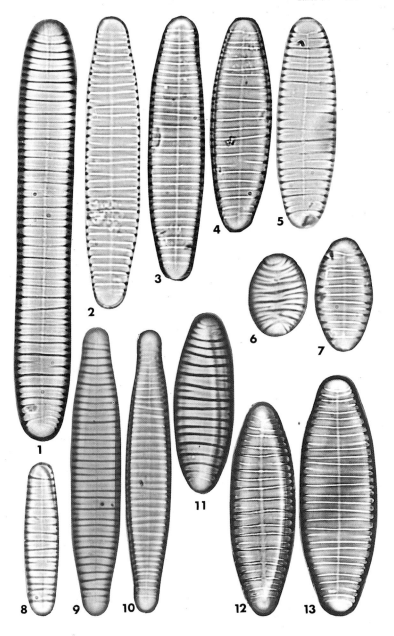

Tafel 95: (× 1500)

Fig. 1–7: Diatoma vulgaris Morphotyp constricta (*Diatoma vulgaris* sensu var. *constricta* Grunow) (S. 96)
Fig. 8–14: Diatoma ehrenbergii Kützing (S. 97)

Fig. 1–7: Harnösand, Westerbotten, Ostsee, Coll. Cleve & Möller 237
Fig. 8–14: Versch. Fundorte in Europa

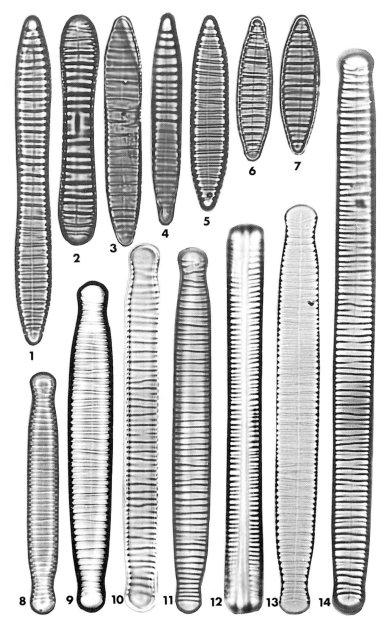

Tafel 96: (× 1500)

Fig. 1–9: Diatoma tenuis Agardh. Fig. 1–8 Schalenfläche; Fig. 9 Gürtelseite (S. 97)

Fig. 10: Fragilaria germainii Lange-Bertalot & Reichardt (siehe auch Fig. 118: 8–10)

Fig. 11–21: Diatoma moniliformis Kützing (S. 98)

Fig. 22, 23: Raphoneis amphiceros Ehrenberg (ohne Diagnose)

Fig. 1–9: Verschiedene Fundorte in Europa
Fig. 10: Kerguelen, leg. Coste & Ricard
Fig. 11, 12: Ostsee
Fig. 13–21: Balaton / Ungarn
Fig. 22, 23: Brackwasser, Nordseeküste

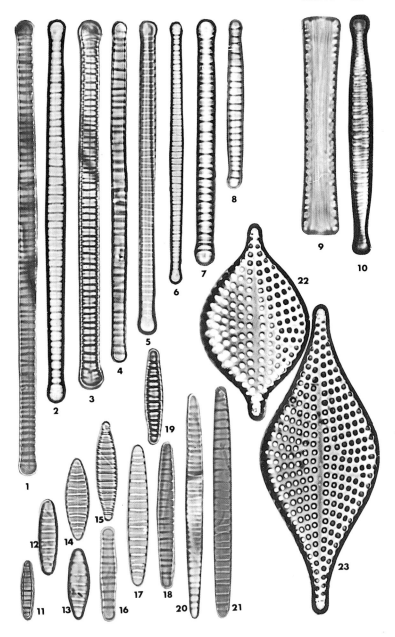

Tafel 97: (Fig. 1 REM × 2400, Fig. 8 × 2000, übrige × 1500)

Fig. 1, 2: **Diatoma ehrenbergii** Kützing (S. 97)
Fig. 3–5: **Diatoma vulgaris** mit kopfförmigen Enden (S. 96)
Fig. 6–10: **Diatoma hyemalis** (Roth) Heiberg (S. 99)

Fig. 1: Kreuzlingen, Bodensee, leg. et phot. Güttinger
Fig. 6–8: Kellersee/Holstein
Fig. 9, 10: *Diatoma maximum* sensu Williams (wahrscheinlich Erstlingszellen von *Diatoma hyemalis*)

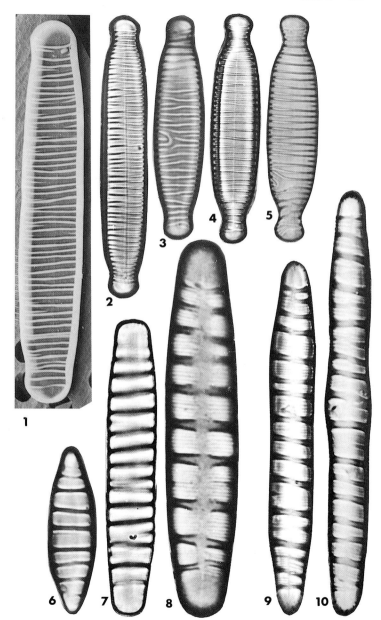

Tafel 98: (Fig. 1–6 × 1500, Fig. 7 × 600)

Fig. 1–6: Diatoma hyemalis (Roth) Heiberg. Fig. 1, 2 Gürtelseite, übrige Schalenflächen (S. 99)
Fig. 7: Diatoma mesodon (Ehrenberg) Kützing (S. 100)

Fig. 1–6: Kellersee/Holstein Steinbelag
Fig. 7: Kingussie/Schottland

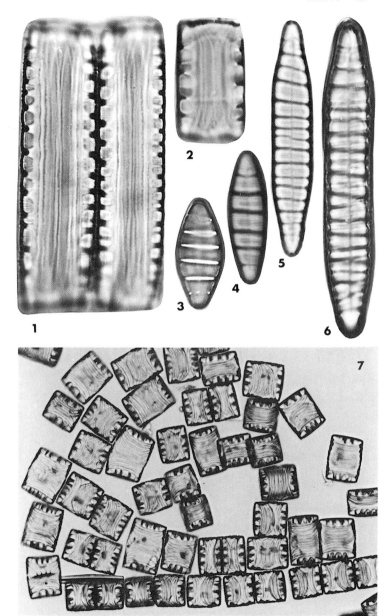

428

Tafel 99: (Fig. 3 STEM × 6500, übrige LM × 1500)

Fig. 1–12: Diatoma mesodon (Ehrenberg) Kützing. Fig. 1, 2 Gürtelseite; Fig. 3 Schalenstruktur; Fig. 4–12 Schalenflächen (S. 100)

Fig. 1–3: Kaisers, Lechtaler Alpen / Tirol
Fig. 4–12: Verschiedene europäische Fundorte

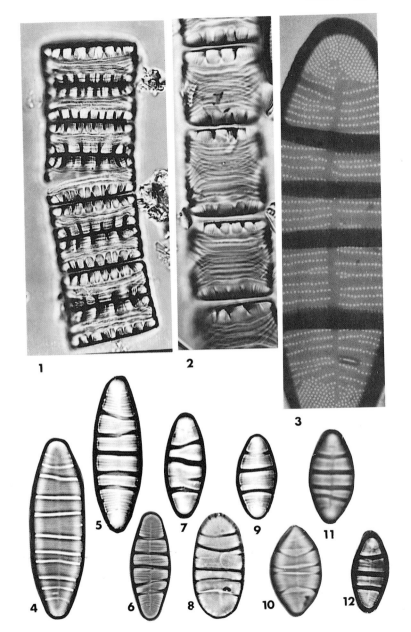

Tafel 100: (Fig. 1, 2 × 1500, Fig. 3 × 1000)

Fig. 1–3: Meridion circulare (Greville) Agardh (S. 101)

Fig. 1–3: Karstquelle bei Rokatica/Serbien

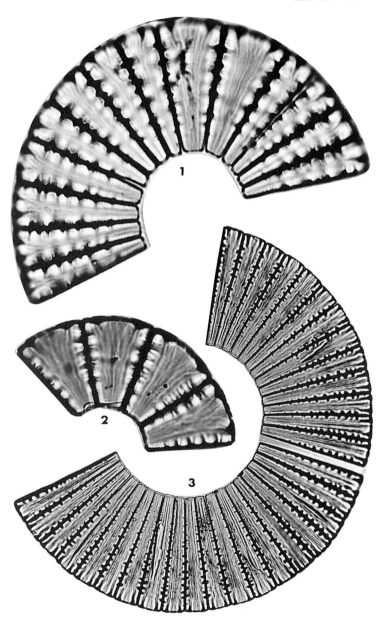

432

Tafel 101: (Fig. 1–12 × 1500, Fig. 13, 14 × 1250)

Fig. 1–7: **Meridion circulare** (Greville) Agardh. Fig. 1, 2 Fokus auf die Trennwände; Fig. 3 Fokus auf die Schalenfläche; Fig. 4, 5 Gürtelseiten; Fig. 6, 7 Ketten (S. 101)

Fig. 8–14: **Meridion circulare** var. **constrictum** (Ralfs) Van Heurck (S. 102)

Fig. 1–7: Karstquelle bei Rokatica/Serbien
Fig. 8–12: Franken, Coll. Mayer 1052
Fig. 13, 14: Reichenbach, Frankenwald, leg. Schimanski

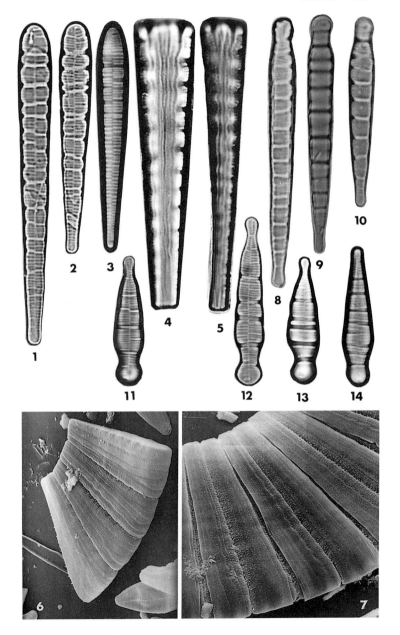

Tafel 102: (REM, Fig. 1 × 2650, Fig. 2 × 1600, Fig. 3 × 3400, LM Fig. 4–10 × 1500)

Fig. 1: Meridion circulare var. **constrictum** (Ralfs) Van Heurck
Fig. 2, 3: Meridion circulare (Greville) Agardh
Fig. 4–10: Diatoma anceps (Ehrenberg) Grunow. Fig. 4 Gürtelseite, die übrigen Fig. Schalenansichten (S. 100)

Fig. 1: Reichenbach / Frankenwald
Fig. 2, 3: Karstquelle bei Rokatica / Serbien
Fig. 4–9: Europäische Fundorte
Fig. 10: Nordamerika

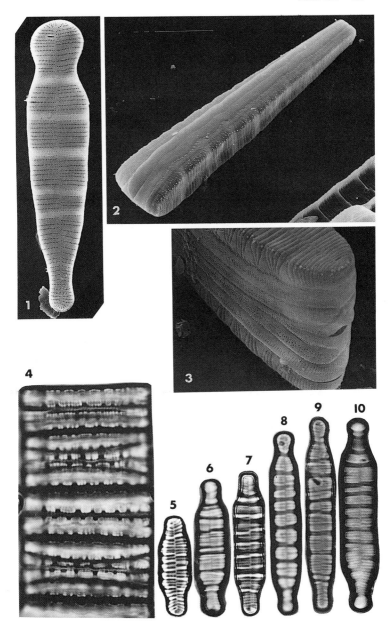

Tafel 103: (Fig. 1–8 × 1500, Fig. 9 × 300)

Fig. 1–9: Asterionella formosa Hassall. Fig. 1–3 Gürtelseite; Fig. 4–8 Schalenansichten; Fig. 9 Kolonien (S. 103)

Fig. 1–9: Plankton aus verschiedenen europäischen Gewässern

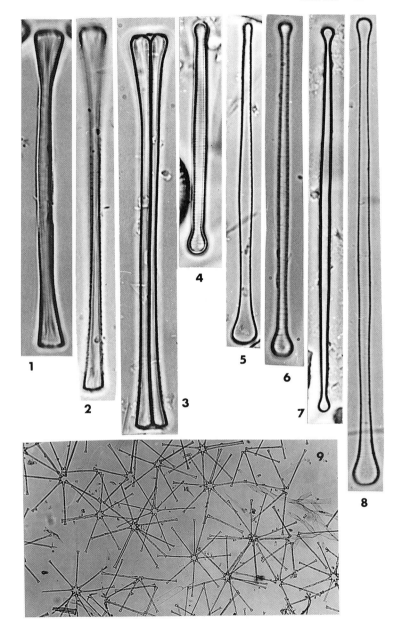

Tafel 104: (Fig. 1, 2 × 500, Fig. 3 × 1000, Fig. 4–8× 1500, REM, Fig. 9 × 3000, Fig. 10 × 10 500)

Fig. 1–8: Asterionella ralfsii W. Smith (S. 103)
Fig. 9, 10: Asterionella formosa Hassall (S. 103)

Fig. 1–3: Arlberg, Moorteich, Coll. Hust. KB 75
Fig. 4–7: Dernau, Schwarzwald
Fig. 8: Hunte, Coll. Hust. 13/20
Fig. 9, 10: Schweden

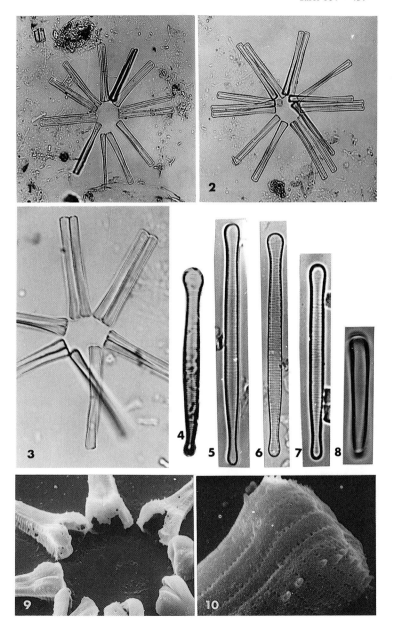

440

Tafel 105: (× 1500)

Fig. 1–4: Tabellaria fenestrata (Lyngbye) Kützing (S. 106)
Fig. 5–8: Tabellaria quadriseptata Knudson (S. 107)
Fig. 9–11: Tabellaria binalis (Ehrenberg) Grunow var. binalis (S. 110)
Fig. 12–16: Tabellaria binalis var. elliptica Flower (S. 110)

Fig. 1, 6. 9: Gürtelansichten mit Septen, Fig. 6 zusätzlich mit relativ groben randständigen Dörnchen
Fig. 2, 3: Schalen mit Fokus auf die Str. und die hier jeweils deutlich strichförmig kurz hervortretende Rimoportula in der zentralen Auftreibung
Fig. 5: Schale aus dem Typenmaterial mit Fokus auf die Str.
Fig. 7: Schale mit Fokus auf die charakteristischen, hier relativ groben randständigen Dörnchen
Fig. 4, 11, 12, 16: Offene Zwischenbänder (Copulae) mit Septen
Fig. 8: Geschlossenes Zwischenband (Copula) mit Septen

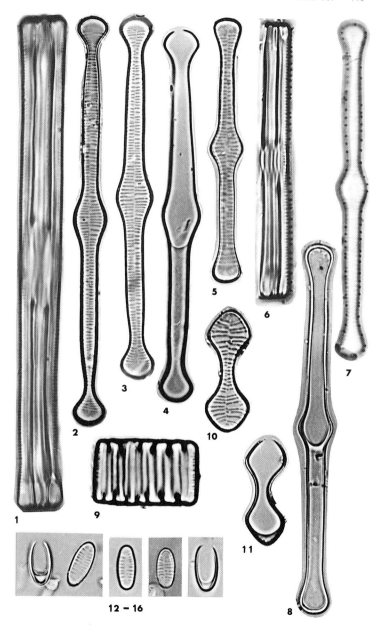

442

Tafel 106: (× 1500 außer Fig. 1 und 13 × 6000)

Fig. 1–13: **Tabellaria flocculosa** (Roth) Kützing (Sippenkomplex) (S. 108)

Fig. 1: Zickzackförmige Kette in Gürtelansicht

Fig. 2–6: Pelagisch lebende Populationen aus Kanada, Fig. 2 Gürtelansicht, Fig. 4 Zwischenband mit Septum einseitig unten

Fig. 7–11: «Aufwuchsformen» aus dem Gebiet, Fig. 10 Zwischenband mit «normalem sowie rudimentärem» Septum

Fig. 12: Pelagisch lebende *geniculata*-Sippe aus Skandinavien

Fig. 13: Pelagisch lebende *asterionelloides*-Sippe in Gürtelansicht

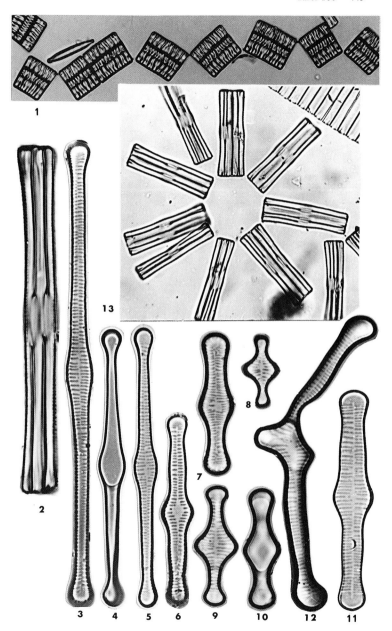

Tafel 107: (Fig. 1–5 × 1500, Fig. 6, 7 × 1000; REM, Fig. 8 × 4200, Fig. 9–11 × 8000, Fig. 12 × 10 000)

Fig. 1–6, 10: Tabellaria ventricosa Kützing (S. 109)
Fig. 7, 11, 12: Tabellaria flocculosa (Roth) Kützing
Fig. 8: Tabellaria fenestrata (Lyngbye) Kützing
Fig. 9: Tabellaria quadriseptata oder **T. fenestrata**

Fig. 1–7: Populationen aus verschiedenen Mittelgebirgen im Gebiet mit punktförmig erkennbaren Rimoportulae, eine oder zwei unterhalb der Pole; Fig. 5 Zwischenband mit Septum; Fig. 6, 7 Größenvergleich zweier Zwischenbänder von *T. ventricosa* und *T. flocculosa*

Fig. 8: Gürtelbänder und Schalenansicht (distal), bei dieser Sippe aus dem Plankton eines Sees in Kanada stets ohne Dornen auf den Rändern

Fig. 9: Schaleninnenseite und Mantelrand bei einer Sippe aus einem Pyrenäen-Moor mit Merkmalen sowohl von *T. fenestrata* als auch *T. quadriseptata*, z. B. Dornen am Schalenrand

Fig. 10, 11: Schaleninnenseite, Rimoportula nahe dem Schalenpol bei *T. ventricosa*, dagegen in der zentralen Auftreibung bei *T. flocculosa*

Fig. 12: Schalenende mit apikalem Porenfeld; für *T. flocculosa* charakteristische randständige kurze Dörnchen, unregelmäßig gestellt, Areolenforamina ohne jede Öffnung einer Rimoportula (in dieser Position)

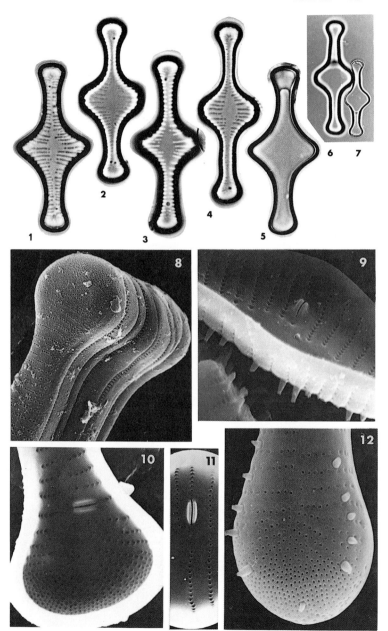

Tafel 108: (× 1500)

Fig. 1–8: Fragilaria capucina Desmazières var. capucina (S. 121)

Fig. 9: Fragilaria capucina var. capucina (oder var. *rumpens?* oder var. *vaucheriae?*)

Fig. 10–15: Fragilaria capucina var. vaucheriae (Kützing) Lange-Bertalot (S. 124)

Fig. 16–21: Fragilaria capucina var. rumpens (Kützing) Lange-Bertalot (S. 122)

Fig. 1–8: Typenmaterial, Plantes cryptogames des France, Fasc. 10 no. 453 von 1825 (vgl. Fig. 109: 6 = *Synedra vaucheriae* var. *septentrionalis* u. a.)

Fig. 9: Sippe aus einem oligotrophen elektrolytarmen Gewässer in Irland mit Konvergenz zu var. *rumpens* und zu var. *vaucheriae*, entspricht *Synedra rumpens* var. *lanceolata* und var. *acuta* Grunow

Fig. 10–15: *Exilaria vaucheriae*, Typenmaterial, Species originale Coll. Eulenstein 39 aus Weißenfels entspr. Kützing Alg. Eur. Dec. III no. 24; entspricht *Fragilaria intermedia* Grunow sensu Hustedt und sensu auct. nonnull.

Fig. 16–22: *Synedra rumpens* Kützing, Lectotypus, Herb. Kützing 194 = B. M. 18 357

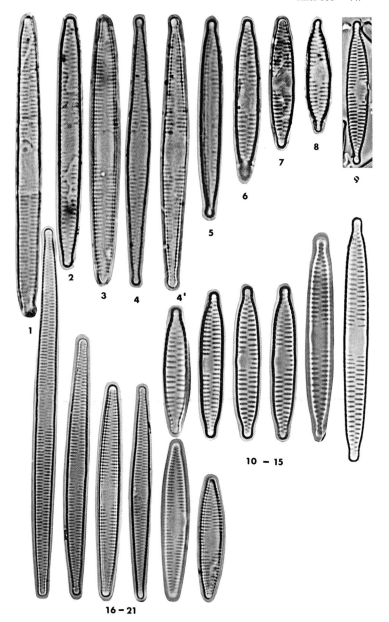

1

2

3

4

4'

5

6

7

8

9

10 – 15

16 – 21

Tafel 109: (× 1500)

Der Sippenkomplex um Fragilaria capucina

Fig. 1–5: Fragilaria capucina var. perminuta (Grunow) Lange-Bertalot (S. 125)

Fig. 6: Fragilaria capucina var. septentrionalis (Oestrup) Lange-Bertalot (ohne Diagnose)

Fig. 7–15: Fragilaria capucina var. vaucheriae (Kützing) Lange-Bertalot sensu lato (S. 124)

Fig. 16: Fragilaria capucina var. distans (Grunow) Lange-Bertalot (S. 124)

Fig. 17, 18: Fragilaria capucina var. radians (Kützing) Lange-Bertalot (S. 122)

Fig. 19, 20: Fragilaria capucina var. amphicephala (Kützing) Lange-Bertalot (S. 125)

Fig. 21–24: Fragilaria capucina var. austriaca (Kützing) Lange-Bertalot (S. 126)

Fig. 25–28: Fragilaria capucina var. capitellata (Grunow) Lange-Bertalot sensu lato (S. 124)

Fig. 29: Fragilaria capucina Desmazières (sensu lato) bandförmiges Aggregat in Gürtelansicht, exemplarisch für den Komplex

Fig. 1: Als Synedra famelica in Herbar Kützing 841 Zürich (!nicht Lectotypus)

Fig. 2–5: Stadien aus dem Entwicklungszyklus einer perminuta-Sippe, die bisher als Fragilaria oder Synedra vaucheriae bezeichnet wurde, jedoch nicht dem Typus von Exilaria vaucheriae entspricht

Fig. 6: Synedra vaucheriae var. septentrionalis Oestrup, Lectotypus, Coll. Oestrup 4735, aus Grönland

Fig. 7–15: Auswahl verschiedener, oft schwer differenzierbarer Erscheinungs-formen von Fragilaria / Synedra vaucheriae sensu auct. nonnull. (vgl. Lectotypus Fig. 108: 10–15); Fig. 12–15 zeigen besonders häufige Formen aus stark mit Abwasser belasteten Flüssen

Fig. 16: distans / fragilarioides-Sippe, die möglicherweise mit der radians-Sippe identisch ist

Fig. 17, 18: Synedra radians, lectotypisierte Sippe im B.M. 18192 aus Herbar Kützing 188, Tennstädt

Fig. 19: amphicephala-Sippe aus Finnland

Fig. 20: Synedra amphicephala Kützing, Lectotypus in Coll. Grunow 2528, aus Herbar Kützing 192, Thun

Fig. 21: Synedra (amphicephala var.) austriaca, Lectotypus, Coll. Grunow 128

Fig. 22–24: Als Synedra amphicephala und var. austriaca in Coll. Hustedt

Fig. 25, 26: Zwei verschiedene capitellata-Formen (?Sippen) zusammen mit Fig. 13 in der stark mit Salz belasteten Werra

Fig. 27, 28: Zwei capitellata-Sippen, Fig. 27 aus oligotrophem Wasser der Insel Tenerifa, Fig. 28 aus einem stark mit Abwasser belasteten Bach im Odenwald (beide Sippen regelmäßig ohne randständige Dörnchen)

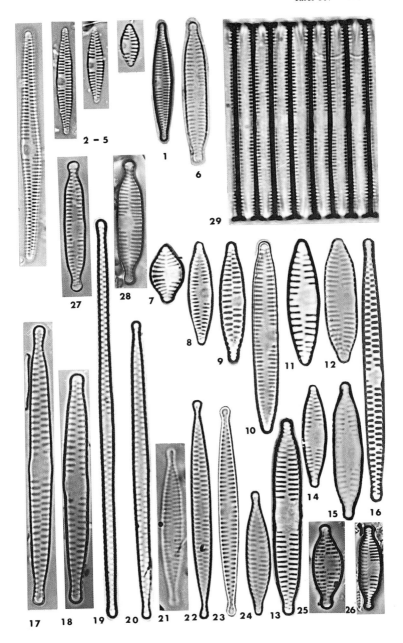

450

Tafel 110: (× 1500, REM, Fig. 5A × 7000, Fig. 23, 24 × 10 000)

Fig. 1–6A: Fragilaria capucina var. rumpens (Kützing) Lange-Berta-lot («*rumpens*-Sippen»)

Fig. 7: Fragilaria spec. (cf. *F. utermoehlii*)

Fig. 8–12: Fragilaria capucina var. gracilis (Oestrup) Hustedt («*gracilis*-Sippen») vgl. auch *Fragilaria tenera* (S. 123)

Fig. 13: Sippe aus Chile, entspricht *Fragilaria laevissima* Oestrup und auch *Synedra lenzii* Krasske

Fig. 14–16, 23, 24: Fragilaria capucina var. mesolepta (Rabenhorst) Rabenhorst («*mesolepta*-Sippen») sensu stricto (S. 123)

Fig. 17–21: Fragilaria capucina var. mesolepta sensu lato («*subconstricta*- und *tenuistriata*-Sippen»)

Fig. 22: Fragilaria capucina (? unbekannte Sippe)

Fig. 1, 2: *Synedra radians* Kützing, (Herbar Kützing 1122, Falaise), das ist eine andere Sippe als im Lectotypenpräp. (vgl. Fig. 6A und Fig. 109: 17, 18)

Fig. 3: *Fragilaria capucina* var. *lanceolata* sensu Leclercq et sensu auct. nonnull

Fig. 4: Sippe mit breiteren Schalen aus dem Isotypenpräparat von *Fragilaria laevissima* Oestrup, Coll. Oestrup 8681

Fig. 5: Population aus dem Schwarzwald, **Fig. 6:** Taunus

Fig. 5A: Dieselbe Population wie Fig. 5 Hypovalva mit abgebrochenen Verbindungsdörnchen, die hier regelmäßig auf der Mantelkante in den Areolenreihen stehen. Epivalva mit nur einem einzigen erkennbaren Gürtelband. Die Verbindungsdörnchen zur Nachbarzelle sind hier stellenweise etwas unregelmäßig inseriert

Fig. 6A: Eine der nicht lectotypisierten Sippen im Typenpräparat von *Synedra radians* Kützing, die nicht mit dem Protolog übereinstimmt. Fig. 6 und 6A leiten zu var. *gracilis* über

Fig. 7: Als *Synedra rumpens* var. *familiaris* in Coll. Hustedt, **Fig. 8:** Vergleichbare Sippe aus Irland

Fig. 9–11: *Fragilaria gracilis* Oestrup, Lectotypus Coll. Oestrup 1342.

Fig. 12: Sehr fein gestreifte Sippe aus Froschhausen / Hessen

Fig. 13: Sippe aus Süd-Chile, Coll. Krasske

Fig. 14–16: Verschiedene *mesolepta*-Populationen aus dem Gebiet

Fig. 17, 18: *Fragilaria subconstricta* Oestrup, Lectotypus, Coll. Oestrup 2958

Fig. 19–21: *Fragilaria tenuistriata* Oestrup, Lectotypus Coll. Oestrup 3601

Fig. 22: «*Synedra rumpens*» sensu Hustedt, sensu Cleve-Euler et auct. nonnull.

Fig. 23, 24: Gürtelansichten (Ausschnitte) im Bereich des Schalenmantels von je zwei miteinander verzahnten Nachbarzellen. Im Regelfall stehen die Verbindungsdörnchen mit ihrem Basalteil direkt auf den Str., genauer auf einer Intercostalrippe der Areolenreihen; die spatelförmig abgeflachten Enden der Dörnchen liegen auf den Transapikalrippen der Nachbarzelle. Fig. 24 zeigt allgemein häufiger vorkommende Abweichungen vom Regelfall; die Ansatzstelle der Dörnchen liegt hier vereinzelt zwischen den Areolenreihen

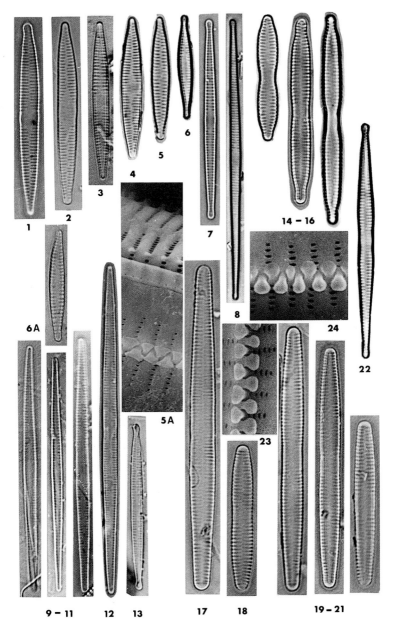

452

Tafel 111: (×1500 außer Fig. 23 ×1000)

Fig. 1–3: Fragilaria capucina var. gracilis (Oestrup) Hustedt (S. 123)

Fig. 4–12, 16, 17: Fragilaria famelica (Kützing) Lange-Bertalot **var. famelica** (S. 128)

Fig. 13–15: Fragilaria famelica var. littoralis (Germain) Lange-Bertalot (S. 128)

Fig. 18–22: Fragilaria bidens Heiberg (S. 127)

Fig. 23, 24: Fragilaria utermoehlii (Hustedt) Lange-Bertalot (S. 127)

Fig. 25–28: Fragilaria alpestris Krasske (S. 141)

Fig. 1: Als *Synedra famelica* in Herbar Kützing 189 «auf *Chantransia*» (nicht! Lectotypus)

Fig. 2, 3: Aus oligotrophen Bächen im Taunus

Fig. 4–6: (?) Kleinsippen im Sinne von Geitler, alle aus derselben Probe, Saline Salzkotten

Fig. 7: Saline Kreuzburg, Coll. Krasske

Fig. 8, 8A: *Synedra famelica* Kützing, Lectotypus Herbar Kützing 179 (B. M. 18 189), aus Halle

Fig. 9–12: *Synedra minuscula* Grunow, Typenpräp. Coll. Grunow 2678

Fig. 13–15: *Fragilaria intermedia* var. *littoralis* Germain, Halbinsel Quiberon, Bretagne/Frankreich, von Süßwasser überrieselte Felsen an der Meeresküste

Fig. 16, 17: Weitere Populationen aus Süßwasser (sie entsprechen auch einer nicht lectotypisierten Sippe im Typenpräp. von *Synedra radians* Kützing)

Fig. 18: Präp. et det. Heiberg, aus Kopenhagen

Fig. 19: Als *Fragilaria bidens* in Coll. Hustedt aus Kopenhagen, vermutlich Typenmaterial von Heiberg; wahrscheinlich zum *F. capucina/vaucheriae*-Sippenkomplex gehörend

Fig. 20: «Übergangsform» zum *F. capucina/vaucheriae*-Sippenkomplex aus dem Amazonas/Brasilien

Fig. 21: Sippe aus Australien, andere Populationen aus den Tropen besitzen noch viel größere Individuen (vgl. Lange-Bertalot 1989, fig. 9: 14, 15)

Fig. 22: *Synedra pulchella* var. *minuta* Hustedt, Typenpräp. Coll. Hustedt K2/9, Plöner See

Fig. 23, 24: *Synedra utermoehlii* Hustedt, Holotypus, Coll. Hustedt K1/10

Fig. 25–28: Verschiedene Syntypenpräparate in Coll. Krasske

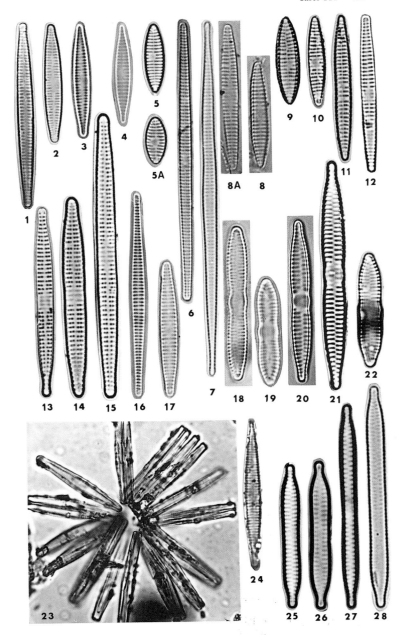

454

Tafel 112: (× 1500, REM, Fig. 14 × 8000, Fig. 15 × 13 000, Fig. 16 × 11 000)

Fig. 1, 2: Fragilaria mazamaensis (Sovereign) Lange-Bertalot (vgl. REM, Fig. 118: 19)

Fig. 3–13: Beispiele schwer bestimmbarer Sippen aus dem Sippenkomplex um *Fragilaria capucina/vaucheriae* (? und um *Fragilaria ulna*)

Fig. 14: Fragilaria construens Ehrenberg sensu lato (S. 153)

Fig. 15, 16: Fragilaria pinnata Ehrenberg (S. 156)

Fig. 1, 2: Wyoming/USA

Fig. 3–8: *Fragilaria species* oder *F. capucina* var. ?, Sippe aus dem Baikalsee/Sibirien; entspricht *Fragilaria (Synedra) vaucheriae* sensu auct. nonnull. (in dieser Sippe sind die Umrisse auch bei den größten Exemplaren lanzettlich und nicht linear)

Fig. 9: Sippe aus Katalonien/Spanien

Fig. 10: «*Synedra rumpens*» sensu Hustedt et sensu auct. nonnull., Sippe aus Hessen

Fig. 11: «*Synedra familiaris*» sensu Krasske, Sippe aus Hessen, bildet kammförmige Aggregate wie *F. crotonensis*

Fig. 12: «*Synedra familiaris*» sensu Cholnoky, Okavango/Botswana, vermutlich handelt es sich um *F. capucina* var. *amphicephala* (Kützing) Lange-Bertalot

Fig. 13: *Fragilaria species*, Sippe von Spitzbergen

Fig. 14–16: Variabilität detaillierter Strukturen, hier beispielhaft in der Untergattung *Staurosira*

Fig. 14: Extrem kleines apikales Porenfeld, hier in den Schalenmantel eingesenkt, vergleichbar mit dem Ocellulimbus bei anderen Untergattungen von *Fragilaria* (vgl. Fig. 124: 1, 6, 7)

Fig. 15: Schale mit je einem breiten oder zwei schmäleren Dornen auf den Transapikalrippen, apikale Porenfelder sind nicht ausgebildet; bei anderen Klonen können an dieser Stelle flache, aber nicht perforierte Depressionen liegen

Fig. 16: Andere Frustel ohne Dornen, jedoch mit relativ großem, in Reihen geordnetem Porenfeld. Sehr ähnlich strukturiert ist das Schalenende bei manchen Sippen des *F. fasciculata*-Komplexes, nur ist das Porenfeld dort eingesenkt und scharf umrandet

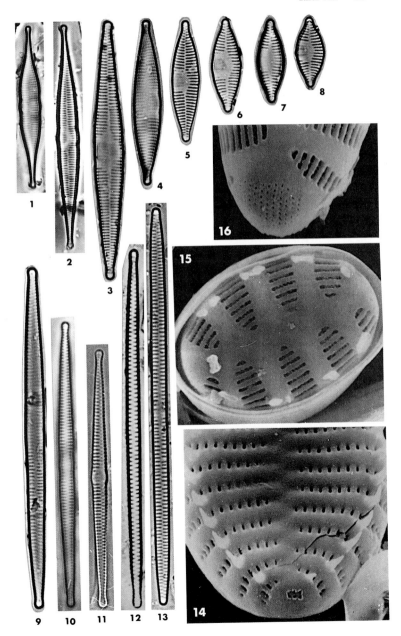

Tafel 113: (× 1500)

Identifikationsprobleme bei Fragilaria, exemplarisch:
10 (oder mehr?) Sippen schwer identifizierbarer und schwer differenzierbarer *Fragilaria*-Gruppen **in einer einzigen Probe** aus dem Lang-
wieder See bei München. Kleine Exemplare sind in machen Fällen
überhaupt nicht identifizierbar.

Fig. 1, 2: *Fragilaria capucina «amphicephala-Sippe»* (S. 125)

Fig. 3–5: *Fragilaria capucina «austriaca-Sippe»* (S. 126)

Fig. 6–12 (13–15?): *Fragilaria capucina «capitellata-Sippe»* oder eine (oder
zwei?) unbekannte Sippen (S. 124)

Fig. 16–21: *Fragilaria capucina «distans/fragilarioides-Sippe»* (S. 124)

Fig. 22–26: *Fragilaria capucina «gracilis-Sippe»* (S. 121)

Fig. 27: *Fragilaria capucina «capucina»- oder «vaucheriae-Sippe«?* (S. 121–124)

Fortsetzung auf Tafel 114

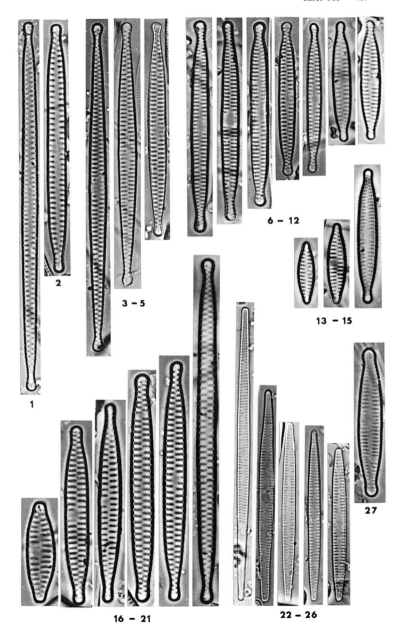

6 - 12

13 - 15

2

3 - 5

1

16 - 21

22 - 26

27

458

Tafel 114: (× 1500, Fig. 21 × 1000)

Fortsetzung von Tafel 113

Fig. 1–8: (?) *Fragilaria delicatissima* (W. Smith) Lange-Bertalot (S. 129)

Fig. 9–11: (?) *Fragilaria nanana* Lange-Bertalot (S. 130)

Fig. 12–16: (?) *Fragilaria tenera* (W. Smith) Lange-Bertalot (S. 129)

Fig. 17–20: *Fragilaria spp.* (schwer identifizierbare Formen)

Fig. 21: *Fragilaria spec.* entspr. *Synedra acus* var. *angustissima* oder var. *radians* sensu auct. nonnull.

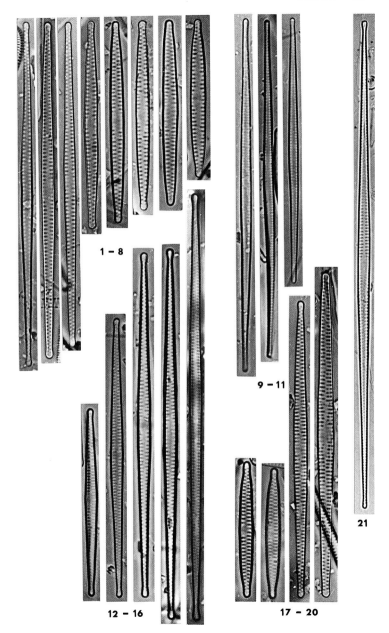

1 – 8

9 – 11

12 – 16

17 – 20

21

Tafel 115: (×1500)

Sippenkomplex um Fragilaria tenera

Fig. 1–5 (6, 7?): Fragilaria tenera (W. Smith) Lange-Bertalot (S. 129)
Fig. 8. 9: Fragilaria «species aus dem Taunus» aff. *tenera*
Fig. (?10)11–13: Fragilaria delicatissima (W. Smith) Lange Bertalot
(S. 129)
Fig. 14–16: Fragilaria nanana Lange-Bertalot (S. 130)

Fig. 1, 2: *Synedra tenera*, Lectotypus, Coll. W. Smith, Antwerpen VI 46 C8, entspr. B. M. 20 878, aus Blarney (18–20 Str./10 μm)

Fig. 3–5: Als *Synedra tenera* in V. H. Type de Synopsis 480 (19–21 Str./10 μm)

Fig. 6, 7: *Synedra acus* und *Synedra acus* var. *radians* sensu Hustedt et auct. nonnull. (15–17 Str./10 μm)

Fig. 8, 9: Sippe mit weiter Axialarea (19–20 Str./10 μm)

Fig. 10–12: Als *Synedra radians* in Coll. Grunow 2646 aus dem Attersee (Fig. 11, 12 = 14–15 Str., Fig. 10 = 18 Str./10 μm)

Fig. 13: *Synedra delicatissima* W. Smith, Lectotypus, Coll. W. Smith, Antwerpen VI 46 B8, aus dem Loch Neagh (14 Str./10 μm)

Fig. 14: Sippe aus Finnland, «Übergangsform» zwischen *F. tenera* und *F. nanana* (22–23 Str./10 μm)

Fig. 15: *Synedra nana* Meister, Isotypus, Lago della Crocetta (22–23 Str./10 μm)

Fig. 16: Exemplar aus der Coll. Hustedt (Str. um 24/10 μm)

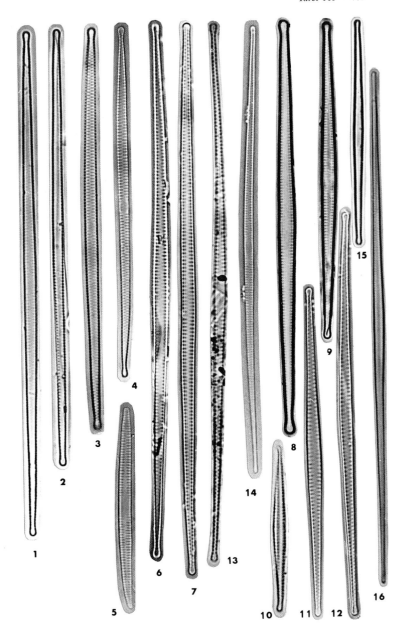

462

Tafel 116: (× 1500, außer Fig. 1 × 600, Fig. 5, 7 × 1000)

Fig. 1–4(5?): **Fragilaria crotonensis** Kitton (S. 130)
Fig. 6, 7: **Fragilaria montana** (Krasske) Lange-Bertalot (S. 131)
Fig. 8–10: **Fragilaria heidenii** Oestrup (S. 132)

Fig. 1, 2, 8: Charakteristische kammförmig-bandförmige Aggregate in Gürtelansicht; Fig. 1 Zellen in Teilung
Fig. 5: Sippe aus Australien fraglicher Zugehörigkeit ähnlich var. *oregona* Sovereign
Fig. 6, 7: *Synedra montana* Krasske, Typenpräp. B II 2 aus Kaprun / Alpen
Fig. 8, 9: Lectotypus, Coll. Oestrup 42, 44
Fig. 10: Als *Fragilaria inflata* (Heiden) Hustedt in Coll. Hustedt, aus dem Watt der Insel Wangerooge

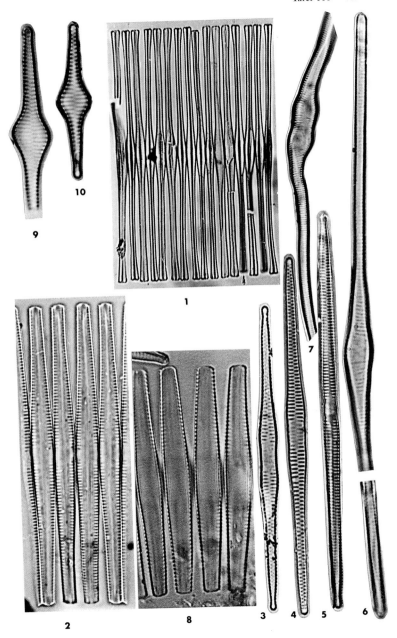

Tafel 117: (Fig. 1 × 1000, Fig. 2–16 × 1500)

Fig. 1, 2: Fragilaria reicheltii (Voigt) Lange-Bertalot (S. 132)

Fig. 3: Fragilaria pinnata var. trigona (Brun & Héribaud) Hustedt (S. 157)

Fig. 4–7A: Fragilaria construens f. exigua (W. Smith) Hustedt (S. 154)

Fig. 7B: Fragilaria brevistriata var. trigona Lange-Bertalot (ohne Diagnose)

Fig. 8–13: Fragilaria arcus (Ehrenberg) Cleve var. arcus (S. 134)

Fig. 14: Fragilaria arcus var. recta Cleve (S. 135)

Fig. 15, 16: Fragilaria cyclopum (Brutschy) Lange-Bertalot (S. 134)

Fig. 1: Centronella rostafinskii Woloszynska, Typenmaterial

Fig. 2: «Centronella-Form» von (?) Fragilaria crotonensis oder einer anderen bipolaren Fragilaria-Art

Fig. 3: Als Staurosira mutabile var. trigona in Coll. Grunow 2920b, es ist ein Schumann-Präparat aus Domblitten; «Centronella-Form» von Fragilaria pinnata sensu Lange-Bertalot

Fig. 4–7A: «Centronella-Form» von Fragilaria construens sensu Lange-Bertalot

Fig. 7B: «Centronella-Form» von Fragilaria brevistriata sensu Lange-Bertalot

Fig. 8: «Ceratoneis arcus var. linearis-Form»

Fig. 9–13: Andere Umrißvarianten aus verschiedenen Regionen

Fig. 14: Als Ceratoneis transitans in Coll. Meister 2189, aus einem Wasserfilter in Yokohama/Japan

Fig. 15: Als Synedra cyclopum in einem Originalpräparat von Brutschy, aus dem Hallwiler See

Fig. 16: Fragment eines Exemplars aus Schweden

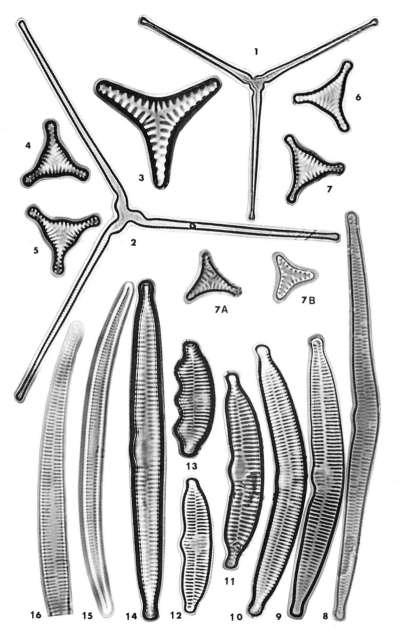

Tafel 118: (× 1500, REM, Fig. 7 × 4500, Fig. 17 × 11 000, Fig. 18, 19 × 10 000, Fig. 20 × 13 000)

Fig. 1–7: Fragilaria incognita Reichardt (S. 142)

Fig. 8–10: Fragilaria germainii Lange-Bertalot & Reichardt (ohne Diagnose)

Fig. 11–16: Fragilaria bicapitata A. Mayer (S. 141)

Fig. 17: Fragilaria subsalina (Grunow) Lange-Bertalot (S. 138)

Fig. 18: Fragilaria arcus (Ehrenberg) Cleve (S. 134)

Fig. 19: Fragilaria mazamaensis (Sovereign) Lange-Bertalot

Fig. 20: Opephora olsenii Møller

Fig. 1, 7: Tegernsee/Oberbayern

Fig. 2: Loch Assynt/Schottland

Fig. 3, 4: Chiemsee/Oberbayern, Fokus auf die stärker verkieselten Transapikalrippen anstatt auf die Str.

Fig. 5, 6: Walchsee/Tirol, Gürtelansicht

Fig. 7: Innenseite einer Schale mit stärker verkieselten Transapikalrippen in unregelmäßigen Abständen, dazwischen die ebenfalls etwas unregelmäßig gestellten Areolenreihen

Fig. 8–10: Typenmaterial von den Kerguelen/Subantarktis; Fig. 8 Gürtelansicht, Fig. 9, 10 Schalen mit Fokus auf die Str. bzw. bandartig verstärkten Rippen

Fig. 11–16: Populationen aus verschiedenen Regionen Europas, Str. meistens unregelmäßig gestellt wie vergleichsweise auch bei *F. incognita*

Fig. 17: Sippe aus Brackwasser in Süd-Chile; Verbindungsdörnchen fehlen, eine Axialarea ist allenfalls andeutungsweise erkennbar, das Porenfeld am Kopfpol gleicht hier weitgehend den Areolenreihen der Str., hier jedoch radial gestellt

Fig. 18, 19: An Stelle der Transapikalrippen auf der Schaleninnenseite tritt bei diesen beiden Taxa (der Gattungen *Ceratoneis* sowie *Synedra* sensu auct. nonnull.) ein entsprechend hohes Relief auch auf der Schalenaußenfläche zwischen den Foraminareihen in Erscheinung

Fig. 20: Feinstruktur der Areolen (?typisch für Opephora)

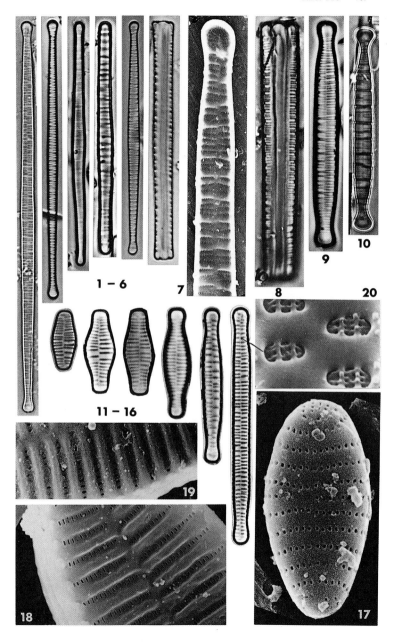

Tafel 119: (× 1500, REM, Fig. 10 × 8000)

Fragilaria ulna-Sippenkomplex

Fig. 1–10: Synedra ulna und Synedra acus sensu auct. nonnull. (S. 143)

Fig. 1–9: Zwei oder mehr Sippen? Alle in einer einzigen Probe aus dem Brunnsee/Oberbayern. Ein Beispiel für die Variabilität der Schalenumrisse, insbesondere der Enden und Gestalt der Zentralarea. Sowohl die gröber als auch die zarter strukturierten Formen besitzen hier z. T. einfache, z. T. doppelte Areolenreihen. Vgl. Fig. 9 auch mit einigen habituell grundsätzlich übereinstimmenden Formen aus dem Fragilaria capucina-Sippenkomplex

Fig. 10: Die Areolenreihen stehen sich hier beiderseits des Sternums direkt gegenüber und nicht auf Lücke wie vergleichsweise in Fig. 123: 7, 8. Die Foramina können durch Silikatbrücken unterteilt werden und so zu Doppelreihen überleiten

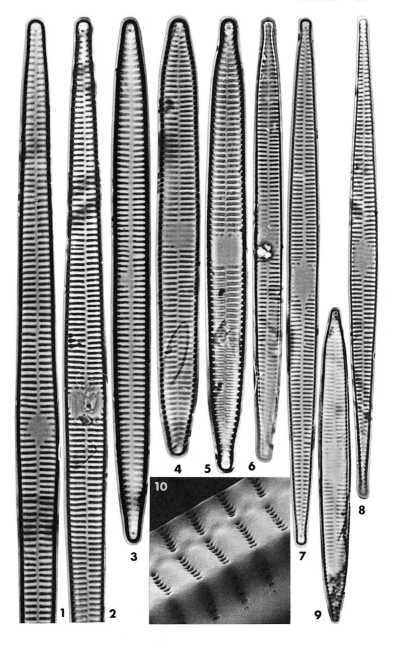

Tafel 120: (× 1500, Fig. 5 × 1000, REM, Fig. 9 × 8400)

Fragilaria ulna-Sippenkomplex sowie davon schwer differenzierbare Erscheinungsformen
Hier: Sippen mit konstant doppelreihig angeordneten Areolen

Fig. 1: *Synedra ulna* sensu auct. nonnull. (?) *Fragilaria lanceolata* (Kützing) Reichardt, Sippe aus Nicaragua (in derselben Probe assoziiert mit *«Synedra» goulardii*, wegen ihrer Areolen-Doppelreihen nicht mit *«Synedra» inaequalis* Kobayasi zu identifizieren)

Fig. 2: *Synedra acus* sensu auct. nonnull. Sippe aus Frankreich

Fig. 3: *Synedra ulna* sensu auct. nonnull. (?) *Fragilaria lanceolata*, Sippe aus Frankreich

Fig. 4: Vergleichbare Sippe aus Teneriffa

Fig. 5: *Fragilaria lanceolata* (Kützing) Reichardt, aus Guatemala

Fig. 6–8: (3 verschiedene?) Sippen aus Namibia

Fig. 9: Schalenaußenseite, die doppelten Areolenreihen laufen hier und bei anderen Sippen ohne Unterbrechung über den Mantelrand hinweg; sie stehen sich zu beiden Seiten der Axialarea direkt gegenüber und nicht auf Lücke versetzt wie bei manchen anderen Sippen der *ulna*-Gruppe

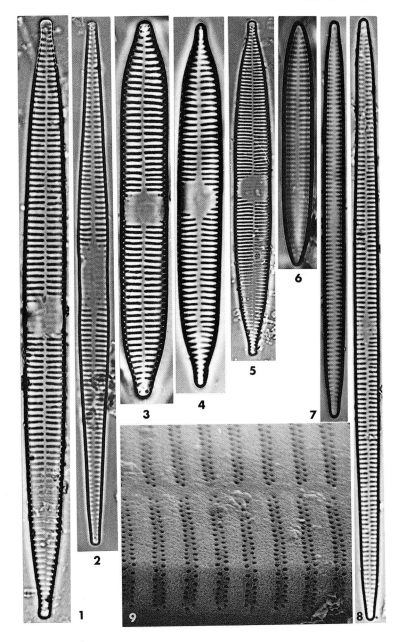

Tafel 121: (Fig. 1, 2 ×750, Fig. 3 ×2400, Fig. 4–9 ×1500)

Fragilaria ulna-Sippenkomplex
Hier: Sippen mit Dörnchen auf den Schalenrändern, die z. T. in bandförmigen Aggregaten, z. T. in sternförmigen Büscheln wachsen

Fig. 1–5: Fragilaria biceps (Kützing) Lange-Bertalot syn. *Fragilaria
pseudogaillonii* Kobayasi & Idei (S. 146)
Fig. 6–8: Fragilaria ungeriana Grunow (sensu lato) (S. 145)
Fig. 9: (?) «**Synedra ulna var. aequalis**» (Kützing) Hustedt

Fig. 1: Sippe aus Tenerifa (Exemplar mit 350 μm Länge fragmentiert)
Fig. 2–4: Sippe aus Süd-Afrika; Fig. 3 Schale in Gürtelansicht mit Dörnchen
Fig. 5: Sippe aus Frankreich mit Dörnchen auf den Schalenrändern (hier
schattenartig erkennbar)
Fig. 6, 7: Eine (oder zwei?) Sippen vom Sinai mit unterschiedlich weiter
Zentralarea
Fig. 8: Als *Staurosira ungeriana* Grunow in Coll. Cleve & Möller 188, aus
Bengalen; genau so erscheinen auch manche als *Synedra nyansae* G. S. West (syn.
S. dorsiventralis O. M. Müller) bestimmte Sippen, die aber keine Dörnchen
besitzen und keine Bänder bilden sollen (ob niemals?)
Fig. 9: Erscheinungsform in derselben Probe wie Fig. 2–4 mit den gleichen
Merkmalen, außer der Gestalt der Enden

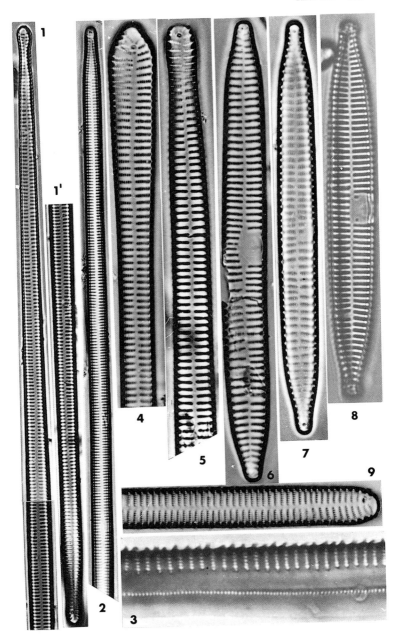

474

Tafel 122: (Fig. 1–13 × 1000, Fig. 14–16 × 1500)

Der Sippenkomplex um Fragilaria ulna (exemplarisch)

Fig. 1–8: Fragilaria ulna (Nitzsch) Lange-Bertalot **var. ulna** (sensu lato) (S. 143)

Fig. 9: Fragilaria ulna var. danica (Kützing) Lange-Bertalot (S. 144)

Fig. 10: Fragilaria ulna var. oxyrhynchus (Kützing) Lange-Bertalot (S. 144)

Fig. 11–13: Fragilaria ulna var. acus (Kützing) Lange-Bertalot (S. 144)

Fig. 14: Fragilaria (?)ulna «claviceps-Form»

Fig. 15, 16: Fragilaria spp.

Fig. 1–8: Beispiele aus verschiedenen Sippen mit sehr variablen Merkmalskombinationen; Fig. 2 Sippe aus Mitteleuropa mit *«contracta»*- und *«goulardii»*-Merkmalen sensu auct. nonnull.; Fig. 8 zeigt ein «spathulifera»-Stadium im Entwicklungszyklus

Fig. 9: Als *Synedra ulna* var. *danica* (Kützing) Grunow in Coll. Grunow

Fig. 10: *Synedra ulna* var. *oxyrhynchus* sensu auct. nonnull. (vgl. auch *Synedra ulna* var. *impressa* Hustedt

Fig. 11–13: *Synedra acus* Kützing sensu auct. nonnull.

Fig. 14: Sippe aff. *Synedra ulna* var. *claviceps* Hustedt

Fig. 15, 16: Zwei extrem schmalschalige Sippen bis 500 μm Länge aus Seen-Plankton (= *Synedra acus* und *Synedra acus* var. *angustissima* oder auch var. *delicatissima* sensu auct. nonnull.)

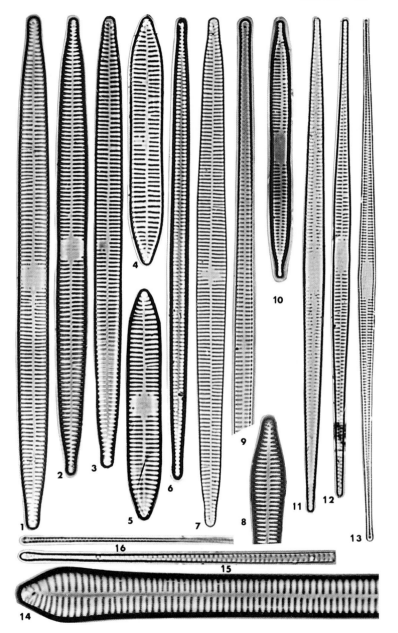

Tafel 123: (Fig. 1 × 1500, Fig. 2 × 1000, Fig. 3 × 600, Fig. 4, 5 × 1000, Fig. 6 × 1500; REM, Fig. 7 × 5000, Fig. 8 × 5200, Fig. 9 × 4500)

Fig. 1–3: Fragilaria dilatata (Brébisson) Lange-Bertalot (S. 147)
Fig. 4: Fragilaria goulardii (Brébisson) Lange-Bertalot
Fig. 5, 6: Fragilaria nyansae (G. S. West) Lange-Bertalot
Fig. 7–9: Fragilaria biceps (Kützing) Lange-Bertalot (S. 146)

Fig. 1–3: *Synedra capitata* Ehrenberg
Fig. 4: Sippe aus Costa Rica
Fig. 5, 6: Als *Synedra dorsiventralis* O. Müller in Coll. Hustedt, aus Ost-Afrika, Fig. 5 repräsentiert eine Population oder ein Exemplar mit relativ kurzen und lanzettlichen Schalen, Fig. 6 Fragment eines Exemplars oder einer Population mit längeren linearen Schalen

Fig. 7–9: *Synedra ulna* sensu auct. nonnull.; drei verschiedene Populationen von den Kanarischen Inseln; Fig. 7 Schalenränder frei von Areolen und Dörnchen (vgl. Fig. 119: 10), Fig. 8 auf den Rändern stehen hier stachelartig spitze Dörnchen, diese Population bildet nadelkissenförmige Büschel, keine Ketten, Fig. 9 diese Population bildet Ketten, die Dörnchen besitzen hier einen sehr kurzen Basalteil und sind im Kontakt zur benachbarten Zelle durch ihre flach abgeplatteten Enden miteinander verzahnt; die Mantelränder sehen bei *F. ungeriana* anders aus. Vgl. die anders gestalteten Dörnchen und Mantelflächen von *F. ungeriana* (Fig. 124: 4, 5)

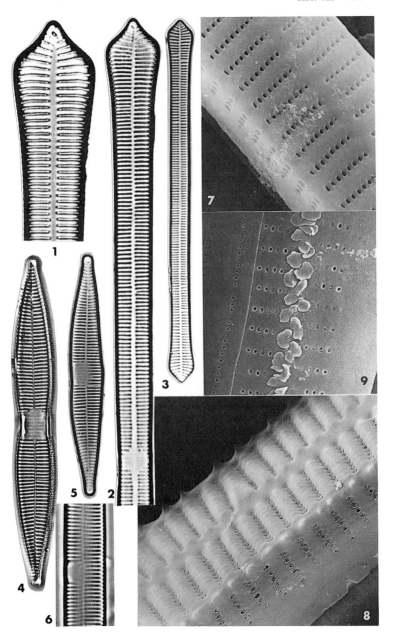

478

Tafel 124: (REM, Fig. 1 × 8000, Fig. 2 × 4200, Fig. 3 × 8000, Fig. 4 × 5000, Fig. 5 × 6500, Fig. 6 × 11 000, Fig. 7 × 15 000)

Fig. 1, 2: Fragilaria ulna (Nitzsch) Lange-Bertalot sensu lato

Fig. 3: Sippe aus dem Komplex um Fragilaria fasciculata (Agardh) Lange-Bertalot

Fig. 4, 5: Fragilaria ungeriana Grunow

Fig. 6: Fragilaria species = «*Synedra acus* var. *angustissima*» sensu auct. mult.

Fig. 7: Fragilaria spec. aff. nanana Lange-Bertalot und aff. *tenera* (W. Smith) Lange-Bertalot

Fig. 1: Schalenpol einer Hypovalva, mit hier einreihig geordneten Areolenforamina auf dem Schalenmantel, Öffnung der Rimoportula auf der Schalenfläche; das Porenfeld (sogenannter Ocellulimbus) zeigt nur eine sehr schwache Einsenkung und dadurch eine allenfalls schwach erhabene Umrandung im Vergleich zu anderen Taxa mit stärker ausgeprägtem Ocellulimbus; die zwei apikalen Fortsätze sind hier vergleichsweise dornartig spitz im Gegensatz zu stumpf lappigen Fortsätzen bei anderen Arten aus dem Sippenkomplex wie z. B. *F. biceps* oder angedeutet in Fig. 6; die Gürtelbänder (hier der Hypovalva) sind geschlossen

Fig. 2: Sippe aff. «*Synedra ulna* var. *claviceps*» Hustedt, aus Australien; Schale innen mit einreihig areolierten Alveolen, charakteristischer stark ausgeprägt lippenförmiger Rimoportula und apikalem Porenfeld

Fig. 3: Sippe mit vergleichsweise durchschnittlich sehr großen Schalen; Innenseite mit randständigen, stark eingetieften Alveolen; die durch großflächige Cribra abgeschlossenen Foramina sind außen auf dem vorderen Schalenmantel (schwach kontrastiert) erkennbar; quer liegende Rimoportula und apikales Porenfeld wie bei *F. ulna*

Fig. 4: Schalenfläche außen mit einreihig geordneten, etwas eingetieft liegenden Areolenforamina und sehr kräftigen auf den Transapikalrippen stehenden Verbindungsdornen

Fig. 5: Schalenmantel in Gürtelansicht von zwei miteinander verzahnten Zellen; das Relief mit plattenartig schuppigen Auflagerungen an den Rändern unterscheidet sich, wie auch die Gestalt der Dornen, von der kanarischen *F. biceps*-Sippe (vgl. Fig. 123: 9)

Fig. 6, 7: Grundsätzlich gleicher Bau der Schalen und des Ocellulimbus bei unterschiedlichen Taxa mit nadelförmiger Gestalt; die variable Zahl der Poren ist hier mit der Größe des Schalenpols korreliert

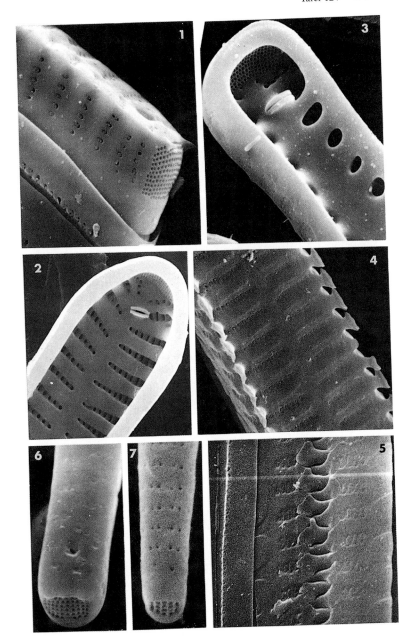

Tafel 125: (REM, Fig. 1 × 12 000, Fig. 2 × 6000, Fig. 3 × 7500, Fig. 4 × 15 000, Fig. 5 × 8000)

Strukturen am Schalenmantel als Bestimmungsmerkmale, insbesondere Verbindungsdörnchen

Fig. 1, 2: Fragilaria capucina / vaucheriae-Sippenkomplex, Sippe aus Island

Fig. 3: Fragilaria neoproducta Lange-Bertalot

Fig. 4: Fragilaria exigua Grunow

Fig. 5: Fragilaria nitzschioides Grunow

Fig. 1: Schale (Epivalva) mit Valvocopula und Copulae aus der Gürtelansicht; Schalenfläche und Mantel mit dem Relief der Transapikalrippen und einreihig geordneten Areolenforamina, Öffnung der Rimoportula und Ocellulimbus (vgl. Fig. 112: 14–16 und Fig. 124: 1, 6, 7). Die abgebrochenen Stümpfe der Verbindungsdörnchen stehen in unregelmäßigen Abständen auf der Schalenkante. Am Mantelrand zu der am Pol offenen Valvocopula sind großflächige schuppenartige Platten («Blisters») aufgelagert

Fig. 2: Dieselbe Sippe, Verzahnung benachbarter Frusteln durch eng gedrängt stehende Dörnchen unterschiedlicher Größe und Gestalt. Die wenigen (hier drei) schmalen Gürtelbänder besitzen je eine einfache apikale Areolenreihe

Fig. 3: Verzahnung benachbarter Frusteln durch Dörnchen in Gestalt von Spießen bis Hellebarden, die regelmäßig auf den Transapikalrippen stehen; ihre Spitzen liegen regelmäßig auf den Areolenreihen der Nachbarzelle. Der Schalenmantel ist vergleichsweise zu Fig. 1, 2 höher und erscheint völlig glatt. Valvocopula und die übrigen drei Bänder des Gürtels sind schmal und nicht areoliert

Fig. 4: Dörnchen auffällig langgestreckt, an ihren Spitzen nur wenig verbreitert; Anordnung wie in Fig. 3

Fig. 5: Dörnchen sehr kurz und breit bis flach abgerundet. Der hohe Schalenmantel zeigt ein ausgeprägtes Rippenrelief mit weit herablaufenden Areolen; es tritt auch im LM als streifiges Strukturmuster in Erscheinung (vgl. Fig. 128: 1, 2)

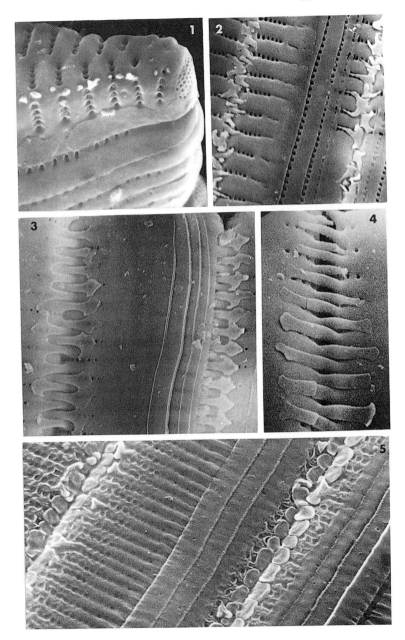

Tafel 126: (× 1500)

Fig. 1–10: Fragilaria virescens Ralfs (S. 135)
Fig. 11–18 (19, 20?): Fragilaria exigua Grunow (S. 137)

Fig. 1: Fragment eines bandförmigen Aggregates in Gürtelansicht mit artspezifisch relativ kurzen randständigen Str.
Fig. 2–10: Schalen aus verschiedenen Regionen Europas
Fig. 13: Als *Fragilaria virescens* var. ? *exigua* in V. H. Type de Synopsis 140
Fig. 14: Coll. Peragallo 249, aus Schottland
Fig. 17, 18: Population aus der Antarktis
Fig. 19, 20: Population aus Island mit Konvergenz zu *Fragilaria subsalina*

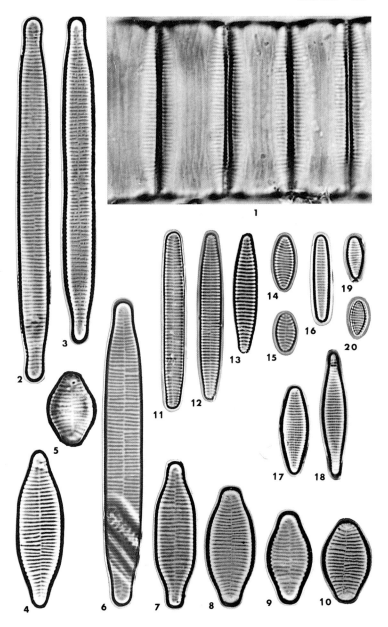

484

Tafel 127: (Fig. 15 × 1200, alle anderen × 1500)

Fig. 1–5A: **Fragilaria neoproducta** Lange-Bertalot (S. 136)
Fig. 6–8: **Fragilaria species**
Fig. 9–14 (15?): **Fragilaria subsalina** (Grunow) Lange-Bertalot (S. 138)
Fig. 16–21: **Fragilaria schulzii** Brockmann (S. 138)

Fig. 1: Bandförmiges Aggregat mit charakteristischen kurzen randständigen Str.

Fig. 6–8: Als *Fragilaria virescens* var. *oblongella* aus Geilo Norwegen in Coll. Hustedt

Fig. 9–14: Populationen aus verschiedenen Präparaten der Coll. Brockmann von der Nordseeküste

Fig. 15: Isopoles Exemplar in einer Population mit z. T. auch heteropolen Exemplaren, aus dem Weißen Meer.

Fig. 16: Exemplar aus der Unterweser

Fig. 17–21: Verschiedene Syntypen in der Coll. Brockmann von der Nordseeküste

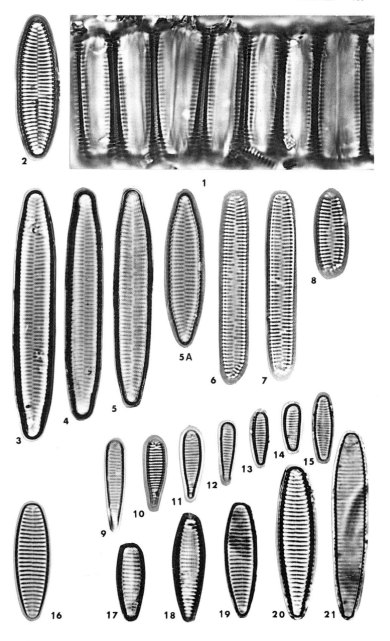

Tafel 128: (× 1500)

Fig. 1–10: Fragilaria nitzschioides Grunow (S. 139)
Fig. 11–14: Fragilaria constricta Ehrenberg (S. 140)
Fig. 15, 16: Fragilaria javanica Hustedt (ohne Diagnose)

Fig. 1, 2: Aggregate in Gürtelansicht mit charakteristischem Verlauf der Str. (vgl. REM-Fig. 125: 5)

Fig. 3, 4: Lectotypus, Coll. Grunow 1922 entspr. Van Heurck Atlas, fig. 44: 10

Fig. 5–10: Morphologisch variable Sippen aus dem Elbsandsteingebirge, Rhön-Mooren, Fränkischem Jura, jedoch allesamt mit der artspezifischen Gürtelansicht

Fig. 11–14: Variabilität der Schalenumrisse

Fig. 15: *Fragilaria nitzschioides* var. *brasiliensis* Grunow, Coll. Cleve & Möller 322, Demerara/Guayana; Fokus auf die randständigen «nitzschioiden» Verbindungsdörnchen

Fig. 16: Sippe aus Santos/Brasilien (leg. Corallie Kodron)

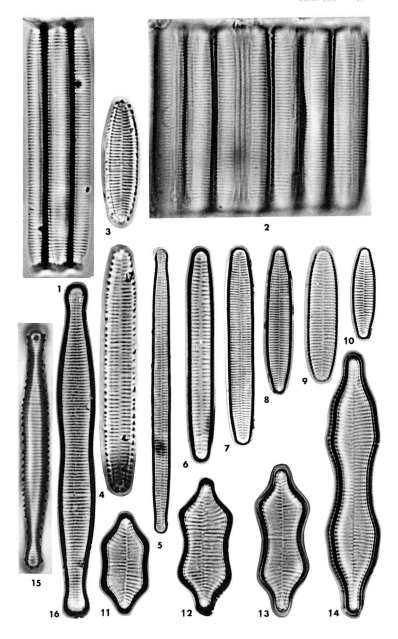

Tafel 129: (× 1500)

Fig. 1: **Fragilaria constricta** Ehrenberg (S. 140)

Fig. 2: **Fragilaria constricta f. stricta** Cleve

Fig. 3–5: **Fragilaria lata** (Cleve-Euler) Renberg (S. 140)

Fig. 6: **Fragilaria constricta** Ehrenberg (S. 140)

Fig. 7: **Fragilaria spec.** (?) *F. virescens* var. *acuminata* Mayer

Fig. 8: **Fragilaria spec.** (?) **F. hungarica var. tumida** Cleve-Euler, (?) *F. virescens* var. *acuminata* Mayer

Fig. 9: **Fragilaria spec.** aus dem Yellowstone Nationalpark / USA

Fig. 10–13: **Fragilaria zeilleri** Héribaud **var. zeilleri** (S. 165)

Fig. 14, 15: **Fragilaria zeilleri var. elliptica** Gasse (S. 165)

Fig. 16, 17: **Delphineis karstenii** (Boden) Andrews (ohne Diagnose)

Fig. 18–20: **Fragilaria capensis** Grunow (ohne Diagnose)

Fig. 21–27: **Fragilaria construens** forma aus Namibia aff. f. *construens* und aff. f. *venter*

Fig. 28: **Fragilaria species** aff. *F. capensis*

Fig. 6: Wenig bekannte Umrißvariante aus Georgia / USA mit Konvergenz zu *F. lata*

Fig. 18–20: Lectotypus, Coll. Grunow 790, «Flugsand am Kap, Kalkbay» / Südafrika

Fig. 21–27: Verschiedene Stadien aus dem Entwicklungszyklus einer Population, exemplarisch für die Variabilität der Schalenumrisse in dieser Artengruppe (Untergattung *Staurosira*)

Fig. 28: Sippe aus dem Watt der Nordsee (vgl. auch *F. construens* f. *subsalina*)

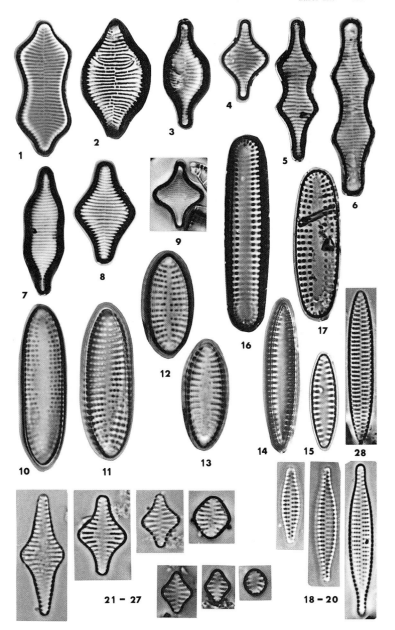

490

Tafel 130: (×1500, REM, Fig. 41 ×8000, Fig. 42 ×11 000)

Fig. 1–5: Fragilaria parasitica (W. Smith) Grunow **var. parasitica** (S. 133)

Fig. 6–8: Fragilaria parasitica var. subconstricta Grunow (S. 133)

Fig. 9–16 (?13, 24): Fragilaria brevistriata Grunow (S. 162)

Fig. 17: Fragilaria zeilleri var. elliptica Gasse (S. 165)

Fig. (?18, 19) 20: Fragilaria robusta (Fusey) Manguin (S. 164)

Fig. 21–23: (?) Zu Fragilaria robusta oder zu **Fragilaria pseudoconstruens**

Fig. 25–30: Fragilaria pseudoconstruens Marciniak (S. 163)

Fig. 31–42: Fragilaria elliptica Schumann sensu Lange-Bertalot et sensu auct. nonnull. (S. 155)

Fig. 1: V. H. Type de Synopsis 107

Fig. 9, 10: *Fragilaria brevistriata* und *brevistriata* var. *pusilla* Grunow, Coll. Grunow 2217

Fig. 11, 12: *Fragilaria brevistriata* var. *subcapitata* Grunow, Coll. Delogne 62

Fig. 13, 24: Sippe aus dem Yellowstone Nationalpark / USA (? zu *F. brevistriata*)

Fig. 17: Sippe mit Str. aus zwei Punkten, fossil bei Kassel

Fig. 18, 19: *Fragilaria construens* var. *binodis* f. *borealis* Foged

Fig. 20: *Fragilaria pseudoconstruens* var. *bigibba* Marciniak

Fig. 21–23: Sippe aus dem Yellowstone Nationalpark / USA, evtl. konspezifisch mit *Fragilaria brevistriata* var. *elliptica* Héribaud

Fig. 25: *Fragilaria rhombica*, Typenpräp. Coll. Oestrup 5418, aus Island

Fig. 26–30: Population aus dem Yellowstone Nationalpark / USA; Fig. 30 entspricht var. *rhombica* Marciniak

Fig. 31–40: Sippen aus verschiedenen Regionen Mitteleuropas, meistens mit Verbindungsdörnchen auf den Streifen

Fig. 41, 42: Zwei Sippen (Klone?, Arten?) mit zentripetal zunehmend kleiner werdenden Areolen und z. T. erkennbaren Foraminalippen. Fig. 41 mit Dörnchen auf Intercostalrippen (also auf den Streifen), Fig. 42 mit Dörnchen auf den Transapikalrippen (vgl. *Fragilaria brevistriata*, Fig. 131: 7)

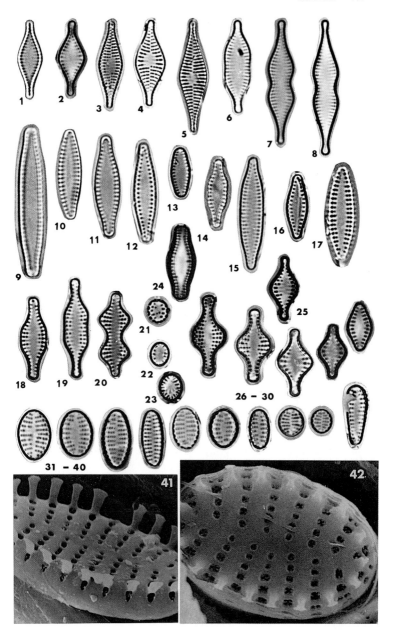

Tafel 131: (REM, Fig. 1 ×3000, Fig. 2 ×6000, Fig. 3 ×5000, Fig. 4 ×8000, Fig. 5 ×4000, Fig. 6 ×8000, Fig. 7 ×6000)

Strukturen in der Untergattung Staurosira (vgl. auch Fig. 112: 14–16)

Fig. 1, 2: Fragilaria leptostauron (Ehrenberg) Hustedt
Fig. 3, 4: Fragilaria pinnata Ehrenberg
Fig. 5, 6: Fragilaria construens Ehrenberg sensu lato
Fig. 7: Fragilaria brevistriata Grunow

Fig. 1: Schale außen, die Alveolen sind grillartig untergliedert und laufen ununterbrochen über den Mantelrand hinweg; Verbindungsdörnchen in Ein- oder Mehrzahl meistens auf den Transapikalrippen sitzend

Fig. 2: Die schlitzförmigen Areolenforamina können innerhalb der Artengruppe und sogar innerhalb derselben Population durch Silikatbrücken siebförmig untergliedert sein, wodurch das grillartige in ein netzartiges Strukturmuster übergeht

Fig. 3: Hypovalva (links) und Epivalva (rechts) in Gürtelansicht; bei manchen Sippen sind der Schalenmantel und die Valvocopula außerordentlich breit (vgl. Fig. 133: 1); die kräftigen Verbindungsdornen sind an der Spitze oft zwei- bis dreizipfelig gegliedert

Fig. 4: Valvocopula mit langen septenartigen Fortsätzen in ihrer Ausbildungsphase

Fig. 5, 6: Strukturmuster der hier fast punktförmig kleinen Areolenforamina, andere Taxa besitzen Foramina in diversen Größenabstufungen bis zum Grillmuster (wie in Fig. 1); variabel gestaltete Verbindungsdornen; infolge abgebrochener Spitzen wird ihre Konstruktion als Hohlzylinder sichtbar

Fig. 7: Beispiel für randständige Areolen-Anordnung, hier liegt je ein Areolenpaar beidseitig vom Rand Schalenfläche/Mantel; es gibt jedoch Taxa mit einigen zusätzlichen Areolen, wie z. B. F. robusta und F. pseudoconstruens. Die Stellung der Dörnchen, hier anders als in Fig. 1–6, kann variieren

Tafel 132: (× 1500)

Der Sippenkomplex um Fragilaria construens mit zum Teil schwer differenzierbaren Taxa

Fig. 1–5 (6–8?): Fragilaria construens (Ehrenberg) Grunow f. construens (S. 153)

Fig. 9–16: Fragilaria construens f. venter (Ehrenberg) Hustedt (S. 153)

Fig. 17–20 (21, 22?): Fragilaria construens f. subsalina (Hustedt) Hustedt (S. 153)

Fig. 23–27: Fragilaria construens f. binodis (Ehrenberg) Hustedt (incl. triundulata-Formen) (S. 153)

Fig. 28–30: Fragilaria construens f. venter, f. construens, f. binodis

Fig. 31–34: Fragilaria construens aff. f. construens und aff. f. venter

Fig. 6–16: Zum Teil schwer identifizierbare Erscheinungsformen aus dem Variabilitätsspektrum von f. construens und f. venter und evtl. weiterer Sippen

Fig. 17–19: Fragilaria construens var. subsalina Hustedt, Typenpräp. Coll. Hustedt 144/4, aus Oldesloe

Fig. 28–30: Kettenförmige Aggregate in Gürtelansicht

Fig. 32: Als Fragilaria inflata in Coll. Hustedt Ka 16

Fig. 33: Exemplar mit Konvergenz zu Fragilaria parasitica

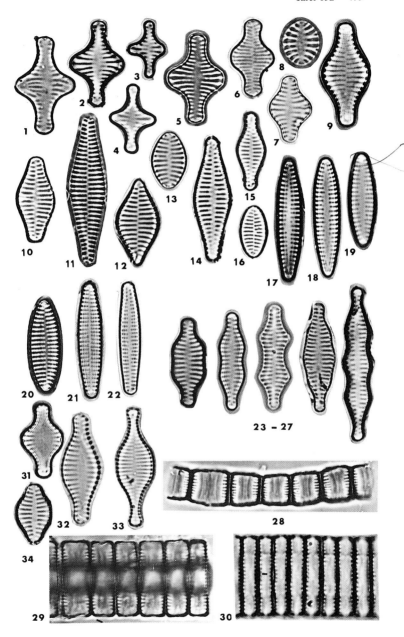

Tafel 133: (× 1500, Fig. 42 × 2400)

Der Sippenkomplex um Fragilaria pinnata und Fragilaria leptostauron mit zum Teil schwer differenzierbaren Taxa

Fig. 1–18, 32, 32A: Fragilaria pinnata Ehrenberg **var. pinata** (sensu lato, incl. *«subsolitaris»* und *«Opephora polymorpha»*-Formen) (S. 156)

Fig. 19–23: Fragilaria pinnata var. intercedens (Grunow) Hustedt (S. 157)

Fig. 24–28: Fragilaria leptostauron var. dubia (Grunow) Hustedt (S. 160)

Fig. 29–31: Fragilaria leptostauron var. martyi (Héribaud) Lange-Bertalot (S. 160)

Fig. 33–41: Fragilaria leptostauron (Ehrenberg) Hustedt **var. leptostauron** (S. 159)

Fig. 42: Fragilaria loetschertii Lange-Bertalot (ohne Diagnose)

Fig. 1, 31: Gürtelansicht

Fig. 24: *Fragilaria harrisonii* var. *woerthensis* Mayer

Fig. 32, 32A: *Fragilaria lancettula* Schumann (sensu Grunow)

Fig. 33–41: Beispielhaftes Variabilitätsspektrum betr. Größe und Umriß der Schalen sowie Dichte der Str. und Gestalt der Zentralarea

Fig. 35: Grobstreifige Sippe entsprechend *Fragilaria harrisonii* W. Smith (Typenmaterial aus Hull / Anglia)

Fig. 42: Raphidioide Spalte, hier unterhalb des oberen Pols auch im LM erkennbar

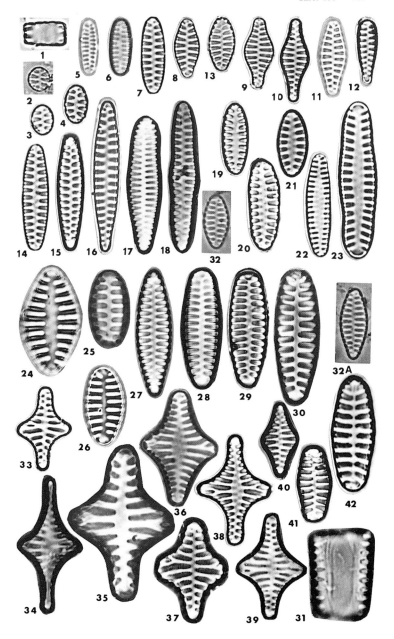

Tafel 134: (× 1500, Fig. 24, 25 × 1000)

Fig. 1–7: **Fragilaria lapponica** Grunow (S. 161)
Fig. 8: (?) **Fragilaria pinnata** Ehrenberg var.
Fig. 9–20: **Opephora olsenii** Møller syn. *Opephora pacifica* (Grunow) Petit sensu auct. nonnull. (S. 166)
Fig. 21–25: **Fragilaria berolinensis** (Hustedt) Lange-Bertalot (S. 161)
Fig. 26–31 (29, 30?): **Fragilaria oldenburgiana** Hustedt (S. 162)
Fig. 32, 33: **Opephora pacifica** (Grunow) Petit (S. 166)

Fig. 1, 2: Lectotypus, Coll. Grunow 2234
Fig. 8: Schwer bestimmbare Form zwischen *Fragilaria lapponica* und *Fragilaria pinnata* var. *intercedens*.
Fig. 9–20: Formenvariabilität einer (einzigen?) Population von der Nordseeküste; an der Mantelkante bei Fig. 14 sind Verbindungsdörnchen auf den Str. erkennbar
Fig. 26–28: Typenmaterial, Coll. Hustedt 385/10 und N13/20
Fig. 32, 33: *Fragilaria pacifica* Grunow, Neotypus, Coll. Grunow 790, Flugsand an der Kalkbay, Kap der Guten Hoffnung / Süd-Afrika

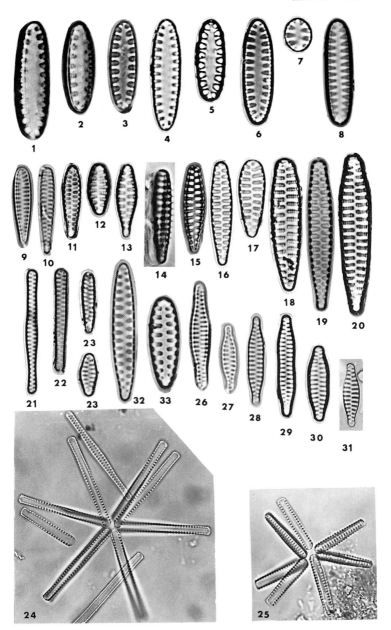

Tafel 135: (× 1500)

Der Sippenkomplex um Fragilaria fasciculata

Fig. 1–18: Fragilaria fasciculata (Agardh) Lange-Bertalot sensu lato (sensu auct. nonnull.) (S. 150)

Fig. 1: Als *Synedra tabulata* in Coll. Hustedt

Fig. 2: Als *Synedra tabulata* var. *fasciculata* in Coll. Hustedt

Fig. 3: *Synedra tabulata* var. *lanceolata* Oestrup, Isotypus, Coll. Oestrup 757

Fig. 4: *Synedra tabulata* var. *gracillima* Tempere & Peragallo, Isotypus, Coll. no. 442

Fig. 6, 7: *Synedra tabulata* var. *parva* (Kützing) Hustedt, Coll. Hustedt K 1/67

Fig. 8: *Fragilaria fonticola* Hustedt, Präparat aus Java in Coll. Hustedt

Fig. 9: *Fragilaria fonticola* Hustedt, Typenpräparat aus Sumatra

Fig. 10: Sippe aus Brackwasser in Brasilien

Fig. 11–18: Sippen aus Süß- und Brackwasser verschiedener Kontinente

Fig. 16–18: Sippen (evtl. verschiedener Artzugehörigkeit) von der Meeresküste Süd-Afrikas mit bis zu ca. 26 Str./10 μm (vgl. auch *Synedra tenella* Grunow in Van Heurck Atlas, fig. 41: 26)

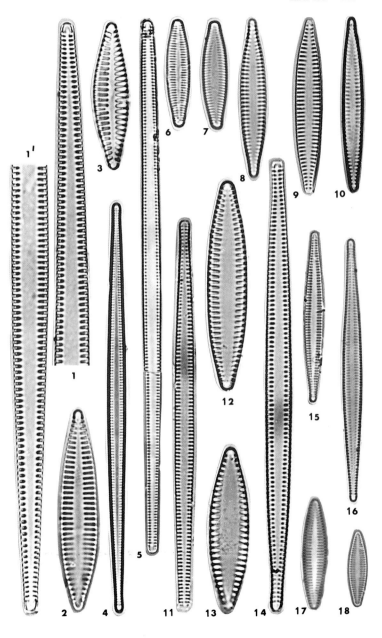

Tafel 136: (× 1500, Fig. 9, 10, 11 × 1000)

Fig. 1–7: Fragilaria pulchella (Ralfs ex Kützing) Lange-Bertalot (S. 148)

Fig. 8, 9: Synedra gaillonii (Bory) Ehrenberg (S. 148)

Fig. 10: Toxarium hennedyanum (Gregory) Pelletan (ohne Diagnose)

Fig. 11: Ardissonia crystallina (Agardh) Grunow (ohne Diagnose)

Fig. 12, 13: Fragilaria investiens (W. Smith) Cleve-Euler (S. 148)

Fig. 2: Sippe ähnlich *Synedra pulchella* var. *lacerata* Hustedt

Fig. 3: Als *Synedra pulchella* var. *lanceolata* O'Meara in Coll. Hustedt

Fig. 4: Als *Synedra pulchella* var. *lanceolata* f. *constricta* Hustedt in Coll. Hustedt

Fig. 5: Als *Synedra pulchella* var. *naviculacea* Grunow in Coll. Hustedt

Fig. 8, 9: Schalenfragmente

Fig. 10: Fragment als Beispiel für die Gattung; Mittelmeerküste bei Banyuls/ Frankreich

Fig. 11: Fragment als Beispiel für die Gattung; Mittelmeer

Fig. 12: Nordsee

Fig. 13: *Synedra investiens* W. Smith, Coll. V. H. Type de Synopsis 356

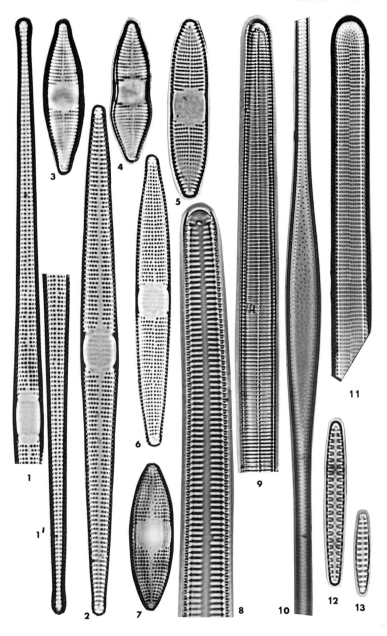

504

Tafel 137: (× 1500)

Der Eunotia bilunaris-Sippenkomplex

Fig. 1–12: Eunotia bilunaris (Ehrenberg) Mills **var. bilunaris** sensu lato (S. 179)

Fig. 13–16: Eunotia bilunaris var. linearis (Okuno) Lange-Bertalot & Nörpel (S. 180)

Je ein repräsentatives Individuum von 15 oder 16 Sippen aus verschiedenen Regionen der Erde zur Demonstration der Variabilität von Umrissen, Krümmungsgrad, Länge, Breite, Dichte der Streifen, Ausprägung der rücklaufenden Terminalspalten der Raphen

Fig. 1, 2: Beispiele für Sippen mit durchschnittlich sehr großen, grob gestreiften Individuen, Fig. 1 Sachsen, Schlammauftrieb in einem Wiesentümpel, Fig. 2 Nevada / USA

Fig. 3: Sippe aus kalkhaltigem, mäßig elektrolytreichem Wasser in den Nordtiroler Kalkalpen

Fig. 4–7: Beispiele für Sippen mit durchschnittlich mittelgroßen Individuen aus dem Gebiet mit ökologischem Schwerpunkt in sauren Biotopen

Fig. 8–12: «falcata»-Entwicklungsstadien, Fig. 10 zeigt dazu eine «incisa»-Anomalie, Fig. 11 evtl. E. lunaris var. subarcuata sensu Grunow

Fig. 13: Eunotia lunaris sensu Cholnoky, Okavango / Botswana

Fig. 14: Eunotia okavangoi Cholnoky, Isotypenpräp., vermutlich jedoch mit Fig. 13 durch ein Formenkontinuum verbunden

Fig. 15: Eunotia bilunaris var. linearis aus Kanada, von vielen Autoren zu E. flexuosa gestellt

Fig. 16: Fragment aus einer E. bilunaris var. linearis ähnlichen Population, Porto Alegre / Brasilien

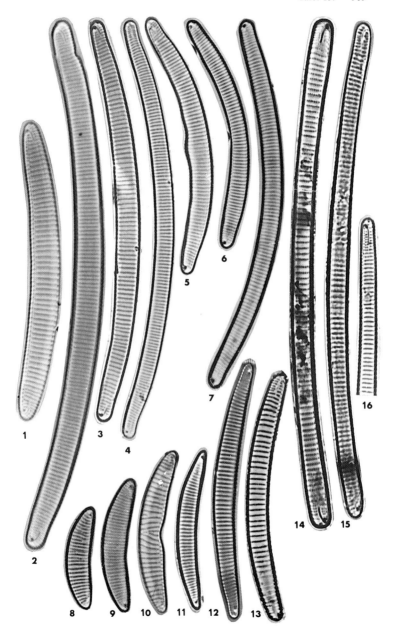

Tafel 138: (× 1500, REM, Fig. 8 × 6000, Fig. 9 × 12 000, Fig. 24 × 13 000)

Fig. 1–9: Eunotia subarcuatoides Alles, Nörpel & Lange-Bertalot (S. 214)

Fig. 10–19: (?) **Eunotia bilunaris** var. **mucophila** Lange-Bertalot & Nörpel

Fig. 20–24: Eunotia bilunaris var. **mucophila** Lange-Bertalot & Nörpel (S. 180)

Fig. 1–6: Größte bis kleinste Entwicklungsstadien innerhalb einer Population aus dem Schwarzwald

Fig. 7: Erstlings- oder Erstlingsfolgezelle einer Population aus dem Odenwald

Fig. 8, 9: Raphenverlauf bei einer großen (Fig. 9) und einer sehr kleinen, halbmondförmig (*«subarcuatoid»*) gekrümmten Zelle. Die terminalen Raphenenden laufen nur kurz bogenförmig auf die Schalenfläche, ohne rücklaufende Terminalspalte

Fig. 10–18: *Eunotia lunaris* var. *subarcuata* sensu auct. nonnull. Sippe mit anscheinend enger begrenztem Längenwachstum, aus Finnland

Fig. 19: Individuum einer (?) *subarcuata*-Sippe mit schmäleren Schalen und enger gestellten Str., von Adak / Aleuten

Fig. 20–24: Individuen aus der Gallerte von *Batrachospermum* (Schwarzwald und Irland)

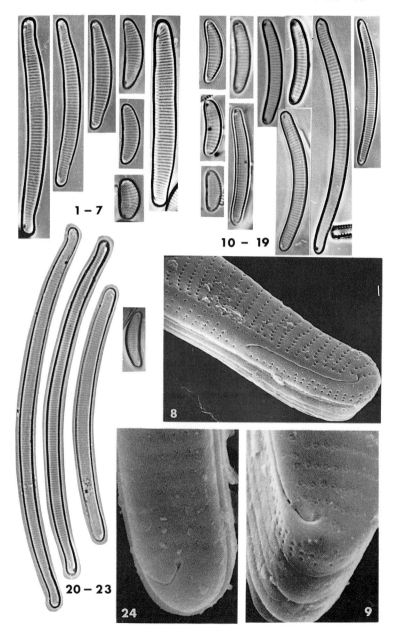

1 – 7

10 – 19

8

20 – 23

24

9

Tafel 139: (REM, Fig. 1 × 10 000, Fig. 2 × 6800, Fig. 3 × 8000, Fig. 4 × 14 000, Fig. 5 × 10 000, Fig. 6 × 4200, Fig. 7 × 5000)

Fig. 1–4: Eunotia bilunaris (Ehrenberg) Mills **var. bilunaris** sensu lato (S. 179)

Fig. 5: Eunotia naegelii Migula (S. 182)

Fig. 6, 7: Eunotia flexuosa Brébisson (S. 182)

Fig. 1–3: Schalenaußenseiten verschiedener Sippen aus dem *Eunotia bilunaris*-Komplex. Regelmäßig verläuft die Raphe mit sehr geringem Neigungswinkel am Mantelrand, biegt kurz in die Schalenfläche ein, und ihre Terminalspalte läuft mit weit geschwungenem Bogen in Richtung Schalenmitte zurück. Wie bei var. *mucophila* mit ihren kurzen Bögen (vgl. Fig. 138: 24) endet die Terminalspalte in einer punktförmig kleinen Grube, die nicht bis in das Schaleninnere durchbricht; Funktion: Verhinderung von Fortrissen

Fig. 4: Schaleninnenseite mit Raphenschlitz, Helictoglossa und Rimoportula am Schalenmantel. Dort wo auf der Außenfläche die Terminalspalte verläuft, werden die Areolenreihen durch eine hyline «Terminalspalten-Area» unterbrochen (vgl. Fig. 7 und auch Fig. 145: 7)

Fig. 5: Außenfläche mit Schalenmantel vom Dorsalrand aus gesehen. Trotz der geringen Schalenbreite von 2,5 μm bei einer Länge von ca. 100 μm läuft die Terminalspalte genauso wie bei *E. bilunaris* var. *bilunaris* sensu lato – anders als bei var. *mucophila* – weit nach proximal zurück

Fig. 6, 7: Schalenaußen- und -innenseite einer Population aus den Pyrenäen. Diese Population vereinigt Merkmale von *E. flexuosa* und *E. latitaenia*: Ohne Dornen am Schalenrand, Str. an den Polen verlaufen variabel, annähernd parallel oder radial-circumpolar. Die Terminalspalte der Raphe krümmt sich regelmäßig in einem sehr engen Bogen (im Gegensatz zu *E. bilunaris*) und verläuft dann parallel zum und relativ dicht am Ventralrand nach proximal. Die Rimoportula erscheint wie gestielt vom Schalenmantel emporgehoben. Terminalspalten-Area entsprechend dem Verlauf der Außenspalte

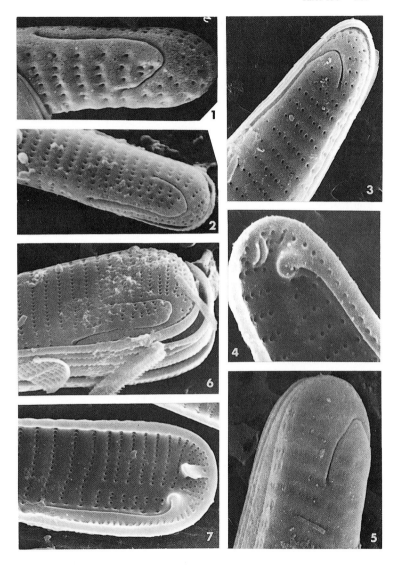

510

Tafel 140: (Fig. 1 × 1200, Fig. 2–6 × 1500, Fig. 7–11 × 1000, Fig. 12–18 × 1500)

Fig. 1–6: Eunotia naegelii Migula (S. 182)
Fig. 7: Eunotia pseudopectinalis Hustedt (S. 184)
Fig. 8–18: Eunotia flexuosa (Brébisson) Kützing sensu lato (S. 182)

Fig. 1, 5, 6: Als *Eunotia alpina* (Naegeli) Hustedt in Coll. Cholnoky; Population aus dem Okavango/Botswana, entspricht genau Populationen aus Europa und Nordamerika

Fig. 2, 3: Populationen aus Holland und Irland

Fig. 4: Andere Population aus dem Okavango/Namibia(!), mit weiter gestellten Str. als Fig. 1–3

Fig. 7: Population aus Skandinavien

Fig. 10, 17, 18: *Eunotia mesiana* Cholnoky, Typenpräp. Okavango/Botswana; die Umrisse der «aufgeblähten» Enden sind sehr variabel

Fig. 11: *Eunotia pseudoflexuosa* Hustedt, Typenpräp. Coll. Hustedt 244/34a, aus Zaire/Afrika

Fig. 12: Exemplar aus der Bretagne/Frankreich. Merkmalskombination entspricht genau *E. pseudoflexuosa* aus Afrika

Fig. 13–16: Verschiedene *E. flexuosa*-Umrißvarianten aus verschiedenen Regionen Europas, darunter Exemplare mit *pachycephala*- und *eurycephala*-Enden. Darunter Fig. 14 entsprechend *Eunotia latitaenia* Kobayasi, Ando & Nagumo

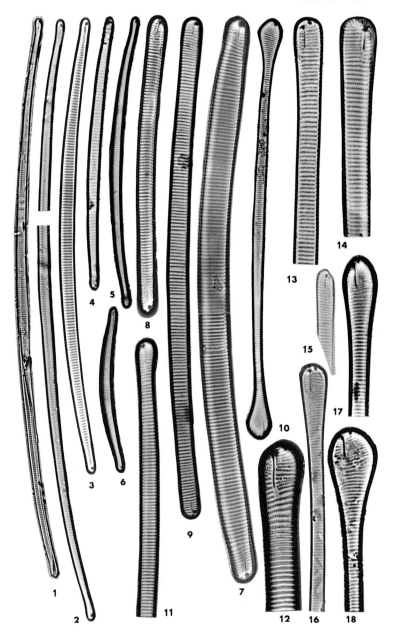

Tafel 141: (× 1500, außer Fig. 10 × 1000)

Fig. 1–5: Eunotia pectinalis var. undulata (Ralfs) Rabenhorst (S. 193)
Fig. 6, 7: Eunotia pectinalis (Dyllwyn) Rabenhorst **var. pectinalis** (?)
(S. 192)
Fig. 8–10: Eunotia siberica Cleve (S. 195)

Fig. 1, 2: Sippe aus der Bretagne; bildet keine «*soleirolii*»-Dauersporen wie Sippe entspr. Fig. 142: 2–4
Fig. 3: Kleines Individuum der gleichen Sippe aus Süd-Afrika, «*curta*-Form»
Fig. 4, 5: Andere *undulata*-Sippen mit weiter gestellten Str.
Fig. 6: (?) Nominatvarietät, Coll. Rabenhorst, Alg. Eur. 323
Fig. 7: Sippe aus Sachsen, Coll. Krasske, ähnlich *E. siberica*
Fig. 8–10: Aus «*Tavastia australis*» in Coll. Hustedt, Sippe aus Finnland

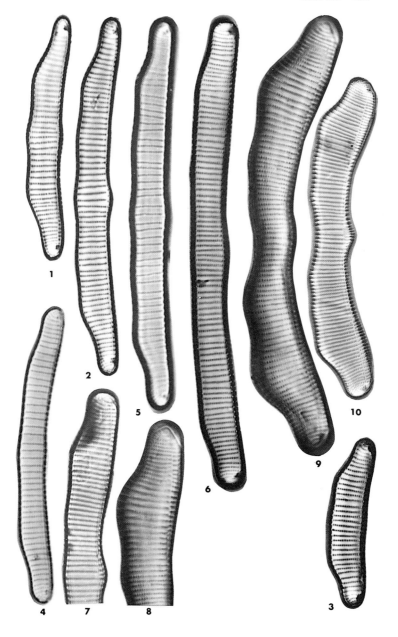

514

Tafel 142: (Fig. 1, 6 × 1000, übrige × 1500)

Kritische bzw. falsche «pectinalis-Sippen»

Fig. 1: (?) **Eunotia soleirolii** Kützing oder (?) *Eunotia pectinalis* f. *elongata* Van Heurck 1881

Fig. 2–6: Eunotia soleirolii (Kützing) Rabenhorst (S. 194)

Fig. 7–15: Eunotia minor (Kützing) Grunow in Van Heurck (S. 196)

Fig. 1: Als *Eunotia pectinalis* in Coll. Hustedt; diese Sippe bildet «*soleirolii*-Dauersporen»

Fig. 2–4: Sippe aus der Bretagne, bildet Dauersporen. In derselben Probe variieren 4 sogenannte *E. pectinalis*-Varietäten unabhängig voneinander (vgl. Fig. 142: 9, 10; Fig. 141: 1, 2; Fig. 143: 5–7)

Fig. 5: Kleines Exemplar einer Population aus dem Taunus

Fig. 6: Zelle mit Dauerspore

Fig. 7, 8: *Eunotia pectinalis* var. *minor* sensu Grunow in V. H. 309, England

Fig. 9, 10: Sippe aus der Bretagne (in derselben Probe wie Fig. 2–4)

Fig. 11–14: Sippe mit weiter gestellten, aber zusätzlich sehr kurzen eingeschobenen Str. aus dem Schwarzwald; Fig. 11 Ausschnitt aus einem bandförmigen Aggregat in Gürtelansicht

Fig. 15: Sippe aus dem Taunus

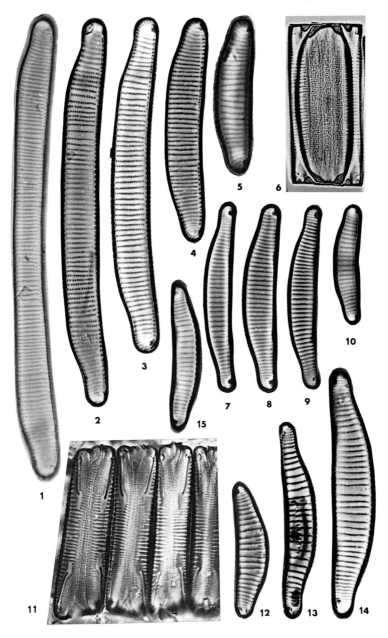

Tafel 143: (× 1500)

«Falsche pectinalis-Sippen»

Fig. 1–9A: **Eunotia implicata** Nörpel & Lange-Bertalot (S. 197)
Fig. 10–15: **Eunotia intermedia** (Krasske) Nörpel & Lange-Bertalot (S. 215)
Fig. 16–23: **Eunotia circumborealis** Nörpel & Lange-Bertalot (S. 197)

Fig. 1: *Eunotia impressa* var. *angusta* Grunow, V. H. Type de Synopsis 220, Schottland

Fig. 2–4: V. H. Types des Synopsis 462 und 262 (Fig. 4)

Fig. 5–7: Sippe aus der Bretagne, variiert unabhängig von *E. minor* (vgl. Fig. 142: 9, 10)

Fig. 8: Als *Eunotia pectinalis* var. *impressa* in Coll. Krasske

Fig. 9: Als *Eunotia pectinalis* var. *minor* in Coll. Hustedt

Fig. 9A: Als *Eunotia pectinalis* var. *minor* f. *impressa* in Coll. Hustedt

Fig. 10–15: Unterschiedliche Stadien aus dem Entwicklungszyklus zweier Populationen

Fig. 16–23: (?) *Eunotia impressa* Ehrenberg; Populationen aus Skandinavien (Fig. 16–21), aus dem Brunnsee/Oberbayern, subfossil (Fig. 22, 23)

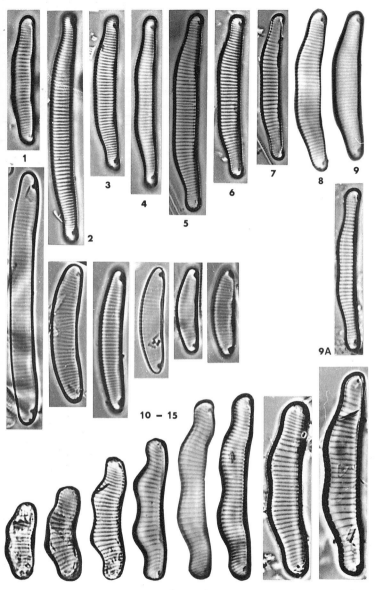

1

2

3

4

5

6

7

8

9

9A

10 − 15

16 − 23

Tafel 144: (REM, Fig. 1 ×4800, Fig. 2 ×6000, Fig. 3 ×6000, Fig. 4 ×4000, Fig. 5 ×4500, Fig. 6 ×8000)

Fig. 1: Eunotia soleirolii Kützing (S. 194)
Fig. 2: Eunotia pectinalis var. undulata (Ralfs) Rabenhorst (S. 193)
Fig. 3, 4: Eunotia pectinalis (Dillwyn) Rabenhorst **var. pectinalis** (S. 192)
Fig. 5: Eunotia minor (Kützing) Rabenhorst (S. 196)
Fig. 6: Eunotia implicata Nörpel & Lange-Bertalot (S. 197)

Fig. 1–6: Sippen, die bisher unkritisch als eine Art betrachtet worden sind. Vergleich der Schalenenden und des Raphenverlaufs (alle in Außenansicht)

Fig. 1: Schalenfläche, hoher Schalenmantel und drei Gürtelbänder. Der proximale Teil der Raphe verläuft vergleichsweise nur kurz und mit mäßig steilem Steigungswinkel auf dem Mantel, der distale Teil ist mehrfach gekrümmt (3 Wendepunkte). Am Ventral- und Dorsalrand stehen Dornen, die am Pol maximale Größe erreichen. Auch die untere Randzone des Mantels ist besetzt mit sehr kleinen pustelartigen Dörnchen

Fig. 2: Steiler Anstieg der Raphe zum Mantelrand und einfach gekrümmter Bogen auf der Schalenfläche (ob regelmäßig?). Am Ventralrand stehen keine Dörnchen

Fig. 3, 4: Raphenverlauf vom Dorsal- und Ventralrand aus gesehen. Dörnchen stehen hier nur circumpolar. Die sehr enge Ventralarea verläuft distal mit niedrigem Neigungswinkel von der Ventralkante weg in Richtung Terminalarea; die Foramina sind beidseitig zu dieser Area unterschiedlich dicht gestellt

Fig. 5: Schalenfläche und Mantel der Hypovalva mit einem offenen Gürtelband sowie weitere Gürtelbänder der Epivalva. Sowohl diese Bänder als auch die mit flachem Anstiegswinkel weit über den Mantel laufende Raphe sind anders als bei den Sippen um *E. pectinalis*; Dörnchen fehlen, trotz Verkettung der Zellen zu bandförmigen Aggregaten

Fig. 6: Ähnliche Merkmale wie bei *E. minor*, die sich insgesamt von *E. pectinalis* erheblich unterscheiden.

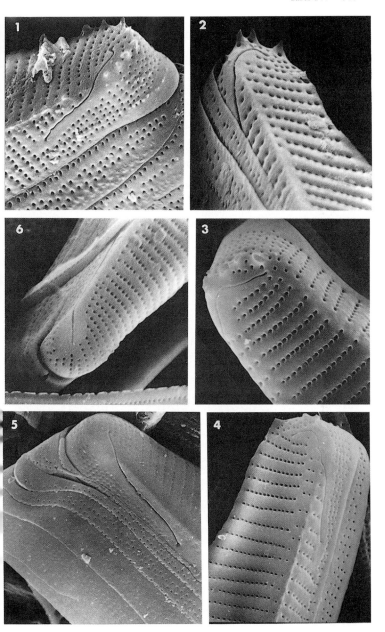

Tafel 145: (REM, Fig. 1 × 9000, Fig. 2, 3 × 10 000, Fig. 4 × 7000, Fig. 5 × 10 000, Fig. 6 × 7200, Fig. 7 × 6000)

Fig. 1–3: Peronia fibula (Brébisson) Ross (S. 230)
Fig. 4, 5: Eunotia diodon Ehrenberg (S. 191)
Fig. 6: Eunotia subarcuatoides Alles, Nörpel & Lange-Bertalot (S. 214)
Fig. 7: Eunotia faba (Ehrenberg) Grunow (S. 225)

Fig. 1: Innenansicht einer Schale mit langen Raphenästen, die bis zur Mitte der Schale laufen. Die Raphe endet am Terminalknoten in einer stark ausgeprägten rundlichen Helictoglossa (nicht so an ihren proximalen Enden). Distal vom unperforierten Terminalknoten liegt bei *Peronia* regelmäßig an jedem Pol eine Rimoportula. Die Areolenreihen zu beiden Seiten der Raphen sind oft asymmetrisch ausgebildet

Fig. 2: Wie Fig. 1, jedoch Schalenende mit stark verkürzter Raphe (sie kann manchmal auch völlig fehlen). Auffällig ist, daß die Raphe nicht in der Axialarea verläuft, sondern seitlich verschoben wie auch in Fig. 3 analog oder evtl. homolog zur *Eunotia*-Raphe und der Ventralarea

Fig. 3: Außenansicht eines Schalenendes mit stark verkürzter Raphe und mit dem großen Foramen der Rimoportula. Die Raphe verläuft (wie in Fig. 2) seitlich verschoben zur engen Axialarea. Auf den Schalenrändern sind an Stelle der hier vermutlich abgebrochenen Dornen ringwulstartige Kreise zu erkennen, z. T. (links) geschlossen, rechts durch Poren zum Inneren der Schale hin offen

Fig. 4: Beispielhaft, Schaleninnenseite einer Art ohne nasenförmig vorgezogene Enden und ohne nach proximal zurücklaufende Terminalspalten. Terminalknoten mit Helictoglossa leicht in die Schalenfläche vorspringend, aber relativ dicht an den Schalenpol gerückt. Die Alveolen mit Areolenreihen sind hier extrem schmal und tief in das Relief der breiten Transapikalrippen eingesenkt. Wie bei den meisten *Eunotia*-Arten liegt nur an einem Schalenende eine Rimoportula, hier im Vergleich zu anderen Arten weit auf die Schalenfläche und etwas proximal versetzt. Die Rimoportula liegt in der Regel annähernd in Streichrichtung einer Alveole. Eine vom Terminalknoten abgesetzte areolenfreie Area (als Begleiterscheinung einer Terminalspalte auf der Schalenaußenseite) fehlt hier, im Gegensatz zu *E. faba* und der Artengruppe mit Rücklaufraphe

Fig. 5: Das hohe und breite Profil der Transapikalrippen bei stärkerer Vergrößerung. Die Alveolen erscheinen aus dieser Perspektive als sehr enge Spalten. An der Abbruchkante (oben) sind die vergleichsweise sehr kleinen durchbrochenen Areolen (gerade noch) erkennbar

Fig. 6: Kleinschaliges *subarcuata / falcata*-Stadium einer Population, das vom *E. bilunaris*-Sippenkomplex im LM schwer oder gar nicht zu unterscheiden ist. Am hier relativ schmalen Zellgürtel verlaufen die vier *Eunotia*-Raphen in geringem Neigungswinkel, ziemlich dicht am Rande zwischen Mantel und Schalenfläche (vgl. Fig. 138: 8, 9)

Fig. 7: *Eunotia faba* ist beispielhaft für Arten mit nasenförmig vorgezogenen Enden. Schalen innen, Raphenverlauf im stärker verkieselten Schalenmantel; Terminalknoten mit Helictoglossa ziemlich weit in die Schalenfläche vorspringend, von den Polen relativ weit zurückversetzt; dadurch erscheinen die Enden vom mittleren Schalenteil mehr oder weniger abgeschnürt. An Stelle der Terminalspalte auf der Außenseite liegt innen eine kleine von Areolen freie Area

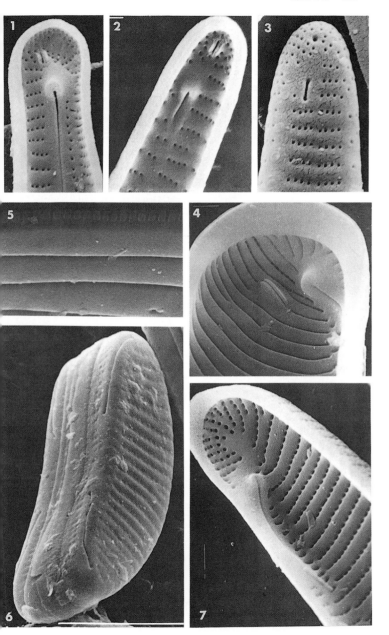

Tafel 146: (× 1000)

Fig. 1, 2: Eunotia serra Ehrenberg **var. serra** (S. 219)
Fig. 3, 4: Eunotia serra var. diadema (Ehrenberg) Patrick (S. 219)
Fig. 5: Eunotia serra var. tetraodon (Ehrenberg) Nörpel (S. 220)
Fig. 6–9: Eunotia triodon Ehrenberg (S. 220)
Fig. 10, 11: Eunotia muelleri Hustedt (ohne Diagnose)

Fig. 1–9: Populationen aus verschiedenen Regionen Europas
Fig. 10, 11: Coll. Cleve & Möller 321, 322, Demerara/Guayana
Fig. 11: Als *Eunotia (robusta* var.) *subrobusta* Grunow auch in Coll. Cleve & Möller 213, aus Santos/Brasilien

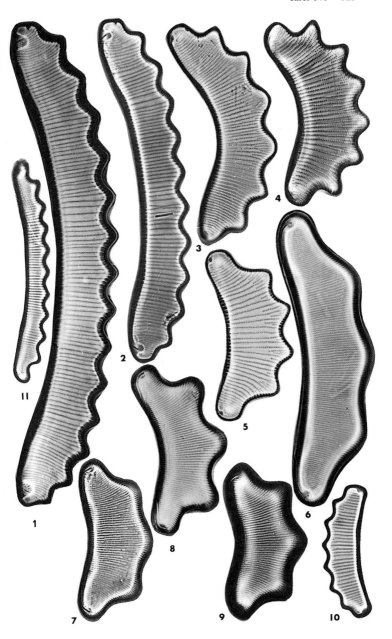

Tafel 147: (Fig. 1 × 1500, übrige Fig. × 1000)

Variabilität im Sippenspektrum von bzw. um Eunotia arcus

Fig. 1–18: Eunotia arcus Ehrenberg sensu lato (S. 184)

Fig. 1–8, 15–17: Schwer zu differenzierende Varianten, die aufgrund variabler Umrisse und Dichte der Str. als var. *arcus* und var. *fallax* Hustedt bezeichnet werden, alle aus circumneutralen bis mäßig alkalischen (kalkreichen) Gewässern mit mittlerem Elektrolytgehalt

Fig. 9–11: Sippe aus einem elektrolytärmeren, sauren Gewässer, *E. praerupta* nahestehend oder zugehörig, hierzu auch Fig. 148: 13, 13A

Fig. 12–14: Sippen, die als var. *uncinata* (Ehrenberg) Grunow bezeichnet werden; Fig. 12 nähert sich auch *Eunotia arcuoides* Foged 1977

Fig. 18: Umrißvariante entsprechend var. *bidens* Grunow

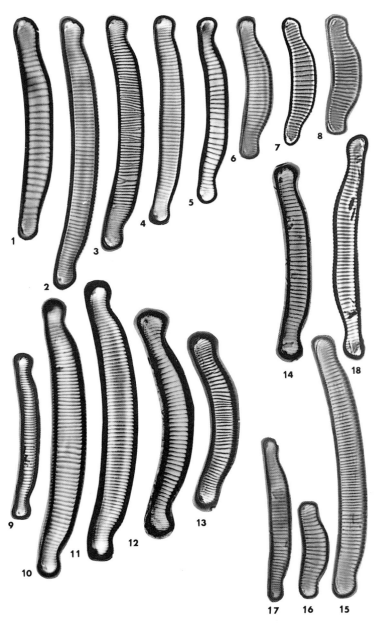

Tafel 148: (× 1000)

Der Sippenkomplex um Eunotia praerupta

Fig. 1–17: Eunotia praerupta Ehrenberg sensu lato (S. 186)

Fig. 1–3: *Eunotia praerupta* Ehrenberg var. *praerupta* (*praerupta*-Sippen sensu stricto)

Fig. 4–10: *Eunotia praerupta* var. *curta* incl. *bidens*-Variante (*curta*-Sippen)

Fig. 11, 12: *Eunotia praerupta* var. *bidens* Grunow (*bidens*-Sippe sensu Ehrenberg)

Fig. 13, 13A: *Eunotia arcus*-ähnliche Sippe (hierzu auch Fig. 147: 9–11)

Fig. 14–17: *Eunotia praerupta* var. *praerupta* im Formenkontinuum mit var. *inflata* Grunow (siehe auch var. *excelsa*, Fig. 160: 8)

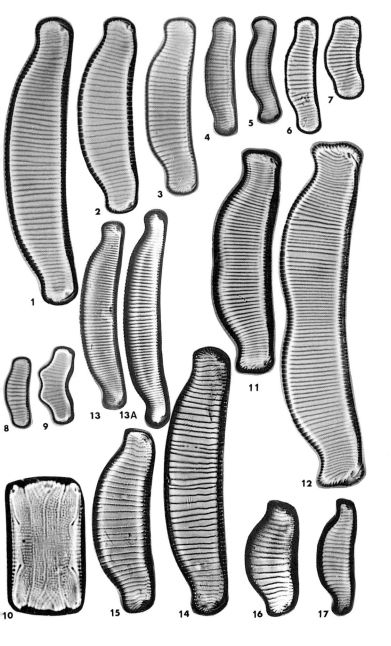

528

Tafel 149: (Fig. 1, 2, 7 × 1500, übrige Fig. × 1000)

Der Sippenkomplex um Eunotia praerupta und um Eunotia diodon

Fig. 1–7: Eunotia praerupta Ehrenberg sensu lato (S. 186)
Fig. 8–19: Eunotia diodon Ehrenberg sensu lato (S. 191)

Fig. 1: *Eunotia arctica* Hustedt var. *arctica*, Holotypus, Coll. Hustedt L 1/5, Island

Fig. 2: *Eunotia arctica* var. *simplex* Hustedt, Holotypus, Coll. Hustedt L 1/5, Island

Fig. 3: Hochgebuckelte Umrißvariante zwischen *bidens-, papilio / suecica-* und *bigibba*-Sippen (*E. sarekensis* Cleve-Euler pro parte)

Fig. 4–7: Unterschiedlich hochgebuckelte Umrißvarianten der *E. praerupta*-Sippen, die allgemein mit der tropischen *E. papilio* verwechselt werden (*E. robusta* var. *papilio* Grunow, *E. papilio* f. *minor* Hustedt, *E. papilio* sensu Hustedt et sensu auct. nonnull., *E. suecica* sensu Hustedt et sensu auct. nonnull., *E. sarekensis* Cleve-Euler pro parte)

Fig. 8–12: *Eunotia islandica* Oestrup, Holotypenpräp. Typologisch repräsentiert durch Fig. 8; Fig. 9–12 jedoch zu derselben Population gehörend

Fig. 13–19: *Eunotia diodon* sensu Grunow, Beispiele aus dem Spektrum der Umrißvarianten

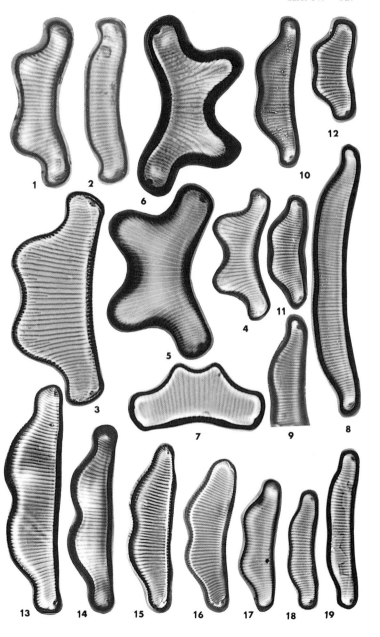

Tafel 150: (× 1500)

Fig. 1–7: Eunotia praerupta var. bigibba (Kützing) Grunow (S. 188)
Fig. 8, 9: Eunotia bactriana Ehrenberg (S. 218)
Fig. 10–15: Eunotia fallax var. groenlandica (Grunow) Lange-Bertalot & Nörpel (S. 207)
Fig. 16–24: Eunotia fallax A. Cleve-Euler **var. fallax** (S. 206)

Fig. 1–6: Erscheinungsformen innerhalb einer Population incl. mehr *praerupta*-ähnlicher Entwicklungsstadien entspr. *Eunotia bigibba* var. *pumila* Grunow

Fig. 10–12: *Eunotia paludosa* var. *groenlandica* Grunow in Van Heurck, Type de Synopsis 262

Fig. 13: Als *Eunotia fallax* var. *gracillima* Krasske in Coll. Krasske C III 149, aus Finnland

Fig. 14: Wiesbütt-Moor im Spessart

Fig. 15: V. H. Type de Synopsis 309 (? als *Eunotia exigua*)

Fig. 16–24: Verschiedene Erscheinungsformen der Nominatvarietät mit variabler Stellung der Str. in Schalenmitte und z. T. Konvergenz zu var. *groenlandica* (Fig. 22)

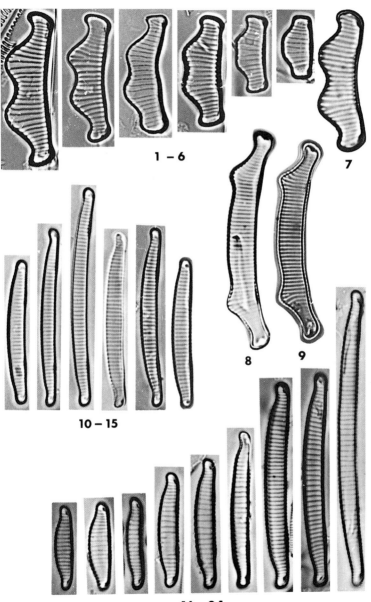

1 – 6

7

8   9

10 – 15

16 – 24

Tafel 151: (Fig. 1–7, 11–13 × 1000, Fig. 8, 9 × 1500, REM, Fig. 10 × 4400, Fig. 10A × 4600)

Fig. 1–10A: Eunotia glacialis Meister (S. 207)
Fig. 11–13: Eunotia lapponica Grunow (S. 212)

Fig. 2: Als *Eunotia gracilis* Ehrenberg in V. H. Type de Synopsis 262

Fig. 6: *Eunotia glacialis* Meister sensu stricto = *Eunotia gracilis* Ehrenberg sensu auct. nonnull. Derart große «*glacialis*-Exemplare» sind in manchen Populationen mit kleineren «*valida*-Exemplaren» durch ein Formenkontinuum verbunden

Fig. 8: *Eunotia valida* Hustedt, Typenpräp. Coll. Hustedt L 4/7, Sächsische Schweiz

Fig. 9: Frustel in Gürtelansicht, Mantel einer Schale mit einigen Zwischenbändern

Fig. 10, 10A: Schalenenden eines größeren «*glacialis*-Exemplars» (Fig. 10) und eines zierlicheren «*valida*-Exemplars» (Fig. 10A). Die Raphe steigt über die Mantelkante auf die Schalenfläche und verläuft hier in weit geschwungenem Bogen parallel zum Schalenpol bis zum Dorsalrand (vgl. auch *E. formica*)

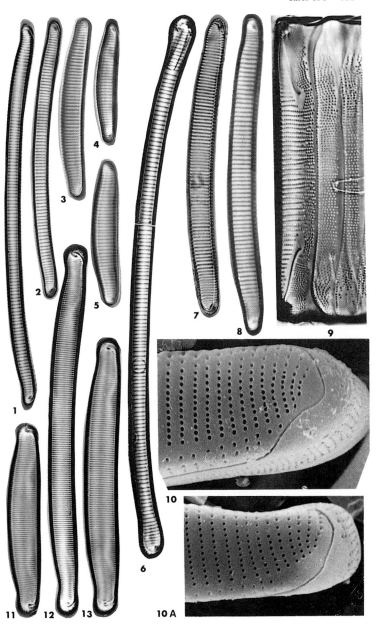

534

Fig. 1, 2: Eunotia glacialis Meister
Fig. 3–6: Eunotia glacialifalsa Lange-Bertalot nov. spec.
Fig. 7: Eunotia valida Hustedt

Fig. 1: Lectotypus, Coll. Meister, Herbar Geobotan. Inst. ETH Zürich. Nr. 811074 = Lectotypus, Locus typicus Hochgantsee im Kanton Uri, Schweiz.
Fig. 2: Ötztaler Alpen, Austria.
Fig. 3–6: Typus-Population, Biesbosch, Holland.
Fig. 6: Schalenende, außen, Terminalspalte der Raphe erreicht nicht den Dorsalrand, anders als bei *Eunotia glacialis* und *Eunotia valida*.
Fig. 7: Coll. Hustedt, Typenpräparat.

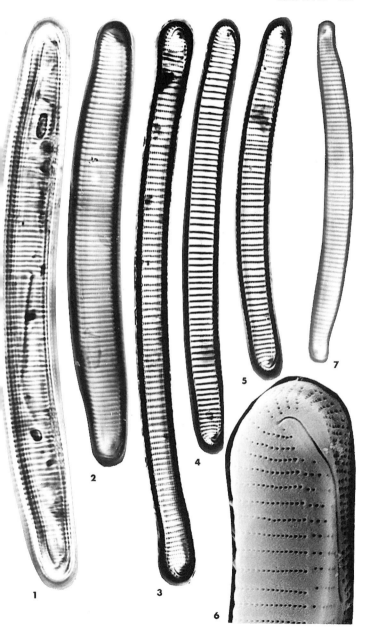

Tafel 152: (Fig. 3, 7, 12A × 1500, übrige × 1000)

Fig. 1–3: **Eunotia parallela** var. **angusta** Grunow (S. 209)
Fig. 4–7: **Eunotia parallela** Ehrenberg var. **parallela** (S. 208)
Fig. 8–12A: **Eunotia formica** Ehrenberg (S. 209)

Fig. 1, 2: Sippe aus Nord-Europa
Fig. 3: Sippe aus den Rocky Mountains / Kanada
Fig. 4–12A: Größenvariabilität der beiden Arten. Die Raphen bei *E. formica* verlaufen distal bogenförmig, annähernd über die gesamte Breite der Schalenenden (vgl. auch *E. glacialis*)

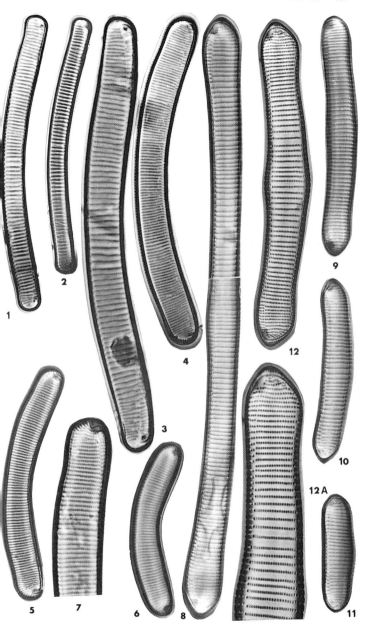

538

Tafel 153: (× 1500)

Fig. 1–4: Eunotia steineckii Petersen (S. 201)

Fig. 5–10: Eunotia exigua (Brébisson) Rabenhorst sensu stricto (S. 199)

Fig. 11–17: Eunotia exigua sensu lato (S. 199)

Fig. 18–27: Eunotia exigua (Brébisson) Rabenhorst sensu lato (formae bidens Hustedt und tridentula Oestrup) (S. 200)

Fig. 28: Eunotia species

Fig. 29–31: Eunotia exigua (Brébisson) Rabenhorst sensu lato (S. 199)

Fig. 32–43: Eunotia exigua-Sippenkomplex

Fig. 1–4: Typenmaterial, Coll. Petersen

Fig. 5–9: Als Eunotia gracilis W. Smith in Rabenhorst Alg. Eur. Nr. 1953. Dies ist die zu vermutende Nominatvarietät bzw. -Form (Mineralsäure-Indikator)

Fig. 10: Kleineres Exemplar in einer vergleichbaren Sippe aus dem Taunus

Fig. 11–17: Sippe aus dem Elbsandsteingebirge (Coll. Krasske) mit Konvergenz zu anderen Sippen des exigua-Komplexes (Mineralsäure-Indikator)

Fig. 18–22: Population aus den Alpen mit zu vermutenden gleitenden Übergängen zwischen der Nominatform, der Umrißvariante «bidens» und der Umrißvariante «tridentula»

Fig. 23–27: Weitere Populationen aus Süd-Chile (Fig. 23) und den Alpen (Fig. 24–28); Fig. 23 wird von Krasske als E. meisteri var. bidens Hustedt bestimmt; eine eindeutige Zuordnung mancher bidens-Formen zu E. exigua oder E. meisteri ist kaum möglich

Fig. 28: Sippe aus Südamerika mit 4 Buckeln, konvergiert zu E. chilensis Hustedt und zur tridentula-Variante von E. exigua.

Fig. 29–31: Falsche nymanniana-Formen sensu Hustedt 1930 (Eunotia nymanniana Grunow pro parte, excl. E. nymanniana sensu Hustedt)

Fig. 32–43: Häufig vorkommende, schwer bestimmbare Formen aus dem Eunotia exigua-Sippenkomplex mit Konvergenzen zwischen E. exigua, E. meisteri, E. nymanniana, E. tenella, E. levistriata, E. fastigiata

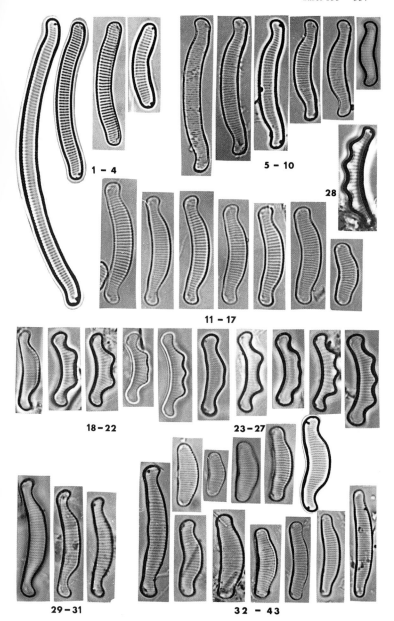

1 – 4

5 – 10

28

11 – 17

18 – 22

23 – 27

29 – 31

32 – 43

Tafel 154: (× 1500)

Fig. 1–10: Eunotia meisteri Hustedt (S. 202)
Fig. 11–17: Eunotia rhynchocephala Hustedt **var. rhynchocephala** (S. 203)
Fig. 18–22: Eunotia rhynchocephala var. satelles Nörpel & Lange-Bertalot (S. 203)
Fig. 23–30: Eunotia tenella (Grunow) Hustedt (S. 202)
Fig. 31–43: Eunotia nymanniana Grunow (sensu Hustedt) (S. 201)

Fig. 1: Holotypus, Coll. Hustedt L 2/39
Fig. 2–8: Population aus dem Schwarzwald
Fig. 9, 10: Andere Populationen
Fig. 11–15: Typenpräp. Coll. Hustedt 209/11. Die Nominatvarietät und «var. *undulata* Hustedt» sind durch ein Kontinuum miteinander verbunden
Fig. 16, 17: *Eunotia iatriaensis* Foged, ist durch ein Formenkontinuum mit *E. rhynchocephala* verbunden
Fig. 18–22: «*Eunotia bigibba* var. *pumila*» Grunow in Van Heurck sensu Foged 1977
Fig. 23–30: Kleiner Ausschnitt aus dem Variabilitätsspektrum der Art mit Erstlingszelle, z. T. Exemplare der lectotypisierten Population in Coll. Grunow 168, bezeichnet als *Eunotia arcus* var. ? *tenella*
Fig. 31–38: Populationen aus verschiedenen Regionen Europas, z. T. Typenmaterial von *Eunotia exigua* var. *compacta* Hustedt
Fig. 39–43: Sippe aus den Rocky Mountains / Kanada, mit Konvergenzen zu verschiedenen anderen *Eunotia*-Arten

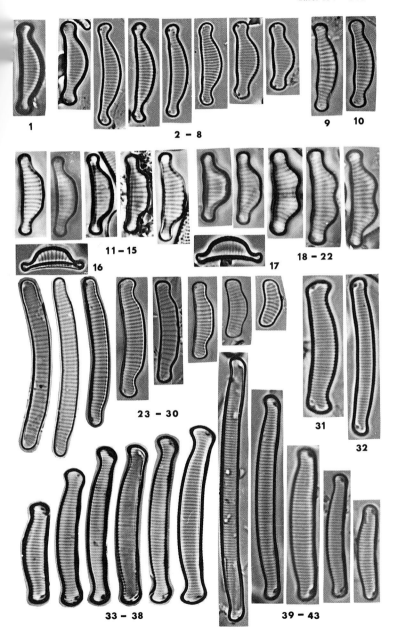

1

2 – 8

9

10

11 – 15

16

17

18 – 22

23 – 30

31

32

33 – 38

39 – 43

542

Tafel 155: (× 1500)

Fig. 1–20: **Eunotia paludosa** Grunow **var. paludosa** (S. 203)

Fig. 21: **Eunotia species** (*Eunotia paludosa* Grunow sensu Hustedt 1930)

Fig. 22–37: **Eunotia paludosa var. trinacria** (Grunow) Nörpel (S. 204)

Fig. 1–7: Erscheinungsformen innerhalb eines einzigen Präparats, Fig. 7 «leitet über» zur var. *trinacria*

Fig. 11: Gürtelansicht

Fig. 21: Sippe aus Coll. Cleve & Möller 322, Demerara River/Guayana, von Hustedt (1930) als repräsentativ für *E. paludosa* vorgestellt

Fig. 22: *Eunotia trinacria*, Lectotypus, Coll. Krasske A II 57 aus Oberputzkau

Fig. 23–28: Weitere als *E. trinacria* bezeichnete Exemplare in Coll. Krasske

Fig. 29–37: Weitere Population aus dem Elbsandsteingebirge in der Coll. Krasske incl. *E. trinacria* var. *undulata* Hustedt

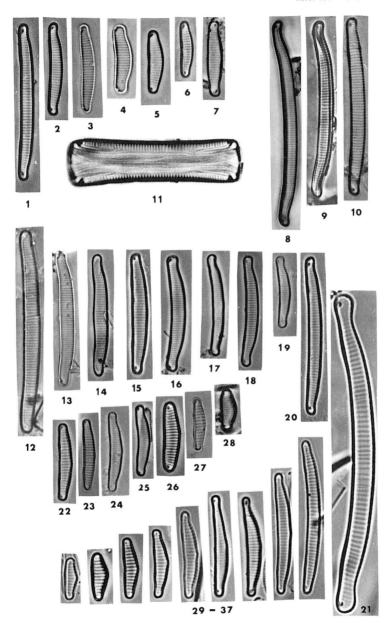

544

Tafel 156: (× 1500)

Fig. 1–7: **Eunotia muscicola** Krasske **var. muscicola** (S. 216)
Fig. 8–11: **Eunotia muscicola var. perminuta** (Grunow) Nörpel & Lange-Bertalot (S. 216)
Fig. 12–22: **Eunotia muscicola var. tridentula** Nörpel & Lange-Bertalot (S. 217)
Fig. 23–26: **Eunotia crista-galli** P. T. Cleve (S. 218)
Fig. 27–34: **Eunotia microcephala** Krasske (S. 205)
Fig. 35–40: **Eunotia silvahercynia** Nörpel, Van Sull & Lange-Bertalot (S. 216)

Fig. 1–7: Diverse Populationen in der Coll. Krasske, Süd-Chile, Fig. 3 Kerguelen (Subantarktis)

Fig. 8–11: *Eunotia tridentula* var. *perminuta* Grunow, Coll. Cleve & Möller 186, Norwegen

Fig. 12–22: *Eunotia tridentula* Ehrenberg sensu auct. nonnull. non Ehrenberg, verschiedene Populationen aus dem Gebiet

Fig. 23–26: Sarek-Gebirge, Skandinavien, Coll. Hustedt L 37

Fig. 27–30: Coll. Krasske, Typenpräp. A II 7 sowie B II 100 u. C III 100

Fig. 31–34: *Eunotia tridentula* var. *franconica*, Grunow, Coll. Cleve & Möller 56, aus Franken

Fig. 35–40: Zwei Populationen aus Belgien und der Bretagne/Frankreich

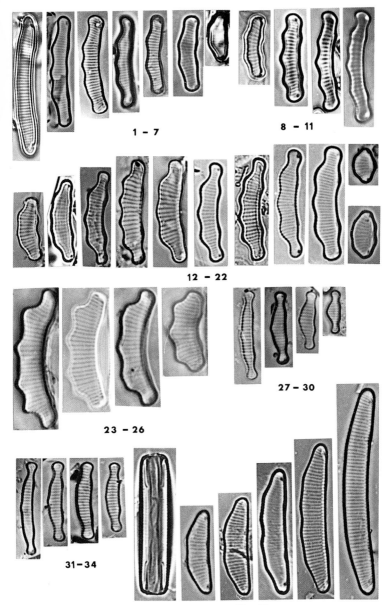

1 - 7 8 - 11

12 - 22

23 - 26 27 - 30

31 - 34

35 - 40

Tafel 157: (× 1500)

Fig. 1–3: Eunotia elegans Oestrup (S. 212)
Fig. 4–12: Eunotia arculus (Grunow) Lange-Bertalot & Nörpel (S. 213)
Fig. 13–18: Eunotia septentrionalis Oestrup (S. 213)
Fig. 19–28: Eunotia denticulata (Brébisson) Rabenhorst (S. 206)

Fig. 1–3: Exemplare aus Skandinavien und den Zentral-Alpen
Fig. 6: *Eunotia paludosa* var. *arculus* Grunow in V. H. Type de Synopsis 274, Norwegen
Fig. 4, 5, 7–12: Populationen aus Skandinavien, assoziiert mit *Eunotia elegans*
Fig. 19–21: «Typische» Sippen mit Dornen, aus Niedermooren
Fig. 22–28: Sippen ohne Dornen, aus Hochmooren

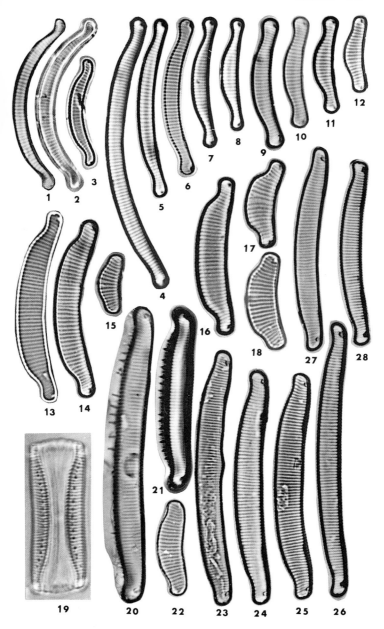

548

Tafel 158: (× 1000, außer Fig. 8 × 1500)

Fig. 1–3: **Eunotia monodon** Ehrenberg var. *monodon* (S. 210)
Fig. 4–6: **Eunotia monodon var. bidens** (Gregory) Hustedt (S. 210)
Fig. 7, 8: **Eunotia clevei** Grunow (S. 211)

Fig. 4–6: Zugehörigkeit dieser Sippe zu *Eunotia monodon* ist fraglich (vgl. unter *E. zygodon*); Fig. 4 Skandinavien, Fig. 5 Bretagne/Frankreich, Fig. 6 Mull/ Schottland, fossil

Nach Abschluß des Manuskripts durchgeführte REM-Untersuchungen erbrachten folgende Ergebnisse: Es zeigen sich Differenzen im Verlauf der Raphen (Terminalspalten), die entschieden gegen Konspezifität der beiden Sippen sprechen. *Himantidium bidens* sensu Gregory non Ehrenberg muß danach als selbständige Art betrachtet werden. Die Nomenklatur bzw. die Synonymik dieses Taxons sind jedoch extrem verwirrend. Namen, die diese Sippe in Kombination mit der Gattung *Eunotia* und im Range einer Spezies bisher schon bezeichnen, scheinen allesamt illegitim zu sein. *Eunotia bidens* Dalla Torre & Sarntheim non Ehrenberg und auch *Eunotia jemtlandica* (Fontell) Cleve-Euler non A. Berg sind jüngere Homonyme. *Eunotia jemtlandica* f. *bidens* A. Berg syn. *E. media* var. *jemtlandica* Fontell durfte von Cleve-Euler nicht unter dem Namen *Eunotia jemtlandica* (Fontell) Cleve-Euler in den Rang einer Art erhoben werden. Gleichzeitig durfte auch nicht *Eunotia jemtlandica* (Fontell) A. Berg mit dem neuen Namen *E. tibia* Cleve-Euler bezeichnet werden. Wir schlagen vor, *Himantidium bidens* sensu Gregory, trotz der Einlassungen von Cleve-Euler (1953), vorläufig als *Eunotia jemtlandica* (Fontell) A. Berg zu bezeichnen.

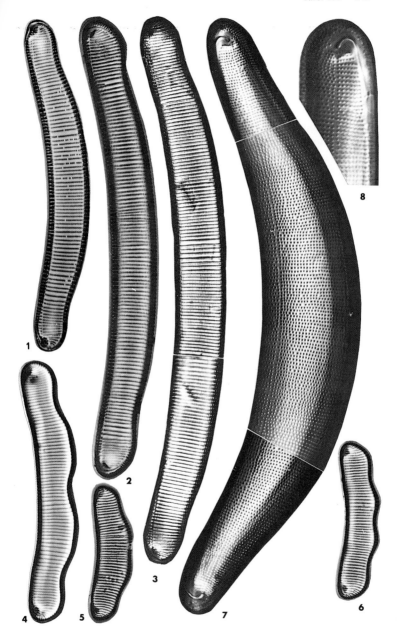

Tafel 159: (× 1500, Fig. 3–5 × 1000)

Variabilität kritischer konvergierender Sippen, die teils als Varietäten, teils als selbständige Arten beurteilt werden

Fig. 1, 1A: Eunotia ruzickae Bily & Marvan (S. 211)
Fig. 2: Eunotia monodon var. bidens (Gregory) W. Smith (S. 210)
Fig. 3: Eunotia zygodon var. elongata Hustedt
Fig. 4, 5: Eunotia zygodon Ehrenberg
Fig. 6, 7: Eunotia rostellata Hustedt
Fig. 8: Eunotia septentrionalis Oestrup (konvergiert stark mit E. rostellata Hustedt)
Fig. 9: Eunotia septentrionalis Oestrup (S. 213)
Fig. 10, 11: Eunotia tecta Krasske
Fig. 12: Eunotia pyramidata Hustedt

Fig. 1, 1A: Population aus Vracov, Südmähren/CSFR, praep. P. Marvan; wahrscheinlich Varietät von E. tibia mit schmäleren Schalen

Fig. 2: V. H. Type de Synopsis 462, Mull/Schottland, fossil

Fig. 3: Süd-Afrika, entspr. genau dem Typus der Varietät, vgl. aber auch E. zygodon var. depressa Hustedt und Eunotia monodon(!) var. constricta Hustedt pro parte (Simonsen 1987, fig. 31: 1)

Fig. 4, 5: Cleve & Möller 184, Kyan Zoo/Südost-Asien

Fig. 6, 7: Typenpräp. Coll. Hustedt 239/63, Kings River, Nevada/USA

Fig. 8: Exemplar aus der Nymphenquelle im Taunus, mit sehr weit gestellten Str., in derselben Probe kommen auch Exemplare mit dichter gestellten Str. vor, entspr. Fig. 9

Fig. 10: Eunotia cordillera Hohn & Hellerman, Holotypus (siehe Diskussion unter der Gattungsdiagnose Eunotia)

Fig. 11: Eunotia tecta, Typenmaterial aus Süd-Chile

Fig. 12: Umrißvariante aus den Formenschwärmen der Art, aus Süd-Chile

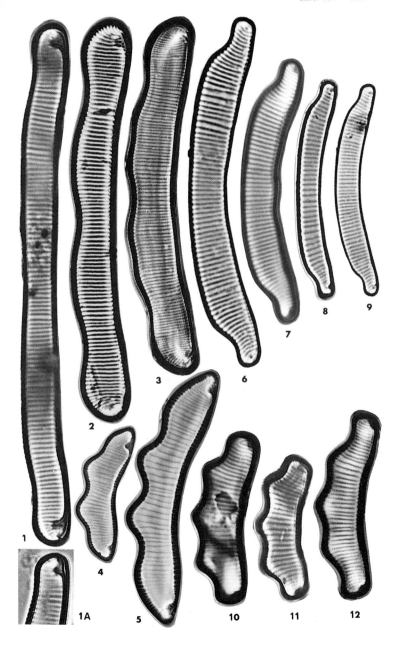

1 1A 2 3 4 5 6 7 8 9 10 11 12

Tafel 160: (Fig. 1, 12, 14 × 1000, übrige × 1500)

Arten mit Vorkommen außerhalb des Gebiets, die z.T. zu Verwechslungen Anlaß gegeben haben

Fig. 1: Actinella punctata Lewis (S. 229)
Fig. 2, 3: Actinella brasiliensis Grunow
Fig. 4, 5: Eunotia gibbosa Grunow (S. 219)
Fig. 6: Eunotia rabenhorstii Cleve & Grunow
Fig. 7: (?) Eunotia rabenhorstii oder Eunotia pyramidata Hustedt var.
Fig. 8: Eunotia praerupta var. excelsa Grunow (S. 190)
Fig. 9: Eunotia papilio (Ehrenberg) Grunow (S. 192)
Fig. 10, 11: Eunotia camelus Ehrenberg
Fig. 12: Eunotia didyma var. claviculata Hustedt
Fig. 13: Eunotia didyma Grunow var. didyma
Fig. 14: Eunotia auriculata Grunow

Fig. 2, 3: Dieselbe Schale bei Fokus tief auf die Str. und Fokus hoch auf die randständigen Dörnchen
Fig. 4: *Eunotia didyma* var. *inflata* Hustedt, Nevada/USA fossil
Fig. 5: *Eunotia gibbosa*, V. H. Type de Synopsis 544, USA fossil
Fig. 6: Exemplar aus Süd-Amerika
Fig. 7: Exemplar assoziiert mit verschiedenen Varietäten von *Eunotia pyramidata* Hustedt in Coll. Krasske aus Süd-Chile
Fig. 8: Coll. Krasske, Skandinavien
Fig. 9: Amazonas/Brasilien (vgl. Tafel 149, *E. praerupta* var. *papilio*)
Fig. 10, 11: Coll. Cleve & Möller 184, Kyan Zoo Südost-Asien

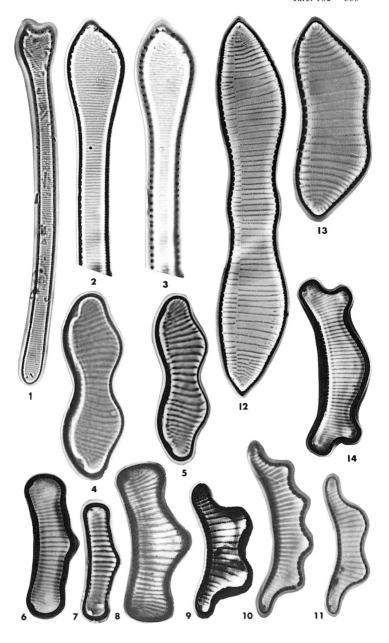

Tafel 161: (× 1500)

Fig. 1–7: Eunotia sudetica O. Müller (S. 224)
Fig. 8–19: Eunotia incisa Gregory **var. incisa** (S. 221)
Fig. 20: Eunotia torula Hohn (S. 171, ohne Diagnose)
Fig. 20A: Eunotia schwabei Krasske (ohne Diagnose)
Fig. 21–25: Eunotia bidentula W. Smith (S. 226)

Fig. 1–4: Populationen mit weiter gestellten Str. aus verschiedenen Regionen Europas, Fig. 3 «*bidens*»-Umrißvariante

Fig. 5–7: Population aus einer Gebirgsquelle in Portugal mit enger gestellten Str.; die kleineren Individuen zeigen Konvergenzen zu verschiedenen anderen Arten mit nasenartig vorgezogenen Enden

Fig. 8–12: «Sippe mit spitzen Nasen», im Gebiet sehr häufig in den Mittelgebirgen

Fig. 13–15: «Sippe mit stumpferen Nasen und fast parallelen Rändern», aus Skandinavien

Fig. 16–19: Andere Formen aus dem Variabilitätsspektrum der Art, mehr bis weniger stark heteropol

Fig. 20: Holotypus, P. H. 44 474, Beispiel für eine nach den Nomenklaturregeln gültige typologische Art, populationsbiologisch jedoch ein Fragment, das verschiedenen früher etablierten Arten zugeordnet werden kann

Fig. 20A: Kleines Individuum innerhalb einer Population aus Süd-Chile (Coll. Krasske)

Fig. 21–23: Typenpräp. B. M. 23 082

Fig. 24: Wie Fig. 23 *bidentuloides*-Umrißvariante innerhalb «normal» gestalteter *bidentula*-Populationen

Fig. 25: Andere Population aus Europa; *E. bidentula* var. *elongata* Hustedt erreicht annähernd doppelte Länge

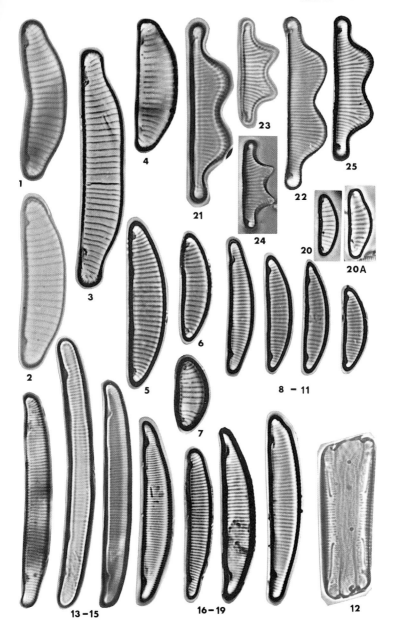

1

2

3

4

5

6

7

8 – 11

12

13 – 15

16 – 19

20

20A

21

22

23

24

25

Tafel 162: (REM, Fig. 1 × 9000, Fig. 2 × 13 000, Fig. 3 × 14 000, Fig. 4 × 11 000)

Fig. 1, 2: Eunotia incisa Gregory (S. 221)
Fig. 3, 4: Eunotia rhomboidea Hustedt (S. 223)

Fig. 1, 2: Schalenfläche und Mantel im Bereich der nasenartig vorgezogenen Enden. Die Raphen verlaufen von den «Zentral»- bis zu den Terminalporen stets ausschließlich im Schalenmantel; es gibt keine über die Mantelkante auf die Fläche steigende Terminalspalte. Bei schonender Säuren-Präparation bleiben die Areolenforamina undeutlich wie vergleichsweise häufig auch bei *Pinnularia*. Am Pol tritt deutlich das Foramen der Rimportula hervor. Bei *E. incisa* tritt manchmal ein besonderes Phänomen auf wie in Fig. 2. Um die Poren der Areolen und der Raphe kommt es zu Stoffakkumulationen von kraterartiger Erscheinung, die als charakteristische Feinstruktur der Art mißdeutet werden könnte. Der Effekt tritt aber auch bei *Tabellaria flocculosa* (und anderen Arten?) auf

Fig. 3, 4: Ein breiteres und ein schmäleres Schalenende heteropoler Exemplare von *E. rhomboidea* aus etwas unterschiedlicher Perspektive. Breite Ventralarea und charakteristischer Verlauf der Raphen mit Terminalspalten, die nach relativ kurzer Einkrümmung in die Schalenfläche in einer porenförmigen Grube enden (vgl. Bacill. 2/1, p. 34, fig. 16: 1 bei *Cymbella microcephala*, im Sinne der Fortrißsicherung)

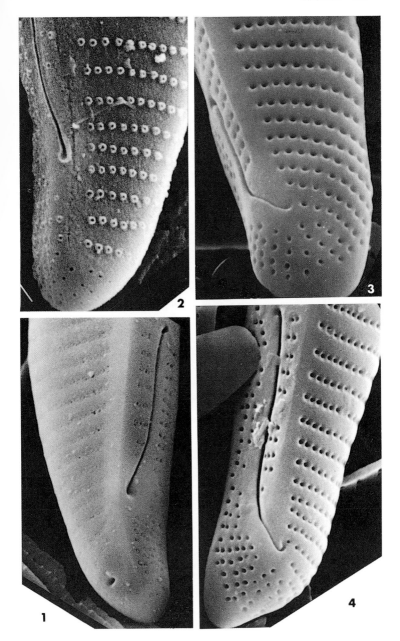

558

Tafel 163: (× 1500)

Fig. 1–7: Eunotia incisa «*boreoalpina*»-Sippe (Manuskriptnamen) (S. 222)
Fig. 8–13: Eunotia pirla Carter & Flower (S. 223, ohne Diagnose)
Fig. 14–19: Eunotia veneris (Kützing) De Toni (S. 222)
Fig. 20, 21: Eunotia carolina Patrick (S. 225, ohne Diagnose)

Fig. 1: Kanada
Fig. 2: Nevada / USA
Fig. 3–6: Alpen
Fig. 7: Schottland
Fig. 8–13: Typenmaterial, Coll. Carter 5415, Woolmer Pond / East Hampshire
Fig. 14–19: *Himantidium veneris* Kützing, Typenpräp. Asphaltsee / Trinidad, B. M. 17 870. Die Relation Länge zu Breite ist sehr variabel (einzelne Exemplare werden annähernd doppelt so lang wie Fig. 15). Ein überzeugendes Kriterium zur Differenzierung der beiden Taxa im Range von Arten ist nicht erkennbar
Fig. 20: Individuum aus dem sehr variablen Formenspektrum der Sippe im Isotypenpräp. P. H. 44 254b
Fig. 21: Nevada / USA, fossil

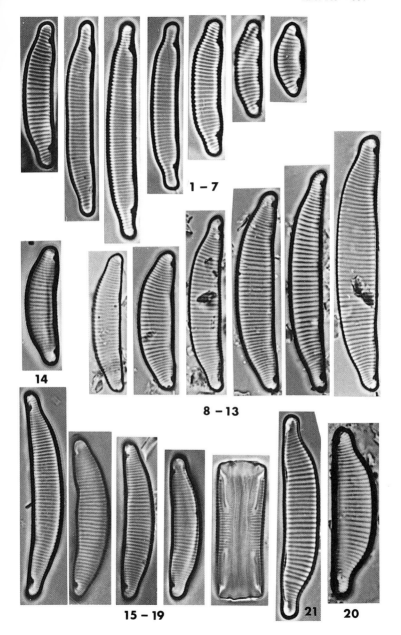

1 – 7

14

8 – 13

15 – 19

21   20

Tafel 164: (× 1500, Fig. 9, 10 × 1000, REM, Fig. 20 × 4000)

Fig. 1–10: Eunotia faba Ehrenberg (S. 225)
Fig. 10A: Eunotia species
Fig. 11–20: Eunotia rhomboidea Hustedt (S. 223)

Fig. 7, 8: Exemplare mit abnormaler Position der Terminalknoten, vermutlich entsprechend *«Eunotia kocheliensis»* O. Müller

Fig. 9, 10: Frusteln in Gürtelansicht, isopol. (Fig. 9), heteropol, rhomboidal verschoben (Fig. 10)

Fig. 10A: Andere *Eunotia kocheliensis*-Erscheinungsform, Individuum unbekannter Zugehörigkeit aus Süd-Chile, evtl. zu *Eunotia sudetica*

Fig. 11: *Eunotia rhomboidea*, Symmetrie entsprechend Fig. 10. Heteropolare Symmetrie kann bei vielen *Eunotia*-Arten vorkommen und ist weder als Bestimmungsmerkmal noch als taxonomisches Kriterium geeignet

Fig. 11–16, 20: Populationen mit durchschnittlich kleineren Individuen, aus Mittelgebirgen im Gebiet

Fig. 17–19: Population mit durchschnittlich größeren Individuen, aus den Rocky Mountains / Kanada

Fig. 20: Schwach heteropolare Schale; der Verlauf der *Eunotia*-Raphen ist charakteristisch für die Mehrzahl der Arten mit nur schwach nasenartig vorgezogenen Enden (vgl. *E. siolii*, Fig. 165: 1)

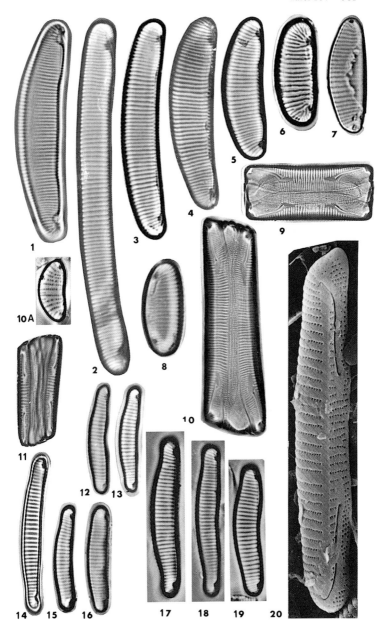

562

Tafel 165: (× 1500, REM, Fig. 1 × 4300)

Fig. 1–9: Eunotia siolii Hustedt (S. 224, ohne Diagnose)
Fig. 10: (?) **Eunotia carolina** Patrick oder **Eunotia convexa** Hustedt
Fig. 11: Eunotia convexa Hustedt (S. 226, ohne Diagnose)
Fig. 12–14: Eunotia «species aus Java»
Fig. 15–22: Peronia fibula Brébisson (S. 230)
Fig. 23, 24: Eunotia «species aus Brasilien»

Fig. 1, 2: Sippe aus Santos / Brasilien. Terminalknoten am Rande des Mantels zur Schalenfläche, Terminalspalten laufen relativ kurz in die Schalenflächen hinein wie bei *E. rhomboidea* (siehe dort). Den gleichen Verlauf findet man bei *E. sudetica* oder *E. pirla* und den meisten anderen Arten mit nasenartig vorgezogenen Enden, ungleich ist jedoch *E. incisa* (siehe dort)

Fig. 3–5: Isolectotypus, Coll. Hustedt 324/51a, Brasilien

Fig. 6–8: Andere Sippe aus Brasilien, in Coll. Krasske bestimmt als *Eunotia pectinalis* mit var. *intermedia* und var. *minor*

Fig. 9: Demerara / Guayana, Coll. Cleve & Möller 322. *Eunotia siolii* ist eine variantenreiche Art, die von vielen anderen Arten in den Tropen / Subtropen schwer zu unterscheiden ist, aber auch mit Arten aus gemäßigten Klimazonen verwechselt wurde

Fig. 10: Sippe aus dem Demerara / Guayana, Coll. Cleve & Möller 321, mit Konvergenzen zu verschiedenen anderen Arten mit nasenartig vorgezogenen Enden

Fig. 11: Coll. Hustedt 324/51a, Brasilien, konvergiert oder ist konspezifisch mit *E. carolina* Patrick

Fig. 12–14: Sippe aus Java mit Konvergenzen zu verschiedenen Arten mit nasenartig vorgezogenen Enden, aber auch zu *E. minor*

Fig. 15–22: Sippen von verschiedenen Kontinenten mit unterschiedlich ausgebildeten bis fehlenden Raphenästen

Fig. 23, 24: Sippe aus Brasilien mit *Peronia*-ähnlicher Erscheinung

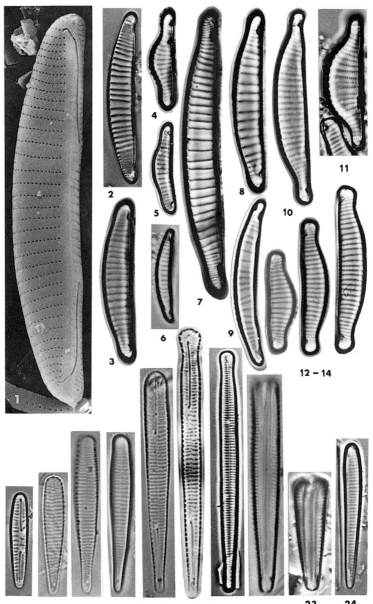

2

4

5

3

6

7

8

10

11

9

12 – 14

15 – 22

23

24

564

Tafel 166: (× 1500, außer Fig. 5 × 1000)

Fig. 1–4: Eunotia hexaglyphis Ehrenberg (S. 227)
Fig. 5: Eunotia serpentina Ehrenberg (S. 195)
Fig. 6, 7: Eunotia eruca Ehrenberg (S. 195)
Fig. 8–11: Eunotia hemicyclus (Ehrenberg) Ralfs (S. 227)

Fig. 5: *Amphicampa mirabilis* Ehrenberg ex Ralfs syn. *Eunotia eruca* sensu auct. nonnull., als *Eunotia eruca* var. in Coll. Grunow 1061, Yarra / Australien

Fig. 6, 7: *Amphicampa eruca* Ehrenberg; als *Eunotia eruca* Ehrenberg in Cleve & Möller 130, aus Mexico

Fig. 8–11: *Amphicampa hemicyclus* und *Pseudoeunotia hemicyclus* und *Semiorbis hemicyclus* sensu auct. nonnull.

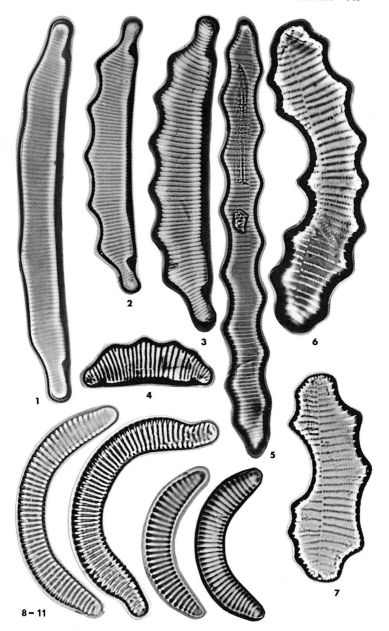

Namenverzeichnis

Die *kursiv* gedruckten Namen sind Synonyma: **halbfett** wiedergegebene Seitenzahlen deuten an, daß dort die betreffenden Taxa ausführlich behandelt sind.

Cyclotella-Diatoma · 569

Ergänzungen

Aulacoseira Thwaites 1848

Wie bereits im Vowort angedeutet wurde, ist die Beschreibung neuer Taxa in dieser Gattung schwieriger und anspruchsvoller als bei den Pennatae. Das liegt vor allem daran, dass fast jedes Taxon drei verschiedene Zelltypen besitzt, normale Zelle, Trennzellen und Endzellen. Jede dieser Zelltypen hat unterschiedlich gebaute Zellbestandteile (Diskus, Verbindungsdornen, Trenndornen, Mantelstrukturen) und alle diese unterliegen noch einer breiten Variabilität. Deshalb entspricht hier die Beschreibung neuer Taxa allein aufgrund einzelner Schalen oder Bruchstücke von Schalen und ohne der Kenntnis ihrer Variabilität noch weit weniger den Anforderungen einer fundierten Taxonomie als die Beschreibung von pennaten Diatomeen auf der Basis eines einzelnen Exemplares. Den oben genannten Ansprüchen entspricht für den vorliegenden Florenbereich nur ein einziges Taxon:

Aulacoseira subborealis (Nygaard) Denys, Muylaert & Krammer 2000

Synonyme: *Melosira italica* var. *subborealis* Nygaard 1956; *Aulacoseira subarctica* f. *subborealis* (Nygaard) Haworth.

Diese Art wurde in den letzten Jahren vielfach in den Flüssen und Seen Europas gefunden, aber auch in Nordamerika, Australien und Neuseeland ist sie häufig und gehört in vielen Gewässern zu den häufigsten rezenten und subrezenten Planktonformen. Sie unterscheidet sich von *A. subarctica* (O. Müller) Haworth durch kürzere Verbindungsdornen, stets vollständig areolierte Disci, weniger hohen Mantel, feinere Strukturen und einen abweichenden Formwechsel. Die Zellen haben einen Durchmesser von 5,5–9 (zumeist 6–7) μm und sind 2–4 μm hoch. Die Ratio zwichen Mantelhöhe und dem Durchmesser variiert zwischen 0,39 und 0,55. Der Sulcus ist schmal und öffnet mit einem Winkel von ungefähr 30°. Die Ringleiste ist deutlich, die Ratio zwischen Ringleiste und Schalendurchmesser beträgt konstant 0,23–0,25. Die Ringleiste endet proximal in einer T-förmigen Leiste. Das Collum ist sehr kurz und nur 0,5–1 μm hoch. Die Mantelareolen sind im LM schwer zu erkennen, die 23–28 Pervalvarreihen in 10 μm verlaufen parallel oder in einem kleinen Winkel zur Pervalvarachse, Punkte 35–40/ 10 μm. 12–14 /10 μm Verbindungsdornen stehen am Rand des Diskus. Sie sind etwa 2,5 mal so lang als breit, ihre Länge überschreitet nie 1,2 μm. Die Areolae auf dem Diskus sind sehr fein und oft in mehr oder weniger radialen Mustern angeordnet

Diatoma Bory 1824 nom. cons.

Kritische Bemerkungen zu den Sippenkomplexen um *Diatoma ehrenbergii* und um *Diatoma vulgaris* sowie *Diatoma costata* Rehakova syn. *Fragilaria costata* (Rehakova) Lange-Bertalot in Lange-Bertalot et al. 1991 (s. Lange-Bertalot 1993, p. 21–24).

Diatoma ehrenbergii f. capitulata (Grunow) Lange-Bertalot 1993 (Fig. 97: 3–5)

Diese Kombination erscheint für diese Sippe eher adäquat als *Diatoma vulgare* var. *capitulatum* Grunow 1862 (s. auch *Diatoma vulgaris* Morphotyp *capitulata*, p. 96).

Diatoma moniliformis ssp. ovalis (Fricke) Lange-Bertalot et al. 1991, p. 116, 117 (Fig. 1–10)

An zitierter Stelle wird erläutert, warum *Diatoma ovalis* Fricke 1906 eher nur als Subspecies von *Diatoma moniliformis* und nicht als selbständige Species zu bewerten ist. Eine infraspezifische Verbindung mit *Diatoma vulgaris* als *Diatoma vulgaris* var. *ovalis* (Fricke) Hustedt kann aufgrund der Morphologie nicht in Frage kommen.

Fig. 94: 6, 7 gehören nicht zu Frickes Taxon, sondern repräsentieren die kürzesten Stadien im Zellzyklus von *Diatoma vulgaris*. Dagegen sind die Schalen von *Diatoma moniliformis* ssp. *ovalis* viel schmaler.

Diatoma ochridana Lange-Bertalot & Rumrich in Lange-B. et al. 1991

Bei dieser bisher nur aus Seen der Balkan-Halbinsel bekannt gewordenen Art liegt die Zahl der «Trennwände»/10 µm doppelt bis dreifach so hoch wie bei *Diatoma ehrenbergii* und *Diatoma vulgaris* var. *linearis*, außerdem sind die Schalen erheblich schmaler und niemals (sub-) capitat vorgezogen (s. Protolog und Lange-Bertalot 1993, fig. 5: 10–15, 9: 6, 10: 6).

Diatoma problematica Lange-Bertalot 1993 (Fig. 94:8)

Die Frusteln und Schalen liegen in ihren Dimensionen quasi «zwischen» den Diagnosen der Taxa *Diatoma vulgaris, Diatoma ehrenbergii, Diatoma tenuis* und *Diatoma moniliformis*. Breite 5–7 µm bei Längen von 30–50 µm. Je eine Rimoportula pro Valva liegt direkt in einer der subpolaren Trennwände. Funde in vielen eutrophen Flüssen Europas, fast immer mit einer oder mehreren der oben aufgeführten Arten assoziiert und leicht von diesen differenzierbar.

Meridion Agardh 1824

Meridion circulare var. constrictum (Ralfs) Van Heurck 1880 (Fig. 101: 6–12; 102: 1)

Das hier – in Anlehnung an fast alle anderen Autoren – nur als Varietät von *Meridion circulare* bewertete Taxon *Meridion constrictum* Ralfs ist nicht nur morphologisch, sondern auch autökologisch durch seinen Verbreitungsschwerpunkt in oligo- bis mesotrophen Gewässern gekennzeichnet, es ist gegen den Faktor Trophie signifikant sensibler als *Meridion circulare*. Wiedereinsetzung in den Rang einer selbständigen Species ist danach nicht nur diskutabel – wie bei so vielen anderen Taxa – sondern erscheint uns eher adäquat als die infraspezifische Verbindung.

Fragilaria Lyngbye 1819

1. Untergattung Fragilaria

Der Sippenkomplex um Fragilaria capucina/vaucheriae

Mehrere Sippen – nicht alle – lassen sich nach inzwischen erweiterten vergleichend morphologischen und ökologischen Beobachtungen besser taxonomisch bewerten als 1991. Die folgenden verdienen (hypothetisch) eher den Rang von Species als einen infraspezifischen. Die restlichen, hier nicht aufgeführten müssen noch intensiver vergleichend untersucht werden.

1.2 radians Sippen (Fig. 109: 17, 18)
Fragilaria radians (Kützing) Lange-Bertalot nov. comb.
Basionym: *Synedra radians* Kützing 1844, Die kieselschaligen Bacillarien, p. 64, fig. 14/7: 1–4
Im Gegensatz zu den problematischen *vaucheriae*-Sippen läßt sich dieses Taxon nach Maßgabe des Lectotypus eher in den Rang einer selbständigen Art zurückführen.

1.3 rumpens-Sippen (Fig. 110: 1–6A)
Fragilaria rumpens (Kützing) Carlson 1913
KÜTZINGS Taxon läßt sich aus morphologischen im Zusammenhang mit ökologischen Gründen doch eher als selbständige Species bewerten. Die Umkombination zu *Fragilaria* erfolgte bereits durch CARLSON, ist aber wenig beachtet worden.

1.4 gracilis-Sippen (Fig. 110: 8–13; 111: 1–3; 113: 22–26)
Fragilaria gracilis Østrup 1910
Wie im Falle von *Fragilaria rumpens* lassen sich aus aktueller Sicht eher Gründe für als gegen Selbständigkeit im Rang der Species finden.

1.5 mesolepta-Sippen (Fig. 110: 14–21, 23, 24)
Fragilaria mesolepta Rabenhorst 1861
Auch dieses Taxon verdient eher den Rang einer selbständigen Species.

1.11 perminuta-Sippe (Fig. 109: 1–5)
Fragilaria perminuta (Grunow) Lange-Bertalot nov. comb.
Basionym: *Synedra perminuta* Grunow in VAN HEURCK 1881, Atlas, Synopsis Diat. Belg. fig. 40: 23
Die ursprüngliche Rangstufe ist – analog zu den vergleichbaren Sippen – eher adäquat, allerdings in Kombination mit *Fragilaria* und nicht *Synedra*.

1.13 amphicephala-Sippen (Fig. 109: 19, 20; 113: 1, 2)
Fragilaria amphicephala (Kützing) Lange-Bertalot nov. comb.
Basionym: *Synedra amphicephala* Kützing 1844, Die kieselschaligen Bacillarien, p. 64, fig. 4: 12
Nach Lectotypisierung des Basionyms durch LANGE-BERTALOT 1993, p. 44 wird hier – analog zu vergleichbaren Taxa des heterogenen Sippenkomplexes um *Fragilaria capucina* – nicht mehr der Rang einer Subspecies sondern einer Species empfohlen.

1.14 austriaca-Sippen (Fig. 109: 21–24; 113: 3–5)
Fragilaria austriaca (Grunow) Lange-Bertalot nov. comb.
Basionym: *Synedra amphicephala* var. *austriaca* Grunow in VAN HEURCK 1881, Atlas, Synopsis Diat. Belg. fig. 39: 16a, b
GRUNOWS Taxon läßt sich von *Fragilaria amphicephala* stets sicher differenzieren – morphologisch wie ökologisch. Von *Fragilaria capucina* s. str. ist eine sichere Differenzierung zwar nicht ganz so einfach, aber doch möglich. Für die Wahl des Species-Rangs ergeben sich die gleichen Argumente wie bei den übrigen Sippen des *capucina*-Komplexes.

Der Sippenkomplex um **Fragilaria famelica**

4.3 Sippen «mit grob punktierten Streifen» (Fig. 111: 13–15)

Fragilaria intermedia var. *littoralis* Germain 1981 ist von LANGE-BERTALOT in
LANGE-BERTALOT & GENKAL (1999) als *Fragilaria henryi* nov. stat. nov. nom.
als selbständige Species mit notwendigerweise neuem Namen begründet worden. Dieses Taxon findet man nur in sehr elektrolytreichem bis brackigem Wasser. Als «Doppelgänger» in elektrolytarmem Wasser wurde dagegen *Fragilaria
acidoclinata* Lange-Bertalot & Hofmann in LANGE-BERTALOT 1993, p. 41,
fig. 14: 8–13 beschrieben (vgl. auch Vol. 2/4, fig. 82: 11–13).

17. **Fragilaria exigua** Grunow in CLEVE & MÖLLER 1878 (Fig. 126: 11–18; 125: 4)

Als nomenklatorisch notwendiger neuer Name wurde *Fragilaria exiguiformis*
Lange-Bertalot 1993, p. 45 bestimmt.

18. **Fragilaria subsalina**-Sippen (Grunow) Lange-Bertalot 1993

Fig. 127: 9–14 zeigen nicht *Fragilaria subsalina*, sondern *Fragilaria cassubica*
Witkowski & Lange-Bertalot 1993, Limnologica 23, p. 65. Danach ist die ebenfalls im Brackwasser lebende *Fragilaria atomus* Hustedt nicht konspezifisch mit
dieser Sippe und auch nicht mit *Fragilaria subsalina*. Diesbezügliche Vermu-
tungen anderer Autoren treffen sicher nicht zu (vgl. auch LANGE-BERTALOT
1991, p. 49). Bei diesen Taxa und auch bei *Fragilaria exiguiformis* handelt es sich
vermutlich nicht um Taxa der Gattung *Fragilaria* sensu stricto. Eine sinnvolle
Zuordnung zu anderen etablierten oder neu zu definierenden Gattungen ist
noch nicht ausdiskutiert.

21. part. **Fragilaria constricta** Ehrenberg 1843 (Fig. 129: 2)

Fig. 129: 2, als *Fragilaria constricta* f. *stricta* Cleve bezeichnet, zeigt *Fragilaria
undata* var. *quadrata* Hustedt 1930, die von LANGE-BERTALOT & METZELTIN
1996, p. 57, fig. 8: 6–11 zum neuen Status als *Fragilaria quadrata* erhoben
wurde.
Fig. 129: 7 zeigt ein Stadium aus dem Zellzyklus von *Fragilaria karelica* Mölder
var. *karelica* (vgl. LANGE-BERTALOT & METZELTIN 1996, fig. 8: 21–23).

2. **Untergattung Alterasynedra** Lange-Bertalot 1993 (nicht 1991)

26.1 **ulna**-Sippen sensu lato (Fig. 122: 1–8)

Es bleibt weiterhin unklar, welche der variantenreichen Sippen wohl dem Typus
entspricht. Solange dieses unbekannt ist, bleiben taxonomische Differenzierungen problematisch.

26.3 **danica**-Sippen (Fig. 122: 9)

Fragilaria danica (Kützing) Lange-Bertalot ist in LANGE-BERTALOT & MET-
ZELTIN 1996, p. 54, im Species-Rang mit *Fragilaria* kombiniert worden.

26.4 **acus**-Sippen (Fig. 122: 11–13; 119: 8)

Fragilaria acus (Kützing) Lange-Bertalot nov. comb.
Basionym: *Synedra acus* Kützing 1844, Die kieselschaligen Bacillarien, p. 68,
fig. 15: 7
Bemerkenswert ist: ein Präparat im BM in London aus dem Herbar KÜTZING,
das den Typus enthalten soll (pers. Mitteilung der Kollegen D. WILLIAMS und
R. FLOWER), zeigt als in Frage kommende *Synedra acus* eine anders gestaltete

Sippe als das zur Zeit herrschende Konzept. Auch der Protolog divergiert von der photographisch dokumentierten Form.

4. Untergattung Tabularia (Kützing) Lange-Bertalot 1993

Der Sippenkomplex um **Fragilaria fasciculata**

Nach den sehr detaillierten Untersuchungen von SNOEIJS (1992), die Typen diverser Taxa betreffend, u. a. *Diatoma (Synedra) tabulata*, *Diatoma (Synedra) fasciculata*, *Synedra affinis*, zeigt sich eine klare Heterospezifität dieser und weiterer Taxa des Komplexes. Besonders interessant ist, dass es Populationen mit 2, 4 oder vielen Chloroplasten gibt. Eine mögliche weitergehende Aufspaltung von *Tabularia* (als Gattung) wird diskutiert, aber auch mögliche Überführung eines Teils dieser Taxa zu «*Catacombas*» (i. e. *Synedra* sensu stricto). Es zeigt sich somit einmal mehr die ganze Problematik von Gattungs-Splitting und neuer Gattungs-Zuordnung im Falle untereinander morphologisch sehr ähnlicher Arten.

Staurosira Ehrenberg 1843

5. Untergattung Staurosira (Ehrenberg) Lange-Bertalot 1993

Staurosira ist ein Gattungsname, begründet von EHRENBERG auf ursprünglich zwei Species: das sind *Staurosira construens* Ehrenberg 1843 und *Staurosira pinnata* Ehrenberg 1843. Die Kombinationen, wie sie von ROUND et al. (1990, p. 354) angegeben werden, ergeben danach keinen ersichtlichen Sinn; denn bei «*Staurosira* (C. G. Ehrenberg) D. M. Williams & F. E. Round» sowie dem Typus generis «*Staurosira construens* (Ehrenberg) Williams & Round (= *Fragilaria construens*)» sind die Autoren – hinter der Klammer mit dem Namen Ehrenberg – völlig überflüssig.

LANGE-BERTALOT (1989) hat die alte etablierte Gattung *Staurosira* als sinnvoll für die Klassifikation der Taxa in *Fragilaria* sensu lato grundsätzlich akzeptiert, nicht aber die weitere Abspaltung von *Staurosirella*, *Punctastriata*, *Pseudostaurosira* und *Martyana*. In KRAMMER & LANGE-BERTALOT (1991, Vol. 2/3 der Süßwasserflora) hatte er vorgeschlagen, *Staurosira* sensu lato vorläufig als Subgenus in *Fragilaria* zu klassifizieren, bis die kontroversen Auffassungen, wie zu klassifizieren sei, weiter ausdiskutiert sind. Ein Ende dieser Diskussion ist aber noch nicht abzusehen.

Wir haben in der Folgezeit neue Taxa aus dem Subgenus *Staurosira* weiter mit *Fragilaria* als Genus kombiniert. Das wollen wir ab jetzt nicht mehr so weiterführen, sondern ab sofort neue Species mit den Merkmalen von *Staurosira* mit dem Gattungsnamen *Staurosira* kombinieren. Dies im Sinne des klassischen Konzepts von *Staurosira* und darüber hinaus im Sinne eines emendierten Konzepts, wie von LANGE-BERTALOT in der ersten Auflage dieser Flora sowie in LANGE-BERTALOT 1993, p. 53, umschrieben.

Zur Gattung *Staurosira* zählen wir hier alle Taxa aus *Fragilaria* sensu lato, die in der wesentlichen Merkmalskombination mit dem Typus generis *Staurosira construens* Ehrenberg und ebenso *Staurosira pinnata* Ehrenberg übereinstimmen.

Natürlich wird es bei später folgenden Umkombinationen älterer Taxa aus *Fragilaria* nach *Staurosira* zu nomenklatorischen Problemen kommen – so wie bei praktisch jedem Paradigmawechsel mit darauf folgender neuer Klassifizierung. Das ursprüngliche Paradigma von *Staurosira* – nämlich der Palisaden-ähnliche Umriss der Schalen in Gürtelansicht bei kettenförmigen Zell-Aggregaten – ist im Sinne eines aktuellen Gattungs-Konzepts inklusive des elektronenmikroskopischen Strukturmusters nicht mehr ausreichend. Als wichtige Kriterien, zusätzlich zum Umriss und der Zellverkettung, kommen hinzu (im Gegensatz zu *Fragilaria* inklusive *Synedra* sensu auct.): Rimoportulae fehlen in der Regel (oder ausnahmslos?), Copulae ohne Areolae, enger begrenzte Länge der Zellen. Alle weiteren morphologischen Eigenschaften, u. a. Dörnchen, Gestalt der Areolae und Foramina, Breite der Valvocopula, besondere Eigenschaften der apikalen Porenfelder scheinen dagegen frei variabel zu sein.

Eine Aufzählung aller Arten und «prominenter» Varietäten, die bereits seit über 100 Jahren mit *Staurosira* kombiniert worden sind, erscheint zur allgemeinen Erinnerung nützlich. Die Aufzählung erfolgt in verkürzter Form nach VAN-LANDINGHAM 1978.

Staurosira aequalis Grunow ?syn. *Fragilaria virescens* Ralfs
Staurosira bidens Grunow ?syn. *Fragilaria bidens* Heiberg
Staurosira brevistriata Grunow syn. *Fragilaria brevistriata* Grunow
Staurosira brevistriata var. *mormonorum* Grunow syn. *Fragilaria lapponica* Grunow
Staurosira construens Ehrenberg syn. *Fragilaria construens* (Ehr.) Grunow
Staurosira dubia Grunow
Staurosira elliptica (Schumann) Cleve & Møller syn. *Fragilaria pinnata* Ehr.
Staurosira grunowii Pantocsek syn. *Fragilaria leptostauron* (Ehr.) Hustedt
Staurosira harrisonii (Roper) Grunow syn. *Fragilaria leptostauron* (Ehr.) Hustedt
Staurosira harrisonii var. *dubia* Grunow syn. *Fragilaria leptostauron* var. *dubia* (Grunow) Hustedt
Staurosira islandica (Grunow) Pelletan syn. *Fragilaria islandica* Grunow
Staurosira mexicana Ehrenberg syn. *Fragilaria mexicana* (Ehr.) De Toni
Staurosira mutabilis (W. Smith) Grunow syn. *Fragilaria pinnata* Ehrenberg
Staurosira mutabilis var. *intercedens* (Grunow) Pelletan
Staurosira mutabilis var. *trigona* (Cleve ex Grunow) Grunow
Staurosira pinnata Ehrenberg syn. *Fragilaria leptostauron* (Ehr.) Hustedt
Staurosira producta (Lagerstedt) Cleve & Møller syn. *Fragilaria virescens* Ralfs
Staurosira venter (Ehrenberg) Cleve & Møller syn. *Fragilaria venter* Ehr. syn. *Fragilaria construens* var. *venter* (Ehr.) Grunow
Staurosira venter var. *binodis* (Ehrenberg) Cleve & Møller syn. *Fragilaria binodis* Ehr. syn. *Fragilaria construens* var. *binodis* (Ehr.) Grunow

Es ist daraus etwa das gleiche Konzept von *Staurosira* erkennbar wie bei LANGE-BERTALOT (1993) für *Staurosira* als Subgenus von *Fragilaria*. Einige Kombinationen sind jedoch in der Aufzählung ausgelassen, die offensichtlich nicht dazu gehören, sondern zu *Fragilaria* sensu stricto.

Der Sippenkomplex um **Staurosira (Fragilaria) construens**

34.1 **Staurosira construens** Ehrenberg 1843 (Fig. 132: 1–5)
Nach vergleichenden Untersuchungen sympatrisch lebender Sippen repräsentiert Fig. 132: 6 ein anderes, taxonomisch noch nicht etabliertes Taxon.

34.2 **Staurosira venter** (Ehrenberg) Cleve & Möller 1881 (Fig. ?132: 9–13)
Die Syntypen von EHRENBERGS Taxon konnten noch nicht überprüft werden. Nach Maßgabe des Protologs ist es sehr unwahrscheinlich, dass konstant elliptische Formen innerhalb eines Zellzyklus (wie Fig. 132: 16, 28) dazu gehören. Ein Lectotypus bleibt noch zu determinieren.

34.3 subsalina-Sippen (Fig. 132: 17–22)

Staurosira subsalina (Hustedt) Lange-Bertalot nov. comb. nov. stat.
Basionym: *Fragilaria construens* var. *subsalina* Hustedt 1925, Mitt. Geogr. Ges.
Naturhist. Mus. Lübeck 30, p. 106, fig. 3–8
Die konstant und in mehreren Parametern unterschiedlichen Merkmalskombinationen sprechen gegen Konspezifität mit *Staurosira construens*.

34.4 binodis-Sippen (Fig. 132: 23–25)

Diese Sippen sind sehr wahrscheinlich nicht konspezifisch mit *Staurosira construens*. Eine umfassende Revision mit Typenstudien ist notwendig, bevor nomenklatorische Änderungen durchgeführt werden. Eine Verbindung mit *Staurosira* betreffend *Fragilaria bidens* Ehrenberg existiert bereits (siehe oben). Fig. 132: 26, 27 zeigen eine (oder zwei?) eigenständige Sippe, die *Fragilaria construens* var. *triundulata* Reichelt sensu Witkowski (1994, fig. 5: 16) entspricht. Es ist zu vermuten, dass auch sie in der Merkmalskombination mit den anderen Vertretern von *Staurosira* übereinstimmt und nicht mit *Fragilaria* sensu stricto. Vor einer Umkombination sollte jedoch die Identität des REICHELT-Taxon geprüft werden.

34.5 exigua-Sippen (Fig. 117:4–7A)

Staurosira construens var. **exigua** nov. comb.
Basionym: *Triceratium exiguum* W. Smith 1856, Synopsis British Diatoms, p. 87
Allem Anschein nach handelt es sich hierbei nicht um eine eigenständige Species, eher um eine Modifikation von *Staurosira construens* – ebenso wie bei vergleichbaren tripolaren Populationen der Gattungen *Fragilaria* (*Centronella*), *Staurosira*, *Denticula*.

35. Fragilaria elliptica Schumann 1867 (Fig. 130: 31–42)

Eine Umkombination ohne genaue Kenntnis, wie der Typus ausgesehen hat, ist grundsätzlich problematisch. Die Sippen von *Fragilaria elliptica* nach den diversen Konzepten «aus zweiter Hand» gehören zu *Staurosira* – nach unserem Verständnis dieser Gattungsdefinition. *Fragilaria neoelliptica* Witkowski (1994, p. 128, fig. 10: 1–13) müsste danach ebenfalls zu *Staurosira* gezogen werden.

Sippenkomplex um Fragilaria pinnata

36.1 Fragilaria pinnata-Sippen sensu lato (Fig. 133: 1–11, 32, 32A; 131: 3, 4)

Fragilaria pinnata Ehrenberg 1843 – ist allem Anschein nach – nicht identisch mit *Staurosira pinnata* Ehrenberg 1843. Letztere ist aber identisch/konspezifisch mit *Fragilaria leptostauron* (Ehrenberg 1854) Hustedt 1931 mit dem Basionym *Bibliarum leptostauron* Ehrenberg 1854. Insofern kann *Fragilaria pinnata* Ehrenberg 1843 nicht mehr mit dem Gattungsnamen *Staurosira* kombiniert werden, weil sich daraus ein jüngeres Homonym ergäbe. *Odontidium mutabile* W. Smith 1856 wurde als *Staurosira mutabilis* (W. Smith) Grunow 1862 zu *Staurosira* gezogen. Wahrscheinlich ist dies die älteste gültige Namenskombination für die hier gemeinte «real existierende» Sippe, die bisher in der Literatur meistens als *Fragilaria pinnata* Ehrenberg bezeichnet wird. Allem Anschein nach verbirgt sich dahinter ein heterogener Sippenkomplex, der in einer umfassenden Revision untersucht und im einzelnen neu benannt werden muss, soweit nicht bereits Namenskombinationen mit *Staurosira* vorliegen. Die

Ausgrenzung einer Gattung *Staurosirella* aufgrund der von den Autoren gegebenen Definition erscheint weder möglich noch taxonomisch sinnvoll.

36.2 intercedens-Sippen (Fig. 133: 19–23)

Typenstudium und Revision sind nötig. Es besteht bereits die Kombination *Staurosira mutabilis* var. *intercedens* (Grunow) Pelletan 1889.

36.3 trigona-Sippen (Fig. 117: 3)

Es besteht bereits die Kombination *Staurosira mutabilis* var. *trigona* (Cleve ex Grunow) Grunow 1882. Die hier gezeigte Fig. 117: 3 entspricht allerdings viel eher einer Varietät von *Staurosira pinnata* Ehrenberg 1843 (syn. *Fragilaria leptostauron*) als von *Fragilaria pinnata* Ehrenberg 1843 (syn. *Staurosira mutabilis*), siehe aber auch unter 37.1.2 *Staurosira pinnata* var. *trigona* (Krasske) nov. comb.

36.4 subsolitaris-Sippen (Fig. 133: 12–17)

Typenstudium und Revision sind nötig.

37.1.1 Fragilaria leptostauron (Ehrenberg) Hustedt 1931 (Fig. 133: 33–41; 131: 1, 2)

Allem Anschein nach wird diese Sippe durch die Kombination *Staurosira pinnata* Ehrenberg 1843 korrekt bezeichnet (vgl. auch unter 36.1).

37.1.2 Staurosira pinnata Ehrenberg var. trigona (Krasske) Lange-Bertalot nov. comb.

Basionym: *Fragilaria harrisonii* var. *trigona* Krasske 1932, Arch. Hydrobiol. 24, p. 437, fig. 7
Synonym: *Fragilaria leptostauron* var. *trigona* (Krasske) Lange-Bertalot & Willmann in LANGE-BERTALOT et al. 1996, p. 83, photograph. fig. 3: 13, 14
Ein jüngeres Homonym in Zusammenhang mit *Fragilaria pinnata* var. *trigona* (Brun & Héribaud) Hustedt non Cleve entsteht nicht, weil dieses Taxon wegen der älteren Kombination *Staurosira mutabilis* var. *trigona* (Cleve ex Grunow) Grunow 1882 für eine neue Kombination nicht mehr in Frage kommt.

37.2 var. dubia (Grunow) Hustedt 1931 (Fig. 133: 28–31)

Es besteht bereits im Rang der Species die Kombination:
Staurosira dubia Grunow in CLEVE & MÖLLER 1881

37.3 var. martyi (Héribaud) Lange-Bertalot (Fig. 133: 28–31)

Dies ist eine absichtlich nicht gültig veröffentlichte hypothetische Kombination. Gültig ist die Kombination *Fragilaria martyi* (Héribaud) Lange-Bertalot 1993 (vgl. Diskussion ebenda, p. 46–48). Analog zu den vergleichbaren Sippen wird hier folgende Kombination vorgeschlagen:
Staurosira martyi (Héribaud) Lange-Bertalot nov. comb.
Basionym: *Opephora martyi* Héribaud 1903, Les Diatomées d'Auvergne, p. 43, fig. 8: 20. Eine Gattungs-Ausgrenzung *Martyana* Round ist obsolet.

38. Fragilaria lapponica Grunow 1881 (Fig. 134: 1–8)

Analog zu den vergleichbaren Sippen wird hier folgende Kombination vorgeschlagen:
Staurosira lapponica (Grunow) Lange-Bertalot nov. comb.

Basionym: *Fragilaria lapponica* Grunow in VAN HEURCK 1881, Atlas, Synopsis Diatom. Belg. fig. 45: 35

39. Fragilaria berolinensis (Lemmermann) Lange-Bertalot 1989 (Fig. 134: 21–25)

Analog zu den vergleichbaren Sippen wird hier folgende Kombination vorgeschlagen:

Staurosira berolinensis (Lemmermann) Lange-Bertalot nov. comb.

Basionym: Synedra berolinensis Lemmermann 1900, Ber. Deutsch. Bot. Ges. 18, p. 31

40. Fragilaria oldenburgiana Hustedt 1959 (Fig. 134: 26–31)

Analog zu den vergleichbaren Sippen wird hier folgende Kombination vorgeschlagen:

Staurosira oldenburgiana (Hustedt) Lange-Bertalot nov. comb.

Basionym: *Fragilaria oldenburgiana* Hustedt 1959, Veröff. Inst. Meeresforsch. Bremerhaven 6, p. 29, fig. 1: 20, 21

Der Sippenkomplex um Fragilaria brevistriata

41. Fragilaria brevistriata Grunow in VAN HEURCK 1885 (Fig. 130: 9–16; 131: 7)

Es besteht bereits die Kombination:

Staurosira brevistriata (Grunow) Grunow 1884, p. 49(101)

42. Fragilaria pseudoconstruens Marciniak 1982 (Fig. 130: 25–30)

Analog zu den vergleichbaren Sippen wird das Taxon umkombiniert.

Staurosira pseudoconstruens (Marciniak) Lange-Bertalot nov. comb.

Basionym: *Fragilaria pseudoconstruens* Marciniak 1982, Acta Geol. Acad. Sc. Hungar. 25, p. 163, fig. 1: 1, 2

43. Fragilaria robusta (Fusey) Manguin (Fig. 130: 20)

Mit gleicher Begründung wie *Fragilaria pseudoconstruens* wird hier die Kombination vorgeschlagen:

Staurosira robusta (Fusey) Lange-Bertalot nov. comb.

Basionym: *Fragilaria construens* var. *binodis* f. *robusta* Fusey 1951, Bull. Microscop. Appl. 2. sér. 1(2), p. 34, fig. 1: 2

Familie **Eunotiaceae** Kützing 1844

Eunotia Ehrenberg 1837

Folgende Taxa der Gattung *Eunotia* aus Europa sind seit Drucklegung der ersten Auflage (1991) neu beschrieben oder neu gefunden und photographisch dokumentiert und stehen nicht in Beziehung zu den hier unter den Ordnungsnummern 1–53 aufgeführten Arten.

Beschreibungen in:

Lange-Bertalot 1993 (Bibliotheca Diatomologica 27)

1. Eunotia botuliformis Wild, Nörpel & Lange-Bertalot, p. 29, fig. 33: 2–15.

Lange-Bertalot & Metzeltin 1996 (Iconographia Diatomologica 2)

1. Eunotia boreotenuis Nörpel-Schempp & Lange-Bertalot, p. 46, fig. 9: 21–23.

2. Eunotia chelonia Nörpel-Schempp & Lange-Bertalot, p. 47, fig. 13: 14–17.

3. Eunotia eurycephaloides Nörpel-Schempp & Lange-Bertalot, p. 48, fig. 9: 18–20.

4. Eunotia genuflexa Nörpel-Schempp, p. 50, fig. 9: 14–17.

5. Eunotia seminulum Nörpel-Schempp & Lange-Bertalot, p. 53, fig. 17: 43–47.

Metzeltin & Witkowski 1996 (Iconographia Diatomologica 4)

1. Eunotia michaelis Metzeltin, Witkowski & Lange-Bertalot, p. 14, fig. 34: 2–8; fig. 90: 4–5.

2. Eunotia media A. Cleve 1895, p. 98, fig. 10.

Die folgenden *Eunotia*-Taxa sind nach Ordnungszahl aufgelistet wie in der ersten Auflage von Vol. 2/3.

1.3 **Eunotia bilunaris** var. **linearis** (Okuno) Lange-Bertalot & Nörpel 1991 (Fig. 137:13–16)

Die Merkmalskombination differiert konstant gegenüber *Eunotia bilunaris* var. *bilunaris*. Dies gilt für Populationen, die von verschiedenen Kontinenten stammen, und auch für Populationen, die in Europa inklusive Mitteleuropa vorkommen. Sie unterscheiden sich allesamt durch geringeren Krümmungsgrad und grobe, untereinander entfernt gestellte Streifen von *Eunotia bilunaris*, so dass eine Bewertung als selbständige Species doch eher adäquat erscheint als die infraspezifische Verbindung. Objektiv zu sichern ist diese Auffassung nicht, sie bleibt Hypothese.

Unter dieser Annahme jedoch wäre *Eunotia okavangoi* Cholnoky 1966 der gültige Name des kosmopolitisch verbreiteten, allerdings relativ selten zu findenden Taxons. Darüber hinaus wartet der Komplex um *Eunotia bilunaris* auf eine umfassende Revision.

3. Sippenkomplex um **Eunotia flexuosa** (Fig. 140:8–18)

Der Komplex lässt sich jetzt – zumindest zum Teil – auflösen, wie es vergleichende Untersuchungen sympatrischer Populationen in einem oligodystrophen See Finnlands gezeigt haben (Lange-Bertalot & Metzeltin 1996). Die Frage nach der Konstanz bzw. Inkonstanz der Gestalt der Enden konnte (im Sinne der Konstanz) geklärt werden. Und nicht nur die Enden, sondern auch andere Merkmale ergeben für jede der fraglichen Sippen eine differenzierbare Merkmalskombination. Dies gilt zumindest für die Sippen in der Holarktis. Ob jeweils ähnliche Sippen aus anderen Florenreichen, z. B. der Neotropis, noch oder nicht mehr konspezifisch, bleibt weiter in jedem Einzelfall zu untersuchen.

Folgende Taxa aus dem Sippenkreis lassen sich jetzt identifizieren, die in der Auflage dieses Bandes 2/3 von 1991 noch nicht ausreichend abgrenzbar zu sein schien (s. Diagnosen und/oder photographische Abbildungen in Iconographia Diatomologica 2):

1. Eunotia biceps Ehrenberg sensu Grunow in Van Heurck (ebenda, fig. 10: 5–7)

2. Eunotia eurycephala (Grunow) Nörpel-Schempp & Lange-Bertalot (ebenda, ohne fig.)

3. Eunotia eurycephaloides Nörpel-Schempp & Lange-Bertalot (ebenda, fig. 9: 18–20, 112: 2, 3)

4. Eunotia flexuosa (Brébisson) Kützing (ebenda, fig. 10: 1–4)

5. Eunotia genuflexa Nörpel-Schempp (ebenda, fig. 9: 14–17).

6. In der Tafel 140 (hier) zeigen nur Fig. 13, 14 *Eunotia flexuosa* sensu stricto. Fig. 8, 9, 11, 12 zeigen *Eunotia biceps.*

7. Fig. 16 *Eunotia eurycephala.*

8. Fig. 10, 17, 18 zeigen (wie angegeben) *Eunotia mesiana* Cholnoky, die sehr wahrscheinlich nicht mit den europäischen Sippen konspezifisch ist.

Eunotia pseudoflexuosa Hustedt (Fig. 140:11) ist dagegen vermutlich konspezifisch mit *Eunotia biceps* Ehrenberg.

5 part. **Eunotia arcus** Ehrenberg 1837 (Fig. 147:2–4, 6, 11, 15)

Nur diese photographierten Exemplare repräsentieren ganz sicher *Eunotia arcus* sensu stricto. Schwerpunkt ihrer Verbreitung sind elektrolytarme, meistens schwach saure Gewässer auf Silikat-Untergrund, z. B. Quarzite, «Urgestein». Die Exemplare in Fig. 147: 9, 17 könnten sogenannte «Kleinformen» von *Eunotia arcus* sein, sie kommen – relativ selten – assoziiert mit normal großen Zellen vor. Ihre Identität bleibt weiter zu untersuchen.

5 part. **Eunotia arcubus** Nörpel & Lange-Bertalot 1993 (Fig. 147: 2–4, 6, 11, 15)

Diese Exemplare und auch Fig. 12, 13 gehören nicht zu *Eunotia arcus* sensu stricto. *Eunotia arcubus* bildet eine selbständige Sippe in mäßig bis stärker elektrolytreichen, meist kalkreichen Gewässern und eben nicht in oligo- (dys-) trophen wie *Eunotia arcus.* Es ist wahrscheinlich, dass auch dieses Taxon noch heterogene Sippen enthält. So z. B. Fig. 12, 13, die eventuell aber auch als *Eunotia arcuoides* Foged 1977 bestimmt werden könnten. Deren Typenhabitat ist ein kalkreicher See mit anschließendem Kalk-Flachmoor.

Eunotia arcus var. *bidens* Grunow ist ein Synonym von *Eunotia arcubus*. *Eunotia arcus* var. *fallax* Hustedt könnte ein weiteres Synonym oder eine infraspezifische Sippe von *Eunotia arcubus* oder eine weitere selbständige Species sein (s. Lange-Bertalot 1993, p. 24 ff.).

5 part. **Eunotia** (? nov.) spec. (Fig. 147: 10,11)

Wahrscheinlich die gleiche, taxonomisch noch nicht etablierte Sippe zeigen Lange-Bertalot & Metzeltin (1996, fig. 12: 12, 13) sowie Lange-Bertalot & Genkal (1999, fig. 5: 1). Es bestehen Konvergenzen zu *Eunotia arcus* und *Eunotia praerupta* auct. Insofern hätte sie in der 1. Auflage von Vol. 2/3 auch unter der Ordnungsnummer 6 aufgelistet werden können.

Sippenkomplex um **Eunotia praerupta** (Tafeln 148–150 partim)

Der Komplex ist in der Zwischenzeit (wieder) aufgelöst worden. Zumindest zum großen Teil erweisen sich viele in der Vergangenheit als infraspezifisch bewertete Taxa als eigenständige Species. Das zeigen insbesondere sympatrisch lebende Sippen. Der Verdacht, dass ökologisch bedingte oder regional differenzierte Modifikationen vorliegen, lässt sich dadurch offensichtlich ausräumen.

6.1 **Eunotia praerupta** Ehrenberg 1843 sensu stricto (Fig. 148: 13, 13A)

Leider ist der Typus immer noch nicht genauer bekannt. Bezugsbasis ist immer noch der Protolog mit einer nicht ganz eindeutig identifizierbaren Abbildung. Der Protolog mag 1843 signifikant gewesen sein, als es vergleichsweise noch wenig verwechselbare etablierte Taxa gab. Aus heutiger Sicht ist er mangelhaft und gab zu vielen Spekulationen Anlass. So wird Ehrenbergs Taxon mutmaßlich durch Fig. 148: 1–3 und nicht Lange-Bertalot & Metzeltin 1996, fig. 12: 12, 13 repräsentiert. Nichts ist wirklich geklärt bei diesem Taxon, dessen Beschreibung eine Sippe aus Amerika betrifft, die gezeichnete Figur jedoch eine Sippe aus Lüneburg in Deutschland.

6.2 **Eunotia inflata** (Grunow) Nörpel-Schempp & Lange-Bertalot 1996 (Fig. 148: 15–16)

Basionym ist *Eunotia praerupta* var. *inflata* Grunow (s. Erläuterungen bei Lange-Bertalot & Metzeltin 1996, p. 52, fig. 12: 1–3). Es ist jedoch keineswegs auszuschließen, dass eventuell diese Sippe *Eunotia praerupta* sensu stricto repräsentiert.

6.3 **Eunotia curtagrunowii** Nörpel-Schempp & Lange-Bertalot (Fig. 148: 4–8)

Ersetztes Synonym ist *Eunotia praerupta* var. *curta* Grunow. Ein weiteres Synonym ist *Eunotia praerupta* var. *muscicola* Petersen. Die Sippe variiert in ihrem Zellzyklus völlig unabhängig von den anderen Sippen des Komplexes mit größeren Zellen (s. Lange-Bertalot & Metzeltin 1996, p. 48, fig. 12: 6–11).

6.4 **Eunotia bidens** Ehrenberg 1843 (Fig. 148: 11, 12)

Es ist zu vermuten, dass nicht nur eine, sondern mehrere Sippen existieren, die entweder als *Eunotia bidens* oder als *Eunotia praerupta* var. *bidens* bestimmt werden (s. Lange-Bertalot & Metzeltin 1996, p. 45, fig. 12: 4, 5).

6.5 **Eunotia arctica** Hustedt 1937 (Fig. 149: 1, 2)

Sehr wahrscheinlich handelt es sich bei *Eunotia arctica* var. *arctica* und var. *simplex* Hustedt 1937 um zwei untereinander getrennte Arten, die ihrerseits wiederum von den anderen Sippen des Komplexes im Rang von Species zu unterscheiden sind.

6.6 **Eunotia bigibba** Kützing sensu Grunow 1881 (Fig. 150: 1–7)

Die ursprünglich von uns erläuterten Probleme um dieses Taxon bleiben bestehen. Sicher erscheint lediglich, dass eine infraspezifische Verbindung mit *Eunotia praerupta* auct. aus aktueller taxonomischer Sicht nicht in Frage kommen kann.

6.7 part. **Eunotia suecica** A. Cleve 1895 (Fig. 149: 4)

Eine eigenständige Species, die mit der tropischen *Eunotia papilio* nicht als konspezifisch bewertet werden kann.

Allerdings sind im Protolog zwei heterogene Sippen abgebildet, fig. 31 wurde von Lange-Bertalot als Lectotypus determiniert (s. Lange-Bertalot & Genkal 1999, p. 48, fig. 5: 7–11).

6.7 part. **Eunotia pseudopapilio** Lange-Bertalot & Nörpel-Schempp in Metzeltin & Lange-Bertalot 1998, p. 74–75 (Fig. 149: 5, 6)

Ersetztes Synonym für dieses Taxon aus der Arktis ist: *Eunotia robusta* var. *papilio* Grunow in Van Heurck, Synopsis (Atlas) fig. 33:8.

Dieses Taxon steht sicher der tropischen *Eunotia papilio* (siehe dort) fern. Aber auch die infraspezifische Verbindung mit *Eunotia praerupta* ist weniger überzeugend, obgleich die morphologische Ähnlichkeit in der gesamten Frustel-Konstruktion größer ist als zur Tropen-Sippe. *Eunotia suecica* Cleve-Euler s.str. steht der *Eunotia pseudopapilio* schalenmorphologisch am nächsten. Aber die Buckel sind bei Cleve-Eulers Taxon viel weniger hoch gebuckelt. Weitere vergleichende Beobachtungen beider Sippen werden (hoffentlich) zeigen, ob eventuell doch Konspezifität vorliegt oder nicht.

6.8 **Eunotia excelsa** (Krasske) Nörpel-Schempp in Lange-Bertalot et al. 1996 (Fig. 160: 8)

Basionym ist *Eunotia praerupta* var. *excelsa* Krasske 1938. Die Taxonomie wird ausführlich in Lange-Bertalot et al. (1996, p. 75, 76, fig. 61: 1–19) erläutert. Ein Synonym ist *Eunotia praerupta* var. *monodon* Østrup 1898.

7 part. **Eunotia diodon** Ehrenberg 1837 (Fig. 149: 13–16)

Nur diese Figuren repräsentieren *Eunotia diodon* sensu stricto. Fig. 8–12 dagegen *Eunotia islandica* (siehe dort).

7 part. **Eunotia islandica** Østrup 1918 (Fig. 149: 8–12)

Überprüfung des Typenmaterials und zwischenzeitlich auch photographische Dokumentation des Typenmaterials von *Eunotia diodon* liefern die Basis zur Entscheidung dafür, dass beide Taxa im Range von Species zu trennen sind. Die Identität der Fig. 149: 17–19 bleibt noch zu klären.

9. **Eunotia papilio** (Ehrenberg) Hustedt 1913 (ohne Fig.)

Ehrenbergs Taxon, das Basionym *Himantidium papilio*, ist ein tropisches Element und lebt nicht in der Holarktis, insbesondere nicht in Arktis und Subarktis. Die Diskussion von p. 189 ist nur insofern zu berichtigen, als *Eunotia papilio* und *Eunotia camelus* zwei getrennte Arten der Tropen sind. Beide sind als Lectotypen von Reichardt 1995 (Tafeln 1 und 2) aus dem Typenmaterial von Guyana bestimmt worden. Danach zeigt unsere Fig. 160: 9 aus Brasilien tatsächlich *Eunotia camelus* und nicht *Eunotia papilio.*

10 part. Sippenkomplex um **Eunotia pectinalis** (Fig. 141:1–7)

Himantidium (Eunotia) undulatum W. Smith 1856, p. 12, fig. 33: 181

(?) *Eunotia undulata* Grunow in MOELLER 1868 fide VANLANDINGHAM 1969, p. 1569

(?) **Basionym:** *Fragilaria pectinalis* var. *undulata* Ralfs 1843 fide F. W. MILLS 1934, p. 685

(?) **Synonym:** *Eunotia pectinalis* var. *undulata* (Ralfs) Rabenhorst 1864, p. 74

Hier liegt – kurioserweise – der Fall vor, dass die Identität der Sippe, wie sie von W. Smith beschrieben und abgebildet wird, völlig klar ist – nicht jedoch die Nomenklatur um dieses Taxon. Klar ist wiederum, dass es sich um eine Art der Gattung *Eunotia* handelt, weil die Abtrennung der Gattung *Himantidium* obsolet ist. Aus aktueller Sicht dürfte auch klar sein, dass man das sicher identifizierbare W. Smith-Taxon nicht mit den sicher identifizierten *Eunotia pectinalis* infraspezifisch verbinden sollte. Welche Sippe steht hinter dem Namen *Eunotia pectinalis*? Es bleibt fraglich, auf welchen Typus sich *Eunotia pectinalis* bezieht. Ist es der von *Conferva pectinalis* O.F. Müller 1788 oder ist es – wie RABENHORST angibt – der von *Conferva pectinalis* Dillwyn 1809? Sind beide Taxa konspezifisch oder nicht?

Die Kombination *Eunotia pectinalis* var. *undulata* (Ralfs) Rabenhorst 1864 ist daher kaum adäquat. Nun existiert bereits die Kombination *Eunotia undulata* Grunow in Moeller 1868. Aber ist sie tatsächlich gültig, und welche Sippe hat Grunow damit gemeint? Grunows Name steht direkt hinter dem Namen. Hat Grunow eine Veränderung des Status (in Bezug auf ein Basionym *Fragilaria pectinalis* var. *undulata* Ralfs 1843) und/oder eine neue Kombination mit dem Basionym sensu Ralfs oder mit dem Basionym *Himantidium undulatum* W. Smith beabsichtigt? Ist Grunows Taxon überhaupt ein Synonym der Taxa von Ralfs und/oder von W. Smith? Wir wissen das nicht genau, zumindest bleibt die korrekte Nomenklatur noch unsicher. Da der Name *Himantidium undulatum* W. Smith im Range der Species auf jeden Fall Priorität hat vor dem infraspezifischen Namen, den RALFS publiziert hat, könnte man sich auch den Bezug auf einen neueren Typus in der Collection W. Smith vorstellen. Die Kombination *Eunotia undulata* Grunow ist als korrekter Name für *Himantidium undulatum* nur dann zu verwenden, wenn Grunow sich tatsächlich auf ein Basionym bezieht und nicht etwa eine andere Sippe mit undulaten Schalen gemeint hat.

17 part. Eunotia variundulata Nörpel-Schempp & Lange-Bertalot in Lange-Bertalot et al. 1996 (Fig. 153: 19–27)
Ersetztes Synonym ist *Eunotia exigua* var. *tridentula* Østrup 1910. Weitere Synonyme sind: *Eunotia exigua* var. *undulata* Magdeburg 1926; *Eunotia exigua* var. *bidens* Hustedt 1932; *Eunotia exigua* var. *bidens* f. *linearis* Krasske 1932.

18./19 part. Eunotia nymanniana Grunow in Van Heurck 1881 (Fig. 153: 1–4)
Nach Untersuchung und Lectotypisierung des Typenmaterials von Grunows Taxon durch Mayama 1997, Diatom 13, p. 31–37, zeigen die Figuren 153: 1–4, hier im Zusammenhang mit *Eunotia steineckei* Petersen, die richtige *Eunotia nymanniana* und nicht Fig. 154: 31–43.
Eunotia steineckei ist danach ein Synonym von *Eunotia nymanniana*. Grunows Figur 8 rechts in Van Heurck Atlas, pl. 4, wird von Grunow zwar auch als *Eunotia nymanniana* bezeichnet, repräsentiert aber nicht die von Mayama lectotypisierte Sippe, sondern *Eunotia nymanniana* sensu Lange-Bertalot in der Süßwasserflora.

19 part. Eunotia compacta (Hustedt) Mayama 1997 (Fig.154: 31–38)
Basionym ist *Eunotia exigua* var. *compacta* Hustedt 1930. Die Identität der Sippe aus den Rocky Mountains/Kanada (Fig. 154: 39–43) ist noch nicht endgültig geklärt. Allerdings zeigt auch Fig. 154: 32 eine fragliche schlankere Form.

22.1 part. Eunotia iatriaensis Foged (Fig. 154: 16, 17)
Fogeds Taxon ist doch nicht mit *Eunotia rhynchocephala* durch ein Formenkontinuum verbunden. Diese Meinung muss revidiert werden. Wir konnten inzwischen mehrere Populationen in der Holarktis finden.

22.2 Eunotia satelles (Nörpel-Schempp & Lange-Bertalot) Nörpel-Sch. & Lange-Bertalot in Lange-Bertalot & Metzeltin 1996 (Fig. 154: 18–22)
Basionym: *Eunotia rhynchocephala* var. *satelles* Nörpel-Schempp & Lange-Bertalot in Lange-Bertalot 1993

Dieses Taxon ist aus der infraspezifischen Verbindung mit *Eunotia rhynchocephala* herausgelöst worden, weil die erheblichen Unterschiede in der Merkmalskombination ein höheres Gewicht verdienen als die Gemeinsamkeiten. Inzwischen sind zahlreiche weitere Populationen beider Taxa gefunden worden, die erweiterte Vergleiche im LM und REM möglich gemacht haben.

23 part. Eunotia trinacria Krasske 1929 (Fig. 155: 22–37)

Die infraspezifische Verbindung mit *Eunotia paludosa*, wie auf p. 204 notiert, ist absichtlich nicht gültig publiziert worden und sollte auch nicht weiter verwendet werden. Inzwischen wissen wir, dass innerhalb von *Eunotia paludosa*-Populationen *Eunotia trinacria*-ähnliche Umrissvarianten auftreten können, die sich gleichwohl von *Eunotia trinacria* unterscheiden (nähere Erläuterungen bei Lange-Bertalot et al. 1996, p. 81).

23 part. Eunotia distinguenda Metzeltin & Lange-Bertalot 1998 (Fig. 155: 21)

Ein einzelnes Exemplar dieser Sippe aus Guyana wurde hier zum Vergleich gezeigt, weil Hustedt sie repräsentativ als *Eunotia paludosa* dargestellt hatte. Sie ist jedoch davon leicht zu unterscheiden und lebt auch nicht in der Holarktis, sondern scheint ein Endemit der Neotropis zu sein (s. Protolog).

26. Eunotia fallax A. Cleve 1895 (Fig. 150: 10–24)

Der Komplex um *Eunotia fallax* umfasst nach aktueller Beurteilung vier selbständige Arten:
1. Eunotia fallax A. Cleve s.str.
2. Eunotia neofallax Nörpel-Schempp & Lange-Bertalot
3. Eunotia gracillima (Krasske) Nörpel-Schempp
4. Eunotia groenlandica (Grunow) Nörpel-Schempp & Lange-Bertalot
Nähere Erläuterungen zu den neu definierten bzw. neu kombinierten Taxa findet man in Lange-Bertalot & Metzeltin 1996, p. 51 sowie Lange-Bertalot et al. 1996, p. 68, 73.

Eunotia fallax nach Maßgabe des Protologs, entsprechend auch «*Eunotia fallax* var. *lapponica*» sensu Cleve-Euler 1953, p. 99, fig. 426a, wird in unserer Tafel 150 überhaupt nicht dargestellt. Vermutlich handelt es sich bei diesem problematischen Taxon um Formen wie in Lange-Bertalot & Metzeltin 1996, fig. 13: 10a, 10b gezeigt. Dagegen repräsentieren die Figuren 16–24 auf unserer Tafel 150 tatsächlich *Eunotia neofallax*. Im Gegensatz zur seltenen *Eunotia fallax* s.str. kommt *Eunotia neofallax* in Mittel- und Nord-Europa relativ häufig vor. Sie besitzt einen Dorn an den Enden jeder Schale, der auch im LM beim Fokussieren als hyaliner Fleck erkennbar wird. Oft ist *Eunotia gracillima* (syn. *Eunotia fallax* var. *gracillima* Krasske) mit dieser in acidophilen Assoziationen, z. B. auf überrieselten Silikatfelsen vergesellschaftet.

Eunotia groenlandica (syn. *Eunotia fallax* var. *groenlandica* syn. *Eunotia paludosa* var. *groenlandica*) wurde aus der früher von uns vermuteten Synonymie mit *Eunotia gracillima* wieder gelöst. Es handelt sich wahrscheinlich um eine eigenständige Art (vgl. Tafel 150, Fig. 10–15), die sicher weder mit *Eunotia fallax* noch *Eunotia neofallax* infraspezifisch verbunden bleiben sollte. Allerdings ist die Unterscheidung von *Eunotia groenlandica* im LM eher als schwierig zu beurteilen. Sie bleibt weiter zu überprüfen.

27 part. **Eunotia glacialis** Meister 1912 (Fig. 151: 10; Fig. 151 A: 1, 2)
Eunotia major (W. Smith) Rabenhorst sensu Grunow in Van Heurck, Type de Synopsis no. 51, Angleterre.
Trotz der gezeichneten Abbildung im Protolog hatte sich ein falsches Konzept «aus der zweiten Hand» für Meisters Taxon allgemein durchgesetzt (siehe unter *Eunotia glacialifalsa* nov. spec.). In der ersten Auflage von Vol. 2/3 zeigt nur die REM-Fig. 151: 10 tatsächlich die richtige *Eunotia glacialis*. Fig. 151: 1–5 sowie 7–10 zeigen dagegen *Eunotia valida* (siehe dort). Fig. 151: 6 zeigt *Eunotia glacialifalsa* (siehe dort).
Um weitere Irrtümer zu vermeiden, wird aus den Syntypen-Präparaten in der Coll. Meister, ETH Zürich, ein Lectotypus von Lange-Bertalot designiert und hier als Fig. 151 A: 1 photographisch abgebildet. Er liegt im Präparat Nr. 811074 und stammt aus dem Hochgantsee im Kanton Uri, Schweiz. Auch die restlichen Syntypen-Präparate enthalten Exemplare der gleichen Sippe. Die Zahl der Areolen auf den 10–12 Streifen (in 10 μm) ist mit 24–28 in 10 μm deutlich niedriger als bei *Eunotia valida*, aber durchschnittlich nur wenig höher als bei *Eunotia glacialifallax*.

27 part. **Eunotia valida** Hustedt 1930 (Fig. 151: 1–5, 7–9, 10 A; Fig. 151 A: 7)
Syn. (?) *Himantidium gracile* Ehrenberg 1843
Die irrtümliche Annahme, dass *Eunotia valida* und *Eunotia glacialis* Meister (siehe dort) konspezifisch sind, muss revidiert werden. Das stellte bereits Mayama (1997, Nova Hedwigia 65, p. 165–176) fest. Dagegen sind wahrscheinlich *Eunotia valida* und *Himantidium gracile* syn. *Eunotia gracile* (Ehrenberg) Rabenhorst (nec W. Smith) konspezifisch.
Hustedt (1959) und andere prominente Autoren hatten – ganz im Gegenteil dazu – *Himantidium gracile* und *Eunotia glacialis* für konspezifisch und sogar synonym gehalten. Diese Irrtümer haben falsche Konzepte «zweiter Hand» für diese Gruppe von Taxa veranlasst, so auch in Vol. 2/3 (erste Auflage) der Süßwasserflora.
Wir wissen durch die Untersuchungen von Reichardt (1995, fig. 8: 1–5) an Ehrenbergs Typenmaterial aus Cayenne, wie *Himantidium gracile* tatsächlich ausgesehen hat. Allem Anschein nach stimmen Ehrenbergs und Hustedts Taxa in den wesentlichen Merkmalen überein. Nur kennen wir von der Sippe aus Europa auch viel längere Exemplare. Doch das ist auch für die Sippe aus Südamerika nicht auszuschließen.
Die Zahl der Areolen auf den Streifen beträgt 30–34/10 μm und ist somit erheblich höher als bei *Eunotia glacialifalsa* (siehe dort) und noch etwas höher als bei *Eunotia glacialis* s.str. Die Zahl der Streifen ist bei *Himantidium gracile* 13–15/10 μm, bei *Eunotia valida* etwa ebenso eng.

27 part. **Eunotia glacialifalsa** Lange-Bertalot nov. spec. (Fig. 151: 6; Fig. 151 A: 3–6)
Valvae margine ventrali modice concava margine dorsali distincte parallela modice convexa apicibus conspicue inflatis (sub-) capitatis quoad individua maiora vix vel minus inflatis quoad individua minora. Longitudo 60–150 μm, latitudo in media parte 5–6 μm sed 6–7 μm partibus distalibus inflatis. Noduli terminales prope polos distincte in facie valvae aspectabiles. Fissurae raphis comparate longe curvatae tamen marginem dorsalem non attingentes. Ita species nova differt ab speciebus *Eunotia glacialis* et *Eunotia valida* (etiam *Eunotia monodon* et *Eunotia major*).

Striae transapicales 8,5–10 in 10 µm paene aequaliter inter se ad apices versus aliquid densius sitae. Puncta striarum comparate distincta apparentia, 24–27 in 10 µm.

Typus: Praep. Eu-Benelux 100 in Coll. Lange-Bertalot, Bot. Inst. der J. W. Goethe-Universität, Frankfurt am Main.

Locus typicus: Biesbosch in Ost-Holland, unweit Venlo, Moor-Komplex mit *Sphagnum* (leg. Kurt Krammer).

Schalen mit moderat konkav gekrümmtem Ventralrand und, annähernd völlig parallel dazu, ebenso konvex gekrümmtem Dorsalrand. Enden (sub-) capitat vorgezogen bei größeren Exemplaren. Die Enden kleinerer Exemplare sind kaum bis weniger aufgetrieben und erscheinen, dann auch kaum noch vorgezogen, schief gerundet. Länge 60–150 µm, Breite im mittleren Teil der Schalen 5–6 µm, in den aufgetriebenen Enden 6–7 µm. Terminalknoten nahe den Polen sind deutlich in der Schalenfläche erkennbar. Raphenspalten vergleichsweise lang, aber enger gekrümmt und nicht am Rande der Pole bis zum Dorsalrand verlaufend.

Streifen 8,5–10/10 µm in untereinander fast gleichen Abständen, aber an den Enden stets deutlich dichter gestellt. Punkte auf den Streifen relativ grob erscheinend, 24–27/10 µm. Streifen und Punkte /10 µm liegen damit deutlich niedriger als bei *Eunotia valida* (13–15 bzw. 30–34/10 µm), aber weichen nur wenig von *Eunotia glacialis* ab. *Eunotia glacialis* besitzt aber durchschnittlich und absolut wesentlich breitere Schalen von 8–10 µm. Die anders gekrümmten Terminalspalten der Raphe sind ein weiteres Differentialmerkmal zu diesen beiden Arten.

Vorkommen: Zerstreut in Mittel- West- und Nord-Europa gefunden, ökologisch noch nicht sicher einzuordnen, weil ständig mit den vergleichbaren Arten verwechselt, bzw. von diesen nicht differenziert. Verbreitungsschwerpunkt wahrscheinlich in Flachmooren und mit diesen in Kontakt stehenden oligotrophen Seen.

Die hier neu beschriebene Sippe ist keineswegs unbekannt. Hustedt (1959, p. 305, fig. 771) hat sie als *Eunotia gracilis* (Ehrenberg) Rabenhorst 1864 (nec W. Smith 1853) identifiziert und meinte, diese wäre konspezifisch bzw. synonym mit *Eunotia glacialis* Meister. Das war ein Irrtum. Die Folge war ein allgemein falsches Konzept von *Eunotia glacialis*. Unser in Fig. 151: 6 gezeigtes Exemplar repräsentiert so, irrtümlich als *Eunotia glacialis* bestimmt, in Wirklichkeit *Eunotia glacialifalsa*. Es stammt aus einer Probe der Collection Hustedt E 5943 aus dem Schalkenmehrer Maar in der Eifel. Hustedt kannte offensichtlich nicht die Syntypen von *Eunotia glacialis* aus der Coll. Meister, die untereinander konspezifisch sind.

Da *Eunotia glacialifalsa* und *Eunotia valida* nicht selten miteinander assoziiert vorkommen, war der Eindruck entstanden, beide repräsentieren nur Morphotypen einer einzigen Art, die irrtümlich als *Eunotia glacialis* bezeichnet wurde. *Eunotia valida* besitzt aber konstant andere Schalenenden, enger gestellte Streifen und enger gestellte Areolen auf den Streifen, ca. 30–32 in 10 µm. Außerdem läuft die Terminalspalte der Raphe bis zum Dorsalrand (vgl. REM-Fig. 151: 10 A und REM-Fig. 151 A: 6).

28.2 **Eunotia parallela** var. **angusta** Grunow 1884 (Fig. 152: 1–3)

Wie schon in der Diskussion angesprochen, sollte dieses Taxon im Rang als eigenständige Species, *Eunotia angusta* (Grunow) Berg 1939 pro parte (entsprechend α *typica* Cleve-Euler 1953) bewertet werden. Die Annahme der Konspezifität aufgrund etwa «gleicher Krümmungsradien» erscheint wegen der konstant unterschiedlichen Breite der Schalen aller Populationen nicht stichhaltig.

30. Eunotia monodon Ehrenberg und Eunotia major (W. Smith) Rabenhorst (Fig. 158: 1–3)

Die Identität von *Eunotia monodon* bleibt in der Beurteilung weiterhin problematisch (vgl. Lange-Bertalot 1993, Bibliotheca Diatomologica 27, p. 35–38). Obgleich fraglich, kann allenfalls Fig. 158: 1 als *Eunotia monodon* identifiziert werden. Dagegen gehören Fig. 158: 2, 3 wahrscheinlich zu der doch im Artrang zu trennenden *Eunotia major*.

30.2 Eunotia jemtlandica (Fontell) Cleve-Euler 1953 (Fig. 158: 4–6)

Das Taxon wird auf p. 210 noch als *Eunotia monodon* var. *bidens* bezeichnet, jedoch wird auf p. 546 der komplizierte Sachverhalt falscher Bezeichnungen und falscher infraspezifischer Verbindungen ausführlich erläutert. Auch Fig. 159: 2 gehört zu *Eunotia jemtlandica*, solange noch kein älterer legitimer Name für diese in Fossil-Lagern aus dem Pleistozän z. T. massenhaft vorkommende Sippe gefunden werden kann.

35 part. Eunotia septentrionalis Østrup 1897

Die Figuren 157: 13–18 zeigen allesamt nicht *Eunotia septentrionalis* Østrup sensu stricto, sondern *Eunotia septentrionalis* sensu Hustedt et sensu auct. nonnull. Letztere wurde als neues Taxon *Eunotia ursamaioris* Lange-Bertalot & Nörpel-Schempp in Lange-Bertalot & Genkal 1999 (p. 48, fig. 4: 18–21) beschrieben.

Fig. 4: 12–17 (ebenda) zeigt die «richtige» *Eunotia septentrionalis* mit höher gebuckelten Schalen inklusive dem Holotypus der Coll. Østrup aus Grönland. Die «falsche» *Eunotia septentrionalis* (= *Eunotia ursamaioris*) kommt im Gegensatz zu *Eunotia septentrionalis* sensu stricto auch in Mitteleuropa vor. Ihre Typus-Population stammt jedoch aus Finnland (vgl. Lange-Bertalot & Metzeltin 1996, fig. 16: 25–30).

43.2 Eunotia diadema Ehrenberg 1838 (Fig. 146: 3, 4)

Nach Vergleich vieler weiterer Populationen dieses Taxons mit *Eunotia serra* Ehrenberg s. str. werden die erheblichen Unterschiede in der Merkmalskombination von uns höher bewertet als die Gemeinsamkeiten.

43.3 Eunotia tetraodon Ehrenberg 1838 (Fig. 146:5)

Es gilt hier die gleiche Begründung wie bei *Eunotia serra* (s. auch die sympatrisch lebenden Sippen in Lange-Bertalot & Metzeltin 1996, fig. 11: 1–7).

46 part. Eunotia boreoalpina Lange-Bertalot & Nörpel-Schempp 1998 (Fig. 163: 1–7)

Das Taxon ist bei Metzeltin & Lange-Bertalot (1998, p. 52) neu beschrieben worden, weil in der Neotropis verwechselbare Taxa existieren, aber nicht dieses Taxon.

In der ersten Auflage der Süßwasserflora wurde es bereits als «*boreoalpina*»-Sippe von *Eunotia incisa* differenziert.

52. Eunotia hexaglyphis Ehrenberg 1854 (Fig. 166:1–4)

Es gibt nach Vergleich der Protologe keinen begründbaren Zweifel, dass *Eunotia septena* Ehrenberg 1843 ein älteres Synonym ist und daher Priorität hat. Typenhabitat ist Labrador, Nord-Amerika.

Index für den Ergänzungsteil

Literatur
die im Literaturverzeichnis (Band 2/4) noch nicht aufgeführt ist

Denys, L., Muylaert, K & Krammer K. (2000): *Aulacoseira subborealis* nov. stat.: a common but neglected plankton diatom. Nova Hedwigia im Druck.

Lange-Bertalot, H. (1993): 85 New Taxa and much more than 100 taxonomic clarifications supplementary to Süßwasserflora von Mitteleuropa, Vol. 2/1–4. Bibliotheca Diatomologica **27**: XXIII + 428 pp (134 Taf.).

Lange-Bertalot, H. & Genkal S.I. (1999): Diatoms from Siberia I. Islands in the Arctic Ocean (Yugorsky Shar Strait). Iconographia Diatomologica **6**: 273 pp (76 plates). Koeltz, Königstein.

Lange-Bertalot, H., Külbs K., T. Lauser, M. Nörpel-Schempp & Willmann M. (1996): Dokumentation und Revision der von Georg Krasske beschriebenen Diatomeen-Taxa. Iconographia Diatomologica **3**: 358 pp (71 Taf.). Koeltz Scientific Books, Königstein.

Lange-Bertalot, H. &. Metzeltin D (1996): Oligotrophie-Indikatoren, 800 Taxa repräsentativ für drei diverse Seen-Typen, kalkreich – oligodystroph – schwach gepuffertes Weichwasser. Iconographia Diatomologica **2**: 390 pp (125 Taf.). Koeltz Scientific Books, Königstein.

Lange-Bertalot, H., Rumrich U. & Hofmann G. (1991): Zur Revision der Gattung *Diatoma* Bory (Subgenus *Diatoma*, Bacillariophyceae) Identifikation ökologisch wichtiger, aber problematischer Arten. Acta Biol. Benrodis 3: 115–130.

Mayama, S. (1997): *Eunotia nymanniana* Grunow and related taxa. Diatom **13**: 31–37.

Metzeltin, D. & Lange-Bertalot H. (1998): Tropical Diatoms of South America I. Iconographia Diatomologica **5**: 672 pp (210 plates). Koeltz, Königstein.

Metzeltin, D. & Witkowski A. (1996): Diatomeen der Bären-Insel. Iconographia Diatomologica **4**: 1–232 (92 Tafeln).

Nygaard, G. (1956): The ancient and recent flora of diatoms and Chrysophyceae in Lake Gribsø. Folia Limnol. Skand. **8**: 32–94, 253–262.

Reichardt, E. (1995): Die Diatomeen (Bacillariophyceae) in Ehrenbergs Material von Cayenne, Guyana Gallica (1843). Biblotheca Diatomologica **1**: 1–99 (29 Tafeln).

Witkowski, A. (1994): Recent and fossil diatom flora of the Gulf of Gdansk, Southern Baltic Sea. Bibliotheca Diatomologica **28**: 113 pp (41 plates).

Witkowski, A. & Lange-Bertalot H. (1993): Established and New Diatom Taxa Related to *Fragilaria schulzii* Brockmann. Limnologica **23** (1): 58–69.